INTRODUCTION

Nous avons été amenés à nous intéresser aux polynômes orthogonaux par rapport à une fonctionnelle linéaire après une étude des approximants de type exponentiel [14]. C'est alors que nous avons pu constater que si la littérature concernant le cas d'une fonctionnelle linéaire définie positive était très abondante, par contre celle sur le cas d'une fonctionnelle linéaire seulement définie était fort restreinte et qu'enfin tout restait pratiquement à faire dans le cas d'une fonctionnelle linéaire absolument quelconque. En nous attachant à l'étude systématique de ce cas général nous avons voulu combler cette lacune. Ce livre est l'aboutissement de nos travaux dans ce domaine et constitue une monographie sur ce sujet. Il permet de clore certaines questions qui restaient ouvertes.

Tout d'abord s'est posé un problème de sémantique. Comment appeler ces polynômes qui présentent des singularités. C. Brezinski [6] a qualifié de généraux les polynômes orthogonaux définis à partir d'une fonctionnelle linéaire c. *Mais par la suite il nous a fait partager son sentiment que ce terme n'était pas bien approprié. En effet on voit souvent apparaître dans la littérature le terme de polynômes orthogonaux généraux pour des catégories de polynômes obtenus à partir d'une fonctionnelle linéaire définie positive. Il nous avait conseillé de les appeler polynômes orthogonaux formels, parce qu'ils sont définis formellement à partir des moments* c_i *de la fonctionnelle* c. *Nous nous sommes ralliés à ce vocable. Le présent livre s'intitule donc* "POLYNOMES ORTHOGONAUX FORMELS - APPLICATIONS".

Notre étude a été guidée par l'idée suivante. Dans le cas normal H. Van Rossum a relié dans sa thèse [48] la théorie des polynômes orthogonaux aux approximants de Padé.
C. Brezinski pensait que cette liaison devait exister dans le cas général. Son livre, "Padé-type approximation and general orthogonal polynomials" [6] a fait cette connexion dans le cas d'une fonctionnelle linéaire définie.
Cet ouvrage a donc essentiellement servi de point de départ à notre travail. Il nous a évité de nombreuses recherches dans l'ensemble des articles épars dans les revues et nous lui avons emprunté de nombreuses idées directrices.

Ce livre se décompose en deux parties. La première de quatre chapitres est consacrée aux polynômes orthogonaux, à leurs propriétés.
Notre but a été de définir au mieux la table dans laquelle sont disposés les polynômes, d'étudier les blocs qui y apparaissent, d'obtenir des relations de récurrence dans toutes les directions et d'en déduire des algorithmes permettant le calcul des polynômes. Pour y parvenir nous avons parfois eu à étudier de nouvelles formes d'orthogonalité (polynômes W, polynômes semi-orthogonaux). Nous donnons également des propriétés sur quelques fonctionnelles linéaires particulières.

La seconde partie de trois chapitres est réservée aux applications. La principale est celle des quadratures de Gauss. Elle ouvre la voie aux approximations des séries de fonctions. Une d'entre elles retiendra notre attention. Il s'agit des approximants de type exponentiel.
Enfin nous avons appliqué la théorie des polynômes orthogonaux et de leurs associés au problème des approximants de Padé en deux points. Cette façon de voir entièrement originale permet de résoudre ce problème dans le cas le plus général où il peut y avoir des blocs.

Nous ne détaillons pas davantage, le lecteur trouvera en tête de chaque chapitre un résumé de son contenu.

Pour terminer nous voudrions remercier particulièrement le professeur C. Brezinski de l'Université de Lille pour les nombreux conseils qu'il nous a prodigué tout au long de l'élaboration de notre étude. Nous espérons que ce livre servira de complément indispensable au sien [6].
Nous remercions également les professeurs P. Henrici de Zürich, P. Maroni de Paris, J. Meinguet de Louvain-la-Neuve, P. Pouzet de Lille et H. Van Rossum d'Amsterdam de s'être intéressés à un moment ou à un autre à nos travaux.

TABLE DES MATIERES

- * -

Pages

POLYNOMES ORTHOGONAUX

\- * -

Ce premier chapitre fournit les propriétés essentielles des polynômes orthogonaux par rapport à une fonctionnelle linéaire c *quelconque.*

La première section donne la définition générale du problème de la recherche des polynômes orthogonaux. Le système linéaire (M_i) *satisfait par les coefficients de ces polynômes a une matrice de Hankel, et l'existence des polynômes orthogonaux est liée à l'existence des solutions de ce système. C'est pour cette raison que nous étudions très en détail dans la deuxième section les propriétés des déterminants de Hankel et des systèmes linéaires dont les matrices sont de Hankel. C'est à l'étude de leur rang que nous nous sommes essentiellement consacrés.*

L'existence des polynômes orthogonaux est abordée dans la troisième section. Nous nous sommes placés dans le cas le plus général où la fonctionnelle linéaire c *est quelconque, et où, par conséquent, les systèmes* (M_i) *réguliers fournissent les polynômes orthogonaux réguliers qui sont uniques dès que le coefficient de plus haut degré est fixé. Les systèmes* (M_i) *singuliers compatibles donnent les polynômes orthogonaux singuliers qui se déduisent du polynôme orthogonal régulier qui les précède en multipliant ce dernier par un polynôme arbitraire de degré complémentaire. Bien évidemment il n'y a plus unicité. Enfin les systèmes* (M_i) *singuliers incompatibles n'ont pas de solutions. Par conséquent s'il existe des systèmes* (M_i) *de cette dernière catégorie il n'y a pas de suite infinie de polynômes orthogonaux de degré croissant d'une unité de l'un à l'autre, et donc les polynômes orthogonaux ne forment plus une base de l'espace vectoriel* P *des polynômes réels. Pour compléter cet ensemble et former une base, nous définissons des polynômes quasi-orthogonaux d'ordre* j, *qui découlent des systèmes linéaires singuliers compatibles. Ils satisfont uniquement les équations compatibles du système* (M_i) *Cette notion se trouve déjà dans les articles de J.A. Shohat [50a] et A. Ronveaux [47].*

Des propriétés sont également données pour les polynômes associés aux polynômes orthogonaux.

La base définie ci-dessus servira à démontrer dans la quatrième section l'existence d'une relation de récurrence entre trois polynômes orthogonaux réguliers successifs. Nous établirons des relations permettant le calcul des coefficients de la relation de récurrence. Puis nous donnerons une expression plus condensée de cette relation, qui se trouve également dans l'article de G.W. Struble [56].

Pour terminer cette section nous montrons que la pseudo-orthogonalité définie par J.S. Dupuy [15] est en fait un cas particulier de quasi-orthogonalité.

Dans la cinquième section nous mettrons en évidence des propriétés des zéros des polynômes orthogonaux réguliers et de leurs associés. Nous généralisons la relation de Christoffel Darboux. Nous exposons également une méthode simple de détection des blocs de zéros dans la table H en utilisant les polynômes orthogonaux déjà calculés et la fonctionnelle c.

Dans la sixième section nous résolvons le problème de l'existence et du calcul des moments de la fonctionnelle linéaire liée à deux polynômes donnés premiers entre eux. Nous désirons qu'ils soient orthogonaux par rapport à cette fonctionnelle linéaire. Le théorème qui en découle est une généralisation du théorème de J. Favard [17].

Enfin la dernière section donne à la théorie des polynômes orthogonaux un formalisme matriciel. Dans le cas normal les polynômes orthogonaux et leurs propriétés sont reliés aux matrices tridiagonales, que l'on peut rendre symétriques par un choix approprié de la normalisation des polynômes. Dans le cas général la matrice comprend des blocs tridiagonaux séparés par une ligne faisant intervenir des coefficients en deçà des trois diagonales centrales. Nous trouvons encore que les valeurs propres de cette matrice sont les zéros des polynômes orthogonaux.

D'autre part, si M *est la matrice de Hankel* $(c_{i+j})_{i,j=0}^{\infty}$, *nous donnons une décomposition générale de cette matrice dans le cas où tous les déterminants* H_i *ne sont pas tous non nuls.*

1.1 DEFINITION.

Soit P *l'espace vectoriel des polynômes réels. Soit* $\{c_i\}$, *pour* $i \in \mathbb{N}$, *une suite de nombres réels. Nous pouvons définir une fonctionnelle linéaire* c *sur* P *par la relation*

$$c(x^i) = c_i, \ \forall i \in \mathbb{N}.$$

Nous cherchons les polynômes $P_k(x)$ *orthogonaux par rapport à la fonctionnelle* c, *c'est-à-dire tels que* : deg $P_k = k$ *et*

$$c(x^i \, P_k(x)) = 0, \ \forall i \in \mathbb{N}, \ 0 \le i \le k-1$$

Si $P_k(x) = \sum_{j=o}^{k} \lambda_{j,k} \, x^{k-j}$ *on obtient le système linéaire suivant :*

$$\sum_{j=o}^{k} \lambda_{j,k} \, c_{i+k-j} = 0 \quad \forall i \in \mathbb{N}, \ 0 \le i \le k-1$$

Notations.

* Nous appellerons système (M_k) le système linéaire qui donne les $\lambda_{j,k}$. Ce système est tel que $\lambda_{o,k}$ peut être fixé puisqu'il est non nul.

* Nous appellerons ligne h, la ligne de numéro h, la numérotation commençant à 0. C'est donc la $(h+1)^{\text{ème}}$ ligne, si on effectue le comptage des lignes.

* Idem pour les colonnes.

1.2 ETUDE DU SYSTEME LINEAIRE (M_p). DETERMINANTS DE HANKEL.

RAPPELS.

Avant d'aborder les démonstrations nous faisons quelques rappels d'algèbre linéaire relatifs à la terminologie et aux propriétés employées.

On considère un système linéaire écrit sous la forme Ax=b, où A est une matrice carrée n × n et x et b sont des vecteurs de $\mathbb{R}^n$.

a). Les quatre propositions suivantes sont équivalentes.

i) Le système est indépendant.

ii) det A ≠ 0.

iii) Aucune colonne de A n'est combinaison linéaire d'autres colonnes de A.

Idem pour toute ligne de A.

iv) Le rang du système est n.

b). Les quatres propositions suivantes sont équivalentes.

i) Le système est lié.

ii) det A = 0.

iii) Au moins une colonne de A est combinaison linéaire d'autres colonnes de A.

Idem pour au moins une ligne de A. Cette colonne ou cette ligne est alors dite liée aux autres.

iv) Le rang du système est strictement inférieur à n.

c). Le mineur principal d'ordre h est le déterminant extrait de A formé des h premières lignes et des h premières colonnes.

d). **Lorsqu'un système est lié, on cherche le déterminant non nul extrait de A d'ordre maximal.**

Soit r son ordre. Alors r est le rang du système. Les lignes correspondant à ce déterminant de rang r forment le système des équations principales ; les autres sont les équations non principales. Les colonnes correspondant à ce déterminant de rang r donnent les inconnues principales, les autres sont les inconnues non principales.

Le système des équations principales est formé de lignes indépendantes. Les équations non principales sont liées aux précédentes. Nous dirons qu'il s'agit des lignes liées sans préciser davantage si aucune confusion n'est possible.

Une méthode algorithmique pour trouver les équations principales peut être la suivante. On regarde si la seconde ligne du système est liée à la première : si oui, c'est une équation non principale ; sinon c'est une équation principale. On regarde si la troisième ligne est liée au système formé des équations principales déjà trouvées. Si oui cette équation est non principale, sinon c'est une équation principale, et ainsi de suite.

e). **Lorsqu'un système est lié et lorsqu'on a déterminé son rang, on dit qu'il est compatible,**

si les seconds membres des équations non principales sont liés aux seconds membres des équations principales avec la même relation qui lie les équations non principales aux équations principales.

Le système est dit incompatible, s'il n'est pas compatible.

f). **Quand le système est lié,** on appelle déterminant caractéristique le déterminant formé à partir du déterminant d'ordre maximal extrait de A, des éléments du second membre correspondant aux lignes du déterminant d'ordre maximal, et des éléments d'une ligne liée correspondant aux colonnes du déterminant d'ordre maximal et au second membre.

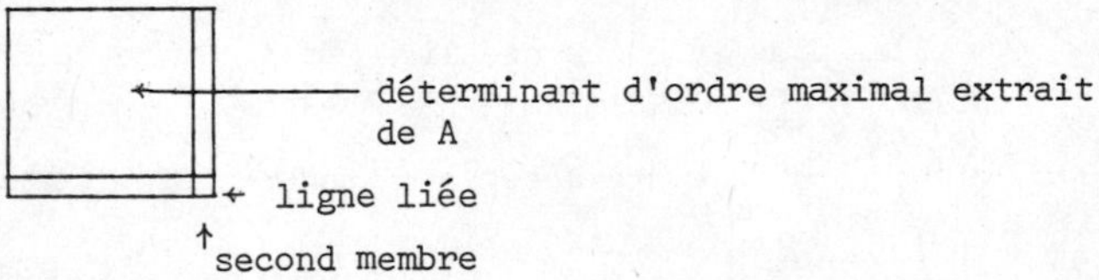

g). Les deux propositions suivantes sont équivalentes.

i) Le système est lié compatible.

ii) Tous les déterminants caractéristiques correspondant à toutes les lignes liées sont nuls.

h). Les deux propositions suivantes sont équivalentes.

i) Le système est lié incompatible.

ii) Il existe des déterminants caractéristiques non nuls. Les lignes liées correspondantes sont dites incompatibles.

Nous allons étudier maintenant les propriétés du système linéaire (M_p). La matrice de ce système est une matrice de Hankel. Nous serons donc amenés à utiliser les déterminants de Hankel. Nous adopterons la notation suivante :

$$H_k(c_i) = H_k^{(i)} = \begin{vmatrix} c_i & c_{i+1} & \cdots & c_{i+k-1} \\ c_{i+1} & c_{i+2} & \cdots & c_{i+k} \\ \vdots & & & \vdots \\ c_{i+k-1} & c_{i+k} & \cdots & c_{i+2k-2} \end{vmatrix}$$

<u>*Lemme 1.1.*</u>

On prend un système (M) *d'ordre infini. On suppose* $H_r^{(o)} \neq o$, $H_{r+1}^{(o)} = o$, *les* (r+1) *premières lignes indépendantes.*

Alors, il existe un déterminant d'ordre (r+1) *non nul formé des* r *premières colonnes et d'une colonne supplémentaire différente de la* $(r+1)^{\text{ème}}$.

<u>Démonstration</u>.

$H_r^{(o)} \neq o$ et $H_{r+1}^{(o)} = 0 \Rightarrow$ Il existe une relation entre la $(r+1)^{\text{ème}}$

ligne de $H_{r+1}^{(o)}$ et les r premières. Comme les (r+1) premières lignes de (M) sont indépendantes, il existe au moins une colonne pour laquelle la relation précédente n'est pas vérifiée. On ajoute cette colonne aux r premières pour former un déterminant d'ordre (r+1).

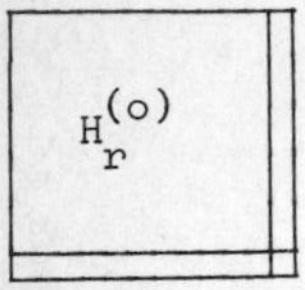

On considère la $(r+1)^{\text{ème}}$ ligne avec les r précédentes en utilisant la relation qui existe pour $H_{r+1}^{(o)}$. La $(r+1)^{\text{ème}}$ ligne est nulle, sauf le dernier terme qui vaut u.
Ce déterminant d'ordre (r+1) vaut donc $u\, H_r^{(o)} \neq 0$.

<u>*Lemme 1.2.*</u>

On prend un système (M) d'ordre infini. On suppose $H_r^{(o)} \neq o$ $H_{r+1}^{(o)} = 0$. *Si tous les déterminants d'ordre (r+1) formés des r premières colonnes et d'une colonne supplémentaire (ℓ+1) sont nuls, quel que soit* $\ell \geq r$, *(on ne prend les éléments que dans les (r+1) premières lignes), alors la* $(r+1)^{\text{ème}}$ *ligne est liée aux r précédentes.*

<u>Démonstration</u>.

Si la $(r+1)^{\text{ème}}$ ligne était indépendante, d'après le lemme 1.1, il existerait un déterminant d'ordre (r+1) non nul. Or ils sont tous nuls. Donc cette ligne est liée aux r précédentes.

<u>cqfd.</u>

<u>*Propriété 1.1.*</u>

Sous les hypothèses du lemme 1.1, on cherche la première colonne h-1, h > r, *qui donne le déterminant d'ordre (r+1) non nul formé à partir de* $H_r^{(o)}$, *des r éléments de la ligne r et de cette colonne h-1.*
Alors $H_h^{(o)} \neq o$ *et* $H_i^{(o)} = o$ *pour* $i \in \mathbb{N}$, $r+1 \leq i \leq h-1$.

Démonstration.

$$H_h^{(o)} = \begin{vmatrix} c_o & c_1 \cdots & c_{r-1} & c_r \cdots & c_{h-1} \\ c_1 & & \vdots & \vdots & \vdots \\ \vdots & & \vdots & \vdots & \vdots \\ c_{r-1} & \cdots & c_{2r-2} & c_{2r-1} \cdots & c_{h+r-2} \\ & & & & \\ c_r & \cdots & c_{2r-1} & c_{2r} \cdots & c_{h+r-1} \\ \vdots & & \vdots & & \vdots \\ c_{h-1} & \cdots & c_{h+r-2} & c_{h+r-1} \cdots & c_{2h-2} \end{vmatrix}$$

$H_r^{(o)} \neq o$ et $H_{r+1}^{(o)} = o$ entraînent qu'il existe une relation entre la $(r+1)^{\text{ème}}$ ligne de $H_{r+1}^{(o)}$ et les r premières. On applique cette relation à l'ensemble des termes de la $(r+1)^{\text{ème}}$ ligne. Puisque les hypothèses du lemme 1.1 sont vérifiées, les éléments de la colonne h ne satisfont pas cette relation. On a donc :

$$c_{r+j} = \sum_{s=o}^{r-1} \gamma_s \, c_{j+s} \quad \forall j \in \mathbb{N}, \ o \leq j \leq h-2$$

Pour j = h-1 on a :

$$u = c_{r+h-1} - \sum_{s=o}^{r-1} \gamma_s \, c_{s+h-1} \neq 0$$

On part de la ligne (h-1) que l'on combine avec les r lignes précédentes à l'aide des coefficients γ_s ; les r premiers termes sont nuls, le $(r+1)^{\text{ème}}$ vaut u, les suivants n'interviennent pas dans la démonstration.

On recommence la même opération sur la ligne (h-2) et les r précédentes. Les (r+1) premièrs termes sont nuls et le $(r+2)^{\text{ème}}$ vaut u. Et ainsi de suite jusqu'à la ligne r qui devient nulle sauf le dernier terme qui vaut u.

$$H_h^{(o)} = \left|\begin{array}{c|c} H_r^{(o)} & \\ \hline 0 & \begin{matrix} o & u \\ u & \end{matrix} \end{array}\right| \begin{matrix} o \\ r-1 \\ r \\ h-1 \end{matrix} \qquad H_h^{(o)} = (-1)^{(h-r)\frac{(h+3r-1)}{2}} u^{h-r}.H_r^{(o)} \neq 0$$

Tous les mineurs principaux $H_i^{(o)}$, $i \in \mathbb{N}$, $r+1 \leq i \leq h-1$ ont une ligne r composée de 0. Ils sont donc tous nuls.

cqfd.

Remarque : dans toute la suite la démonstration utilisée dans la propriété 1.1 pour mettre le déterminant $H_{k+1}^{(o)}$ sous la forme précédente sera fréquemment utilisée. On se contentera toujours de dire "en utilisant une méthode analogue à celle de la propriété 1.1" sans la détailler à nouveau.

Corollaire 1.1.

Si on a $H_r^{(o)} \neq o$, $H_i^{(o)} = o$, $\forall i \in \mathbb{N}$, $r+1 \leq i \leq h-1$ *et* $H_h^{(o)} \neq o$, *la colonne* (h-1) *est la première colonne qui associée à* $H_r^{(o)}$ *et à la ligne* r *donne un déterminant d'ordre* (r+1) *non nul.*

Démonstration.

D'après la propriété 1.1 la première colonne $k-1 \geq r$ est telle que $k \geq h$, sinon on trouverait $H_k^{(o)} \neq o$ pour $k < h$.

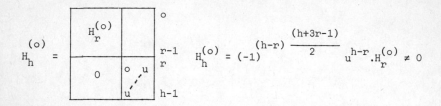

De même on ne peut avoir $k > h$, sinon $H_i^{(o)} = o$, $\forall i \in \mathbb{N}$, $h \leq i \leq k-1$.

cqfd.

Lemme 1.3. (*Gantmacher - Vol I - p. 339 - édition anglaise*).

Si les r premières lignes sont indépendantes et les (r+1) premières sont liées, alors le mineur principal $H_r^{(o)} \neq o$.

Nous étudions maintenant le cas d'un système (M_p) de rang strictement inférieur à p. On désire repérer les lignes indépendantes dans leur ensemble, ou ce qui revient au même de repérer les lignes qui leur sont liées. L'idée directrice est le procédé algorithmique vu dans les rappels (d).

Corollaire 1.2.

Dans un système (M_p) *de rang strictement inférieur à p les lignes liées sont consécutives.*

Démonstration.

Supposons que les h premières lignes soient indépendantes, que les (k-h-1) suivantes soient liées aux h premières, que la $k^{ème}$ soit indépendante.
Montrons que les dernières sont alors toutes indépendantes, ce qui démontrera bien, qu'il n'existe qu'un seul groupe de lignes liées consécutives.

La ligne (k-2) étant liée aux h premières lignes on a une relation :

$$c_{k+j-2} = \sum_{s=o}^{h-1} \gamma_s . c_{j+s}, \; \forall j \in \mathbb{N}, \; o \le j \le p-1$$

On a une autre relation pour la ligne h qui est liée aux h premières lignes.

$$c_{h+j} = \sum_{s=o}^{h-1} \eta_s \, c_{j+s}, \quad \forall j \in \mathbb{N}, \; o \le j \le p-1$$

Montrons que si la ligne (k-1) n'est pas liée aux h premières, alors le terme de la dernière colonne ne satisfait pas la relation que satisfont tous les autres termes de la ligne avec les h premières. En effet en prenant la ligne (k-2) qui est liée aux h premières, on a en ne considérant que les (p-1) derniers termes de cette ligne :

$$c_{k+j-1} = \sum_{s=o}^{h-1} \gamma_s \, c_{s+1+j}, \; \forall j \in \mathbb{N}, \; o \le j \le p-2$$

$$= \gamma_{h-1} \, c_{h+j} + \sum_{s=o}^{h-2} \gamma_s \, c_{s+j+1}$$

$$= \gamma_{h-1} \sum_{i=o}^{h-1} \eta_i \, c_{j+i} + \sum_{s=o}^{h-2} \gamma_s \, c_{s+j+1}$$

$$= \sum_{=o}^{h-1} \rho_\ell \, c_{j+\ell} \quad \forall j \in \mathbb{N}, \; o \le j \le p-2$$

avec $\rho_o = \gamma_{h-1} \eta_o$ et $\rho_\ell = \gamma_{\ell-1} + \gamma_{h-1} \eta_\ell$, $\forall \ell \in \mathbb{N}$, $1 \le \ell \le h-1$

Ce qui entraine que les (p-1) premiers termes de la ligne (k-1) sont liés aux termes des h premières. Comme ces lignes sont indépendantes le dernier terme c_{k+p-2} ne satisfait pas cette relation. On a :

$$u = c_{k+p-2} - \sum_{\ell=0}^{h-1} \rho_\ell \, c_{p+\ell-1} \neq 0$$

Par une utilisation de la relation précédente analogue à ce qui a été fait pour la propriété 1.1 on pourra mettre le déterminant du système sous la forme :

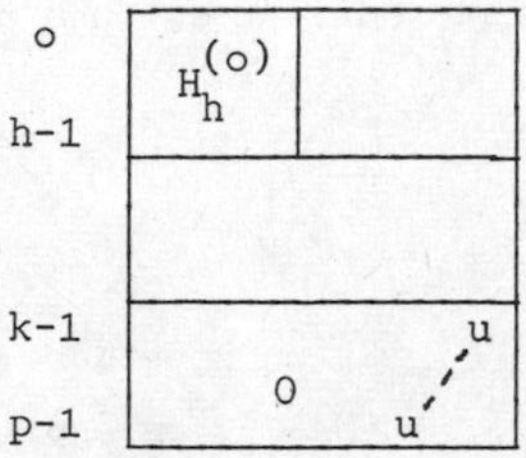

Les dernières lignes j, pour $j \in \mathbb{N}$, $k-1 \leq j \leq p-1$ sont indépendantes.

Remarque : si le rang du système (M_p) est r on a :

$$r = h + p + 1 - k.$$

Corollaire 1.3.

Dans un système (M_p) *de rang strictement inférieur à* p, *non compatible, il y a une ligne non compatible et une seule qui est la dernière des lignes liées.*

Démonstration.

On considère que les h premières lignes sont indépendantes, que les (k-h-1) suivantes sont liées aux h premières, toutes compatibles sauf la dernière qui est la ligne k-2.

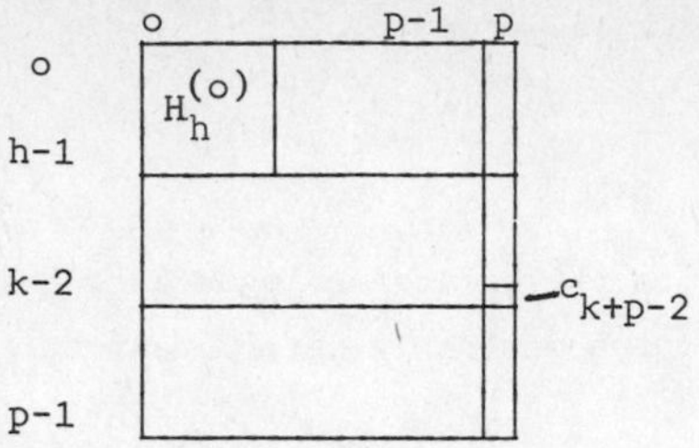

Montrons qu'il n'existe plus de ligne liée après la ligne (k-2) et que par conséquent il n'y aura plus d'autre ligne incompatible.

Alors le déterminant caractéristique suivant est non nul.

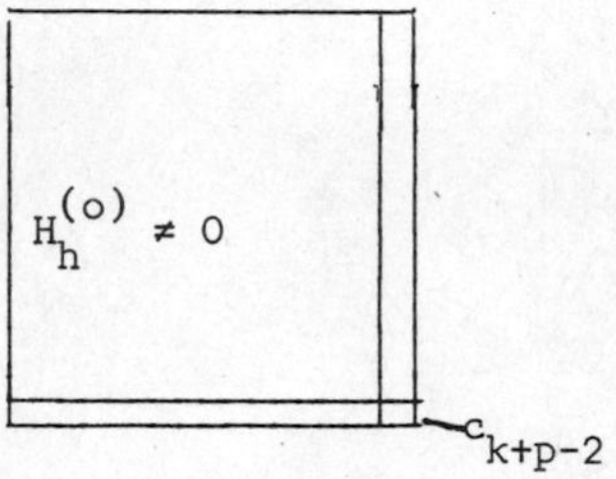

Si on considère le système (M_{p+1}), en appliquant le corollaire 1.2 toutes les lignes j, $\forall j \in \mathbb{N}$, $k-1 \leq j \leq p-1$ sont indépendantes.

cqfd.

Corollaire 1.4.

Si le système (M_p) est de rang $r < p$ et compatible, alors les r premières lignes sont indépendantes.

Démonstration.

Il revient au même de montrer que toutes les lignes finales sont liées. On suppose que la ligne (k-2) soit la dernière ligne liée aux h premièresavec $k-2 < h-1$. Elle est compatible, donc elle est liée également aux h premières dans le système (M_{p+1}). Donc les p premiers termes de la ligne k sont liés aux termes des h premières lignes. La ligne k du système (M_p) est liée aux h premières.

cqfd.

<u>*Propriété 1.2.*</u> *(Th. 7 - p. 202 - Gantmacher - Tome 2 - Version française).*

Un système (M_∞) *est de rang fini si et seulement si une ligne est liée aux précédentes.*

<u>*Corollaire 1.5.*</u>

Si le système (M_p) *est de rang* $r < p-1$*, non compatible, alors il est impossible que les r premières lignes soient indépendantes et la* $(r+1)^{\text{ème}}$ *ligne soit incompatible.*

<u>Démonstration</u>.

Supposons que ce soit vrai, alors, d'après le corollaire 1.3, puisque la ligne r est la dernière des lignes liées, les suivantes sont indépendantes. Le rang est alors supérieur à r.

<u>cqfd.</u>

<u>*Corollaire 1.6.*</u>

Si le système (M_p) *est de rang* $r<p$ *non compatible et si les r premières lignes sont indépendantes, la ligne incompatible est la dernière.*

C'est une conséquence directe des corollaires 1.2 et 1.3.

Nous rappelons la propriété classique suivante appliquée au système (M_p).

<u>*Propriété 1.3.*</u>

On considère un système (M_p)*. Si les r premières lignes sont indépendantes, les (r+1) premières liées, une condition nécessaire et suffisante pour que le système des (r+1) lignes soit compatible est que le* *déterminant caractéristique formé à partir du mineur principal* $H_r^{(o)}$ *soit nul.*

Démonstration.

Si le système est compatible la ligne r est liée aux r premières lignes, y compris le terme du second membre. Donc le déterminant caractéristique formé à partir du mineur principal $H_r^{(o)}$ est nul.

Réciproquement la ligne r étant liée aux r premières lignes, il y a donc une relation entre les éléments de la ligne r et ceux des r premières. On considère le déterminant caractéristique qui est nul. On combine les lignes de celui-ci grâce à la relation précédente. La dernière ligne obtenue est nulle, y compris le terme u de la dernière colonne, sinon le déterminant vaudrait $u. H_r^{(o)} \neq o$.

cqfd.

Pour les deux propriétés et les deux corollaires suivants on considère un système (M_p) de rang $r < p$ et non compatible. On suppose que les h premières lignes sont indépendantes, les (k-h-1) suivantessont liées aux h premières. En fait $k-h-1 = p-r$.

On examine les propriétés des systèmes (M) d'ordres supérieurs et inférieurs à (M_p).

Propriété 1.4.

Si on prend un système (M_{p+1}) *alors son rang est* $r+2$.
Il est non compatible si $r < p-1$, *sinon il est de rang maximum.*

Démonstration.

En effet la ligne k-2 étant non compatible, dans le système (M_{p+1}) elle est indépendante des h premières lignes.

D'après le corollaire 1.3 toutes les suivantes sont indépendantes. Donc on a deux lignes indépendantes supplémentaires : les lignes (k-2) et p. Le rang est r+2.

* Si $r < p-1$ on a au moins deux lignes liées consécutives, dont la ligne k-2 qui est incompatible.

Dans le système (M_{p+1}) la ligne (k-3) est liée non compatible, sinon la ligne (k-2) serait liée compatible pour (M_p).

* Si $r = p-1$, le système (M_{p+1}) est de rang $r+2 = p+1$; donc le rang est maximal.

cqfd.

Corollaire 1.7.

Le système (M_{2p-r}) *est de rang maximal* (2p-r).

Démonstration.

Le système (M_p) est de rang r ; il y a (p-r) lignes liées. On ajoute (p-r) lignes. On a un système (M_{2p-r}) et le rang devient

$$r + 2(p-r) = 2p-r.$$

cqfd.

Propriété 1.5.

i) *Si* $h = r$ *le système* (M_{p-1}) *est de rang* r *et compatible.*

ii) *Si* $h = r-1$ *le système* (M_{p-1}) *est de rang* $r-1$ *et compatible.*

iii) *Si* $h < r-1$ *le système* (M_{p-1}) *est de rang* $r-2$ *et non compatible.*

Démonstration.

i) Si $h = r$ la dernière ligne était liée incompatible. Le système (M_{p-1}) reste de même rang que (M_p). Il est compatible.

ii) Si $h = r-1$, la dernière ligne de (M_p) est indépendante ; l'avant dernière est liée incompatible.
Le système (M_{p-1}) a une ligne indépendante en moins ; il est de rang $(r-1)$.
La ligne $(p-2)$ était liée aux h premières, donc le système (M_{p-1}) est compatible.

iii) Si $h < r-1$, les deux dernières lignes au moins de (M_p) sont indépendantes. La ligne $(k-2)$ est liée aux h premières et non compatible. La ligne $(k-1)$ est indépendante.
Donc dans le système (M_{p-1}) on supprime la dernière ligne de (M_p) qui est indépendante et la ligne $(k-1)$ devient liée incompatible.

cqfd.

Corollaire 1.8.

i) *Si* $h < r-1$ *le système* $(M_{p-\text{entier}(\frac{r+1-h}{2})})$ *est de rang* h.

ii) *Si* $(r-h)$ *est impair ce système est compatible.*

iii) Si (r-h) *est pair ce système est incompatible ; alors le système* $(M_{p-1-\frac{r-h}{2}})$ *est de rang* h *compatible.*

Démonstration.

i) Quand on passe au système $(M_{p-\text{entier}(\frac{r+1-h}{2})})$ il n'y a plus de lignes indépendantes en fin du système. Donc le rang est h.

ii) Si (r-h) est impair le système $(M_{p-\text{entier}(\frac{r-h}{2})})$ a sa dernière ligne indépendante, son avant dernière liée incompatible. Il est de rang (h+1). D'après la propriété 1.5 le système $M(_{p-\text{entier}(\frac{r+1-h}{2})})$ est d'ordre h et il est compatible.

iii) Si (r-h) est pair le système $(M_{p+1-\frac{r-h}{2}})$ a ses deux dernières lignes indépendantes. Donc le système $(M_{p-\frac{r-h}{2}})$ est de rang h et il est incompatible d'après la propriété 1.5.

Mais toujours d'après la même propriété le système $(M_{p-1-\frac{r-h}{2}})$ est de rang h et compatible.

cqfd.

Nous allons démontrer une propriété très utile pour les polynômes orthogonaux.

Propriété 1.6.

Une condition nécessaire et suffisante pour que le système (M_p) *soit de rang* $r < p$ *avec les* h *premières lignes indépendantes et les* (p-r) *suivantes liées est que :*

$$H_h^{(o)} \neq o,\ H_i^{(o)} = o,\ \forall i \in \mathbb{N},\ h+1 \leq i \leq p.$$

Les systèmes (M_i), $\forall i \in \mathbb{N}$, $h+1 \le i \le p-1-$*entier* $(\frac{r+1-h}{2})$ *sont liés compatibles.*

Les systèmes (M_i), $\forall i \in \mathbb{N}$, $p+1-$*entier* $(\frac{r+1-h}{2}) \le i \le p$ *sont liés incompatibles.*

Le système $(M_{p-\text{entier}\,\frac{r+1-h}{2}})$ *est lié compatible si* $(r-h)$ *est impair et lié incompatible si* $(r-h)$ *est pair.*

Démonstration.

$\Rightarrow$ A l'aide d'une démonstration analogue à la propriété 1.1 on met la matrice de (M_p) sous la forme :

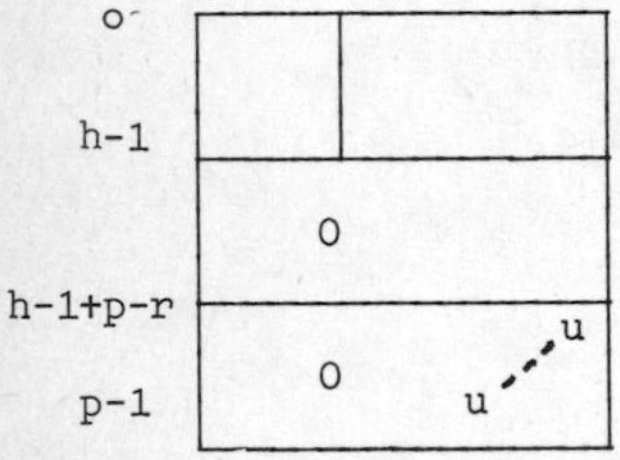

On a $H_h^{(o)} \neq o$

$H_i^{(o)} = o$, $\forall i \in \mathbb{N}$, $h+1 \le i \le p$, car la ligne h est composée de 0.

La compatibilité ou l'incompatibilité des systèmes (M_i) découle du corollaire 1.8.

$\Leftarrow$ $H_h^{(o)} \neq o$ entraine que les h premières lignes sont indépendantes. La ligne h est liée aux h premières, sinon il existerait un déterminant d'ordre (h+1) non nul formé à partir de $H_h^{(o)}$, de la ligne h et d'une colonne k-1 avec $h+1 \le k-1 \le p-1$. Alors $H_k^{(o)}$ serait non nul d'après la propriété 1.1, ce qui est contraire aux hypothèses.

D'après le corollaire 1.2 les lignes liées étant consécutives, on suppose que les (p-k) lignes qui suivent les h premières sont liées. On a donc le rang de (M_p) qui est égal à k.

Or les conditions sur la compatibilité ou l'incompatibilité des (M_i) et le corollaire 1.8 montrent que si on applique la méthode de la propriété 1.1 on a une matrice de la forme précédente. Le rang vaut donc $r = k$.

cqfd.

Dans ce qui suit, nous examinons le cas où le système (M_p) est homogène, et le cas où le système (M_p) est de rang r et le système (M_r) homogène.

Propriété 1.7.

Soit un système (M_p) *de rang* p *et homogène. On suppose* $H_{p+1}^{(o)} = 0$. *On cherche la première colonne* h-1 *telle que le déterminant formé à partir de* $H_p^{(o)}$, *de la ligne* p *et de cette colonne* h-1 *soit différent de* 0.

Alors le système (M_h) *est de rang* h *non homogène.*

Démonstration.

On sait d'après la propriété 1.1 que $H_h^{(o)}$ est non nul. Donc le système (M_h) est de rang h.

$H_p^{(o)} \neq o$ et le système (M_p) est homogène $\Rightarrow c_i = o$, $\forall i \in \mathbb{N}$, $p \leq i \leq 2p-1$

$H_{p+1}^{(o)} = o \Rightarrow c_{2p} = o$ sinon $H_{p+1}^{(o)} = c_{2p} . H_p^{(o)} \neq o$.

Soit c_{k+p-1} le premier terme différent de 0 avec $k-1 > p$. La colonne (k-1) a ses p premiers termes nuls et le $(p+1)^{ème}$ vaut $c_{k+p-1} \neq o$.
Les colonnes j, $j \in \mathbb{N}$, $p \leq j \leq k-2$ ont leurs (p+1) premiers termes nuls.

Donc la première colonne (h-1) qui donne un déterminant d'ordre (p+1) non nul est cette colonne k-1.

Le système (M_h) est non homogène puisque c_{k+p-1} figure dans la colonne second membre.

cqfd.

Corollaire 1.9.

On suppose que le système (M_h) *est de rang* h *et homogène. On suppose également que* $H_j^{(o)} = 0$ *pour* $j \in \mathbb{N}$, $r+1 \le j \le h-1$ *et que* $H_r^{(o)} \neq 0$. *Alors le système* (M_r) *est de rang* r *non homogène.*

Démonstration.

Supposons que le système (M_r) soit homogène. Alors, d'après le corollaire 1.1, la colonne h-1 est celle qui donne le déterminant d'ordre (r+1) non nul.
La propriété 1.7 entraine que le système (M_h) est non homogène, ce qui est contraire aux hypothèses.

cqfd.

Propriété 1.8.

On considère un système (M_p) *de rang* r *compatible, et on suppose que le système* (M_r) *est homogène.*
Alors

$$c_i = o, \ \forall i \in \mathbb{N}, \ r \le i \le 2p-1$$

Démonstration.

Le système (M_r) est homogène $\iff c_i = o, \ \forall i \in \mathbb{N}, \ r \le i \le 2r-1$
$H_r^{(o)} \neq o \iff c_{r-1} \neq o$ car la diagonale non principale est composée de c_{r-1} et $H_r^{(o)} = (-1)^{\frac{r(r-1)}{2}} (c_{r-1})^r$.

La ligne r ne peut être liée et compatible avec les r précédentes que si elle est composée de 0.

En effet on a :

$$c_{r+j} = \sum_{i=o}^{r-1} \gamma_i \, c_{j+i}, \ \forall j \in \mathbb{N}, \ o \le j \le p$$

Or

$$c_i = o, \forall i \in \mathbb{N}, r \le i \le 2r-1$$

$$\Rightarrow \gamma_i = o, \forall i \in \mathbb{N}, o \le i \le r-1$$

$$\Rightarrow c_i = o \text{ pour } i \in \mathbb{N}, r \le i \le r+p.$$

On recommence le même raisonnement pour les lignes j, $j \in \mathbb{N}$, $r+1 \le j \le p-1$.

cqfd.

Nous étudions à présent les propriétés de l'ensemble des déterminants de Hankel qu'il est possible d'extraire du système (M_∞).

Définition.

On appelle table H *le tableau triangulaire contenant les* $H_k^{(i)}$.

$$\begin{array}{llll}
H_1^{(o)} & & & \\
H_1^{(1)} & H_2^{(o)} & & \\
H_1^{(2)} & H_2^{(1)} & H_3^{(o)} & \\
\vdots & \vdots & \vdots & \ddots
\end{array}$$

Définition.

On appellera système $(M_k^{(i)})$ *le système dont la matrice est*

$$\begin{pmatrix} c_i & \cdots & c_{i+k-1} \\ \vdots & & \vdots \\ c_{i+k-1} & \cdots & c_{i+2k-2} \end{pmatrix} \text{ et le second membre } - \begin{pmatrix} c_{i+k} \\ \vdots \\ c_{i+2k-1} \end{pmatrix}$$

Définition.

La table H *sera dite normale si aucun des* $H_k^{(i)}$ *est nul, sinon elle sera dite non normale.*

Pour faciliter les déplacements dans la table des coefficients, on supposera que les coefficients continuent de se répéter sur les anti-diagonales sortant de la matrice du système $(M_\infty^{(o)})$

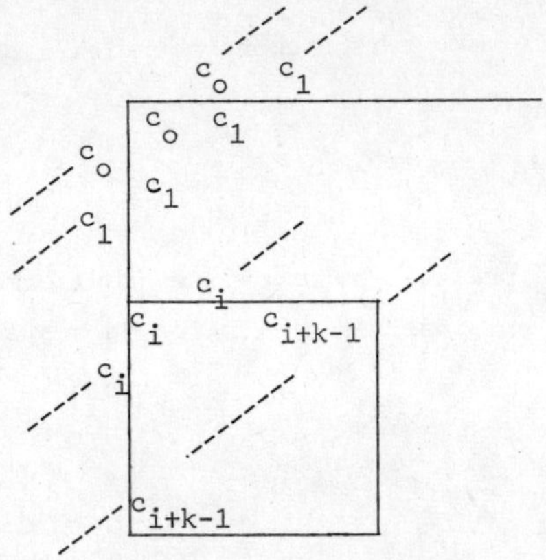

On utilisera alors des numéros de ligne et de colonne négatifs.

Les sytèmes $(M_k^{(i)})$ seront supposés positionnés à partir de la ligne i et de la colonne o.

Notre but est de montrer la possibilité d'existence de blocs carrés de zéro dans la table H en n'utilisant que des propriétés matricielles, ce qui nous permettra d'en déduire ultérieurement des propriétés pour les polynômes orthogonaux.

Nous croyons utile d'insister sur le fait que les polynômes orthogonaux sont définis par des systèmes linéaires et que toutes leurs propriétés peuvent être déduites de l'étude algébrique de ces systèmes.

<u>*Lemme 1.4*</u>.

On suppose
$$\begin{cases} H_{h+1}^{(k)} \neq o \\ H_{h+1+i}^{(k)} = o \quad \text{pour } i \in \mathbb{N},\ 1 \le i \le b \\ H_{h+2+b}^{(k)} \neq o \end{cases}$$

On suppose que la ligne (k+h+1) *du système* $(M^{(k)}_{h+2})$ *est combinaison linéaire des lignes* $j \in \mathbb{N}$, $k+\ell \leq j \leq k+h$, *le coefficient de cette relation qui intervient pour la ligne* $(k+\ell)$ *étant non nul.*

Alors la ligne (k+h+1) *du système* $(M^{(k)}_{h+1+b})$ *est liée aux lignes* $j \in \mathbb{N}$, $k+\ell \leq j \leq k+h$; *elle est indépendante dans le système* $(M^{(k)}_{h+2+b})$.

<u>Démonstration</u>.

L'indépendance de la ligne (k+h+1) du système $(M^{(k)}_{h+2+b})$ est évidente puisque $H^{(k)}_{h+2+b} \neq o$.

On considère le système $(M^{(k)}_{h+2+b})$ et on écrit la relation entre la ligne (k+h+1) et les lignes $j \in \mathbb{N}$, $k+\ell \leq j \leq k+h$, qui fait intervenir les coefficients de la relation qui existe dans $(M^{(k)}_{h+2})$. On explore la ligne (k+h+1) à la recherche du premier élément non nul. Puisque cette ligne dans le système $(M^{(k)}_{h+2})$ est liée aux lignes $j \in \mathbb{N}$, $k+\ell \leq j \leq k+h$, le premier élément non nul ne peut être que sur une colonne $s \in \mathbb{N}$, $h+2 \leq s \leq h+1+b$.

En fait il ne peut être que sur la colonne h+1+b. En effet, s'il figure sur la colonne $s < h+1+b$, le déterminant d'ordre (h+2) formé des (h+1) premières colonnes de $(M^{(k)}_{h+2})$ et de cette colonne s est non nul. Alors d'après la propriété 1.1, $H^{(k)}_{s-k+1} = o$ ce qui est impossible d'après les hypothèses.

<u>cqfd.</u>

<u>*Propriété 1.9.*</u>

Les hypothèses du lemme 1.5 avec $\ell > o$ *entrainent :*

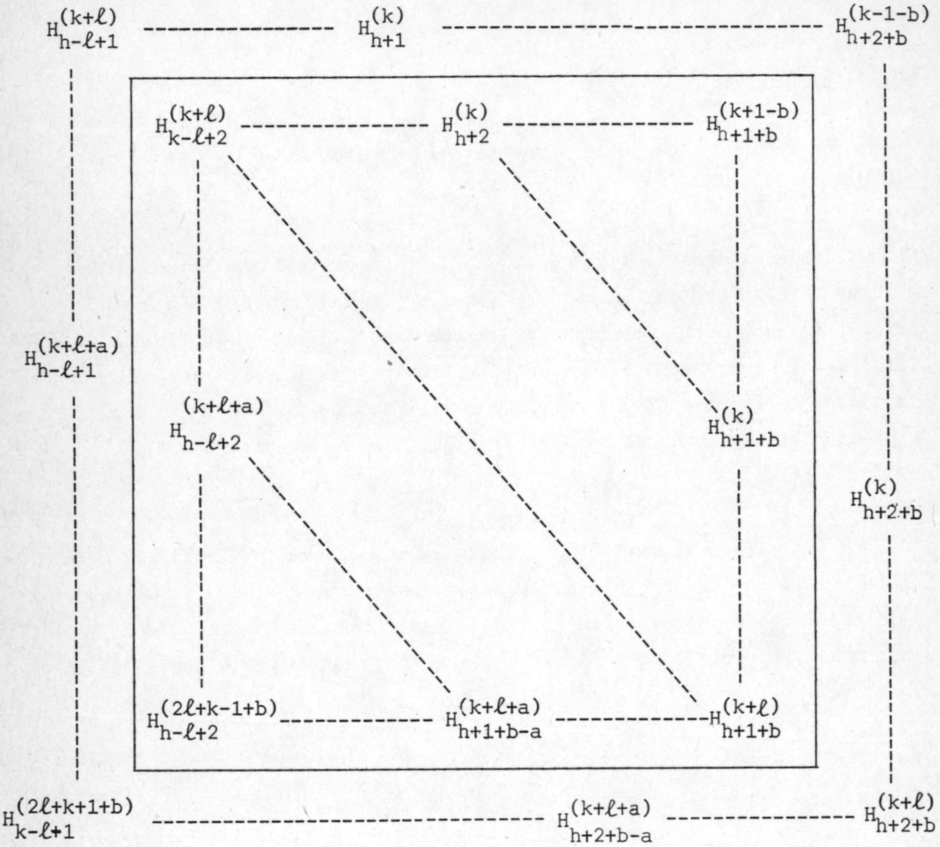
H(k+ℓ) h-ℓ+1
H(k) h+1
H(k-1-b) h+2+b
H(k+ℓ) k-ℓ+2
H(k) h+2
H(k+1-b) h+1+b
H(k+ℓ+a) h-ℓ+1
(k+ℓ+a) H h-ℓ+2
H(k) h+1+b
H(k) h+2+b
H(2ℓ+k-1+b) h-ℓ+2
H(k+ℓ+a) h+1+b-a
H(k+ℓ) h+1+b
H(2ℓ+k+1+b) k-ℓ+1
H(k+ℓ+a) h+2+b-a
H(k+ℓ) h+2+b

Le carré ne contient que des zéros ; tous les éléments de la périphérie sont non nuls, c'est-à-dire $H_j^{(i)} = o$ pour $i \in \mathbb{N}$ et $j \in \mathbb{N}$,

$$h+k+2 \le i+j \le h+\ell+k+1+b \text{ et } h-\ell+2 \le j \le h+1+b$$

$$H_j^{(i)} \ne o \text{ pour } \begin{cases} j = h-\ell+1 \text{ et } i \in \mathbb{N},\ k+\ell \le i \le 2\ell+k+1+b \\ j = h+2+b \text{ et } i \in \mathbb{N},\ k-1-b \le i \le k+\ell \\ i+j = k+h+1 \text{ et } i \in \mathbb{N},\ k-1-b \le i \le k+\ell \\ i+j = k+\ell+h+2+b \text{ et } i \in \mathbb{N},\ k+\ell \le i \le 2\ell+k+1+b \end{cases}$$

et réciproquement.

Remarque : si, pour $j \in \mathbb{N}$, $j \in]k,k-1-b]$, des indices j sont négatifs strictement, alors on conviendra de limiter le carré par la diagonale qui correspond à $H^{(o)}$. Si la ligne (k+h+1) de $(M_{h+2}^{(k)})$ est composée de zéros, on conviendra de prendre $\ell = h+1$ et on limitera le carré à gauche par la verticale $H_o^{(i)}$ dont on fixera ultérieurement la valeur par convention.

Démonstration.

a) D'après le lemme 1.4 la ligne (k+h+1) de $(M_{h+1+b}^{(k)})$ est liée aux lignes $j \in \mathbb{N}$, $k+\ell \le j \le k+h$. Donc tous les déterminants extraits du système $(M_\infty^{(o)})$ dont $(h-\ell+2)$ lignes consécutives sont formées d'éléments des lignes $j \in \mathbb{N}$, $k+\ell \le j \le k+h+1$ du système $(M_{h+1+b}^{(k)})$ sont nuls.

On trouve donc tous les déterminants du carré.

b) Tout système de lignes $j \in \mathbb{N}$, $k+s \le j \le k+h$ avec $o \le s \le \ell$, extrait de $(M_{h+1}^{(k)})$ est formé de lignes indépendantes sinon $H_{h+1}^{(k)}$ serait nul.

La ligne (k+h+1) est liée à ces lignes. Ceci reste vrai pour les mêmes lignes dans le système $(M_{h+1+b}^{(k)})$.

D'après le lemme 1.3 appliqué à $(M_{h-s+1}^{(k+s)})$ on a $H_{h-s+1}^{(k+s)} \neq o$ pour $o \leq s \leq \ell$.

c) Appelons L_j les lignes du système $(M_{h+1+b}^{(k)})$ pour $j \in \mathbb{N}$, $k+\ell \leq j \leq k+h+1$. On a :

$$L_{k+h+1} = \sum_{j=\ell}^{h} \alpha_{j+k} L_{j+k} \text{ avec } \alpha_{\ell+k} \neq o$$

Nous considérons tous les déterminants de Hankel d'ordre $(h-\ell+1)$ composés uniquement d'éléments des lignes L précédentes.

Soit

$$H_{h-\ell+1}^{(k+\ell+1+i)} = \det_{k+\ell+1+i}(L_{k+\ell+1}, L_{k+\ell+2},\ldots,L_{k+h}, L_{k+h+1})$$

un tel déterminant pour $i \in \mathbb{N}$, $0 \leq i \leq \ell+b$. On a :

$$\begin{aligned} H_{h-\ell+1}^{k+\ell+1+i} &= \det_{k+\ell+1+i} (L_{k+\ell+1},\ldots,L_{k+h}, \sum_{j=\ell}^{h} \alpha_{j+k} L_{j+k}) \\ &= \alpha_{\ell+k}(-1)^{h-\ell} \det_{k+\ell+1+i} (L_{k+\ell}, L_{k+\ell+1},\ldots,L_{k+h}) \\ &= (-1)^{h-\ell} \alpha_{\ell+k} H_{h-\ell+1}^{(k+\ell+i)}, \forall i \in \mathbb{N}, o \leq i \leq \ell+b \end{aligned}$$

Or $H_{h-\ell+1}^{(k+\ell)} \neq o$ ce qui entraine de proche en proche que $H_{h-\ell+1}^{k+\ell+i} \neq o$ pour $i \in \mathbb{N}$, $o \leq i \leq \ell+b+1$.

d) Maintenant nous considérons les déterminants $H^{(k-i)}_{h+1+i}$, pour $i \in \mathbb{N}$, $o \leq i \leq b+1$.

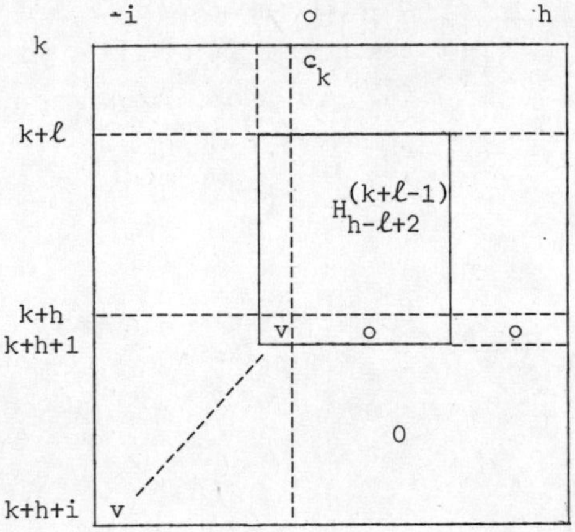

On combine la ligne (k+h+1) avec les lignes $j \in \mathbb{N}$, $k+\ell \leq j \leq k+h$ en utilisant la relation qui existe dans $(M^{(k)}_{h+1})$.

Tous les termes de la ligne (k+h+1) situés sur les colonnes $s \in \mathbb{N}$, $o \leq s \leq h$, sont nuls. Le terme v sur la colonne -1 est non nul sinon $H^{(k+\ell-1)}_{h-\ell+2}$ serait nul ce qui est contraire au b).

On réitère sur les lignes k+h+2 à k+h+i comme dans la propriété 1.1. On a alors :

$$H^{(k-i)}_{h+1+i} = (-1)^{\frac{(h+1+i)(h+i)-h(h+1)}{2}} v^i H^{(k)}_{h+1} \neq o$$

pour $i \in \mathbb{N}$, $o \leq i \leq b+1$.

e) Nous considérons les déterminants $H^{(k+i)}_{h+2+b}$ pour $i \in \mathbb{N}$, $o \leq i \leq \ell$.

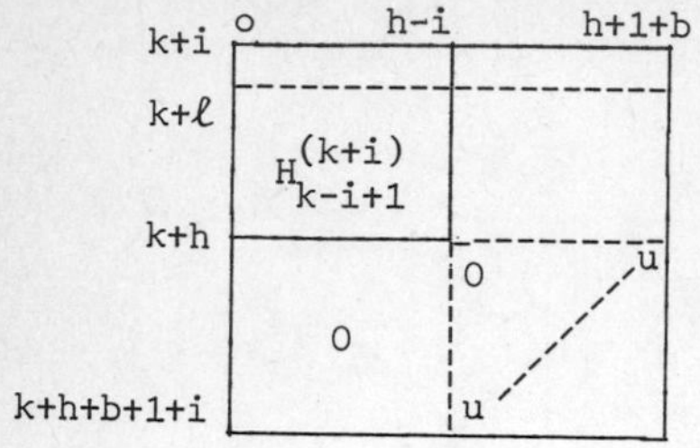

On utilise le b) et le a). On a :

$$H^{(k+i)}_{h-i+1} \neq o, \qquad H^{(k+i)}_{h-i+2} = o$$

On utilise encore la relation entre les lignes $j \in \mathbb{N}$, $k+\ell \leq j \leq k+h+1$, de $(M^{(k)}_{h+1+b})$ de la même façon que dans la propriété 1.1.

On a :

$$H^{(k+i)}_{h+2+b} = (-1)^{\frac{(b+i)(b+1+i)}{2}} u^{b+1+i} H^{(k+i)}_{h-i+1} \neq o$$

pour $i \in \mathbb{N}$, $o \leq i \leq \ell$.

f) Nous considérons les déterminants $H^{(k-i)}_{h+2+b}$ pour $i \in \mathbb{N}$, $o \leq i \leq b+1$. On utilise le raisonnement fait en d) et e). On obtient :

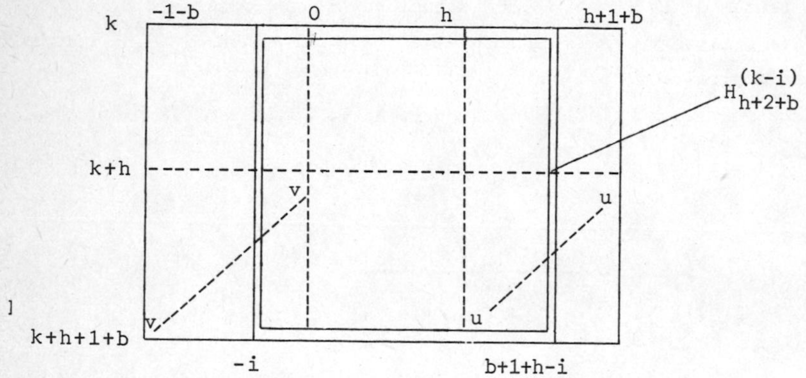

$$H^{(k-i)}_{h+2+b} = u^{(b-i+1)} v^{i} (-1)^{\frac{(b-i)(b-i+1)+i(2h+1+i)}{2}} H^{(k)}_{h+1} \neq o$$

pour $i \in \mathbb{N}$, $o \leq i \leq 1+b$.

g) Nous considérons $H^{(k+\ell+i)}_{h+2+b-i}$ pour $i \in \mathbb{N}$, $o \le i \le \ell+b+1$.
On utilise le raisonnement fait en e) et le fait que $H^{(k+\ell+i)}_{h-\ell+1} \neq o$

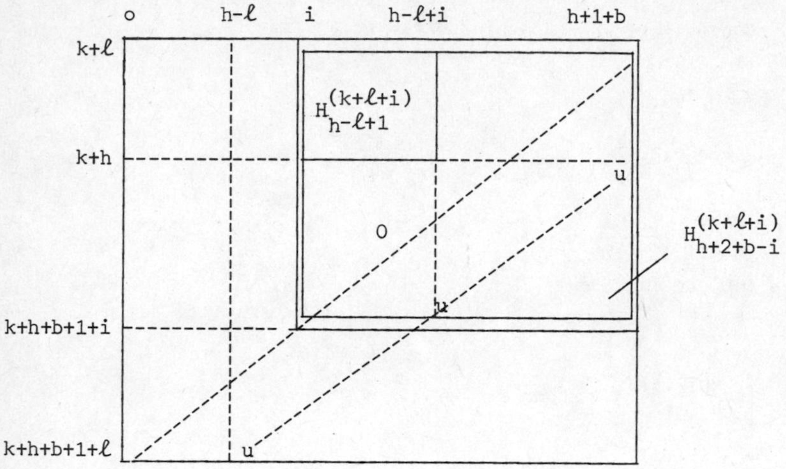

On a :

$$H^{(k+\ell+i)}_{h+2+b-i} = (-1)^{\frac{(b+1-i)(b-i)}{2}} u^{b+1-i} H^{(k+\ell+i)}_{h-\ell+1}$$

pour $i \in \mathbb{N}$, $o \le 1 \le \ell+b+1$

h) Réciproquement, si le carré et sa périphérie sont donnés on a bien :

$$\begin{cases} H^{(k)}_{h+1} \neq o \\ H^{(k)}_{h+1+i} = o \text{ pour } i \in \mathbb{N},\ 1 \le i \le b \\ H^{(k)}_{h+2+b} \neq o \end{cases}$$

Puisque $H_{h+2}^{(k)} = o$, sa ligne $(k+h+1)$ est liée aux lignes $j \in \mathbb{N}$, $k \le j \le k+h$.

En fait elle n'est liée qu'aux lignes $k+\ell \le j \le k+h$, sinon par le raisonnement fait pour la condition nécessaire on trouverait un carré de zéros plus grand ou plus petit entouré d'une périphérie non nulle.

cqfd.

Propriété 1.10.

On suppose que l'on a :

$$\begin{cases} H_{h-\ell+1}^{(k+\ell+a)} \neq o & \text{pour a fixé} \in \mathbb{N},\ o \le a \le \ell+b-1 \\ H_{h-\ell+1+i}^{(k+\ell+a)} = o & \text{pour } i \in \mathbb{N},\ 1 \le i \le \ell+b-a \\ H_{h+2+b-a}^{(k+\ell+a)} \neq o & \end{cases}$$

et la ligne $(k+h+1)$ *du système* $(M_{a+h-\ell+2}^{(k+\ell)})$ *est liée aux lignes* $j \in \mathbb{N}$, $k+\ell \le j \le k+h$, *le coefficient de la relation intervenant pour la ligne* $k+\ell$ *étant non nul.*

Enfin, la ligne $(k+h+1)$ *du système* $(M_{a+h-\ell+3}^{(k+\ell-1)})$ *est indépendante des lignes* $j \in \mathbb{N}$, $k+\ell \le j \le k+h$.
Alors on a le tableau de la propriété 1.9 et réciproquement.

Démonstration.

On supposera que le déterminant $H_{h-\ell+1}^{(k+\ell+a)}$ démarre à la ligne $k+\ell$ et à la colonne a.

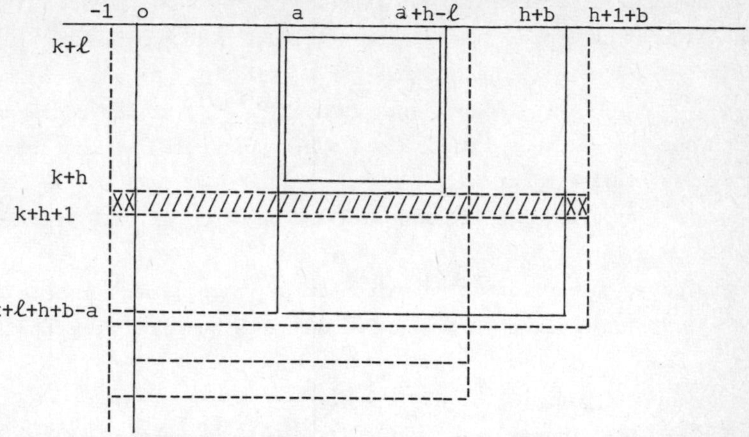

Nous allons montrer que les hypothèses des propriétés 1.9 et 1.10 sont équivalentes.

a) Montrons tout d'abord que les hypothèses de la propriété 1.9 entrainent celles de la propriété 1.10.

Les hypothèses de 1.9 entraînent l'existence du carré ; donc on a les hypothèses de 1.10 relatives aux valeurs des déterminants $H_{h-\ell+1+i}^{(k+\ell+a)}$ pour $i \in \mathbb{N}$, $o \leq i \leq \ell+b+1-a$.
D'autre part, en utilisant la partie f) de la propriété 1.9 on a les éléments de la ligne k+h+1 qui sont nuls sur les colonnes $i \in \mathbb{N}$, $o \leq i \leq h+b$ et non nuls sur les colonnes -1 et h+b+1.
Par conséquent la ligne k+h+1 est liée aux lignes $j \in \mathbb{N}$, $k+\ell \leq j \leq k+h$ dans $(M_{a+h-\ell+2}^{(k+\ell)})$ et indépendante dans $(M_{a+h-\ell+3}^{(k+\ell-1)})$, le coefficient de la relation intervenant pour la ligne $(k+\ell)$ étant non nul.

b) Montrons que les hypothèses de la propriété 1.10 entrainent celles de la propriété 1.9.

Si on combine la ligne (k+h+1) avec les lignes $j \in \mathbb{N}$, $k+\ell \leq j \leq k+h$, en utilisant la relation qui existe dans $(M_{a+h-\ell+2}^{(k+\ell)})$, les termes de cette ligne situés sur les colonnes $i \in \mathbb{N}$, $o \leq i \leq a+h-\ell+1$ sont nuls ; celui de la colonne -1 est non nul.

En appliquant le lemme 1.4 avec une utilisation du système $(M^{(k+\ell+a)}_{h-\ell+2})$, la ligne k+h+1 est liée aux lignes $j \in \mathbb{N}$, $k+\ell \leq j \leq k+h$ dans le système $(M^{(k+\ell+a)}_{h+1+b-a})$; elle est indépendante dans $(M^{(k+\ell+a)}_{h+2+b-a})$ et par conséquent les termes sur les colonnes $i \in \mathbb{N}$, $a \leq i \leq h+b$ sont nuls, et le terme sur la colonne h+b+1 est non nul.

Donc on a l'hypothèse de liaison ou d'indépendance de la ligne (k+h+1) dans la propriété 1.9.

D'autre part, en appliquant un raisonnement analogue au a) de la propriété 1.9, on obtient le même carré de zéros que dans la propriété 1.9.

Donc $H^{(k)}_{h+1+i} = o$ pour $i \in \mathbb{N}$, $1 \leq i \leq b$.

Appelons L_j les lignes $j \in \mathbb{N}$, $k+\ell \leq j \leq k+h+1$, du système $(M^{(k)}_{h+1+b})$.

On a

$$L_{k+h+1} = \sum_{j=\ell}^{h} \alpha_{j+k} L_{j+k} \quad \text{avec } \alpha_{\ell+k} \neq o$$

Nous considérons tous les déterminants d'ordre $h-\ell+1$ formés uniquement des éléments des lignes précédentes.

Soit

$$H^{(k+\ell+a+i)}_{h-\ell+1} = \det_{k+\ell+a+i}(L_{k+\ell+1}, L_{k+\ell+2}, \ldots, L_{k+h+1})$$

un tel déterminant avec $-a \leq i \leq 1$ ou $1 \leq i \leq \ell+b+1-a$.

On a :

$$H^{(k+\ell+a+i)}_{h-\ell+1} = \det_{k+\ell+a+i}(L_{k+\ell+1}, \ldots, L_{k+h}, \sum_{j=\ell}^{h} \alpha_{j+k} L_{j+k})$$

$$= \alpha_{\ell+k}(-1)^{h-\ell} \det_{k+\ell+a+i}(L_{k+\ell}, L_{k+h+1}, \ldots, L_{k+h})$$

$$= \alpha_{\ell+k}(-1)^{h-\ell} H^{(k+\ell+a+i-1)}_{h-\ell+1}$$

Comme $H^{(k+\ell+a)}_{h-\ell+1} \neq 0$ on peut en déduire de proche en proche que $H^{(k+\ell+i)}_{h-\ell+1} = 0$, pour $i \in N$, $0 \leq i \leq \ell+1+b$.

Considérons les déterminants $H^{(k+\ell-i)}_{h-\ell+1+i}$ pour $i \in \mathbb{N}$, $0 \leq i \leq \ell$.

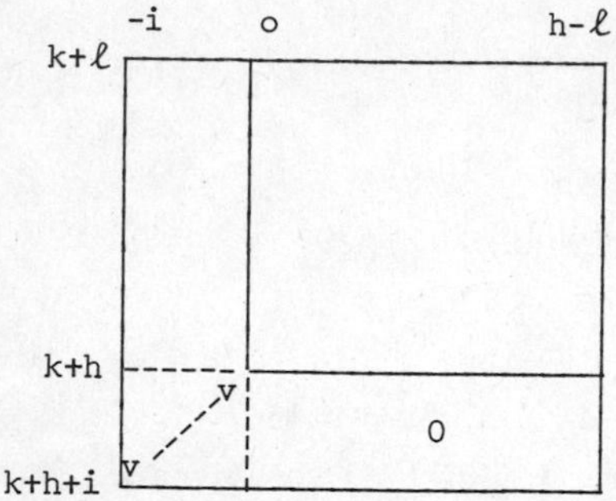

En combinant la ligne k+h+1 avec les lignes $j \in \mathbb{N}$, $k+\ell \leq j \leq k+h$, on obtient des zéros sur la ligne k+h+1 et sur les colonnes $i \in \mathbb{N}$, $0 \leq i \leq h-\ell$ et un élément v non nul sur la colonne -1. On réitère comme dans le raisonnement fait pour la propriété 1.1.

On trouve :

$$H^{(k+\ell-i)}_{h-\ell+1+i} = (-1)^{\frac{(-\ell+i)(2h+1-\ell+i)}{2}} v^i \, H^{(k+\ell)}_{h-\ell+1} \neq 0$$

Par conséquent : $H^{(k)}_{h+1} \neq 0.$

Considérons maintenant le déterminant $H^{(k)}_{h+2+b}$.

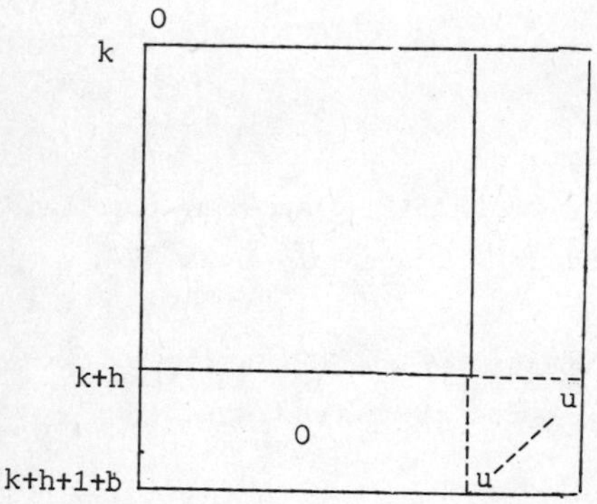

Comme dans la propriété 1.1 on obtient

$$H^{(k)}_{h+2+b} = (-1)^{\frac{b(b+1)}{2}} u^{b+1} H^{(k)}_{h+1} \neq 0.$$

On retrouve bien les hypothèses de la propriété 1.9.

Cqfd.

1.3 EXISTENCE DES POLYNOMES ORTHOGONAUX

Nous considérons un système (M_p) de rang $r < p$.
Si le système (M_p) est incompatible, il n'a pas de solution.
Si le système (M_p) est compatible il a une infinité de solutions $\lambda_{i,p}$.
Les racines $m_{i,p}$ de $P_p(x)$ existent donc.

Nous allons montrer le résultat fondamental suivant.
L'ensemble des $m_{i,p}$ contient l'ensemble des $m_{i,r}$ (racines du polynôme $P_r(x)$ déterminées de façon unique grâce au système (M_r)) avec leur ordre de multiplicité au moins.

Propriété 1.11.

Si le système (M_p) *est de rang* r *compatible, avec* $r < p$, *alors la solution de* $(M_r^{(o)})$ *est aussi solution de* $(M_r^{(i)})$ *pour* pour $i \in \mathbb{N}$, $1 \leq i \leq 2p - 2r - 1$.

Démonstration.

Si le système (M_p) est de rang r compatible, d'après le corollaire 1.4, les r premières lignes sont indépendantes. D'après le lemme 1.3, $H_r^{(o)} \neq 0$.
Donc la solution de (M_r) existe et est unique dès que $\lambda_{o,r}$ est fixé.
La ligne r du système ci-dessous est liée aux r premières lignes.

$$\begin{pmatrix} c_o & c_1 & \cdots & c_{2p-r-2} & c_{2p-r-1} \\ \vdots & & & & \vdots \\ c_r & \cdots & \cdots & c_{2p-2} & c_{2p-1} \end{pmatrix}$$

et ceci parce que (M_p) est compatible, sinon par une démonstration analogue à la propriété 1.1 on aurait une contradiction en aboutissant à :

$H^{(o)}_{2p+1-r} =$

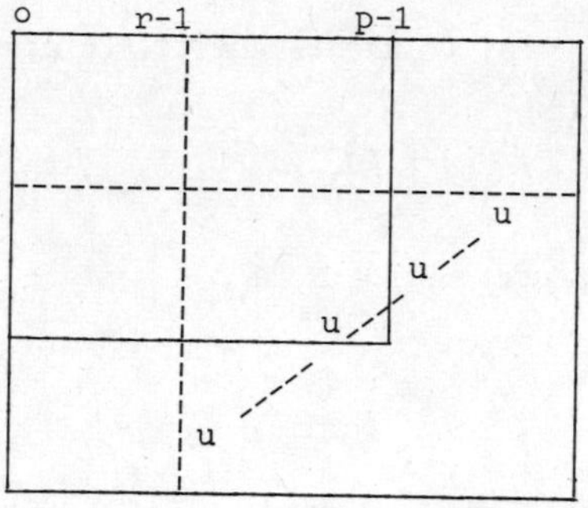

et (M_p) serait ou de rang strictement supérieur à r, ou incompatible.
Or on a avec (M_r)

$$\sum_{i=o}^{r-1} c_{k+i}\,\lambda_{r-i,r} = -c_{k+r} \quad \forall k \in \mathbb{N},\ 0 \le k \le r-1$$

Par conséquent :

$$\sum_{i=o}^{r-1} c_{k+i}\,\lambda_{r-i,r} = -c_{k+r} \quad \forall k \in \mathbb{N},\ 0 \le k \le 2p-r-1$$

<u>cqfd.</u>

On écrit le système (M_p) sous la forme (M'_p).

$$\begin{pmatrix} c_o & \cdots & c_{p-1} & c_p \\ \vdots & & & \vdots \\ c_{p-1} & \cdots & c_{2p-2} & c_{2p-1} \end{pmatrix} \begin{pmatrix} \lambda_{p,p} \\ \vdots \\ \lambda_{o,p} \end{pmatrix} = 0$$

Dans (M'_p) le coefficient $\lambda_{o,p}$ n'est plus assujetti à être non nul.

<u>*Propriété 1.12.*</u>

Si le système (M_p) *est de rang* r *compatible alors*

$$(\lambda_{p,p}, \lambda_{p-1,p},\ldots, \lambda_{o,p}) = (0,\ldots, 0, \lambda_{r,r}, \lambda_{r-1,r},\ldots, \lambda_{o,r}, 0,\ldots, 0),$$

où $\lambda_{r,r}$ *peut occuper les places* i, $i \in \mathbb{N}$, $1 \leq i \leq p - r + 1$, *est solution de* (M'_p).

<u>Démonstration.</u>

C'est une conséquence immédiate de la propriété 1.11.

<u>cqfd</u>.

<u>*Corollaire 1.10.*</u>

Toute combinaison linéaire des solutions proposées dans la propriété 1.12 est solution de (M'_p).

C'est une solution de (M_p) *si le coefficient qui multiplie* $(0,\ldots, 0, \lambda_{r,r},\ldots, \lambda_{o,r})$ *est non nul.*

<u>Démonstration.</u>

Le résultat est évident si on utilise la propriété 1.12.

Si le coefficient qui multiplie $(0,\ldots, 0, \lambda_{r,r},\ldots, \lambda_{o,r})$ est non nul, alors on obtient bien $\lambda_{o,p}$ non nul et nous avons dans ce cas une solution de (M_p).

cqfd.

Propriété 1.13.

L'ensemble des solutions de (M_p) *est constitué par l'ensemble des combinaisons linéaires des solutions proposées dans la propriété 1.12 telles que le coefficient qui multiplie* $(0,\ldots, 0, \lambda_{r,r},\ldots, \lambda_{o,r})$ *soit non nul.*

Démonstration.

Ces combinaisons linéaires sont solutions de (M_p) d'après le corollaire 1.10.

De plus l'ensemble des solutions de (M'_p) forment un espace vectoriel de dimension p-r+1. Or les p-r+1 solutions proposées dans la propriété 1.12 sont indépendantes. En effet les p-r+1 dernières composantes de ces p-r+1 solutions donnent un déterminant triangulaire avec les $\lambda_{o,r}$ non nuls sur la diagonale principale.

Par conséquent ces solutions forment une base de l'ensemble des solutions de (M'_p).

D'où le résultat.

cqfd.

Théorème 1.1.

Si (M_p) *est de rang* $r < p$ *compatible, alors l'ensemble des racines de* $P_p(x)$ *contient toutes les racines de* $P_r(x)$ *avec le même ordre de multiplicité au moins, les* $(p-r)$ *racines restantes de* $P_p(x)$ *étant quelconques.*

Démonstration.

D'après la propriété 1.12 les coefficients de $P_r(x)$, $x\,P_r(x),\ldots,$ $x^{p-r}\,P_r(x)$ sont solutions de (M'_p).

D'après la propriété 1.13 les coefficients de

$$\sum_{i=o}^{p-r} \alpha_i \, x^i \, P_r(x) \text{ avec } \alpha_{p-r} \neq 0$$

sont solutions de (M_p). C'est donc $P_p(x)$. D'où le résultat.

<u>cqfd</u>.

CONCLUSION.

Pour trouver les solutions d'un système (M_p) de rang $r < p$ compatible, on étudie le système (M_r) qui a une solution unique dès que $\lambda_{o,r}$ est fixé. L'étude de l'existence et de l'unicité éventuelle des polynômes orthogonaux repose essentiellement sur le résultat du théorème 1.1.

Remarque 1.1.

Si on s'intéresse à un système rectangulaire compatible de ℓ lignes et p colonnes, de rang r avec $H_r^{(o)} \neq o$, le résultat du théorème 1.1 reste valable, c'est à dire que le polynôme $P_p(x)$ solution est tel que
$P_p(x) = u_{p-r}(x) \, P_r(x)$ avec $u_{p-r}(x)$ polynôme arbitraire de degré $(p-r)$.

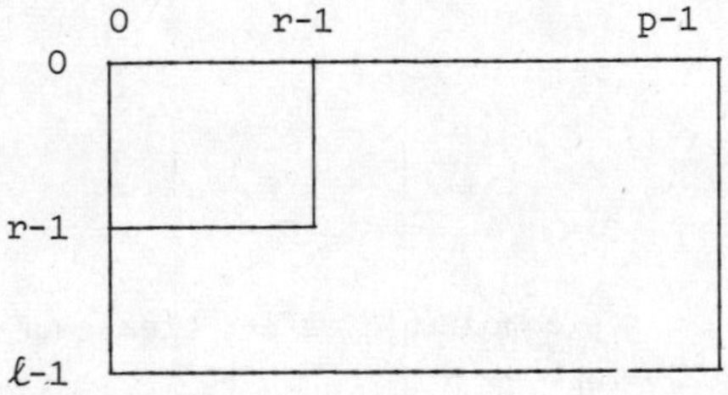

Théorème 1.2.

Une condition nécessaire et suffisante pour que le système (M_k) *soit lié compatible de rang* $r < p$ $\forall k \in \mathbb{N}$, $r < k \leq p$ *est que :*

$$H_r^{(o)} \neq 0 \text{ et } P_k(x) = u_{k-r}(x)\, P_r(x),\ \forall k \in \mathbb{N},\ r < k \leq p$$

avec $u_{k-r}(x)$ *polynôme arbitraire de degré* $(k-r)$.

Démonstration.

$\Rightarrow$ déjà démontré dans le théorème 1.1.

$\Leftarrow$ le système (M_k) est lié, $\forall k \in \mathbb{N}$, $r+1 \leq k \leq p$ sinon on aurait une solution unique

$$H_k^{(o)} = o\ \forall k \in \mathbb{N},\ r+1 \leq k \leq p.$$

Le système (M_k) est compatible puisqu'on a une solution $P_k(x)$.
Dans la propriété 1.6 le système (M_k) est de rang r.

cqfd.

La propriété suivante donne les conditions d'existence des polynômes orthogonaux par rapport à c. Dans toute la suite l'indice $\ell \in \mathbb{N}$ numérote les groupes successifs de déterminants $H_i^{(o)}$ nuls.

Propriété 1.14.

On suppose que l'on a pour une valeur de ℓ :

$$\begin{cases} H_i^{(o)} \neq 0 & \text{pour } i \in \mathbb{N}\ \ p_\ell+1 \leq i \leq h_{\ell+1}+1 \\ H_i^{(o)} = 0 & \text{pour } i \in \mathbb{N}\ \ h_{\ell+1}+2 \leq i \leq p_{\ell+1} \\ H_{p_{\ell+1}+1}^{(o)} \neq 0 & \end{cases}$$

Alors

i) *Pour* $i \in \mathbb{N}$, $p_\ell+1 \le i \le h_{\ell+1}+1$, $P_i(x)$ *existe. Il est unique, si on fixe le coefficient de* x^i.

ii) $P_i(x)$ *existe pour* $i \in \mathbb{N}$, $h_{\ell+1}+2 \le i \le h_{\ell+1}+\text{entier}(\frac{p_{\ell+1}+1-h_{\ell+1}}{2})$

avec $P_i(x) = P_{h_{\ell+1}+1}(x)\ w_{i-h_{\ell+1}-1}(x)$ *où* $w_{i-h_{\ell+1}-1}(x)$ *est un polynôme arbitraire de degré* $i-h_{\ell+1}-1$.

iii) $P_i(x)$ *n'existe pas pour* $i \in \mathbb{N}$, $h_{\ell+1}+1+\text{entier}(\frac{p_{\ell+1}+1-h_{\ell+1}}{2}) \le i \le p_{\ell+1}$

iv) $P_{p_{\ell+1}+1}(x)$ *existe. Il est unique si on fixe le coefficient de* $x^{p_{\ell+1}+1}$.

Démonstration.

i) Les systèmes (M_i) sont réguliers. La solution existe donc. Elle est unique si on fixe le coefficient de x^i.

ii) D'après la propriété 1.6, les systèmes (M_i) pour $i \in \mathbb{N}$, $h_{\ell+1}+2 \le i \le p_{\ell+1}-\text{entier}\,(\frac{p_{\ell+1}+1-h_{\ell+1}}{2})$ et pour $i = p_{\ell+1}+1-\text{entier}(\frac{p_{\ell+1}+1-h_{\ell+1}}{2})$, si $(p_{\ell+1}-h_{\ell+1})$ est impair, sont liés compatibles. Ces deux conditions sont équivalentes à $i \in \mathbb{N}$, $h_{\ell+1}+2 \le i \le h_{\ell+1}+\text{entier}(\frac{p_{\ell+1}+1-h_{\ell+1}}{2})$.
La solution existe. D'après le théorème 1.1 l'ensemble des racines de P_i contient celui de $P_{h_{\ell+1}+1}$ avec leur ordre de multiplicité, les autres étant arbitraires. D'où le résultat.

iii) D'après la propriété 1.6 les systèmes (M_i), pour $i \in \mathbb{N}$,

$p_{\ell+1}+2\text{-entier}(\frac{p_{\ell+1}+1-h_{\ell+1}}{2}) \leq i \leq p_{\ell+1}$ et pour $i = p_{\ell+1}+1\text{-entier}(\frac{p_{\ell+1}+1-h_{\ell+1}}{2})$,

si $(p_{\ell+1}-h_{\ell+1})$ est pair, sont liés incompatibles. Ces deux conditions sont

équivalentes à $i \in \mathbb{N}$, $h_{\ell+1}+1+\text{entier}(\frac{p_{\ell+1}+1-h_{\ell+1}}{2}) \leq i \leq p_{\ell+1}$.

Il n'existe donc pas de solution.

iv) $H^{(o)}_{p_{\ell+1}+1} \neq 0$. Donc on a un système régulier et $P_{p_{\ell+1}+1}(x)$ existe.
Il est unique si on fixe le coefficient de $x^{p_{\ell+1}+1}$.

<u>cqfd</u>.

Le théorème 2.1 du livre de C. Brezinski définit les polynômes orthogonaux comme étant les polynômes $\hat{P}_k(x)$ tels que :

$$\hat{P}_k(x) = D_k \begin{vmatrix} c_o & --- & c_k \\ | & & | \\ | & & | \\ c_{k-1} & --- & c_{2k-1} \\ 1 & --- & x^k \end{vmatrix} \quad \text{pour } k \in \mathbb{N},\ k \geq 1 \text{ et } D_k \text{ constante}$$

non nulle.

Dans le cas où $H^{(o)}_k$ est non nul ce théorème reste valable pour nos polynômes orthogonaux.
Si $H^{(o)}_k$ est nul l'expression ci-dessus définit encore un polynôme qui vérifie $c(x^i\hat{P}_k(x)) = 0$ pour $i \in \mathbb{N}$, $0 \leq i \leq k-1$, mais il est de degré strictement inférieur à k. Pour ces polynômes nous montrons le théorème suivant :

Théorème 1.3.

On considère le système (M_k) *et le polynôme* $\hat{P}_k(x) = \begin{vmatrix} c_0 & \cdots & c_k \\ \vdots & & \vdots \\ c_{k-1} & \cdots & c_{2k-1} \\ 1 & \cdots & x^k \end{vmatrix}$

avec $\hat{P}_0(x)$ = *constante arbitraire non nulle. On a alors :*

i) (M_k) *est de rang* k $\Longleftrightarrow$ $\hat{P}_k(x)$ *est de degré* k

ii) (M_k) *est de rang* (k-1) *incompatible et c'est la ligne* s *de* (M_k) *qui est liée aux* s *premières lignes.*

$\Longleftrightarrow$ $\hat{P}_k(x) \equiv \delta . \hat{P}_s(x)$ *avec* δ = *constante non nulle et* $\hat{P}_s(x)$ *de degré* $s \leq k-1$

$$\hat{P}_s(x) = \begin{vmatrix} c_0 & \cdots & c_s \\ \vdots & & \vdots \\ c_{s-1} & \cdots & c_{2s-1} \\ 1 & \cdots & x^s \end{vmatrix}$$

iii) (M_k) *est de rang* $\leq k-2$ *ou de rang* (k-1) *compatible* $\Longleftrightarrow$ $\hat{P}_k(x) \equiv 0$

Démonstration.

i) Démontré dans le livre de C. Brezinski.

ii) $\Longrightarrow$ On peut en utilisant la relation qui existe entre la ligne s et les s précédentes, mettre le déterminant donnant $\hat{P}_k(x)$ sous la forme :

$$\hat{P}_k(x) = \begin{vmatrix} c_0 & \cdots & c_{s-1} & & \cdots & & c_k \\ \vdots & & \vdots & & & & \vdots \\ c_{s-1} & \cdots & c_{2s-2} & & \cdots & & c_{k+s-1} \\ 0 & \cdots & 0 & & \cdots & & u \\ \vdots & 0 & \vdots & & & \iddots & \vdots \\ 0 & \cdots & 0 & 0 & u & \cdots & \\ 1 & \cdots & x^{s-1} & x^s & x^{s+1} & \cdots & x^k \end{vmatrix} \quad \text{avec } u \neq 0.$$

En développant ce déterminant par rapport aux lignes s, s+1,...,k-1 on a :

$$\hat{P}_k(x) = u^{k-s}\,(-1)^{(k-s)\frac{(k+3s-1)}{2}} \begin{vmatrix} c_o & --- & c_s \\ | & & | \\ c_{s-1} & --- & c_{2s-1} \\ 1 & --- & x^s \end{vmatrix} \equiv \delta.\hat{P}_s(x)$$

iii) $\Rightarrow$ Si (M_k) est de rang $\leq$ k-2, on a deux lignes consécutives au moins, s et s+1, liées aux s premières lignes. Si on considère le système (M_{k+1}) la ligne s est liée aux s précédentes. Donc tous les déterminants d'ordre k extraits de $\begin{pmatrix} c_o & --- & c_k \\ | & & | \\ c_{k-1} & --- & c_{2k-1} \end{pmatrix}$ sont nuls $\Rightarrow \hat{P}_k(x) \equiv 0$.

Si (M_k) est de rang (k-1) compatible, la ligne (k-1) du système (M_{k+1}) est liée aux (k-1) premières. Les déterminants d'ordre k extraits de $\begin{pmatrix} c_o & --- & c_k \\ | & & | \\ c_{k-1} & --- & c_{2k-1} \end{pmatrix}$ sont encore nuls $\Rightarrow \hat{P}_k(x) \equiv 0$.

$\Leftarrow$ Si $P_k(x) \equiv 0$, alors (M_k) n'est ni de rang k, sinon d'après le i) $\hat{P}_k(x)$ serait de degré k, ni de rang k-1 incompatible, sinon d'après le ii) $\Rightarrow$ $\hat{P}_k(x)$ serait de degré s. Par conséquent $\hat{P}_k(x)$ est de degré inférieur ou égal à k-2 ou de degré (k-1) compatible.

ii) $\Leftarrow$ Si $\hat{P}_k(x) \equiv \delta.\hat{P}_s(x)$ avec s $\leq$ k-1, alors (M_k) n'est pas de rang k, sinon deg $\hat{P}_k(x)$ = k, ni de rang (k-1) compatible ou de rang $\leq$ k-2, sinon $\hat{P}_k(x) \equiv 0$. Donc (M_k) est de rang (k-1) incompatible.
Il n'y a donc qu'une seule ligne s' de (M_k) liée aux s' précédentes.

Si on applique le ii) $\Rightarrow$ on obtient $\hat{P}_k(x) \equiv \delta'.\hat{P}_{s'}(x)$.
Donc s' = s.

<u>cqfd.</u>

On constate donc que définir les polynômes orthogonaux par l'intermédiaire du théorème 2.1 du livre de C. Brezinski ne donnera pas l'ensemble des polynômes orthogonaux par rapport à la fonctionnelle c. Seule la propriété 1.14 est capable de nous donner cet ensemble.

Nous examinons maintenant le cas où $c_i = 0$, $\forall i \in \mathbb{N}$, $0 \leq i \leq q-1$, et $c_q \neq 0$.

Propriété 1.15.

$$H_i^{(o)} = 0 \ \forall i \in \mathbb{N},\ 1 \leq i \leq q \iff c_i = 0,\ \forall i \in \mathbb{N},\ 0 \leq i \leq q-1$$

Démonstration.

$\Leftarrow$ évident.

$\Rightarrow$ Nous la démontrons par récurrence :

$$H_1^{(o)} = c_o = 0$$

$$H_2^{(o)} = -c_1^2 = 0$$

On suppose la propriété vraie jusqu'à l'ordre $k < q$ c'est-à-dire que :

$$c_i = 0,\ 0 \leq i \leq k-1$$

$$H_{k+1}^{(o)} = (-1)^{\frac{k(k+1)}{2}} (c_k)^{k+1} = 0 \Rightarrow c_k = 0$$

Propriété 1.16.

Si $c_i = 0$, $\forall i \in \mathbb{N}$, $0 \le i \le q-1$ et $c_q \neq 0$, *alors* :

i) *Tout polynôme de degré* $k \le \frac{q}{2}$ *est orthogonal par rapport à* c.

ii) *Il n'existe pas de polynôme orthogonal de degré* k *tel que* $\frac{q}{2} < k \le q$.

Démonstration.

i) Le système (M_k) est composé uniquement de 0 et il est homogène. Donc les $\lambda_{j,k}$ sont quelconques.

ii) Le système (M_k) contient au moins une ligne de 0 et le second membre contient comme premier terme non nul $-c_q$. Le système (M_k) n'a pas de solution car la ligne (q-k) est telle que : $0 = -c_q$.

cqfd.

Définition.

On appelle polynômes orthogonaux réguliers $P_i(x)$ *ceux pour lesquels* $H_i^{(o)}$ *est non nul, et polynômes orthogonaux singuliers* $P_i(x)$ *les polynômes orthogonaux pour lesquels* $H_i^{(o)}$ *est nul.*

Construction d'une base de P.

1er cas.

On suppose que :

$$\begin{cases} H_i^{(o)} \neq 0 \text{ pour } i \in \mathbb{N},\ p_\ell+1 \le i \le h_{\ell+1}+1 \\ H_i^{(o)} = 0 \text{ pour } i \in \mathbb{N},\ h_{\ell+1}+2 \le i \le p_{\ell+1} \end{cases}$$

$p_o = 0$

$p_o, h_1, p_1, h_2, p_2, \ldots$ est une suite croissante d'entiers.

Les $P_i(x)$, pour $i \in \mathbb{N}$, $p_\ell+1 \le i \le h_{\ell+1}+1$ sont orthogonaux réguliers.

Les $P_i(x)$, pour $i \in \mathbb{N}$, $h_{\ell+1}+2 \le i \le \frac{p_{\ell+1}+h_{\ell+1}}{2}$, si $(p_{\ell+1}-h_{\ell+1})$ est pair, ou $h_{\ell+1}+2 \leq i \leq \frac{p_{\ell+1}+h_{\ell+1}+1}{2}$ si $(p_{\ell+1}-h_{\ell+1})$ est impair sont orthogonaux singuliers. Ils valent $w_{i-h_{\ell+1}-1,\ell+1}(x).P_{h_{\ell+1}+1}(x)$ où $w_{i-h_{\ell+1}-1,\ell+1}(x)$ est un polynôme arbitraire de degré $i-h_{\ell+1}-1$. Il n'existe pas de polynômes orthogonaux $P_i(x)$ pour $i \in \mathbb{N}$, $\frac{p_{\ell+1}+h_{\ell+1}}{2}+1 \leq i \leq p_{\ell+1}$ si $(p_{\ell+1}-h_{\ell+1})$ est pair,

ou $\frac{p_{\ell+1}+h_{\ell+1}+1}{2}+1 \leq i \leq p_{\ell+1}$ si $(p_{\ell+1}-h_{\ell+1})$ est impair.

On prend les polynômes $P_i(x) = w_{i-h_{\ell+1}-1,\ell+1}(x)P_{h_{\ell+1}+1}(x)$ où $w_{i-h_{\ell+1}-1,\ell+1}(x)$ est un polynôme arbitraire de degré $i-h_{\ell+1}-1$. Ces polynômes ne sont pas orthogonaux, mais d'après la remarque 1.1, ils satisfont le système (M_i) réduit aux seules lignes compatibles.

2e cas.

On suppose que : $c_i = 0$ pour $i \in \mathbb{N}$, $0 \leq i \leq p_o-1$ et $c_{p_o} \neq 0$.
On a donc d'après la propriété 1.15 :

$$H_i^{(o)} = 0 \text{ pour } i \in \mathbb{N},\ 1 \leq i \leq p_o \text{ et } H_{p_o+1}^{(o)} \neq 0.$$

On suppose donc que l'on a :

$$\begin{cases} H_i^{(o)} = 0 \text{ pour } i \in \mathbb{N},\ h_\ell+2 \leq i \leq p_\ell \\ H_i^{(o)} \neq 0 \text{ pour } i \in \mathbb{N},\ p_\ell+1 \leq i \leq h_{\ell+1}+1 \end{cases}$$

$h_o = -1$.

$h_o, p_o, h_1, p_1, \ldots$ est une suite croissante d'entiers.

On prend les mêmes polynômes $P_i(x)$ présentés dans le premier cas pour $i \geq p_o+1$.

Pour $0 \leq i \leq p_o$ on prend les polynômes $w_{i,o}(x)$ arbitraires de degré i.
En effet, d'après la propriété 1.16, pour $0 \leq i \leq \frac{p_o}{2}$ tout polynôme de degré i est orthogonal, et pour $\frac{p_o}{2} < i \leq p_o$ il n'existe pas de polynôme orthogonal de degré i.

Théorème 1.4.

Les polynômes $P_i(x)$ *ainsi définis dans chacun des deux cas forment une base de* P.

Démonstration.

Les polynômes $P_i(x)$ sont de degré strictement égal à i.

cqfd.

Définition.

On appellera base B_1 *celle obtenue dans le premier cas et base* B_2 *celle obtenue dans le deuxième cas.*

La propriété qui va suivre est fondamentale pour l'établissement des relations de récurrence. Elle nous permettra de définir les polynômes quasi-orthogonaux d'ordre k.

Propriété 1.17.

On considère les polynômes $P_i(x)$ *pour* $i \in \mathbb{N}$, $h_\ell+1 \leq i \leq p_\ell$.

Alors :

i) $c(x^j P_i) = 0$ *si* $0 \leq j \leq p_\ell+h_\ell-i$ *et par conséquent* $c(P_j P_i) = 0$

ii) $c(x^j P_i) \neq 0$ *si* $j = p_\ell+h_\ell+1-i$ *et par conséquent* $c(P_j P_i) \neq 0$

iii) *En général on ne peut rien dire pour* $c(x^j P_i)$ *avec* $p_\ell+2+h_\ell-i \leq j \leq p_\ell$

Démonstration.

On utilise la matrice du système $(M_{p_\ell+1})$.

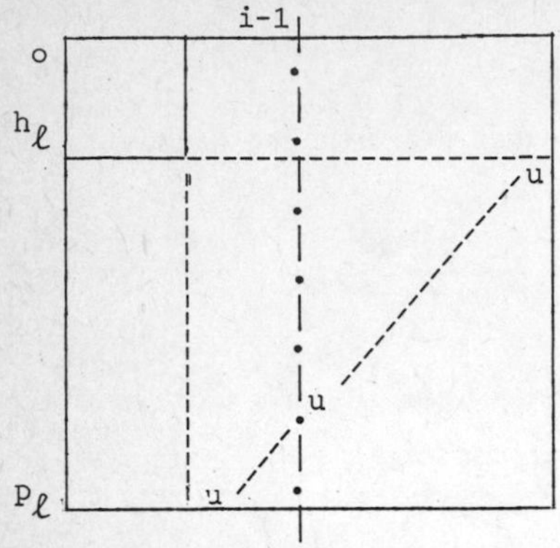

$P_i(x) = w_{i-h_\ell-1,\ell}(x)\ P_{h_\ell+1}(x)$ et les coefficients de $P_{h_\ell+1}(x)$ sont solutions de $(M_{h_\ell+1})$.

D'après la remarque 1.1, $P_i(x)$ est un polynôme dont les coefficients satisfont les lignes compatibles de (M_i) , y compris celles qui sont extérieures à (M_i) si elles sont compatibles.

Donc pour connaître la valeur de $c(x^j P_i)$ il suffit d'examiner les lignes du système formé des i premières colonnes et des $(p_\ell+1)$ premières lignes. Or toutes les lignes $j \in \mathbb{N}$, $h_\ell+1 \le j \le p_\ell+h_\ell-i$ sont compatibles avec les $(h_\ell+1)$ premières. Par conséquent, les coefficients de $P_i(x)$ satisfont toutes les lignes $j \in \mathbb{N}$, $0 \le j \le p_\ell+h_\ell-i$, ce qui est équivalent à $c(x^j P_i) = 0$. Alors bien évidemment $c(P_j P_i) = 0$.

Par contre, les coefficients de P_i ne satisfont pas la ligne $j = p_\ell+h_\ell+1-i$ qui est incompatible.
Donc $c(x^{p_\ell+h_\ell+1-i}\ P_i) \neq 0$ et par conséquent $c(P_j P_i) \neq 0$.
Pour les lignes $j \in \mathbb{N}$, $p_\ell+h_\ell+2-i \le j \le p_\ell$, on ne peut rien dire a priori.

cqfd.

Corollaire 1.11.

$$c(P_i^2) = 0 \ \textit{pour}\ h_\ell+1 \le i \le \frac{p_\ell+h_\ell}{2}.$$

Propriété 1.18.

$$c(P_i^2) \neq 0 \ \textit{pour}\ i \in \mathbb{N},\ p_\ell+1 \le i \le h_{\ell+1}.$$

Démonstration.

Evidente puisque $H_{i+1}^{(o)} \neq 0$

cqfd.

Définition 1.1.

On appelle polynômes quasi-orthogonaux d'ordre k, $k \in \mathbb{N}$, *les polynômes* $P_i(x)$ *tels que :*

$$c(x^j P_i) = 0 \text{ pour } j \in \mathbb{N},\ 0 \le j \le i-1-k.$$

Conséquence :

Les polynômes $P_i(x)$ pour $i \in \mathbb{N}$ tels que $\frac{p_\ell+h_\ell}{2}+1 \le i \le p_\ell$ si $(p_\ell-h_\ell)$ est pair ou $\frac{p_\ell+h_\ell+1}{2}+1 \le i \le p_\ell$ si $(p_\ell-h_\ell)$ est impair sont quasi-orthogonaux d'ordre $(2i-1-p_\ell-h_\ell)$.
Lorsque, dans la suite, nous parlerons de polynômes quasi-orthogonaux, l'ordre sera la plupart du temps omis pour ne pas alourdir le texte.

Nous étudions la propriété équivalente à la propriété 1.14 pour les polynômes $Q_k(t)$ associés aux polynômes orthogonaux

$$Q_k(t) = c\left(\frac{P_k(x)-P_k(t)}{x-t}\right)$$

Propriété 1.19.

On suppose que l'on a :

$$\begin{cases} H_i^{(o)} \ne 0 \text{ pour } i \in \mathbb{N},\ p_\ell+1 \le i \le h_{\ell+1}+1 \\ H_i^{(o)} = 0 \text{ pour } i \in \mathbb{N},\ h_{\ell+1}+2 \le i \le p_{\ell+1} \\ H_{p_{\ell+1}+1}^{(o)} \ne 0 \end{cases}$$

Alors :

i) *Pour* $i \in \mathbb{N}$, $p_\ell+1 \le i \le h_{\ell+1}+1$, $Q_i(t)$ *existe. Il est unique si on a fixé le coefficient de* x^i *de* $P_i(x)$.

ii) $Q_i(t)$ *existe pour* $i \in \mathbb{N}$, $h_{\ell+1}+2 \le i \le h_{\ell+1}+$ *entier* $(\frac{p_{\ell+1}+1-h_{\ell+1}}{2})$ *avec* $Q_i(t) = w_{i-h_{\ell+1}-1,\ell+1}(t)\, Q_{h_{\ell+1}+1}(t)$ *où*

$P_i(x) = P_{h_{\ell+1}+1}(x).w_{i-h_{\ell+1}-1,\ell+1}(x)$ avec $w_{i-h_{\ell+1}-1,\ell+1}(x)$ *polynôme arbitraire de degré* $i-h_{\ell+1}-1$.

iii) $Q_i(t)$ *n'existe pas pour* $i \in \mathbb{N}$, $h_{\ell+1}+1+$ *entier* $(\frac{p_{\ell+1}+1-h_{\ell+1}}{2}) \le i \le p_{\ell+1}$

iv) $Q_{p_{\ell+1}+1}(t)$ *existe. Il est unique si on a fixé le coefficient de* $x^{p_{\ell+1}+1}$ de $P_{p_{\ell+1}+1}(x)$.

Démonstration.

i) et iv) Evident du fait même de l'existence et de l'unicité de $P_i(x)$, quand on a fixé le coefficient de x^i.

iii) $P_i(x)$ n'existant pas, on ne peut définir $Q_i(t)$ comme polynôme associé à un polynôme orthogonal.

ii)

$$Q_i(t) = c\left(\frac{w_{i-h_{\ell+1}-1,\ell+1}(x)\,P_{h_{\ell+1}+1}(x) - w_{i-h_{\ell+1}-1,\ell+1}(t)\,P_{h_{\ell+1}+1}(t)}{x-t}\right)$$

$$= c\left(\frac{w_{i-h_{\ell+1}-1,\ell+1}(x)-w_{i-h_{\ell+1}-1,\ell+1}(t)}{x-t}\,P_{h_{\ell+1}+1}(x)\right)$$

$$+\, w_{i-h_{\ell+1}-1,\ell+1}(t)\quad c\left(\frac{P_{h_{\ell+1}+1}(x) - P_{h_{\ell+1}+1}(t)}{x-t}\right)$$

$$\frac{w_{i-h_{\ell+1}-1,\ell+1}(x) - w_{i-h_{\ell+1}-1,\ell+1}(t)}{x-t} = v_{i-h_{\ell+1}-2,\ell+1}(x)$$ polynôme en x de degré $(i-h_{\ell+1}-2)$.

Or, on sait que, pour $i \in \mathbb{N}$, $h_{\ell+1}+1 \le i \le p_{\ell+1}$-entier $\left(\frac{p_{\ell+1}+1-h_{\ell+1}}{2}\right)$, on a un polynôme orthogonal de degré i en multipliant $P_{h_{\ell+1}+1}(x)$ par un polynôme arbitraire de degré $i-h_{\ell+1}-1$. Donc $v_{i-h_{\ell+1}-2,\ell+1}(x)\,P_{h_{\ell+1}+1}(x)$ est un polynôme orthogonal.

$$c(v_{i-h_{\ell+1}-2,\ell+1}(x)\,P_{h_{\ell+1}+1}(x)) = 0.$$

Alors $Q_i(t) = w_{i-h_{\ell+1}-1,\ell+1}(t)\,Q_{h_{\ell+1}+1}(t)$.

<u>cqfd.</u>

Propriété 1.20.

Si $c_i = 0$, $\forall i \in \mathbb{N}$, $0 \le i \le q-1$ *alors* :

i) $Q_k(t) = 0$ $\forall k \in \mathbb{N}$, $k \le \frac{q}{2}$

ii) *Il n'existe pas de polynôme* $Q_k(t)$ *associé à un polynôme orthogonal,* $\forall k \in \mathbb{N}$, $\frac{q}{2} < k \le q$.

Démonstration.

i) $\frac{P_k(x)-P_k(t)}{x-t}$ = polynôme de degré (k-1) en x.

D'après la propriété 1.16 c'est un polynôme orthogonal.

Donc $c\left(\frac{P_k(x)-P_k(t)}{x-t}\right) = 0$ $\forall k \in \mathbb{N}$, $k \le \frac{q}{2}$

ii) $P_k(x)$ n'existant pas, $Q_k(x)$ ne peut exister.

cqfd.

1.4 RELATION DE RECURRENCE.

Théorème 1.5.

Les polynômes $P_k(x)$ *satisfont l'une des relations de récurrence suivantes.*

i) *Si* $k \in \mathbb{N}$ *et* $\ell \ge 0$, $h_\ell+2 \le k \le p_\ell$ *on a* :

$P_k(x) = w_{k-h_\ell-1,\ell}(x)\, P_{h_\ell+1}(x)$ *où* $w_{k-h_\ell-1,\ell}(x)$ *est un polynôme arbitraire de degré* $k-h_\ell-1$.

ii) *Si* $P_{p_\ell+1+r}(x)$ *est orthogonal régulier avec* $r \in \mathbb{N}$, $p_\ell+1+r \le h_{\ell+1}+1$, *on a* :

$$P_{p_\ell+1+r}(x) = (A_{p_\ell+r+1,p_\ell+r+1}x + A_{p_\ell+r,p_\ell+r+1})\, P_{p_\ell+r}(x)$$

$$+ \sum_{j=h_\ell}^{p_\ell+r-1} A_{j,p_\ell+r+1} P_j(x) + A_{h_{\ell-1}+1,p_\ell+r+1}\, P_{h_{\ell-1}+1}(x)$$

avec $$A_{p_\ell+r+1,p_\ell+r+1} = \frac{1}{a^{(p_\ell+r)}_{p_\ell+r+1}} \neq 0$$

$$A_{j,p_\ell+r+1} = - \frac{a_j^{(p_\ell+r)}}{a^{(p_\ell+r)}_{p_\ell+r+1}} \text{ pour } j \in \mathbb{N},\ h_\ell \le j \le p_\ell+r \text{ et } j = h_{\ell-1}+1$$

$$a^{(p_\ell+r)}_{p_\ell+r+1} = \frac{c(xP_{p_\ell+r}P_{p_\ell+r+1})}{c(P^2_{p_\ell+r+1})} \neq 0,\ si\ p_\ell+r < h_{\ell+1}$$

$$= \frac{c(xP_{p_{\ell+1}}P_{p_\ell+r})}{c(P_{p_{\ell+1}}P_{p_\ell+r+1})} \neq 0\ \ si\ p_\ell+r = h_{\ell+1}$$

$$a^{(p_\ell+r)}_{p_\ell+r} = \frac{c(xP^2_{p_\ell+r})}{c(P^2_{p_\ell+r})}\ \ si\ r > 0$$

<u>Si $r = 0$</u> et <u>si $p_{\ell-1} \neq h_\ell$.</u>

$$A_{h_{\ell-1}+1,p_\ell+1} = 0,\ A_{h_\ell,p_\ell+1} \neq 0 \text{ et } a^{(p_\ell)}_{h_\ell} = \frac{c(xP_{h_\ell}P_{p_\ell})}{c(P^2_{h_\ell})} \neq 0$$

<u>Si $r = 0$</u> et <u>si $p_{\ell-1} = h_\ell$.</u>

$$A_{h_\ell,p_\ell+1} = 0,\ A_{h_{\ell-1}+1,p_\ell+1} \neq 0 \text{ et } a^{(p_\ell)}_{h_{\ell-1}+1} = \frac{c(xP_{h_\ell}P_{p_\ell})}{c(P_{h_\ell}P_{h_{\ell-1}+1})} \neq 0$$

Dans les deux cas les $a_j^{(p_\ell)}$, *pour* $j \in \mathbb{N}$, $h_\ell+1 \le j \le p_\ell$ *sont donnés par le système triangulaire régulier suivant :*

$$c(xP_iP_{p_\ell}) = \sum_{j=p_\ell+h_\ell+1-i}^{p_\ell} a_j^{(p_\ell)} c(P_iP_j), \text{ pour } i \in \mathbb{N},\ h_\ell+1 \le i \le p_\ell$$

Si r = 1.

$$A_{j,p_\ell+2} = 0 \text{ pour } j \in \mathbb{N}, h_\ell+2 \le j \le p_\ell,\ j = h_\ell \text{ et } j = h_{\ell-1}+1$$

$$a_{h_\ell+1}^{(p_\ell+1)} = \frac{c(xP_{p_\ell}P_{p_\ell+1})}{c(P_{p_\ell}P_{h_\ell+1})} \ne 0.$$

Si r ≥ 2.

$$A_{j,p_\ell+r+1} = 0 \text{ pour } j \in \mathbb{N},\ h_\ell \le j \le p_\ell+r-2 \text{ et } j = h_{\ell-1}+1$$

$$a_{p_\ell+r-1}^{(p_\ell+r)} = \frac{c(xP_{p_\ell+r-1}P_{p_\ell+r})}{c(P^2_{p_\ell+r-1})} \ne 0$$

pour le démarrage des relations de récurrence on utilise les éléments suivants :

$h_o = -1$, $P_{-1}(x) = 0$ *et* A_{-1,p_o+1} = *constante arbitraire qui sera fixée à* $A_{p_o+1,p_o+1}\, c(P_{p_o})$ *dans le théorème 1.6.*

On prend $P_o(x)$ = *constante arbitraire.*

Démonstration.

i) Pour $k \in \mathbb{N}$, $h_\ell+2 \le k \le p_\ell$, $P_k(x)$ est orthogonal singulier ou quasi-orthogonal. On a donc, d'après ce qui a été vu au cours de la définition d'une base de P.

$P_k(x) = w_{k-h_\ell-1,\ell}(x) \cdot P_{h_\ell+1}(x)$ où $w_{k-h_\ell-1,\ell}(x)$ est un polynôme arbitraire de degré $k-h_\ell-1$.

ii) $xP_k(x)$ peut s'exprimer de façon unique en fonction des éléments de la base B_1 ou B_2 de $\mathcal{P}$.

$$xP_k(x) = \sum_{j=o}^{k+1} a_j^{(k)} P_j(x)$$

et donc

$$c(xP_i P_k) = \sum_{j=o}^{k+1} a_j^{(k)} c(P_i P_j)$$

Etudions ce qui se passe pour

$$c(xP_i P_{p_\ell+r}) = \sum_{j=0}^{p_\ell+r+1} a_j^{(p_\ell+r)} c(P_i P_j) \text{ avec } r \geq 0 \text{ et } p_\ell+r \leq h_{\ell+1}$$

Montrons que $\forall r \geq 0$ tel que $p_\ell+r \leq h_{\ell+1}$ on a :

a) Si $r = 0$ et $p_{\ell-1} = h_\ell$, $a_j^{(p_\ell)} = 0$ pour $j \in \mathbb{N}$, $0 \leq j \leq h_{\ell-1}$ et $h_{\ell-1}+2 \leq j \leq h_\ell$

$$a_{h_{\ell-1}+1}^{(p_\ell)} = \frac{c(xP_{h_\ell} P_{p_\ell})}{c(P_{h_\ell} P_{h_{\ell-1}+1})}$$

b) Si $r = 0$ et $p_{\ell-1} \neq h_\ell$, $a_j^{(p_\ell)} = 0$ pour $j \in \mathbb{N}$, $0 \leq j \leq h_\ell-1$

c) Si $r > 0$, $a_j^{(p_\ell+r)} = 0$ pour $j \in \mathbb{N}$, $0 \leq j \leq h_\ell$.

Nous introduisons l'indice $h_o = -1$ dans le cas de la base B_1. Par conséquent, pour $\ell = 0$ les relations précédentes sont bien vérifiées. Nous supposons maintenant que $a_j^{(p_\ell+r)} = 0$ pour $j \in \mathbb{N}$, $0 \leq j \leq h_s$ <u>avec $s < \ell$</u>, et nous démontrons que :

a) Si $r = 0$ et $s+1 = \ell$ et $p_s = h_{s+1} = h_\ell$

$$a_j^{(p_\ell)} = 0 \text{ pour } j \in \mathbb{N},\ 0 \le j \le h_{\ell-1} \text{ et } h_{\ell-1}+2 \le j \le h_\ell$$

et

$$a_{h_{\ell-1}+1}^{(p_\ell)} = \frac{c(xP_{h_\ell} P_{p_\ell})}{c(P_{h_\ell} P_{h_{\ell-1}+1})}$$

b) Si $r = 0$ et $s+1 = \ell$ et $p_s \ne h_{s+1}$, $a_j^{(p_\ell)} = 0$ pour $j \in \mathbb{N}$, $0 \le j \le h_{s+1}-1$.

c) Si $r > 0$ ou $s+1 < \ell$, $a_j^{(p_\ell+r)} = 0$ pour $j \in \mathbb{N}$, $0 \le j \le h_{s+1}$.

Démontrons tout d'abord que :

Si $r = 0$ et $s+1 = \ell$ et $p_s = h_{s+1} = h_\ell$
$$\begin{cases} a_j^{(p_\ell)} = 0 \text{ pour } j \in \mathbb{N},\ h_{\ell-1}+2 \le j \le p_{\ell-1} \\[2mm] a_{h_{\ell-1}+1}^{(p_\ell)} = \dfrac{c(xP_{h_\ell} P_{p_\ell})}{c(P_{h_\ell} P_{h_{\ell-1}+1})} \end{cases}$$

sinon $a_j^{(p_\ell+r)} = 0$ pour $j \in \mathbb{N}$, $h_s+1 \le j \le p_s$.

<u>Pour $i = h_s+1$,</u> $c(P_{h_s+1} P_j) = 0$ pour $j \in \mathbb{N}$, $h_s+1 \le j \le p_\ell+r+1$ et $j \ne p_s$.

En effet, si $j \in \mathbb{N}$, $p_\ell+1 \le j \le p_\ell+r+1$ les polynômes P_j correspondants sont orthogonaux.

Si $j \in \mathbb{N}$, $h_k+1 \le j \le p_k$, avec $s+1 \le k \le \ell$ on applique la propriété 1.17 i).

Si $j \in \mathbb{N}$, $p_k+1 \le j \le h_{k+1}+1$ avec $s \le k \le \ell-1$, $P_j(x)$ est orthogonal de degré strictement supérieur au degré de $P_{h_s+1}(x)$.

Si $j \in \mathbb{N}$, $h_s+1 \le j \le p_s-1$, on applique la propriété 1.17 i).

D'autre part, $c(P_{h_s+1}\ P_{p_s}) \ne 0$ d'après la propriété 1.17 ii).

Enfin $c(xP_{h_s+1}\, P_{p_\ell+r}) = 0$, si $r = 0$ en appliquant la propriété 1.17 i) puisqu'on a $s < \ell$, et si $r > 0$ à cause de l'orthogonalité de $P_{p_\ell+r}$.

Donc $a_{p_s}^{(p_\ell+r)} = 0$.

Prenons $h_s+2 \leq i \leq p_s$. On suppose que $a_j^{(p_\ell+r)} = 0$ pour $j \in \mathbb{N}$ et $p_s+h_s+2-i \leq j \leq p_s$, et montrons que $a_{p_s+h_s+1-i}^{(p_\ell+r)} = 0$ sauf si $r = 0$, $s+1=\ell$, $i=p_s$ et $p_s = h_{s+1} = h_\ell$.

Si $r=0$, $s+1 = \ell$, $i = p_s$ et $p_s = h_{s+1} = h_\ell$, on a :

$$c(xP_iP_{p_\ell+r}) = c(xP_{h_\ell}P_{p_\ell}) \neq 0$$

d'après la propriété 1.17 ii).

Sinon on a :

$$c(xP_iP_{p_\ell+r}) = 0$$

d'après la propriété 1.17 i) si $r = 0$ en dehors du cas précédent, ou d'après l'orthogonalité de $P_{p_\ell+r}$ si $r > 0$.

D'autre part $c(P_iP_{p_s+h_s+1-i}) \neq 0$ d'après la propriété 1.17 ii).

Enfin $c(P_iP_j) = 0$ pour $h_s+1 \leq j \leq p_\ell+r+1$ et $j \notin [p_s+h_s+1-i,\, p_s]$.

En effet si $j \in \mathbb{N}$, $p_\ell+1 \leq j \leq p_\ell+r+1$ les polynômes P_j correspondants sont orthogonaux.

Si $j \in \mathbb{N}$, $h_k+1 \leq j \leq p_k$ avec $s+1 \leq k \leq \ell$ on applique la propriété 1.17 i).

Si $j \in \mathbb{N}$, $p_k+1 \leq j \leq h_{k+1}+1$ avec $s \leq k \leq \ell-1$, $P_j(x)$ est orthogonal de degré strictement supérieur au degré de $P_i(x)$.

Si $j \in \mathbb{N}$, $h_s+1 \leq j \leq p_s+h_s-i$ on applique la propriété 1.17 i).

On a donc :

$$c(xP_iP_{p_\ell+r}) = \sum_{j=h_s+1}^{p_\ell+r+1} a_j^{(p_\ell+r)}\, c(P_iP_j) = \sum_{j=p_s+h_s+1-i}^{p_s} a_j^{(p_\ell+r)}\, c(P_iP_j)$$

$$= a_{p_s+h_s+1-i}^{(p_\ell+r)}\, c(P_iP_{p_s+h_s+1-i})$$

puisque $a_j^{(p_\ell)} = 0$ pour $j \in \mathbb{N}$, $p_s+h_s+2-i \le j \le p_s$.

Par conséquent si $p_s = h_\ell = h_{s+1}$, $a_{p_{\ell-1}+h_{\ell-1}+1-i}^{(p_\ell+r)} = 0$ pour $i \in \mathbb{N}$,

$h_{\ell-1}+1 \le i \le p_{\ell-1}-1$ et

$$a_{h_{\ell-1}+1}^{(p_\ell)} = \frac{c(xP_{p_s}P_{p_\ell})}{c(P_{p_s}P_{h_s+1})} = \frac{c(xP_{h_\ell}P_{p_\ell})}{c(P_{h_\ell}P_{h_{\ell-1}+1})} \neq 0$$

sinon on a : $a_{p_s+h_s+1-i}^{(p_\ell+r)} = 0$ pour $i \in \mathbb{N}$, $h_s+1 \le i \le p_s$.

Finalement on a bien les résultat proposés pour $j \in \mathbb{N}$, $0 \le j \le p_s$.

Montrons maintenant que $a_j^{(p_\ell+r)} = 0$ pour $j \in \mathbb{N}$, tel que :

si $s+1 = \ell$ et $r = 0$, $p_s+1 \le j \le h_{s+1}-1$

si $s+1 < \ell$ ou $r > 0$, $p_s+1 \le j \le h_{s+1}$.

On remarquera que dans le cas où $r = 0$ et $s+1 = \ell$ et $p_{\ell-1} = h_\ell$, il n'existe aucun indice j tel que $p_s+1 \le j \le h_{s+1}$.

On a déjà montré que $a_j^{(p_\ell)}$ était nul dans ce cas pour $j \in \mathbb{N}$, $h_{\ell-1}+2 \le j \le p_{\ell-1} = h_\ell$.

Prenons $i \in \mathbb{N}$, $p_s+1 \le i \le h_{s+1}$, alors $c(P_iP_j) = 0$ pour $j \in \mathbb{N}$, $p_s+1 \le j \le p_\ell+r+1$ et $i \neq j$.

En effet si $j \in \mathbb{N}$, $p_\ell+1 \le j \le p_\ell+r+1$ les polynômes P_j correspondants sont orthogonaux.

Si $j \in \mathbb{N}$, $h_k+1 \le j \le p_k$, avec $s+1 \le k \le \ell$ on applique la propriété 1.17 i)

Si $j \in \mathbb{N}$, $p_k+1 \le j \le h_{k+1}$ avec $s+1 \le k \le \ell-1$, $P_j(x)$ est orthogonal de degré strictement supérieur au degré de $P_i(x)$.

Si $j \in \mathbb{N}$, $p_s+1 \le j \le h_{s+1}$, P_i et P_j sont orthogonaux, donc si $i \neq j$, $c(P_iP_j)=0$.

D'autre part, $c(P_i^2) \neq 0$ d'après la propriété 1.18.

Enfin $c(xP_iP_{p_\ell+r}) = 0$ pour $0 \le i \le h_\ell-1$ si $r = 0$ en appliquant la propriété

1.17 i), ou pour $0 \le i \le p_\ell-2+r$ si $r > 0$ car $P_{p_\ell+r}$ est orthogonal et $p_\ell+r-2 \ge p_\ell-1 > h_\ell \ge h_{s+1}$.

Par conséquent on a bien la propriété annoncée.

Donc la propriété est démontrée jusqu'à l'ordre ℓ. Il reste à déterminer les $a_j^{(p_\ell+r)}$ jusqu'à $p_\ell+r+1$.

Prenons $r = 0$ avec la base B_2 et $\ell \ge 1$ ou la base B_1.

$$c(xP_iP_{p_\ell}) = a_{h_{\ell-1}+1}^{(p_\ell)} c(P_iP_{h_{\ell-1}+1}) + \sum_{j=h_\ell}^{p_\ell+1} a_j^{(p_\ell)} c(P_iP_j)$$

où $a_{h_{\ell-1}+1}^{(p_\ell)} = 0$ si $p_{\ell-1} \ne h_\ell$ et $a_{h_\ell}^{(p_\ell)} = 0$ si $p_{\ell-1} = h_\ell$.

Pour $i = h_\ell$. si $p_{\ell-1} \ne h_\ell$ on a :

$c(xP_{h_\ell}P_{p_\ell}) \ne 0$ d'après la propriété 1.17 ii)

$c(P_{h_\ell}P_j) = 0$ $\begin{cases} \text{pour } j = p_\ell+1 \text{ car } P_{p_\ell+1} \text{ est orthogonal} \\ \text{pour } h_\ell+1 \le j \le p_\ell \text{ d'après la propriété 1.17 i).} \end{cases}$

$c(P_{h_\ell}^2) \ne 0$ car P_{h_ℓ} est orthogonal et on utilise la propriété 1.18.

Donc

$$a_{h_\ell}^{(p_\ell)} = \frac{c(xP_{h_\ell}P_{p_\ell})}{c(P_{h_\ell}^2)} \ne 0$$

Pour $h_\ell+1 \le i \le p_\ell$.

On ne peut rien dire pour $c(xP_iP_{p_\ell})$.

D'après la propriété 1.17, on a :

$$c(P_iP_j) = 0 \text{ pour } 0 \le j \le p_\ell+h_\ell-i$$

$$c(P_iP_j) \ne 0 \text{ pour } j = p_\ell+h_\ell+1-i$$

On ne peut rien dire pour $c(P_iP_j)$ avec $p_\ell+ h_\ell+2-i \le j \le p_\ell$.
On a donc :

$$c(xP_iP_{p_\ell}) = \sum_{j=p_\ell+h_\ell+1-i}^{p_\ell} a_j^{(p_\ell)} c(P_iP_j)$$

pour $i \in \mathbb{N}$, $h_\ell+1 \le i \le p_\ell$.

C'est un système triangulaire régulier (la diagonale est composée des termes $c(P_iP_j) \ne 0$ car $i+j = p_\ell+h_\ell+1$) de $(p_\ell-h_\ell)$ équations à $(p_\ell-h_\ell)$ inconnues $a_j^{(p_\ell)}$.

<u>Pour $i = p_\ell+1$.</u>

$$c(P_{p_\ell+1}P_j) = 0 \quad \text{si } j \le p_\ell \text{ car } P_{p_\ell+1} \text{ est orthogonal.}$$

Si $H^{(o)}_{p_\ell+2} \ne 0$ alors $c(P^2_{p_\ell+1}) \ne 0$ ce qui entraine $c(xP_{p_\ell}P_{p_\ell+1}) \ne 0$.

Donc

$$a^{(p_\ell)}_{p_\ell+1} = \frac{c(xP_{p_\ell+1}P_{p_\ell})}{c(P^2_{p_\ell+1})} \ne 0$$

Le cas $H^{(o)}_{p_\ell+2} = 0$ est vu après.

<u>Prenons $r = 0$, la base B_2 et $\ell = 0$.</u>

Le raisonnement fait pour $r = 0$ et la base B_1 reste valable dans ce cas. Seul le cas $i = h_o = -1$ est particulier et sera examiné dans la partie consacrée au démarrage des équations de récurrence.
Pour $h_o+1 = 0 \le i \le p_o$, on trouve donc le même système triangulaire de p_o+1 à p_o+1 inconnues, c'est à dire encore (p_o-h_o).

$$\text{Si } H^{(o)}_{p_o+2} \neq 0 \text{ on a } a^{(p_o)}_{p_o+1} = \frac{c(xP_{p_o+1}P_{p_o})}{c(P^2_{p_o+1})} \neq 0.$$

Le cas $H^{(o)}_{p_o+2} = 0$ est vu après.

<u>Prenons r = 1.</u>

On montre comme précédemment que $a_j^{(p_\ell+1)} = 0$ pour $j \in \mathbb{N}$, $h_\ell+2 \leq j \leq p_\ell$. Il ne reste donc que trois coefficients : $a^{(p_\ell+1)}_{h_\ell+1}$, $a^{(p_\ell+1)}_{p_\ell+1}$ et $a^{(p_\ell+1)}_{p_\ell+2}$.

<u>Pour i = p_ℓ</u>, $c(P_{p_\ell}P_{h_\ell+1}) \neq 0$ d'après la propriété 1.17 ii).

$c(P_{p_\ell}P_j) = 0$ pour $j = p_\ell+1$ et $p_\ell+2$ car P_j est orthogonal.

$c(xP_{p_\ell}P_{p_\ell+1}) \neq 0$ car $c(P^2_{p_\ell+1}) \neq 0$ puisque $H^{(o)}_{p_\ell+2} \neq 0$.

Donc

$$a^{(p_\ell+1)}_{h_\ell+1} = \frac{c(xP_{p_\ell}P_{p_\ell+1})}{c(P_{p_\ell}P_{h_\ell+1})} \neq 0$$

<u>Pour i = $p_\ell+1$.</u>

En tenant compte du fait que $P_{p_\ell+1}$ est orthogonal on a :

$$c(xP^2_{p_\ell+1}) = a^{(p_\ell+1)}_{p_\ell+1} \; c(P^2_{p_\ell+1}),$$

or $c(P^2_{p_\ell+1}) \neq 0$.

Donc :

$$a^{(p_\ell+1)}_{p_\ell+1} = \frac{c(xP^2_{p_\ell+1})}{c(P^2_{p_\ell+1})}$$

Pour $i = p_\ell+2$.

On a :

$$c(xP_{p_\ell+1} P_{p_\ell+2}) = a_{p_\ell+2}^{(p_\ell+1)} \quad c(P^2_{p_\ell+2})$$

Si $H^{(o)}_{p_\ell+3} \neq 0$ alors $c(P^2_{p_\ell+2}) \neq 0$ ce qui entraine que $c(x\, P_{p_\ell+1} P_{p_\ell+2}) \neq 0$

Donc

$$a_{p_\ell+2}^{(p_\ell+1)} = \frac{c(xP_{p_\ell+1} P_{p_\ell+2})}{c(P^2_{p_\ell+2})} \neq 0$$

Le cas $H^{(o)}_{p_\ell+3}$ est vu après.

Prenons $r > 1$.

On montre comme précédemment que $a_j^{(p_\ell+r)} = 0$, $\forall j \in \mathbb{N}$, $h_\ell+1 \leq j \leq p_\ell$.

Il reste donc les coefficients $a_j^{(p_\ell+r)}$ pour $j \in \mathbb{N}$, $p_\ell+1 \leq j \leq p_\ell+r+1$.

$$c(xP_i P_{p_\ell+r}) = \sum_{j=p_\ell+1}^{p_\ell+r+1} a_j^{(p_\ell+r)} \quad c(P_i P_j).$$

Pour $p_\ell+1 \leq i \leq p_\ell+r-2$, $c(xP_i P_{p_\ell+r}) = 0$ puisque $P_{p_\ell+r}$ est orthogonal.

$c(P_i P_j) = 0$ pour $j \in \mathbb{N}$, $p_\ell+1 \leq j \leq p_\ell+r+1$ et $i \neq j$ puisque P_i et P_j sont orthogonaux .

Enfin $c(P_j^2) \neq 0$, donc $a_j^{(p_\ell+r)} = 0$ pour $j \in \mathbb{N}$, $p_\ell+1 \leq j \leq p_\ell+r-2$.

Pour $i = p_\ell+r-1$.

On a $c(P_{p_\ell+r-1}\, P_{p_\ell+r+1})$ ainsi que $c(P_{p_\ell+r-1} P_{p_\ell+r+2}) = 0$ à cause de l'orthogonalité des polynômes.

$c(P^2_{p_\ell+r+1}) \neq 0$ ainsi que $c(P^2_{p_\ell+r})$ ce qui entraine que $c(xP_{p_\ell+r-1} P_{p_\ell+r}) \neq 0$.

Donc :

$$a^{(p_\ell+r)}_{p_\ell+r-1} = \frac{c(xP_{p_\ell+r-1} P_{p_\ell+r})}{c(P^2_{p_\ell+r-1})} \neq 0$$

Pour $i = p_\ell+r$.

On a pour les mêmes raisons :

$$a^{(p_\ell+r)}_{p_\ell+r} = \frac{c(xP^2_{p_\ell+r})}{c(P^2_{p_\ell+r})}$$

Pour $i = p_\ell+r+1$.

On a $c(xP_{p_\ell+r} P_{p_\ell+r+1}) = a^{(p_\ell+r)}_{p_\ell+r+1}\ c(P^2_{p_\ell+r+1})$.

Si $H^{(o)}_{p_\ell+r+2} \neq 0$, alors $c(P^2_{p_\ell+r+1}) \neq 0$ ce qui entraine que $c(xP_{p_\ell+r} P_{p_\ell+r+1}) \neq 0$.

Donc

$$a^{(p_\ell+r)}_{p_\ell+r+1} = \frac{c(xP_{p_\ell+r} P_{p_\ell+r+1})}{c(P^2_{p_\ell+r+1})} \neq 0$$

Cas où $H^{(o)}_{p_\ell+r+2} = 0$ avec $r \geq 0$.

Cela signifie que $p_\ell+r = h_{\ell+1}$. Alors $c(P^2_{p_\ell+r+1}) = 0$ d'après le corollaire 1.11. Donc on a également $c(xP_{p_\ell+r+1} P_{p_\ell+r}) = 0$. Par conséquent on a une relation $0 = 0.a^{(p_\ell+r)}_{p_\ell+r+1}$.

On prend $i \in [h_{\ell+1}+2, p_{\ell+1}]$.

Tant que $P_i(x)$ est orthogonal singulier on aura une relation 0 = 0 puisque $c(P_i P_j) = 0$ pour $0 \leq j \leq p_\ell+r+1$ et $c(xP_i P_{p_\ell+r}) = 0$.

On prend donc le premier polynôme quasi-orthogonal P_s tel que :

$$c(xP_{s-1} P_{p_\ell+r}) = 0 \text{ et } c(xP_s P_{p_\ell+r}) \neq 0.$$

Puisque $p_\ell+r = h_{\ell+1}$ et en appliquant la propriété 1.17 ii) on trouve $s = p_{\ell+1}$ on a alors :

$$c(xP_s P_{p_\ell+r}) = c(xP_{p_{\ell+1}} P_{p_\ell+r}) = \sum_{j=h_\ell}^{p_\ell+r+1} a_j^{(p_\ell+r)} c(P_{p_{\ell+1}} P_j)$$

Or $c(P_{p_{\ell+1}} P_j) = 0$ pour $j \in \mathbb{N}$, $h_\ell \leq j \leq p_\ell+r$ d'après la propriété 1.17 i).

$c(P_{p_\ell+1} P_{p_\ell+r+1}) = c(P_{p_{\ell+1}} P_{h_{\ell+1}+1}) \neq 0$ d'après la propriété 1.17 ii).

Donc :

$$a_{p_\ell+r+1}^{(p_\ell+r)} = \frac{c(xP_{p_{\ell+1}} P_{p_\ell+r})}{c(P_{p_{\ell+1}} P_{p_\ell+r+1})} \neq 0$$

Démarrage des équations de récurrence.

Dans le cas de la base B_1, on prend $h_o = -1$, $P_o(x)$ = constante arbitraire non nulle. On pourra appliquer les relations de récurrence avec $P_{-1}(x) = 0$ et $A_{-1,1}$ = constante arbitraire non nulle. On verra dans le théorème 1.6 qu'on prend :

$$A_{-1,1} = A_{1,1}\, c(P_o)$$

On a alors :

$$P_{p_o+1}(x) = (A_{p_o+1,p_o+1} x + A_{p_o,p_o+1})\, P_{p_o}(x) + \sum_{j=h_o}^{p_o-1} A_{j,p_o+1} P_j(x)$$

Soit ici $P_1(x) = (A_{1,1}x + A_{0,1})P_o(x) + A_{-1,1}P_{-1}(x) = (A_{1,1}x + A_{0,1})P_o(x)$ ce qui est bien équivalent à $xP_o(x) = a_1^{(o)}P_1(x) + a_0^{(o)}P_o(x)$.
Dans le cas de la base B_2 on a $h_o = -1$ et $P_i(x) = w_{i,o}(x)$ pour $i \in \mathbb{N}$, $0 \leq i \leq p_o$, où $w_{i,0}(x)$ est un polynôme arbitraire de degré i.
Pour que les relations présentées dans le cas de la base B_1 restent valables pour $P_{p_o+1}(x)$ on peut prendre $P_{-1}(x) = 0$ et A_{-1,p_o+1} = constante arbitraire non nulle. Nous verrons dans le théorème 1.6 qu'on prend :

$$A_{-1,p_o+1} = A_{p_o+1,p_o+1}\, c(P_{p_o}(x))$$

On a alors :

$$P_{p_o+1}(x) = (A_{p_o+1,p_o+1}x + A_{p_o,p_o+1})P_{p_o}(x) + \sum_{j=-1}^{p_o-1} A_{j,p_o+1}P_j(x)$$

<u>cqfd</u>.

Dans ce qui suit nous allons transformer certains des coefficients $A_{j,p_\ell+r+1}$. Une première raison conduisant à ces transformations est que, lorsque l'on cherche le polynôme $P_{p_\ell+r+1}(x)$, il intervient dans le calcul de $a_{p_\ell+r+1}^{(p_\ell+r)}$ par $c(xP_{p_\ell+r}P_{p_\ell+r+1})$.

Une seconde raison est que ces nouvelles expressions des coefficients nous permettront d'introduire une écriture plus commode des relations de récurrence, que l'on rencontre déjà dans l'article de G. Struble [56].

Nous allons d'abord montrer que l'on peut calculer $a_{p_\ell+r+1}^{(p_\ell+r)}$ sans connaître $P_{p_\ell+r+1}(x)$.

$$P_{p_\ell+r}(x) = \sum_{i=o}^{p_\ell+r} \lambda_{i,p_\ell+r}\, x^{p_\ell+r-i}$$

Si $p_\ell+r < h_{\ell+1}$ on a :

$$c(xP_{p_\ell+r}P_{p_\ell+r+1}) = c\left(\left(\sum_{i=o}^{p_\ell+r} \lambda_{i,p_\ell+r}\, x^{p_\ell+r+1-i}\right)P_{p_\ell+r+1}\right)$$

$$= \lambda_{o,p_\ell+r}\; c(x^{p_\ell+r+1}P_{p_\ell+r+1})$$

puisque $P_{p_\ell+r+1}(x)$ est orthogonal régulier.

$$= \frac{\lambda_{o,p_\ell+r}}{\lambda_{o,p_\ell+r+1}}\; c(P^2_{p_\ell+r+1})$$

Donc

$$a^{(p_\ell+r)}_{p_\ell+r+1} = \frac{\lambda_{o,p_\ell+r}}{\lambda_{o,p_\ell+r+1}}$$

Si $p_\ell+r = h_{\ell+1}$ on a en tenant compte du fait que

$$P_{p_\ell+1}(x) = w_{p_{\ell+1}-h_{\ell+1}-1,\ell+1}(x)P_{h_{\ell+1}+1}(x) = w_{p_{\ell+1}-p_\ell-r-1,\ell+1}(x)\, P_{p_\ell+r+1}(x)$$

avec

$$w_{p_{\ell+1}-p_\ell-r-1,\,\ell+1}(x) = \tau_{p_{\ell+1}-p_\ell-r-1}\; x^{p_{\ell+1}-p_\ell-r-1} + \ldots$$

$$a^{(p_\ell+r)}_{p_\ell+r+1} = \frac{c(xP_{p_{\ell+1}}P_{p_\ell+r})}{c(P_{p_{\ell+1}}P_{p_\ell+r+1})} = \frac{c(xw_{p_{\ell+1}-p_\ell-r-1,\ell+1}(x)P_{p_\ell+r+1}P_{p_\ell+r})}{c(w_{p_{\ell+1}-p_\ell-r-1,\ell+1}P^2_{p_\ell+r+1})}$$

$$\frac{c((\tau_{p_{\ell+1}-p_\ell-r-1}.\lambda_{o,p_\ell+r}\; x^{p_{\ell+1}} + \ldots)\; P_{p_\ell+r+1})}{c((\tau_{p_{\ell+1}-p_\ell-r-1}.\lambda_{o,p_\ell+r+1}x^{p_{\ell+1}} + \ldots)\; P_{p_\ell+r+1})}$$

$$= \frac{\lambda_{o,p_\ell+r}}{\lambda_{o,p_\ell+r+1}} \frac{c(x^{p_{\ell+1}} P_{p_\ell+r+1})}{c(x^{p_{\ell+1}} P_{p_\ell+r+1})} \quad \text{d'après la propriété 1.17 i),}$$

Donc

$$a^{(p_\ell+r)}_{p_\ell+r+1} = \frac{\lambda_{o,p_\ell+r}}{\lambda_{o,p_\ell+r+1}}$$

Alors

$$A_{p_\ell+r+1,p_\ell+r+1} = \frac{\lambda_{o,p_\ell+r+1}}{\lambda_{o,p_\ell+r}}$$

Or le coefficient du terme de plus haut degré des polynômes orthogonaux est arbitraire. On choisit donc $\lambda_{o,p_\ell+r}$ et $\lambda_{o,p_\ell+r+1}$. On peut ainsi calculer $A_{p_\ell+r+1,p_\ell+r+1}$ sans connaître $P_{p_\ell+r+1}$.

Déterminons maintenant $A_{p_\ell+r-1,p_\ell+r+1}$ pour $r \geq 2$. On tiendra compte du fait que $P_{p_\ell+r}$ est orthogonal régulier. On trouve comme précédemment que

$$c(xP_{p_\ell+r-1} P_{p_\ell+r}) = \lambda_{o,p_\ell+r-1}\, c(x^{p_\ell+r} P_{p_\ell+r}) = \frac{\lambda_{o,p_\ell+r-1}}{\lambda_{o,p_\ell+r}}\, c(P^2_{p_\ell+r})$$

En posant $c(P_i^2) = u_i$ on obtient.

$$A_{p_\ell+r-1,p_\ell+r+1} = \frac{-\lambda_{o,p_\ell+r-1}\,\lambda_{o,p_\ell+r+1}}{(\lambda_{o,p_\ell+r})^2} \frac{c(P^2_{p_\ell+r})}{c(P^2_{p_\ell+r+1})}$$

$$= - \frac{A_{p_\ell+r+1,p_\ell+r+1}}{A_{p_\ell+r,p_\ell+r}} \frac{u_{p_\ell+r}}{u_{p_\ell+r-1}}$$

$A_{h_\ell+1,p_\ell+2}$ se détermine de la même façon. On obtient :

$$A_{h_\ell+1,p_\ell+2} = - \frac{\lambda_{o,p_\ell}\lambda_{o,p_\ell+2}}{(\lambda_{o,p_\ell+1})^2} \frac{c(P^2_{p_\ell+1})}{c(P_{h_\ell+1}P_{p_\ell})} = - \frac{A_{p_\ell+2,p_\ell+2}}{A_{p_\ell+1,p_\ell+1}} \frac{u_{p_\ell+1}}{c(P_{h_\ell+1}P_{p_\ell})}$$

Si $h_\ell \neq p_{\ell-1}$, calculons $A_{h_\ell,p_\ell+1}$.

$$a^{(p_\ell)}_{h_\ell} = \frac{c(xP_{h_\ell}P_{p_\ell})}{c(P^2_{h_\ell})} = \frac{c((\sum_{i=o}^{h_\ell} \lambda_{o,i}x^{h_\ell+1-i})P_{p_\ell})}{c(P^2_{h_\ell})}$$

$$= \lambda_{o,h_\ell} \frac{c(x^{h_\ell+1}P_{p_\ell})}{c(P^2_{h_\ell})} = \frac{\lambda_{o,h_\ell}}{\lambda_{o,h_\ell+1}} \frac{c(P_{h_\ell+1}P_{p_\ell})}{c(P^2_{h_\ell})}$$

en appliquant deux fois de suite la propriété 1.17.

Donc

$$A_{h_\ell,p_\ell+1} = - \frac{\lambda_{o,h_\ell}}{\lambda_{o,h_\ell+1}} \frac{\lambda_{o,p_\ell+1}}{\lambda_{o,p_\ell}} \frac{c(P_{h_\ell+1}P_{p_\ell})}{c(P^2_{h_\ell})} = - \frac{A_{p_\ell+1,p_\ell+1}}{A_{h_\ell+1,h_\ell+1}} \frac{c(P_{h_\ell+1}P_{p_\ell})}{c(P^2_{h_\ell})}$$

Si $h_\ell = p_{\ell-1}$, calculons $A_{h_{\ell-1}+1,p_\ell+1}$. On obtiendra comme précédemment.

$$a^{(p_\ell)}_{h_{\ell-1}+1} = \frac{c(xP_{h_\ell}P_{p_\ell})}{c(P_{p_{\ell-1}}P_{h_{\ell-1}+1})} = \frac{\lambda_{o,h_\ell}}{\lambda_{o,h_\ell+1}} \frac{c(P_{h_\ell+1}P_{p_\ell})}{c(P_{p_{\ell-1}}P_{h_{\ell-1}+1})}$$

Donc

$$A_{h_{\ell-1}+1,p_\ell+1} = -\frac{\lambda_{o,h_\ell}\lambda_{o,p_\ell+1}}{\lambda_{o,h_\ell+1}\lambda_{o,p_\ell}}\frac{c(P_{h_\ell+1}P_{p_\ell})}{c(P_{p_{\ell-1}}P_{h_{\ell-1}+1})} = -\frac{A_{p_\ell+1,p_\ell+1}}{A_{h_\ell+1,h_\ell+1}}\frac{c(P_{h_\ell+1}P_{p_\ell})}{c(P_{p_{\ell-1}}P_{h_{\ell-1}+1})}$$

Définition.

Un polynôme est dit unitaire, si le coefficient du terme de plus haut degré est égal à 1.

Remarque 1.2.

Si nous considérons les relations de récurrence que nous avons obtenues, un polynôme orthogonal régulier $P_i(x)$ est obtenu à l'aide des deux polynômes orthogonaux réguliers qui le précédent. Nous noterons ces deux polynômes $P_{pr(i)}(x)$ et $P_{pr(pr(i))}(x)$. On a alors la relation de récurrence suivante :

$$P_i(x) = (A_i.x\omega_{i-pr(i)-1}(x) + B_i)P_{pr(i)}(x) + C_iP_{pr(pr(i))}(x)$$

où $\omega_{i-pr(i)-1}(x)$ est un polynôme unitaire de degré i-pr(i)-1 déterminé de façon unique, $A_i = A_{i,i}$ et $C_i = A_{pr(pr(i)),i}$.

Nous pouvons considérer également qu'un polynôme $P_i(x)$ orthogonal singulier, ou quasi-orthogonal est obtenu à l'aide de la même relation faisant intervenir les deux polynômes orthogonaux réguliers qui le précédent. On a alors A_i, B_i, $\omega_{i-pr(i)-1}(x)$ arbitraires et $C_i = 0$, avec A_i non nul et $\omega_{i-pr(i)-1}(x)$ de degré i-pr(i)-1.

Dans le cas où les polynômes orthogonaux sont unitaires, $A_i = 1$ et les coefficients de $\omega_{i-pr(i)-1}(x)$ ainsi que B_i et C_i s'obtiennent de la façon suivante, compte tenu des transformations qui ont été vues précédemment.

$$C_i = - \frac{c(P_{pr(i)}P_{i-1})}{c(P_{pr(pr(i))}P_{pr(i)-1})}$$

$$x\omega_{i-pr(i)-1}(x) + B_i = \sum_{j=o}^{i-pr(i)} b_j x^j \text{ avec } b_{i-pr(i)} = 1 \text{ et } b_o = B_i.$$

$$= \frac{1}{P_{pr(i)}(x)} [xP_{i-1}(x) - \sum_{j=pr(i)}^{i-1} a_j^{(i-1)} P_j(x)]$$

et

$$c(xP_kP_{i-1}) = \sum_{j=i-1-k}^{i-1-pr(i)} a_{pr(i)+j}^{(i-1)} c(P_kP_{pr(i)+j})$$

pour $k \in \mathbb{N}$, $pr(i) \leq k \leq i-1$.

Si les polynômes orthogonaux ne sont pas unitaires, il suffit de multiplier tous les coefficients précédents par

$$\frac{A_{i,i}}{A_{pr(i),pr(i)}}$$

<u>*Théorème 1.6.*</u>

Les polynômes $\{Q_k\}$ *satisfont la même relation de récurrence que les polynômes* $\{P_k\}$.

Pour le démarrage on utilise les éléments suivants :

$$Q_{-1}(t) = 1 \textit{ et } C_{p_o+1} = A_{p_o+1}\, c(P_{p_o}).$$

Pour la base B_1 *on a* $Q_o(t) = 0$.

Pour la base B_2 *on a* $Q_k(t) = 0$ *pour* $k \in \mathbb{N}$, $0 \leq k \leq p_o$.

Démonstration.

Nous utilisons la relation générale de la remarque 1.2 pour $pr(k) \geq 1$.

$$P_k(x) = (A_k x\omega_{k-pr(k)-1}(x) + B_k)P_{pr(k)}(x) + C_k P_{pr(pr(k))}(x)$$

On écrit cette relation pour t, on la retranche de celle obtenue pour x, et on divise par (x-t). On obtient alors :

$$\frac{P_k(x)-P_k(t)}{x-t} = A_k \frac{(x\omega_{k-pr(k)-1}(x)P_{pr(k)}(x)-t\omega_{k-pr(k)-1}(t)P_{pr(k)}(t))}{x-t}$$

$$+ B_k \frac{P_{pr(k)}(x)-P_{pr(k)}(t)}{x-t} + C_k \frac{P_{pr(pr(k))}(x)-P_{pr(pr(k))}(t)}{x-t}$$

$$= (A_k t\omega_{k-pr(k)-1}(t) + B_k) \frac{P_{pr(k)}(x) - P_{pr(k)}(t)}{x-t}$$

$$+ A_k P_{pr(k)}(x) \frac{x\omega_{k-pr(k)-1}(x) - t\omega_{k-pr(k)-1}(t)}{x-t} + C_k \frac{P_{pr(pr(k))}(x)-P_{pr(pr(k))}(t)}{x-t}$$

$$\frac{x\omega_{k-pr(k)-1}(x)-t\omega_{k-pr(k)-1}(t)}{x-t} = v_{k-pr(k)-1}(x)$$

polynôme de degré k-pr(k)-1 en x.
On applique c aux deux membres de la relation. On obtient donc :

$$Q_k(t) = (A_k.t\omega_{k-pr(k)-1}(t)+B_k)\, Q_{pr(k)}(t) + C_k Q_{pr(pr(k))}(t)$$

car $c(P_{pr(k)}(x)\ v_{k-pr(k)-1}(x)) = 0$ soit à cause de l'orthogonalité de $P_{pr(k)}(x)$ si $k-pr(k)-1 < pr(k)$, soit en appliquant la propriété 1.17 i).

Démarrage des relations de récurrence.

$$Q_o(t) = c(\frac{P_o(x)-P_o(t)}{x-t}) = c(o) = 0$$

Si on est dans la base B_1 on a :

$$Q_1(t) = c(\frac{P_1(x)-P_1(t)}{x-t}) = A_1.c(P_o).$$

Or si on emploie une relation de récurrence similaire à celle vérifiée par $P_1(x)$, on a :

$$Q_1(t) = (A_1.t + B_1)Q_o(t)+C_1Q_{-1}(t) = C_1Q_{-1}(t).$$

où C_1 est une constante arbitraire.
On prendra donc $Q_{-1}(t) = 1$ et $C_1 = A_1.c(P_o)$.
Si on est dans la base B_2 on a :

Si $k \in \mathbb{N}$, $1 \leq k \leq p_o$,

$$Q_k(t) = c(\frac{P_k(x)-P_k(t)}{x-t}) = c(v_{k-1}(x)) = \sum_{i=o}^{k-1} \alpha_i c_i = 0$$

puisque $c_i = 0$ pour $i < p_o$.

Voyons ce que vaut $Q_{p_o+1}(t)$.

Si on utilise une relation similaire à celle que vérifie $P_{p_o+1}(x)$ on a :

$$Q_{p_o+1}(t) = (A_{p_o+1}.t\ \omega_{p_o}(t) + B_{p_o+1})Q_o(t)+C_{p_o+1}Q_{-1}(t) = C_{p_o+1}Q_{-1}(t)$$

Or on a :

$$P_{p_o+1}(x) = A_{p_o+1}(xP_{p_o}(x)+xw_{p_o-1}(x))$$

$$Q_{p_o+1}(t) = c(\frac{P_{p_o+1}(x)-P_{p_o+1}(t)}{x-t})$$

$$= A_{p_o+1}\ (\frac{xP_{p_o}(x)-tP_{p_o}(t)}{x-t}) + A_{p_o+1}\ c(\frac{xw_{p_o-1}(x)-tw_{p_o-1}(t)}{x-t})$$

$$= A_{p_o+1}\ c(t\ \frac{P_{p_o}(x)-P_{p_o}(t)}{x-t}) + A_{p_o+1}\ c(P_{p_o}(x)) + A_{p_o+1}\ c(v_{p_o-1}(x))$$

$$= A_{p_o+1}\ t\ Q_{p_o}(t) + A_{p_o+1}\ c(P_{p_o}(x)) + A_{p_o+1}\ c(v_{p_o-1}(x)) = A_{p_o+1}\ c(P_{p_o}(x))$$

Comme C_{p_o+1} est une constante arbitraire on prend :

$$Q_{-1}(t) = 1 \text{ et } C_{p_o+1} = A_{p_o+1}\ c(P_{p_o}(x))$$

cqfd.

Remarque 1.3.

Supposons que :

$H_{h+1} \neq 0$, $H_{p+1} \neq 0$ et $H_j = 0$ pour $j \in \mathbb{N}$, $h + 2 \leq j \leq p$.

Les polynômes quasi-orthogonaux $P_i(x)$ pour $i \in \mathbb{N}$, $h + 2 \leq i \leq p$, peuvent être choisis de façon que l'on ait :

$$c(P_j\ P_i) = 0 \text{ pour } j \in \mathbb{N},\ 0 \le j \le p+h-i,$$
$$\ne 0 \text{ pour } j = p+h+1-i,$$
$$= K_j \text{ constante donnée pour } p+h+2-i \le j \le i.$$

En effet, posons : $P_j(x) = \sum_{k=0}^{j} \lambda_{k,j}\ x^{j-k}$ avec $\lambda_{o,j} = 1$

$$w_{j-h-1}(x) = \sum_{s=0}^{i-h-1} \tau_s\ x^{i-h-1-s} \text{ avec } \tau_0 = 1,$$

où $P_i(x) = w_{j-h-1}(x)\ P_{h+1}(x)$.

Donc $P_j(x)\ w_{i-h-1}(x) = \left(\sum_{k=0}^{j} \lambda_{k,j}\ x^{j-k}\right)\left(\sum_{s=0}^{i-h-1} \tau_s\ x^{i-h-1-s}\right)$

$$= \tau_0\ \lambda_{o,j}\ x^{j+i-h-1} + (\tau_0\ \lambda_{1,j} + \tau_1\ \lambda_{o,j})\ x^{j+i-h-2} + \ldots$$

En écrivant successivement les relations $c(P_j\ P_i) = K_j$ pour $j \in \mathbb{N}$, $p+h+2-i \le j \le i-1$, nous constatons que nous obtenons un système triangulaire faisant intervenir τ_r pour $r \in \mathbb{N}$, $0 \le r \le 2i-p-h-2$. Ce système est régulier car la diagonale est occupée par $\lambda_{o,j}\ c(x^P\ P_{h+1}) \ne 0$. Donc la détermination de τ_r, pour $r \in \mathbb{N}$, $1 \le r \le 2i-p-h-2$ se fait de manière unique. Pour j=i on écrira $P_j(x)$ sous la forme $w_{i-h-1}(x)\ P_{h+1}(x)$.

Pour calculer $c(P_i^2)$ on sera amené à déterminer le coefficient de x^P dans $w_{i-h-1}^2(x)\ P_{h+1}(x)$. Il dépend linéairement de $\tau_{2i-p-h-1}$, puisque $i-h-1 \ge 2i-p-h-1$ dans le cas de polynômes quasi-orthogonaux. On pourra donc encore calculer $\tau_{2i-p-h-1}$.

Comme cas particulier nous pouvons envisager de prendre :

$$K_j = 0 \text{ pour } j \in \mathbb{N},\ p+h+2-i \le j \le i-1,$$
$$K_i \ne 0.$$

J.S. Dupuy [15] a défini des polynômes pseudo-orthogonaux comme étant des polynômes satisfaisant :

$$c(\phi_n\ \phi_m) \ne 0 \quad \text{si } n = m \quad \text{et } |n - m| = 2$$
$$= 0 \quad \text{autrement.}$$

Ces polynômes sont en fait des polynômes quasi-orthogonaux d'ordre 2 pour lesquels on a fait le choix de constantes proposé en cas particulier.

1.5 PROPRIETES DES ZEROS DES POLYNOMES. DETECTION DES BLOCS DE ZEROS DANS LA TABLE H.

Nous commençons par donner deux résultats sous forme de condition nécessaire et suffisante, alors qu'ils figurent sous forme de condition nécessaire dans le livre de C. Brezinski.

__*Définition 1.2.*__

La fonctionnelle linéaire c *est dite semi-définie si :*

$$H_k^{(o)} = 0 \text{ pour } k \in \mathbb{N},\ h_\ell+2 \le k \le p_\ell$$

$$H_k^{(o)} \ne 0 \text{ pour } k \in \mathbb{N},\ p_\ell+1 \le k \le h_{\ell+1}+1,\ \ell \in \mathbb{N}.$$

__*Théorème 1.7.*__

Une condition nécessaire et suffisante pour que la fonctionnelle c *soit définie est que* $\forall k \in \mathbb{N}$,

i) P_k *et* P_{k+1} *n'aient aucun zéro en commun.*

ii) Q_k *et* Q_{k+1} *n'aient aucun zéro en commun.*

iii) P_k *et* Q_k *n'aient aucun zéro en commun.*

__Démonstration.__

$\Rightarrow$ livre de C. Brezinski Th : 2.14 p. 57.

$\Leftarrow$ Si la fonctionnelle c est semi-définie, il existe au moins une valeur $k \in \mathbb{N}$, telle que $H_k^{(o)} \ne 0$ et $H_{k+1}^{(o)} = 0$. Donc $P_{k+1}(x) = \omega_1(x)P_k(x)$. Les deux polynômes ont en commun l'ensemble des racines de $P_k(x)$.

cqfd.

Théorème 1.8.

Une condition nécessaire et suffisante pour que la fonctionnelle soit définie est que $c(pP_k) \neq 0$, $\forall k \in \mathbb{N}$, $\forall p(x)$ *tel que degré* $p(x) = k$.

Démonstration.

$\Rightarrow$ livre de C. Brezinski. Th : 2.5 p 49.

$\Leftarrow$ Si la fonctionnelle c est semi-définie, il existe au moins une valeur $k \in \mathbb{N}$ telle que $H_k^{(o)} \neq o$ et $H_{k+1}^{(o)} = 0$

$c(pP_k) = 0$ d'après la propriété 1.17 i).

cqfd.

Nous allons étendre le résultat du théorème 1.7 au cas des polynômes orthogonaux réguliers par rapport à une fonctionnelle semi-définie. Auparavant nous démontrons la propriété suivante.

Propriété 1.21.

i) Si $k \in \mathbb{N}$, $h_\ell+1 \leq k \leq p_\ell-1$

$$P_{k+1}(x)\, Q_k(x) - Q_{k+1}(x)\, P_k(x) = 0$$

ii) Si $k \in \mathbb{N}$, $p_\ell \leq k \leq h_{\ell+1}$ *et* $\ell \geq 0$

$$P_{k+1}(x) Q_{pr(k+1)}(x) - P_{pr(k+1)}(x)\, Q_{k+1}(x) = -A_{k+1}\, c(P_k P_{pr(k+1)})$$

Démonstration.

i) Si $k \in \mathbb{N}$, $h_\ell+1 \leq k \leq p_\ell-1$ on a :

$$P_{k+1}(x) = w_{k-h_\ell,\ell}(x)\ P_{h_\ell+1}(x) \text{ et } P_k(x) = w_{k-h_\ell-1,\ell}(x)\ P_{h_\ell+1}(x)$$

On a des relations identiques pour $Q_{k+1}(x)$ et $Q_k(x)$.
D'où la relation proposée.

ii)

$$P_{k+1}(x) = (A_{k+1} x\ \omega_{\kappa-pr(k+1)}(x) + B_{k+1})P_{pr(k+1)}(x)+C_{k+1}P_{pr(pr(k+1))}(x)$$

On a la même relation pour $Q_{k+1}(x)$.

Donc

$$\Delta = P_{k+1}(x)\ Q_{pr(k+1)}(x) - P_{pr(k+1)}(x)\ Q_{k+1}(x)$$

$$= - C_{k+1}(P_{pr(k+1)}(x)Q_{pr(pr(k+1))}(x)-Q_{pr(k+1)}(x)P_{pr(pr(k+1))}(x))$$

avec

$$C_{k+1} = - \frac{A_{k+1}}{A_{pr(k+1)}}\ \frac{c(P_k\ P_{pr(k+1)})}{c(P_{pr(k+1)-1}P_{pr(pr(k+1))})}$$

Par conséquent, $\forall i \in \mathbb{N}$, $i \leq k$ tel que $P_i(x)$ soit orthogonal régulier, on a :

$$\Delta = \frac{A_{k+1}}{A_i}\ \frac{c(P_kP_{pr(k+1)})}{c(P_{i-1}P_{pr(i)})}\ (P_i(x)\ Q_{pr(i)}(x) - Q_i(x)\ P_{pr(i)}(x))$$

Donc

$$\Delta = \frac{A_{k+1}}{A_{p_o+1}}\ \frac{c(P_kP_{pr(k+1)})}{c(P_{h_o+1}P_{p_o})}\ (P_{p_o+1}(x)\ Q_{h_o+1}(x) - P_{h_o+1}(x)\ Q_{p_o+1}(x))$$

Pour la base B_1 on a $p_o = 0$, $h_o = -1$, $Q_o(x) = 0$, $Q_1 = A_1\, c\,(P_o)$ et $P_o\ \ c(P_o) = c(P_o^2)$.

Donc

$$\Delta = - A_{k+1}\ c(P_kP_{pr(k+1)})$$

Pour la base B_2 on a :

$$h_o = -1,\ Q_o = 0,\ Q_{p_o+1}(x) = A_{p_o+1}\ c(P_{p_o}).$$

On retrouve donc également $\Delta = -A_{k+1}\ c(P_k\ P_{pr(k+1)})$.

cqfd.

Théorème 1.9.

Si $\ell \geq 0$ *et si* $k \in \mathbb{N}$, $p_\ell \leq k \leq h_{\ell+1}$, *alors :*

i) $P_{k+1}(x)$ *et* $P_{pr(k+1)}(x)$ *n'ont pas de zéro en commun.*

ii) $Q_{k+1}(x)$ *et* $Q_{pr(k+1)}(x)$ *n'ont pas de zéro en commun.*

iii) $P_{k+1}(x)$ *et* $Q_{k+1}(x)$ *n'ont pas de zéro en commun.*

Démonstration.

On utilise la relation de la propriété 1.21 ii)

$$P_{k+1}(x)\ Q_{pr(k+1)}(x) - P_{pr(k+1)}(x)\ Q_{k+1}(x) = -A_{k+1}\ c(P_k P_{pr(k+1)})$$

A_{k+1} et $c(P_k P_{pr(k+1)})$ sont non nuls.

Donc si une paire des polynômes cités a un zéro commun on aurait :

$$0 = -A_{k+1}\ c(P_k P_{pr(k+1)}),$$

ce qui est impossible.

cqfd.

Remarque.

Une démonstration plus naturelle peut être donnée des propositions i) et ii) du théorème 1.9 en utilisant les propriétés de l'algorithme d'Euclide de recherche du pgcd de deux polynômes. En effet la relation de récurrence à trois termes

$$P_{k+1}(x) = (A_{k+1} \times \omega_{k-pr(k+1)}(x) + B_{k+1})P_{pr(k+1)}(x) + C_{k+1}P_{pr(pr(k+1))}(x)$$

est équivalente à l'écriture de la division de $P_{k+1}(x)$ par $P_{pr(k+1)}(x)$. Par conséquent le pgcd de $P_{k+1}(x)$ et $P_{pr(k+1)}(x)$ est égal au pgcd de $P_{pr(k+1)}(x)$ et $P_{pr(pr(k+1))}(x)$.
En réitérant, le dernier polynôme qui intervient est $P_o(x)$ qui est égal à une constante. Donc $P_{k+1}(x)$ et $P_{pr(k+1)}(x)$ sont premiers entre eux et n'ont de ce fait aucun zéro en commun.

On a la même démonstration pour le ii) puisque $Q_k(x)$ vérifie une relation de récurrence identique.

Il est possible d'établir une relation de Christoffel Darboux dans le cas général.

Soient I l'ensemble des indices $i \in \mathbb{N}$ tels que $p_\ell \le i \le h_{\ell+1}$, $\forall \ell \in \mathbb{N}$, et I_k le sous-ensemble de I composé des indices $i \in I$ tels que $i \le k$. On posera $t_{k+1} = c(P_k P_{pr(k+1)})$.

Propriété 1.22.

i) Si $h_\ell+1 \le k \le p_\ell-1$ *on a :*

$$P_{k+1}(x)\ P_k(t) - P_{k+1}(t)\ P_k(x) = (x-t)\ P_k(x)\ P_k(t)$$

ii) Si $p_\ell \le k \le h_{\ell+1}$ *et* $\ell \ge 0$ *on a :*

$$(P_{k+1}(x)\ P_{pr(k+1)}(t) - P_{k+1}(t)\ P_{pr(k+1)}(x))t_{k+1}^{-1}\ A_{k+1}^{-1}$$

$$= \sum_{i\in I_k} t_{i+1}^{-1}(x\omega_{i-pr(i+1)}(x) - t\omega_{i-pr(i+1)}(t))P_{pr(i+1)}(x)P_{pr(i+1)}(t)$$

Démonstration :

i) Puisque $P_{k+1}(x) = P_k(x)(x+\alpha)$ on obtient la relation proposée :

ii) Puisque $P_{k+1}(x) = (A_{k+1}x\omega_{k-pr(k+1)}(x)+B_{k+1})P_{pr(k+1)}(x)+C_{k+1}P_{pr(pr(k+1)}(x)$

$$\Delta_{k+1} = P_{k+1}(x)P_{pr(k+1)}(t) - P_{k+1}(t)\ P_{pr(k+1)}(x)$$

$$= A_{k+1}(x\omega_{k-pr(k+1)}(x) - t\omega_{k-pr(k+1)}(t))P_{pr(k+1)}(x)P_{pr(k+1)}(t)$$

$$- C_{k+1}\Delta_{pr(k+1)}$$

Or $- C_{k+1} = \dfrac{A_{k+1}}{A_{pr(k+1)}}\ \dfrac{c(P_kP_{pr(k+1)})}{c(P_{pr(k+1)-1}P_{pr(pr(k+1))})} = \dfrac{A_{k+1}}{A_{pr(k+1)}}\ \dfrac{t_{k+1}}{t_{pr(k+1)}}$

Donc $t_{k+1}^{-1}A_{k+1}^{-1}\Delta_{k+1} = t_{k+1}^{-1}(x\omega_{k-pr(k+1)}(x)-t\omega_{k-pr(k+1)}(t))P_{pr(k+1)}(x)P_{pr(k+1)}(t)$

$$+ A_{pr(k+1)}^{-1}t_{pr(k+1)}^{-1}\Delta_{pr(k+1)}$$

Par conséquent :

$$t_{k+1}^{-1}\ A_{k+1}^{-1}\Delta_{k+1} = \sum_{i\in I_k} t_{i+1}^{-1}(x\omega_{i-pr(i+1)}(x)-t\omega_{i-pr(i+1)}(t))P_{pr(i+1)}(x)P_{pr(i+1)}(t)$$

$$+ A_{pr(p_o+1)}^{-1}t_{pr(p_o+1)}^{-1}\ \Delta_{pr(p_o+1)}$$

$\Delta_{pr(p_o+1)} = \Delta_o = P_oP_{-1}-P_{-1}P_o = 0$, d'où le résultat.

cqfd.

Corollaire 1.12.

$$t_{k+1}^{-1}\, A_{k+1}^{-1}\, [P'_{k+1}(x)P_{pr(k+1)}(x) - P'_{pr(k+1)}(x)\, P_{k+1}(x)]$$

$$= \sum_{i\in I_k} t_{i+1}^{-1}(\omega_{i-pr(i+1)}(x) + x\omega'_{i-pr(i+1)}(x))\, P^2_{pr(i+1)}(x)$$

Démonstration.

On utilise la relation de la propriété 1.22. On a :

$$\frac{t_{k+1}^{-1}\, A_{k+1}^{-1}\Delta_{k+1}}{x-t} = \sum_{i\in I_k} t_{k+1}^{-1}\, \left(\frac{x\omega_{i-pr(i+1)}(x) - t\omega_{i-pr(i+1)}(t)}{x-t}\right)P_{pr(i+1)}(x)P_{pr(i+1)}(t)$$

$$= t_{k+1}^{-1}A_{k+1}^{-1}\, [P_{pr(k+1)}(t)\, \frac{P_{k+1}(x)-P_{k+1}(t)}{x-t} - P_{k+1}(t)\, \frac{P_{pr(k+1)}(x)-P_{pr(k+1)}(t)}{x-t}]$$

On fait tendre t vers x et on obtient le résultat proposé.

Remarque.

Les polynômes associés $Q_k(x)$ satisfont la relation de la propriété 1.22 et la relation du corollaire 1.12 puisqu'on a la même relation de récurrence pour les polynômes $Q_k(x)$.

Dans le but de détecter simplement les blocs de zéros dans la table H, nous établissons la condition nécessaire et suffisante suivante.

Propriété 1.23.

Une condition nécessaire et suffisante pour que :

$H^{(o)}_{h_\ell+1} \neq 0$, $H^{(o)}_i = 0$ *pour* $i \in \mathbb{N}$, $h_\ell+2 \leq i \leq p_\ell$, $H^{(o)}_{p_\ell+1} \neq 0$

est que :

$$\begin{cases} P_{h_\ell+1} \text{ soit orthogonal régulier} \\ c(x^j P_{h_\ell+1}) = 0 \text{ pour } j \in \mathbb{N} \quad 0 \le j \le p_\ell - 1 \\ c(x^{p_\ell} P_{h_\ell+1}) \neq 0 \end{cases}$$

Démonstration.

$\Rightarrow H^{(o)}_{h_\ell+1} \neq 0 \Rightarrow P_{h_\ell+1}(x)$ orthogonal régulier

$H^{(o)}_{p_\ell+1} \neq 0 \Rightarrow P_{p_\ell+1}(x)$ orthogonal régulier.

La propriété 1.17 dit que $c(x^j P_{h_\ell+1}) = 0$ pour $j \in \mathbb{N}$, $0 \le j \le p_\ell - 1$ et $c(x^{p_\ell} P_{h_\ell+1}) \neq 0$.

$\Leftarrow P_{h_\ell+1}(x)$ orthogonal régulier $\Rightarrow H^{(o)}_{h_\ell+1} \neq 0$

Considérons le système linéaire de $p_\ell+1$ lignes et $h_\ell+1$ colonnes constitué par :

$$\begin{pmatrix} c_o & \cdots & c_{h_\ell+1} \\ \vdots & & \vdots \\ c_{p_\ell} & \cdots & c_{p_\ell+h_\ell+1} \end{pmatrix} \begin{pmatrix} X_o \\ \vdots \\ X_{h_\ell+1} \end{pmatrix} = 0$$

$c(x^j P_{h_\ell+1}) = 0$ pour $j \in \mathbb{N}$, $0 \le j \le p_\ell - 1$ et $c(x^{p_\ell} P_{h_\ell+1}) \neq 0$

signifient que les coefficients de $P_{h_\ell+1}$ vérifient les p_ℓ premières lignes, mais pas la dernière du système précédent. Donc les lignes j, $j \in \mathbb{N}$, $h_\ell+1 \le j \le p_\ell - 1$ sont compatibles avec les $h_\ell+1$ premières lignes ; la ligne $p_\ell+1$ est incompatible. Par conséquent tout déterminant caractéristique d'ordre $h_\ell+1$ extrait du système des p_ℓ premières lignes est nul.

La ligne p_ℓ, n'étant pas compatible, donne un déterminant caractéristique non nul.
Alors, d'après la propriété 1.1, $H^{(o)}_{p_\ell+1} \neq 0$ et $H^{(o)}_i = 0$ pour $i \in \mathbb{N}$, $h_\ell+2 \leq i \leq p$.

cqfd.

Remarque 1.3.

La propriété 1.22 est particulièrement commode pour détecter les déterminants $H^{(o)}_i$ nuls.
Lorsqu'un calcul de $P_k(x)$ a été effectué avec les relations de récurrence on calcule $c(x^k P_k(x))$.

Si cette quantité est non nulle, alors $H^{(o)}_{k+1} \neq 0$ et $P_{k+1}(x)$ est un polynôme orthogonal régulier. On calcule $P_{k+1}(x)$ par les relations de récurrence.
Si cette quantité est nulle, on a $H^{(o)}_{k+1} = 0$ et $P_{k+1}(x) = w_{k-h_\ell,\ell}(x)\ P_{h_\ell+1}(x)$ avec $h_\ell+1 = k$. On regarde à nouveau ce que vaut $c(x^{k+1}\ P_k(x))$. Si cette quantité est non nulle, alors $H^{(o)}_{k+2} \neq 0$ et $P_{k+2}(x)$ est un polynôme orthogonal régulier qu'on calcule à l'aide des relations de récurrence, sinon $H^{(o)}_{k+2} = 0$ et $P_{k+2}(x) = w_{k+1-h_\ell,\ell}(x)\ P_{h_\ell+1}(x)$, et ainsi de suite.

1.6. FONCTIONNELLE LINEAIRE LIEE A DEUX POLYNOMES PREMIERS ENTRE EUX.

Nous avons vu que deux polynômes orthogonaux réguliers successifs par rapport à une fonctionnelle linéaire sont premiers entre eux.

Nous pouvons nous poser le problème suivant.

Etant donnés deux polynômes premiers entre eux et unitaires $P_k(x)$ et $P_{pr(k)}(x)$, existe-t-il une fonctionnelle linéaire c par rapport à laquelle ils seraient orthogonaux, et si oui que valent les c_i, pour $i \in \mathbb{N}$, $0 \leq i \leq 2k-1$?

Nous commençons par appliquer l'algorithme d'Euclide de recherche du pgcd de P_k et $P_{pr(k)}(x)$. Puisqu'ils sont premiers entre eux, on obtient une suite S_k de polynômes $P_i(x)$ de degré i strictement décroissant, le dernier étant $P_o(x) = 1$.

Nous construisons ainsi des relations de récurrence à trois termes. La première est :

$$P_k(x) = (x\omega_{k-1-pr(k)}(x) + B_k)\, P_{pr(k)}(x) + C_k\, P_{pr(pr(k))}(x).$$

Nous formons un ensemble $\bar{S}_k$ à partir de l'ensemble S_k en lui ajoutant des polynômes de la manière suivante.
Tout d'abord $P_s(x) = w_{s-k}^{(s)}(x)\, P_k(x)$ pour $s \in \mathbb{N}$, $k+1 \le s \le 2k-1$, où $w_{s-k}^{(s)}(x)$ est un polynôme unitaire arbitraire de degré s-k. Ensuite pour tout polynôme $P_j(x) \in S_k$ avec $j \neq k$, nous ajoutons à S_k les polynômes :

$$P_s(x) = w_{s-j}^{(s)}(x)\, P_j(x) \text{ pour } s \in \mathbb{N},\ j+1 \le s \le su(j)+j-1.$$

L'ensemble $\bar{S}_k$ forme une base de $\mathcal{P}_{2k-1}$ qui est l'espace vectoriel des polynômes de degré inférieur ou égal à k.

Nous cherchons une fonctionnelle linéaire c qui soit telle que :

$$c(x^i P_k) = o \quad , \forall i \in \mathbb{N},\ o \le i \le k-1,$$

$$c(x^i\, P_{pr(k)}) = o,\ \forall i \in \mathbb{N},\ o \le i \le k-2.$$

Si cette fonctionnelle existe nous aurons en utilisant la seconde série de relations :

$$c(x^j(x\omega_{k-1-pr(k)}(x) + B_k)P_{pr(k)}) = o \text{ pour } j \in \mathbb{N},\ o \le j \le pr(k)-2,$$

ce qui entraîne

$$c(x^j \, P_{pr(pr(k))}(x)) = o \text{ pour } j \in \mathbb{N},\ o \leq j \leq pr(k)-2,$$

à cause de la relation de récurrence.
Donc $P_{pr(pr(k))}(x)$ est orthogonal par rapport à la fonctionnelle c.

Ce raisonnement peut se reproduire sur l'ensemble S_k des polynômes $P_i(x)$ trouvés grâce à l'algorithme d'Euclide.

Les relations obtenues nous permettent de conclure que :

$\forall P_i \in \bar{S}_k$, pour $i \in \mathbb{N}$, $i \neq su(o)-1$ nous avons :

$$c(P_i) = o.$$

En effet, quelque soit le polynôme $P_\ell \in S_k$ tel que $pr(pr(\ell)) \neq o$ nous avons :

$$c(x^j \, P_{pr(pr(\ell))}(x)) = o \text{ pour } j \in \mathbb{N},\ o \leq j \leq pr(\ell)-2.$$

Donc

$$\deg(x^{pr(\ell)-2} \, P_{pr(pr(\ell))}(x)) \geq pr(\ell) - 1.$$

Pour $pr(pr(\ell)) = o$ alors le degré précédent vaut $pr(\ell)-2$ et on ne peut rien dire pour $c(P_{pr(\ell)-1})$ c'est à dire pour $c(P_{su(o)-1})$.

D'autre part, $\forall j \in \mathbb{N}$, $0 \leq j \leq 2k-1$, nous pouvons écrire :

$$x^j = \sum_{i=o}^{j} \alpha_{i,j} \, P_i(x) \text{ avec } \alpha_{j,j} = 1.$$

Si une fonctionnelle c existe, elle est telle que

$$c(x^j) = c_j \text{ pour } j \in \mathbb{N},\ o \leq j \leq 2k-1,$$

c'est à dire :

$$c_j = c\left(\sum_{i=o}^{j} \alpha_{i,j} P_i(x)\right) = \sum_{i=o}^{j} \alpha_{i,j} c(P_i),$$

ce qui donne, si nous posons $p = su(o) - 1$:

$$c_j = o \text{ pour } j \in \mathbb{N},\ o \leq j \leq p-1,$$

$$c_j = c_{p,j}\, c_p \text{ pour } j \in \mathbb{N},\ p \leq j \leq 2k-1.$$

On prend pour c_p une constante arbitraire non nulle.

Les moments c_j, pour $j \in \mathbb{N}$, $o \leq j \leq 2k-1$ sont déterminés de façon unique si c_p est fixé.
Nous pouvons énoncer le théorème suivant qui est une généralisation du théorème de Favard [17].

<u>*Théorème 1.10.*</u>

Soient P_p *et* $P_{pr(k)}$ *deux polynômes unitaires premiers entre eux. Il existe une suite de moments* $\{c_j\}$, *pour* $j \in \mathbb{N}$, $o \leq j \leq 2k-1$, *unique dès qu'on a fixé le premier moment non nul à partir de* c_o, *telle que les polynômes* P_k *et* $P_{pr(k)}$, *ainsi que tous les polynômes* P_i *de la suite* S_k *déduits de* P_k *et* $P_{pr(k)}$ *par application de l'algorithme d'Euclide, soient orthogonaux par rapport à toute fonctionnelle linéaire* c *dont les* (2k+2) *premiers moments sont les* c_j.

Nous aurions pu tenter de répondre aux questions posées en résolvant le système linéaire de 2k-1 équations à 2k inconnues que l'on obtient grâce à l'écriture de l'orthogonalité de $P_k(x)$ et $P_{pr(k)}(x)$, c'est à dire :

$$\begin{cases} c(x^i P_k(x)) = 0 \text{ pour } i \in \mathbb{N},\ 0 \leq i \leq k-1 \\ c(x^i P_{pr(k)}(x)) = 0 \text{ pour } i \in \mathbb{N},\ 0 \leq i \leq k-2. \end{cases}$$

Si nous posons :

$$P_k(x) = \sum_{i=o}^{k} \lambda_{i,k}\, x^{k-i}$$

et

$$P_{pr(k)} = \sum_{i=o}^{pr(k)} \lambda_{i,pr(k)} \, x^{pr(k)-i}$$

nous avons le système suivant :

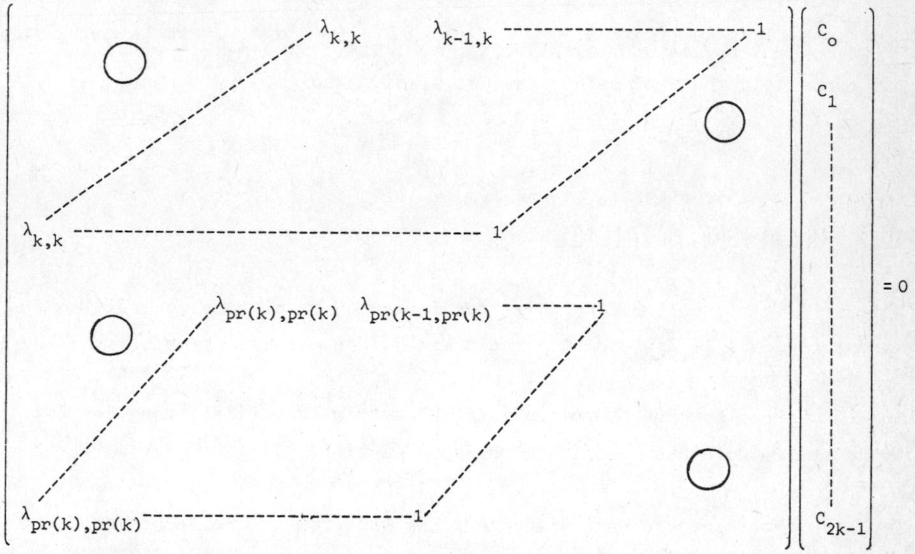

La théorie des bigradients (cf. J. MEINGUET [41 a]) aurait permis de conclure et d'obtenir également le corollaire 1.13, qui peut être déduit immédiatement du théorème 1.10.

Corollaire 1.13.

Le système précédent a toujours une solution. Elle est unique dès qu'on a fixé le premier des c_i *non nul à partir de* c_o*. Les systèmes analogues obtenus à partir de deux éléments consécutifs de la suite* S_k *ont alors la même solution.*

Le calcul des coefficients $\alpha_{i,j}$ est très simple à partir de l'expression formelle des polynômes $P_i(x)$ de la base de $\mathcal{P}_{2k-1}$ qui a été créée.

Par exemple pour $x^j = \sum_{i=o}^{j} \alpha_{i,j} P_i(x)$ on commence par former :

$$x^j - P_j(x) = R_{j-1}(x).$$

Alors $\alpha_{j-1,j}$ est le coefficient du terme de degré x^{j-1} de $R_{j-1}(x)$.

On forme alors $R_{j-1}(x) - \alpha_{j-1,j} P_{j-1}(x) = R_{j-2}(x)$; $\alpha_{j-2,j}$ est le coefficient du terme de degré x^{j-2} de $R_{j-2}(x)$, et ainsi de suite.

1.7 FORMALISME MATRICIEL

Cette section s'inspire très largement du plan et des résultats présentés dans le livre de C. Brezinski [6] dans le cas normal.

Nous commençons par définir une matrice J infinie, dont les lignes et les colonnes seront numérotées à partir de 1.

Nous prenons une suite d'entiers strictement croissante de N. Si k est un entier de cette suite il est précédé et suivi respectivement par pr(k) et su(k).

La ligne k de la matrice J est formée de :

$(0,\ldots, 0, - C_k, 0,\ldots., 0, - B_k, - \beta_{k-1-pr(k),k},\ldots, - \beta_{o,k}, A_k, 0,\ldots)$

Le coefficient $- C_k$ est en colonne pr(pr(k)) + 1, A_k est en colonne k + 1. Au delà de A_k tous les termes sont nuls.

Pour une ligne j telle que $pr(k) < j < k$ nous avons uniquement un coefficient A_j en colonne j + 1.

Nous supposerons tous les coefficients A non nuls.

Prenons maintenant la somme des éléments $J_{i,s}$ de la ligne i de la matrice J multipliés respectivement par y_s et égalons cette quantité à $x\, y_i$. Nous obtenons ainsi une équation aux différences, définie $\forall i \in \mathbb{N}$, $i \geq 1$. Nous ajoutons la condition initiale $y_0 = 1$.

Alors, $\forall i \in \mathbb{N}$, y_i est un polynôme en x de degré i exactement, et si $pr(k) < i < k$, $y_i = D_i\, x^{i-pr(k)}\, y_{pr(k)}$ où

$$D_i = \prod_{j=pr(k)+1}^{i} A_j.$$

Si on pose $y_k = P_k(x)$, la $k^{\text{ième}}$ équation aux différences donne par conséquent une relation de récurrence à trois termes.

$$P_k(x) = (x\, \omega_{k-1-pr(k)}(x) + B_k)\, P_{pr(k)}(x) + C_k\, P_{pr(pr(k))}(x)$$

où $\omega_{k-1-pr(k)}(x) = \sum_{i=o}^{k-1-pr(k)} \beta_{i,k}\, x^{k-1-pr(k)-i}$

En utilisant les résultats de la section 1.6, ces polynômes sont orthogonaux par rapport à une fonctionnelle c dont on peut calculer les moments.

Ecrivons les polynômes orthogonaux ou quasi-orthogonaux par rapport à la fonctionnelle linéaire c

$$P_k(x) = \sum_{i=o}^{k} p_i^{(k)}\, x^i$$

Soit L la matrice infinie :

$$L = \begin{pmatrix} p_o^{(o)} & 0 \;\dots\dots\dots\dots & & \\ p_o^{(1)} & p_1^{(1)} & 0 \;\dots\dots\dots & \\ p_o^{(2)} & p_1^{(2)} & p_2^{(2)} & 0 \;\dots \\ \dots\dots\dots\dots\dots\dots & & & \end{pmatrix}$$

Soit M la matrice $(c_{i+j})_{i,j=o}^{\infty}$

Soit H la matrice $H = L\ M\ L^T$

La matrice H est une matrice symétrique dont les éléments $H_{i,j}$ valent $c(P_i\ P_j)$.

La partie de ces matrices limitée aux k premières lignes et colonnes sera repérée par la même lettre indicée par k.

L_k est inversible puisque $p_i^{(i)} \neq 0$, $\forall i \in \mathbb{N}$.

Donc $M_k = L_k^{-1}\ H_k(L_k^{-1})^T$, $\forall k \in \mathbb{N}$, $k \geq 1$,

et par conséquent : $M = L^{-1}\ H(L^{-1})^T$

Si tous les polynômes P_k sont orthogonaux réguliers, alors H est une matrice diagonale dont les éléments diagonaux valent $c(P_i^2)$. C'est la décomposition de Gauss-Banachiewicz de la matrice M (cf. W.B. Gragg [23a] et C. Brezinski [6]).

Si tous les polynômes P_k ne sont pas orthogonaux réguliers, alors H a une structure de blocs diagonaux alternés avec des blocs triangulaires.

Nous schématisons ci-après cette structure dans le cas où par exemple nous aurions

$H_i^{(o)} \neq 0$ pour $i \in \mathbb{N}$, $1 \leq i \leq h+1$,

$H_i^{(o)} = 0$ pour $i \in \mathbb{N}$, $h+2 \leq i \leq p$,

$H_i^{(o)} \neq 0$ pour $i \geq p+1$.

$c(P_i^2) \neq 0$ pour $i \in \mathbb{N}, 0 \in i \leq h$.

$c(P_i P_j) \neq 0$ pour i et $j \in \mathbb{N}$
et $i+j = p+h+1$.

dans cette partie triangulaire
on peut imposer la valeur de
$c(P_i P_j)$, par exemple 0 (cf.
remarque 1.3).

$c(P_i^2) \neq 0$ pour $i \in \mathbb{N}, i \geq p+1$.

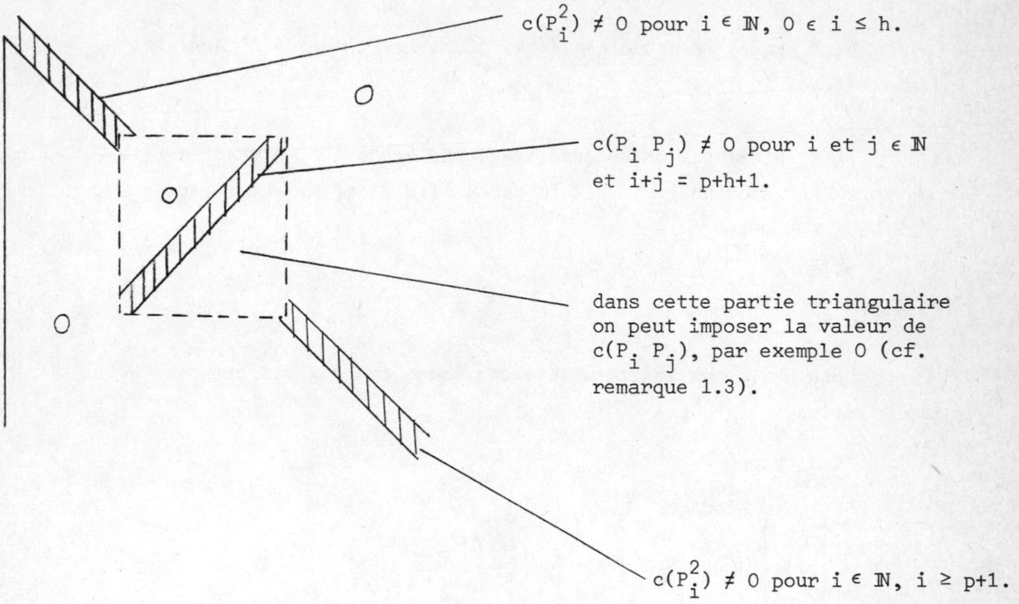

D'autre part sur l'antidiagonale du bloc, la valeur de $c(P_i P_j)$ est constante pour $i+j = p+h+1$. En effet :

$$c(P_i P_j) = c(w_{i-h-1} \, w_{j-h-1} \, P_{h+1}^2) = c(x^{p-h-1} \, P_{h+1}^2).$$

Nous avons ainsi une décomposition générale de la matrice M dans le cas où
des mineurs $H_i^{(o)}$ sont nuls.

Revenons à la matrice J. Nous appellerons I_k la matrice identité d'ordre k. Nous supposons que $A_k = 1$, $\forall k \in \mathbb{N}$.

Théorème 1.11.

i) *Si* P_k *est orthogonal régulier, alors les zéros de* P_k *sont les valeurs propres de* J_k.

ii) *Si* P_k *n'est pas orthogonal régulier, alors les valeurs propres de* J_k *sont les zéros de* $P_{pr(k)}$ *et la racine* 0 *d'ordre de multiplicité* $k - pr(k)$.

Démonstration.

Nous utilisons les résultats des équations aux différences. Nous pouvons écrire

$$x \begin{pmatrix} y_0 \\ y_1 \\ \cdot \\ \cdot \\ \cdot \\ y_{k-1} \end{pmatrix} = J_k \begin{pmatrix} y_0 \\ y_1 \\ \cdot \\ \cdot \\ \cdot \\ y_{k-1} \end{pmatrix} + \begin{pmatrix} 0 \\ \cdot \\ \cdot \\ \cdot \\ 0 \\ y_k \end{pmatrix}$$

Posons $y(x) = (y_0, y_1, \ldots, y_{k-1})^T$ et $e_k = (0, \ldots, 0, 1)^T$.

Nous avons $x\, y(x) = J_k \cdot y(x) + y_k \cdot e_k$

Par conséquent z_i sera racine de y_k si et seulement si z_i est valeur propre de J_k.

De plus $y_k = P_k(x)$ ou $x^{k-pr(k)}\, P_{pr(k)}(x)$.

cqfd.

Corollaire 1.14.

i) *Si* P_k *est orthogonal régulier, alors :*

$$P_k(x) = \det (x I_k - J_k)$$

ii) *Si* P_k *n'est pas orthogonal régulier, alors :*

$$\det (x I_k - J_k) = x^{k-pr(k)} P_{pr(k)}(x)$$

Les associés Q_k des polynômes orthogonaux P_k satisfont la même relation de récurrence avec une initialisation différente.

De plus $\deg Q_k = r-1$ avec $r \leq k$.

Nous aurons donc si J' est la matrice obtenue à partir de J en supprimant les k-r+1 premières lignes et premières colonnes :

Théorème 1.12.

i) *Si* P_k *est orthogonal régulier, alors :*

$$Q_k(x) = c_{k-r} \det (x I_{r-1} - J'_{r-1})$$

ii) *Si* P_k *n'est pas orthogonal régulier et si* $pr(k) > 0$, *alors :*

$$c_{k-r} \det (x I_{r-1} - J'_{r-1}) = x^{k-pr(k)} Q_{pr(k)}(x).$$

Nous avons encore un corollaire pour les zéros de $Q_k(x)$.

Corollaire 1.15.

i) *Si* P_k *est orthogonal régulier, les zéros de* Q_k *sont les valeurs propres de* J'_{r-1}.

ii) *Si* P_k *n'est pas orthogonal régulier et si* $pr(k) > 0$, *les valeurs propres de* J'_{r-1} *sont les zéros de* $Q_{pr(k)}$ *et la racine* 0 *d'ordre de multiplicité* $k-pr(k)$.

Remarque 1.4.

Pratiquement, pour connaître la valeur de $k-r+1$, il suffit d'examiner les lignes de J.

Les lignes j de J, pour $j \in \mathbb{N}$, $1 \leq j \leq k-r+1$ ne contiennent que l'élément 1 en colonne $j+1$. La ligne $k-r+2$ contient en plus un élément $-C_{k+r+2}$ non nul.

SYSTEMES ADJACENTS DE POLYNOMES ORTHOGONAUX

- * -

Lorsque nous avons défini les polynômes orthogonaux, ceux-ci ont été reliés aux déterminants $H_k^{(o)}$ *et à la fonctionnelle linéaire* c. *Nous montrerons que nous pouvons, comme dans le cas normal, définir des systèmes adjacents de polynômes orthogonaux qui seront reliés aux déterminants* $H_k^{(i)}$ *et aux fonctionnelles linéaires* $c^{(i)}$.

La première section est consacrée aux propriétés générales de ces systèmes adjacents, aux relations qui existent entre deux systèmes successifs.

Dans la seconde nous présentons un algorithme de type qd permettant de calculer l'ensemble des systèmes adjacents de polynômes orthogonaux. L'algorithme présenté fonctionne dans tous les cas. On retrouve naturellement les relations proposées par Claessens et Wuytack pour un cas particulier. Bien que leurs auteurs aient affirmé "Combinations of the rules given in theorem 2 and 3 can be used to handle the general case where blocks of different length are combined", nous verrons qu'il n'en est rien dans de nombreux cas et que seules nos relations permettent de trouver l'ensemble des polynômes orthogonaux.

Quelques résultats sur les polynômes orthogonaux réciproques sont donnés dans la troisième section. Ils serviront à la fois pour la forme progressive de l'algorithme qd et pour les approximants des séries de fonctions.

Pour terminer nous présentons la forme progressive de l'algorithme "qd". Le calcul s'effectue horizontale après horizontale à partir d'initialisations données par la fonctionnelle $\tilde{c}$, *qui est liée aux polynômes orthogonaux réciproques.*

2.1 PROPRIETES GENERALES DES SYSTEMES ADJACENTS DE POLYNOMES ORTHOGONAUX.

Définition.

Nous appelons systèmes adjacents de polynômes orthogonaux $P_k^{(i)}(x)$, $\forall k \in \mathbb{N}$, *les polynômes orthogonaux par rapport aux fonctionnelles linéaires* $c^{(i)}$, *telles que :*

$$c^{(i)}(x^j) = c_{i+j}, \ \forall j \in \mathbb{N}.$$

Définitions.

On appelle bloc H *un bloc carré où tous les déterminants* $H_k^{(i)}$ *sont nuls comme dans la propriété 1.9.*
On appelle bloc P *un bloc carré de polynômes des systèmes adjacents qui correspond au bloc* H *dans la table* H. *Ce bloc* P *contient donc des polynômes orthogonaux singuliers et des polynômes quasi-orthogonaux.*
On définira les côtés et les coins de chacun des blocs par un repère géographique (Nord, Sud, Est et Ouest pour les côtés, Nord-Ouest, Nord-est, Sud-est et Sud-ouest pour les coins). On les note en abrégé N, S, E, O, NO, NE, SE et SO.

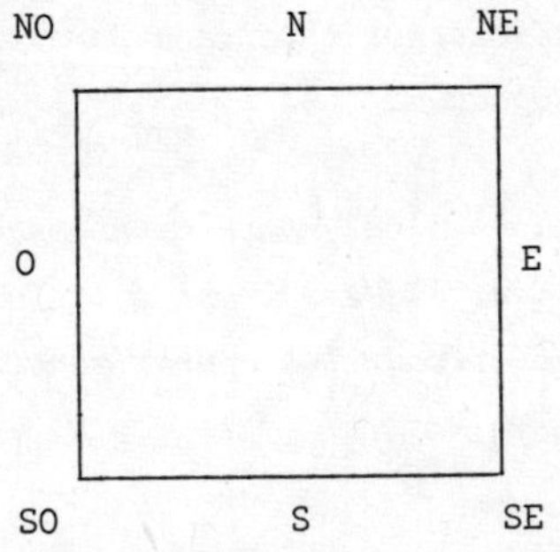

On appellera table P *la table des polynômes* $P_i^{(n)}(x)$ *écrite sous forme d'un tableau triangulaire.*

$P_{-1}^{(o)}(x)$

$P_{-1}^{(1)}(x) \quad P_{o}^{(o)}(x)$

$P_{-1}^{(2)}(x) \quad P_{o}^{(1)}(x) \quad P_{1}^{(o)}(x)$

$\vdots \qquad\quad \vdots \qquad\quad \vdots \qquad \ddots$

La table P *est dite normale si elle ne contient que des polynômes orthogonaux réguliers, sinon elle est dite non normale.*

Remarque 2.1.

Grâce au théorème 1.10, lorsque $P_k^{(o)}$ et $P_{pr(k)}^{(o)}$ sont connus, on peut déterminer de façon unique toute la table P comprise entre la diagonale 0 et l'antidiagonale 2 k-1 jusqu'au polynôme $P_k^{(o)}(x)$. (L'antidiagonale 1 par le polynôme $P_1^{(o)}$).

Remarque 2.2.

La propriété 1.14 montre que les polynômes orthogonaux singuliers occupent la partie hachurée du bloc P, donc au dessus de l'antidiagonale principale du bloc P.

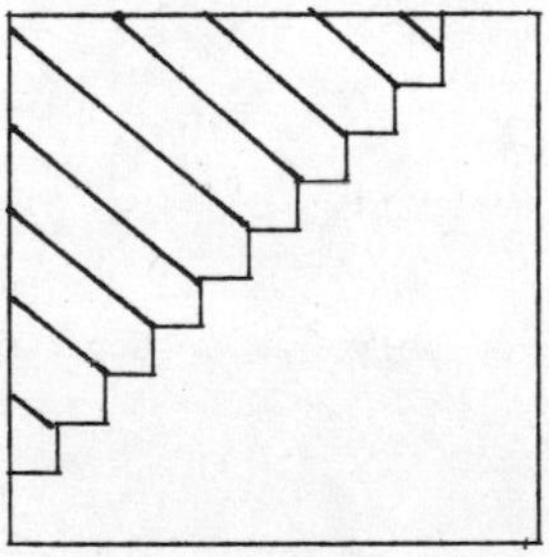

L'autre partie est occupée par les polynômes-quasi orthogonaux.

Nous commençons par démontrer une propriété relative aux polynômes orthogonaux qui sont au nord et à l'ouest d'un bloc P.
Considérons le bloc de la propriété 1.9 et la suite $H_{h-\ell+1}^{(k+\ell+i)}$ pour $i \in \mathbb{N}$, $0 \leq i \leq \ell+b$ et la suite $H_{h-\ell+1+j}^{(k+\ell-j)}$ pour $j \in \mathbb{N}$, $0 \leq j \leq \ell+b$.

Ces déterminants sont tous non nuls. Ils permettent de définir des polynômes orthogonaux réguliers des systèmes adjacents. Nous les supposerons unitaires
On a ainsi la suite $P_{h-\ell+1}^{(k+\ell+i)}(x)$ pour $i \in \mathbb{N}$, $0 \leq i \leq \ell+b$ et la suite $P_{k-\ell+1+j}^{(k+\ell-j)}(x)$ pour $j \in \mathbb{N}$, $0 \leq j \leq \ell+b$.

Propriété 2.1.

i) *Les polynômes unitaires à l'ouest et nord-ouest d'un bloc* P $P^{(k+\ell+i)}_{h-\ell+1}(x)$ *pour* $i \in \mathbb{N}$, $0 \le i \le \ell+b$ *sont identiques.*

ii) *Les polynômes unitaires au nord-ouest et nord d'un bloc* P $P^{(k+\ell-j)}_{h-\ell+1+j}(x)$ *pour* $j \in \mathbb{N}$, $0 \le j \le \ell+b$ *sont identiques à* $x^j.P^{(k+\ell)}_{h-\ell+1}(x)$.

Démonstration.

i) Nous avons $c^{(k+\ell)}(x^j\, P^{(k+\ell)}_{h-\ell+1}) = 0$ pour $j \in \mathbb{N}$, $0 \le j \le h+b$,

$\ne 0$ pour $j = h+b+1$.

Donc pour $i \in \mathbb{N}$, $0 \le i \le \ell+b$,

$$c^{(k+\ell+i)}\,(x^j\, P^{(k+\ell)}_{h-\ell+1}) = 0 \text{ pour } j \in \mathbb{N},\ 0 \le j \le h+b-i,$$
$$\ne 0 \text{ pour } j = h+b-i+1.$$

Or pour le polynôme $P^{(k+\ell+i)}_{h-\ell+1}(x)$ situé à l'ouest ou au nord-ouest du bloc P nous avons :

$$c^{(k+\ell+i)}\,(x^j\, P^{(k+\ell+i)}_{h-\ell+1}) = 0 \text{ pour } j \in \mathbb{N},\ 0 \le j \le h+b-i,$$
$$\ne 0 \text{ pour } j = h+b-i+1.$$

Par conséquent du fait de l'unicité du polynôme orthogonal régulier nous obtenons

$$P^{(k+\ell+i)}_{h-\ell+1}(x) \equiv P^{(k+\ell)}_{h-\ell+1}(x) \text{ pour } i \in \mathbb{N},\ 0 \le i \le \ell+b.$$

ii) De la même façon nous avons pour $i \in \mathbb{N}$, $0 \le i \le \ell+b$:

$$c^{(k+\ell-i)}(x^j\, x^i\, P^{(k+\ell)}_{h-\ell+1}) = 0 \text{ pour } j \in \mathbb{N},\ 0 \le j \le h+b,$$
$$\ne 0 \text{ pour } j = h+b+1.$$

$$\text{Or } c^{(k+\ell-i)}(x^j\, P^{(k+\ell-i)}_{h-\ell+1+i}) = 0 \text{ pour } j \in \mathbb{N},\ 0 \le j \le h+b,$$
$$\ne 0 \text{ pour } j = h+b+1.$$

et par conséquent nous obtenons

$$P^{(k+\ell-i)}_{h-\ell+1+i}(x) \equiv x^i\, P^{(k+\ell)}_{h-\ell+1}(x).$$

cqfd.

La propriété suivante peut servir à caractériser les polynômes orthogonaux réguliers qui se trouvent au nord d'un bloc P. C'est une condition nécessaire et suffisante pour que ces polynômes occupent cette position.

Propriété 2.2.

Les seuls polynômes orthogonaux réguliers des systèmes adjacents admettant la racine 0 sont au nord d'un bloc P.

Démonstration.

$$P^{(i)}_k(x) = \begin{vmatrix} c_i & \cdots & c_{k+i} \\ \vdots & & \vdots \\ c_{k+i-1} & \cdots & c_{2k+i-1} \\ 1 & & x^k \end{vmatrix}$$

Régulier $\Longleftrightarrow H^{(i)}_k \ne 0$

Racine nulle $\Longleftrightarrow H^{(i+1)}_k = 0$

On est donc bien au nord d'un bloc.

cqfd.

Propriété 2.3.

Dans un bloc P, tous les polynômes ont en facteur le polynôme orthogonal régulier situé en NO.

Démonstration.

Immédiate d'après la construction des bases B_1 ou B_2 et la propriété 2.1.

cqfd.

Dans l'ensemble des démonstrations qui suivent interviennent des polynômes orthogonaux réguliers prédecesseurs ou successeurs de $P_i^{(n)}(x)$.
Nous ferons intervenir un second indice dans la notation du prédécesseur ou du successeur, afin d'indiquer par rapport à quelle fonctionnelle ils sont pris. Par exemple pr(i,n) est égal au degré du polynôme orthogonal régulier par rapport à $c^{(n)}$ qui précéde $P_i^{(n)}(x)$. $P_{pr(i,n)}^{(n+1)}$ serait alors le polynôme de degré pr(i,n) pris par rapport à la fonctionnelle $c^{(n+1)}$.
Nous noterons donc les polynômes orthogonaux réguliers par : $P_{pr(i,n)}^{(n)}(x)$, $P_{pr(pr(i,n),n)}^{(n)}(x),\ldots,P_{su(i,n)}^{(n)}(x)$, $P_{su(su(i,n),n)}^{(n)}(x)$, ... Tous les polynômes $P_j^{(k)}$ sont unitaires, $\forall j$ et $k \in \mathbb{N}$. On repère les blocs P de $P_i^{(n)}(x)$ par les indices d'entrée et de sortie $h_\ell+1$ et $p_\ell+1$, $\ell \in \mathbb{N}$.

Propriété 2.4.

Tout polynôme $P_i^{(n+1)}$ *orthogonal régulier vérifie les relations suivantes, pour* $i \in \mathbb{N}$, $p_\ell \leq i \leq h_{\ell+1}+1$.

$$P_i^{(n+1)}(x) = x^{-1}(P_{i+1}^{(n)}(x) + q_{i+1,\ell}^{(n)}\, P_{pr(i+1,n)}^{(n)}(x))$$

$$P_i^{(n+1)}(x) = \omega_{i-pr(i+1,n)}^{(n)}(x).P_{pr(i+1,n)}^{(n)}(x) + E_{i+1}^{(n)}\, P_{pr(pr(i+1,n),n+1)}^{(n+1)}(x)$$

$P^{(n+1)}_{pr(pr(i+1,n),n+1)}(x)$ *représente le polynôme orthogonal régulier qui précède* $P^{(n+1)}_{pr(i+1,n)}(x)$ *qui est le polynôme situé sur la colonne* $pr(i+1,n)$.

$q^{(n)}_{i+1,\ell}$ *et* $E^{(n)}_{i+1}$ *sont des constantes qui sont définies ci-après.*

Les polynômes $P^{(n+1)}_i(x)$ *quasi-orthogonaux qui n'appartiennent pas à un bloc* P *de* $P^{(n)}_i(x)$, *c'est à dire tels que* $P^{(n)}_i(0) = 0$ *vérifient la relation :* $P^{(n+1)}_i(x) = P^{(n)}_i(x) + \bar{B}^{(n+1)}_i P^{(n+1)}_{i-1}(x)$ *où* $\bar{B}^{(n+1)}_i$ *est la constante arbitraire qui intervient dans la relation* $P^{(n+1)}_i(x) = (x+\bar{B}^{(n+1)}_i)P^{(n+1)}_{i-1}(x)$.

Les polynômes $P^{(n+1)}_i(x)$ *qui appartiennent à un bloc* P *de* $P^{(n)}_i(x)$ *vérifient l'une ou l'autre des deux relations suivantes :*

Si $P^{(n)}_{h_\ell+1}(o) \neq 0$, $P^{(n+1)}_i(x) = w^{(n+1)}_{i-h_\ell-1}(x)P^{(n)}_{h_\ell+1}(x)$ *pour* $i \in \mathbb{N}$, $h_\ell+2 \le i \le p_\ell-1$

Si $P^{(n)}_{h_\ell+1}(o) = 0$, $P^{(n+1)}_i(x) = w^{(n+1)}_{i-h_\ell}(x)P^{(n)}_{h_\ell+1}(x).x^{-1}$ *pour* $i \in \mathbb{N}$, $h_\ell+1 \le i \le p_\ell$

où $w^{(n+1)}_{i-h_\ell}(x)$ *et* $w^{(n+1)}_{i-h_\ell-1}(x)$ *sont des polynômes arbitraires respectivement de degré* $i-h_\ell$ *et* $i-h_\ell-1$ *définis par* $P^{(n+1)}_i(x) = w^{(n+1)}_{i-h_\ell-1}(x)\ P^{(n+1)}_{h_\ell+1}(x)$ *et* $P^{(n+1)}_i(x) = w^{(n+1)}_{i-h_\ell}(x)\ P^{(n+1)}_{h_\ell}(x)$.

Pour déterminer les coefficients $q^{(n)}_{i+1,\ell}$ *et* $E^{(n)}_{i+1}$ *on pose :*

Si $i = p_\ell$

$$\begin{cases} B^{(n)}_{p_\ell+1} = -q^{(n)}_{p_\ell+1,\ell} - e^{(n)}_{h_\ell+1,\ell} \\ C^{(n)}_{p_\ell+1} = -q^{(n)}_{h_\ell+1,\ell-1}\ e^{(n)}_{h_\ell+1,\ell} \end{cases}$$

Dans les autres cas :

$$\begin{cases} B^{(n)}_{i+1} = -q^{(n)}_{i+1,\ell} - e^{(n)}_{pr(i+1,n),\ell} \\ C^{(n)}_{i+1} = -q^{(n)}_{pr(i+1,n),\ell}\ e^{(n)}_{pr(i+1,n),\ell} \end{cases}$$

avec au démarrage $e^{(n)}_{o,o} = o$, $q^{(n)}_{o,o} = o$ *et par convention* $-q^{(n)}_{o,o}\ e^{(n)}_{o,o} = c_n$.

Quand les $q^{(n)}_{pr(i+1,n),\ell}$ *et* $e^{(n)}_{pr(i+1,n),\ell}$ *sont définis, alors*

$$E^{(n)}_{i+1} = -e^{(n)}_{pr(i+1,n),\ell} \text{ sinon } E^{(n)}_{i+1} = C^{(n)}_{i+1}$$

Dans le cas où certains q_i *et* e_i *sont indéfinis on a :*

1. *Si* $P^{(n)}_{i+1}$ *et* $P^{(n)}_i$ *sont orthogonaux réguliers et* $P^{(n+1)}_i$ *quasi-orthogonal, c'est-à-dire si* $P^{(n)}_i(o) = 0$ *et*

$$a) \text{ si } P^{(n)}_{h_{\ell-1}+1}(o) \neq 0 \text{ et } p_{\ell-1}+1 \leq i < h_\ell+1$$

ou

$$b) \text{ si } P^{(n)}_{h_{\ell-1}+1}(o) = 0 \text{ et } p_{\ell-1}+2 \leq i < h_\ell+1$$

Alors $q^{(n)}_{i\ell-1}(o) = 0$, $e^{(n)}_{i,\ell-1} = \infty$, $q^{(n)}_{i+1,\ell-1} = \infty$

2. *Si* $P^{(n)}_i(o) = 0$ *avec* $i < h_\ell$, *donc si* $P^{(n)}_{i+2}$ *est orthogonal régulier, alors* $e^{(n)}_{i+1,\ell-1} = 0$, $q^{(n)}_{i+2,\ell-1} = -B^{(n)}_{i+2}$.

3. *Si* $P^{(n)}_{h_\ell}(o)=o$, *donc si* $P^{(n)}_{h_\ell+2}$ *n'est pas orthogonal régulier, alors*

$$P^{(n)}_{h_\ell+1}(o) \neq 0, \quad q^{(n)}_{h_\ell+1,\ell-1} = \infty, \quad e^{(n)}_{h_\ell+1,\ell-1} = 0$$

$$q^{(n)}_{h_\ell+2,\ell-1} = -\bar{B}^{(n)}_{h_\ell+2} \text{ où } \bar{B}^{(n)}_{h_\ell+2} \text{ est une constante arbitraire}$$

définie par :

$$P^{(n)}_{h_\ell+2}(x) = (x+\bar{B}^{(n)}_{h_\ell+2})\, P^{(n)}_{h_\ell+1}(x)$$

4. *Si* $P^{(n)}_{h_\ell+1}(o) \neq 0$ *et* $P^{(n)}_{h_\ell}(o) \neq 0$, *alors* $q^{(n)}_{h_\ell+1,\ell-1}$ *est fini non nul,* $P^{(n+1)}_{h_\ell}(x)$ *est orthogonal régulier et* $e^{(n)}_{h_\ell+1,\ell-1} = 0$.

5. *Si* $P^{(n)}_{h_\ell+1}(o) = 0$, *c'est à dire si* $P^{(n+1)}_{p_\ell+1}(x)$ *est orthogonal régulier et* $P^{(n+1)}_{p_\ell}(x)$ *quasi-orthogonal alors :*

$$q^{(n)}_{h_\ell+1,\ell-1} = 0,\ e^{(n)}_{h_\ell+1,\ell} = \infty,\ q^{(n)}_{p_\ell+1,\ell} = \infty,\ e^{(n)}_{p_\ell+1,\ell} = 0$$

avec si $p_\ell+2 \leq h_{\ell+1}+1$, $q^{(n)}_{p_\ell+2,\ell} = -B^{(n)}_{p_\ell+2}$

si $p_\ell = h_{\ell+1}$, $q^{(n)}_{p_\ell+2,\ell} = -\bar{B}^{(n)}_{p_\ell+2}$ *où* $\bar{B}^{(n)}_{p_\ell+2}$ *est une constante arbitraire définie par :*

$$P^{(n)}_{p_\ell+2}(x) = (x + \bar{B}^{(n)}_{p_\ell+2})\ P^{(n)}_{p_\ell+1}(x)$$

Démonstration.

Nous démontrons cette propriété par récurrence. Montrons d'abord que les résultats de l'énoncé sont vrais pour $j \in \mathbb{N}$, $h_o+1 \leq j \leq h_1+1$.

I. LA BASE B_1 DEFINIT LES POLYNOMES $P^{(n)}_i(x)$.

a) Regardons comment démarrent les relations.

$$P^{(n)}_1(x) = (x+B^{(n)}_1)\ P^{(n)}_o(x) + C^{(n)}_1\ P^{(n)}_{-1}(x)$$

avec $P^{(n)}_o(x) = 1$ et $P^{(n)}_{-1}(x) = 0$.

On pose $$B_1^{(n)} = -q_{1,0}^{(n)} - e_{o,o}^{(n)}$$

On prendra $$e_{o,o}^{(n)} = 0 \text{ et } q_{o,o}^{(n)} = 0.$$

Puisque $C_1^{(n)} = A_1^{(n)}\; c^{(n)}\;(P_o^{(n)}) = c_n$ d'après le théorème 1.5 on prendra par convention

$$-q_{o,o}^{(n)}\; e_{o,o}^{(n)} = c_n.$$

Donc $$x^{-1}(P_1^{(n)}(x) + q_{1,0}^{(n)}\; P_o^{(n)}(x)) = P_o^{(n)}(x) = 1.$$

Par conséquent on a bien $P_o^{(n+1)}(x) = 1 = x^{-1}(P_1^{(n)}(x)+q_{1,0}^{(n)}\; P_0^{(n)}(x))$

b) <u>Si $P_i^{(n)}(o) \neq 0$, $i < h_1+1$ et $P_{i-1}^{(n+1)}(x) = x^{-1}(P_i^{(n)}(x)+q_{i,o}^{(n)}\; P_{i-1}^{(n)}(x))$.</u>

Alors $P_i^{(n+1)}(x)$ est orthogonal régulier, car $P_i^{(n)}(x)$ n'est pas au nord d'un bloc P qui serait bloc P pour $P_i^{(n+1)}(x)$.

$$P_{i+1}^{(n)}(x) = (x+B_{i+1}^{(n)})P_i^{(n)}(x) + C_{i+1}^{(n)}\; P_{i-1}^{(n)}(x)$$

On pose $$\begin{cases} B_{i+1}^{(n)} = -q_{i+1,o}^{(n)} - e_{i,o}^{(n)} \\ C_{i+1}^{(n)} = -q_{i,o}^{(n)}\; e_{i,o}^{(n)} \end{cases}$$

Posons $$\bar{P}_i(x) = x^{-1}(P_{i+1}^{(n)}(x) + q_{i+1,o}^{(n)}\; P_i^{(n)}(x))$$

$$= P_i^{(n)}(x) - e_{i,o}^{(n)}(P_i^{(n)}(x) + q_{i,o}^{(n)}\; P_{i-1}^{(n)}(x))x^{-1} = P_i^{(n)}(x) - e_{i,o}^{(n)}P_{i-1}^{(n+1)}(x)$$

Donc $\bar{P}_i(x)$ est un polynôme de degré i. De plus il est orthogonal par rapport à la fonctionnelle $c^{(n+1)}$

$$c^{(n)}(x\bar{P}_i P_j^{(n+1)}) = c^{(n)}(P_{i+1}^{(n)}P_j^{(n+1)}) + q_{i+1,o}^{(n)}\; c^{(n)}(P_i^{(n)}P_j^{(n+1)}) = 0$$

pour $0 \leq j \leq i-1$ à cause de l'orthogonalité de $P_i^{(n)}$ et $P_{i+1}^{(n)}$.

Donc $c^{(n+1)}(\bar{P}_i P_j^{(n+1)}) = 0$ pour $0 \leq j \leq i-1$.

Par conséquent on a bien les relations cherchées.

$$P_i^{(n+1)}(x) = x^{-1}(P_{i+1}^{(n)}(x) + q_{i+1,o}^{(n)} P_i^{(n)}(x))$$

$$P_i^{(n+1)}(x) = P_i^{(n)}(x) - e_{i,o}^{(n)} P_{i-1}^{(n+1)}(x).$$

c) Si $P_i^{(n)}(o) = 0$ et $i < h_1+1$.

$P_{i+1}^{(n)}$ est orthogonal régulier puisque $i < h_1+1$.

$P_i^{(n)}(x)$ est au nord d'un bloc P pour $P_i^{(n+1)}(x)$ qui est quasi-orthogonal.

$P_{i-1}^{(n+1)}(x)$ est orthogonal régulier.

Nous allons donner les valeurs de $q_{i,o}^{(n)}$, $e_{i,o}^{(n)}$, $q_{i+1,o}^{(n)}$

$$x^{-1}P_i^{(n)}(x) = P_{i-1}^{(n+1)}(x) = x^{-1}(P_i^{(n)}(x) + q_{i,o}^{(n)}P_{i-1}^{(n)}(x))$$

Donc $q_{i,o}^{(n)} = 0$

$$P_{i+1}^{(n)}(x) = (x + B_{i+1}^{(n)})P_i^{(n)}(x) + C_{i+1}^{(n)} P_{i-1}^{(n)}(x).$$

On pose
$$\begin{cases} B_{i+1}^{(n)} = -q_{i+1,0}^{(n)} - e_{i,0}^{(n)} \\ C_{i+1}^{(n)} = -q_{i,o}^{(n)} e_{i,o}^{(n)} \neq 0 \text{ d'après le théorème 1.5} \end{cases}$$

puisque $P_{i+1}^{(n)}(x)$ est orthogonal régulier.
Donc $e_{i,o}^{(n)} = \infty$, $q_{i+1,o}^{(n)} = \infty$. Ce qui entraine que :

$$\bar{P}_i(x) = x^{-1}(P_{i+1}^{(n)}(x) + q_{i+1,o}^{(n)}P_i^{(n)}(x))$$

n'est pas défini.

De plus on a :

$$P_i^{(n+1)}(x) = (x + \bar{B}_i^{(n+1)})\, P_{i-1}^{(n+1)}(x)$$

avec $\bar{B}_i^{(n+1)}$ arbitraire, et puisque $P_{i-1}^{(n+1)}(x) = x^{-1}\, P_i^{(n)}(x)$ on obtient :

$$P_i^{(n+1)}(x) = P_i^{(n)}(x) + \bar{B}_i^{(n+1)}.P_{i-1}^{(n+1)}(x).$$

d) <u>Si $P_i^{(n)}(o) = 0$ et $i+1 < h_1+1$.</u>

$P_{i+2}^{(n)}(x)$ est orthogonal régulier, par hypothèse.

$$P_{i+2}^{(n)}(x) = (x + B_{i+2}^{(n)})P_{i+1}^{(n)}(x) + C_{i+2}^{(n)}\, P_i^{(n)}(x)$$

On pose $$\begin{cases} B_{i+2}^{(n)} = -q_{i+2,o}^{(n)} - e_{i+1,o}^{(n)} \\ C_{i+2}^{(n)} = -q_{i+1,o}^{(n)}\, e_{i+1,o}^{(n)} \neq 0 \end{cases}$$

Puisque $q_{i+1,o}^{(n)} = \infty$, alors $e_{i+1,o}^{(n)} = 0$ et $q_{i+2,o}^{(n)} = -B_{i+2}^{(n)}$.

De plus $P_{i+2}^{(n)}(o) = B_{i+2}^{(n)}P_{i+1}^{(n)}(o)$ ce qui entraine que :

$$\bar{P}_{i+1}(x) = x^{-1}(P_{i+2}^{(n)}(x) + q_{i+2,o}^{(n)}P_{i+1}^{(n)}(x))$$

est un polynôme de degré i+1.

$x\bar{P}_{i+1}(x) = P_{i+2}^{(n)}(x) + q_{i+2,o}^{(n)}\, P_{i+1}^{(n)}(x)$ est orthogonal par rapport à $c^{(n)}$.

Donc $\bar{P}_{i+1}(x)$ est orthogonal par rapport à $c^{(n+1)}$ et est identique à $P_{i+1}^{(n+1)}(x)$.

Enfin $P_{i+1}^{(n+1)}(x) = x^{-1}(P_{i+2}^{(n)}(x) + q_{i+2,o}^{(n)}P_{i+1}^{(n)}(x))$

$$= P_{i+1}^{(n)}(x) + x^{-1}\, C_{i+2}^{(n)}\, P_i^{(n)}(x) = P_{i+1}^{(n)}(x) + C_{i+2}^{(n)}\, P_{i-1}^{(n+1)}(x).$$

e) $P_{h_1}^{(n)}(o) = 0.$

$P_{h_1+1}^{(n)}(x)$ est orthogonal régulier. Il est à l'ouest ou dans le coin Nord-Ouest du bloc P pour $P_i^{(n)}(x)$. Donc $P_{h_1+1}^{(n)}(o) \neq 0.$

$P_{h_1+2}^{(n)}(x) = (x + \bar{B}_{h_1+2}^{(n)})P_{h_1+1}^{(n)}(x)$ avec $\bar{B}_{h_1+2}^{(n)}$ arbitraire.

On pose
$$\begin{cases} \bar{B}_{h_1+2}^{(n)} = -q_{h_1+2,o}^{(n)} - e_{h_1+1,o}^{(n)} \\ 0 = -e_{h_1+1,o}^{(n)}\ q_{h_1+1,o}^{(n)} \end{cases}$$

$$q_{h_1+1,o}^{(n)} = \infty \Rightarrow e_{h_1+1,o}^{(n)} = 0 \Rightarrow q_{h_1+2,o}^{(n)} = -\bar{B}_{h_1+2}^{(n)}$$

Enfin $x^{-1}(P_{h_1+2}^{(n)}(x) + q_{h_1+2,o}^{(n)}\ P_{h_1+1}^{(n)}(x)) = P_{h_1+1}^{(n)}(x) = P_{h_1+1}^{(n+1)}(x)$ d'après la propriété 2.1 i).

On a aussi : $P_{h_1+1}^{(n+1)}(x) = P_{h_1+1}^{(n)}(x) - e_{h_1+1,o}^{(n)}\ P_{h_1-1}^{(n+1)}(x)$

$= P_{h_1+1}^{(n)}(x) + C_{h_1+2}^{(n)}\ P_{h_1-1}^{(n+1)}(x)$ puisque $C_{h_1+2}^{(n)}$ est nul d'après la remarque 1.2.

f) $P_{h_1+1}^{(n)}(o) \neq o.$

$P_{h_1+1}^{(n)}(x)$ est orthogonal régulier ; il est à l'ouest ou au nord-ouest d'un bloc P. On a les mêmes résultats que dans le cas e), c'est-à-dire

$$e_{h_1+1,o}^{(n)} = 0,\ q_{h_1+2,o}^{(n)} = -\bar{B}_{h_1+2}^{(n)}$$

$$P_{h_1+1}^{(n+1)}(x) = P_{h_1+1}^{(n)}(x) - e_{h_1+1,o}^{(n)}\ P_{pr(h_1+1,n+1)}^{(n+1)}(x)$$

$$= P_{h_1+1}^{(n)} + C_{h_1+2}^{(n)}\ P_{pr(h_1+1,n+1)}^{(n+1)}(x)$$

$$P_{h_1+1}^{(n+1)}(x) = x^{-1}(P_{h_1+2}^{(n)}(x) + q_{h_1+2,o}^{(n)}\ P_{h_1+1}^{(n)}(x))$$

En effet :

Soit $P_{h_1}^{(n)}(o) = 0$, alors $P_{h_1}^{(n+1)}(x)$ est quasi-orthogonal et on est dans le cas e). Donc $q_{h_1+1,o}^{(n)} = \infty$ et on a les résultats proposés.

Soit $P_{h_1}^{(n)}(o) \neq 0$, alors $P_{h_1}^{(n+1)}(x)$ est orthogonal régulier puisque $P_{h_1}^{(n)}(x)$ n'est pas au nord d'un bloc P pour $P^{(n+1)}(x)$.

$q_{h_1+1,o}^{(n)}$ est fini non nul, car si $q_{h_1+1,o}^{(n)} = 0$, on aurait

$$P_{h_1}^{(n+1)}(x) = x^{-1}(P_{h_1+1}^{(n)}(x) + q_{h_1+1,o}^{(n)} P_{pr(h_1+1,n}^{(n)}(x)) = x^{-1}P_{h_1+1}^{(n)}(x)$$

ce qui entrainerait $P_{h_1+1}^{(n)}(0) = 0$.

Donc $e_{h_1+1,o}^{(n)} = 0$ et $P_{h_1+1}^{(n+1)}(x) = P_{h_1+1}^{(n)}(x)$.

On obtient les résultats proposés.

g) $\underline{P_{h_1+1}^{(n)}(o) = 0.}$

$P_{h_1+1}^{(n)}$ est au nord d'un bloc P qui est aussi bloc P pour $P_i^{(n+1)}(x)$.

Par conséquent :

$$P_{h_1+2}^{(n)}(x) = (x + \bar{B}_{h_1+2}^{(n)})\, P_{h_1+1}^{(n)}(x) \text{ avec } \bar{B}_{h_1+2}^{(n)} \text{ arbitraire.}$$

$$P_{h_1+1}^{(n+1)}(x) = (x + \bar{B}_{h_1+1}^{(n+1)})\, P_{h_1}^{(n+1)}(x) \text{ avec } \bar{B}_{h_1+1}^{(n+1)} \text{ arbitraire.}$$

Or $xP_{h_1}^{(n+1)}(x) = P_{h_1+1}^{(n)}(x)$.

On a encore $q_{h_1+1,o}^{(n)} = 0$ comme dans le cas c).

D'autre part : $P_{h_1+1}^{(n+1)}(x) = P_{h_1+1}^{(n)}(x) + \bar{B}_{h_1+1}^{(n+1)} P_{h_1}^{(n+1)}(x)$.

II. LA BASE B_2 DEFINIT LES POLYNOMES $P_i^{(n)}(x)$.

Tant qu'on parcourt le bloc P on a : $P_i^{(n)}(x) = w_i^{(n)}(x)$ et $P_{i-1}^{(n+1)}(x) = w_{i-1}^{(n+1)}(x)$ où $w_i^{(n)}(x)$ et $w_{i-1}^{(n+1)}(x)$ sont des polynômes arbitraires respectivement de degré i et i-1.

A la sortie du bloc P on a :

$$P_{p_o+1}^{(n)}(x) = (x\omega_{p_o}^{(n)}(x) + B_{p_o+1}^{(n)})\, P_o^{(n)}(x) + C_{p_o+1}^{(n)}\, P_{-1}^{(n)}(x)$$

On pose :
$$\begin{cases} B_{p_o+1}^{(n)} = -q_{p_o+1,o}^{(n)} - e_{o,o}^{(n)} \\ C_{p_o+1}^{(n)} = -e_{o,o}^{(n)}\, q_{o,o}^{(n)} \end{cases}$$

On prendra $e_{o,o}^{(n)} = 0$, $q_{o,o}^{(n)} = 0$ ce qui entraine que $q_{p_o+1,o}^{(n)} = -B_{p_o+1}^{(n)}$.

Puisque $C_{p_o+1}^{(n)} = A_{p_o+1}^{(n)}\, c^{(n)}(P_{p_o}^{(n)}) = c_{n+p_o}$ d'après le théorème 1.5, on prendra par convention

$$-q_{o,o}^{(n)}\, e_{o,o}^{(n)} = c_{n+p_o}.$$

Alors $\bar{P}_{p_o}(x) = x^{-1}(P_{p_o+1}^{(n)}(x) + q_{p_o+1,o}^{(n)}\, P_o^{(n)}(x)) = \omega_{p_o}^{(n)}(x)\, P_o^{(n)}(x)$

$\bar{P}_{p_o}(x)$ est un polynôme de degré p_o, orthogonal par rapport à $c^{(n+1)}$

$$c^{(n)}(x\bar{P}_{p_o}(x)\, P_i^{(n+1)}(x)) = c^{(n)}(P_{p_o+1}^{(n)} P_i^{(n+1)}) + q_{p_o+1,o}^{(n)}\, c^{(n)}(P_i^{(n+1)}) = 0$$

pour $i < p_o$ (on rappelle que dans le cas de la base B_2, $c(P_i) = 0$, $\forall P_i$ pour $i < p_o$).

Donc $\bar{P}_{p_o}(x) \equiv P_{p_o}^{(n+1)}(x)$ puisque $P_{p_o}^{(n+1)}(x)$ est orthogonal régulier.

On a également $P_{p_o}^{(n+1)}(x) = \omega_{p_o}^{(n)}(x)\, P_o^{(n)}(x) - e_{o,o}^{(n)}\, P_{-1}^{(n+1)}(x)$

Enfin pour $i \in \mathbb{N}$, $p_o+2 \le i \le h_1+1$, on retrouve les mêmes démonstrations que dans le I.

III. ON SUPPOSE LES RESULTATS DE L'ENONCE VRAIS JUSQU'A L'ORDRE $h_\ell+1$.
MONTRONS QUE CES RESULTATS RESTENT VRAIS POUR $h_\ell+2 \le i \le h_{\ell+1}+1$.

(A) $P^{(n)}_{h_\ell+1}(o) \neq 0$.

$P^{(n)}_{h_\ell+1}(x)$ est à l'ouest ou au nord-ouest du bloc P.

$$P^{(n+1)}_{h_\ell+1}(x) \equiv P^{(n)}_{h_\ell+1}(x)$$

$$P^{(n)}_{h_\ell+2}(x) = (x+\bar{B}^{(n)}_{h_\ell+2})P^{(n)}_{h_\ell+1}(x)$$

avec $\bar{B}^{(n)}_{h_\ell+2}$ arbitraire.

Tant que $P^{(n)}_{h_\ell+2+i}$, pour $i \in \mathbb{N}$, parcourt le bloc P on a :

$$P^{(n)}_{h_\ell+2+i}(x) = w^{(n)}_{i+1}(x)P^{(n)}_{h_\ell+1}(x)$$

pour $i \in \mathbb{N}$, $0 \le i \le p_\ell-h_\ell-2$

$P^{(n+1)}_{h_\ell+1+i}(x) = w^{(n+1)}_{i}(x)P^{(n+1)}_{h_\ell+1}(x) = w^{(n+1)}_{i}(x)\ P^{(n)}_{h_\ell+1}(x)$ pour $i \in \mathbb{N}$, $1 \le i \le p_\ell-h_\ell-2$,

où $w^{(n)}_{i+1}(x)$ et $w^{(n+1)}_{i}(x)$ sont des polynômes arbitraires respectivement de degré i+1 et i.

Sortie du bloc P.

$P^{(n+1)}_{p_\ell}(x)$ est orthogonal régulier.

$$P^{(n)}_{p_\ell+1}(x) = (x\ \omega^{(n)}_{p_\ell-h_\ell-1}(x) + B^{(n)}_{p_\ell+1})P^{(n)}_{h_\ell+1}(x) + C^{(n)}_{p_\ell+1}\ P^{(n)}_{pr(h_\ell+1,n)}(x)$$

On pose
$$\begin{cases} B^{(n)}_{p_\ell+1} = -q^{(n)}_{p_\ell+1,\ell} - e^{(n)}_{h_\ell+1,\ell} \\ C^{(n)}_{p_\ell+1} = -q^{(n)}_{h_\ell+1,\ell-1}\ e^{(n)}_{h_\ell+1,\ell} \neq 0 \end{cases}$$

$q^{(n)}_{h_\ell+1,\ell-1}$ est soit fini non nul, soit infini.

<u>Si $q^{(n)}_{h_\ell+1,\ell-1}$ est fini non nul.</u>

Alors $P^{(n+1)}_{h_\ell}(x)$ est orthogonal régulier et $e^{(n)}_{h_\ell+1,\ell-1} = 0$.

Donc $\bar{P}_{p_\ell}(x) = x^{-1}(P^{(n)}_{p_\ell+1}(x) + q^{(n)}_{p_\ell+1,\ell}\, P^{(n)}_{h_\ell+1}(x))$

$$= \omega^{(n)}_{p_\ell-h_\ell-1}(x)\, P^{(n)}_{h_\ell+1}(x) - x^{-1}e^{(n)}_{h_\ell+1,\ell}\,(P^{(n)}_{h_\ell+1}(x) + q^{(n)}_{h_\ell+1,\ell-1}P^{(n)}_{pr(h_\ell+1,n)}(x))$$

$$= \omega^{(n)}_{p_\ell-h_\ell-1}(x)\, P^{(n)}_{h_\ell+1}(x) - e^{(n)}_{h_\ell+1,\ell}\, P^{(n+1)}_{h_\ell}(x)$$

$\bar{P}_{p_\ell}(x)$ est donc un polynôme de degré p_ℓ ; il est orthogonal par rapport à $c^{(n+1)}$

$$c^{(n)}(x\bar{P}_{p_\ell}P^{(n+1)}_j) = c^{(n)}(P^{(n)}_{p_\ell+1}P^{(n+1)}_j) + q^{(n)}_{p_\ell+1,\ell}\; c^{(n)}(P^{(n)}_{h_\ell+1}\, P^{(n+1)}_j) = 0$$

pour $j \in \mathbb{N}$, $0 \le j \le p_\ell-1$, soit à cause de l'orthogonalité de $P^{(n)}_{p_\ell+1}$, soit en appliquant la propriété 1.17 i).
Donc $\bar{P}_{p_\ell}(x) \equiv P^{(n+1)}_{p_\ell}(x)$.
On a aussi :

$$P^{(n+1)}_{p_\ell}(x) = \omega^{(n)}_{p_\ell-h_\ell-1}(x)\, P^{(n)}_{h_\ell+1}(x) - e^{(n)}_{h_\ell+1,\ell}\, P^{(n+1)}_{h_\ell}(x).$$

<u>Si $q^{(n)}_{h_\ell+1,\ell-1} = \infty$.</u>

Alors $P^{(n+1)}_{h_\ell}$ est quasi-orthogonal et $P^{(n)}_{pr(h_\ell+1,n)}(o) = 0$

$$e^{(n)}_{h_\ell+1,\ell} = 0 \text{ et } B^{(n)}_{p_\ell+1} = -q^{(n)}_{p_\ell+1,\ell}$$

Enfin puisque $P^{(n)}_{pr(h_\ell+1,n)}(o) = 0$, alors $P^{(n)}_{p_\ell+1}(o) = B^{(n)}_{p_\ell+1}\ P^{(n)}_{h_\ell+1}(o)$, ce qui entraine que :

$$\bar{P}_{p_\ell}(x) = x^{-1}(P^{(n)}_{p_\ell+1}(x) + q^{(n)}_{p_\ell+1,\ell}\ P^{(n)}_{h_\ell+1}(x)) \text{ est un polynôme de degré } p_\ell.$$

Comme précédemment on a l'orthogonalité par rapport à $c^{(n+1)}$.
Donc $\bar{P}_{p_\ell}(x) \equiv P^{(n+1)}_{p_\ell}(x)$.

De plus on a : $\quad x^{-1}(P^{(n)}_{p_\ell+1}(x) + q^{(n)}_{p_\ell+1,\ell}\ P^{(n)}_{h_\ell+1}(x))$

$$= \omega^{(n)}_{p_\ell-h_\ell-1}(x)\ P^{(n)}_{h_\ell+1}(x) + x^{-1}\ C^{(n)}_{p_\ell+1}\ P^{(n)}_{pr(h_\ell+1,n)}(x).$$

Or $P^{(n)}_{pr(h_\ell+1,n)}(x) = x\ P^{(n+1)}_{pr(h_\ell+1,n)-1}(x)$ et $pr(h_\ell+1,n)-1 = pr(h_\ell+1,n+1)$.

Donc $P^{(n+1)}_{p_\ell}(x) = \omega^{(n)}_{p_\ell-h_\ell-1}(x)\ P^{(n)}_{h_\ell+1}(x) + C^{(n)}_{p_\ell+1}\ P^{(n+1)}_{pr(h_\ell+1,n+1)}(x)$.

Par conséquent, on a en utilisant nos notations sur les polynômes orthogonaux réguliers prédécesseurs d'une position donnée,

$$P^{(n+1)}_{p_\ell}(x) = \omega^{(n)}_{p_\ell-pr(p_\ell+1,n)}(x)\ P^{(n)}_{pr(p_\ell+1,n)}(x) + C^{(n)}_{p_\ell+1}\ P^{(n+1)}_{pr(pr(p_\ell+1,n),n+1)}(x)$$

(B) $\underline{P^{(n)}_{h_\ell+1}(o) = 0.}$

$P^{(n)}_{h_\ell+1}(x)$ est au nord du bloc P qui est aussi bloc P pour $P^{(n+1)}_i(x)$.

$P^{(n+1)}_i(x)$ est non orthogonal régulier pour $i \in \mathbb{N}$, $h_\ell+1 \leq i \leq p_\ell$.
Pendant la traversée du bloc P on a :

$$P^{(n)}_{h_\ell+2+i}(x) = w^{(n)}_{i+1}(x)\ P^{(n)}_{h_\ell+1}(x) \text{ pour } i \in \mathbb{N},\ 0 \leq i \leq p_\ell-h_\ell-2$$

$$P^{(n+1)}_{h_\ell+1+i}(x) = w^{(n+1)}_{i+1}(x)\ P^{(n+1)}_{h_\ell}(x) = w^{(n+1)}_{i+1}(x) P^{(n)}_{h_\ell+1}(x).x^{-1} \text{ pour } i \in \mathbb{N}$$

$0 \leq i \leq p_\ell-h_\ell-1$

$$P^{(n)}_{p_\ell+1}(x) = (x\omega^{(n)}_{p_\ell-h_\ell-1}(x) + B^{(n)}_{p_\ell+1})\, P^{(n)}_{h_\ell+1}(x) + C^{(n)}_{p_\ell+1}\, P^{(n)}_{pr(h_\ell+1,n)}(x)$$

On pose
$$\begin{cases} B^{(n)}_{p_\ell+1} = -q^{(n)}_{p_\ell+1,\ell} - e^{(n)}_{h_\ell+1,\ell} \\ C^{(n)}_{p_\ell+1} = -q^{(n)}_{h_\ell+1,\ell-1}\, e^{(n)}_{h_\ell+1,\ell} \neq 0 \end{cases}$$

On a $q^{(n)}_{h_\ell+1,\ell-1} = 0$, donc $e^{(n)}_{h_\ell+1,\ell} = \infty$ et $q^{(n)}_{p_\ell+1,\ell} = \infty$

1. Si $p_\ell+2 \leq h_{\ell+1}+1$.

Alors $P^{(n)}_{p_\ell+2}(x)$ est orthogonal régulier

$$P^{(n)}_{p_\ell+2}(x) = (x + B^{(n)}_{p_\ell+2})P^{(n)}_{p_\ell+1}(x) + C^{(n)}_{p_\ell+2}\, P^{(n)}_{h_\ell+1}(x).$$

On pose
$$\begin{cases} B^{(n)}_{p_\ell+2} = -q^{(n)}_{p_\ell+2,\ell} - e^{(n)}_{p_\ell+1,\ell} \\ C^{(n)}_{p_\ell+2} = -q^{(n)}_{p_\ell+1,\ell}\, e^{(n)}_{p_\ell+1,\ell} \neq 0 \end{cases}$$

$$q^{(n)}_{p_\ell+1,\ell} = \infty \Rightarrow e^{(n)}_{p_\ell+1,\ell} = 0 \Rightarrow B^{(n)}_{p_\ell+2} = -q^{(n)}_{p_\ell+2,\ell}.$$

Posons $\bar{P}_{p_\ell+1}(x) = x^{-1}(P^{(n)}_{p_\ell+2}(x) + q^{(n)}_{p_\ell+2,\ell}\, P^{(n)}_{p_\ell+1}(x))$

$$P^{(n)}_{h_\ell+1}(o) = 0 \Rightarrow P^{(n)}_{p_\ell+2}(o) = B^{(n)}_{p_\ell+2} P^{(n)}_{p_\ell+1}(o).$$

Donc $\bar{P}_{p_\ell+1}(x)$ est un polynôme de degré $p_\ell+1$ qui est orthogonal par rapport à $c^{(n+1)}$, ce qui se prouve par une démonstration analogue à la précédente.

Par conséquent $\bar{P}_{p_\ell+1}(x) = P^{(n+1)}_{p_\ell+1}(x)$.

D'autre part on sait que $P^{(n)}_{h_\ell+1}(x) = xP^{(n+1)}_{h_\ell}(x)$.

Donc $P^{(n+1)}_{p_\ell+1}(x) = x^{-1}(P^{(n)}_{p_\ell+2}(x) + q^{(n)}_{p_\ell+2,\ell}\, P^{(n)}_{p_\ell+1}(x)) = P^{(n)}_{p_\ell+1}(x) + C^{(n)}_{p_\ell+2}\, P^{(n+1)}_{h_\ell}(x)$

Comme précédemment à l'aide de nos notations nous trouvons :

$$P^{(n+1)}_{p_\ell+1}(x) = P^{(n)}_{pr(p_\ell+2,n)}(x) + C^{(n)}_{p_\ell+2}\, P^{(n+1)}_{pr(pr(p_\ell+2,n),n+1)}(x).$$

2. <u>Si $p_\ell = h_{\ell+1}$.</u>

Alors $P^{(n)}_{p_\ell+2}(x) = P^{(n)}_{h_{\ell+1}+2}(x)$ n'est pas orthogonal régulier.

$P^{(n)}_{p_\ell+2}(x) = (x + \bar{B}^{(n)}_{p_\ell+2})P^{(n)}_{p_\ell+1}(x)$ avec $\bar{B}^{(n)}_{p_\ell+2}$ arbitraire.

On pose
$$\begin{cases} \bar{B}^{(n)}_{p_\ell+2} = -q^{(n)}_{p_\ell+2,\ell} - e^{(n)}_{p_\ell+1,\ell} \\ 0 = -e^{(n)}_{p_\ell+1,\ell}\, q^{(n)}_{p_\ell+1,\ell} \end{cases}$$

$$q^{(n)}_{p_\ell+1,\ell} = \infty \Longrightarrow e^{(n)}_{p_\ell+1,\ell} = 0 \Longrightarrow \bar{B}^{(n)}_{p_\ell+2} = -q^{(n)}_{p_\ell+2,\ell}$$

$$\bar{P}_{p_\ell+1}(x) = x^{-1}(P^{(n)}_{p_\ell+2}(x) + q^{(n)}_{p_\ell+2,\ell}\, P^{(n)}_{p_\ell+1}(x)) = P^{(n)}_{p_\ell+1}(x).$$

Donc $\bar{P}_{p_\ell+1}(x)$ est un polynôme de degré $p_\ell+1$ qui est orthogonal par rapport à $c^{(n+1)}$. Il est donc identique à $P^{(n+1)}_{p_\ell+1}(x)$.
On peut encore écrire :

$$\begin{aligned} P^{(n+1)}_{p_\ell+1}(x) &= P^{(n)}_{p_\ell+1}(x) - e^{(n)}_{p_\ell+1,\ell}\, P^{(n+1)}_{h_\ell}(x) \\ &= P^{(n)}_{p_\ell+1}(x) + C^{(n)}_{p_\ell+2}\, P^{(n+1)}_{h_\ell}(x) \end{aligned}$$

puisque $C^{(n)}_{p_\ell+2} = 0$ d'après la remarque 1.2.

Les démonstrations qui suivent sont valables dans les cas (A) et (B).

j) Si $P_i^{(n)}(o) \neq 0$ et $P^{(n+1)}_{pr(i+1,n)-1}(x) = x^{-1}(P^{(n)}_{pr(i+1,n)}(x) + q^{(n)}_{pr(i+1,n),\ell}\, P^{(n)}_{pr(pr(i+1,n),n)}(x))$

avec $p_\ell+1 \le i < h_{\ell+1}+1$ dans le cas (A) et $p_\ell+2 \le i < h_{\ell+1}+1$ dans le cas (B), alors $P_i^{(n)}(x)$ n'est pas au nord d'un bloc P pour $P_i^{(n+1)}(x)$. Donc $P_i^{(n+1)}(x)$ est orthogonal régulier. On a une démonstration analogue au b) en utilisant la relation générale suivante :

$$P^{(n)}_{i+1}(x) = (x\omega^{(n)}_{i-pr(i+1,n)}(x)+B^{(n)}_{i+1})P^{(n)}_{pr(i+1,n)}(x) + C^{(n)}_{i+1}\, P^{(n)}_{pr(pr(i+1,n),n)}(x)$$

et en posant :

$$\begin{cases} B^{(n)}_{i+1} = -q^{(n)}_{i+1,\ell} - e^{(n)}_{pr(i+1,n),\ell} \\ C^{(n)}_{i+1} = -q^{(n)}_{pr(i+1,n),\ell}\, e^{(n)}_{pr(i+1,n),\ell} \end{cases}$$

On trouve alors :

$$P_i^{(n+1)}(x) = x^{-1}(P^{(n)}_{i+1}(x) + q^{(n)}_{i+1,\ell}\, P^{(n)}_{pr(i+1,n)}(x))$$

$$P_i^{(n+1)}(x) = \omega^{(n)}_{i-pr(i+1,n)}(x)\, P^{(n)}_{pr(i+1,n)}(x) - e^{(n)}_{pr(i+1,n),\ell}\, P^{(n+1)}_{pr(i+1,n)-1}(x)$$

k) Si $P_i^{(n)}(o) = 0$.

Avec $p_\ell+1 \le i < h_{\ell+1}+1$ dans le cas (A) et $p_\ell+2 \le i < h_{\ell+1}+1$ dans le cas (B), alors $P_i^{(n)}(x)$ est au nord d'un bloc P pour $P_i^{(n+1)}(x)$ qui est quasi-orthogonal. $P^{(n)}_{i+1}(x)$ est orthogonal régulier ainsi que $P^{(n+1)}_{i-1}(x)$. Comme dans le cas c) on obtient :

$$x^{-1}P_i^{(n)}(x) = P^{(n+1)}_{i-1}(x) = x^{-1}(P_i^{(n)}(x) + q^{(n)}_{i,\ell}\, P^{(n)}_{pr(i,n)}(x))$$

Donc $q^{(n)}_{i,\ell} = 0$.

$$P_{i+1}^{(n)}(x) = (x + B_{i+1}^{(n)})\, P_i^{(n)}(x) + C_{i+1}^{(n)}\, P_{pr(i,n)}^{(n)}(x).$$

On pose :
$$\begin{cases} B_{i+1}^{(n)} = -q_{i+1,\ell}^{(n)} - e_{i,\ell}^{(n)} \\ C_{i+1}^{(n)} = -q_{i,\ell}^{(n)}\, e_{i,\ell}^{(n)} \neq 0 \end{cases}$$

d'après le théorème 1.5 puisque $P_{i+1}^{(n)}(x)$ est orthogonal régulier.

Donc $e_{i,\ell}^{(n)} = \infty \Longrightarrow q_{i+1,\ell}^{(n)} = \infty$

$P_i^{(n+1)}(x) = (x + \bar{B}_i^{(n+1)})\, P_{i-1}^{(n+1)}(x)$ avec $\bar{B}_i^{(n+1)}$ arbitraire.

Or $P_{i-1}^{(n+1)}(x) = x^{-1}\, P_i^{(n)}(x)$.

Donc $P_i^{(n+1)}(x) = P_i^{(n)}(x) + \bar{B}_i^{(n+1)} P_{i-1}^{(n+1)}(x)$.

ℓ) Si $P_i^{(n)}(o) = 0$ et $p_\ell + 2 \leq i+1 < h_{\ell+1}+1$.

La démonstration est identique à celle du cas d).
On obtient donc :

$$q_{i+1,\ell}^{(n)} = \infty,\ e_{i+1,\ell}^{(n)} = 0,\ q_{i+2,\ell}^{(n)} = -B_{i+2}^{(n)}$$

$$P_{i+1}^{(n+1)}(x) = x^{-1}(P_{i+2}^{(n)}(x) + q_{i+2,\ell}^{(n)}\, P_{i+1}^{(n)}(x))$$

$$P_{i+1}^{(n+1)}(x) = P_{i+1}^{(n)}(x) + C_{i+2}^{(n)}\, P_{i-1}^{(n+1)}(x)$$

m) Si $P_{h_{\ell+1}}^{(n)}(o) = 0$.

La démonstration et les résultats sont ceux du cas e).

$$q_{h_{\ell+1}+1,\ell}^{(n)} = \infty,\ e_{h_{\ell+1}+1,\ell}^{(n)} = 0,\ q_{h_{\ell+1}+2,\ell}^{(n)} = -\bar{B}_{h_{\ell+1}+2}^{(n)}$$

$$P^{(n+1)}_{h_{\ell+1}+1}(x) = x^{-1}(P^{(n)}_{h_{\ell+1}+2}(x) + q^{(n)}_{h_{\ell+1}+2,\ell}\ P^{(n)}_{h_{\ell+1}+1}(x))$$

$$P^{(n+1)}_{h_{\ell+1}+1}(x) = P^{(n)}_{h_{\ell+1}+1}(x) - e^{(n)}_{h_{\ell+1}+1,\ell}\ P^{(n+1)}_{h_{\ell+1}-1}(x)$$

$$= P^{(n)}_{h_{\ell+1}+1}(x) + C^{(n)}_{h_{\ell+1}+2}\ P^{(n+1)}_{h_{\ell+1}-1}(x)$$

n) $P^{(n)}_{h_{\ell+1}+1}(o) \neq 0.$

La démonstration et les résultats sont ceux du cas f).

$$e^{(n)}_{h_{\ell+1}+1,\ell} = 0,\ q^{(n)}_{h_{\ell+1}+2,\ell} = -\bar{B}^{(n)}_{h_{\ell+1}+2}$$

$$P^{(n+1)}_{h_{\ell+1}+1}(x) = x^{-1}\ (P^{(n)}_{h_{\ell+1}+2}(x) + q^{(n)}_{h_{\ell+1}+2,\ell}\ P^{(n)}_{h_{\ell+1}+1}(x))$$

$$P^{(n+1)}_{h_{\ell+1}+1}(x) = P^{(n)}_{h_{\ell+1}+1}(x) - e^{(n)}_{h_{\ell+1}+1,\ell}\ P^{(n+1)}_{pr(h_{\ell+1}+1,n+1)}(x)$$

$$= P^{(n)}_{h_{\ell+1}+1}(x) + C^{(n)}_{h_{\ell+1}+2}\ P^{(n+1)}_{pr(h_{\ell+1}+1,n+1)}(x)$$

o) Si $P^{(n)}_{h_{\ell+1}+1}(o) = 0.$

La démonstration et les résultats sont ceux du cas g).

$P^{(n)}_{h_{\ell+1}+2}(x) = (x + \bar{B}^{(n)}_{h_{\ell+1}+2})\ P^{(n)}_{h_{\ell+1}+1}(x)$ avec $\bar{B}^{(n)}_{h_{\ell+1}+2}$ arbitraire.

$P^{(n+1)}_{h_{\ell+1}+1}(x) = (x + \bar{B}^{(n+1)}_{h_{\ell+1}+1})\ P^{(n+1)}_{h_{\ell+1}}(x)$ avec $\bar{B}^{(n+1)}_{h_{\ell+1}+1}$ arbitraire.

$P^{(n+1)}_{h_{\ell+1}+1}(x) = P^{(n)}_{h_{\ell+1}+1}(x) + \bar{B}^{(n+1)}_{h_{\ell+1}+1}\ P^{(n+1)}_{h_{\ell+1}}(x)$ et $q^{(n)}_{h_{\ell+1}+1,\ell} = 0$

cqfd.

La propriété suivante peut permettre un calcul très simple des polynômes d'une famille adjacente.

<u>*Propriété 2.5.*</u>

On considère deux polynômes orthogonaux réguliers successifs $P_i^{(n)}(x)$ *et* $P_{su(i,n)}^{(n)}(x)$.

Soit l'expression $x^{-1}(P_{su(i,n)}^{(n)}(x) + q.P_i^{(n)}(x))$.

i) *S'il existe une valeur de* q *telle que cette expression soit un polynôme, alors c'est le polynôme orthogonal régulier* $P_{su(i,n)-1}^{(n+1)}(x)$ *et* $q = q_{su(i,n),\ell}^{(n)}$

ii) *S'il n'existe pas de valeur de* q, *telle que cette expression soit un polynôme, alors le polynôme* $P_{su(i,n)-1}^{(n+1)}(x)$ *n'est pas orthogonal régulier.*

<u>Démonstration</u>.

i) Si cette valeur de q existe, elle est unique et est telle que

$$P_{su(i,n)}^{(n)}(o) + qP_i^{(n)}(o) = 0$$

Posons alors $\bar{P}_{su(i,n)-1}(x) = x^{-1}(P_{su(i,n)}^{(n)}(x) + qP_i^{(n)}(x))$.

On a : $c^{(n+1)}(P_j^{(n)}(x)\ \bar{P}_{su(i,n)-1}(x)) = 0$ pour $j \in \mathbb{N}$, $0 \leq j \leq su(i,n)-2$.

En effet $c^{(n+1)}(x^{-1}P_j^{(n)}(x)(P_{su(i,n)}^{(n)}(x) + qP_i^{(n)}(x)))$

$$= c^{(n)}(P_j^{(n)}P_{su(i,n)}^{(n)}) + q.c^{(n)}(P_j^{(n)}P_i^{(n)}) = 0$$

soit à cause de l'orthogonalité de $P_{su(i,n)}^{(n)}(x)$, soit en appliquant la propriété 1.17i) à $P_i^{(n)}(x)$.

Donc $\bar{P}_{su(i,n)-1}(x) \equiv P_{su(i,n)-1}^{(n+1)}(x)$.

D'après la propriété 2.4, $q = q_{su(i,n),\ell}^{(n)}$.

ii) S'il n'existe pas de valeur de q telle que cette expression soit un polynôme, alors $P^{(n+1)}_{su(i,n)-1}(x)$ n'est pas orthogonal régulier.

En effet si $P^{(n+1)}_{su(i,n)-1}(x)$ est orthogonal régulier, on aurait, d'après la propriété 2.4, une valeur existante de $q = q^{(n)}_{su(i,n),\ell}$.

cqfd.

Remarque 2.3.

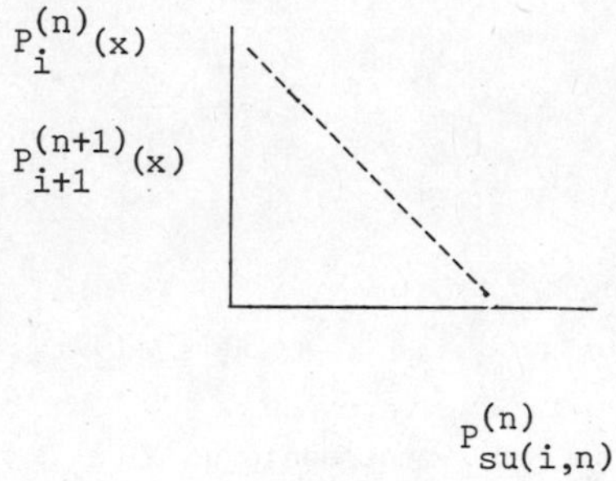

Les seuls polynômes orthogonaux réguliers des familles adjacentes qu'on ne puisse pas atteindre à l'aide de cette propriété sont les polynômes $P_i^{(n+1)}(x)$ qui sont à l'ouest d'un bloc P.
Mais on sait qu'alors $P_i^{(n+1)}(x) \equiv P_i^{(n)}(x)$.

Propriété 2.6.

-Si $P_i^{(n+1)}(x)$ *est orthogonal régulier, alors le polynôme associé* $Q_i^{(n+1)}(t)$ *vérifie les deux relations suivantes pour* $i \in \mathbb{N}$, $p_\ell \le i \le h_{\ell+1}+1$

$$Q_i^{(n+1)}(t) = Q_{i+1}^{(n)}(t) + q^{(n)}_{i+1,\ell}\, Q^{(n)}_{pr(i+1,n)}(t) - c_n P_i^{(n+1)}(t)$$

$$Q_i^{(n+1)}(t) = \omega^{(n)}_{i-pr(i+1,n)}(t)(tQ^{(n)}_{pr(i+1,n)}(t) - c_n P^{(n)}_{pr(i+1,n)}(t)) + E^{(n)}_{i+1}\, Q^{(n+1)}_{pr(pr(i+1,n),n+1)}(t)$$

$E^{(n)}_{i+1}$ *a la valeur qui est fixée dans la propriété 2.4.*

-Si $P_i^{(n+1)}(x)$ *est un polynôme quasi-orthogonal n'appartenant pas à un bloc* P *de* $P_i^{(n)}(x)$ *on a :*

$$Q_i^{(n+1)}(t) = t\, Q_i^{(n)}(t) - c_n P_i^{(n)}(t) + \bar{B}_i^{(n)}\, Q^{(n+1)}_{i-1}(t)$$

-Si $P_i^{(n+1)}(x)$ *est tel que* $P_i^{(n+1)}(x) = w_{i-h_\ell-1}^{(n+1)}(x)P_{h_\ell+1}^{(n)}(x)$ *pour* $i \in \mathbb{N}$, $h_\ell+2 \le i \le p_\ell-1$, *alors*

$$Q_i^{(n+1)}(t) = w_{i-h_\ell-1}^{(n+1)}(t)\ (tQ_{h_\ell+1}^{(n)}(t) - c_n P_{h_\ell+1}^{(n)}(t))$$

-Si $P_i^{(n+1)}(x) = x^{-1}\ w_{i-h_\ell}^{(n+1)}(x)\ P_{h_\ell+1}^{(n)}(x)$ *alors*

$$Q_i^{(n+1)}(t) = w_{i-h_\ell}^{(n+1)}(t)\ Q_{h_\ell+1}^{(n)}(t)$$

Pour le démarrage on prend $Q_o^{(n)}(t) = Q_o^{(n+1)}(t) = 0$.

Démonstration.

i) La preuve de la première relation est totalement analogue à celle des pages 92 et 93 du livre de C. Brezinski

$$Q_i^{(n+1)}(t) = c^{(n+1)}\left(\frac{P_i^{(n+1)}(x)-P_i^{(n+1)}(t)}{x-t}\right) = c^{(n)}\left(x\,\frac{P_i^{(n+1)}(x)-P_i^{(n+1)}(t)}{x-t}\right)$$

$$P_i^{(n+1)}(x) - P_i^{(n+1)}(t) = x^{-1}(P_{i+1}^{(n)}(x) + q_{i+1,\ell}^{(n)}\ P_{pr(i+1,n)}^{(n)}(x))$$

$$- t^{-1}(P_{i+1}^{(n)}(t) + q_{i+1,\ell}^{(n)}\ P_{pr(i+1,n)}^{(n)}(t))$$

$$= x^{-1}t^{-1}\ [tP_{i+1}^{(n)}(x) - xP_{i+1}^{(n)}(t) + q_{i+1,\ell}^{(n)}\ (tP_{pr(i+1,n)}^{(n)}(x) - xP_{pr(i+1,n)}^{(n)}(t))]$$

Or $tP_{i+1}^{(n)}(x) - xP_{i+1}^{(n)}(t) = t(P_{i+1}^{(n)}(x) - P_{i+1}^{(n)}(t)) - (x-t)P_{i+1}^{(n)}(t)$.

Donc $x(P_i^{(n+1)}(x) - P_i^{(n+1)}(t)) = t^{-1}[t(P_{i+1}^{(n)}(x) - P_{i+1}^{(n)}(t)) - (x-t)\ P_{i+1}^{(n)}(t) +$

$$q_{i+1,\ell}^{(n)}(t(P_{pr(i+1,n)}^{(n)}(x) - P_{pr(i+1,n)}^{(n)}(t)) - (x-t)\ P_{pr(i+1,n)}^{(n)}(t)]$$

Par conséquent :

$$Q_i^{(n+1)}(t) = Q_{i+1}^{(n)}(t) - \frac{c_n}{t} P_{i+1}^{(n)}(t) + q_{i+1,\ell}^{(n)} (Q_{pr(i+1,n)}^{(n)}(t) - \frac{c_n}{t} P_{pr(i+1,n)}^{(n)}(t))$$

c'est-à-dire :

$$Q_i^{(n+1)}(t) = Q_{i+1}^{(n)}(t) + q_{i+1,\ell}^{(n)} Q_{pr(i+1,n)}^{(n)}(t) - c_n P_i^{(n+1)}(t)$$

ii) Pour démontrer la seconde relation on utilise le fait que $Q_{i+1}^{(n)}$ et $P_{i+1}^{(n)}$ satisfont la même relation de récurrence.

Si $P_{i+1}^{(n)}(x)$ est orthogonal régulier on a :

$$P_{i+1}^{(n)}(x) = (x\, \omega_{i-pr(i+1,n)}^{(n)}(x) + B_{i+1}^{(n)}) P_{pr(i+1,n)}^{(n)}(x) + C_{i+1}^{(n)} P_{pr(pr(i+1,n),n)}^{(n)}(x)$$

Par conséquent :

$$Q_{i+1}^{(n)}(t) - c_n t^{-1} P_{i+1}^{(n)}(t) = (t\, \omega_{i-pr(i+1,n)}^{(n)}(t) + B_{i+1}^{(n)}) Q_{pr(i+1,n)}^{(n)}(t) +$$

$$C_{i+1}^{(n)} Q_{pr(pr(i+1,n),n)}^{(n)}(t) - c_n t^{-1} [(t\omega_{i-pr(i+1,n)}^{(n)}(t) + B_{i+1}^{(n)}) P_{pr(i+1,n)}^{(n)}(t) +$$

$$C_{i+1}^{(n)} P_{pr(pr(i+1,n),n)}^{(n)}(t)]$$

1. Si $i=p_\ell$, $P_{h_\ell+1}^{(n)}(o) \neq o$ et $q_{h_\ell+1,\ell-1}^{(n)}$ fini non nul.

Alors $P_{p_\ell+1}^{(n)}(t)$ est orthogonal régulier ainsi que $P_{h_\ell}^{(n+1)}(t)$.

$$\begin{cases} B_{p_\ell+1}^{(n)} = -q_{p_\ell+1,\ell}^{(n)} - e_{h_\ell+1,\ell}^{(n)} \\ C_{p_\ell+1}^{(n)} = -q_{h_\ell+1,\ell-1}^{(n)} e_{h_\ell+1,\ell}^{(n)} \end{cases}$$

Donc $Q^{(n)}_{p_\ell+1}(t) - c_n t^{-1} P^{(n)}_{p_\ell+1}(t) = t\omega^{(n)}_{p_\ell-h_\ell-1}(t)\, Q^{(n)}_{h_\ell+1}(t) - q^{(n)}_{p_\ell+1,\ell}\, Q^{(n)}_{h_\ell+1}(t)$

$$- e^{(n)}_{h_\ell+1,\ell}\, Q^{(n)}_{h_\ell+1}(t) - q^{(n)}_{h_\ell+1,\ell-1} e^{(n)}_{h_\ell+1,\ell}\, Q^{(n)}_{pr(h_\ell+1,n)}(t)$$

$$- c_n \omega^{(n)}_{p_\ell-h_\ell-1}(t)\, P^{(n)}_{h_\ell+1}(t)$$

$$+ c_n t^{-1} q^{(n)}_{p_\ell+1,\ell}\, P^{(n)}_{h_\ell+1}(t) + c_n t^{-1} e^{(n)}_{h_\ell+1,\ell}\, P^{(n)}_{h_\ell+1}(t)$$

$$+ c_n t^{-1} q^{(n)}_{h_\ell+1,\ell-1} e^{(n)}_{h_\ell+1,\ell}\, P^{(n)}_{pr(h_\ell+1,n)}(t)$$

On a donc dans ce cas ci puisque $P^{(n+1)}_{p_\ell}(t)$ est orthogonal régulier

$$t^{-1}(P^{(n)}_{p_\ell+1}(t) + q^{(n)}_{p_\ell+1,\ell}\, P^{(n)}_{h_\ell+1}(t)) = P^{(n+1)}_{p_\ell}(t).$$

$$Q^{(n)}_{p_\ell+1}(t) + q^{(n)}_{p_\ell+1,\ell}\, Q^{(n)}_{h_\ell+1}(t) = c_n\, P^{(n+1)}_{p_\ell}(t) + Q^{(n+1)}_{p_\ell}(t)$$

$$c_n t^{-1} e^{(n)}_{h_\ell+1,\ell}(P^{(n)}_{h_\ell+1}(t) + q^{(n)}_{h_\ell+1,\ell-1} P^{(n)}_{pr(h_\ell+1,n)}(t)) = c_n\, e^{(n)}_{h_\ell+1,\ell}\, P^{(n+1)}_{h_\ell}(t)$$

et enfin

$$e^{(n)}_{h_\ell+1,\ell}\, (Q^{(n)}_{h_\ell+1}(t) + q^{(n)}_{h_\ell+1,\ell-1}\, Q^{(n)}_{pr(h_\ell+1,n)}(t) - c_n P^{(n+1)}_{h_\ell}(t)) = e^{(n)}_{h_\ell+1,\ell}\, Q^{(n+1)}_{h_\ell}(t).$$

On obtient à l'aide de toutes ces relations :

$$Q^{(n+1)}_{p_\ell}(t) = \omega^{(n)}_{p_\ell-h_\ell-1}(t) \quad (tQ^{(n)}_{h_\ell+1}(t) - c_n P^{(n)}_{h_\ell+1}(t)) - e^{(n)}_{h_\ell+1,\ell}\, Q^{(n+1)}_{h_\ell}(t)$$

2. Si $i = p_\ell$, $P^{(n)}_{h_\ell+1}(o) \neq o$ *et* $q^{(n)}_{h_\ell+1,\ell-1} = \infty$.

Alors $P^{(n)}_{p_\ell+1}$ est orthogonal régulier et $P^{(n+1)}_{h_\ell}$ est quasi-orthogonal.

$$P^{(n)}_{pr(h_\ell+1,n)}(o) = 0,\ e^{(n)}_{h_\ell+1,\ell-1} = e^{(n)}_{h_\ell+1,\ell} = 0 \text{ et } B^{(n)}_{p_\ell+1} = -q^{(n)}_{p_\ell+1,\ell}$$

On a donc :

$$Q^{(n)}_{p_\ell+1}(t) - c_n t^{-1} P^{(n)}_{p_\ell+1}(t) = t\omega^{(n)}_{p_\ell-h_\ell-1}(t)\, Q^{(n)}_{h_\ell+1}(t)$$

$$-q^{(n)}_{p_\ell+1,\ell}\, Q^{(n)}_{h_\ell+1}(t) + C^{(n)}_{p_\ell+1}\, Q^{(n)}_{pr(h_\ell+1,n)}(t) - c_n\, \omega^{(n)}_{p_\ell-h_\ell-1}(t)\, P^{(n)}_{h_\ell+1}(t)$$

$$+ c_n t^{-1} q^{(n)}_{p_\ell+1,\ell}\, P^{(n)}_{h_\ell+1}(t) - c_n t^{-1} C^{(n)}_{p_\ell+1}\, P^{(n)}_{pr(h_\ell+1,n)}(t).$$

A l'aide des premières relations des propriétés 2.4 et 2.6 on obtient :

$$Q^{(n+1)}_{p_\ell}(t) = \omega^{(n)}_{p_\ell-h_\ell-1}(t)\,(tQ^{(n)}_{h_\ell+1}(t) - c_n P^{(n)}_{h_\ell+1}(t))$$

$$+ C^{(n)}_{p_\ell+1}(Q^{(n)}_{h_{\ell-1}+1}(t) - c_n t^{-1} P^{(n)}_{h_{\ell-1}+1}(t)).$$

On a également $t^{-1}\, P^{(n)}_{h_{\ell-1}+1}(t) = P^{(n+1)}_{h_{\ell-1}}(t)$.

Par conséquent $Q^{(n)}_{h_{\ell-1}+1}(t) - c_n t^{-1}\, P^{(n)}_{h_{\ell-1}+1}(t) = Q^{(n)}_{h_{\ell-1}+1}(t) - c_n P^{(n+1)}_{h_{\ell-1}}(t)$

$= Q^{(n+1)}_{h_{\ell-1}} - q^{(n)}_{h_{\ell-1}+1,\ell-2}\; Q^{(n)}_{pr(h_{\ell-1}+1,n)}(t)$.

Or d'après la propriété 2.4, 5°) on a $q^{(n)}_{h_{\ell-1}+1,\ell-2} = 0$.

Donc finalement :

$$Q^{(n+1)}_{p_\ell}(t) = \omega^{(n)}_{p_\ell-h_\ell-1}(t)\,(tQ^{(n)}_{h_\ell+1}(t) - c_n P^{(n)}_{h_\ell+1}(t)) + C^{(n)}_{p_\ell+1}\; Q^{(n+1)}_{h_{\ell-1}}(t).$$

3. **Si** $i = p_\ell+1$, $P^{(n)}_{h_\ell+1}(o) = o$ **et** $p_\ell+2 \le h_{\ell+1}+1$.

Dans ce cas on trouve toujours à l'aide des premières relations des propriétés 2.4 et 2.6

$$Q^{(n+1)}_{p_\ell+1}(t) = tQ^{(n)}_{p_\ell+1}(t) - c_n P^{(n)}_{p_\ell+1}(t) + C^{(n)}_{p_\ell+2}(Q^{(n)}_{h_\ell+1}(t) - c_n t^{-1} P^{(n)}_{h_\ell+1}(t))$$

Comme dans le 2, on a :

$$Q^{(n)}_{h_\ell+1}(t) - c_n t^{-1} P^{(n)}_{h_\ell+1}(t) = Q^{(n+1)}_{h_\ell}(t) + q^{(n)}_{h_\ell+1,\ell-1} Q^{(n)}_{pr(h_\ell+1,n)}(t) = Q^{(n+1)}_{h_\ell}(t)$$

Donc $Q^{(n+1)}_{p_\ell+1}(t) = tQ^{(n)}_{p_\ell+1}(t) - c_n P^{(n)}_{p_\ell+1}(t) + C^{(n)}_{p_\ell+2}\; Q^{(n+1)}_{h_\ell}(t)$.

4. Si $i = p_\ell+1$, $P^{(n)}_{h_\ell+1}(o) = o$ et $p_\ell = h_{\ell+1}$.

$$\text{On a : } P^{(n)}_{p_\ell+2}(x) = (x + \bar{B}^{(n)}_{p_\ell+2})\, P^{(n)}_{p_\ell+1}(x).$$

On a une relation identique pour $Q^{(n)}_{p_\ell+2}(x)$.

De plus $\bar{B}^{(n)}_{p_\ell+2} = - q^{(n)}_{p_\ell+2,\ell}$; $e^{(n)}_{p_\ell+1,\ell} = 0$.

On a donc : $Q^{(n)}_{p_\ell+2}(t) - c_n t^{-1} P^{(n)}_{p_\ell+2}(t) = t\, Q^{(n)}_{p_\ell+1}(t) - q^{(n)}_{p_\ell+2,\ell}\, Q^{(n)}_{p_\ell+1}(t) -$

$$c_n P^{(n)}_{p_\ell+1}(t) + q^{(n)}_{p_\ell+2,\ell}\, c_n t^{-1}\, P^{(n)}_{p_\ell+1}(t).$$

A l'aide des premières relations de 2.4 et 2.6 on obtient :

$$Q^{(n+1)}_{p_\ell+1}(t) = t\, Q^{(n)}_{p_\ell+1}(t) - c_n P^{(n)}_{p_\ell+1}(t)$$

5. Cas général.

On écarte les 4 premiers cas et on prend $P^{(n+1)}_i$ orthogonal régulier.

a) Si $P^{(n)}_{i+1}$ est orthogonal régulier.

$$P^{(n)}_{i+1}(x) = (x + B^{(n)}_{i+1})\, P^{(n)}_i(x) + C^{(n)}_{i+1}\, P^{(n)}_{pr(i,n)}(x)$$

$P^{(n)}_i(x)$ est orthogonal régulier puisqu'on n'est pas dans le cas 1 ou 2.

$$\begin{cases} B^{(n)}_{i+1} = -q^{(n)}_{i+1,\ell} - e^{(n)}_{i,\ell} \\ C^{(n)}_{i+1} = -q^{(n)}_{i,\ell}\, e^{(n)}_{i,\ell} \end{cases}$$

Par conséquent :

$$Q_{i+1}^{(n)}(t) - c_n t^{-1} P_{i+1}^{(n)}(t) = tQ_i^{(n)}(t) - q_{i+1,\ell}^{(n)} Q_i^{(n)}(t) - e_{i,\ell}^{(n)} Q_i^{(n)}(t)$$

$$- q_{i,\ell}^{(n)} e_{i,\ell}^{(n)} Q_{pr(i,n)}^{(n)}(t) - c_n P_i^{(n)}(t) + c_n t^{-1} q_{i+1,\ell}^{(n)} P_i^{(n)}(t) + c_n t^{-1} e_{i,\ell}^{(n)} P_i^{(n)}(t)$$

$$+ c_n t^{-1} q_{i,\ell}^{(n)} e_{i,\ell}^{(n)} P_{pr(i,n)}^{(n)}(t).$$

Puisque $P_i^{(n+1)}(t)$ est orthogonal régulier on a :

$$c_n t^{-1}(P_{i+1}^{(n)}(t) + q_{i+1,\ell}^{(n)} P_i^{(n)}(t)) = c_n P_i^{(n+1)}(t)$$

$$Q_{i+1}^{(n)}(t) + q_{i+1,\ell}^{(n)} Q_i^{(n)}(t) = Q_i^{(n+1)}(t) + c_n P_i^{(n+1)}(t)$$

$P_{i-1}^{(n+1)}(t)$ est orthogonal régulier puisqu'on a écarté les 4 premiers cas.

$$c_n e_{i,\ell}^{(n)} t^{-1}(P_i^{(n)}(t) + P_{pr(i,n)}^{(n)}(t)) = c_n e_{i,\ell}^{(n)} P_{i-1}^{(n+1)}(t)$$

Enfin

$$e_{i,\ell}^{(n)}(Q_i^{(n)}(t) + q_{i,\ell}^{(n)} Q_{pr(i,n)}^{(n)}(t) - c_n P_{i-1}^{(n+1)}(t)) = e_{i,\ell}^{(n)} Q_{i-1}^{(n+1)}(t).$$

D'où la relation cherchée.
Pour le démarrage on prend $Q_o^{(n)}(t) = Q_o^{(n+1)}(t) = 0$.

b) <u>Si $P_{i+1}^{(n)}$ n'est pas orthogonal régulier.</u>

$$P_{i+1}^{(n)}(x) = (x + \bar{B}_{i+1}^{(n)}) P_i^{(n)}(x) \text{ et } P_i^{(n+1)}(x) = P_i^{(n)}(x)$$

On a : $e^{(n)}_{i,\ell} = o,\ \bar{B}^{(n)}_{i+1} = -q^{(n)}_{i+1,\ell},\ i = p_\ell+1.$

$$Q^{(n)}_{i+1}(t) - c_n t^{-1} P^{(n)}_{i+1}(t) = t\, Q^{(n)}_i(t) - q^{(n)}_{i+1,\ell}\, Q^{(n)}_i(t) - c_n P^{(n)}_i(t) +$$

$$+ c_n t^{-1}\, q^{(n)}_{i+1,\ell}\, P^{(n)}_i(t).$$

Comme précédemment à l'aide des deux relations trouvées on a :

$$Q^{(n+1)}_i(t) = t\, Q^{(n)}_{i,\ell}(t) - c_n P^{(n)}_i(t)$$

ce qui est la relation cherchée avec $e^{(n)}_{i,\ell} = 0$.

iii) Pour les polynômes $P^{(n+1)}_i(x)$ quasi-orthogonaux qui n'appartiennent pas à un bloc P de $P^{(n)}_i(x)$ on a la relation :

$$P^{(n+1)}_i(x) = P^{(n)}_i(x) + \bar{B}^{(n)}_i P^{(n+1)}_{i-1}(x).$$

$$Q^{(n+1)}_i(t) = c^{(n+1)}\Big(\frac{P^{(n)}_i(x) - P^{(n)}_i(t)}{x-t}\Big) + \bar{B}^{(n)}_i c^{(n+1)}\Big(\frac{P^{(n+1)}_{i-1}(x) - P^{(n+1)}_{i-1}(t)}{x-t}\Big)$$

$$= c^{(n)}\Big(x\,\frac{P^{(n)}_i(x) - P^{(n)}_i(t)}{x-t}\Big) + \bar{B}^{(n)}_i Q^{(n+1)}_{i-1}(t)$$

$$x(P^{(n)}_i(x) - P^{(n)}_i(t)) = (x-t)(P^{(n)}_i(x) - P^{(n)}_i(t)) + t\,(P^{(n)}_i(x) - P^{(n)}_i(t))$$

$$c^{(n)}\Big(x\,\frac{P^{(n)}_i(x) - P^{(n)}_i(t)}{x-t}\Big) = c^{(n)}\,(P^{(n)}_i(x)) - c^{(n)}\,(P^{(n)}_i(t)) + t\,Q^{(n)}_i(t)$$

$$= t\,Q^{(n)}_i(t) - c_n P^{(n)}_i(t)$$

car $c^{(n)}(P^{(n)}_i(x)) = 0$ puisque $P^{(n)}_i(x)$ est orthogonal régulier.

On obtient donc :

$$Q_i^{(n+1)}(t) = tQ_i^{(n)}(t) - c_n P_i^{(n)}(t) + \bar{B}_i^{(n)} Q_{i-1}^{(n+1)}(t).$$

iv) <u>Si $P_i^{(n+1)}(x)$ n'est pas orthogonal régulier.</u>

a) Si $P_{h_\ell+1}^{(n)}(o) \neq o$.

On a : $P_i^{(n+1)}(x) = w_{i-h_\ell-1}^{(n+1)}(x)\, P_{h_\ell+1}^{(n)}(x)$ pour $i \in \mathbb{N}$, $h_\ell+2 \le i \le p_\ell-1$

$$Q_i^{(n+1)}(t) = c^{(n)}\left(x\, \frac{P_i^{(n+1)}(x) - P_i^{(n+1)}(t)}{x-t}\right)$$

$$x(w_{i-h_\ell-1}^{(n+1)}(x)\, P_{h_\ell+1}^{(n)}(x) - w_{i-h_\ell-1}^{(n+1)}(t)\, P_{h_\ell+1}^{(n)}(t))$$

$$= (x-t)\, w_{i-h_\ell-1}^{(n+1)}(x)\, P_{h_\ell+1}^{(n)}(x) + t(w_{i-h_\ell-1}^{(n+1)}(x) - w_{i-h_\ell-1}^{(n+1)}(t))\, P_{h_\ell+1}^{(n)}(x)$$

$$+ tw_{i-h_\ell-1}^{(n+1)}(t)\, (P_{h_\ell+1}^{(n)}(x) - P_{h_\ell+1}^{(n)}(t)) - w_{i-h_\ell-1}^{(n+1)}(t)\, P_{h_\ell+1}^{(n)}(t)\, (x-t)$$

Donc $Q_i^{(n+1)}(t) = c^{(n)}(w_{i-h_\ell-1}^{(n+1)}(x)\, P_{h_\ell+1}^{(n)}(x)) + tw_{i-h_\ell-1}^{(n+1)}(t)\, Q_{h_\ell+1}^{(n)}(t)$

$$+ tc^{(n)}\left(P_{h_\ell+1}^{(n)}(x)\, \frac{w_{i-h_\ell-1}^{(n+1)}(x) - w_{i-h_\ell-1}^{(n+1)}(t)}{x-t}\right) - c_n\, w_{i-h_\ell-1}^{(n+1)}(t)\, P_{h_\ell+1}^{(n)}(t).$$

Or $c^{(n)}(w_{i-h_\ell-1}^{(n+1)}(x)\, P_{h_\ell+1}^{(n)}(x)) = 0$ d'après la propriété 1.17 i).

$$\frac{w_{i-h_\ell-1}^{(n+1)}(x) - w_{i-h_\ell-1}^{(n+1)}(t)}{x-t} = v_{i-h_\ell-2}^{(n+1)}(x)$$ polynôme de degré $i-h_\ell-2$ en x.

Donc $c^{(n)}(v^{(n+1)}_{i-h_\ell-2}(x)\ P^{(n)}_{h_\ell+1}(x)) = 0$ d'après la propriété 1.17 i).

On a en définitive

$$Q_i^{(n+1)}(t) = w^{(n+1)}_{i-h_\ell-1}(t)(t\ Q^{(n)}_{h_\ell+1}(t) - c_n\ P^{(n)}_{h_\ell+1}(t))$$

b) <u>Si $P^{(n)}_{h_\ell+1}(o) = o$.</u>

On a $P_i^{(n+1)}(x) = x^{-1}\, w^{(n+1)}_{i-h_\ell}(x)\ P^{(n)}_{h_\ell+1}(x)$.

$$\text{Donc } Q_i^{(n+1)}(t) = c^{(n)}\left(\frac{w^{(n+1)}_{i-h_\ell}(x)\ P^{(n)}_{h_\ell+1}(x) - w^{(n+1)}_{i-h_\ell}(t)\ P^{(n)}_{h_\ell+1}(t)}{x-t}\right)$$

$$= w^{(n+1)}_{i-h_\ell}(t)\ Q^{(n)}_{h_\ell+1}(t) \text{ d'après la propriété 1.19.}$$

<u>cqfd.</u>

Le résultat qui suit présente des propriétés des zéros des polynômes orthogonaux des familles adjacentes.

<u>*Lemme 2.1.*</u>

Si $P_k^{(n)}(x)$ *et* $P_k^{(n+1)}(x)$ *sont orthogonaux réguliers et identiques, alors ils sont à l'ouest ou au nord-ouest d'un même bloc* P.

<u>Démonstration</u>.

On peut écrire d'après la propriété 2.4.

$$xP_k^{(n+1)}(x) = P^{(n)}_{k+1}(x) + q^{(n)}_{k+1,\ell}P_k^{(n)}(x)$$

$$\text{Soit} \qquad (x-q^{(n)}_{k+1,\ell})\ P_k^{(n)}(x) = P^{(n)}_{k+1}(x)$$

$P_{k+1}^{(n)}(x)$ a donc toutes les racines de $P_k^{(n)}(x)$, ce qui d'après le théorème 1.8 montre que $P_{k+1}^{(n)}(x)$ n'est pas orthogonal régulier et démontre le résultat.

cqfd.

Théorème 2.1.

i) *Si les deux polynômes* $P_k^{(n)}(x)$ *et* $P_{k-1}^{(n+1)}(x)$ *sont orthogonaux réguliers et ne sont pas tous les deux au nord ou nord-ouest d'un bloc P, alors les trois polynômes* $P_k^{(n)}(x)$, $P_{pr(k,n)}^{(n)}(x)$ *et* $P_{k-1}^{(n+1)}(x)$ *n'ont aucune racine commune deux à deux.*
De plus $P_{pr(k,n)}^{(n)}(o) \neq o$ *et* $P_k^{(n)}(o) \neq o$.

ii) *Si les deux polynômes* $P_k^{(n)}(x)$ *et* $P_k^{(n+1)}(x)$ *sont orthogonaux réguliers et ne sont pas tous les deux à l'ouest ou nord-ouest d'un bloc P, alors les trois polynômes* $P_k^{(n)}(x)$, $P_k^{(n+1)}(x)$ *et* $P_{pr(k,n+1)}^{(n+1)}(x)$ *n'ont aucune racine commune deux à deux.*
De plus $P_k^{(n)}(o) \neq o$, *et l'un au moins des deux polynômes* $P_k^{(n+1)}(x)$ *et* $P_{pr(k,n+1)}^{(n+1)}(x)$ *n'a pas zéro pour racine.*

Démonstration.

i) Puisque $P_{k-1}^{(n+1)}(x)$ est orthogonal régulier on peut écrire :

$$xP_{k-1}^{(n+1)}(x) = P_k^{(n)}(x) + q_k^{(n)} P_{pr(k,n)}^{(n)}(x)$$

$q_k^{(n)}$ n'est pas nul, sinon on aurait $xP_{k-1}^{(n+1)}(x) = P_k^{(n)}(x)$ et ces deux polynômes seraient tous deux au nord ou nord-ouest d'un bloc P. Pour la même raison $P_k^{(n)}(o) \neq o$.
Considérons tous les zéros z de $P_{k-1}^{(n+1)}(x)$

$$zP_{k-1}^{(n+1)}(z) = o = P_k^{(n)}(z) + q_k^{(n)} P_{pr(k,n)}^{(n)}(z)$$

Si z est zéro de $P_k^{(n)}(x)$, il est aussi zéro de $P_{pr(k,n)}^{(n)}(x)$ et vice versa, ce qui est impossible d'après le théorème 1.9.
Donc $P_{k-1}^{(n+1)}(x)$ n'a aucune racine en commun avec $P_k^{(n)}(x)$ ou $P_{pr(k,n)}^{(n)}(x)$.

Enfin $P_{pr(k,n)}^{(n)}(o) \neq o$ sinon avec la relation précédente on obtiendrait $P_k^{(n)}(o) = 0$.

ii) Si $P_k^{(n+1)}(x)$ est orthogonal régulier on peut écrire :

$$P_k^{(n+1)}(x) = P_k^{(n)}(x) + E_{k+1}^{(n)} P_{pr(k,n+1)}^{(n+1)}(x)$$

$E_{k+1}^{(n)}$ n'est pas nul, sinon $P_k^{(n+1)}(x) = P_k^{(n)}(x)$ et d'après le lemme 2.1 ces deux polynômes seraient à l'ouest ou au nord-ouest d'un bloc P, ce qui est contraire à l'hypothèse.
Considérons tous les zéros z de $P_k^{(n)}(x)$

$$P_k^{(n)}(z) = o = P_k^{(n+1)}(z) - E_{k+1}^{(n)} P_{pr(k,n+1)}^{(n+1)}(z)$$

Pour les mêmes raisons que dans le i) z n'est pas racine de $P_k^{(n+1)}(x)$ et $P_{pr(k,n+1)}^{(n+1)}(x)$. D'autre part $P_k^{(n)}(x)$ ne peut être au nord d'un bloc P, puisque $P_k^{(n+1)}(x)$ est orthogonal régulier. Donc $P_k^{(n)}(o) \neq o$.
Enfin si $P_k^{(n+1)}(o) = o$, il est au nord d'un bloc P. Alors $P_{pr(k,n+1)}^{(n+1)}(o) \neq o$, sinon il serait au nord d'un bloc P et $P_k^{(n+1)}(x)$ serait à l'ouest de ce bloc P et ne pourrait être au nord du bloc P suivant.

cqfd.

Les propriétés des polynômes qui sont sur les côtés nord, nord-ouest et ouest d'un bloc P nous permettent de déduire un élargissement des relations d'orthogonalité. Nous utilisons les notations de la propriété 2.1 qui correspondent au bloc P de la propriété 1.9.

Théorème 2.2.

Si $P_{h-\ell+1}^{(k+\ell)}(x)$ *est le polynôme orthogonal régulier situé au nord-ouest d'un bloc* P, *alors pour les polynômes orthogonaux réguliers situés à l'ouest ou au nord-ouest de ce bloc* P *avec* $0 \leq i \leq \ell+b$, *nous avons :*

$$c^{(k+\ell+i)}(x^j\, P_{h-\ell+1}^{(k+\ell+i)}) = 0 \text{ pour } j \in \mathbb{Z},\ -i \leq j \leq h+b-i,$$
$$\neq 0 \text{ pour } j = -i-1 \text{ et pour } j = h+b-i+1.$$

Démonstration.

Les deux premières relations de la démonstration de la propriété 2.1 montrent que nous avons :

$$c^{(k+\ell+i)}(x^j\, P_{h-\ell+1}^{(k+\ell+i)}) = 0 \text{ pour } j \in \mathbb{Z},\ -i \leq j \leq h+b-i,$$
$$\neq 0 \text{ pour } j = h+b-i+1.$$

Supposons que cette expression soit encore nulle pour $j = -i-1$.

Nous aurions alors :

$$c^{(k+\ell-1)}(x^s\, P_{h-\ell+1}^{(k+\ell)}) = 0 \text{ pour } 0 \leq s \leq h+b+1$$

et par conséquent $P_{h-\ell+1}^{(k+\ell)}(x)$ est orthogonal par rapport à $c^{(k+\ell-1)}$

Si $P_{h-\ell+1}^{(k+\ell-1)}(x)$ n'est pas orthogonal régulier, il ne peut être que quasi-orthogonal.

En effet il est dans un bloc P et $P_{h-\ell+1}^{(k+\ell)}(x)$ est orthogonal régulier donc au sud de ce bloc.

Dans ce cas $c^{(k+\ell-1)}(x^j P_{h-\ell+1}^{(k+\ell-1)}) = 0$ pour $j \in \mathbb{N}$, $0 \leq j \leq r$ avec $r < h-\ell-1$, ce qui contredit l'orthogonalité de $P_{h-\ell+1}^{(k+\ell)}$ par rapport à $c^{(k+\ell-1)}$.

Donc $P_{h-\ell+1}^{(k+\ell-1)}$ est orthogonal régulier et

$$P_{h-\ell+1}^{(k+\ell-1)}(x) \equiv P_{h-\ell+1}^{(k+\ell)}(x).$$

Or d'après le lemme 2.1 les seuls polynômes orthogonaux réguliers identiques consécutifs sur une verticale sont à l'ouest ou au nord-ouest d'un même bloc P, ce qui est impossible ici puisque nous avons supposé que $P_{h-\ell+1}^{(k+\ell)}$ était au nord-ouest de ce bloc P.

cqfd.

Nous déduisons immédiatement du théorème 2.2 le corollaire suivant.

Corollaire 2.1.

i)a) *Pour les polynômes du côté ouest ou nord-ouest du bloc* P, *ainsi que pour les polynômes du bloc* P *situés sur une diagonale qui coupe le côté ouest ou nord-ouest nous avons :*

Pour $i \in \mathbb{N}$, $0 \leq i \leq \ell+b$ *et* $s \in \mathbb{N}$, $h-\ell+1 \leq s \leq h+1+b-i$,

$$c^{(k+\ell+i)}(x^j P_s^{(k+\ell+i)}) \begin{cases} = 0 \text{ pour } j \in \mathbb{Z},\ -i \leq j \leq 2h-\ell+1+b-i-s, \\ \neq 0 \text{ pour } j = -i-1 \text{ et } j = 2h-\ell+2+b-i-s. \end{cases}$$

b) *Si de plus* 0 *est racine d'ordre* r *de* $w_{s-h+\ell-1}^{(k+\ell+i)}(x)$, *alors :*

$$c^{(k+\ell+i)}(x^j P_s^{(k+\ell+i)}) \begin{cases} = 0 \text{ pour } j \in \mathbb{Z},\ -i-r \leq j \leq 2h+b-s-\ell+1-i, \\ \neq 0 \text{ pour } j = -i-r-1 \text{ et } j = 2h+b-s-\ell+2-i. \end{cases}$$

ii) *Pour un polynôme du bloc* P *situé sur une diagonale qui coupe le côté nord :*

$P_s^{(k+\ell-i)}(x)$ *pour* $i \in \mathbb{N}$, $0 \leq i \leq \ell+b-1$ *et*
pour $s \in \mathbb{N}$, $h-\ell+2+i \leq s \leq h+1+b$,

et pour lequel 0 *est racine d'ordre* r *de* $w^{(k+\ell-i)}_{s-h+\ell-1-i}(x)$, *alors* :

$$c^{(k+\ell-i)}(x^j P^{(k+\ell-i)}_s(x)) = 0 \text{ pour } j \in \mathbb{Z},\ -r \le j \le 2h-\ell+1+b+i-s,$$
$$\ne 0 \text{ pour } j = -r-1 \text{ et } j = 2h-\ell+2+b+i-s.$$

Démonstration.

i)a) C'est une conséquence immédiate du théorème 2.2.

b) $c^{(k+\ell+i)}(x^j P^{(k+\ell+i)}_s(x) = c^{(k+\ell+i)}(x^j w^{(k+\ell+i)}_{s-h+\ell-1}(x) P^{(k+\ell+i)}_{h-\ell+1}(x))$

$= c^{(k+\ell+i)}(x^j x^r \hat{w}^{(k+\ell+i)}_{s-h+\ell-1-r}(x) P^{(k+\ell+i)}_{h-\ell+1}(x))$

$= c^{(k+\ell+i)}(x^j \hat{w}^{(k+\ell+i)}_{s-h+\ell-1-r}(x) P^{(k+\ell-r)}_{h-\ell+1+r}(x))$

$= c^{(k+\ell-r)}(x^{j+r+i} \hat{w}^{(k+\ell+i)}_{s-h+\ell-1-r}(x) P^{(k+\ell-r)}_{h-\ell+1+r}(x))$

Cette expression est nulle pour $0 \le j+r+i \le 2h+b-s-\ell+1+r$.

Elle est différente de 0 pour $j+r+i = -1$ et $j+r+i = 2h+b-s-\ell+2+r$.

En passant à j on obtient bien les relations proposées.

ii) $P^{(k+\ell-i)}_s(x) = w^{(k+\ell-i)}_{s-h+\ell-1-i}(x) P^{(k+\ell-i)}_{h-\ell+1+i}(x)$.

$= x^r \hat{w}^{(k+\ell-i)}_{s-h+\ell-i-1-r}(x) \quad P^{(k+\ell-i)}_{h-\ell+1+i}(x)$

$= \hat{w}^{(k+\ell-i)}_{s-h+\ell-i-1-r}(x) P^{(k+\ell-i-r)}_{h-\ell+1+i+r}(x)$.

Donc $c^{(k+\ell-i)}(x^j P_s^{(k+\ell-i)}(x))$

$= c^{(k+\ell-i-r)}(x^{j+r}\hat{w}^{(k+\ell-i)}_{s-h+\ell-i-1-r}(x)\, P^{(k+\ell-i-r)}_{h-\ell+1+i+r}(x))$

Cette expression est nulle pour $0 \le j+r \le 2h+\ell+1+b+i+r-s$.

Elle est différente de 0 pour $j+r = -1$ et $j+r = 2h-\ell+2+b+i+r-s$.

En passant encore à j on obtient bien les relations proposées.

cqfd.

Corollaire 2.2.

Les seuls polynômes orthogonaux réguliers $P_k^{(n)}(x)$ *pour lesquels on ait* $c^{(n)}(x^j P_k^{(n)}(x)) = 0$ *pour* $j \in \mathbb{Z}$, $-i \le j \le k-1$ *avec* $i > 0$, *sont à l'ouest d'un bloc* P.

Démonstration.

En effet si $P_k^{(n)}(x)$ est orthogonal régulier par rapport à $c^{(n)}$ et $c^{(n)}(x^j P_k^{(n)}) = 0$ pour $j \in \mathbb{Z}$, $-i \le j \le k-1$ avec $i > 0$, alors

$c^{(n-1)}(x^{j+1} P_k^{(n)}) = 0$ pour $j \in \mathbb{Z}$, $-i+1 \le j+1 \le k$ avec $i+1 \ge 0$.

Donc $P_k^{(n)}(x)$ est orthogonal par rapport à $c^{(n-1)}$ et par conséquent par un raisonnement analogue au théorème 2.2 nous en déduisons que $P_k^{(n-1)}$ est orthogonal régulier et que $P_k^{(n)}(x) \equiv P_k^{(n-1)}(x)$.

D'après le lemme 2.1, $P_k^{(n)}(x)$ est à l'ouest d'un bloc P.

cqfd.

2.2 ALGORITHME "QD"

Les propriétés 2.4 et 2.6 nous ont donné les quatre relations suivantes :

$$P_i^{(n+1)}(x) = \omega_{i-pr(i+1,n)}^{(n)}(x)\, P_{pr(i+1,n)}^{(n)}(x) + E_{i+1}^{(n)}\, P_{pr(pr(i+1,n),n+1)}^{(n+1)}(x)$$

$$P_{i+1}^{(n)}(x) = x\, P_i^{(n+1)}(x) - q_{i+1,\ell}^{(n)}\, P_{pr(i+1,n)}^{(n)}(x)$$

$$Q_i^{(n+1)}(t) = \omega_{i-pr(i+1,n)}^{(n)}(t)(tQ_{pr(i+1,n)}^{(n)}(t) - c_n P_{pr(i+1,n)}^{(n)}(t)) +$$

$$+\ E_{i+1}^{(n)}\, Q_{pr(pr(i+1,n),n+1)}^{(n+1)}(t)$$

$$Q_{i+1}^{(n)}(t) = Q_i^{(n+1)}(t) - q_{i+1,\ell}^{(n)}\, Q_{pr(i+1,n)}^{(n)}(t) + c_n\, P_i^{(n+1)}(t).$$

On peut donc calculer ces quatre polynômes à partir des précédents, si on connait les coefficients $q_{i+1,\ell}^{(n)}$, $E_{i+1}^{(n)}$ et le polynôme $\omega_{i-pr(i+1,n)}^{(n)}(x)$. On effectuera un calcul colonne après colonne dans la table P et dans la table Q. Nous allons montrer comment calculer ces trois éléments.
Nous serons amenés à étudier ce qui se passe en présence d'un bloc P.
On sait que tout bloc P est entouré d'une rangée de polynômes orthogonaux réguliers. Nous supposerons que le bloc P est de largeur (r+1) et que le polynôme situé dans l'angle NO intérieur au bloc P est le polynôme $P_k^{(n)}(x)$.
Nous supposerons qu'avant ce bloc tous les indices ℓ sont indicés par l'indice supérieur de P. A la sortie du bloc P nous obtiendrons donc $\ell^{(\cdot)}+1$ pour les familles ayant traversé ce bloc.
Le bloc se présente donc comme celui dessiné ci-après .
Les valeurs obtenues de $q_i^{(n)}$ et $e_i^{(n)}$ seront placées dans un tableau triangulaire de la manière classique.
La propriété 2.4 conduit à définir une zone dans le tableau du qd qui est celle encadrée dans la page suivante et qui contient les valeurs 0 et ∞ mentionnées.
Nous montrerons que, quelles que soient les configurations possibles des blocs de la table P, les relations qui permettent les calculs de $q_{i+1,\ell^{(n)}}^{(n)}$ et $E_{i+1}^{(n)}$

sont des relations récurrentes ayant au maximum quatre termes, mais qui ne sont pas toujours aux sommets d'un losange.

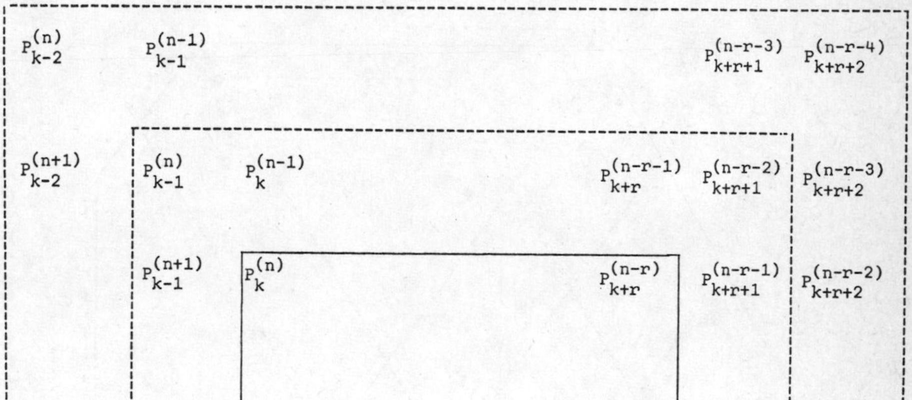

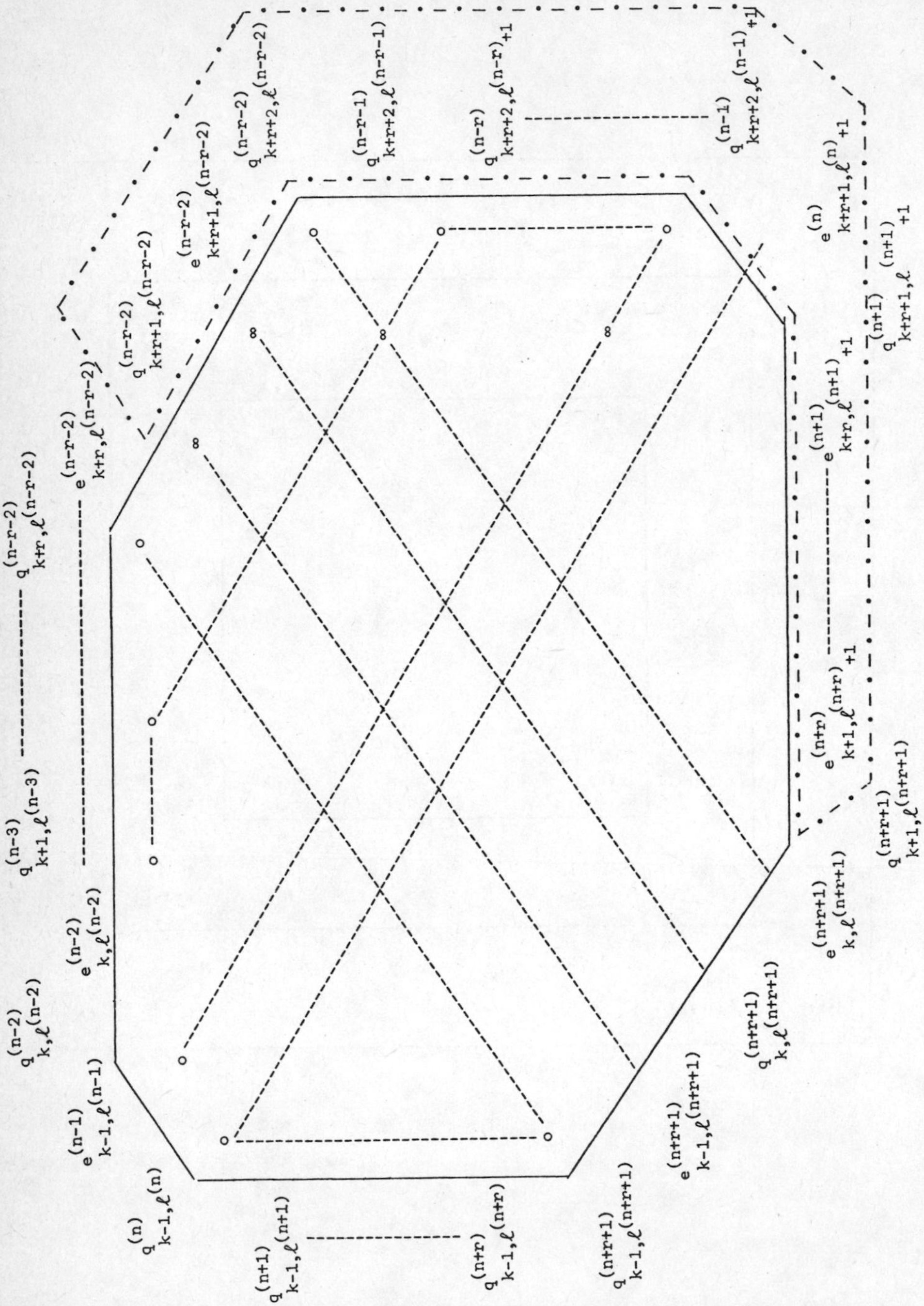
$q^{(n-2)}_{k,\ell^{(n-2)}}$
$q^{(n-3)}_{k+1,\ell^{(n-3)}}$
$q^{(n-r-2)}_{k+r,\ell^{(n-r-2)}}$
$e^{(n-2)}_{k,\ell^{(n-2)}}$
$e^{(n-r-2)}_{k+r,\ell^{(n-r-2)}}$
$q^{(n-r-2)}_{k+r+1,\ell^{(n-r-2)}}$
$e^{(n-r-2)}_{k+r+1,\ell^{(n-r-2)}}$
$q^{(n-r-2)}_{k+r+2,\ell^{(n-r-2)}}$
$q^{(n-r-1)}_{k+r+2,\ell^{(n-r-1)}}$
$q^{(n-r)}_{k+r+2,\ell^{(n-r)}+1}$
$q^{(n-1)}_{k+r+2,\ell^{(n-1)}+1}$
$e^{(n-1)}_{k-1,\ell^{(n-1)}}$
$q^{(n)}_{k-1,\ell^{(n)}}$
$q^{(n+1)}_{k-1,\ell^{(n+1)}}$
$q^{(n+r)}_{k-1,\ell^{(n+r)}}$
$q^{(n+r+1)}_{k-1,\ell^{(n+r+1)}}$
$e^{(n+r+1)}_{k-1,\ell^{(n+r+1)}}$
$q^{(n+r+1)}_{k,\ell^{(n+r+1)}}$
$e^{(n+r+1)}_{k,\ell^{(n+r+1)}}$
$q^{(n+r+1)}_{k+1,\ell^{(n+r+1)}}$
$e^{(n+r)}_{k+1,\ell^{(n+r)}+1}$
$e^{(n+1)}_{k+r,\ell^{(n+1)}+1}$
$q^{(n+1)}_{k+r+1,\ell^{(n+1)}+1}$
$e^{(n)}_{k+r+1,\ell^{(n)}+1}$

I. Si les cinq polynômes $P_i^{(n)}(x)$, $P_{i+1}^{(n)}(x)$, $P_{i-1}^{(n+1)}(x)$, $P_i^{(n+1)}(x)$ et $P_{i+1}^{(n+1)}(x)$ sont orthogonaux réguliers, pour $i \in \mathbb{N}$,

$$\begin{cases} P_{\ell^{(n)}} + 1 \leq i \leq h_{\ell^{(n)}+1} \\ P_{\ell^{(n+1)}} + 1 \leq i \leq h_{\ell^{(n+1)}+1} \end{cases}$$

alors on a les deux relations rhomboïdales suivantes :

$$\begin{cases} q_{i+1,\ell^{(n+1)}}^{(n+1)} + e_{i,\ell^{(n+1)}}^{(n+1)} = q_{i+1,\ell^{(n)}}^{(n)} + e_{i+1,\ell^{(n)}}^{(n)} \\ q_{i,\ell^{(n+1)}}^{(n+1)} \; e_{i,\ell^{(n+1)}}^{(n+1)} = q_{i+1,\ell^{(n)}}^{(n)} \; e_{i,\ell^{(n)}}^{(n)} \end{cases}$$

qui sont obtenues par la démonstration qui figure dans le livre de C. Brezinski p. 93.

Pour le démarrage, si $c_n \neq o$ on a : $e_{o,o}^{(n)} = o$, $q_{o,o}^{(n)} = o$ et $q_1^{(n)} = \frac{c_{n+1}}{c_n}$.

Si $c_n = o$ nous sommes en présence d'un bloc. Ce cas est résolu dans le II.

II. Dans tout ce qui suit, lorsque nous utiliserons les relations de récurrence des polynômes orthogonaux, les expressions de $B^{(n)}$ et $C^{(n)}$ proviendront de la propriété 2.4. Il suffira au lecteur de se reporter aux divers cas exposés dans cette propriété pour retrouver les valeurs utilisées.

a) Considérons le polynôme

$$P_{k+1+i}^{(n+r-i)}(x) = (x\,\omega_{i+1}^{(n+r-i)}(x) + B_{k+1+i}^{(n+r-i)})\,P_{k-1}^{(n+r-i)}(x) + C_{k+1+i}^{(n+r-i)}P_{pr(k-1,n+r-i)}^{(n+r-i)}(x)$$

pour $i \in \mathbb{N}$, $0 \leq i \leq r$.

Nous utilisons le polynôme.

$$P_{k+i}^{(n+r+1-i)}(x) = (x\,\omega_i^{(n+r+1-i)}(x) + B_{k+i}^{(n+r+1-i)})P_{k-1}^{(n+r+1-i)}(x) +$$

$$+ C_{k+i}^{(n+r+1-i)}\,P_{pr(k-1,n+r+1-i)}^{(n+r+1-i)}(x)$$

Or $xP_{k+i}^{(n+r+1-i)}(x) = P_{k+1+i}^{(n+r-i)}(x) + q_{k+1+i,\ell^{(n+r-i)}+1}^{(n+r-i)}\,P_{k-1}^{(n+r-i)}(x)$

et $$P_{k-1}^{(n+r+1-i)}(x) = P_{k-1}^{(n+r-i)}(x).$$

On a donc :

$$P_{k+1+i}^{(n+r-i)}(x) = \left[x(x\,\omega_i^{(n+r+1-i)}(x) + B_{k+i}^{(n+r+1-i)}) - q_{k+1+i,\ell^{(n+r-i)}+1}^{(n+r-i)}\right]P_{k-1}^{(n+r-i)}(x)$$

$$+ x\,C_{k+i}^{(n+r+1-i)}\,P_{pr(k-1,n+r+1-i)}^{(n+r+1-i)}(x)$$

Nous savons que :

$$B_{k+i}^{(n+r+1-i)} = -q_{k+i,\ell^{(n+r+1-i)}+\gamma_i}^{(n+r+1-i)} - e_{k-1,\ell^{(n+r+1-i)}+\gamma_i}^{(n+r+1-i)}$$

$$C_{k+i}^{(n+r+1-i)} = -e_{k-1,\ell^{(n+r+1-i)}+\gamma_i}^{(n+r+1-i)}\,q_{k-1,\ell^{(n+r+1-i)}}^{(n+r+1-i)}$$

pour $i \in \mathbb{N}$, $0 \leq i \leq r+1$,

$\gamma_i = o$ si $i = o$ et $\gamma_i = 1$ si $i \geq 1$.

1. Si $P_{k-2}^{(n+r+1-i)}(x)$ est orthogonal régulier.

C'est-à-dire si $q_{k-1,\ell^{(n+r-i)}}^{(n+r-i)}$ est fini non nul, (est nul si k-1 = 0) on a :

$$xP_{k-2}^{(n+r+1-i)}(x) = P_{k-1}^{(n+r-i)}(x) + q_{k-1,\ell^{(n+r-i)}}^{(n+r-i)} P_{pr(k-1,n+r-i)}^{(n+r-i)}(x)$$

Par conséquent on obtient :

$$P_{k+1+i}^{(n+r-i)}(x) = \Big[x(x\omega_i^{(n+r+1-i)}(x) + B_{k+i}^{(n+r+1-i)}) + C_{k+i}^{(n+r+1-i)} - q_{k+1+i,\ell^{(n+r-i)}+1}^{(n+r-i)} \Big] P_{k-1}^{(n+r-i)}(x)$$
$$+ C_{k+i}^{(n+r+1-i)} q_{k-1,\ell^{(n+r-i)}}^{(n+r-i)} P_{pr(k-1,n+r-i)}^{(n+r-i)}(x)$$

Par identification des deux relations polynomiales on obtient :

$$B_{k+1+i}^{(n+r-i)} = C_{k+i}^{(n+r+1-i)} - q_{k+1+i,\ell^{(n+r-i)}+1}^{(n+r-i)}$$

$$C_{k+1+i}^{(n+r-i)} = C_{k+i}^{(n+r+1-i)} q_{k-1,\ell^{(n+r-i)}}^{(n+r-i)}$$

$$\omega_{i+1}^{(n+r-i)}(x) = x\,\omega_i^{(n+r+1-i)}(x) + B_{k+i}^{(n+r+1-i)}$$

La seconde relation nous permet d'extraire à l'aide des relations donnant les $C_i^{(j)}$.

$$e^{(n+r-i)}_{k-1,\ell^{(n+r-i)}+1} = q^{(n+r+1-i)}_{k-1,\ell^{(n+r+1-i)}} e^{(n+r+1-i)}_{k-1,\ell^{(n+r+1-i)}+\gamma_i} = -C^{(n+r+1-i)}_{k+i}$$

2. Si $P^{(n+r+1-i)}_{k-2}(x)$ est quasi-orthogonal.

C'est-à-dire si $q^{(n+r-i)}_{k-1,\ell^{(n+r-i)}}$ est infini, on a :

$$x P^{(n+r+1-i)}_{pr(k-1,n+r+1-i)}(x) = P^{(n+r-i)}_{pr(k-1,n+r-i)}(x)$$

On obtient alors :

$$P^{(n+r-i)}_{k+1+i}(x) = \left[x(x\omega_i^{(n+r+1-i)}(x) + B^{(n+r+1-i)}_{k+i}) - q^{(n+r-i)}_{k+1+i,\ell^{(n+r-i)}+1} \right] P^{(n+r-i)}_{k-1}(x)$$

$$+ C^{(n+r+1-i)}_{k+i} P^{(n+r-i)}_{pr(k-1,n+r-i)}(x)$$

D'où les relations :

$$B^{(n+r-i)}_{k+1+i} = -q^{(n+r-i)}_{k+1+i,\ell^{(n+r-i)}+1}$$

$$C^{(n+r-i)}_{k+1+i} = C^{(n+r+1-i)}_{k+i}$$

$$\omega^{(n+r-i)}_{i+1}(x) = x\omega_i^{(n+r+1-i)}(x) + B^{(n+r+1-i)}_{k+i}$$

La première relation nous donne

$$\boxed{e^{(n+r-i)}_{k-1,\ell^{(n+r-i)}+1} = 0}$$

qui est une valeur déjà trouvée dans la propriété 2.4 dans ce cas là.

Remarque.

Certaines relations présentées auraient pu être obtenues plus rapidement de la façon suivante :

$$P^{(n+r+1-i)}_{k+i}(x) = \omega^{(n+r-i)}_{i+1}(x)\ P^{(n+r-i)}_{k-1}(x) + E^{(n+r-i)}_{k+1+i} P^{(n+r+1-i)}_{pr(k-1,\ n+r+1-i)}(x)$$

$$= \omega^{(n+r-i)}_{i+1}(x)\ P^{(n+r+1-i)}_{k-1}(x) + E^{(n+r-i)}_{k+1+i} P^{(n+r+1-i)}_{pr(k-1,n+r+1-i)}(x)$$

avec $E^{(n+r-i)}_{k+1+i} = -e^{(n+r-i)}_{k-1,\ell^{(n+r-i)}+\gamma_i}$ si $P^{(n+r+1-i)}_{k-2}(x)$ est orthogonal régulier.

$= C^{(n+r-i)}_{k+1+i}$ si $P^{(n+r+1-i)}_{k-2}(x)$ est quasi-orthogonal.

On obtient par identification

$$x\ \omega^{(n+r+1-i)}_{i}(x) + B^{(n+r+1-i)}_{k+i} = \omega^{(n+r-1)}_{i+1}(x)$$

$$C^{(n+r+1-i)}_{k+i} = E^{(n+r-i)}_{k+1+i}$$

Malgré tout la première façon d'obtenir les relations se justifie par le fait que nous faisons intervenir le coefficient $q^{(n+r-i)}_{k+1+i,\ell^{(n+r-i)}+1}$.

Remarque.

On se souviendra que, si l'on trouve $e^{(n+r-i)}_{k-1,\ell^{(n+r-i)}+1} = 0$, c'est le coefficient $C^{(n+r+1-i)}_{k+1}$ ou $C^{(n+r-i)}_{k+1+i}$ qui intervient dans la seconde relation entre les familles adjacentes de polynômes orthogonaux

b) Nous considérons le polynôme $P^{(n+r+1-i)}_{k+1+i}$ pour $i \in \mathbb{N}$, $0 \le i \le r$.

1. S'il n'est pas orthogonal régulier.

On a $P^{(n+r-i)}_{k+1+i}(x) = xP^{(n+r+1-i)}_{k+i}(x)$, et on sait d'après la propriété 3.4 que $q^{(n+r-i)}_{k+1+i,\ell^{(n+r-i)}+1} = 0$ et $e^{(n+r-i)}_{k+1+i,\ell^{(n+r-i)}+2} = \infty$.

Pour savoir si le polynôme $P^{(n+r+1-i)}_{k+1+i}(x)$ n'est pas orthogonal régulier, on doit tester dans le tableau du qd si $q^{(n+r-i)}_{k+1+i,\ell^{(n+r-i)}+1}$ est nul. Or c'est une valeur que l'on cherche.

En fait on est toujours capable de savoir si cette valeur est nulle ou pas, avant d'effectuer son "calcul" proprement dit. En effet si $P^{(n+r+1-i)}_{k+1+i}(x)$ n'est pas orthogonal régulier, cela signifie qu'il est dans un bloc P en dessous de celui que nous étudions, et dont le côté ouest est au moins à gauche de ce polynôme. Comme les déplacements dans le qd se font colonne après colonne de la gauche vers la droite, on aura rencontré le bord ouest avant le calcul de $q^{(n+r-i)}_{k+1+i,\ell^{(n+r-i)}+1}$, ce qui permettra d'abord de connaître la taille du bloc qd, puis de délimiter son cadre et de placer les valeurs démontrées dans la propriété 2.4. En particulier on sera amené à placer une valeur nulle à $q^{(n+r-i)}_{k+1+i,\ell^{(n+r-i)}+1}$.

Si on n'a pas placé de valeur nulle nous avons alors :

2. <u>S'il est orthogonal régulier.</u>

$$P_{k+1+i}^{(n+r+1-i)}(x) = (x + B_{k+1+i}^{(n+r+1-i)})\, P_{k+i}^{(n+r+1-i)}(x) + C_{k+1+i}^{(n+r+1-i)}\, P_{k-1}^{(n+r+1-i)}(x)$$

Or on a :

$$P_{k+1+i}^{(n+r+1-i)}(x) = P_{k+1+i}^{(n+r-i)}(x) - e_{k+1+i,\ell^{(n+r-i)}+1}^{(n+r-i)}\, P_{k+i}^{(n+r+1-i)}(x)$$

$$= xP_{k+i}^{(n+r+1-i)}(x) - q_{k+1+i,\ell^{(n+r-i)}+1}^{(n+r-i)}\, P_{k-1}^{(n+r-i)}(x) - e_{k+1+i,\ell^{(n+r-i)}+1}^{(n+r-i)}\, P_{k+i}^{(n+r+1-i)}(x)$$

$$= (x-e_{k+1+i,\ell^{(n+r-i)}+1}^{(n+r-i)})P_{k+i}^{(n+r+1-i)}(x) - q_{k+1+i,\ell^{(n+r-i)}+1}^{(n+r-i)}\, P_{k-1}^{(n+r+1-i)}(x)$$

puisque $P_{k-1}^{(n+r-i)}(x) = P_{k-1}^{(n+r+1-i)}(x)$.

D'où les relations :

$$-B_{k+1+i}^{(n+r+1-i)} = e_{k+1+i,\ell^{(n+r-i)}+1}^{(n+r-i)} = q_{k+1+i,\ell^{(n+r+1-i)}+\gamma_i}^{(n+r+1-i)} + e_{k+i,\ell^{(n+r+1-i)}+\gamma_i}^{(n+r+1-i)}$$

$$-C_{k+1+i}^{(n+r+1-i)} = q_{k+1+i,\ell^{(n+r-i)}+1}^{(n+r-i)} = e_{k+i,\ell^{(n+r+1-i)}+\gamma_i}^{(n+r+1-i)}\, q_{k+i,\ell^{(n+r+1-i)}+\gamma_i}^{(n+r+1-i)}$$

La seconde relation permet de calculer $q_{k+1+i,\ell^{(n+r-i)}+1}^{(n+r-i)}$, mais cette valeur n'intervient pas dans le calcul de $e_{k+1+i,\ell^{(n+r-i)}+1}^{(n+r-i)}$, comme dans les relations rhomboïdales classiques où tous les sommets interviennent. Tout ce passe comme si on avait un terme $\bar{q}_{k+1+i,\ell^{(n+r-i)}+1}^{(n+r-i)}$ nul qui était ajouté à la première relation.

c) Nous étudions maintenant

$$P_{k+r+1}^{(n-r-1)}(x) = (x + B_{k+r+1}^{(n-r-1)})P_{k+r}^{(n-r-1)}(x) + C_{k+r+1}^{(n-r-1)}P_{pr(k+r,n-r-1)}^{(n-r-1)}(x)$$

$$= P_{k+r+1}^{(n-r-2)}(x) - e_{k+r+1,\ell^{(n-r-2)}}^{(n-r-2)} P_{k+r}^{(n-r-1)}(x)$$

$$= (x - e_{k+r+1,\ell^{(n-r-2)}}^{(n-r-2)}) P_{k+r}^{(n-r-1)}(x) - q_{k+r+1,\ell^{(n-r-2)}}^{(n-r-2)} P_{pr(k+r+1,n-r-2)}^{(n-r-2)}(x).$$

1. Si $P_{k+r}^{(n-r-2)}(x)$ est orthogonal régulier.

C'est-à-dire si $e_{k+r,\ell^{(n-r-2)}}^{(n-r-2)}$ est défini, on a :

$$P_{k+r}^{(n-r-2)}(x) = P_{k+r}^{(n-r-1)}(x) - E_{k+r+1}^{(n-r-2)} P_{pr(k+r,n-r-1)}^{(n-r-1)}(x)$$

$E_{k+r+1}^{(n-r-2)} = -e_{k+r,\ell^{(n-r-2)}}^{(n-r-2)}$ si $q_{k+r,\ell^{(n-r-2)}}^{(n-r-2)}$ est fini non nul, c'est à dire si $P_{k+r-1}^{(n-r-1)}(x)$ est orthogonal régulier.

$E_{k+r+1}^{(n-r-2)} = C_{k+r+1}^{(n-r-2)}$ si $q_{k+r,\ell^{(n-r-2)}}^{(n-r-2)}$ est infini, c'est à dire si $P_{k+r-1}^{(n-r-1)}(x)$ est quasi-orthogonal.

On obtient donc :

$$P_{k+r+1}^{(n-r-1)}(x) = (x - e_{k+r+1,\ell^{(n-r-2)}}^{(n-r-2)} - q_{k+r+1,\ell^{(n-r-2)}}^{(n-r-2)}) P_{k+r}^{(n-r-1)}(x)$$

$$+ E_{k+r+1}^{(n-r-2)} q_{k+r+1,\ell^{(n-r-2)}}^{(n-r-2)} P_{pr(k+r,n-r-1)}^{(n-r-1)}(x)$$

D'où les deux relations.

$$B_{k+r+1}^{(n-r-1)} = -\, q_{k+r+1,\ell^{(n-r-2)}}^{(n-r-2)} - e_{k+r+1,\ell^{(n-r-2)}}^{(n-r-2)}$$

$$C_{k+r+1}^{(n-r-1)} = q_{k+r+1,\ell^{(n-r-2)}}^{(n-r-2)}\, E_{k+r+1}^{(n-r-2)}$$

2. Si $P_{k+r}^{(n-r-2)}(x)$ est quasi-orthogonal.

C'est-à-dire si $e_{k+r,\ell^{(n-r-2)}}^{(n-r-2)}$ et $q_{k+r,\ell^{(n-r-2)}}^{(n-r-2)}$ ne sont pas définis,

alors $P_{pr(k+r,n-r-1)}^{(n-r-1)}(x) = P_{pr(k+r+1,n-r-2)}^{(n-r-2)}(x)$.

$$P_{k+r+1}^{(n-r-1)}(x) = (x - e_{k+r+1,\ell^{(n-r-2)}}^{(n-r-2)})\, P_{k+r}^{(n-r-1)}(x) - q_{k+r+1,\ell^{(n-r-2)}}^{(n-r-2)}\, P_{pr(k+r,n-r-1)}^{(n-r-1)}(x)$$

D'où les relations :

$$B_{k+r+1}^{(n-r-1)} = -\, e_{k+r+1,\ell^{(n-r-2)}}^{(n-r-2)}$$

$$C_{k+r+1}^{(n-r-1)} = -q_{k+r+1,\ell^{(n-r-2)}}^{(n-r-2)}$$

d) Considérons maintenant le polynôme

$$P_{k+r+1}^{(n-r-1+i)}(x) = (x\omega_i^{(n-r-1+i)}(x) + B_{k+r+1}^{(n-r-1+i)})P_{k+r-i}^{(n-r-1+i)}(x)$$

$$+\, C_{k+r+1}^{(n-r-1+i)}\, P_{pr(k+r-i,n-r-1+i)}^{(n-r-1+i)}(x)$$

pour $i \in \mathbb{N}$, $0 \le i \le r$.

$$P_{k+r+1}^{(n-r+i)}(x) = P_{k+r+1}^{(n-r-1+i)}(x) + C_{k+r+2}^{(n-r-1+i)} P_{k+r-i-1}^{(n-r+i)}(x)$$

$$P_{k+r-i}^{(n-r-1+i)}(x) = x\, P_{k+r-1-i}^{(n-r+i)}(x)$$

On obtient alors :

$$P_{k+r+1}^{(n-r+i)}(x) = \left[x(x\omega_i^{(n-r-1+i)}(x) + B_{k+r+1}^{(n-r-1+i)}) + C_{k+r+2}^{(n-r-1+i)} \right] P_{k+r-1-i}^{(n-r+i)}(x)$$

$$+ C_{k+r+1}^{(n-r-1+i)} P_{pr(k+r-i,n-r-1+i)}^{(n-r-1+i)}(x)$$

1. Si $P_{k+r-1-i}^{(n-r-1+i)}(x)$ est orthogonal régulier.

C'est à dire si $e_{k+r-1-i,\ell^{(n-r-1+i)}}^{(n-r-1+i)}$ est défini, on a :

$$P_{k+r-1-i}^{(n-r+i)}(x) = P_{k+r-1-i}^{(n-r-1+i)}(x) + E_{k+r-i}^{(n-r-1+i)} P_{pr(k+r-1-i,n-r+i)}^{(n-r+i)}$$

$E_{k+r-i}^{(n-r-1+i)} = -e_{k+r-1-i,\ell^{(n-r-1+i)}}^{(n-r-1+i)}$ si $q_{k+r-1-i,\ell^{(n-r-1+i)}}^{(n-r-1+i)}$ est fini non nul (est nul si $k+r-1-i = 0$), c'est à dire si $P_{k+r-2-i}^{(n-r+i)}(x)$ est orthogonal régulier.

si $P_{k+r-2-i}^{(n-r+i)}(x)$ est orthogonal régulier.

$E_{k+r-i}^{(n-r-1+i)} = C_{k+r-i}^{(n-r-1+i)}$ si $q_{k+r-1-i,\ell^{(n-r-1+i)}}^{(n-r-1+i)}$ est infini, c'est à dire si $P_{k+r+2-i}^{(n-r+1)}(x)$ est quasi-orthogonal.

Nous obtenons donc :

$$P_{k+r+1}^{(n-r+i)}(x) = x(x\omega_i^{(n-r-1+i)}(x) + B_{k+r+1}^{(n-r-1+i)}) + C_{k+r+1}^{(n-r-1+i)} + C_{k+r+2}^{(n-r-1+i)})\ P_{k+r-i-1}^{(n-r+i)}(x)$$

$$- C_{k+r+1}^{(n-r-1+i)}\ E_{k+r-i}^{(n-r-1+i)}\ P_{pr(k+r-1-i,n-r+i)}^{(n-r+i)}(x).$$

Or on a :

$$P_{k+r+1}^{(n-r+i)}(x) = (x\omega_{i+1}^{(n-r+i)}(x) + B_{k+r+1}^{(n-r+i)})P_{k+r-1-i}^{(n-r+i)} + C_{k+r+1}^{(n-r+i)}P_{pr(k+r-1-i,n-r+i)}^{(n-r+i)}(x)$$

D'où les relations :

$$C_{k+r+1}^{(n-r-1+i)} + C_{k+r+2}^{(n-r-1+i)} = B_{k+r+1}^{(n-r+i)}$$

$$-C_{k+r+1}^{(n-r-1+i)}\ E_{k+r-i}^{(n-r-1+i)} = C_{k+r+1}^{(n-r+i)}$$

$$\omega_{i+1}^{(n-r+i)}(x) = x\omega_i^{(n-r-1+i)}(x) + B_{k+r+1}^{(n-r-1+i)}$$

2. Si $P_{k+r-1-i}^{(n-r-1+i)}(x)$ est quasi-orthogonal.

C'est à dire si $e_{k+r-1-i,\ell^{(n-r-1+i)}}^{(n-r-1+i)}$ et $q_{k+r-1-i,\ell^{(n-r-1+i)}}^{(n-r-1+i)}$ ne sont pas définis, on a :

$$P_{pr(k+r-1-i,n-r+i)}^{(n-r+i)}(x) = P_{pr(k+r-i,n-r-1+i)}^{(n-r-1+i)}(x)$$

Par conséquent :

$$P_{k+r+1}^{(n-r+i)}(x) = [\, x(x\omega_i^{(n-r-1+i)}(x) + B_{k+r+1}^{(n-r-1+i)}) + C_{k+r+2}^{(n-r-1+i)}]\ P_{k+r-i-1}^{(n-r+i)}(x)$$

$$+\ C_{k+r+1}^{(n-r-1+i)}\ P_{pr(k+r-1-i,n-r+i)}^{(n-r+i)}(x).$$

Nous obtenons alors les trois relations suivantes.

$$C_{k+r+2}^{(n-r-1+i)} = B_{k+r+1}^{(n-r+i)}$$

$$C_{k+r+1}^{(n-r-1+i)} = C_{k+r+1}^{(n-r+i)}$$

$$\omega_{i+1}^{(n-r+i)}(x) = x\omega_i^{(n-r-1+i)}(x) + B_{k+r+1}^{(n-r-1+i)}$$

Remarque 2.4.

Nous avons trouvé dans le a)

$$\omega_{i+1}^{(n+r-i)}(x) = x\ \omega_i^{(n+r+1-i)}(x) + B_{k+i}^{(n+r+1-i)}$$

Pour i = r on a identité avec la relation obtenue dans le d)

$$\omega_{i+1}^{(n-r+i)}(x) = x\omega_i^{(n-r-1+i)}(x) + B_{k+r+1}^{(n-r-1+i)}$$

puisqu'on obtient $\omega_{r+1}^{(n)}(x)$, ce qui entraine

$$B_{k+r+1}^{(n-r-1+i)} = B_{k+i}^{(n+r+1-i)} \qquad \text{pour } i \in \mathbb{N},\ 0 \le i \le r$$

$$\omega_i^{(n-r-1+i)}(x) = \omega_i^{(n+r+1-i)}(x)$$

Remarque 2.5.

Les secondes relations obtenues dans le d) permettent le calcul récurrent des $C_{k+r+1}^{(n-r-1+i)}$ à condition de connaître une valeur de départ. On utilise la valeur $C_{k+r+1}^{(n)}$ obtenue dans le a).
Il existe un cas où on ne peut calculer les $C_{k+r+1}^{(n-r-1+i)}$ à partir de $C_{k+r+1}^{(n)}$.
En effet, si le bloc P a son côté ouest occupé par les polynômes $P_o^{(n+i+1)}$ pour $i \in \mathbb{N}$, $0 \le i \le r$, on a dans le cas d. 1).

$$C_{k+i}^{(n+r+1-i)} = -e_{k-1,\ell^{(n+r+1-i)}+\gamma_i}^{(n+r+1-i)} \, q_{k-1,\ell^{(n+r+1-i)}}^{(n+r+1-i)} = 0 \text{ puisque } k = 1.$$

Cette relation est valable pour $i \in \mathbb{N}$, $0 \le i \le r+1$ (cf. le a)).

$$C_{k+r+1}^{(n-r-1+i)} e_{k+r-1-i,\ell^{(n-r-1+i)}}^{(n-r-1+i)} = C_{k+r+1}^{(n-r+i)}$$

Pour $k = 1$ et $i = r$, $C_{k+r+1}^{(n-1)} \, e_{k-1,\ell^{(n-1)}}^{(n-1)} = C_{k+r+1}^{(n)}$, soit une relation $0 = 0$.

Pour pallier cet inconvénient nous utilisons la fonctionnelle c.

$$P_{r+2}^{(n-1)}(x) = (x\omega_{r+1}^{(n-1)}(x) + B_{r+2}^{(n-1)})P_1^{(n-1)}(x) + C_{r+2}^{(n-1)}P_o^{(n-1)}(x)$$

$$= (x\omega_{r+1}^{(n-1)}(x) + B_{r+2}^{(n-1)}) + C_{r+2}^{(n-1)}.$$

On sait que $c_i = 0$ pour $i \in \mathbb{N}$, $n \leq i \leq n+r$ et que $c^{(n-1)}(P_{r+2}^{(n-1)}(x)) = 0$

Supposons que $P_{r+2}^{(n-1)}(x) = \sum_{i=o}^{r+2} \lambda_{r+2-i,r+2}\, x^i$.

Alors $c^{(n-1)}P_{r+2}^{(n-1)}(x)) = \sum_{i=o}^{r+2} \lambda_{r+2-i,r+2}\, c_{n-1+i} = \lambda_{r+2,r+2}\, c_{n-1} + \lambda_{o,r+2} c_{n+r+1}$.

Or $\lambda_{r+2,r+2} = C_{r+2}^{(n-1)}$ et $\lambda_{o,r+2} = 1$.

Donc $C_{r+2}^{(n-1)} = -\dfrac{c_{n+r+1}}{c_{n-1}}$.

C'est cette valeur qui sera utilisée comme valeur de départ de la relation de récurrence.

e) 1. <u>Si le polynôme $P_{k+r+2}^{(n-r-2+i)}(x)$ est orthogonal régulier.</u>

C'est à dire si $E_{k+r+2}^{(n-r-2+i)} \neq 0$.

$$\begin{cases} E_{k+r+2}^{(n-r-2)} = -\, e^{(n-r-2)}_{k+r+1,\ell^{(n-r-2)}} \\ E_{k+r+2}^{(n-r-2+i)} = C_{k+r+2}^{(n-r-2+i)} \quad \text{si } i > o \end{cases}$$

1.1 Si le polynôme $P_{k+r+2}^{(n-r-1+i)}(x)$ est orthogonal régulier.

C'est à dire si $C_{k+r+2}^{(n-r-1+i)} \neq 0$, on a :

$$P_{k+r+2}^{(n-r-1+i)}(x) = (x + B_{k+r+2}^{(n-r-1+i)})P_{k+r+1}^{(n-r-1+i)}(x) + C_{k+r+2}^{(n-r-1+i)}P_{k+r-i}^{(n-r-1+i)}(x)$$

pour $i \in \mathbb{N}$, $0 \leq i \leq r$.

Nous savons que dans ce cas :

$$B_{k+r+2}^{(n-r-1+i)} = -q_{k+r+2,\ell^{(n-r-1+i)}+\gamma_i}^{(n-r-1+i)}$$

$$P_{k+r+2}^{(n-r-1+i)}(x) = P_{k+r+2}^{(n-r-2+i)}(x) - e_{k+r+2,\ell^{(n-r-2+i)}+\delta_i}^{(n-r-2+i)} P_{k+r+1}^{(n-r-1+i)}(x)$$

avec $\delta_i = 0$ si $i \leq 1$, $\delta_i = 1$ si $i > 1$.

$$P_{k+r+2}^{(n-r-1+i)}(x) = xP_{k+r+1}^{(n-r-1+i)}(x) - q_{k+r+2,\ell^{(n-r-2+i)}+\delta_i}^{(n-r-2+i)} P_{k+r+1}^{(n-r-2+i)}(x)$$

$$- e_{k+r+2,\ell^{(n-r-2+i)}+\delta_i}^{(n-r-2+i)} P_{k+r+1}^{(n-r-1+i)}(x)$$

$$= xP_{k+r+1}^{(n-r-1+i)}(x) - e_{k+r+2,\ell^{(n-r-2+i)}+\delta_i}^{(n-r-2+i)} P_{k+r+1}^{(n-r-1+i)}(x)$$

$$-q_{k+r+2,\ell^{(n-r-2+i)}+\delta_i}^{(n-r-2+i)} \left[P_{k+r+1}^{(n-r-1+i)}(x) - E_{k+r+2}^{(n-r-2+i)} P_{k+r-i}^{(n-r-1+i)}(x) \right]$$

On obtient donc :

$$P_{k+r+2}^{(n-r-1+i)}(x) = (x - e_{k+r+2,\ell^{(n-r-2+i)}+\delta_i}^{(n-r-2+i)} - q_{k+r+2,\ell^{(n-r-2+i)}+\delta_i}^{(n-r-2+i)}) P_{k+r+1}^{(n-r-1+i)}(x)$$

$$+ E_{k+r+2}^{(n-r-2+i)} q_{k+r+2,\ell^{(n-r-2+i)}+\delta_i}^{(n-r-2+i)} P_{k+r-i}^{(n-r-1+i)}(x).$$

D'où les relations :

$$B_{k+r+2}^{(n-r-1+i)} = -q_{k+r+2,\ell^{(n-r-1+i)}+\gamma_i}^{(n-r-1+i)} = -e_{k+r+2,\ell^{(n-r-2+i)}+\delta_i}^{(n-r-2+i)} - q_{k+r+2,\ell^{(n-r-2+i)}+\delta_i}^{(n-r-2+i)}$$

$$C_{k+r+2}^{(n-r-1+i)} = E_{k+r+2}^{(n-r-2+i)} \, q_{k+r+2,\ell^{(n-r-2+i)}+\delta_i}^{(n-r-2+i)}$$

1.2 Si le polynôme $P_{k+r+2}^{(n-r-1+i)}(x)$ n'est pas orthogonal régulier.

C'est à dire si $C_{k+r+2}^{(n-r-1+i)} = 0$ on a :

$$P_{k+r+2}^{(n-r-2+i)}(x) = x\, P_{k+r+1}^{(n-r-1+i)}(x)$$

$$q_{k+r+2,\ell^{(n-r-2+i)}+\delta_i}^{(n-r-2+i)} = 0$$

Remarque.

Dans ce cas la seconde relation du cas 1.1 reste valable puisque $C_{k+r+1}^{(n-r-1+i)} = 0$ et $E_{k+r+2}^{(n-r-2+i)} \neq 0$ entrainent bien que $q_{k+r+2,\ell^{(n-r-2+i)}+\delta_i}^{(n-r-2+i)} = 0$.

Remarque.

La première relation du cas 1.1 montre que les calculs se poursuivent derrière le bloc comme dans le cas normal puisque $e_{k+r+1,\ell^{(n-r-1+i)}}^{(n-r-1+i)} = 0$.

2. Si le polynôme $P^{(n-r-2+i)}_{k+r+2}(x)$ n'est pas orthogonal régulier.

C'est à dire si $E^{(n-r-2+i)}_{k+r+2} = 0$ on a :

$$P^{(n-r-2+i)}_{k+r+1}(x) = P^{(n-r-1+i)}_{k+r+1}(x)$$

et

$$\boxed{e^{(n-r-2+i)}_{k+r+1,\ell^{(n-r-2+i)}+\delta_i} = 0}$$

f) 1. Si $P^{(n-1)}_{k+r+2}(x)$ est orthogonal régulier.

C'est à dire si $C^{(n-1)}_{k+r+2} \neq 0$

1.1 Si le polynôme $P^{(n)}_{k+r+2}(x)$ est orthogonal régulier.

C'est à dire si $q^{(n-1)}_{k+r+2,\ell^{(n-1)}+\gamma_r} \neq 0$ on a :

$$P^{(n)}_{k+r+2}(x) = (x + B^{(n)}_{k+r+2})\, P^{(n)}_{k+r+1}(x) + C^{(n)}_{k+r+2}\, P^{(n)}_{k-1}(x)$$

$$= (x - q^{(n)}_{k+r+2,\ell^{(n)}+1} - e^{(n)}_{k+r+1,\ell^{(n)}+1})\, P^{(n)}_{k+r+1}(x)$$

$$-q^{(n)}_{k+r+1,\ell^{(n)}+1}\, e^{(n)}_{k+r+1,\ell^{(n)}+1}\, P^{(n)}_{k-1}(x)$$

Par une méthode analogue au point précédent on obtient :

$$P^{(n)}_{k+r+2}(x) = (x - e^{(n-1)}_{k+r+2,\ell^{(n-1)}+\gamma_r} - q^{(n-1)}_{k+r+2,\ell^{(n-1)}+\gamma_r})\, P^{(n)}_{k+r+1}(x)$$

$$+ C^{(n-1)}_{k+r+2}\, q^{(n-1)}_{k+r+2,\ell^{(n-1)}+\gamma_r}\, P^{(n)}_{k-1}(x)$$

D'où les relations :

$$q^{(n)}_{k+r+2,\ell^{(n)}+1} + e^{(n)}_{k+r+1,\ell^{(n)}+1} = e^{(n-1)}_{k+r+2,\ell^{(n-1)}+\gamma_r} + q^{(n-1)}_{k+r+2,\ell^{(n-1)}+\gamma_r}$$

$$- q^{(n)}_{k+r+1,\ell^{(n)}+1}\ e^{(n)}_{k+r+1,\ell^{(n)}+1} = C^{(n-1)}_{k+r+2}\ q^{(n-1)}_{k+r+2,\ell^{(n-1)}+\gamma_r}$$

Remarque.

Les formules données servent à calculer $q^{(n-1)}_{k+r+2,\ell^{(n-1)}+\gamma_r}$, puis $e^{(n-1)}_{k+r+2,\ell^{(n-1)}+\gamma_r}$.

On utilise le commentaire fait en b.1, car on teste ici également la nullité de $q^{(n-1)}_{k+r+2,\ell^{(n-1)}+\gamma_r}$ pour effectuer ensuite son calcul. Cela tient encore à la présence d'un bloc P situé en dessous du bloc étudié et qui aura été détecté auparavant.

Remarque.

La première relation montre bien que derrière le bloc P on poursuit avec les relations classiques du qd obtenues dans le cas normal.

1.2 Si le polynôme $P^{(n)}_{k+r+2}(x)$ n'est pas orthogonal régulier.

C'est à dire si $q^{(n-1)}_{k+r+2,\ell^{(n-1)}+\gamma_r}$, on a également

$$e^{(n-1)}_{k+r+2,\ell^{(n-1)}+\gamma_r} = \infty$$

Remarque.

Dans le cas 1.2 on peut encore appliquer la seconde relation du 1.1 car $e^{(n)}_{k+r+1,\ell^{(n)}+1} = 0$ et $C^{(n-1)}_{k+r+2} \neq 0 \Rightarrow q^{(n-1)}_{k+r+2,\ell^{(n-1)}+\gamma_r} = 0$

2. Si $P^{(n-1)}_{k+r+2}(x)$ n'est pas orthogonal régulier.

C'est à dire si $C^{(n-1)}_{k+r+2} = 0$, on a :

$$P^{(n-1)}_{k+r+1}(x) = P^{(n)}_{k+r+1}(x)$$

et

$$\boxed{e^{n-1}_{k+r+1,\ell^{(n-1)}+\gamma_r} = 0}$$

Conduite des calculs.

On effectue les calculs colonne après colonne dans le tableau du qd. On se rappellera que lorsqu'un terme $E^{(n)}_{i+1}$ intervient dans les relations de la propriété 2.4, il correspond à un coefficient $C^{(n)}_{i+1}$ ou $e^{(n)}_{i}$. Par conséquent on est amené à calculer des termes d'indice i+1 en même temps que des termes d'indice i lorsqu'il s'agit des termes $E^{(n)}_{i+1}$.
On commence donc à placer les valeurs de $e^{(n)}_{o,o}$, puis celles de $q^{(n)}_1$ si $c_n \neq 0$. Si $c_n = 0$, on a un bloc P dès le début de la table P. Tant que les valeurs de $q^{(n)}_i$ et $e^{(n)}_i$ sont non nulles, on utilise les relations rhomboïdales du (I).

Un bloc est détecté par la présence de zéros dans une colonne $e^{(i)}_{k-1}$. Le nombre de zéros consécutifs donne la largeur du bloc P. On peut ainsi placer toutes les valeurs nulles et ∞ qui figurent dans le bloc qd.
On met en oeuvre les relations du (II) pour calculer les valeurs périphériques du bloc qd.
Ce sont tout d'abord les valeurs de $e^{(n+i)}_{k-1,\ell^{(n+i)}+1}$ pour $i \in \mathbb{N}$, $0 \leq i \leq r$.

Puis les valeurs de $q^{(n+r-i)}_{k+1+i,\ell^{(n+r-i)}+1}$ et $e^{(n+r-i)}_{k+1+i,\ell^{(n+r-i)}+1}$ pour $i \in \mathbb{N}$, $o \leq i \leq r$. On calcule ensuite $q^{(n-r-2)}_{k+r+1,\ell^{(n-r-2)}}$ et $e^{(n-r-2)}_{k+r+1,\ell^{(n-r-2)}}$.

On calcule $C^{(n-r-1+i)}_{k+r+2}$ pour $i \in \mathbb{N}$, $0 \leq i \leq r$ et enfin les valeurs de $q^{(n-r-1+i)}_{k+r+2,\ell^{(n-r)}+1}$ pour $i \in \mathbb{N}$, $o \leq i \leq r$.

Les valeurs de $e^{(n+i)}_{k-1,\ell^{(n+i)}+1}$ et $q^{(n+r-i)}_{k+1+i,\ell^{(n+r-i)}+1}$ sont intérieures au bloc qd.

Les $C^{(n-r-1+i)}_{k+r+2}$ jouant le rôle d'un coefficient $E^{(n-r-1+i)}_{k+r+2}$ seront placés aux places de $e^{(n-r-1+i)}_{k+r+1,\ell^{(n-r-1+i)}+1}$.

Sur les schémas d'exemples que nous proposerons, toutes ces valeurs intérieures au bloc qd seront cerclées, pour éviter de les confondre avec les valeurs trouvées dans la propriété 2.4. En fait ces dernières valeurs ont un intérêt quasi nul. Seules les valeurs nulles de $e^{(n-r-1+i)}_{k+r+1,\ell^{(n-r-1+i)}+1}$ associées aux deux valeurs consécutives $q^{(n-r-2+i)}_{k+r+2,\ell^{(n-r-2+i)}+\delta_i}$ et $q^{(n-r-1+i)}_{k+r+2,\ell^{(n-r-1+i)}+\delta_{i+1}}$ permettent le calcul de $e^{(n-r-2+i)}_{k+r+2,\ell^{(n-r-2+i)}+\delta_i}$, ainsi que l'indique la seconde remarque qui suit le cas e) 1.2.

Lorsque nous sommes dans le cas a) 2, où $e^{(n+r-i)}_{k-1,\ell^{(n+r-i)}+1}$ est nul, on ne doit pas faire figurer cette valeur dans un cercle. Il faut la remplacer par la valeur de $-C^{(n+r-i)}_{k+1+i}$ qui vaut encore $-C^{(n+r+1-i)}_{k+i}$. En effet si $e^{(n+r-i)}_{k-1,\ell^{(n+r-i)}+1}$ est non nul nous avons :

$$P^{(n+r+1-i)}_{k+i}(x) = \omega^{(n+r-i)}_{i-1}(x)\, P^{(n+r-i)}_{k-1}(x) - e^{(n+r-i)}_{k-1,\ell^{(n+r-i)}+1}\, P^{(n+r+1-i)}_{k-2}(x)$$

Si $e^{(n+r-i)}_{k-1,\ell^{(n+r-i)}+1}$ est nul nous avons :

$$P^{(n+r+1-i)}_{k+i} = \omega^{(n+r-i)}_{i-1}(x)\, P^{(n+r-i)}_{k-1}(x) + C^{(n+r-i)}_{k+1+i}\, P^{(n+r+1-i)}_{pr(k-1,n+r+1-i)}(x).$$

Enfin si des valeurs de $C^{(n-r-1+i)}_{k+r+2}$ sont nulles, nous sommes en présence du bord gauche d'un nouveau bloc qd. La colonne qui correspond à e_{k+r+1} doit être explorée à partir de ces valeurs nulles pour trouver la largeur du nouveau bloc qd afin de pouvoir le délimiter.

D'autre part on continue de pratiquer les calculs colonne après colonne en utilisant les relations du (I) là où il n'y avait pas de zéros détectés dans la colonne $e_{k-1}^{(i)}$, à condition que les éléments de cette colonne ne soient pas intérieurs à un bloc qd précédemment détecté.

Claessens et Wuytack ont donné des relations du qd dans un cas qui correspond à un bloc P entouré de deux rangées de polynômes orthogonaux réguliers. Nous donnons donc la propriété suivante qui est valable dans ce cas particulier et qui a le mérite de montrer plus simplement comment les calculs doivent être menés.

<u>*Propriété 2.7.*</u>

On suppose que l'on a un bloc P *de largeur* (r+1) *entouré de deux rangées de polynômes orthogonaux réguliers, et que le polynôme situé dans l'angle NO intérieur au bloc* P *est le polynôme* $P_k^{(n)}(x)$. *Les calculs faits avec le (I) et l'utilisation de la propriété 2.4 donnent l'ensemble des valeurs inscrites sur la figure de la table* qd *à l'intérieur du bloc singulier du* qd *et sur le pourtour, sauf à l'intérieur du cadre en tirets.*

On a les relations suivantes extraites du (II).

1 $$e^{(n+r-i)}_{k-1,\ell^{(n+r-i)}+1} = q^{(n+r+1-i)}_{k-1,\ell^{(n+r+1-i)}} \; e^{(n+r+1-i)}_{k-1,\ell^{(n+r+1-i)}+\gamma_i}$$

pour $i \in \mathbb{N}$, $o \le i \le r$ *et* $\begin{cases} \gamma_i = o \text{ si } i = o \\ \gamma_i = 1 \text{ si } i \ge 1 \end{cases}$

2 $$q^{(n+r-i)}_{k+1+i,\ell^{(n+r-i)}+1} = e^{(n+r+1-i)}_{k+i,\ell^{(n+r+1-i)}+\gamma_i} \; q^{(n+r+1-i)}_{k+i,\ell^{(n+r+1-i)}+\gamma_i}$$

pour $i \in \mathbb{N}$, $o \le i \le r$.

3 $$e^{(n+r-i)}_{k+1+i,\ell^{(n+r-i)}+1} = q^{(n+r+1-i)}_{k+1+i,\ell^{(n+r+1-i)}+\gamma_i} + e^{(n+r+1-i)}_{k+i,\ell^{(n+r+1-i)}+\gamma_i}$$

pour $i \in \mathbb{N}$, $0 \le i \le r$.

4 $$B^{(n+r+1-i)}_{k+i} = -q^{(n+r+1-i)}_{k+i,\ell^{(n+r+1-i)}+\gamma_i} - e^{(n+r+1-i)}_{k-1,\ell^{(n+r+1-i)}+\gamma_i}$$

pour $i \in \mathbb{N}$, $0 \le i \le r+1$.

5 $$C^{(n+r+1-i)}_{k+i} = -e^{(n+r+1-i)}_{k-1,\ell^{(n+r+1-i)}+\gamma_i}\, q^{(n+r+1-i)}_{k-1,\ell^{(n+r+1-i)}}$$

pour $i \in \mathbb{N}$, $0 \le i \le r+1$.

Toutes les relations suivantes sont prises pour $i \in \mathbb{N}$, $0 \le i \le r$.

6 $$C^{(n-r-1+i)}_{k+r+1}\, e^{(n-r-1+i)}_{k+r-1-i,\ell^{(n-r-1+i)}} = C^{(n-r+i)}_{k+r+1}$$

Pour le démarrage de cette relation on prend $C^{(n)}_{k+r+1}$ *obtenu avec la relation précédente.*

7 $$C^{(n-r-1+i)}_{k+r+1} + C^{(n-r-1+i)}_{k+r+2} = C^{(n+r+1-i)}_{k+i} - q^{(n+r-i)}_{k+1+i,\ell^{(n+r-i)}+1}$$

8 $$B^{(n-r-1+i)}_{k+r+1} = B^{(n+r+1-i)}_{k+i}$$

9 $$\omega^{(n-r-1+i)}_i(x) = \omega^{(n+r+1-i)}_i(x)$$

10 $$x\omega^{(n-r-1+i)}_i(x) + B^{(n-r-1+i)}_{k+r+1} = \omega^{(n-r+i)}_{i+1}(x)$$

11 $$x\omega^{(n+r+1-i)}_i + B^{(n+r+1-i)}_{k+i} = \omega^{(n+r-i)}_{i+1}(x)$$

12 $$C^{(n-r-1)}_{k+r+1} = -q^{(n-r-2)}_{k+r+1,\ell^{(n-r-2)}} \, e^{(n-r-2)}_{k+r,\ell^{(n-r-2)}}$$

13 $$B^{(n-r-1)}_{k+r+1} = -q^{(n-r-2)}_{k+r+1,\ell^{(n-r-2)}} - e^{(n-r-2)}_{k+r+1,\ell^{(n-r-2)}}$$

Cette relation est équivalente à la suivante, dont la démonstration sera donnée peu après avec celles des trois autres relations de Claessens et Wuytack.

13 BIS $$q^{(n-r-2)}_{k+r+1,\ell^{(n-r-2)}} + e^{(n-r-2)}_{k+r+1,\ell^{(n-r-2)}} = q^{(n+r+1)}_{k,\ell^{(n+r+1)}} + e^{(n+r+1)}_{k-1,\ell^{(n+r+1)}}$$

14 $$C^{(n-r-1+i)}_{k+r+2} = E^{(n-r-2+i)}_{k+r+2} \, q^{(n-r-2+i)}_{k+r+2,\ell^{(n-r-2+i)}+\delta_i}$$

$\delta_i = o$ *si* $i \le 1$ *et* $\delta_i = 1$ *si* $i > 1$.

$$E^{(n-r-2)}_{k+r+2} = -e^{(n-r-2)}_{k+r+1,\ell^{(n-r-2)}}$$

$$E^{(n-r-2+i)}_{k+r+2} = C^{(n-r-2+i)}_{k+r+2} \quad \textit{pour} \quad i > o$$

15 $$C^{(n-1)}_{k+r+2} \, q^{(n-1)}_{k+r+2,\ell^{(n-1)}+\gamma_r} = -q^{(n)}_{k+r+1,\ell^{(n)}+1} \, e^{(n)}_{k+r+1,\ell^{(n)}+1}$$

16 $$q^{(n-r-1+i)}_{k+r+2,\ell^{(n-r-1+i)}+1} = e^{(n-r-2+i)}_{k+r+2,\ell^{(n-r-2+i)}+\delta_i} + q^{(n-r-2+i)}_{k+r+2,\ell^{(n-r-2+i)}+\delta_i}$$

17 $$q^{(n)}_{k+r+2,\ell^{(n)}+1} + e^{(n)}_{k+r+1,\ell^{(n)}+1} = e^{(n-1)}_{k+r+2,\ell^{(n-1)}+\gamma_r} + q^{(n-1)}_{k+r+2,\ell^{(n-1)}+\gamma_r}$$

Remarque.

Ces relations ont été écrites dans l'énoncé dans l'ordre des calculs à effectuer.

La relation 1 permet le calcul de $e^{(n+r-i)}_{k-1,\ell^{(n+r-i)}+1}$ pour $i \in \mathbb{N}$, $0 \le i \le r$.

La relation 2 donne $q^{(n+r-i)}_{k+1+i,\ell^{(n+r-i)}+1}$ pour $i \in \mathbb{N}$, $0 \le i \le r$.

La relation 3 donne $e^{(n+r-i)}_{k+1+i,\ell^{(n+r-i)}+1}$ pour $i \in \mathbb{N}$, $0 \le i \le r$.

La relation 4 donne tous les coefficients des polynômes $\omega^{(n)}_{i-pr(i+1,n)}(x)$, c'est à dire avec les notations de la propriété 1.22, $B^{(n+r+1-i)}_{k+i}$ pour $i \in \mathbb{N}$, $0 \le i \le r+1$.

La relation 5 donne le deuxième coefficient de la relation de récurrence des polynômes orthogonaux réguliers unitaires, soit

$$C^{(n+r+1-i)}_{k+i} \text{ pour } i \in \mathbb{N},\ 0 \le i \le r+1.$$

La relation 6 fournit $C^{(n-r-1+i)}_{k+r+1}$ pour $i \in \mathbb{N}$, $0 \le i \le r$.

La relation 7 donne $C^{(n-r-1+i)}_{k+r+2}$ pour $i \in \mathbb{N}$, $0 \le i \le r$ qui constituent les coefficients $E^{(n-r-1+i)}_{k+r+2}$ des relations entre familles adjacentes.

Les relations 8 à 11 permettent le calcul des $\omega^{(n)}_{i-pr(i+1,n)}(x)$.

La relation 12 donne $q^{(n-r-2)}_{k+r+1,\ell^{(n-r-2)}}$.

La relation 13 donne $e^{(n-r-2)}_{k+r+1,\ell^{(n-r-2)}}$.

La relation 14 donne $q^{(n-r-2+i)}_{k+r+2,\ell^{(n-r-2+i)}+\delta_i}$ pour $i \in \mathbb{N}$, $0 \le i \le r$.

La relation 15 donne $q^{(n-1)}_{k+r+2,\ell^{(n-1)}+\gamma_r}$.

La relation 16 donne $e^{(n-r-2+i)}_{k+r+2,\ell^{(n-r-2+i)}+\delta_i}$ pour $i \in \mathbb{N}$, $0 \le i \le r$.

La relation 17 donne $e^{(n-1)}_{k+r+2,\ell^{(n-1)}} + \gamma_r$

Remarque 2.6.

Si on a un bloc P qui coupe le bord diagonal de la table P et qui débute sur une colonne k avec n-s=0 et n > 0, les relations 1 à 5 sont toujours utilisables.

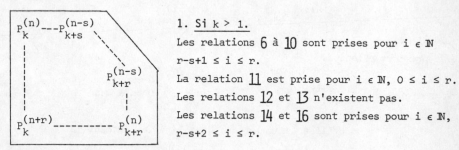

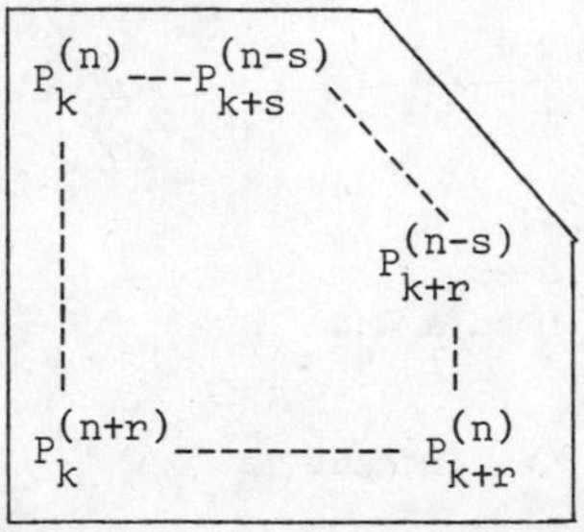

1. Si k > 1.

Les relations 6 à 10 sont prises pour $i \in \mathbb{N}$ $r-s+1 \le i \le r$.
La relation 11 est prise pour $i \in \mathbb{N}$, $0 \le i \le r$.
Les relations 12 et 13 n'existent pas.
Les relations 14 et 16 sont prises pour $i \in \mathbb{N}$, $r-s+2 \le i \le r$.

2. Si k=1.

On prendra $C^{(n-1)}_{r+2} = -\dfrac{c_{n+r+1}}{c_{n-1}}$ pour le démarrage de la relation 6.

3. Si n=0.

On n'utilise que les relations 1 à 5 et 11.
Cette remarque s'applique également au cas général de la même façon.

Montrons comment à partir des relations de la propriété 2.7 on obtient les relations de Claessens et de Wuytack.
Nous avons trouvé :

$$C^{(n-r+i)}_{k+r+1} = C^{(n-r-1+i)}_{k+r+1}\ e^{(n-r-1+i)}_{k+r-1-i,\ell^{(n-r-1+i)}}$$

$$C^{(n+r-i)}_{k+1+i} = C^{(n+r+1-i)}_{k+i}\ q^{(n+r-i)}_{k-1,\ell^{(n+r-i)}}$$

On fait le produit de i=0 à r de chaque relation. On obtient après simplification par les termes C qui sont tous non nuls d'après le théorème 1.5.

$$C_{k+r+1}^{(n)} = C_{k+r+1}^{(n-r-1)} \prod_{i=o}^{r} e_{k+r-1-i,\ell^{(n-r-1+i)}}^{(n-r-1+i)}$$

$$= -q_{k+r+1,\ell^{(n-r-2)}}^{(n-r-2)} \prod_{i=-1}^{r} e_{k+r-1-i,\ell^{(n-r-1+i)}}^{(n-r-1+i)}$$

$$C_{k+r+1}^{(n)} = C_{k}^{(n+r+1)} \prod_{i=o}^{r} q_{k-1,\ell^{(n+r-i)}}^{(n+r-i)}$$

$$= -e_{k-1,\ell^{(n+r+1)}}^{(n+r+1)} \prod_{i=-1}^{r} q_{k-1,\ell^{(n+r-i)}}^{(n+r-i)}$$

D'où leur première relation.

Nous avons trouvé que $B_{k+r+1}^{(n-r-1+i)} = B_{k+i}^{(n+r+1-i)}$. Pour i = 0 on a donc

$B_{k+r+1}^{(n-r-1)} = B_{k}^{(n+r+1)}$. On utilise les relations 4 et 13 et on obtient la relation 13BIS.

On utilise maintenant les quatre relations.

$$C_{k+r+1}^{(n-r-1+j)} e_{k+r-1-j,\ell^{(n-r-1+j)}}^{(n-r-1+j)} = C_{k+r+1}^{(n-r+j)}$$

$$C_{k+r+2}^{(n-r-1+j)} = C_{k+r+2}^{(n-r-2+j)} q_{k+r+2,\ell^{(n-r-2+j)}}^{(n-r-2+j)} + \delta_j$$

$$C_{k+1+j}^{(n+r-j)} = C_{k+j}^{(n+r+1-j)} q_{k-1,\ell^{(n+r-j)}}^{(n+r-j)}$$

$$q_{k+1+j,\ell^{(n+r-j)}+1}^{(n+r-j)} = e_{k+j,\ell^{(n+r+1-j)}+\gamma_j}^{(n+r+1-j)} q_{k+j,\ell^{(n+r+1-j)}+\gamma_j}^{(n+r+1-j)}$$

On fait le produit de la première depuis j=0 jusqu'à i-1, le produit de la seconde depuis j=1 jusqu'à i, le produit de la troisième depuis j=0 jusqu'à i-1 et enfin le produit de la dernière depuis j=0 jusqu'à i. Les résultats sont reportés dans la relation 7. On obtient leur troisième relation.

$$e_{k+r+1,\ell^{(n-r-2)}}^{(n-r-2)} \prod_{j=o}^{i} q_{k+r+2,\ell^{(n-r-2+j)}+\delta_j}^{(n-r-2+j)} + q_{k+r+1,\ell^{(n-r-2)}}^{(n-r-2)} \prod_{j=-1}^{i-1} e_{k+r-1-j,\ell^{(n-r-1+j)}}^{(n-r-1+j)}$$

$$= e_{k-1,\ell^{(n+r+1)}}^{(n+r+1)} \prod_{j=-1}^{i-1} q_{k-1,\ell^{(n+r-j)}}^{(n+r-j)} + q_{k,\ell^{(n+r+1)}}^{(n+r+1)} \prod_{j=o}^{i} e_{k+j,\ell^{(n+r+1-j)}+\gamma_j}^{(n+r+1-j)}$$

pour $i \in \mathbb{N}$, $0 \le i \le r$.

Enfin pour trouver leur quatrième relation on utilise la relation 15 et les produits des deuxième et quatrième relations précédentes.
On obtient :

$$q^{(n+r+1)}_{k,\ell^{(n+r+1)}} \prod_{j=o}^{r+1} e^{(n+r+1-j)}_{k+j,\ell^{(n+r+1-j)}+\gamma_j} = e^{(n-r-2)}_{k+r+1,\ell^{(n-r-2)}} \prod_{j=o}^{r+1} q^{(n-r-2+j)}_{k+r+2,\ell^{(n-r-2+j)}+\gamma_j}$$

Remarque sur le calcul des polynômes orthogonaux et des polynômes associés.

Lorsqu'on dispose des coefficients du qd ($q^{(n)}_{i+1,\ell}$ et $E^{(n)}_{i+1}$) et des polynômes $\omega^{(n)}_{i-pr(i+1,n)}(x)$ on peut appliquer les relations des propriétés 2.4 et 2.6, c'est à dire celles qui ont été présentées lors de l'introduction de cette section. Lorsqu'on rencontre un bloc P on peut, pour calculer les polynômes qui bordent les côtés S et E de ce bloc, utiliser les polynômes $\omega^{(n)}_{i-pr(i+1,n)}(x)$.

Si on ne désire pas effectuer de multiplication de polynômes, on peut les obtenir en utilisant pour le côté S les coefficients $q^{(n+r-i)}_{k+1+i,\ (n+r-i)_{+1}}$ et pour le côté E les coefficients $C^{(n-r-1+i)}_{k+r+2}$. On n'effectuera ainsi que des additions.

Exemple.

L'exemple suivant montre que les relations de Claessens et Wuytack ne permettent pas le calcul de tous les polynômes orthogonaux.
Soit la série formelle $f(x) = x^2 + x^5$.
Nous avons la table P suivante, dans laquelle nous ne faisons pas figurer les polynômes qui ne sont pas orthogonaux réguliers.

0							
0	1						
0	1	.					
0	1	.	.				
0	1	x	x^2	x^3-1			
0	1	.	.	x^3-1	.		
0	1	.	.	x^3-1	.	.	
0	1	x	x^2	x^3	x^4	x^5	x^6
0	1						
0	1						

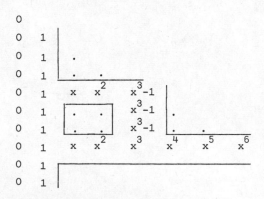

La table de correspondance du qd est la suivante.

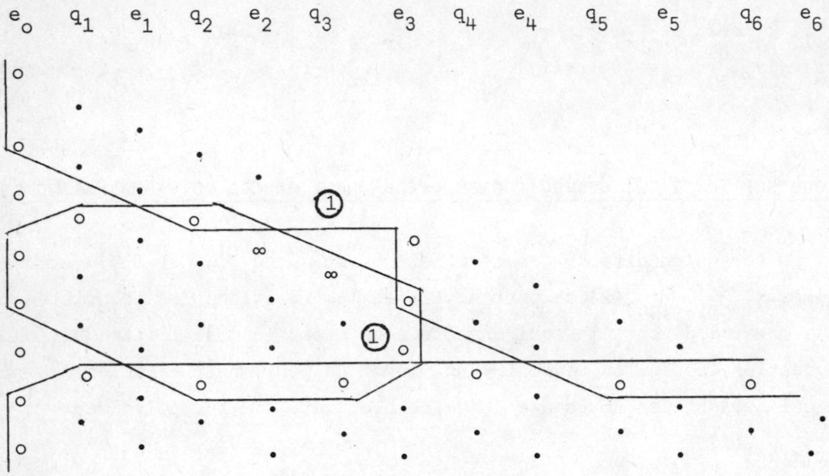

Les valeurs cerclées représentent respectivement $q_3^{(0)}$ et C_4^2, qui ne peuvent être calculées par les relations de Claessens et Wuytack. Il est donc impossible de trouver les polynômes orthogonaux x^3-1. Si nous appliquons nos relations nous avons :

$C_1^{(2)} = 0 \quad B_1^{(2)} = 0 \quad C_1^{(5)} = 0 \quad B_1^{(5)} = 0$

$C_2^{(1)} = 0 \quad B_2^{(1)} = 0 \quad C_2^{(4)} = 0 \quad B_2^{(4)} = 0$

$C_3^{(0)} = 0 \quad B_3^{(0)} = -q_3^{(0)} \quad C_3^{(3)} = 0 \quad B_3^{(3)} = 0$

$-C_3^{(1)} = q_3^{(0)} \quad -B_3^{(1)} = e_3^{(0)} \quad C_3^{(2)}+C_4^{(2)} = 0 \quad C_3^{(2)} = \frac{c_5}{c_2} = -1 \Rightarrow \underline{C_4^{(2)} = 1}$

$C_3^{(1)} = C_3^{(2)} = -1 \Rightarrow \underline{q_3^{(0)} = 1}.$

2.3 POLYNOMES ORTHOGONAUX RECIPROQUES

Nous présentons ici quelques résultats sur les polynômes orthogonaux réciproques qui nous seront utiles pour justifier la forme progressive de l'algorithme qd général.

Soit f^{-1} la série réciproque de f. Elle est telle que :

$$f(x)\, f^{-1}(x) = 1.$$

Nous écrivons $f^{-1}(x) = \sum_{i=o}^{\infty} \hat{c}_i\, x^i$.

Nous pouvons calculer les $\hat{c}_i$ par les relations.

$$c_o\, \hat{c}_o = 1$$

$$\sum_{i=o}^{k} \hat{c}_i\, c_{k-i} = 0, \ \forall k \in \mathbb{N},\ k > 0.$$

Nous devons avoir naturellement $c_o \neq 0$.

Le système obtenu peut s'écrire

$$\begin{pmatrix} 0 & \cdots & \cdots & c_0 \\ 0 & \cdots & c_0 & c_1 \\ \vdots & ⋰ & & \vdots \\ c_0 & c_1 & \cdots & c_k \end{pmatrix} \begin{pmatrix} \hat{c}_k \\ \vdots \\ \vdots \\ \hat{c}_0 \end{pmatrix} = \begin{pmatrix} 0 \\ \vdots \\ 0 \\ 1 \end{pmatrix}$$

C'est un système régulier.

$$\hat{c}_k = \frac{1}{c_o^{k+1}} (-1)^{\frac{k(k+1)}{2}} \begin{vmatrix} 0 & \cdots & c_0 & c_1 \\ \vdots & & & \vdots \\ c_0 & c_1 & \cdots & c_{k-1} \\ c_1 & \cdots & \cdots & c_k \end{vmatrix}$$

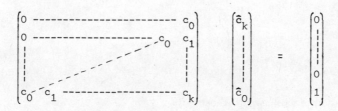

$$= \frac{1}{c_o^{k+1}} (-1)^{\frac{k(k+1)}{2}} H_k^{(-k+2)}$$

Nous définissons la fonctionnelle linéaire $\hat{c}^{(j)}$ par :

$\hat{c}^{(j)}(x^i) = \hat{c}_{i+j}, \forall i \in \mathbb{N}.$

Nous conviendrons que $\hat{c}_i = 0$ pour $i < 0$.

Nous appellerons $\{R_k^{(j)}\}$ la famille de polynômes orthogonaux ou quasi-orthogonaux par rapport à $\hat{c}^{(j)}$, $\{S_k^{(j)}\}$ la famille des polynômes associés aux polynômes $R_k^{(j)}$.

<u>*Théorème 2.3. [6]*</u>

Si $R_k^{(n+1)}(x)$ *est orthogonal régulier, ainsi que* $P_k^{(n+1)}(x)$, *alors pour* $k \in \mathbb{N}$ *et* $n \in \mathbb{Z}$ *nous avons :*

$$R_k^{(n+1)}(x) \sum_{i=o}^{n} \hat{c}_i \, x^{n-1} + S_k^{(n+1)}(x) = \hat{c}_0 \, P_{n+k}^{(-n+1)}(x)$$

$$P_k^{(n+1)}(x) \sum_{i=o}^{n} c_i \, x^{n-i} + Q_k^{(n+1)}(x) = c_0 \, R_{n+k}^{(-n+1)}(x).$$

Nous obtenons immédiatement :

<u>*Corollaire 2.3.*</u>

Si $R_k^{(n+1)}(x)$ *est orthogonal régulier, alors* $P_{n+k}^{(-n+1)}(x)$ *est orthogonal régulier.*

Si $P_k^{(n+1)}(x)$ *est orthogonal régulier, alors* $R_{n+k}^{(-n+1)}(x)$ *est orthogonal régulier.*

Démonstration.

La démonstration du théorème 2.3 (cf. [6]) transforme le déterminant.

$$\begin{vmatrix} d_{n+1} & \cdots & d_{n+k+1} \\ \vdots & & \vdots \\ d_{n+k} & \cdots & d_{n+2k} \\ 0 & \cdots\ 0 & 1 \end{vmatrix} \quad \text{en} \quad \begin{vmatrix} c_{-n+1} & \cdots & c_{k+1} \\ \vdots & & \vdots \\ c_{k} & \cdots & c_{n+2k} \\ 0 & \cdots\ 0 & c_0 \end{vmatrix}$$

On a une transformation analogue pour le deuxième cas.

cqfd.

Corollaire 2.4.

A un bloc P *de largeur* ℓ *dont l'angle nord-ouest est occupé par* $P_{n+k}^{(-n+1)}$ *correspond un bloc* R *de largenr* ℓ *dont l'angle nord-ouest est occupé par* $R_k^{(n+1)}$.

Démonstration.

En effet si $P_{n+k}^{(-n+1)}$ n'est pas orthogonal régulier, alors $R_k^{(n+1)}$ n'est pas orthogonal régulier.

cqfd.

2.4 FORME PROGRESSIVE DE L'ALGORITHME "QD"

Nous prenons comme convention que $c_i = 0$ pour $i \in \mathbb{Z}$, $i < 0$. Nous complétons la table H et la table P pour les diagonales d'indice négatif. Nous supposons également que $c_j = 0$ pour $j \in \mathbb{N}$, $0 \leq j \leq s-1$, et $c_s \neq 0$.

Alors $H_k^{(j)} = 0$ pour $k \in \mathbb{N}$ et $j \in \mathbb{Z}$ tel que $j \leq s-k$.

L'ensemble de ces déterminants forment un bloc infini.

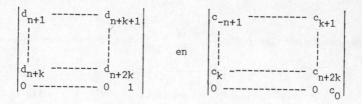

$$H_k^{(s-k+1)} = \begin{vmatrix} c_{s-k+1} & \cdots & c_s \\ \vdots & & \vdots \\ c_s & \cdots & c_{s+k-1} \end{vmatrix} = (-1)^{\frac{k(k-1)}{2}} (c_s)^k \neq 0.$$

Par conséquent les polynômes $P_k^{(s-k+1)}$ sont orthogonaux réguliers, $\forall k \in \mathbb{N}$.

Nous calculons à présent l'ensemble de la table qd. Celle-ci sera la suivante.

$$\begin{array}{cccccccccccc}
e_0^{(s)} & & & & & & & & & & & \\
 & q_1^{(s)} & & q_2^{(s-1)} & & q_3^{(s-2)} & & q_4^{(s-3)} & & q_5^{(s-4)} & & \cdots \\
e_0^{(s+1)} & & e_1^{(s)} & & e_2^{(s-1)} & & e_3^{(s-2)} & & e_4^{(s-3)} & & & \\
 & q_1^{(s+1)} & & q_2^{(s)} & & q_3^{(s-1)} & & q_4^{(s-2)} & & q_5^{(s-3)} & & \cdots \\
e_0^{(s+2)} & & e_1^{(s+1)} & & e_2^{(s)} & & e_3^{(s-1)} & & e_4^{(s-2)} & & & \\
\vdots & & \vdots & & & & & & \vdots & & &
\end{array}$$

Les deux traits délimitent le bloc qd infini correspondant au bloc P infini.

Nous rappelons que les éléments q et e portent un second indice inférieur, que nous n'avons pas fait figurer ci-dessus, qui numérote les blocs successifs traversés suivant une diagonale. Par exemple les termes $e_{2+k}^{(s-1-k)}$ devraient s'écrire $e_{2+k,1}^{(s-1-k)}$.

Le calcul de cette table peut s'opérer à partir des horizontales et non plus des verticales. Cette méthode qui est appelée forme progressive de l'algorithme qd est plus stable numériquement dans le cas normal (cf. le livre de P. Henrici [25]).

Pour effectuer ce calcul il suffit de disposer des éléments $e_0^{(s+i+1)}$, $q_{i+1}^{(s-i)}$ et $e_{i+1}^{(s-i)}$ pour $i \in \mathbb{N}$.

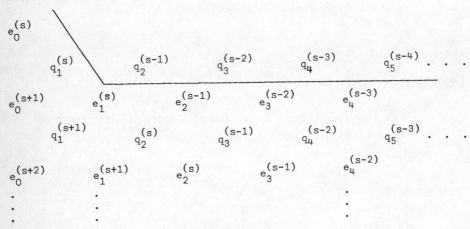

Nous savons déjà que $e_0^{(s+i+1)} = 0$, $\forall i \in \mathbb{N}$, et $q_1^{(s)} = \frac{c_{s+1}}{c_s}$.

En utilisant les résultats de la section 2, nous savons que le calcul de $e_{2+k}^{(s-k-1)}$, pour $k \in \mathbb{N}$, s'effectue à partir de $e_{1+k}^{(s-k)}$ et de $q_{2+k}^{(s-k)}$, donc avec une valeur de $q_{2+k,0}^{(s-k-1)}$ nulle.

$$\boxed{q_{2+k,0}^{(s-k-1)} = 0, \ \forall k \in \mathbb{N}}$$

Pour le cas où nous désirons obtenir la valeur de $q_{2+k,1}^{(s-k-1)}$ pour $k \in \mathbb{N}$, nous avons :

$$P_{2+k}^{(s-k-1)}(x) = x \ P_{1+k}^{(s-k)}(x) - q_{2+k,1}^{(s-k-1)} \ P_0^{(s-k-1)}(x).$$

et donc :

$$q_{2+k,1}^{(s-k-1)} = - P_{2+k}^{(s-k-1)}(0) = (-1)^{k+3} \quad \frac{H_{k+2}^{(s-k)}}{H_{k+2}^{(s-k-1)}} \text{ pour } k \in \mathbb{N}.$$

Pour déterminer pratiquement $H_{k+2}^{(s-k)}$ nous utiliserons les relations fournies par le calcul des moments de la fonctionnelle linéaire $\hat{c}$ par rapport à laquelle sont orthogonaux les polynômes réciproques (cf. [6], [25] et la section 3). Nous avons :

$$\hat{c}_{k+2} = \frac{1}{(c_s)^{k+3}} (-1)^{\frac{(k+2)(k+3)}{2}} \quad H_{k+2}^{(s-k)},$$

et par conséquent

$$\boxed{q_{2+k,1}^{(s-k-1)} = - c_s \ \hat{c}_{k+2} = - \frac{\hat{c}_{k+2}}{\hat{c}_0} \qquad \text{pour } k \in \mathbb{N}.}$$

On remarquera que $q_1^{(s)}$ s'obtient à partir de la même relation.

En effet $q_1^{(s)} = -\frac{\hat{c}_1}{\hat{c}_0} = \frac{c_{s+1}}{c_s}$.

Passons maintenant à la détermination de $e_{k+1,\gamma_k}^{(s-k)}$ pour $k \in \mathbb{N}$,

avec $\gamma_0 = 0$ et $\gamma_k = 1$ pour $k > 0$.

Si $P_{k+1}^{(s-k+1)}$ est orthogonal régulier, c'est-à-dire si $q_{k+1,\gamma_k}^{(s-k)} \neq 0$,

alors :

$$P_{k+1}^{(s-k+1)}(x) = P_{k+1}^{(s-k)}(x) - e_{k+1,\gamma_k}^{(s-k)} P_k^{(s-k+1)}(x),$$

avec

$$e_{k+1,\gamma_k}^{(s-k)} = -\frac{H_{k+2}^{(s-k)} \; H_k^{(s-k+1)}}{H_{k+1}^{(s-k)} \; H_{k+1}^{(s-k+1)}}$$

où $H_k^{(s-k+1)} = (-1)^{\frac{k(k-1)}{2}} (c_s)^k$,

et $H_{k+2}^{(s-k)} = (c_s)^{k+3} \, \hat{c}_{k+2} \, (-1)^{\frac{(k+2)(k+3)}{2}}$

Donc : $$\boxed{e_{k+1,\gamma_k}^{(s-k)} = \frac{\hat{c}_{k+2}}{\hat{c}_{k+1}}}$$

Si $P_{k+1}^{(s-k+1)}$ n'est pas orthogonal régulier, c'est-à-dire si $q_{k+1,\gamma_k}^{(s-k)} = 0$,

alors on est dans un bloc qd.

Supposons que l'on explore la première horizontale de la table qd et que nous ayons $q^{(s-\ell+1)}_{\ell,\gamma_{\ell-1}} \neq 0$ et $q^{(s-\ell)}_{\ell+1,\gamma_\ell} = 0$. Par conséquent $\hat{c}_\ell \neq 0$ et $\hat{c}_{\ell+1} = 0$, et $e^{(s-\ell)}_{\ell+1,\gamma_\ell}$ n'est pas défini. Nous aurons la même situation tant que $\hat{c}_i$ sera nul. La relation encadrée précédente permet donc d'obtenir la seconde horizontale. Il suffira d'inclure dans un bloc qd toutes les valeurs de e nulles ou non définies.

Nous appellerons table P complétée la table des polynômes orthogonaux dans laquelle on fait figurer les polynômes à partir de l'horizontale passant par $P_1^{(s+1)}$. Nous avons donc complété la suite des c_i par des valeurs nulles pour $i < 0$. Si nous considérons la table complétée des polynômes orthogonaux réciproques, les blocs sont symétriques de ceux de la table P complétée, par rapport à la diagonale s+1 de la table (cf. corollaire 2.4).

Soient $\hat{q}$ et $\hat{e}$ les coefficients de la table qd des polynômes orthogonaux réciproques. Alors nous avons :

$$\hat{q}_1^{(0)} = - q_1^{(s)},$$

$$\hat{q}_m^{(n)} = e^{(s+1-n)}_{n+m-1} \text{ et } \hat{e}_m^{(n)} = q^{(s+1-n)}_{n+m} \qquad \text{pour } n > - m,$$

$$q_m^{(n+s)} = \hat{e}^{(1-n)}_{n+m-1} \text{ et } e_m^{(n+s)} = \hat{q}^{(1-n)}_{n+m} \qquad \text{pour } n > - m,$$

partout où ces valeurs sont définies.

En effet les initialisations $\hat{e}_0^{(n)} = q_n^{(s+1-n)} = 0$ et $\hat{q}_1^{(n)} = e_n^{(s+1-n)} = \frac{\hat{c}_{n+1}}{\hat{c}_n}$ sont celles de l'algorithme qd.

Pour $\hat{q}_1^{(n)}$ on conserve l'expression $\frac{\hat{c}_{n+1}}{\hat{c}_n}$ même si certains des $\hat{c}_i$ sont nuls. Les coefficients $\hat{q}_1^{(n)}$ nuls ou indéfinis sont dans les blocs qd.

D'autre part nous avons vu que :

$$q_1^{(s)} = - \frac{\hat{c}_1}{\hat{c}_0} = \frac{c_{s+1}}{c_s} = - \hat{q}_1^{(0)}.$$

Ensuite les règles rhomboïdales classiques restent inchangées (cf. th. 7.6.d du livre de P. Henrici [25]).

En présence d'un bloc qd nous utiliserons les résultats de la deuxième section appliqués à une table complétée, c'est-à-dire que les coefficients $q^{(n-r-2)}_{k+r+1,\ell^{(n-r-2)}}$, $e^{(n-r-2)}_{k+r+1,\ell^{(n-r-2)}}$ et $q^{(n-r-2)}_{k+r+2,\ell^{(n-r-2)}}$ ne sont plus des inconnues.

Si nous examinons le bloc qd du début de la deuxième section il est de forme symétrique par rapport à la diagonale principale. Si sur un côté nous avons les coefficients e, sur le côté symétrique nous avons q et réciproquement.

Le rôle joué par les éléments périphériques $e^{(n+r-i)}_{k+1+i,\ell^{(n+r-i)}+1}$ et $q^{(n-1-i)}_{k+r+2,\ell^{(n-i-1)}+1}$ pour $i \in \mathbb{N}$, $0 \le i \le r$ est symétrique et leur obtention se fait de façon analogue à partir des éléments intérieurs au bloc. Ce sont des règles de trois éléments. Toutes ces règles sont symétriques, c'est-à-dire que si q intervient dans l'une, E ou e intervient dans l'autre et réciproquement.

Enfin les éléments intérieurs permettant d'obtenir $e^{(n+r-i)}_{k+1+i,\ell^{(n+r-i)}+1}$ et $q^{(n-i-1)}_{k+r+2,e^{(n-i-1)}+1}$ s'obtiennent aussi de façon symétrique avec des règles de trois éléments.

De plus l'ensemble des éléments de la table qd est déterminé de façon unique à partir des initialisations.

Donc si nous effectuons une symétrie de la table qd par rapport à la diagonale $s + \frac{1}{2}$, on échange d'abord les rôles joués par e et q, ensuite les blocs occupent une place symétrique qui est celle de la table R des polynômes orthogonaux réciproques. Les initialisations sont celles de la table qd correspondant aux éléments $\hat{q}$ et $\hat{e}$. Toutes les règles sont rendues symétriques. Par conséquent nous avons la table qd correspondant aux polynômes orthogonaux réciproques.

En conclusion pour calculer la forme progressive de l'algorithme qd il suffit de calculer la table qd correspondant à la table complétée des polynômes orthogonaux réciproques en ajoutant l'horizontale d'initialisation qui contient les éléments $\hat{q}_1^{(0)}$ et $\hat{q}_{i+1}^{(-i)} = 0$ pour $i \in \mathbb{N}$, $i \geq 1$.

On effectue le calcul colonne après colonne comme dans la deuxième section en tenant compte de l'horizontale d'initialisations supplémentaires. On calcule les éléments intéressants intérieurs aux blocs qd. Puis on effectue une symétrie par rapport à la diagonale $\frac{1}{2}$ en changeant $\hat{q}$ en e et $\hat{e}$ en q comme il a été indiqué ci-dessus.

3

FONCTIONNELLES LINEAIRES PARTICULIERES

\- * -

L'objet du présent chapitre est de nous donner un certain nombre de propriétés des polynômes orthogonaux par rapport à des fonctionnelles linéaires de quatre types particuliers. Ces propriétés seront exploitées dans le chapitre concernant les quadratures de Gauss.

La première section est consacrée aux fonctionnelles linéaires semi-définies positives. Elles sont caractérisées par la présence d'un bloc H infini et en avant de ce bloc les polynômes orthogonaux ont des propriétés identiques à celles que l'on a pour une fonctionnelle linéaire définie positive. Le théorème 3.2 concernant les propriétés des racines des polynômes orthogonaux peut s'appliquer aux fonctionnelles linéaires définies positives et donne des propriétés supplémentaires par rapport à ce qui était fait jusqu'à présent (cf. le théorème 2.32 du livre de C. Brezinski [6]).

Dans la seconde section nous introduisons les fonctionnelles linéaires $H^{(i)}$ *semi-définies positives. Sur une diagonale i les déterminants de Hankel sont astreints à être positifs ou nuls. Le théorème 3.5 concerne les propriétés d'une partie des racines du polynôme orthogonal régulier situé derrière le premier bloc sur une diagonale donnée. Nous ne sommes pas parvenus à démontrer certaines propriétés des autres racines que nous avions constatées sur de nombreux exemples. En particulier il semble que les racines non nulles restantes soient toujours imaginaires conjuguées.*

Le cas particulier des fonctionnelles totalement H semi-définies positives est intéressant car il est en liaison directe avec les suites totalement monotones. Les moments de ces fonctionnelles forment une suite totalement monotone.
Ensuite nous étudions les fonctionnelles linéaires lacunaires d'ordre (s+1) dans la troisième section. On rencontre déjà cette notion chez H. Van Rossum [49] avec ses polynômes orthogonaux lacunaires et chez J. Gilewicz [22] avec ses séries lacunaires. Nous donnons une description complète de la table des polynômes orthogonaux obtenu dans le cas le plus général. Pour y parvenir nous avons donné à ces fonctionnelles la définition la plus large possible. Nous n'imposons qu'une périodicité des zéros et peu nous importe ce qui sépare les groupes de zéro.

La table des associés est également déterminée. Les résultats obtenus concernant les deux tables sont une généralisation de résultats présentés dans le livre de C. Brezinski [6] dans le cas où s=1 et pour une diagonale paire. Les propriétés des racines de ces polynômes sont étudiées et nous donnons un résultat sur le calcul des déterminants qui composent la table H.

Les fonctionnelles lacunaires interviennent souvent dans la pratique. Ce sont par exemple des fonctionnelles lacunaires d'ordre 2 qui génèrent les polynômes de Legendre.
Dans le chapitre des quadratures nous ferons surtout appel à leurs propriétés remarquables.

Dans la dernière section nous abordons le cas d'une fonctionnelle linéaire e qui se déduit d'une autre fonctionnelle linéaire c après l'intervention d'une fonction de poids polynomiale. De nombreux auteurs se sont intéressés à ce problème : Stieltjes, Szegö G. [57], Kronrod A. S. [34], Patterson, Barrucand P. [3] et [4], Krylov V.I. [35], Davis et Rabinowitz [13], Struble G.W. [56], Monegato G. [43] et [43a], Brezinski C. [6] et [6a]. Cette liste est loin d'être exhaustive.
De notre côté nous avons surtout considéré le cas où la fonction de poids polynomiale change de signe dans l'ensemble support de la fonctionnelle c qui n'est pas forcément définie. Nous donnons plusieurs propriétés sur les blocs qui correspondent à la fonctionnelle e.

Nous avons étendu la propriété classique qui exprime $u_k\ V_{k+1}$ en fonction des polynômes P_{k+1} à P_{k+h+1} lorsque c est définie, au cas où c n'est pas définie.
De même nous donnons une généralisation du théorème de Christoffel pour une fonctionnelle c non définie. Nous donnons également quelques résultats dans le cas où la fonctionnelle c et la fonction de poids polynomiale sont lacunaires d'ordre (s+1).

La fin de cette section est consacrée à l'étude d'un problème qui a vraissemblablement été posé pour la première fois par Stieltjes en 1894. (On pourra consulter sur la question l'article de synthèse de Monegato G. [43 a]). On prend comme fonction de poids polynômiale un polynôme P_k orthogonal par rapport à c, et on désire obtenir des propriétés concernant les polynômes V_i et en particulier sur leurs racines. Le problème posé à l'origine visait à montrer que V_{k+1} a toutes ses racines réelles distinctes dans l'ensemble support E et séparées par celles de P_k. Szegö [57] a démontré cette propriété pour une fonctionnelle linéaire c lacunaire d'ordre 2 attachée à une fonction de poids de la forme $(1-x^2)^{\mu-\frac{1}{2}}$ avec $o < \mu \leq 2$ et à un ensemble support $E = [-1,1]$. Nous avons essayé de voir ce qui se passait pour une fonctionnelle linéaire c lacunaire d'ordre 2 quelconque.
Ne sachant aborder le problème de front nous avons appliqué une idée présentée dans l'article de P. Barrucand [3]. Elle consiste à fragmenter le polynôme $P_k(x)$ en polynômes $(x^2-a_i^2)$ et à étudier ce qui se passe pour les fonctionnelles définies par les moments.

$$e^{(\cdot,i)}(x^j) = e^{(\cdot,i-1)}((x^2-a_i^2)\ x^j),$$

$$\text{pour } o \leq i \leq \text{entier } (\tfrac{k}{2}) \text{ avec } e^{(\cdot,o)} = c^{(\cdot)}.$$

Malheureusement les résultats obtenus sont bien maigres. Tout d'abord un contre exemple montre que pour une fonctionnelle linéaire c lacunaire d'ordre 2 quelconque les racines ne sont pas forcément dans l'ensemble support E. D'autre part Monegato [43 a] rappelle par l'intermédiaire d'un contre exemple que les racines ne sont pas toujours réelles pour n'importe quelle *fonctionnelle linéaire c lacunaire d'ordre 2 avec un degré élevé de la fonction de poids polynômiale. De notre côté nous n'avons su montrer que les racines étaient réelles distinctes séparées par celles de P_k que dans la première étape de la récurrence, mais, à moins d'exhiber un contre exemple, rien ne prouve que cette propriété ne soit vraie en général que pour une fonction de poids polynômiale de degré 2 au plus. Nous pensions pouvoir utiliser les relations de récurrence obtenues entre les diverses catégories de polynômes orthogonaux, mais cette tentative est restée infructueuse.*

Bien que les résultats de cette partie soient très partiels nous les avons faits figurer dans ce chapitre. Peut être pourront-ils servir ultérieurement à trouver de nouvelles propriétés qui permettraient de progresser.

D'autre part, ils pourraient éventuellement servir pour les formules de quadratures de Gauss avec deux abscisses imposées symétriques. Dans la même optique, nous avons donné aussi quelques propriétés reliées au cas où la fonction de poids polynômiale est de degré 1.

3.1 FONCTIONNELLES LINEAIRES SEMI-DEFINIES POSITIVES.

Définition 3.1.

On appelle fonctionnelle linéaire semi-définie positive une fonctionnelle linéaire c *telle que :*

$$\forall q \in P : \forall x,\ q(x) \geq 0 \quad \textit{alors} \quad c(q(x)) \geq 0$$

et

$$\exists p \in P : \forall x,\ p(x) \geq 0 \ \textit{et}\ p \not\equiv 0 \ \textit{tel que}\ c(p(x)) = 0.$$

Nous commençons par démontrer quelques propriétés qui s'inspirent de celles satisfaites par les fonctionnelles définies positives. Nous ferons le lien entre les fonctionnelles linéaires semi-définies positives et certains opérateurs linéaires semi-définis positifs.

Propriété 3.1.

Une condition nécessaire et suffisante pour qu'une fonctionnelle linéaire c *soit semi-définie positive est que la matrice* $D_k^{(o)}$ *soit semi-définie positive,* $\forall k \in \mathbb{N}$.

$$D_k^{(o)} = \begin{pmatrix} c_o & c_1 & \cdots & c_k \\ c_1 & c_2 & \cdots & c_{k+1} \\ \vdots & & & \vdots \\ c_k & c_{k+1} & \cdots & c_{2k} \end{pmatrix}$$

Démonstration.

Prenons un polynôme réel q positif de degré k. Par conséquent, il ne peut être décomposé qu'en polynômes du second degré irréductibles, ou en polynômes du premier degré élevé à une puissance paire. Il est donc de degré pair et on a :

$$q(x) = d. \prod_{j=1}^{k/2} (x-x_j-iy_j)(x-x_j+iy_j) \text{ avec } d \geq 0.$$

Posons

$$A(x) + iB(x) = d^{1/2} \prod_{j=1}^{k/2} (x-x_j-iy_j).$$

Alors

$$q(x) = A^2(x) + B^2(x).$$

Donc il revient au même, pour montrer la propriété, de prendre un polynôme p(x) et de former $c(p^2)$

$$p(x) = \sum_{i=o}^{k} \alpha_i x^i.$$

Nous associons la fonctionnelle c aux matrices $D_k^{(o)}$

$$c(p^2) = \sum_{i=o}^{k} \sum_{j=o}^{k} \alpha_i \alpha_j c(x^i x^j) = \sum_{i=o}^{k} \sum_{j=o}^{k} \alpha_i \alpha_j c_{i+j}.$$

$$= \langle v, D_k^{(o)} v \rangle \text{avec } v = (\alpha_o,\ldots,\alpha_k)^T$$

On obtient bien la propriété cherchée.

cqfd.

Définition 3.2.

Soit A *une matrice.*
On appellera sous mineur extrait de A, *un déterminant obtenu à partir de* A *en supprimant des lignes et des colonnes de même indice.*

Nous avons la propriété classique suivante (cf. [33] p. 59).

Propriété 3.2.

Une condition nécessaire et suffisante pour que la matrice A *soit semi-définie positive est que tous les sous mineurs extraits de* A *soient positifs ou nuls.*

Corollaire 3.1.

Si la fonctionnelle c *est semi-définie positive, alors*

$$H_n^{(2i)} \geq 0, \ \forall i \in \mathbb{N} \ \textit{et} \ \forall n \in \mathbb{N}.$$

Démonstration.

D'après la propriété 3.2 tout sous mineur extrait de $D_n^{(o)}$, $\forall n \in \mathbb{N}$, est positif ou nul. En particulier ceux pour lesquels on a retiré successivement la première ligne et la première colonne de $A_n^{(o)}$, puis les deux premières lignes et les deux premières colonnes et ainsi de suite. On obtient donc $D_n^{(2)}$, $D_n^{(4)}$, etc ...

cqfd.

Prenons une fonctionnelle linéaire c semi-définie. Un au moins des $H_n^{(o)}$ pour $n \in \mathbb{N}$ est nul. Nous allons démontrer l'existence d'un bloc infini.

Propriété 3.3.

Si la fonctionnelle linéaire c *est semi-définie positive, alors :*

$$H_k^{(o)} > 0 \ \textit{pour} \ k \in \mathbb{N}, \ k \leq h+1$$

et

$$H_k^{(o)} = 0 \ \textit{pour} \ k \in \mathbb{N}, \ k \geq h+2.$$

On a un bloc H *infini ayant au plus un élément au nord dans la table* H. *En dehors de ce bloc la table* H *ne peut contenir que des blocs d'un élément qui est un déterminant tel que* $H_k^{(2i+1)}$ *avec* $i \geq o$.

Démonstration.

i) Prenons un bloc fini de largeur $r \geq 2$.
Appelons S_o le déterminant de l'angle Sud-Ouest, $S_1, S_2, \ldots, S_r$ ceux du côté Sud et enfin S_{r+1} celui de l'angle Sud-Est.
Si on applique la relation de Sylvester à ces déterminants on a :

$$S_i \, S_{i+2} = - S_{i+1}^2 \text{ pour } i \in \mathbb{N},\ 0 \leq i \leq r-1.$$

Donc si $S_i > 0$ alors $S_{i+2} < 0$ ce qui est impossible d'après le corollaire 3.1.

ii) Ensuite il est impossible d'avoir un bloc d'un élément tel que

$$H_{h+1}^{(o)} \neq 0,\ H_{h+2}^{(o)} = 0 \text{ et } H_{h+3}^{(o)} \neq 0.$$

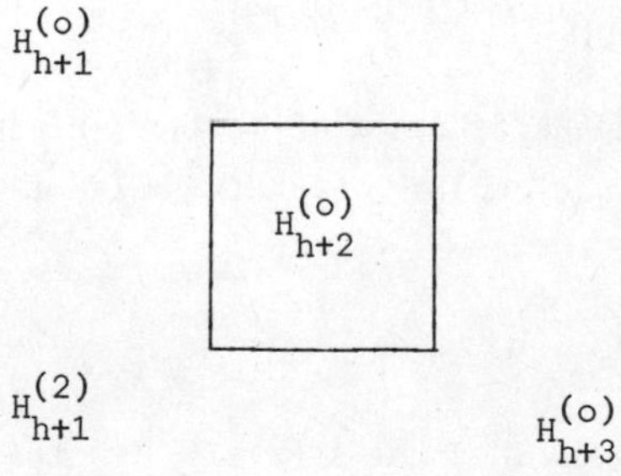

En effet, en appliquant la relation de Sylvester à partir de $H_{h+1}^{(o)} > 0$ on trouvera $H_{h+1}^{(2)} > 0$ puis $H_{h+3}^{(o)} < 0$.

iii) Par conséquent puisqu'au moins un déterminant $H_n^{(o)}$ est nul, on a un bloc infini :

$$H_k^{(o)} > 0 \text{ pour } k \in \mathbb{N},\ k \le h+1$$

et

$$H_k^{(o)} = 0 \text{ pour } k \in \mathbb{N},\ k \ge h+2.$$

Le côté Nord ne peut avoir plus d'un élément dans la table H. En effet, s'il avait au moins deux éléments, en appliquant encore la relation de Sylvester au côté Nord et Nord-Ouest du bloc infini, on trouverait que l'élément $H_{h-1}^{(2)}$ est strictement négatif ce qui est contraire au corollaire 3.1.

iv) Enfin, le reste de la table H peut contenir des blocs d'un élément pourvu qu'ils contiennent des déterminants $H_k^{(2i+1)}$ avec $i \ge 0$. Si un bloc contenait un déterminant $H_k^{(2i)}$ on pourrait recommencer le raisonnement du ii).

cqfd.

La définition mentionne l'existence de polynômes p positifs tels que c(p)=0. La propriété suivante montre que les seuls polynômes positifs qui puissent vérifier cette condition sont les multiples de P_{h+1}^2.

Propriété 3.4.

Soit c *une fonctionnelle linéaire semi-définie positive. Les seuls polynômes* p *positifs tels que* c(p) = 0 *sont les multiples de* P_{h+1}^2.

Démonstration.

p peut être mis sous la forme $A^2(x) + B^2(x)$ (cf. la propriété 3.1), avec $\deg A^2 = \deg p$ et $\deg B^2 < \deg p$.
D'autre part A(x) peut s'écrire

$$\sum_{i=o}^{k} \alpha_i P_i(x),$$

et donc

$$c(A^2) = \sum_{i=o}^{k} \alpha_i^2 c(P_i^2).$$

Or

$$c(P_i^2) \neq 0 \text{ pour } i \in \mathbb{N},\ 0 \leq i \leq h$$

et

$$c(P_i^2) = 0 \text{ pour } i \geq h+1.$$

Donc A^2 est un multiple de P_{h+1}^2.

On trouverait de la même façon que B^2 est un multiple de P_{h+1}^2.

D'où la conclusion.

cqfd.

Avec la propriété suivante nous disposons d'une réciproque partielle.

Propriété 3.5.

Soit une fonctionnelle linéaire c.
Si les seuls polynômes p *positifs qui sont tels que* $c(p) = 0$, *sont les multiples d'un polynôme* P_{h+1}^2, *alors :*

$$H_j = 0 \text{ pour } j \in \mathbb{N},\ j \geq h+2$$

et soit tous les déterminants H_j *pour* $j \in \mathbb{N}$, $1 \leq j \leq h+1$ *sont tous positifs, soit ils sont tous de signe alterné.*

Démonstration.

Il est évident que $H_j = 0$ pour $j \in \mathbb{N}$, $j \leq h+2$, à cause du fait que $c(w^2(x)\ P_{h+1}^2(x)) = 0$ quel que soit le polynôme $w(x)$. C'est une conséquence de la propriété 1.23.
Pour $j \in \mathbb{N}$, $0 \leq j \leq h+1$, il n'y a pas d'autre déterminant nul. En effet si $H_k = 0$ pour $k \in \mathbb{N}$, $0 \leq k \leq h+1$, alors $c(P_{k-1}^2) = 0$.

D'autre part, pour $k \in \mathbb{N}$, $0 \leq k \leq h$, $c(P_k^2) = \frac{H_{k+1}}{H_k}$ (cf. [6] p. 46), et $H_o = 1$.

S'il existait $c(P_k^2)$ et $c(P_\ell^2)$ de signes opposés avec $0 \leq k \leq h$ et $0 \leq \ell \leq h$, alors on pourrait trouver deux constantes positives α^2 et β^2 telles que

$$\alpha^2 \; c(P_k^2) + \beta^2 \; c(P_\ell^2) = 0.$$

$\alpha^2 \; P_k^2 + \beta^2 \; P_\ell^2$ est un polynôme positif de degré inférieur à h+1. On aurait donc une contradiction.
Par conséquent $c(P_k^2)$ est d'un signe constant quel que soit $k \in \mathbb{N}$, $0 \leq k \leq h$. D'où le résultat.

cqfd.

Pour obtenir une véritable réciproque il faut supposer en plus que c_o est positif. Nous avons alors le théorème :

Théorème 3.1.

Soit c *une fonctionnelle linéaire et* $c_o > 0$.
Une condition nécessaire et suffisante pour que c *soit semi-définie positive est que les seuls polynômes* p *positifs qui soient tels que* $c(p) = 0$, *soient les multiples d'un polynôme* P_{h+1}^2.

Démonstration.

La propriété 3.4 montre la condition suffisante.
La propriété 3.5 montre que les quantités $c(P_i^2)$ sont de signe constant pour $i \in \mathbb{N}$, $0 \leq i \leq h$.
Or $c(P_0^2) = c_o > 0$, donc $c(P_i^2) > 0$ pour $i \in \mathbb{N}$, $0 \leq i \leq h$, et par conséquent $\forall q \in \mathcal{P}$, tel que $\forall x$, $q > 0$, alors $c(q) \geq 0$.

cqfd.

Nous supposons que pour la propriété suivante le bloc infini commence à la colonne h+2, c'est à dire que pour $i \in \mathbb{N}$, $i \geq 1$ on a :

$$H_j^{(2i)} \neq 0 \text{ pour } j \in \mathbb{N},\ 1 \leq j \leq h+1,$$

$$H_j^{(2i)} = 0 \text{ pour } j \in \mathbb{N},\quad j \geq h+2.$$

Propriété 3.6.

Si la fonctionnelle c *est semi-définie positive, alors la fonctionnelle* $c^{(2i)}$ *est semi-définie positive,* $\forall i \in \mathbb{N}$.

Démonstration.

Montrons que $c^{(2i)}(q) \geq 0$ avec $q(x) \geq 0$.

q(x) peut se mettre sous la forme $A^2(x) + B^2(x)$ (cf. la décomposition de la propriété 3.1).
Il suffit de montrer que

$$c^{(2i)}(A^2(x)) \geq 0.$$

Or

$$A(x) = \sum_{j=o}^{k} \alpha_j \, P_j^{(2i)}(x)$$

si A est de degré k.
Du fait de l'orthogonalité des polynômes $P_j^{(2i)}$, on obtient :

$$c^{(2i)}(A^2(x)) = \sum_{j=o}^{k} \alpha_j^2 \, c((P_j^{(2i)}(x))^2).$$

Or

$$c((P_j^{(2i)}(x))^2) = \frac{H_{j+1}^{(2i)}}{H_j^{(2i)}} > 0 \text{ si } j < h+1.$$

$$c((P_j^{(2i)}(x))^2) = 0 \text{ si } j \geq h+1.$$

D'où le résultat.

cqfd.

Une conséquence immédiate de cette propriété est que :

$$c_{2i} > 0, \ \forall i \in \mathbb{N}.$$

Grâce à la propriété 3.4, le théorème 2.15 du livre de C. Brezinski [6] relatif aux racines des polynômes orthogonaux par rapport à une fonctionnelle linéaire définie positive s'applique aux polynômes orthogonaux de degré strictement inférieur à h+1 dans le cas d'une fonctionnelle linéaire semi-définie positive. Montrons qu'il reste vrai pour $k = h+1$.

Théorème 3.2.

Si c est semi-définie positive, alors pour tous les polynômes orthogonaux réguliers on a :

i) *les zéros de P_k sont réels et distincts.*

ii) *Les zéros de Q_k sont réels et distincts.*

iii) *Deux zéros consécutifs de P_k sont séparés par un zéro de P_{k-1} et réciproquement.*

iv) *Deux zéros consécutifs de Q_k sont séparés par un zéro de Q_{k-1} et réciproquement.*

v) *Deux zéros consécutifs de P_k sont séparés par un zéro de Q_k et réciproquement.*

Démonstration.

Nous donnons la démonstration complémentaire pour $k = h+1$.

i) Supposons que nous ayons :

$$P_{h+1}(x) = v(x) \prod_{i=1}^{n} (x-x_i) \text{ avec } n < h+1$$

et où v est un polynôme n'ayant plus que des racines complexes.

v est donc un polynôme positif qui peut être écrit sous la forme :

$$A^2(x) + B^2(x) \text{ avec } \deg A^2 = \deg v,$$
$$\deg B^2 < \deg v.$$

(cf. la décomposition effectuée dans la démonstration de la propriété 3.1).

v est de degré pair.

On a du fait de l'orthogonalité de P_{h+1}

$$c\left(\prod_{i=1}^{n} (x-x_i)\, P_{h+1}(x)\right) = 0$$

Mais :

$$\prod_{i=1}^{n} (x-x_i)\, P_{h+1}(x) = \prod_{i=1}^{n} (x-x_i)^2\, (A^2(x) + B^2(x)).$$

On a :

$$\deg\left(\prod_{i=1}^{n} (x-x_i)\, A(x)\right) < h+1.$$

De même

$$\deg\left(\prod_{i=1}^{n} (x-x_i)\, B(x)\right) < h+1.$$

Donc

$$c\left(\prod_{i=1}^{n} (x-x_i)^2\, A^2(x)\right) > 0$$

et

$$c\left(\prod_{i=1}^{n} (x-x_i)^2\, B^2(x)\right) > 0.$$

D'où une contradiction.

Supposons maintenant que toutes les racines de P_{h+1} ne soient pas distinctes

$$P_{h+1}(x) = (x-x_1)^n \; u(x) \text{ avec } n > 1.$$

<u>Si n est pair</u> et <u>n = 2q</u>.

$$c(u(x)\; P_{h+1}(x)) = 0$$

Or

$$u(x)\; P_{h+1}(x) = (u(x))^2 \; (x-x_1)^{2q}$$

et

$$\deg(u(x)(x-x_1)^q) < h+1 .$$

Donc

$$c((u(x))^2 (x-x_1)^{2q}) > 0$$

ce qui est impossible.

<u>Si n est impair</u> et <u>n = 2q+1 avec q > 0</u>.

Alors

$$c(u(x)(x-x_1)\; P_{h+1}(x)) = 0 .$$

Or

$$u(x)(x-x_1)P_{h+1}(x) = (u(x))^2 (x-x_1)^{2q+2}$$

et

$$\deg(u(x)(x-x_1)^{q+1}) < h+1.$$

Donc

$$c((u(x))^2 (x-x_1)^{2q+2}) > 0$$

ce qui est impossible.

Le iii) se démontre comme dans le théorème 2.15 du livre de C. Brezinski en utilisant le corollaire 1.12.
Il en est de même pour le ii) et le iv).
Le v) se montre comme dans le e) du théorème 2.15 du livre de C. Brezinski, mais on prend deux zéros consécutifs de $P_{h+1}(x)$ en utilisant la relation

$$P_h(x)\, Q_{h+1}(x) - Q_h(x)\, P_{h+1}(x) = A_{h+1}\; c(P_h^2)$$

et la suite est la même.

cqfd.

Remarque 3.1.

Le théorème 3.1 est applicable à tous les polynômes orthogonaux réguliers par rapport aux fonctionnelles linéaires $c^{(2i)}$.

Les fonctionnelles $c^{(2i)}$ sont également semi-définies positives. Nous avons donc un théorème semblable au théorème 2.32 du livre de C. Brezinski, relatif aux zéros des polynômes orthogonaux réguliers par rapport aux fonctionnelles $c^{(2i)}$, $c^{(2i+1)}$ et $c^{(2i+2)}$.

Théorème 3.3.

Nous considérons les polynômes orthogonaux réguliers $P_k^{(2i)}$, $P_k^{(2i+1)}$ *et* $P_k^{(2i+2)}$. *Nous supposons* $H_k^{(2i+1)} \neq 0$.

i) Si $H_{k+1}^{(2i+1)} = 0$, *alors :*

a) Les zéros de $P_k^{(2i+1)}$ *sont identiques à ceux de* $P_k^{(2i+2)}$ *et sont réels distincts non nuls.*

b) *Deux zéros consécutifs de* $P_k^{(2i+1)}$ *sont séparés par un zéro de* $P_{k-1}^{(2i+2)}$.

ii) <u>Si $H_{k+1}^{(2i+2)} \neq 0$, *alors* :</u>

a) *Les zéros de* $P_k^{(2i+1)}$ *sont réels distincts non nuls.*

b) *Deux zéros consécutifs de* $P_k^{(2i+2)}$ *sont séparés par un zéro de* $P_k^{(2i+1)}$, *un zéro de* $P_{k-1}^{(2i+1)}$, *un zéro de* $P_{k+1}^{(2i+1)}$ *et un zéro de* $P_{k+1}^{(2i+2)}$.

c) *Deux zéros consécutifs de* $P_k^{(2i+1)}$ *sont séparés par un zéro de* $P_k^{(2i+2)}$ *et un zéro de* $P_{k-1}^{(2i+2)}$.

d) *Deux zéros consécutifs de même signe de* $P_{k+1}^{(2i)}$ *(resp.* $P_k^{(2i)}$*) sont séparés par un zéro de* $P_k^{(2i+1)}$.
Si $P_{k+1}^{(2i)}$ *(resp.* $P_k^{(2i)}$*) a des zéros de signes opposés, il n'y a pas de zéro de* $P_k^{(2i+1)}$ *entre le plus grand zéro négatif et le plus petit zéro positif de* $P_{k+1}^{(2i)}$ *(resp.* $P_k^{(2i)}$*). A l'extérieur du plus petit intervalle contenant les zéros de* $P_{k+1}^{(2i)}$ *(resp.* $P_k^{(2i)}$*) il y a un zéro de* $P_k^{(2i+1)}$ *(resp. deux zéros de* $P_k^{(2i+1)}$ *de part et d'autre de cet intervalle).*

Deux zéros consécutifs de même signe de $P_k^{(2i+1)}$ *sont séparés par un zéro de* $P_{k+1}^{(2i)}$ *et un zéro de* $P_k^{(2i)}$.
Si $P_k^{(2i+1)}$ *possède des zéros de signes opposés, alors il y a deux zéros de signes opposés de* $P_k^{(2i)}$ *et deux zéros de signes opposés de* $P_{k+1}^{(2i)}$ *entre le plus grand zéro négatif et le plus petit zéro positif de* $P_k^{(2i+1)}$.

e) *Deux zéros consécutifs de même signe de* $P_{k+1}^{(2i+1)}$ *(resp.* $P_k^{(2i+1)}$*) sont séparés par un zéro de* $P_k^{(2i+1)}$ *(resp.* $P_{k+1}^{(2i+1)}$*).*

Si $P_{k+1}^{(2i+1)}$ *(resp.* $P_k^{(2i+1)}$*) a des zéros de signes opposés, alors entre le plus grand zéro négatif et le plus petit zéro positif, il n'y a aucun zéro de* $P_k^{(2i+1)}$ *(resp. il y a deux zéros de* $P_{k+1}^{(2i+1)}$ *de signes opposés).*

Démonstration.

$$
\begin{array}{ccc}
 & P_k^{(2i)} & \\
P_{k-1}^{(2i+2)} & P_k^{(2i+1)} & P_{k+1}^{(2i)} \\
 & P_k^{(2i+2)} & P_{k+1}^{(2i+1)}
\end{array}
$$

Les fonctionnelles $c^{(2i)}$ sont semi-définies positives, $\forall i \in \mathbb{N}$. D'après le théorème 3.1, les zéros de $P_k^{(2i+2)}$ sont réels distincts séparés par ceux de $P_{k-1}^{(2i+2)}$.

i) Si $H_{k+1}^{(2i+1)} = 0$, alors :

$P_k^{(2i+2)}(x) \equiv P_k^{(2i+1)}(x)$ puisqu'ils sont à l'Ouest et au Nord-Ouest du bloc P.
Donc leurs racines sont identiques.
Le théorème 3.1 démontre alors le a) et le b).

ii) Si $H_{k+1}^{(2i+1)} \neq 0$, alors :

a) Prenons deux zéros consécutifs y et z de $P_k^{(2i+2)}$.
Grâce à la relation

$$P_k^{(2i+2)}(x) = P_k^{(2i+1)}(x) - e_k^{(2i+1)} P_{k-1}^{(2i+2)}(x),$$

on obtient :

$$\begin{cases} P_k^{(2i+1)}(y) = e_k^{(2i+1)} P_{k-1}^{(2i+2)}(y) \\ \\ P_k^{(2i+1)}(z) = e_k^{(2i+1)} P_{k-1}^{(2i+2)}(z) \end{cases}$$

Or $\quad P_{k-1}^{(2i+2)}(y)\, P_{k-1}^{(2i+2)}(z) < 0$ et $e_k^{(2i+1)} \neq 0$

Par conséquent $P_k^{(2i+1)}$ a un zéro réel entre y et z, soit au total (k-1) zéros réels séparant les k zéros de $P_k^{(2i+2)}$. Le dernier zéro de $P_k^{(2i+1)}$ est donc réel et ne peut être qu'extérieur au plus petit intervalle contenant toutes les racines de $P_k^{(2i+2)}$.
Donc les zéros de $P_k^{(2i+1)}$ sont réels distincts non nuls puisque $P_k^{(2i+1)}$ n'est pas au Nord d'un bloc P.

b) Nous venons de montrer que deux zéros consécutifs y et z de $P_k^{(2i+2)}$ sont séparés par un zéro de $P_k^{(2i+1)}$. Nous savons également qu'entre y et z il y a un zéro de $P_{k+1}^{(2i+2)}$ et un zéro de $P_{k-1}^{(2i+2)}$.

En utilisant la relation :

$$P_{k+1}^{(2i+2)}(x) = P_{k+1}^{(2i+1)}(x) - e_{k+1}^{(2i+1)} P_k^{(2i+2)}(x),$$

on obtient :

$$\begin{cases} P_{k+1}^{(2i+2)}(y) = P_{k+1}^{(2i+1)}(y) \\ \\ P_{k+1}^{(2i+2)}(z) = P_{k+1}^{(2i+1)}(z) \end{cases}$$

Or

$$P_{k+1}^{(2i+2)}(y)\ P_{k+1}^{(2i+2)}(z) < 0.$$

Donc y et z sont également séparés par un zéro de $P_{k+1}^{(2i+1)}$.

c) On déduit du ii) a) que deux zéros consécutifs de $P_k^{(2i+1)}$ sont séparés par un zéro de $P_k^{(2i+2)}$.

Prenons deux zéros consécutifs y et z de $P_k^{(2i+1)}$, alors :

$$\begin{cases} P_k^{(2i+2)}(y) = -\ e_k^{(2i+1)}\ P_{k-1}^{(2i+2)}(y) \\ P_k^{(2i+2)}(z) = -\ e_k^{(2i+1)}\ P_{k-1}^{(2i+2)}(z) \end{cases}$$

Or

$$P_k^{(2i+2)}(y)\ P_k^{(2i+2)}(z) < 0.$$

Donc un zéro de $P_{k-1}^{(2i+2)}$ sépare y et z.

d) 1. Prenons deux zéros consécutifs y et z de même signe de $P_{k+1}^{(2i)}$. Alors la relation :

$$xP_k^{(2i+1)}(x) = P_{k+1}^{(2i)}(x) + q_{k+1}^{(2i)}\ P_k^{(2i)}(x),$$

où $q_{k+1}^{(2i)}$ est différent de zéro, nous montre que, puisque y et z sont séparés par un zéro de $P_k^{(2i)}$, ils sont également séparés par un zéro de $P_k^{(2i+1)}$.

S'il existe des zéros de $P_{k+1}^{(2i)}$ de signes opposés, on prend deux zéros consécutifs y et z tels que y < 0 < z.

Alors

$$P_k^{(2i+1)}(y)\ P_k^{(2i+1)}(z) > 0.$$

Il y a donc un nombre pair de zéros de $P_k^{(2i+1)}$ entre y et z.

En fait il n'y en a aucun puisqu'on a déjà placé (k-1) zéros de $P_k^{(2i+1)}$ entre les zéros de même signe de $P_{k+1}^{(2i)}$.
$P_k^{(2i+1)}$ a donc un zéro à l'extérieur du plus petit intervalle contenant les zéros de $P_{k+1}^{(2i)}$.

2. Cette première partie montre que si on prend deux zéros consécutifs de même signe de $P_k^{(2i+1)}$ ils sont séparés par un zéro de $P_{k+1}^{(2i)}$, donc aussi par un zéro de $P_k^{(2i)}$.
Si $P_k^{(2i+1)}$ possède des zéros de signes opposés alors on prend deux zéros consécutifs y et z tels que $y < 0 < z$.
On a placé (k-2) zéros de $P_{k+1}^{(2i)}$. Les trois zéros restant à placer ne sont pas de même signe, sinon on aurait au moins deux zéros consécutifs séparés par un zéro de $P_k^{(2i+1)}$. Deux zéros ne peuvent pas être consécutifs de même signe pour la même raison . Il ne peut pas y avoir un seul zéro de $P_{k+1}^{(2i)}$ entre y et z à cause de la première partie de d.
Donc il y a deux zéros de $P_{k+1}^{(2i)}$ de signes opposés entre y et z.

Alors

$$P_{k+1}^{(2i)}(y)\ P_{k+1}^{(2i)}(z) > 0$$

et également

$$P_k^{(2i)}(y)\ P_k^{(2i)}(z) > 0.$$

Par conséquent il y a un nombre pair de zéros de $P_k^{(2i)}$ entre y et z. Puisqu'on a déjà placé (k-2) zéros de $P_k^{(2i)}$ entre les zéros de même signe de $P_k^{(2i+1)}$ il y a ou deux zéros de $P_k^{(2i)}$ ou aucun entre y et z. Mais entre deux zéros de $P_{k+1}^{(2i)}$ se trouve un zéro de $P_k^{(2i)}$. Or entre y et z il y a deux zéros de $P_{k+1}^{(2i)}$. Nous en déduisons qu'entre y et z il y a aussi deux zéros de $P_k^{(2i)}$. Ils ne peuvent être de même signe sinon un zéro de $P_k^{(2i+1)}$ les sépareraient.

3. On déduit donc de ce qui vient d'être vu ci-dessus que deux zéros consécutifs de même signe de $P_k^{(2i)}$ sont séparés par un zéro de $P_k^{(2i+1)}$. S'il existe des zéros de $P_k^{(2i)}$ de signes opposés et si y et z sont deux zéros consécutifs tels que $y < 0 < z$, il n'y a aucun zéro de $P_k^{(2i+1)}$ entre y et z. En effet si cela était vrai, on aurait deux zéros de $P_k^{(2i+1)}$ entre y et z qui ne pourraient qu'être de signes opposés sinon ils seraient séparés par un zéro de $P_k^{(2i)}$. Or comme y et z sont séparés par un zéro de $P_{k+1}^{(2i)}$, on aurait un zéro de $P_k^{(2i+1)}$ entre le plus grand zéro négatif et le plus petit zéro positif de $P_{k+1}^{(2i)}$, ce qui est contraire au d) 1. .
Il reste donc deux zéros réels à placer à l'extérieur du plus petit intervalle contenant les racines de $P_k^{(2i)}$. Ils sont donc de part et d'autre de cet intervalle, sinon ils constitueraient deux zéros consécutifs séparés par un zéro de $P_k^{(2i)}$.

e) Considérons la relation :

$$xP_k^{(2i+2)}(x) = P_{k+1}^{(2i+1)}(x) + q_{k+1}^{(2i+1)} P_k^{(2i+1)}(x)$$

où $q_{k+1}^{(2i+1)}$ est différent de zéro.

On prend deux zéros consécutifs de même signe de $P_{k+1}^{(2i+1)}$.

Ils sont séparés par un zéro de $P_k^{(2i+2)}$, donc également par un zéro de $P_k^{(2i+1)}$.

S'il existe des zéros de signes opposés pour $P_{k+1}^{(2i+1)}$ on prend deux zéros consécutifs y et z tels que $y < 0 < z$.

Alors

$$P_k^{(2i+2)}(y)\, P_k^{(2i+2)}(z) < 0$$

et

$$P_k^{(2i+1)}(y)\, P_k^{(2i+1)}(z) > 0.$$

Par un raisonnement analogue au ii) d) 1. on montre qu'aucun zéro de $P_k^{(2i+1)}$ sépare y et z, et que le dernier zéro réel de $P_k^{(2i+1)}$ est extérieur au plus petit intervalle contenant les zéros de $P_{k+1}^{(2i+1)}$.

La démonstration concernant les propriétés des zéros de $P_k^{(2i+1)}$ est identique à celle du ii) d) 2. .

cqfd.

Soit c une fonctionnelle définie positive.
On considère la table H liée aux fonctionnelles $c^{(i)}$, $\forall i \in \mathbb{N}$.

Corollaire 3.2.

La table H *ne peut contenir que des blocs* H *d'un élément qui est un déterminant* $H^{(2i+1)}$ *pour* $i \geq 0$.

Remarque 3.2.

Le théorème 3.3 s'applique au cas d'une fonctionnelle c définie positive.

3.2 FONCTIONNELLES $H^{(I)}$ SEMI-DEFINIES POSITIVES

Définition 3.3.

On appelle fonctionnelle linéaire $H^{(i)}$ *semi-définie positive une fonctionnelle linéaire* $c^{(i)}$ *telle que :*

$$H_j^{(i)} > 0 \text{ pour } j \in \mathbb{N},\ p_\ell+1 \le j \le h_{\ell+1}+1,$$

$$H_j^{(i)} = 0 \text{ pour } j \in \mathbb{N},\ h_{\ell+1}+2 \le j \le p_{\ell+1},$$

où l'indice $\ell \in \mathbb{N}$ *numérote les blocs* H *successifs.*

Une diagonale i correspondant à une fonctionnelle $c^{(i)}$ linéaire $H^{(i)}$ semi-définie positive ne peut pas traverser des blocs H sur une longueur quelconque. Nous avons le résultat négatif suivant :

Propriété 3.7.

Il n'existe pas de fonctionnelle $c^{(i)}$ *linéaire* $H^{(i)}$ *semi-définie positive qui soit telle que pour au moins le* $\ell^{\text{ème}}$ *bloc avec* $\ell > 0$ *on ait :*

$$p_\ell - h_\ell = \text{multiple de 2 de la forme } 2(2n+1).$$

Démonstration.

Supposons qu'il existe $\ell \in \mathbb{N}$, tel que $p_\ell - h_\ell = 2(2n+1)$.

On a :

$$H^{(i)}_{p_\ell+1} = \begin{vmatrix} c_i & \cdots & c_{h_\ell+i} & \cdots & c_{p_\ell+i} \\ \vdots & & & & \vdots \\ c_{h_\ell+i} & \cdots & & \cdots & c_{p_\ell+h_\ell+i} \\ \vdots & & & & \vdots \\ c_{p_\ell+i} & \cdots & & \cdots & c_{2p_\ell+i} \end{vmatrix} = \begin{vmatrix} c_i & \cdots & c_{h_\ell+i} & \cdots & c_{p_\ell+i} \\ \vdots & & \vdots & & \vdots \\ c_{h_\ell+i} & \cdots & c_{2h_\ell+i} & \cdots & c_{p_\ell+h_\ell+i} \\ & & & 0 & u \\ & 0 & & \iddots & \\ & & u & & \end{vmatrix}$$

$$= (-1)^{\frac{(p_\ell-h_\ell)(p_\ell+3h_\ell+3)}{2}} u^{p_\ell-h_\ell} H^{(i)}_{h_\ell+1}$$

Nous avons $H^{(i)}_{h_\ell+1} > 0$ et $u^{p_\ell-h_\ell} > 0$.

Or

$$(-1)^{\frac{(p_\ell-h_\ell)(p_\ell+3h_\ell+3)}{2}} = (-1)^{\frac{(p_\ell-h_\ell)(p_\ell-h_\ell-1)}{2}} < 0 .$$

On aurait donc $H^{(i)}_{p_\ell+1} < 0$, ce qui est impossible.

<u>cqfd</u>.

Nous introduisons maintenant un cas particulier de ces fonctionnelles linéaires $H^{(i)}$ semi-définies positives. Nous verrons par la suite que cette fonctionnelle a des moments qui possèdent une propriété remarquable.

Définition 3.4.

On appelle fonctionnelle linéaire totalement H *semi-définie positive une fonctionnelle linéaire* c *telle que toute fonctionnelle linéaire* $c^{(i)}$ *soit* $H^{(i)}$ *semi-définie positive,* $\forall i \in \mathbb{N}$.

Propriété 3.8.

Il n'existe pas de fonctionnelle linéaire c *totalement* H *semi-définie positive à blocs* H *finis.*

Démonstration.

Pour un bloc H fini il existe des fonctionnelles $c^{(i)}$ telles que $p_\ell - h_\ell = 2(2n+1)$.
D'où la conclusion.

cqfd.

On ne peut donc avoir qu'un bloc H infini.

Propriété 3.9.

Une fonctionnelle c *linéaire totalement* H *semi-définie positive a un seul bloc* H *qui est un bloc infini ayant au plus un élément sur le côté Nord dans la table* H.

Démonstration.

Elle est identique au iii) de la propriété 3.3.

cqfd.

La propriété qui suit va nous permettre aussitôt après de relier les suites totalement monotones aux moments des fonctionnelles linéaires totalement H semi-définies positives.

Propriété 3.10.

Une condition nécessaire et suffisante pour qu'une fonctionnelle c *soit totalement* H *semi-définie positive est que les fonctionnelles* c *et* $c^{(1)}$ *soient semi-définies positives.*

Démonstration.

Si la fonctionnelle linéaire c est totalement H semi-définie positive, alors on a un bloc H infini et en dehors de ce bloc tous les déterminants $H_k^{(i)}$ sont strictement positifs, $\forall k$ et $i \in \mathbb{N}$.
Si les fonctionnelles c et $c^{(1)}$ sont semi-définies positives, il ne peut y avoir de bloc H d'un élément. D'autre part, on a le même bloc H infini pour les deux fonctionnelles puisque la table H est unique.
On a donc bien équivalence entre les deux notions.

cqfd.

Définition 3.5.

Une suite $\{c_n\}$ *est dite totalement monotone (noté T.M) si :*

$$(-1)^k \Delta^k c_n \geq 0 \quad \forall n \text{ et } k \in \mathbb{N}.$$

Propriété 3.11. [6]]

Une condition nécessaire et suffisante pour qu'une suite $\{c_n\}$ *soit T.M est que :*

$$H_k^{(o)} \geq 0 \text{ et } H_k^{(1)} \geq 0, \ \forall k \in \mathbb{N}.$$

Propriété 3.12. [6]

Si $c_o, c_1, \ldots$ *est une suite T.M, alors* $c_n, c_{n+1}, \ldots$ *est aussi une suite T.M,* $\forall n \in \mathbb{N}$.

Nous pouvons déduire immédiatement des trois propriétés 3.10, 3.11 et 3.12 la propriété suivante.

Propriété 3.13.

Les moments d'une fonctionnelle c *totalement* H *semi-définie positive forment une suite* T.M.

On trouvera dans les ouvrages de C. Brezinski [6] et J. Gilewicz [22] de nombreuses propriétés de ces suites T.M.

Nous passons maintenant aux propriétés des zéros.

Théorème 3.4.

Si la fonctionnelle linéaire c *est totalement* H *semi-définie positive, alors les zéros de tous les polynômes* $P_k^{(i)}$ *orthogonaux réguliers sont réels distincts et positifs.*
Deux zéros consécutifs de $P_k^{(i)}$ *sont séparés par un zéro de* $P_{k-1}^{(i)}$, *un zéro de* $P_{k-1}^{(i+1)}$, *un zéro de* $P_k^{(i-1)}$, *un zéro de* $P_k^{(i+1)}$, *un zéro de* $P_{k+1}^{(i-1)}$ *et un zéro de* $P_{k+1}^{(i)}$, *si les polynômes cités sont orthogonaux réguliers.*

Démonstration.

Puisque les fonctionnelles c et $c^{(1)}$ sont semi-définies positives le théorème 3.3 s'applique à chacune d'elle.
Donc les racines des polynômes orthogonaux réguliers $P_k^{(i)}$ sont réelles distinctes.
De plus, les b) et c) du théorème 3.3 appliqué à $P_k^{(i)}$ montre la propriété de séparation.

Montrons que toutes les racines sont positives.

S'il y avait des zéros de signes opposés pour $P_k^{(i)}$, en prenant deux zéros consécutifs y et z tels que $y < o < z$ et en utilisant la relation

$$xP_k^{(i+1)}(x) = P_{k+1}^{(i)}(x) + q_{k+1}^{(i)} P_k^{(i)}(x)$$

On obtiendrait :

$$P_{k+1}^{(i)}(y)\, P_{k+1}^{(i)}(z) < 0$$

et donc

$$P_k^{(i+1)}(y)\, P_k^{(i+1)}(z) > 0$$

ce qui est impossible d'après la propriété de séparation.

Toujours à cause de la propriété de séparation les zéros de tous les polynômes sont tous du même signe. Il suffit donc de connaître le signe de la racine des polynômes $P_1^{(i)}$.

$$P_1^{(i)}(x) = c_i x - c_{i+1}.$$

Or $H_1^{(i)}$ est positif et vaut c_i, $\forall i \in \mathbb{N}$.

Donc la racine de $P_1^{(i)}$ est positive.

<u>cqfd</u>.

Revenons aux fonctionnelles $c^{(i)}$ linéaires $H^{(i)}$ semi-définies positives. Supposons que l'on ait :

$$H_k^{(i)} > 0 \text{ pour } 0 \le k \le k{+}1 \text{ et } H_{h+2}^{(i)} = 0.$$

Propriété 3.14.

Si $c^{(i)}$ *est une fonctionnelle linéaire* $H^{(i)}$ *semi-définie positive, alors pour tout polynôme* $p(x)$ *de degré* k *inférieur ou égal à* $h+1$,
$c^{(i)}(p^2) \geq 0$.
$c^{(i)}(p^2) = 0$ *si et seulement si* p *est un multiple de* $P_{h+1}^{(i)}$.

Démonstration.

$$p(x) = \sum_{j=o}^{k} \alpha_j \, P_j^{(i)}(x) .$$

Alors

$$c(p^2) = \sum_{j=o}^{k} \alpha_j^2 \quad c((P_j^{(i)}(x)^2) .$$

Or

$$c((P_j^{(i)}(x))^2 = \frac{H_{j+1}^{(i)}}{H_j^{(i)}} \geq 0 .$$

Donc

$$c(p^2) \geq 0.$$

La propriété 3.4 démontre la condition nécessaire et suffisante pour avoir $c(p^2) = 0$.

cqfd.

Remarque 3.3.

Le théorème 3.2 s'applique aux fonctionnelles $H^{(i)}$ semi-définies positives pour les polynômes orthogonaux réguliers de degré inférieur ou égal à h+1.

Corollaire 3.3.

Si c est une fonctionnelle $H^{(o)}$ semi-définie positive, alors :

$$H^{(2i)}_{m-i} > 0 \begin{cases} \forall m \in \mathbb{N},\ 0 \le m \le h+1 \\ \forall i \in \mathbb{N},\ 0 \le i \le m \,. \end{cases}$$

Démonstration.

$c(p^2) > 0$ quel que soit le polynôme p de degré k inférieur ou égal à h+1 et non multiple de $P^{(o)}_{h+1}$.

Donc la matrice $D^{(o)}_{h+1} = \begin{pmatrix} c_o & c_1 & \cdots & c_h \\ c_1 & c_2 & \cdots & c_{h+1} \\ \vdots & & & \vdots \\ c_h & c_{h+1} & \cdots & c_{2h} \end{pmatrix}$ est définie positive.

cqfd.

Considérons une fonctionnelle $c^{(i)}$ linéaire $H^{(i)}$ semi-définie positive pour $i \in \mathbb{N}$, $i \ge 1$.
Supposons que $H^{(i)}_k > 0$ pour $0 \le k \le h+1$ et $H^{(i)}_{h+2} = 0$.

Théorème 3.5.

Nous supposons que $H^{(i-1)}_n \ne 0$ *avec* $0 \le n \le h$.

i) Si $H^{(i-1)}_{n+1} = 0$, *alors :*

a) Les zéros de $P^{(i-1)}_n$ sont identiques à ceux de $P^{(i)}_n$ et sont réels distincts non nuls.

b) Deux zéros consécutifs de $P^{(i-1)}_n$ sont séparés par un zéro de $P^{(i)}_{n-1}$.

ii) Si $H_{n+1}^{(i-1)} \neq 0$, *alors* :

a) *Les zéros de* $P_n^{(i-1)}$ *sont réels distincts non nuls.*

b) *Deux zéros consécutifs de* $P_n^{(i)}$ *sont séparés par un zéro de* $P_{n-1}^{(i)}$, *un zéro de* $P_{n+1}^{(i)}$, *un zéro de* $P_n^{(i-1)}$ *et un zéro de* $P_{n+1}^{(i-1)}$.

c) *Deux zéros consécutifs de* $P_n^{(i-1)}$ *sont séparés par un zéro de* $P_{n-1}^{(i)}$ *et un zéro de* $P_n^{(i)}$.

d) *Deux zéros consécutifs de même signe de* $P_{n+1}^{(i-1)}$ *(resp.* $P_n^{(i-1)}$*) sont séparés par un zéro de* $P_n^{(i-1)}$ *(resp.* $P_{n+1}^{(i-1)}$*).*
Si $P_{n+1}^{(i-1)}$ *(resp.* $P_n^{(i-1)}$*) a des zéros de signes opposés, alors entre le plus grand zéro négatif et le plus petit zéro positif il n'y a aucun zéro de* $P_n^{(i-1)}$ *(resp. il y a deux zéros de signes opposés de* $P_{n+1}^{(i-1)}$*).*

iii) Si $H_n^{(i+1)} = 0$, *alors* :

Les zéros de $P_{n-1}^{(i+1)}$ *sont identiques à ceux de* $P_n^{(i)}$, *sauf la racine zéro, et sont réels distincts.*

iv) Si $H_n^{(i+1)} \neq 0$ et $H_{n-1}^{(i+1)} \neq 0$, *alors* :

a) *Deux zéros consécutifs de même signe de* $P_n^{(i)}$ *(resp.* $P_{n-1}^{(i)}$*) sont séparés par un zéro de* $P_{n-1}^{(i+1)}$.
Si $P_n^{(i)}$ *(resp.* $P_{n-1}^{(i)}$*) a des zéros de signes opposés, il n'y a pas de zéro de* $P_{n+1}^{(i+1)}$ *entre le plus grand zéro négatif et le plus petit zéro positif de* $P_n^{(i)}$ *(resp.* $P_{n-1}^{(i)}$*).*
Deux zéros consécutifs de même signe de $P_{n-1}^{(i+1)}$ *sont séparés par un zéro de* $P_n^{(i)}$ *et un zéro de* $P_{n-1}^{(i)}$.

Si $P_{n-1}^{(i+1)}$ possède des zéros de signes opposés, alors il y a deux zéros de signes opposés de $P_n^{(i)}$ et deux zéros de signes opposés de $P_{n-1}^{(i)}$ entre le plus grand zéro négatif et le plus petit zéro positif de $P_{n-1}^{(i+1)}$.

b) *Deux zéros consécutifs de même signe de $P_n^{(i+1)}$ (resp. $P_{n-1}^{(i+1)}$) sont séparés par un zéro de $P_{n-1}^{(i+1)}$ (resp. $P_n^{(i+1)}$).*
Si $P_n^{(i+1)}$ (resp. $P_{n-1}^{(i+1)}$) possède des zéros de signes opposés, entre le plus grand zéro négatif et le plus petit zéro positif de $P_n^{(i+1)}$ (resp. $P_{n-1}^{(i+1)}$) il n'y a aucun zéro de $P_{n-1}^{(i+1)}$ (resp. il y a deux zéros de signes opposés de $P_n^{(i+1)}$).

Démonstration.

$$\begin{array}{ccc} P_{n-1}^{(i)} & P_n^{(i-1)} & \\ P_{n-1}^{(i+1)} & P_n^{(i)} & P_{n+1}^{(i-1)} \\ & P_n^{(i+1)} & P_{n+1}^{(i)} \end{array}$$

Les démonstrations des i) a et b, ii), a), b), c) et d) sont totalement identiques à celles du théorème 3.3.

iii) Si $H_n^{(i+1)} = 0$ alors

$$x.P_{n-1}^{(i+1)}(x) = P_n^{(i)}(x),$$

d'où la propriété.

iv)

a) La démonstration est identique au théorème 3.3 ii) d).
On se rappellera que si $H_n^{(i)} > 0$ alors $H_{n-1}^{(i+2)} > 0$ (cf. le corollaire 3.3).

b) Nous avons la relation :

$$P_n^{(i+1)}(x) = P_n^{(i)}(x) - e_n^{(i)} P_{n-1}^{(i+1)}(x) \text{ avec } e_n^{(i)} \neq 0.$$

Deux zéros consécutifs de même signe de $P_n^{(i+1)}$ sont séparés par un zéro de $P_n^{(i)}$ donc aussi par un zéro de $P_{n-1}^{(i+1)}$.
Si $P_n^{(i+1)}$ a des zéros de signes opposés on prend deux zéros consécutifs y et z tels que $y < 0 < z$. Entre y et z il y a deux zéros de signes opposés de $P_n^{(i)}$.
Donc

$$P_n^{(i)}(y)\, P_n^{(i)}(z) > 0$$

et aussi

$$P_{n-1}^{(i+1)}(y)\, P_{n-1}^{(i+1)}(z) > 0.$$

Comme on a déjà placé (n-2) zéros de $P_{n-1}^{(i+1)}$ le dernier zéro ne sépare donc pas y et z.
Tout ceci montre également que deux zéros consécutifs de même signe de $P_{n-1}^{(i+1)}$ sont séparés par un zéro de $P_n^{(i+1)}$.
Si $P_{n-1}^{(i+1)}$ a des zéros de signes opposés, on a placé (n-3) zéros de $P_n^{(i+1)}$ entre les zéros de même signe de $P_{n-1}^{(i+1)}$.
Comme dans le théorème 3.3 on déduit qu'entre y et z il y a deux zéros de signes opposés de $P_n^{(i+1)}$.

cqfd.

On suppose en outre que :

$$H_k^{(i)} = 0 \text{ pour } k \in \mathbb{N},\ h+2 \le k \le p,$$

$$H_{p+1}^{(i)} \neq 0.$$

Théorème 3.6.

Deux zéros consécutifs de $P_{h+1}^{(i)}$ *sont séparés par un zéro de* $P_{p+1}^{(i)}$. $P_{p+1}^{(i)}$ *a au moins* h *zéros réels distincts.*

Démonstration.

$$P_{p+1}^{(i)}(x) = (x\omega_{p-h-1}^{(i)}(x) + B_{p+1}^{(i)})\, P_{h+1}^{(i)}(x) + C_{p+1}^{(i)}\, P_h^{(i)}(x)$$

On prend deux zéros consécutifs y et z de $P_{h+1}^{(i)}$.
Nous avons alors

$$P_h^{(i)}(y)\, P_h^{(i)}(z) < 0$$

et aussi

$$P_{p+1}^{(i)}(y)\, P_{p+1}^{(i)}(z) < 0 \quad .$$

D'où le résultat.

cqfd.

Conséquence du théorème 3.5.

$H_n^{(i+1)}$ ne peut appartenir à un bloc H de largeur supérieure ou égale à 2 sinon $P_n^{(i)}$ aurait la racine 0 multiple.

Si $P_{h+1}^{(i)}$ est au nord d'un bloc P il occupe la position la plus à gauche, sinon 0 serait racine multiple.

3.3 FONCTIONNELLES LINEAIRES LACUNAIRES D'ORDRE S+1.

H. Van Rossum, ayant repris divers résultats de Kurt Endl de 1956 présente dans son article [49] les polynômes orthogonaux lacunaires.

J. Gilewicz [22] démontre diverses propriétés des séries lacunaires.

C. Brezinski [6] donne des résultats dans le cas particulier où s=1 et pour une diagonale paire.

Nous généralisons l'ensemble de tous ces résultats en prenant tout d'abord comme définition des fonctionnelles linéaires lacunaires d'ordre s+1.

<u>*Définition 3.6.*</u>

On appelle fonctionnelle linéaire lacunaire d'ordre $s+1$ *une fonctionnelle linéaire* $c^{(r)}$ *telle que* $c_{i+r} = 0$ *pour* $i \in \mathbb{N}$, $r+i \neq 0 \bmod(s+1)$.

Nous définissons des fonctionnelles linéaires $u^{(n)}$ telles que

$$u^{(n)}(x^i) = u_{n+i} = c_{(n+i)(s+1)}.$$

<u>*Définition 3.7.*</u>

Nous dirons qu'une fonctionnelle linéaire $c^{(n(s+1)+j+1)}$ *pour* $j \in \mathbb{N}$, $0 \leq j \leq s$, *lacunaire d'ordre* $s+1$ *est u-définie (resp. u-définie positive, u-semi-définie positive) si les deux fonctionnelles* $u^{(n+1)}$ *et* $u^{(n+2)}$ *sont définies (resp. définies positives, semi-définies positives).*

On prêtera attention au fait qu'une fonctionnelle linéaire lacunaire u-définie n'est jamais définie sauf dans le cas où $s = 0$ ou dans le cas où $s = 1$ et $j = 1$.

Soient $U_k^{(n)}$ les polynômes unitaires orthogonaux ou quasi-orthogonaux par rapport à $u^{(n)}$, $\forall k \in \mathbb{N}$.

Nous appellerons table U la table à double entrée dans laquelle sont rangés les polynômes U.

Le théorème 3.7 permet de définir la structure de la table P.

Théorème 3.7.

Si le polynôme $U_k^{(n+1)}$ *est orthogonal régulier et est au Nord-Ouest d'un bloc de largeur* a *dans la table* U, *alors dans la table* P *correspondant aux fonctionnelles* c *nous avons un bloc* P *de largeur* (a+1)(s+1)-1 *dont l'angle Nord-Ouest est occupé par le polynôme orthogonal régulier par rapport à* $c^{(n(s+1)+1)}$:

$$P_{k(s+1)}^{(n(s+1)+1)}(x) \equiv U_k^{(n+1)}(x^{s+1}).$$

Démonstration.

Si le théorème est vrai nous avons donc sur les côtés Nord, Nord-Ouest et Ouest du bloc, ainsi que dans le bloc les polynômes suivants.

$$P_{k(s+1)+i}^{(n(s+1)+1+j)}(x) = w_i^{(n(s+1)+1+j)}(x)\, U_k^{(n+1)}(x^{s+1})$$

pour $j \in \mathbb{N}$, $0 \le j \le (a+1)(s+1)-1$ et $i \in \mathbb{N}$, $0 \le i \le (a+1)(s+1)-1-j$.

$$P_{k(s+1)+i}^{(n(s+1)+1-j)}(x) = x^j\, w_{i-j}^{(n(s+1)+1-j)}(x)\, U_k^{(n+1)}(x^{s+1})$$

pour $j \in \mathbb{N}$, $0 \le j \le (a+1)(s+1)-1$ et $i \in \mathbb{N}$, $j \le i \le (a+1)(s+1)-1$, où $w_i^{(n(s+1)+1+j)}$ et $w_{i-j}^{(n(s+1)+1-j)}$ sont des polynômes arbitraires de degré i et i-j respectivement.

Pour démontrer le théorème il suffit de montrer que

$$c^{(n(s+1)+1+j)}(x^{\ell}\, P_{k(s+1)+i}^{(n(s+1)+1+j)}(x)) = 0$$

pour $\ell \in \mathbb{N}$, $0 \leq \ell \leq (a+k+1)(s+1)-2-i-j$,

$$c^{(n(s+1)+1+j)}(x^{\ell}\, P_{k(s+1)+i}^{(n(s+1)+1+j)}(x)) \neq 0$$

pour $\ell = (a+k+1)(s+1)-1-i-j$,

et également

$$c^{(n(s+1)+1-j)}(x^{\ell}\, P_{k(s+1)+i}^{(n(s+1)+1-j)}(x)) = 0$$

pour $\ell \in \mathbb{N}$, $0 \leq \ell \leq (a+k+1)(s+1)-2-i+j$,

$$c^{(n(s+1)+1-j)}(x^{\ell}\, P_{k(s+1)+i}^{(n(s+1)+1-j)}(x)) \neq 0$$

pour $\ell = (a+k+1)(s+1)-1-i+j$.

Or $U_k^{(n+1)}$ est au Nord-Ouest d'un bloc de largeur a.

Donc

$$u^{(n+1)}(x^q\, U_k^{(n+1)}(x)) = 0$$

pour $q \in \mathbb{N}$, $0 \leq q \leq k+a-1$,

$$u^{(n+1)}(x^q\ U_k^{(n+1)}(x)) \neq 0$$

pour q = k+a.

En changeant x en x^{s+1} et $u^{(n+1)}$ en $c^{((n+1)(s+1))}$ on obtient :

$$c^{((n+1)(s+1))}(x^{q(s+1)}\ U_k^{(n+1)}(x^{s+1})) = 0$$

pour $q \in \mathbb{N}$, $0 \leq q \leq k+a-1$,

$$c^{((n+1)(s+1))}(x^{q(s+1)}\ U_k^{(n+1)}(x^{s+1})) \neq 0$$

pour q = k+a.

Puisque $c_i = 0$ pour $i \neq 0$ mod(s+1) nous avons également :

$$c^{((n+1)(s+1))}(x^{q(s+1)+\delta}\ U_k^{(n+1)}(x^{s+1})) = 0$$

pour $q \in \mathbb{N}$, $0 \leq q \leq k+a-1$ et $\delta \in \mathbb{N}$, $0 \leq \delta \leq s$.

Par conséquent :

$$c^{((n+1)(s+1))}(x^{\ell'}\ U_k^{(n+1)}(x^{s+1})) = 0$$

pour $\ell' \in \mathbb{N}$, $0 \leq \ell' \leq (k+a)(s+1)-1$

$$c^{((n+1)(s+1))}(x^{\ell'}\ U_k^{(n+1)}(x^{s+1})) \neq 0$$

pour $\ell' = (k+a)(s+1)$.

Or

$$A = c^{(n(s+1)+1+j)}(x^{\ell}\, w_i^{(n(s+1)+1+j)}(x)\; U_k^{(n+1)}(x^{s+1}))$$

est une combinaison linéaire d'expressions du type :

$$B = c^{(n(s+1)+1+j)}(x^{\ell+r}\; U_k^{(n+1)}(x^{s+1}))$$

avec $r \in \mathbb{N}$, $0 \le r \le i$.

<u>Si $0 \le j+\ell+r \le s-1$,</u>

$B = 0$ puisque seuls interviennent des c_i pour $i \neq 0 \bmod (s+1)$.

<u>Si $j+\ell+r \ge s$</u>, alors

$$B = c^{((n+1)(s+1))}(x^{\ell+r+j-s}\; U_k^{(n+1)}(x^{s+1})).$$

Donc

$$B = 0$$

pour $0 \le j+\ell+r-s \le (k+q)(s+1)-1$, soit $s-r-j \le \ell \le (k+a+1)(s+1)-2-r-j$.

D'où en tenant compte du fait que $0 \le r \le i$ et que $A = 0$ pour $0 \le j+\ell+r \le s-1$, nous avons :

$$A = 0$$

pour $0 \le \ell \le (k+a+1)(s+1)-2-i-j$.

D'autre part

$$A \neq 0$$

pour $\ell+j-s+i = (k+a)(s+1)$, soit $\ell = (k+a+1)(s+1)-1-i-j$.

De la même façon on démontrerait les deux relations pour $P_{k(s+1)+i}^{(n(s+1)+1-j)}$.

<u>cqfd.</u>

Corollaire 3.4.

A tout polynôme orthogonal régulier $U_k^{(n+1)}$ *correspond dans la table* P *un polynôme orthogonal régulier* $P_{k(s+1)}^{(n(s+1)+1)}$ *tel que :*

$$P_{k(s+1)}^{(n(s+1)+1)}(x) \equiv U_k^{(n+1)}(x^{s+1}).$$

Démonstration.

i) Si $U_k^{(n+1)}$ est au Nord-Ouest d'un bloc U nous avons directement le résultat du théorème 3.7.

ii) Si $U_k^{(n+1)}$ est au Nord d'un bloc U, alors :

$$U_k^{(n+1)}(x) = x^j \, U_{k-j}^{(n+1+j)}(x) \text{ avec } U_{k-j}^{(n+1-j)}(o) \neq 0.$$

Alors le théorème 3.7 démontre que $P_{(k-j)(s+1)}^{((n+j)(s+1)+1)}$ est au Nord-Ouest d'un bloc P de largeur (j+1)(s+1)-1 au moins et le polynôme $P_{k(s+1)}^{(n(s+1)+1)}$ est au nord de ce bloc P et vaut donc :

$$x^{j(s+1)} \, P_{(k-j)(s+1)}^{((n+j)(s+1)+1)}(x)$$

qui est identique à

$$x^{j(s+1)} \, U_{k-j}^{(n+1+j)}(x^{s+1}),$$

c'est à dire à $U_k^{(n+1)}(x^{s+1})$.

iii) Si $U_k^{(n+1)}$ est à l'Ouest d'un bloc U, alors :

$$U_k^{(n+1)}(x) = U_k^{(n+1-j)}(x)$$

où $U_k^{(n+1-j)}$ est au Nord-Ouest du bloc U.

Le théorème 3.7 démontre encore que $P_{k(s+1)}^{((n-j)(s+1)+1)}$ est au Nord-Ouest d'un bloc P de largeur $(j+1)(s+1)-1$ au moins et le polynôme $P_{k(s+1)}^{(n(s+1)+1)}$ est à l'Ouest de ce bloc P et est identique à $P_{k(s+1)}^{((n-j)(s+1)+1)}$, qui est lui-même identique à $U_k^{(n+1-j)}(x^{s+1})$, c'est à dire à $U_k^{(n+1)}(x^{s+1})$.

<u>cqfd</u>.

<u>Remarque 3.4.</u>

Considérons le polynôme orthogonal régulier $U_k^{(n+1)}$ au Nord-Ouest d'un bloc U, ainsi que le polynôme $U_{su(k,n+1)}^{(n+1)}$.

Nous obtiendrons un bloc de largeur $(su(k,n+1)-k)(s+1)-1$ dans la table P au Nord-Ouest duquel nous avons le polynôme :

$$P_{k(s+1)}^{(n(s+1)+1)}(x) \equiv U_k^{(n+1)}(x^{s+1}).$$

D'après le corollaire 3.4, à $U_{su(k,n+1)}^{(n+1)}$ correspond le polynôme orthogonal régulier :

$$P_{su(k,n+1)(s+1)}^{(n(s+1)+1)}(x) = U_{su(k,n+1)}^{(n+1)}(x^{s+1}).$$

$U_k^{(n+1)}$ et $U_{su(k,n+1)}^{(n+1)}$ n'ont aucun zéro en commun, donc également $P_{k(s+1)}^{(n(s+1)+1)}$ et $P_{(s+1)su(k,n+1)}^{(n(s+1)+1)}$.

Nous pouvons en déduire que les deux polynômes sur une même diagonale, qui sont sur les côtés Nord, Nord-Ouest et Ouest des blocs correspondants n'ont aucune racine non nulle en commun.

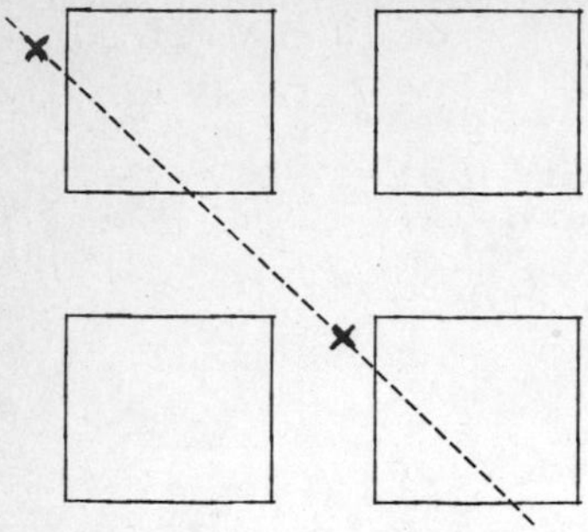

Ainsi les deux polynômes repérés par une croix n'ont aucune racine non nulle commune.

Remarque 3.5.

Nous pouvons déduire simplement la relation de récurrence satisfaite par les polynômes $P^{(n(s+1)+1)}$ de celle satisfaite par les polynômes $U^{(n+1)}$.

En effet nous avons :

$$U_k^{(n+1)}(x) = (x\ \omega_{k-1-pr(k,n+1)}^{(n+1)}(x) + B_k^{(n+1)}\ U_{pr(k,n+1)}^{(n+1)}(x)$$

$$+ C_k^{(n+1)}\ U_{pr(pr(k,n+1),n+1)}^{(n+1)}(x)$$

Si on change x en x^{s+1} et si on passe aux polynômes $P^{(n(s+1)+1)}$ on obtient :

$$P_{k(s+1)}^{(n(s+1)+1)}(x) = (x^{s+1}\ \omega_{k-1-pr(k,n+1)}^{(n+1)}(x^{s+1})+B_k^{(n+1)})\ P_{(s+1)pr(k,n+1)}^{(n(s+1)+1)}(x)$$

$$+ C_k^{(n+1)}\ P_{(s+1)pr(pr(k,n+1),n+1)}^{(n(s+1)+1)}(x).$$

Sur les autres diagonales de la table P il n'y a pas de lien direct avec la relation satisfaite par les polynômes U.

La table H peut avoir une structure périodique dans le cas suivant.

Corollaire 3.5.

Si la fonctionnelle $c^{(\ell)}$ *lacunaire d'ordre* s+1 *est u-définie,* $\forall \ell \in \mathbb{N}$, *alors la table* H *est composée de blocs* H *de largeur* s *séparés par une rangée de déterminants non nuls, c'est à dire tels que :*

$$\forall n \in \mathbb{N} \text{ et } \forall j \in \mathbb{N},\ 0 \le j \le s,$$

nous ayons :

$$H_{k(s+1)}^{(n(s+1)+1+j)} \neq 0,\ H_{k(s+1)+j}^{(n(s+1)+1-j)} \neq 0.$$

$$H_{k(s+1)+i}^{(n(s+1)+1+j)} = 0$$

pour $i \in \mathbb{N},\ 1 \le i \le s-j,$

$$H_{k(s+1)+i}^{(n(s+1)+1-j)} = 0$$

pour $i \in \mathbb{N},\ j+1 \le i \le s.$

Nous passons maintenant aux divers polynômes associés.

Soit $V_k^{(n+1)}(t)$ le polynôme associé à $U_k^{(n+1)}(x)$.

On suppose que $U_k^{(n+1)}$ est au Nord-Ouest d'un bloc de largeur a.

Posons $j = d(s+1)+e$ avec $d \in \mathbb{N},\ 0 \le d \le a$, et $e \in \mathbb{N},\ 0 \le e \le s$.

Définissons des polynômes Q par :

$$Q_{k(s+1)+i}^{(n(s+1)+1+j)}(t) = t^e\ w_i^{(n(s+1)+1+j)}(t).V_k^{(n+1+d)}(t^{s+1})$$

pour $j \in \mathbb{N}$, $0 \leq j \leq (a+1)(s+1)-1$ et $i \in \mathbb{N}$, $0 \leq i \leq (a+1)(s+1)-1-j$.

$$Q_{k(s+1)+i}^{(n(s+1)+1-j)}(t) = w_{i-j}^{(n(s+1)+1-j)}(t) \left[V_{k+d}^{(n+1-d)}(t^{s+1}) + c_{(n-d)(s+1)} U_{k+d}^{(n+1-d)}(t^{s+1}) \right]$$

pour $j \in \mathbb{N}$, $0 \leq j \leq (a+1)(s+1)-1$ et pour $i \in \mathbb{N}$, $j \leq i \leq (a+1)(s+1)-1$,

où $w_i^{(n(s+1)+1+j)}$ et $w_{i-j}^{(n(s+1)+1-j)}$ sont les polynômes arbitraires qui interviennent respectivement dans les polynômes $P_{k(s+1)+i}^{(n(s+1)+1+j)}$ et $P_{k(s+1)+i}^{(n(s+1)+1-j)}$.

<u>*Théorème 3.8.*</u>

$$Q_k^{(n)}(t) = c^{(n)} \left(\frac{P_k^{(n)}(x) - P_k^{(n)}(t)}{x-t} \right)$$

<u>Démonstration</u>.

On posera

$$U_k^{(n+1)}(x) = \sum_{\ell=0}^{k} \lambda_{\ell,k}\, x^{\ell}.$$

i) Pour $j \in \mathbb{N}$, $0 \leq j \leq (a+1)(s+1)-1$ et $i \in \mathbb{N}$, $0 \leq i \leq (a+1)(s+1)-1-j$, nous avons :

$$B = c^{(n(s+1)+1+j)} \left(\frac{P_{k(s+1)+i}^{(n(s+1)+1+j)}(x) - P_{k(s+1)+i}^{(n(s+1)+1+j)}(t)}{x-t} \right)$$

$$= c^{(n(s+1)+1+j)}\left(\frac{w_i(x)\,U_k^{(n+1)}(x^{s+1}) - w_i(t)\,U_k^{(n+1)}(t^{s+1})}{x-t}\right)$$

$$= c^{(n(s+1)+1+j)}\left(\frac{w_i(x) - w_i(t)}{x-t}\,U_k^{(n+1)}\,(x^{s+1})\right)$$

$$+ c^{(n(s+1)+1+j)}\left(w_i(t)\,\frac{U_k^{(n+1)}(x^{s+1}) - U_k^{(n+1)}(t^{s+1})}{x-t}\right)$$

Or

$$c^{((n+1)(s+1))}(x^{q(s+1)+\delta}\,U_k^{(n+1)}(x^{s+1})) = 0$$

pour $q \in \mathbb{N}$, $0 \leq q \leq k+a-1$ et $0 \leq \delta \leq s$.

Donc par un raisonnement analogue à celui du théorème 3.7 nous trouvons que le premier terme de B est nul.
Il nous reste donc :

$$B = w_i(t)\,c^{(n(s+1)+1+j)}\left(\frac{U_k^{(n+1)}(x^{s+1}) - U_k^{(n+1)}(t^{s+1})}{x-t}\right)$$

$$= w_i(t)\,c^{(n(s+1)+1+j)}\left(\sum_{\ell=1}^{k}\lambda_{\ell,k}\sum_{m=o}^{\ell(s+1)-1}x^m t^{\ell(s+1)-1-m}\right)$$

$$= w_i(t)\,c^{((n+d)(s+1)+1+e)}\left(\sum_{\ell=1}^{k}\lambda_{\ell,k}\,x^{s-e}\sum_{r=o}^{\ell-1}x^{r(s+1)}\,t^{(\ell-r-1)(s+1)+e}\right)$$

$$+ w_i(t)\,c^{(n(s+1)+1+j)}(E(x,t)).$$

$E(x,t)$ ne comprend que des puissances μ de x telles que :

$$\mu-s+j \neq 0 \bmod (s+1),$$

et par conséquent

$$c^{(n(s+1)+1+j)}(E(x,t)) = 0.$$

D'où :

$$B = t^e\, w_i(t)\, c^{((n+1+d)(s+1))}\left(\sum_{\ell=1}^{k} \lambda_{\ell,k} \sum_{r=o}^{\ell-1} x^{r(s+1)}\, t^{(\ell-r-1)(s+1)}\right)$$

$$= t^e\, w_i(t)\, V_k^{(n+1+d)}(t^{s+1}) = Q_{k(s+1)+i}^{(n(s+1)+1+j)}(t).$$

ii) Pour $j \in \mathbb{N}$, $0 \leq j \leq (a+1)(s+1)-1$ et $i \in \mathbb{N}$, $j \leq i \leq (a+1)(s+1)-1$, nous avons :

$$B = c^{(n(s+1)+1-j)}\left(\frac{P_{k(s+1)+i}^{(n(s+1)+1-j)}(x) - P_{k(s+1)+i}^{(n(s+1)+1-j)}(t)}{x-t}\right)$$

$$= c^{(n(s+1)+1-j)}\left(\frac{x^j w_{i-j}(x)\, U_k^{(n+1)}(x^{s+1}) - t^j w_{i-j}(t)\, U_k^{(n+1)}(t^{s+1})}{x-t}\right)$$

$$= c^{(n(s+1)+1-j)}\left(\frac{w_{i-j}(x) - w_{i-j}(t)}{x-t}\, x^j\, U_k^{(n+1)}(x^{s+1})\right)$$

$$+ c^{(n(s+1)+1-j)}\left(w_{i-j}(t)\, \frac{x^j\, U_k^{(n+1)}(x^{s+1}) - t^j\, U_k^{(n+1)}(t^{s+1})}{x-t}\right)$$

Pour les mêmes raisons que dans le théorème 3.7 le premier terme de B est nul. Il reste donc :

$$B = c^{((n-d)(s+1)+1-e)} \left(w_{i-j}(t) \frac{x^e\, U_{k+d}^{(n+1-d)}(x^{s+1}) - t^e\, U_{k+d}^{(n+1-d)}(t^{s+1})}{x-t} \right)$$

$$= w_{i-j}(t)\; c^{((n-d)(s+1)+1-e)} \left(\sum_{\ell=0}^{k+d} \lambda_{\ell,k+d} \sum_{m=o}^{\ell(s+1)+e-1} x^m\, t^{\ell(s+1)+e-1-m} \right)$$

$$= w_{i-j}(t)\; c^{((n-d)(s+1)+1-e)} \left(\sum_{\ell=0}^{k+d} \lambda_{\ell,k+d}\, x^{e-1} \sum_{r=o}^{\ell} x^{r(s+1)}\, t^{(\ell-r)(s+1)} \right)$$

$$+ w_{i-j}(t)\; c^{(n(s+1)+1-j)}\, (E(x,t)).$$

Le deuxième terme du second membre est encore nul.
Donc :

$$B = w_{i-j}(t)\; c^{((n-d)(s+1))} \left(\sum_{\ell=0}^{k+d} \lambda_{\ell,k+d}\, t^{\ell(s+1)} \right)$$

$$+ w_{i-j}(t)\; c^{((n-d)(s+1))} \left(\sum_{\ell=1}^{k+d} \lambda_{\ell,k+d} \sum_{r=1}^{\ell} x^{r(s+1)}\, t^{(\ell-r)(s+1)} \right)$$

$$= w_{i-j}(t)\; c_{(n-d)(s+1)}\, U_{k+d}^{(n-d+1)}(t^{s+1})$$

$$+ w_{i-j}(t)\; c^{((n+1-d)(s+1))} \left(\sum_{\ell=1}^{k+d} \lambda_{\ell,k+d} \sum_{r=o}^{\ell-1} x^{r(s+1)}\, t^{(\ell-1-r)(s+1)} \right)$$

$$= w_{i-j}(t)\ (V_{k+d}^{(n-d+1)}(t^{s+1}) + c_{(n-d)(s+1)}\ U_{k+d}^{(n-d+1)}(t^{s+1}))$$

$$= Q_{k(s+1)+i}^{(n(s+1)+1-j)}(t)$$

cqfd.

Du théorème 3.7, nous pouvons déduire une propriété des racines des polynômes orthogonaux réguliers $P_{k(s+1)}^{(n(s+1)+1)}$.

Propriété 3.15.

Si la fonctionnelle $c^{(n(s+1)+1)}$ *lacunaire d'ordre* s+1 *est u-définie positive, alors toutes les racines de* $P_{k(s+1)}^{(n(s+1)+1)}$ *sont distinctes.*

Démonstration.

Toutes les racines z de $U_k^{(n+1)}$ sont réelles distinctes.

Les racines de $P_{k(s+1)}^{(n(s+1)+1)}$ sont alors fournies par $x^{s+1}-z$.

Pour que deux racines provenant de $x^{s+1}-z_1$ et $x^{s+1}-z_2$ soient identiques, il faut qu'elles aient même module et même argument, ce qui entraine $z_1 = z_2$.

cqfd.

Nous notons $H_j^{*(n)}$ les déterminants de Hankel correspondant à la fonctionnelle $u^{(n)}$.

Nous avons alors la propriété suivante pour les trois déterminants :

$$H_{k(s+1)}^{(n(s+1)+1)} \qquad H_{k(s+1)+1}^{(n(s+1))}$$

$$H_{k(s+1)}^{(n(s+1)+2)}$$

Propriété 3.16.

$\forall k$ *et* $n \in \mathbb{N}$, *nous avons :*

$$H_{k(s+1)}^{(n(s+1)+1)} = (-1)^{\frac{ks(s+1)}{2}} (H_k^{*(n+1)})^{s+1}$$

$$H_{k(s+1)+1}^{(n(s+1))} = (-1)^{\frac{ks(s-1)}{2}} H_{k+1}^{*(n)} (H_k^{*(n+1)})^{s}$$

$$H_{k(s+1)}^{(n(s+1)+2)} = (-1)^{\frac{ks(s-1)}{2}} H_k^{*(n+2)} (H_k^{*(n+1)})^{s}$$

Démonstration.

i) $H_{k(s+1)}^{(n(s+1)+1)}$ est composé de k^2 blocs antidiagonaux de s+1 lignes et s+1 colonnes.

Posons :

$$E = \begin{pmatrix} 0 & & 1 \\ & \cdot^{\cdot^{\cdot}} & \\ 1 & & 0 \end{pmatrix}$$

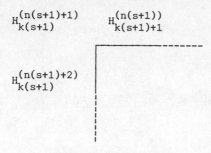

Alors

$$H_{k(s+1)}^{(n(s+1)+1)} = \begin{vmatrix} u_{n+1}E & u_{n+2}E & \cdots & u_{n+k}E \\ \vdots & & & \vdots \\ u_{n+k}E & u_{n+k+1}E & \cdots & u_{n+2k-1}E \end{vmatrix}$$

On permute dans chaque bloc les lignes. On obtient alors si I est la matrice unité.

$$H_{k(s+1)}^{(n(s+1)+1)} = (-1)^{\frac{ks(s+1)}{2}} \begin{vmatrix} u_{n+1}I & u_{n+2}I & \cdots & u_{n+k}I \\ \vdots & & & \vdots \\ u_{n+k}I & u_{n+k+1}I & \cdots & u_{n+2k-1}I \end{vmatrix}$$

On numérote les lignes et les colonnes de 1 à k(s+1).
On amène chaque colonne 1+j(s+1) en colonne j pour $j \in \mathbb{N}$, $0 \le j \le k-1$.
On effectue le même travail sur les lignes.
Alors :

$$H_{k(s+1)}^{(n(s+1)+1)} = (-1)^{\frac{ks(s+1)}{2}} \begin{vmatrix} H_k^{*(n+1)} & 0 \\ 0 & \begin{matrix} u_{n+1}I & \cdots & u_{n+k}I \\ \vdots & & \vdots \\ u_{n+k}I & \cdots & u_{n+2k-1}I \end{matrix} \end{vmatrix}$$

où chacun des k^2 blocs $u_j I$ est composé de s lignes et s colonnes. En réitérant on obtient :

$$H_{k(s+1)}^{(n(s+1)+1)} = (-1)^{\frac{ks(s+1)}{2}} \begin{vmatrix} H_k^{*(n+1)} & & & 0 \\ & H_k^{*(n+1)} & & \\ & & \ddots & \\ 0 & & & H_k^{*(n+1)} \end{vmatrix}$$

D'où le résultat :

ii)

$$H_{k(s+1)+1}^{(n(\varepsilon+1))} = \begin{vmatrix} u_n & \cdots & u_{n+1} & \cdots & u_{n+2} & \cdots & u_{n+k} \\ \vdots & & & & & & \vdots \\ u_{n+1} & & & & & & \vdots \\ \vdots & & & & & & \vdots \\ u_{n+2} & & & & & & \vdots \\ \vdots & & & & & & \vdots \\ u_{n+k} & \cdots & & & & \cdots & u_{n+2k} \end{vmatrix}$$

On amène chaque ligne 1+j(s+1) en ligne j pour $j \in \mathbb{N}$, $0 \leq j \leq k$.
On effectue le même travail sur les colonnes. On obtient :

$$H_{k(s+1)+1}^{(n(s+1))} = \begin{vmatrix} H_{k+1}^{*(n)} & & 0 & \\ & u_{n+1}E & \cdots & u_{n+k}E \\ 0 & \vdots & & \vdots \\ & u_{n+k}E & \cdots & u_{n+2k-1}E \end{vmatrix}$$

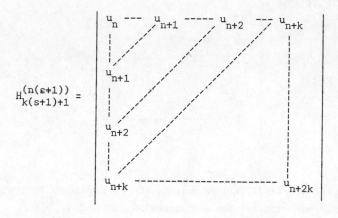

Les k^2 blocs antidiagonaux ont chacun s lignes et s colonnes. On utilise le résultat du i. On obtient le résultat proposé.

iii)

$$
H_{k(s+1)}^{(n(s+1)+2)} = \left| \begin{array}{ccccccc}
0 & \cdots & u_{n+1} & \cdots & u_{n+2} & \cdots\cdots & u_{n+k} \quad 0 \\
\vdots & \diagup & & \diagup & & \diagup & \vdots \\
u_{n+1} & & \diagup & & \diagup & & \vdots \\
\vdots & \diagup & & \diagup & & & \vdots \\
u_{n+2} & & \diagup & & & & \vdots \\
\vdots & \diagup & & & & & u_{n+2k-1} \\
\vdots & & & & & \diagup & \vdots \\
u_{n+k} & & & & \diagup & & \vdots \\
0 & \cdots\cdots & & & u_{n+2k-1} & \cdots & u_{n+2k}
\end{array} \right|
$$

On amène la colonne (k-j)(s+1) en colonne k(s+1)-j pour $j \in \mathbb{N}$, $0 \leq j \leq k-1$. On effectue le même travail sur les lignes. On obtient :

$$
H_{k(s+1)}^{(n(s+1)+2)} = \left| \begin{array}{cc}
\begin{array}{cccc}
u_{n+1}E & u_{n+2}E & \cdots & u_{n+k}E \\
\vdots & & & \vdots \\
u_{n+k}E & u_{n+k+1}E & \cdots & u_{n+2k-1}E
\end{array} & 0 \\
0 & H_k^{*(n+2)}
\end{array} \right|
$$

Les k^2 blocs antidiagonaux ont chacun s lignes et s colonnes. On utilise encore le résultat du i) et on obtient la relation proposée.

<u>cqfd</u>.

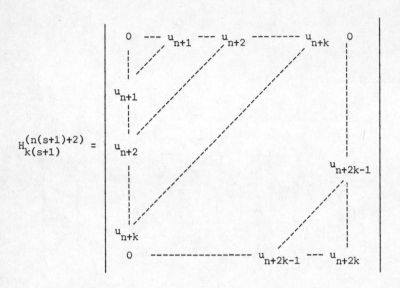

A l'aide des trois relations de la propriété 3.16 nous sommes capable de déduire la valeur de tous les déterminants de la table H à partir de la table H^* et en utilisant la relation de Sylvester.

3.4. FONCTIONS DE POIDS POLYNOMIALES.

Pour commencer, nous donnons une propriété et une remarque qui nous serviront par la suite.
J. Favard [17] a montré qu'une condition nécessaire et suffisante pour qu'une fonctionnelle c soit définie positive est que le coefficient C_k de la relation de récurrence soit strictement négatif $\forall k$ et que $c_o > 0$.

De notre côté nous montrons que :

Théorème 3.9.

Soit une fonctionnelle linéaire c *telle que* $c_o > 0$.
Une condition nécessaire et suffisante pour que $H_i > 0$ *pour* $i \in \mathbb{N}$, $1 \leq i \leq n+1$, *est que* P_n *et* P_{n+1} *aient leurs zéros réels distincts et que deux zéros consécutifs de* P_{n+1} *soient séparés par un zéro de* P_n.

Démonstration.

$\Rightarrow$ C'est le cas où c est définie positive ou semi-définie positive.

$\Leftarrow$ Nous écrivons la relation de récurrence vérifiée par P_n et P_{n+1}

$$P_{n+1}(x) = (x + B_{n+1})\, P_n(x) + C_{n+1} P_{pr(n)}(x).$$

Deux zéros consécutifs de P_n sont séparés par un zéro unique de P_{n+1}, donc aussi par un zéro de $P_{pr(n)}$. On place ainsi n-1 zéros réels distincts de $P_{pr(n)}$. Donc pr(n) = n-1.

On trouverait de la même façon que P_i est orthogonal régulier, $\forall i \in \mathbb{N}$, $1 \leq i \leq n+1$.

Pour le plus grand zéro z de P_n, $P_{n+1}(z) < 0$ et $P_{n-1}(z) > 0$.

Donc $C_{n+1} < 0$.

On trouverait de la même façon que $C_i < 0$, $\forall i \in \mathbb{N}$, $2 \leq i \leq n+1$.

Or :

$$C_i = - \frac{c(P_{i-1}^2)}{c(P_{i-2}^2)}$$

Donc $c(P_i^2) > 0$, $\forall i \in \mathbb{N}$, $1 \leq i \leq n$, puisque $c(P_o^2) = c_o > 0$.

Par conséquent $H_i > 0$, $\forall i \in \mathbb{N}$, $1 \leq i \leq n+1$ puisque $c(P_i^2) = \frac{H_{i+1}}{H_i}$ et $H_1 = c_o > 0$.

$H_1 = c_o > 0$.

<u>cqfd</u>.

<u>Remarque 3.6</u>.

Si P_i est orthogonal régulier, $\forall i \in \mathbb{N}$, $1 \leq i \leq n$ et si $C_i < 0$, $\forall i \in \mathbb{N}$, $2 \leq i \leq n$, alors les zéros de P_i sont réels distincts séparés par ceux de P_{i-1}. En effet $C_i < 0$, $\forall i \in \mathbb{N}$, $2 \leq i \leq n$ entraine que $c(P_i^2)$ a un signe constant, $\forall i \in \mathbb{N}$, $0 \leq i \leq n$. Le raisonnement est le même pour obtenir les propriétés des zéros que ce signe soit positif ou négatif.

Nous considérons à présent une fonctionnelle linéaire $c^{(n)}$ définie par :

$$c^{(n)}(x^i) = c_{i+n}, \; \forall i \in \mathbb{N}.$$

Nous prenons un polynôme $u_k(x)$ unitaire

$$u_k(x) = \prod_{j=1}^{s} (x-y_j)^{n_j} = \sum_{j=o}^{k} \alpha_{j,k} \, x^j$$

et

$$\sum_{j=1}^{s} n_j = k \text{ et } \alpha_{k,k} = 1.$$

Nous définissons une fonctionnelle linéaire $e^{(n)}$ par :

$$e^{(n)}(x^i) = c^{(n)}(x^i\, u_k(x)) = e_{i+n},\ \forall i \in \mathbb{N}.$$

Nous cherchons les polynômes $V_i^{(n)}(x)$ orthogonaux par rapport à la fonctionnelle $e^{(n)}$.

Nous appellerons $\{P_j^{(n)}\}$ l'ensemble des polynômes orthogonaux par rapport à la fonctionnelle $c^{(n)}$.

Nous appellerons respectivement $H_i^{(n)}$ et $H_i^{*(n)}$ les déterminants de Hankel construits à partir des fonctionnelles $c^{(n)}$ et $e^{(n)}$. Les tables de ces déterminants seront appellées respectivement table H, table H^*. Nous appellerons table V celle dans laquelle sont disposés les polynômes $V_i^{(n)}$. Nous supposerons que tous les polynômes orthogonaux qui interviennent sont unitaires.

Supposons que nous ayons :

$$H_{h+1}^{(n)} \neq 0,\ H_{p+1}^{(n)} \neq 0 \text{ et } H_i^{(n)} = 0,\ \forall i \in \mathbb{N},\ h+2 \leq i \leq p.$$

La propriété 1.1 nous montre que la $(h+2)^{\text{ème}}$ ligne du déterminant $H_p^{(n)}$ est liée aux h+1 précédentes.

Nous allons en déduire la propriété suivante, qui montre que la table H^* conserve certaines parties des blocs H de la table H.

Propriété 3.17.

Si $H_{h+1}^{(n)} \neq 0$, $H_{p+1}^{(n)} \neq 0$ et $H_i^{(n)} = 0$, $\forall i \in \mathbb{N}$, $h+2 \leq i \leq p$ *avec* $p-h-2 \geq k$, *alors* :

$$H_i^{*(n)} = 0 \text{ pour } i \in \mathbb{N},\ h+2 \leq i \leq p-k.$$

Démonstration.

Appelons $L^{(n)}_{j,\ell}$ la ligne formée par $c_{n+j},\dots,c_{n+j+\ell}$.

D'après la propriété 1.1, il existe des constantes β_s non toutes nulles, pour $s \in \mathbb{N}$, $0 \le s \le h+1$ telles que :

$$\sum_{s=o}^{h+1} \beta_s L^{(n)}_{s+r,p-1-r} = 0, \ \forall r \in \mathbb{N},\ 0 \le r \le p-h-2.$$

Pour $i \in \mathbb{N}$, $h+2 \le i \le p-k$, nous avons :

$$H^{*(n)}_i = \det\Big(\sum_{j=o}^{k} \alpha_{j,k} L^{(n)}_{j,i-1},\dots,\sum_{j=o}^{k} \alpha_{j,k} L^{(n)}_{j+i-1,i-1}\Big).$$

Ce déterminant sera nul s'il existe des coefficients μ_m non tous nuls pour $m \in \mathbb{N}$, $0 \le m \le i-1$ tels que :

$$A = \sum_{m=o}^{i-1} \mu_m\Big(\sum_{j=o}^{k} \alpha_{j,k} L^{(n)}_{j+m,i-1}\Big) = 0\ .$$

Or

$$A = \sum_{j=o}^{k} \alpha_{j,k}\Big(\sum_{m=o}^{i-1} \mu_m L^{(n)}_{j+m,i-1}\Big).$$

Posons $\mu_m = \beta_m$ pour $m \in \mathbb{N}$, $0 \le m \le h+1$.

$$\mu_m = 0 \text{ pour } m \in \mathbb{N},\ h+2 \le m \le i-1.$$

Alors $A = \sum_{j=o}^{k} \alpha_{j,k}\Big(\sum_{s=o}^{h+1} \beta_s L^{(n)}_{s+j,i-1}\Big)$ est bien nul puisque $k \le p-h-2$.

cqfd.

Notations.

Nous noterons les blocs H par $H(n,i,\ell)$, ce qui signifie que

$$H_k^{(n+j)} = 0 \text{ pour } k \in \mathbb{N},\ i \le k \le i+\ell-1$$

$$\text{et } j \in \mathbb{Z},\ i-k \le j \le i-k+\ell-1.$$

C'est donc un bloc de largeur ℓ tel que :

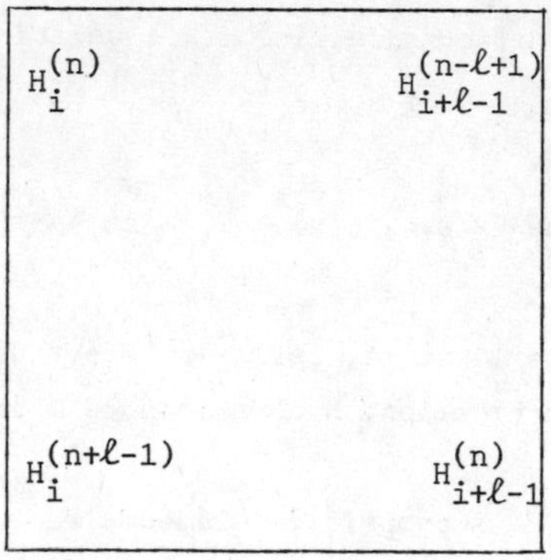

De la propriété 3.17 nous déduisons :

Corollaire 3.6.

A tout bloc $H(n,h+2,\ell)$ tel que $\ell > k$ *correspond au moins un bloc* $H^*(n,h+2,\ell-k)$, *c'est à dire que le bloc* H^* *peut éventuellement être plus large quel que soit le polynôme* $u_k(x)$ *de degré* k *exactement.*

<u>*Corollaire 3.7.*</u>

Si la table H *a un bloc* H(n,h+2,∞), *la table* H^* *a au moins un bloc* H (n,h+2,∞).

Suivant Th. Chihara [10] nous appellerons ensemble support E d'une fonctionnelle linéaire c un ensemble $E \subset]-\infty,+\infty[$ tel que :

$$\forall x \in E, \ c(p) \text{ soit défini}.$$

En particulier pour une fonctionnelle linéaire c définie positive, nous aurons :

$$\forall x \in P \text{ tel que } \forall x \in E, \ p(x) \geq 0 \Rightarrow c(p) > 0.$$

Nous considérons dans toute la suite, le cas où E est un intervalle.
Pour la fonctionnelle d'intégration, E correspond à l'intervalle d'intégration.
Nous donnons tout d'abord deux propriétés élémentaires.

<u>*Propriété 3.18.*</u>

Si c *est définie positive et* $u_k(x) \geq 0$ *sur* E, *alors* e *est définie positive.*

<u>Démonstration</u>.

$$\forall q \geq 0, \ \forall x \in E \text{ alors } c(q) > 0.$$

Par conséquent $\forall p \geq 0, \ \forall x \in E, \ e(p) = c(u_k p) > 0.$

<u>cqfd</u>.

<u>*Propriété 3.19.*</u>

Si c *est semi-définie positive et* $u_k(x) \geq 0$ *sur* E, *alors* e *est semi-définie positive.*

Démonstration.

$\forall p \geq 0$, $\forall x \in E$, alors $c(p) \geq 0$.

$\exists q \geq 0$ sur E, non identiquement nul, tel que $c(q) = 0$.
Donc $\forall p \geq 0$, $e(p) = c(up) \geq 0$.
D'autre part c étant semi-définie positive, $\exists h \in \mathbb{N}$ tel que :

$$H_i > 0 \text{ pour } i \in \mathbb{N},\ 1 \leq i \leq h+1,$$

$$H_i = 0 \text{ pour } i \in \mathbb{N},\ i \geq h+2.$$

Nous avons donc un bloc H (0, h+2, ∞) et par conséquent un bloc H^*(0, h+2, ∞) d'après le corollaire 3.7.
Il existe donc $q \geq 0$ tel que $e(q) = 0$ (par exemple V_i^2, pour $i \in \mathbb{N}$, $i \geq h+1$).
Donc e est semi-définie positive.

cqfd.

Nous rappelons un résultat classique (cf. Davis et Rabinowitz [13]) qui nous servira ensuite à établir diverses propriétés de la table V. Nous en donnons la démonstration, car dans les propriétés suivantes nous l'exploiterons.

Propriété 3.20 [13]

Si c *est définie et si* $V_i(x)$ *est orthogonal régulier par rapport à* e, *alors :*

$$u_k(x)\, V_i(x) = \sum_{j=i}^{k+i} t_j P_j(x) \text{ avec } t_{k+i} = 1.$$

Démonstration.

Nous pouvons écrire $u_k(x)\, V_i(x)$ sous la forme :

$$u_k(x)\, V_i(x) = \sum_{j=o}^{k+i} t_j P_j(x) \text{ avec } t_{k+i} = 1.$$

Or $c(u_k(x).x^{\ell}V_i(x)) = 0$ pour $\ell \in \mathbb{N}$, $0 \le \ell \le i-1$.
Donc

$$\sum_{j=o}^{k+i} t_j\ c(x^{\ell}P_j(x)) = \sum_{j=o}^{\ell} t_j\ c(x^{\ell}P_j(x)) = 0 \text{ pour } \ell \in \mathbb{N},\ 0 \le \ell \le i-1.$$

C'est un système triangulaire régulier, puisque $c(x^{\ell}P_{\ell}) \neq 0$.
Donc $t_j = 0$ pour $j \in \mathbb{N}$, $0 \le j \le i-1$.

cqfd.

Corollaire 3.8.

Nous supposons c *définie.*
Une condition nécessaire et suffisante pour que V_i *et* V_{i+1} *soient orthogonaux réguliers est que :*

$$u_k(x)\ V_i(x) = \sum_{j=i}^{k+i} t_j P_j(x) \text{ avec } t_{k+i} = 1 \text{ et } t_i \neq 0.$$

Démonstration.

=> Puisque V_i est orthogonal régulier nous avons la relation de la propriété 3.20. Puisque V_{i+1} est orthogonal régulier $c(x^i V_i(x)\ u_k(x)) \neq 0$.
Or cette quantité vaut $t_i\ c(x^i P_i(x))$ avec $c(x^i\ P_i(x)) \neq 0$.
Donc $t_i \neq 0$.

<= Nous avons dans ce cas :

$$c(x^{\ell}u_k(x)\ V_i(x)) = \sum_{j=i}^{k+i} t_j\ c(x^{\ell}P_j(x)) = 0$$

pour $\ell \in \mathbb{N}$, $0 \le \ell \le i-1$.
Cette quantité est non nulle pour $\ell = i$.
Par conséquent, V_i est orthogonal régulier par rapport à e, ainsi que V_{i+1}.

cqfd.

Supposons que nous ayons $H^*_{h+1} \neq 0$, $H^*_{p+1} \neq 0$ et $H^*_i = 0$ pour $i \in \mathbb{N}$, $h+2 \le i \le p$. Considérons les polynômes $V_i(x)$ pour $i \in \mathbb{N}$, $h+1 \le i \le p$.

Propriété 3.21.

Si c *est définie, alors pour la fonctionnelle* e *il n'existe pas plus de* k *déterminants* H^* *consécutifs nuls et*

$$u_k(x)\ V_i(x) = \sum_{j=p+h+1-i}^{k+i} t_j P_j(x) \text{ avec } t_{p+h+1-i} \neq 0$$

pour $i \in \mathbb{N},\ h+1 \leq i \leq p$.

Démonstration.

Pour $i \in \mathbb{N}$, $h+1 \leq i \leq p$, $u_k(x)\ V_i(x)$ peut se mettre sous la forme :

$$\sum_{j=o}^{k+i} t_j\ P_j(x).$$

Or

$$c(x^\ell u_k(x)\ V_i(x)) = 0 \text{ pour } \ell \in \mathbb{N},\ 0 \leq \ell \leq p+h-i,$$

$$\neq 0 \text{ pour } \ell = p+h+1-i.$$

En recommençant la démonstration de la propriété 3.20 nous obtenons :

$$u_k(x)\ V_i(x) = \sum_{j=p+h+1-i}^{k+i} t_j P_j(x) \text{ avec } t_{p+h+1-i} \neq 0.$$

Ceci montre également que pour $i = h+1$ on doit avoir $k+h+1 \geq p$, sinon $u_k(x)\ V_{h+1}(x)$ serait identiquement nul.

cqfd.

Corollaire 3.9.

Si c *est définie positive, alors il n'existe pas dans la table* H^* *de bloc de largeur supérieure à* k+1.
Si c *et* $c^{(1)}$ *sont définies positives, alors il n'existe pas dans la table* H^* *de bloc de largeur supérieure à* k.

Démonstration.

La propriété 3.21 montre qu'il ne peut pas y avoir plus de k déterminants $H^{*(o)}$ consécutifs nuls.
D'autre part, les fonctionnelles $c^{(2i)}$ sont également définies positives.
D'où les deux résultats.

cqfd.

Corollaire 3.10.

Soit c *une fonctionnelle linéaire définie et* e *une fonctionnelle linéaire telle que*

$$e(x^i) = c(x^i\, u_k(x)).$$

Une condition nécessaire et suffisante pour que V_{h+1} *soit orthogonal régulier et* $H_j^* = 0$ *pour* $j \in \mathbb{N}$, $h+2 \le j \le h+k+1$ *et* $H_{h+k+2}^* \neq 0$ *est que :*

$$u_k(x)\, V_{h+1}(x) = P_{k+h+1}(x).$$

Démonstration.

=> Immédiate avec la propriété 3.21.

<= $c(u_k(x)\, V_{h+1}(x)\, x^i) = c(P_{k+h+1}(x).x^i) = 0$

pour $i \in \mathbb{N}$, $0 \le i \le k+h$,

$$c(u_k(x)\, V_{h+1}(x)\, x^i) = c(P_{k+h+1}(x).x^i) \neq 0$$

pour $i = k+h+1$.

Donc V_{h+1} est orthogonal par rapport à e et de plus

$$H_j^* = 0 \text{ pour } j \in \mathbb{N},\ h+2 \le j \le h+k+1.$$

Nous avons donc k déterminants nuls.
Donc $H^*_{h+1} \neq 0$ et V_{h+1} est orthogonal régulier.
Par conséquent

$$H^*_{k+h+2} \neq 0$$

cqfd.

Dans le cas d'une fonctionnelle c linéaire définie positive nous avons une propriété plus forte que la propriété 3.21.

Propriété 3.22.

Si c *est définie positive et si* E *contient au plus* m *racines distinctes de* $u_k(x)$ *d'ordre de multiplicité impair, alors pour la fonctionnelle* e *on ne peut avoir plus de* m *déterminants* H^* *consécutifs nuls.*

Démonstration.

Soient y_i, pour $i \in \mathbb{N}$, $1 \leq i \leq m$, avec $m \leq s$ toutes les racines de u_k d'ordre de multiplicité impair n_i qui se trouvent dans E.

$$u_k(x) = \hat{u}_{k-m}(x) \prod_{j=1}^{m} (x-y_j)$$

où $\hat{u}_{k-m}$ est un polynôme positif sur E.

Nous définissons une nouvelle fonctionnelle linéaire $\bar{c}$ telle que :

$$\bar{c}(x^i) = c(x^i\, \hat{u}_{k-m}(x)).$$

$\bar{c}$ est définie positive d'après la propriété 3.18.

Soient $\{\Pi_i\}$ les polynômes orthogonaux par rapport à $\bar{c}$.
On applique la propriété 3.21 à la fonctionnelle e obtenue à partir de la fonctionnelle $\bar{c}$ par :

$$e(x^i) = \bar{c}(x^i \prod_{j=1}^{m} (x-y_j)).$$

<u>cqfd</u>.

Nous pouvons encore en déduire un corollaire sur la largeur des blocs.

<u>*Corollaire 3.11.*</u>

Si E *contient au plus* m *racines distinctes de* $u_k(x)$ *d'ordre de multiplicité impair, et*

i) *si* c *est définie positive, alors il n'existe pas dans la table* H^* *de bloc de largeur supérieure à* m+1.

ii) *Si* c *et* $c^{(1)}$ *sont définies positives, alors il n'existe pas dans la table* H^* *de bloc de largeur supérieure à* m.

Supposons maintenant que c ne soit pas définie. Nous aurons dans ce cas :

$$H_i \neq 0 \text{ pour } i \in \mathbb{N},\ p_\ell+1 \leq i \leq h_{\ell+1}+1,$$

$$H_i = 0 \text{ pour } i \in \mathbb{N},\ h_\ell+2 \leq i \leq p_\ell.$$

L'indice ℓ numérote les blocs successifs.

On suppose V_{h+1} orthogonal régulier et on appelle V_{p+1} le polynôme orthogonal régulier successeur de V_{h+1}. On appellera $P_{p_\ell+1}$ le polynôme orthogonal régulier successeur de P_p. Donc $h_\ell+2 \leq p \leq p_\ell$. Nous pouvons énoncer la propriété suivante.

Propriété 3.23.

i) *Si* P_p *est orthogonal régulier, alors :*

$$u_k(x)\, V_{h+1}(x) = \sum_{j=p}^{k+h+1} t_j\, P_j(x) \text{ avec } t_{p_\ell} \neq 0 \text{ et } p_\ell \leq k+h+1.$$

ii) *Si* P_p *appartient à un bloc* P, *alors :*

$$u_k(x)\, V_{h+1}(x) = \sum_{\substack{j=h_\ell+1 \\ \text{et} \\ j\notin[p_\ell+h_\ell+2-p,\,p_\ell]}}^{k+h+1} t_j P_j(x)$$

avec $t_{p_\ell+h_\ell+1-p} \neq 0$ *et* $p_\ell \neq k+h+1$.

Si $p_\ell > k+h+1$, *alors* $p_\ell+h_\ell+1-p = k+h+1$.

Démonstration.

Nous avons

$$c(x^r\, u_k\, V_{h+1}) = 0 \text{ pour } r \in \mathbb{N},\ 0 \leq r \leq p-1,$$

$$c(x^r\, u_k\, V_{h+1}) \neq 0 \text{ pour } r = p.$$

i) Si P_p est orthogonal régulier.

On trouve que $t_j = 0$, $\forall j \in \mathbb{N}$, $0 \leq j \leq p-1$.
En effet tant que P_j et P_{j+1} sont orthogonaux réguliers, on a $c(x^j P_j) \neq 0$.
On en déduit que t_j est nul.

Quand on a $j = h_\ell+1$, alors $c(x^j P_{p_\ell}) \neq 0$ et $c(x^j P_m) = 0$, pour $m \in \mathbb{N}$, $h_\ell+1 \leq m \leq p_\ell-1$ et $m > p_\ell$. Donc $t_{p_\ell} = 0$. On trouvera de la même façon que pour $j \in \mathbb{N}$, $h_\ell+2 \leq j \leq p_\ell$, t_i est nul pour $i \in \mathbb{N}$, $h_\ell+1 \leq i \leq p_\ell-1$.

Donc

$$u_k(x)\, V_{h+1}(x) = \sum_{j=p}^{k+h+1} t_j P_j(x).$$

D'une part $c(x^p\, u_k(x)\, V_{h+1}(x)) \neq 0$.

D'autre part, en posant $p = h_\ell+1$, $c(x^p P_j) = 0$ pour $j \geq p$ et $j \neq p_\ell$, et $c(x^p P_{p_\ell}) \neq 0$.

Il faut donc avoir

$$p_\ell \leq k+h+1.$$

ii) <u>Si P_p appartient à un bloc P.</u>

Nous avons $h_\ell+2 \leq p \leq p_\ell$.

En posant $u_k(x)\, V_{h+1}(x) = \sum_{j=0}^{k+h+1} t_j P_j(x)$, avec $t_j = 0$ pour $j > k+h+1$,

nous avons toujours $t_j = 0$ pour $j \in \mathbb{N}$, $0 \leq j \leq p_\ell$.

Nous avons en plus $t_j = 0$ pour $j \in \mathbb{N}$, $p_\ell+h_\ell+2-p \leq j \leq p_\ell$ et $t_{p_\ell+h_\ell+1-p} \neq 0$.

Nous obtenons donc :

$$u_k(x)\, V_{h+1}(x) = \sum_{\substack{j=h_\ell+1 \\ \text{et} \\ j \notin [p_\ell+h_\ell+2-p,\, p_\ell]}}^{k+h+1} t_j P_j(x).$$

On constate qu'il n'est pas possible d'avoir $p_\ell = k+h+1$.

Enfin si $p_\ell > k+h+1$, d'après la relation obtenue on ne peut avoir $p_\ell+h_\ell+1-p < k+h+1$.

D'autre part si $p_\ell+h_\ell+1-p > k+h+1$, alors :

$$c(u_k x^p V_{h+1}) = \sum_{j=h_\ell+1}^{k+h+1} t_j\ c(x^p\ P_j) = 0.$$

Or

$$c(u_k x^p V_{h+1}) \neq 0.$$

Donc dans ce cas

$$u_k(x)\ V_{h+1}(x) = \sum_{j=h_\ell+1}^{k+h+1} t_j P_j(x) \text{ avec } p_\ell+h_\ell+1-p = k+h+1.$$

<u>cqfd</u>.

Dans le cas où P_{h+1} et V_{h+1} sont orthogonaux réguliers, nous donnerons pour ce dernier une expression sous forme de déterminant, ce qui constituera une généralisation du théorème de Christoffel.

D'après la propriété 3.23, nous avons :

$$u_k(x)\ V_{h+1}(x) = \sum_{j=h+1}^{k+h+1} t_j P_j(x) \text{ avec } t_{k+h+1} = 1.$$

En utilisant les racines de $u_k(x)$ nous obtenons :

$$(u_k(x)\ V_{h+1}(x))^{(m_i)}_{x=y_i} = 0 = \sum_{j=h+1}^{k+h+1} t_j\ P_j^{(m_i)}(y_i) \text{ avec } t_{k+h+1} = 1,$$

pour $i \in \mathbb{N}$, $0 \leq i \leq s$ et pour $m_i \in \mathbb{N}$, $0 \leq m_i \leq n_i-1$.

Nous mettons ce système sous la forme :

$$(T) \qquad \sum_{j=h+1}^{k+h} t_j \, P_j^{(m_i)}(y_i) = -P_{k+h+1}^{(m_i)}(y_i)$$

pour $i \in \mathbb{N}$, $0 \le i \le s$ et pour $m_i \in \mathbb{N}$, $0 \le m_i \le n_i-1$.

Lemme 3.1.

Si P_{h+1} *et* V_{h+1} *sont orthogonaux réguliers, alors le déterminant du système T est non nul.*

Démonstration.

Supposons que le déterminant du système (T) soit nul. Alors il existe des constantes non toutes nulles d_j pour $j \in \mathbb{N}$, $h+1 \le j \le k+h$ telles que

$$\sum_{j=h+1}^{k+h} d_j \, P_j^{(m_i)}(y_i) = 0 \text{ pour } i \in \mathbb{N},\ 0 \le i \le s \text{ et}$$

$$\text{pour } m_i \in \mathbb{N},\ 0 \le m_i \le n_i-1.$$

Posons

$$s(x) = \sum_{j=h+1}^{k+h} d_j \, P_j(x)$$

Alors $s^{(m_i)}(y_i) = 0$ pour $i \in \mathbb{N}$, $0 \le i \le s$ et $m_i \in \mathbb{N}$, $0 \le m_i \le n_i-1$.

Donc $s(x) = u_k(x)\, \rho_h(x)$, où $\rho_h(x)$ est le polynôme complémentaire de degré h exactement.

D'autre part s(x) est orthogonal à tout polynôme de $\mathcal{P}_h$ par rapport à c.

$$c(x^i u_k \rho_h) = 0 \text{ pour } 0 \leq i \leq h.$$

Donc $\rho_h(x)$ est orthogonal par rapport à e avec $e(\rho_h^2) = 0$.

Dans ces conditions V_{h+1} ne peut pas être orthogonal régulier (cf. remarque 1.3).

<u>cqfd</u>.

<u>Remarque 3.7.</u>

Le lemme 3.1 montre donc que

$$\det(T) = 0 \Rightarrow H_{h+1}^{*(o)} = 0.$$

Nous pouvons maintenant donner la généralisation du théorème de Christoffel. La forme de la démonstration est celle présentée dans l'ouvrage de Krylov [35].

<u>*Théorème 3.10.*</u>

Si P_{h+1} *est orthogonal régulier par rapport à* c *et si* V_{h+1} *est orthogonal régulier par rapport à* e, *alors :*

$$u_k(x)\, V_{h+1}(x) = \frac{\begin{vmatrix} P_{h+1}(x) & \cdots & P_{k+h+1}(x) \\ P_{h+1}(y_1) & \cdots & P_{k+h+1}(y_1) \\ \vdots & & \vdots \\ P_{h+1}^{(m_s)}(y_s) & \cdots & P_{k+h+1}^{(m_s)}(y_s) \end{vmatrix}}{\begin{vmatrix} P_{h+1}(y_1) & \cdots & P_{k+h}(y_1) \\ \vdots & & \vdots \\ P_{h+1}^{(m_s)}(y_s) & \cdots & P_{k+h}^{(m_s)}(y_s) \end{vmatrix}}$$

Démonstration.

On couple le système (T) avec la relation donnant $u_k(x)\, V_{h+1}(x)$. On obtient :

$$\begin{pmatrix} P_{h+1}(x) & \cdots & P_{k+h}(x) & 1 \\ P_{h+1}(y_1) & \cdots & P_{k+h}(y_1) & 0 \\ \vdots & & \vdots & \vdots \\ P_{h+1}^{(m_s)}(y_s) & \cdots & P_{h+k}^{(m_s)}(y_s) & 0 \end{pmatrix} \begin{pmatrix} t_{h+1} \\ \vdots \\ t_{h+k} \\ u_k(x)\, V_{h+1}(x) \end{pmatrix} = \begin{pmatrix} P_{k+h+1}(x) \\ P_{k+h+1}(y_1) \\ \vdots \\ P_{k+h+1}^{(m_s)}(y_s) \end{pmatrix}$$

D'où en calculant le terme $u_k(x)\, V_{h+1}(x)$ de ce système régulier on obtient la relation proposée.

cqfd.

Remarque 3.8.

i) Avec les conditions du théorème 3.10, aucun des polynômes P_j pour $j \in \mathbb{N}$, $h+1 \le j \le h+k$ n'est divisible par u_k, sinon le déterminant de (T) serait nul.

ii) Avec les conditions du théorème 3.10, si P_{k+h+1} est divisible par u_k, alors

$$u_k(x)V_{h+1}(x) = P_{k+h+1}(x).$$

Si P_{k+h+1} est orthogonal régulier et si on pose $h_\ell+1 = k+h+1$, alors on a : $p_\ell-h-1$ déterminants $H^{*(o)}$ nuls consécutifs.

$H_j^{*(o)} = 0$ pour $j \in \mathbb{N}$, $h+2 \le j \le p_\ell$ avec $p_\ell \ge h_\ell+1$, et $H^{*(o)}_{p_\ell+1} \ne 0$.

En effet nous avons :

$$e(u_k\ V_{h+1}\ x^j) = c(P_{h_\ell+1}\ x^j) = 0 \text{ pour } j \in \mathbb{N},\ 0 \le j \le p_\ell-1,$$

$$e(u_k\ V_{h+1}\ x^{p_\ell}) = c(P_{h_\ell+1}\ x^{p_\ell}) \ne 0.$$

Nous prenons maintenant une fonctionnelle c lacunaire d'ordre s+1.

Définition 3.8.

Nous appellerons polynôme lacunaire d'ordre s+1 *un polynôme* $\sum_{i=1}^{n(s+1)} a_i x^i$ *tel que* $a_i = 0$ *pour* $i \ne 0 \mod (s+1)$.

Propriété 3.24.

Si c *est lacunaire d'ordre* s+1 *et si* $u_{k+n(s+1)}(x) = x^k \hat{u}_{n(s+1)}(x)$ *avec* $k \in \mathbb{N}$, $0 \leq k \leq s$ *et où* $\hat{u}_{n(s+1)}$ *est lacunaire d'ordre* s+1, *alors* $e_i = 0$ *pour* $i \in \mathbb{N}$, $\mathrm{Sup}(0,1-k) \leq i \leq s-k$ *et* $e^{(s+1-k)}$ *est lacunaire d'ordre* s+1.

Démonstration.

$$e_i = c(x^k \hat{u}_{n(s+1)}(x)\, x^i) = c^{(k+i)}(\hat{u}_{n(s+1)}(x)) = 0$$

si $k+i \neq 0 \bmod(s+1)$.

cqfd.

A partir de la théorie présentée sur les fonctionnelles lacunaires, nous en déduisons immédiatement :

Propriété 3.25.

Les polynômes orthogonaux V *situés au Nord-Ouest des blocs* V *sont lacunaires d'ordre* s+1.

Propriété 3.26.

Si c *est u-définie lacunaire d'ordre* s+1, $u_{k(s+1)}(x)$ *lacunaire d'ordre* s+1 *et si* $V^{(1)}_{i(s+1)}$ *est orthogonal régulier et* $V^{(1)}_{r(s+1)}$ *est le polynôme orthogonal régulier successeur de* $V^{(1)}_{i(s+1)}$, *alors :*

$$u_{k(s+1)}(x)\, V^{(1)}_{i(s+1)}(x) = \sum_{j=(r-1)(s+1)}^{(k+i)(s+1)} t_j\, P^{(1)}_j(x)$$

avec $t_j = 0$ *pour* $j \neq 0 \bmod(s+1)$.

Démonstration.

$P^{(1)}_{\ell(s+1)}$ est orthogonal régulier pour $\ell \in \mathbb{N}$. De plus il est lacunaire d'ordre (s+1).

D'après la propriété 3.23, nous avons :

$$u_{k(s+1)}(x)\ V^{(1)}_{i(s+1)}(x) = \sum_{j=(r-1)(s+1)}^{(k+i)(s+1)} t_j\ P^{(1)}_j(x).$$

On peut montrer que $t_j = 0$ pour $j \in \mathbb{N}$, j prenant successivement les valeurs (k+i)(s+1)-1 à (k+i-1)(s+1)+1, car les polynômes $P^{(1)}_j$ correspondants introduiraient des termes en x^j pour j non multiple de (s+1).

On peut réitérer le même raisonnement pour toutes les valeurs de $j \neq 0$ mod(s+1).

cqfd.

Dans le cas particulier d'une fonctionnelle c définie lacunaire d'ordre 2, nous savons que $P^{(2j)}_{2n}$ est un polynôme pair et $P^{(2j)}_{2n+1}(x) = x\ P^{(2j+1)}_{2n}(x) =$
$= x\ P^{(2j+2)}_{2n}(x)$ est un polynôme impair.

La propriété suivante est identique à celle obtenue par C. Brezinski [6a] dans le cas où $u_k(x) = P_k(x)$.

Propriété 3.27.

On suppose que $V_i(x)$ *est orthogonal régulier.*
Si c *est définie lacunaire d'ordre 2 et,*

i) *Si* u_k *et* i *sont de même parité, alors :*

$$u_k(x)\ V_i(x) = \sum_{j=i}^{k+i} t_j P_j(x)$$

avec $t_j = 0$ *si* j *est impair et* $t_{k+i} = 1$.

ii) *Si* u_k *et* i *sont de parités opposées, alors :*

$$u_k(x)\, V_i(x) = \sum_{j=i}^{k+i} t_j P_j(x)$$

avec $t_j = 0$ *si* j *est pair et* $t_{k+i} = 1$.

Démonstration.

i) k+i est pair et $u_k\, V_i$ est un polynôme pair.
Par un raisonnement analogue à celui de la propriété 3.26, on obtient $t_j = 0$ pour j impair.

ii) k+i est impair et $u_k\, V_i$ est un polynôme impair.
On obtient donc $t_j = 0$ pour j pair.

cqfd.

Nous considérons une fonctionnelle c définie positive lacunaire d'ordre 2 sur E = [-1, 1]. Nous prenons k=2 et $u_2(x) = x^2 - a^2$ avec a réel et $0 < a < 1$.

Propriété 3.28.

Si un déterminant $H_n^{*(o)}$ *est nul, alors soit* $H_{n+1}^{*(o)} = 0$ *et* $H_{n-1}^{*(o)} \neq 0$, $H_{n+2}^{*(o)} \neq 0$, *soit* $H_{n-1}^{*(o)} = 0$ *et* $H_{n-2}^{*(o)} \neq 0$, $H_{n+1}^{*(o)} \neq 0$.

Démonstration.

D'après la propriété 3.24, e est lacunaire d'ordre 2.
Donc la table V peut présenter des blocs de largeur 2(r+1)-1 avec $r \in \mathbb{N}$, dont la diagonale principale n'est pas d'indice pair (cf. le théorème 3.7).
D'après le corollaire 3.9 on ne peut avoir que r = 0 ou 1.
D'où la propriété.

cqfd.

Propriété 3.29.

Si V_n *est orthogonal régulier et si* n *est impair, alors* V_n *a* 0 *comme racine simple ou triple.*

Démonstration.

D'après le théorème 3.7 l'angle Nord-Ouest d'un bloc est occupé par un polynôme de degré pair et de diagonale impaire.
Donc si n est impair, V_n est au Nord d'un bloc V.
Si ce bloc est de largeur 1, il a 0 pour racine simple. Si ce bloc est de largeur 3, V_n aura donc 0 soit comme racine simple, soit comme racine triple.

cqfd.

D'après la propriété 3.27, si V_n est orthogonal régulier, alors :

$$u_2(x)\ V_n(x) = P_{n+2}(x) + t_n P_n(x).$$

D'où en faisant x = a on trouve $t_n = -\dfrac{P_{n+2}(a)}{P_n(a)}$.

$P_n(a)$ est non nul, sinon on aurait aussi $P_n(-a) = 0$ et P_n serait divisible par u_2 ce qui est impossible d'après la remarque 3.8 i).
D'après la même remarque $P_{n+1}(a) \neq 0$.
Nous retrouvons ce qui était présenté par P. Barrucand dans [3].
Enfin si $H_{n+1}^{*(o)} = H_{n+2}^{*(o)} = 0$ alors d'après le corollaire 3.10

$$u_2(x)\ V_n(x) = P_{n+2}(x).$$

Propriété 3.30.

a *n'est racine d'aucun polynôme* V_n *orthogonal régulier.*

Démonstration.

Si a était racine d'un polynôme orthogonal régulier V_n, nous pourrions le mettre sous la forme $(x^2-a^2)\hat{V}_{n-2}(x)$.

La fonctionnelle $\hat{c}$ définie par les moments $\hat{c}(x^i) = c(x^i(x^2-a^2)^2)$ est définie positive. Donc aucun déterminant $\hat{H}$ relatif à $\hat{c}$ n'est nul.

Or $c((x^2-a^2)\ V_n(x).x^j) = c((x^2-a^2)^2\ \hat{V}_{n-2}(x)\ x^j) = 0$ pour $j \in \mathbb{N}$, $0 \le j \le n-1$.

Cette relation montre que $\hat{V}_{n-2}$ est orthogonal et que $\hat{H}_{n-1} = 0$, ce qui est contradictoire.

cqfd.

Les polynômes P_i satisfont une relation de récurrence à trois termes

$$P_i = x\ P_{i-1} + C_i\ P_{i-2} \text{ avec } C_i < 0.$$

Nous pouvons en déduire la propriété suivante.

Propriété 3.31.

Si V_n *est orthogonal régulier et si* $u_2(x)\ V_n(x) = P_{n+2}(x)$ *alors*

$$V_{n+3}(x) = P_{n+3}(x) + x\ C_{n+4}\ V_n(x).$$

Démonstration.

Puisque $u_2(x)\ V_n(x) = P_{n+2}(x)$, alors $H^{*(o)}_{n+1} = H^{*(o)}_{n+2} = 0$ et $H^{*(o)}_{n+3} \neq 0$.

Donc V_{n+3} est orthogonal régulier. Nous avons alors :

$$u_2(x)\ V_{n+3}(x) = P_{n+5}(x) + t_{n+3}\ P_{n+3}(x).$$

Nous remplaçons P_{n+5}, puis P_{n+4} par leur expression donnée par la relation de récurrence à trois termes.

Nous obtenons ainsi :

$$u_2(x)\ V_{n+3}(x) = (x^2 + C_{n+5} + t_{n+3})\ P_{n+3}(x) + x\ C_{n+4}\ P_{n+2}(x).$$

En faisant x = a et compte tenu du fait que $P_{n+3}(a)$ ne peut s'annuler, puisqu'il n'a aucune racine commune avec P_{n+2}, nous trouvons que $x^2 + C_{n+5} + t_{n+3} \equiv u_2(x)$. D'où la relation après simplification par u_2.

cqfd.

Cette relation nous permet d'énoncer le

Théorème 3.11.

Si $u_2(x)\ V_n(x) = P_{n+2}(x)$, *alors* V_{n+3} *a tous ses zéros réels, distincts, symétriques séparés par les zéros de* P_{n+2}.

Démonstration.

Nous savons qu'entre deux zéros consécutifs de P_{n+3} se trouve un zéro unique de P_{n+2}. Donc a est toujours entre deux zéros de P_{n+3}.

- Entre deux zéros consécutifs b_1 et b_2 $(b_1 < b_2)$ de P_{n+2} nous avons :

$$\text{signe } P_{n+2}(x) = \text{signe } P_{n+3}(b_2) = -\text{signe } P_{n+3}(b_1).$$

C'est une conséquence directe du fait qu'entre deux zéros consécutifs de P_{n+2} se trouve un zéro unique de P_{n+3} et réciproquement, et que ces polynômes sont positifs au-delà de leur plus grand zéro.
De plus

$$\text{si } x > a,\ \text{signe } V_n(x) = \text{signe } P_{n+2}(x),$$

$$\text{si } 0 < x < a,\ \text{signe } V_n(x) = -\text{signe } P_{n+2}(x).$$

- Soit z_M le plus grand zéro de P_{n+3}. Alors $z_M C_{n+4} V_n(z_M) < 0$, puisqu'après le plus grand zéro de V_n qui est inférieur à z_M, ce polynôme est positif.

Par conséquent $V_{n+3}(z_M) < 0$. Donc il existe un nombre impair de zéro de V_{n+3} sur $]z_M, +\infty[$.

- Soient z_1 et z_2 deux zéros consécutifs positifs de P_{n+3}. Il existe un zéro unique b de P_{n+2} entre z_1 et z_2.

Si $b \neq a$, alors il existe le zéro b de V_n entre z_1 et z_2 et donc aussi un zéro de V_{n+3}.

Si $b = a$, V_n ne s'annule pas sur l'intervalle $[z_1, z_2]$ et V_{n+3} a alors un nombre pair de zéros sur cet intervalle.

- Appelons z_m le plus petit zéro positif de P_{n+3}.

i) Si n est pair.

α) Si $a \in [0, z_m]$, alors entre les $\frac{n}{2} + 1$ zéros positifs de P_{n+3} on place $\frac{n}{2}$ zéros de V_{n+3}.

Sur $]z_M, +\infty[$ se trouve un autre zéro de V_{n+3}. Nous avons donc n+2 zéros réels distincts symétriques et 0 est racine.

Réciproquement entre deux zéros positifs consécutifs y_1 et y_2 de V_{n+3} se trouve un zéro unique de P_{n+3}.

Donc $P_{n+3}(y_1).P_{n+3}(y_2) < 0$ ce qui entraine $V_n(y_1)\ V_n(y_2) < 0$. Par conséquent entre y_1 et y_2 se trouve également un zéro de V_n.

On place ainsi les n zéros de V_n.

D'autre part, $a \in [0, z_m]$. Or le plus petit zéro positif y_m de V_{n+3} est supérieur à z_m. Donc a sépare les deux zéros 0 et y_m de V_{n+3}.

β) <u>Si $a > z_m$</u>, alors en excluant l'intervalle des deux zéros positifs consécutifs de P_{n+3} qui contient a, on place $\frac{n}{2}$ - 1 zéros positifs de V_{n+3} dans les $\frac{n}{2}$ -1 intervalles restants.

Sur $]z_M, +\infty[$ nous avons encore un zéro de V_{n+3}. Au total nous plaçons n zéros réels distincts symétriques et 0 est racine.

Entre 0 et z_m se trouve un zéro b de P_{n+2} qui est aussi zéro de V_n.
Nous avons :

$$\text{signe } V_n(z_m) = -\text{signe } P_{n+2}(z_m) = \text{signe } P_{n+3}(b)$$

$$\text{signe } V_n(0) = -\text{signe } P_{n+2}(0) = -\text{signe } P_{n+3}(b).$$

Or la relation à trois termes de la propriété 3.31 donne :

$$\text{signe } V_{n+3}(b) = \text{signe } P_{n+3}(b)$$

D'autre part

$$\text{signe } V_{n+3}(z_m) = -\text{signe } V_n(z_m) = -\text{signe } P_{n+3}(b).$$

Donc V_{n+3} s'annule entre b et z_m, et par conséquent les zéros de V_{n+3} sont réels distincts symétriques.

Réciproquement entre deux zéros positifs consécutifs y_1 et y_2 de V_{n+3} se trouve un zéro de P_{n+3}, sauf si l'intervalle $[y_1, y_2]$ contient a, auquel cas deux zéros de P_{n+3} sont entre y_1 et y_2.

Alors $P_{n+3}(y_1)\, P_{n+3}(y_2) < 0$ et $V_n(y_1)\, V_n(y_2) < 0$ pour les intervalles $[y_1, y_2]$ qui ne contiennent pas a.

On place ainsi $\frac{n}{2}$ - 1 zéros de V_n. De plus entre b et z_m, V_{n+3} s'annule en y_m, et 0 est racine. Donc entre 0 et y_m se trouve un zéro b de V_n.

Enfin a, qui est zéro de P_{n+2}, sépare deux zéros consécutifs de V_{n+3}. D'où le résultat.

ii) Si n est impair, alors $a > z_m$.

Le raisonnement fait dans le cas n pair s'applique encore. On place $\frac{n-1}{2}$ zéros positifs de V_{n+3} dans les $\frac{n+1}{2}$ intervalles bornés par deux zéros positifs consécutifs de P_{n+3} qui ne contiennent pas a.

Sur $]z_m, +\infty[$ se trouve encore un zéro de V_{n+3}. Au total nous plaçons (n+1) zéros réels distincts symétriques.

Enfin

$$\text{signe } V_n(z_m) = \text{signe } P_{n+3}(0) = -\text{signe } V_{n+3}(z_m)$$

$$\text{signe } V_{n+3}(0) = \text{signe } P_{n+3}(0).$$

Donc V_{n+3} s'annule entre 0 et z_m et par conséquent les zéros de V_{n+3} sont réels distincts symétriques.

De la même façon que dans le cas pair, on place $\frac{n-1}{2}$ zéros de V_n dans les intervalles $[y_1, y_2]$ qui ne contiennent pas a. De plus 0 est racine de V_n et sépare le plus petit zéro positif et le plus grand zéro négatif de V_{n+3}. Enfin, a sépare deux zéros consécutifs de V_{n+3}.

cqfd.

Remarque 3.9.

Nous ne pouvons pas dire que toutes les racines de V_{n+3} appartiennent à E. En effet la plus grande et la plus petite peuvent être à l'extérieur de E.

Exemple.

$$c_i = \int_{-1}^{+1} x^{i+2}\,dx.$$

$$u_2(x) = P_2(x) = x^2 - \frac{3}{5} \quad , \quad e_i = \int_{-1}^{+1} P_2(x)\, x^{i+2}\,dx$$

$$V_3(x) = x(x^2 - \frac{10}{9})$$

Nous introduisons de nouvelles notations.

$$u_2^{(\cdot,j)}(x) = x^2 - a_j^2 \text{ pour } j \in \mathbb{N},\ j \geq 1.$$

Nous désignerons par $V^{(\cdot,j)}$ les polynômes orthogonaux par rapport à $e^{(\cdot,j)}$, où :

$$e_i^{(\cdot,j)} = e^{(\cdot,j-1)}(u_2^{(\cdot,j)}(x)\, x^i) \text{ pour } j \in \mathbb{N},\ j \geq 1 \text{ et } i \in \mathbb{N}$$

avec

$$e^{(\cdot,0)} \equiv c^{(\cdot)}$$

Le point réserve la place de l'indice qui correspond aux numéros des diagonales paires dans les diverses tables des polynômes orthogonaux.

Propriété 3.32.

Si $P^{(.)}_{n+2}(a_{k+1}) = 0$ *pour* $k \in \mathbb{N}$, $0 \le k \le$ entier $[\frac{n}{2}]$, *alors* :

$V^{(.,k+1)}_{n-2k}$ *et* $V^{(.,k+1)}_{n+3}$ *sont orthogonaux réguliers*

$$P^{(.)}_{n+2}(x) = V^{(.,k+1)}_{n-2k}(x) \prod_{s=1}^{k+1} u^{(.,s)}_2(x)$$

$$H^{*(.,k+1)}_{n-2k} \neq 0, \; H^{*(.,k+1)}_{n+3} \neq 0 \text{ et } H^{*(.,k+1)}_{\ell} = 0$$

pour $\ell \in \mathbb{N}$, $n-2k+1 \le \ell \le n+2$.

Démonstration.

Appelons $\hat{V}_{n-2k}$ le polynôme tel que :

$$P^{(.)}_{n+2}(x) = \hat{V}_{n-2k}(x) \prod_{s=1}^{k+1} u^{(.,s)}_2(x).$$

Nous avons :

$$c^{(.)}(P^{(.)}_{n+2}(x)\, x^{\ell}) = c^{(.)}(x^{\ell}\, \hat{V}_{n-2k}(x) \prod_{s=1}^{k+1} u^{(.,s)}_2)$$

$$= e^{(.,k+1)}(x^{\ell}\, \hat{V}_{n-2k}(x)) = 0 \text{ pour } \ell \in \mathbb{N},\ 0 \le \ell \le n+1,$$

$$e^{(.,k+1)}(x^{\ell}\, \hat{V}_{n-2k}(x)) \neq 0 \text{ pour } \ell = n+2.$$

Donc $\hat{V}_{n-2k}$ est orthogonal par rapport à $e^{(.,k+1)}$.

D'autre part $H_{\ell}^{*(.,k+1)} = 0$ pour $\ell \in \mathbb{N}$, $n-2k+1 \leq \ell \leq n+2$ (cf. la remarque 1.3).

Donc d'après la propriété 3.21, $\hat{V}_{n-2k}$ est orthogonal régulier.
Il est donc identique à $V_{n-2k}^{(.k+1)}$.
Puisque $e^{(.,k+1)}(x^{n+2}\, V_{n-2k}^{(.,k+1)}) \neq 0$, alors $V_{n+3}^{(.,k+1)}$ est orthogonal régulier.
Enfin nous avons bien les relations proposées sur les déterminants de Hankel $H^{*(.,k+1)}$.

cqfd.

Propriété 3.33.

Les diagonales (.) paires ont toujours un nombre pair de déterminants $H^{*(.,k)}$ nuls consécutifs.

Démonstration.

En effet d'après les propriétés des fonctionnelles lacunaires d'ordre 2, les blocs sont de largeur 2(r+1)-1 et leur angle Nord-Ouest est occupé par un polynôme pair sur une diagonale impaire. Donc toutes les diagonales paires ont un nombre pair de déterminants de Hankel nuls consécutifs.

cqfd.

Nous noterons les relations de récurrence à trois termes.

$$V_i^{(.,k)}(x) = (x\, \omega_{i-pr(i,.)-1}^{(.,k)}(x) + B_i^{(.,k)})V_{pr(i,.)}^{(.,k)}(x) + C_i^{(.,k)}V_{pr(pr(i,.),.)}^{(.,k)}(x)$$

Si $V_i^{(.,k)}$ n'est pas orthogonal régulier nous garderons la même relation de récurrence avec $C_i^{(.,k)} = 0$.

Nous poserons entier $(\frac{n}{2}) = [\frac{n}{2}]$.

Propriété 3.34.

Si $P_{n+2}^{(.)}(a_{k+1}) = 0$ *pour* $k \in \mathbb{N}$, $0 \leq k \leq [\frac{n}{2}]$, *alors :*

$$V_{n+3}^{(.,k+1)}(x) = V_{n+3}^{(.,k)}(x) + x\, C_{n+4}^{(.,k)} V_{n-2k}^{(.,k+1)}(x)$$

pour $k \in \mathbb{N}$, $0 \leq k \leq [\frac{n}{2}]$.

$C_{n+4}^{(.,k)} = 0$ *si* $V_{n+4}^{(.,k)}$ *n'est pas orthogonal régulier.*

$C_{n+4}^{(.,k)} \neq 0$ *si* $V_{n+4}^{(.,k)}$ *est orthogonal régulier.*

Démonstration.

D'après la propriété 3.23 nous avons :

$$u_2^{(.,k+1)}(x)\; V_{n+3}^{(.,k+1)}(x) = \sum_{i=n+3}^{n+5} t_i^{(.,k+1)}\; V_i^{(.,k)}(x)$$

avec $t_{n+5}^{(.,k+1)} = 1$.

D'autre part $V_{n-2k+2}^{(.,k)}(x) = u_2^{(.,k+1)}(x)\; V_{n-2k}^{(.,k+1)}(x)$.

i) $V_{n+4}^{(.,k)}$ est orthogonal régulier.

a) $V_{n+5}^{(.,k)}$ est orthogonal régulier.

$$V_{n+5}^{(.,k)}(x) = x\, V_{n+4}^{(.,k)}(x) + C_{n+5}^{(.,k)}\; V_{n+3}^{(.,k)}(x)$$

$$V_{n+4}^{(.,k)}(x) = x\, V_{n+3}^{(.,k)}(x) + C_{n+4}^{(.,k)}\; V_{n-2k+2}^{(.,k)}(x).$$

En remplaçant dans la relation donnant $u_2^{(.,k+1)}(x)\ V_{n+3}^{(.,k+1)}(x)$ nous obtenons :

$$u_2^{(.,k+1)}(x)\ V_{n+3}^{(.,k+1)}(x) = (x(x + t_{n+4}^{(.,k+1)}) + C_{n+5}^{(.,k)} + t_{n+3}^{(.,k+1)})\ V_{n+3}^{(.,k)}(x)$$

$$+ C_{n+4}^{(.,k)}(x + t_{n+4}^{(.,k+1)})\ V_{n-2k+2}^{(.,k)}(x).$$

Pour des raisons de parité $t_{n+4}^{(.,k+1)} = 0$.

D'autre part $V_{n-2k+2}^{(.,k)}(a_{k+1}) = 0$ et donc $V_{n+3}^{(.,k)}(a_{k+1}) \neq 0$.

Par conséquent en faisant $x = a_{k+1}$ nous trouvons :

$$x^2 + C_{n+5}^{(.,k)} + t_{n+3}^{(.,k+1)} = u_2^{(.,k+1)}(x).$$

D'où la relation proposée.

b) $V_{n+5}^{(.,k)}$ **n'est pas orthogonal régulier.**

$$V_{n+5}^{(.,k)}(x) = w_1^{(.,k)}(x)\ V_{n+4}^{(.,k)}(x).$$

Nous trouvons dans ce cas :

$$u_2^{(.,k+1)}(x)\ V_{n+3}^{(.,k+1)}(x) = (x(w_1^{(.,k)}(x) + t_{n+4}^{(.,k+1)}) + t_{n+3}^{(.,k+1)})\ V_{n+3}^{(.,k)}(x)$$

$$+ (w_1^{(.,k)}(x) + t_{n+4}^{(.,k+1)})\ C_{n+4}^{(.,k)}\ V_{n-2k+2}^{(.,k)}(x).$$

Pour des raisons de parité $w_1^{(.,k)}(x) + t_{n+4}^{(.,k+1)} = x$.

Enfin par un raisonnement analogue au a) nous obtenons :

$$x(w_1^{(.,k)}(x) + t_{n+4}^{(.,k+1)}) + t_{n+3}^{(.,k+1)} = u_2^{(.,k+1)}(x)$$

Dans ce cas $t_{n+3}^{(.,k+1)} = -a_{k+1}^2$.

ii) $V_{n+4}^{(.,k)}$ n'est pas orthogonal régulier,

alors d'après la propriété 3.33, $V_{n+5}^{(.,k)}$ n'est pas non plus orthogonal régulier

$$V_{n+5}^{(.,k)}(x) = w_2^{(.,k)}(x)\ V_{n+3}^{(.,k)}(x)$$

$$V_{n+4}^{(.,k)}(x) = w_1^{(.,k)}(x)\ V_{n+3}^{(.,k)}(x).$$

Donc

$$u_2^{(.,k+1)}(x)\ V_{n+3}^{(.,k+1)}(x) = (w_2^{(.,k)}(x) + t_{n+4}^{(.,k+1)} w_1^{(.,k)}(x) + t_{n+3}^{(.,k+1)}) V_{n+3}^{(.,k)}(x)$$

Nous trouvons ici que :

$$w_2^{(.,k)}(x) + t_{n+4}^{(.,k+1)}\ w_1^{(.,k)}(x) + t_{n+3}^{(.,k+1)} = u_2^{(.,k+1)}(x)$$

et donc

$$V_{n+3}^{(.,k+1)} = V_{n+3}^{(.,k)}(x).$$

<u>cqfd</u>.

Propriété 3.35.

Pour $k \in \mathbb{N}$ *fixé,* $1 \le k \le [\frac{n}{2}] - 1$, *si* $C_{n+4}^{(.,k-1)} \neq 0$ *alors :*

$$u_2^{(.,k+1)}(x)V_{n+3}^{(.,k+1)}(x) = V_{n+3}^{(.,k)}(x)\left(u_2^{(.,k+1)}(x) + \frac{C_{n+4}^{(.,k)}}{C_{n+4}^{(.,k-1)}}\right) - \frac{C_{n+4}^{(.,k)}}{C_{n+4}^{(.,k-1)}} V_{n+3}^{(.,k-1)}(x)$$

Démonstration.

En utilisant la propriété 3.34, nous avons :

$$V_{n+3}^{(.,k+1)}(x) = V_{n+3}^{(.,k)}(x) + x\, C_{n+4}^{(.,k)}\, V_{n-2k}^{(.,k+1)}(x),$$

$$V_{n+3}^{(.,k)}(x) = V_{n+3}^{(.,k-1)}(x) + x\, C_{n+4}^{(.,k-1)}\, V_{n-2k+2}^{(.,k)}(x).$$

On multiplie la première relation par $u_2^{(.,k+1)}$ et on lui retranche la seconde multipliée par $\frac{C_{n+4}^{(.,k)}}{C_{n+4}^{(.,k-1)}}$.

cqfd.

Cette dernière relation pourrait permettre éventuellement de résoudre le problème des zéros de $V_{n+3}^{(.,k+1)}$ si on avait des informations supplémentaires sur $\frac{C_{n+4}^{(.,k)}}{C_{n+4}^{(.,k-1)}}$, par exemple son signe et sa valeur relative par rapport à $-a_{k+1}^2$.

Théorème 3.12.

On suppose les racines positives de P_{n+2} *rangées dans l'ordre suivant :*

$$a_1 > a_2 > \dots > a_{[\frac{n+2}{2}]}.$$

Alors $V_i^{(.,k)}$ *a toutes ses racines réellesdistinctes séparées par celles de* $V_{i-1}^{(.,k)}$ *pour* $k \in \mathbb{N}$, $1 \leq k \leq [\frac{n+2}{2}]$ *et* $i \in \mathbb{N}$, $1 \leq i \leq n-2k+2$, *et* $C_i^{(.,k)} < 0$ *pour* $i \in \mathbb{N}$, $2 \leq i \leq n-2k+2$.

Démonstration.

Puisque a_1 est la plus grande racine de $P_{n+2}^{(.)}$ et que $V_{n+3}^{(.,1)}$ a tous ses zéros séparés par ceux de P_{n+2}, alors entre deux zéros consécutifs de$V_n^{(.,1)}$ se trouve un zéro et un seul de $V_{n+3}^{(.,1)}$

$$V_{n+3}^{(.,1)}(x) = (x^3 + x\,\hat{B}_{n+3}^{(.,1)})\,V_n^{(.,1)}(x) + C_{n+3}^{(.,1)}\,V_{pr(n)}^{(.,1)}(x).$$

Par un raisonnement analogue au théorème 3.9 nous trouvons que pr(n)=n-1, et que deux zéros de $V_n^{(.,1)}$ sont séparés par un zéro de $V_{n-1}^{(.,1)}$.
Nous trouverons donc que $V_i^{(.,1)}$ a tous ses zéros réels distincts séparés par ceux de $V_{i-1}^{(.,1)}$ pour $i \in \mathbb{N}$, $1 \leq i \leq n$.
De plus $C_i^{(.,1)} < 0$ pour $i \in \mathbb{N}$, $2 \leq i \leq n$.

---

a_2 est le plus grand zéro de $V_n^{(.,1)}$, donc a_2 n'est pas zéro de $V_i^{(.,1)}$ pour $i \in \mathbb{N}$, $1 \leq i \leq n-1$, à cause de l'entrelacement des zéros.

Donc $V_i^{(.,2)}$ est orthogonal régulier, $\forall i \in \mathbb{N}$, $1 \le i \le n-2$.

Par conséquent nous avons :

$$u_2^{(.,2)}(x)\ V_{i-2}^{(.,2)}(x) = V_i^{(.,1)}(x) + t_{i-2}^{(.,2)}\ V_{i-2}^{(.,1)}(x)$$

avec

$$t_{i-2}^{(.,2)} = -\frac{V_i^{(.,1)}(a_2)}{V_{i-2}^{(.,1)}(a_2)} < 0$$

puisque $V_i^{(.,1)}(a_2) > 0$ pour $i \in \mathbb{N}$, $0 \le i \le n-1$.

De plus

$$V_{i-2}^{(.,2)}(x) = x\ V_{i-3}^{(.,2)}(x) + C_{i-2}^{(.,2)}\ V_{i-4}^{(.,2)}(x),$$

pour $i \in \mathbb{N}$, $0 \le i \le n$.

On multiplie les deux membres par $u_2^{(.,2)}$ et on remplace en fonction des polynômes $V_i^{(.,1)}$. On obtient :

$$V_i^{(.,1)}(x) = x\ V_{i-1}^{(.,1)}(x) + (C_{i-2}^{(.,2)} - t_{i-2}^{(.,2)})\ V_{i-2}^{(.,1)}(x) + x\ t_{i-3}^{(.,2)} V_{i-3}^{(.,1)}(x)$$

$$+\ C_{i-2}^{(.,2)}\ t_{i-4}^{(.,2)}\ V_{i-4}^{(.,1)}(x).$$

Or

$$V_{i-4}^{(.,1)}(x) = \frac{V_{i-2}^{(.,1)}(x) - x\ V_{i-3}^{(.,1)}(x)}{C_{i-2}^{(.,1)}}$$

D'où

$$V_i^{(.,1)}(x) = x\, V_{i-1}^{(.,1)}(x) + \left(C_{i-2}^{(.,2)} - t_{i-2}^{(.,2)} + \frac{C_{i-2}^{(.,2)}\, t_{i-4}^{(.,2)}}{C_{i-2}^{(.,1)}}\right) V_{i-2}^{(.,1)}(x)$$

$$+ x\, V_{i-3}^{(.,1)}(x) \left(t_{i-3}^{(.,2)} - \frac{C_{i-2}^{(.,2)}\, t_{i-4}^{(.,2)}}{C_{i-2}^{(.,1)}}\right)$$

Or

$$V_i^{(.,1)}(x) = x\, V_{i-1}^{(.,1)}(x) + C_i^{(.,1)}\, V_{i-2}^{(.,1)}(x),$$

ce qui entraine que

$$t_{i-3}^{(.,2)} - \frac{C_{i-2}^{(.,2)}\, t_{i-4}^{(.,2)}}{C_{i-2}^{(.,1)}} = 0$$

sinon on trouverait $V_{i-2}^{(.,1)}(x) = x\, V_{i-3}^{(.,1)}(x)$.

D'où

$$C_{i-2}^{(.,2)} = C_{i-2}^{(.,1)} \frac{t_{i-3}^{(.,2)}}{t_{i-4}^{(.,2)}} < 0$$

D'après la remarque 3.6 les zéros de $V_i^{(.,2)}$ sont réels distincts séparés par ceux de $V_{i-1}^{(.,2)}$, $\forall i \in \mathbb{N}$, $1 \le i \le n-2$.

Le raisonnement fait pour $V_i^{(.,2)}$ s'applique à $V_i^{(.,k)}$, $\forall k \in \mathbb{N}$, $1 \le k \le [\frac{n+2}{2}]$ et $i \in \mathbb{N}$, $1 \le i \le n-2k+2$.

<u>cqfd</u>.

Remarque 3.10.

Pour le plus grand zéro a_2 de $V_n^{(.,1)}$, $V_{n-1}^{(.,1)}$ est positif.
$V_{n+3}^{(.,1)}$ est également positif, puisque d'après ce qui a été exposé en tête de la démonstration précédente, il y a deux zéros de V_{n+3} supérieurs à a_2.
Par conséquent

$$C_{n+3}^{(.,1)} > 0$$

Nous prenons une fonctionnelle $c^{(s)}$ définie positive, $\forall s \in \mathbb{N}$ sur $E = [0,1]$.
Nous noterons :

$$u_1(x) = x - a^2, \text{ avec } a^2 < 1.$$

Nous désignons toujours par $\{V_n\}$ les polynômes orthogonaux par rapport à e.

Propriété 3.36.

a^2 n'est racine d'aucun polynôme V_n orthogonal régulier.

Démonstration.

Si a^2 était racine de V_n on pourrait écrire

$$V_n(x) = (x - a^2)\, \hat{V}_{n-1}(x).$$

La fonctionnelle $\hat{e}$ définie par $\hat{e}(x^i) = c((x-a^2)x^i)$ est définie positive.
Donc aucun déterminant $\hat{H}$ relatif à $\hat{e}$ n'est nul.

Or

$$c((x-a^2)\ V_n(x).x^i) = c((x-a^2)^2\ \hat{V}_{n-1}(x)x^i) = 0$$

pour $i \in \mathbb{N}$, $0 \leq i \leq n-1$.
Cette relation montre que $\hat{V}_{n-1}$ est orthogonal et que $\hat{H}_n = 0$, ce qui est impossible.

cqfd.

Propriété 3.37.

Si V_k *est orthogonal régulier,* V_k *a ses* k *zéros réels distincts.* k-1 *d'entre eux sont dans* [0,1].

Si V_{k+1} *n'est pas orthogonal régulier, le dernier zéro de* V_k *est aussi dans* [0,1].

Démonstration.

i) Nous avons :

$$(x-a^2)\ V_k(x) = P_{k+1}(x) + t_k\ P_k(x).$$

Prenons deux zéros consécutifs de P_{k+1} placés d'un même côté de a^2.
Un zéro de P_k les sépare, donc aussi un zéro de V_k.
On place ainsi k-1 zéros réels distincts de V_k.
On ne peut donc avoir de zéro double et par conséquent le $k^{\text{ème}}$ zéro est réel distinct des autres.

ii) D'après le corollaire 3.10, si V_{k+1} n'est pas orthogonal régulier, alors

$$(x-a^2)\ V_k(x) = P_{k+1}(x).$$

D'où la conclusion.

cqfd.

En dehors du cas où V_{k+1} n'est pas orthogonal régulier la propriété précédente ne précise pas où se trouve le dernier zéro. Il pourrait donc être en dehors de [0,1] et en particulier négatif.

Nous appelons $z_{i,k}$ les zéros de P_k pour $i \in \mathbb{N}$, $1 \leq i \leq k$ et $z_{i,k} < z_{i+1,k}$ $\forall i \in \mathbb{N}$, $1 \leq i \leq k-1$.

Nous rappelons que si V_k est orthogonal régulier, alors $P_k(a^2) \neq 0$ (d'après le lemme 3.1).

Entre $z_{i,k+1}$ et $z_{i+1,k+1}$, nous avons :

$$\text{signe } P_{k+1}(x) = \text{signe } P_k(z_{i,k+1}) = - \text{ signe } P_k(z_{i+1,k+1}).$$

C'est une conséquence directe du fait qu'entre deux zéros consécutifs de P_{k+1} se trouve un zéro unique de P_k et réciproquement et que ces polynômes sont positifs au-delà de leur plus grand zéro.

<u>*Lemme 3.2.*</u>

i) *Si* $z_{i,k+1} < a^2 < z_{i,k}$, *alors* $t_k < 0$.

ii) $z_{i,k} < a^2 < z_{i+1,k+1}$, *alors* $t_k > 0$.

<u>Démonstration.</u>

$$t_k = - \frac{P_{k+1}(a^2)}{P_k(a^2)}$$

i)

$$\text{signe } P_{k+1}(a^2) = \text{signe } P_k(z_{i,k+1}) = \text{signe } P_k(a^2)$$

ii)

$$\text{signe } P_{k+1}(a^2) = -\text{signe } P_k(z_{i+1,k+1}) = -\text{signe } P_k(a^2).$$

<u>cqfd.</u>

Propriété 3.38.

Si V_k *et* V_{k+1} *sont orthogonaux réguliers et si :*

i) $z_{i,k+1} < a^2 < z_{i,k}$, *alors* V_k *a son dernier zéro sur* $]z_{k+1,k+1}, +\infty[$

ii) $z_{i,k} < a^2 < z_{i+1,k+1}$, *alors* V_k *a son dernier zéro sur* $]-\infty, z_{1,k+1}[$

iii) *Si* $a^2 \notin [z_{1,k+1}, z_{k+1,k+1}]$, *alors les zéros de* V_k *séparent les zéros de* P_{k+1}.

Démonstration.

i) D'après le lemme 3.2, $t_k < 0$.

Donc $(z_{k+1,k+1} - a^2)\, V_k(z_{k+1,k+1}) = t_k\, P_k(z_{k+1,k+1}) < 0$, et par conséquent

V_k s'annule sur $]z_{k+1,k+1}, +\infty[$.

ii) Dans ce cas, $t_k > 0$.

Donc $V_k(z_{k+1,k+1}) > 0$.

V_k s'annule en dehors de $[z_{1,k+1}, z_{k+1,k+1}]$ donc sur $[-\infty, z_{1,k+1}]$.

iii) Evident en utilisant le i) de la démonstration de la propriété 3.37.

cqfd.

Propriété 3.39.

Si V_n *est orthogonal régulier et si* $u_1(x)\, V_n(x) = P_{n+1}(x)$, *alors :*

$$V_{n+2}(x) = P_{n+2}(x) + C_{n+3}\, V_n(x).$$

Démonstration.

Dans ce cas $H^*_{n+1} = 0$.

D'autre part

$$u_1(x)\, V_{n+2}(x) = P_{n+3}(x) + t_{n+2}\, P_{n+2}(x)$$

$$= (x + B_{n+3} + t_{n+2})\, P_{n+2}(x) + C_{n+3}\, P_{n+1}(x)$$

$$= u_1(x)\, P_{n+2}(x) + C_{n+3}\, P_{n+1}(x)$$

puisque les deux membres sont nuls pour $x = a^2$.

En divisant par u_1, nous obtenons le résultat.

cqfd.

Propriété 3.40.

Si V_n est orthogonal régulier et si $u_1(x)\, V_n(x) = P_{n+1}(x)$, alors V_{n+2} a tous ses zéros réels distincts séparés par ceux de P_{n+1}.

Démonstration.

Entre deux zéros de P_{n+2} se trouve un zéro de P_{n+1}. Donc a^2 est toujours entre deux zéros de P_{n+2}.

Entre deux zéros consécutifs z_1 et z_2 de P_{n+2} se trouve un zéro de V_{n+2}, si $a^2 \notin [z_1, z_2]$.

Soit z_M le plus grand zéro de P_{n+2}, alors $C_{n+3}\, V_n(z_M) < 0$ puisqu'après le plus grand zéro de V_n qui est inférieur à z_M, ce polynôme est positif. Par conséquent $V_{n+2}(z_M) < 0$. Donc il existe au moins un nombre impair de zéros de V_{n+2} sur $]z_M, +\infty[$.

On place ainsi (n+1) zéros de V_{n+2}.
Le dernier zéro doit donc être inférieur au plus petit zéro z_m de P_{n+2}.

Réciproquement entre deux zéros consécutifs y_1 et y_2 de V_{n+2} se trouve un zéro de P_{n+2}, donc aussi un zéro de V_n, sauf si $a^2 \in [y_1, y_2]$.
Mais a^2 est un zéro de P_{n+1} qui sépare y_1 et y_2.

<u>cqfd</u>.

RELATIONS TOUS AZIMUTS

- * -

Ce chapitre vise essentiellement à donner les relations et les algorithmes permettant des déplacements dans toutes les directions dans la table P. *A cette occasion nous serons amenés à définir de nouvelles relations d'orthogonalité pour des polynômes qui sont reliés aux polynômes orthogonaux de la table* P.

Dans la première section nous calculons $q^{(n)}$ *et* $E^{(n)}$ *en fonction des déterminants de Hankel. Nous retrouvons la relation de Gilewicz et Froissart permettant le calcul de la table* H *en présence de blocs* H. *Nous en déduisons le calcul des coefficients B qui interviennent dans les polynômes* $\omega(x)$ *qui permettent de traverser les blocs* P.

Dans la seconde section nous introduisons les polynômes d'Hadamard et leurs transformés $\tilde{H}(x)$, *puis nous donnons les relations de récurrence entre les transformés de trois polynômes d'Hadamard orthogonaux réguliers consécutifs, au cours de déplacements sur une diagonale ou deux diagonales adjacentes.*

Dans la troisième section nous définissons une nouvelle fonctionnelle linéaire $\gamma^{(m)}$ *par rapport à laquelle nous cherchons les polynômes orthogonaux. Ce sont les polynômes* $W_i^{(m)}(x)$. *Ils ont la particularité de se situer sur les antidiagonales de la table* W *et sont proportionnels aux transformés des polynômes d'Hadamard sous certaines conditions. Tous les résultats des chapitres précédents s'appliquent à ces nouvelles familles de polynômes. Nous indiquons comment passer d'une propriété relative aux polynômes* $P_i^{(n)}(x)$ *à celle qui s'applique aux polynômes* $W_i^{(m)}(x)$. *Nous retrouvons en particulier les relations de récurrence à trois termes, les relations entre systèmes adjacents, un algorithme* $\tilde{qd}$, *les relations avec les déterminants de Hankel.*

La quatrième section est consacrée aux relations de récurrence entre les transformés $\tilde{HW}^{(m)}(x)$ *de trois polynômes* $W_i^{(m)}(x)$ *orthogonaux réguliers consécutifs, au cours de déplacements sur une antidiagonale ou deux antidiagonales adjacentes. Ces relations se déduisent simplement de la section 4.2.*

Les sections 2 et 4 nous permettent de déduire dans la cinquième section la relation de récurrence qui existe entre trois polynômes orthogonaux réguliers successifs placés sur une même horizontale en dehors de la réunion des blocs P *et* W. *Elle rend possible le calcul de ces polynômes au cours de déplacements horizontaux.*

La sixième section exploite la relation de la section précédente. Nous montrons qu'elle est la conséquence d'une nouvelle forme d'orthogonalité appelée "semi-orthogonalité". Nous étudions surtout ce qui se passe en présence de blocs. Nous prouvons également que donner deux polynômes semi-orthogonaux sur une même horizontale et un paramètre permettant de positionner le bloc qui les sépare, détermine de façon unique toute la table comprise entre la diagonale et l'antidiagonale qui passe par celui des deux polynômes qui a le plus grand degré i, depuis les polynômes de degré 0 jusqu'au degré i.

La "semi-orthogonalité" englobe le cas particulier des polynômes orthogonaux sur le cercle. La septième section est consacrée à quelques nouvelles propriétés de ces polynômes et des polynômes des horizontales adjacentes, dont la table présente une espèce de "symétrie".

Suivant Ya. L. Geronimus [20] nous introduisons les polynômes

$\phi_j^{*(s)}(z) = z^j \, \bar{\phi}_j^{(s)} (\frac{1}{z})$ *où la barre représente le polynôme dont les coefficients sont imaginaires conjugués de ceux de* ϕ. *Nous généralisons quelques résultats présentés dans [20] dans le cas normal.*

Pour terminer cette section nous donnons également une généralisation de la propriété d'approximation vérifiée par les polynômes ϕ^* *et* ψ^*. *Les polynômes* ψ *sont les polynômes du second ordre définis dans [20].*

Il ne nous restait plus qu'à donner dans la huitième section la relation de récurrence vérifiée par trois polynômes orthogonaux réguliers successifs placés sur une même verticale en dehors de la réunion des blocs P *et de leur côté ouest. Dans le cas particulier où* $P_i(x) = x^i$ *la relation de récurrence n'est pas unique.*

Après une propriété sur les zéros de ces polynômes nous démontrons une propriété analogue à celle qui avait été établie pour les polynômes semi-orthogonaux. Donner deux polynômes orthogonaux réguliers successifs de degré i *sur une même verticale, et un paramètre permettant de positionner le bloc qui les sépare, détermine de façon unique toute la table comprise entre la diagonale et l'antidiagonale passant par celui des deux polynômes qui est situé sur la diagonale d'indice le plus élevé, depuis les polynômes de degré 0 jusqu'au degré* i.

Enfin dans la dernière section, nous proposons des algorithmes pour déterminer les polynômes orthogonaux et leurs associés suivant une diagonale ou deux diagonales adjacentes. Ces algorithmes demeurent valables suivant les antidiagonales pour déterminer les polynômes $W(x)$ *orthogonaux par rapport à la fonctionnelle linéaire* γ.

Nous proposons également un algorithme pour les déplacements horizontaux et un autre pour les déplacements verticaux.

4.1 RELATIONS AVEC LES DETERMINANTS DE HANKEL

Nous allons chercher les relations qui existent entre les déterminants de Hankel et les coefficients $q_j^{(n)}$ et $E_j^{(n)}$.
Si $P_i^{(n)}(x)$ est orthogonal régulier on a :

$$H_i^{(n)} P_i^{(n)}(x) = \begin{vmatrix} c_n & \cdots & c_{n+i} \\ \vdots & & \vdots \\ c_{n+i-1} & \cdots & c_{n+2i-1} \\ 1 & \cdots & x^i \end{vmatrix} \quad \text{et } H_i^{(n)} \neq 0$$

$$H_i^{(n)} \cdot P_i^{(n)}(o) = (-1)^i H_i^{(n+1)}.$$

Propriété 4.1.

Si $P_i^{(n)}(x)$ *est orthogonal régulier on a :*

$$P_i^{(n)}(o) = 0 \iff H_i^{(n+1)} = 0$$

Démonstration.

$$P_i^{(n)}(o) = 0 \iff P_i^{(n)}(x) \text{ est au nord d'un bloc P}$$

$$\iff P_i^{(n+1)}(x) \text{ n'est pas orthogonal régulier} \iff H_i^{(n+1)}=0$$

cqfd.

Propriété 4.2.

Si $P_i^{(n+1)}(x)$ *est orthogonal régulier, alors* $P_{pr(i+1,n)}^{(n)}(o) \neq 0$.

Démonstration.

Si $pr(i+1,n) = i$, $P_i^{(n)}(o) \neq o$ car il n'est pas au nord d'un bloc P, puisque $H_i^{(n+1)} \neq 0$.

Si $pr(i+1,n) \neq i$, $P^{(n)}_{pr(i+1,n)}(x)$ est à l'ouest ou au nord ouest du bloc P, donc $P^{(n)}_{pr(i+1,n)}(o) \neq 0$.

cqfd.

Corollaire 4.1.

Si $P^{(n+1)}_i(x)$ *est orthogonal régulier, alors* $H^{(n+1)}_{pr(i+1,n)} \neq 0$.

Démonstration.

$$H^{(n)}_{pr(i+1,n)} P^{(n)}_{pr(i+1,n)}(o) = (-1)^{pr(i+1,n)} H^{(n+1)}_{pr(i+1,n)}$$

Le premier membre est non nul puisque $P^{(n)}_{pr(i+1,n)}(x)$ est orthogonal régulier

cqfd.

La propriété suivante nous donne $q^{(n)}_{i+1,\ell}$ en fonction des déterminants de Hankel.

Propriété 4.3.

Si $P^{(n+1)}_i(x)$ *est orthogonal régulier on a :*

i)

$$H^{(n)}_{i+1}\, q^{(n)}_{i+1,\ell} = (-1)^{i+pr(i+1,n)}\, H^{(n+1)}_{i+1}\, \frac{H^{(n)}_{pr(i+1,n)}}{H^{(n+1)}_{pr(i+1,n)}}$$

ii) *Si en plus* $P^{(n)}_{i+1}(x)$ *est orthogonal régulier on a :*

$$q^{(n)}_{i+1,\ell} = (-1)^{i+pr(i+1,n)}\, \frac{H^{(n+1)}_{i+1}\, H^{(n)}_{pr(i+1,n)}}{H^{(n)}_{i+1}\, H^{(n+1)}_{pr(i+1,n)}}$$

iii) *Si* $P^{(n)}_{i+1}(x)$ *est orthogonal singulier, on a* $q^{(n)}_{i+1,\ell}$ *arbitraire en utilisant la relation du i).*

Démonstration.

i) La relation donnée est la transcription immédiate de $P_{i+1}^{(n)}(o) = -q_{i+1,\ell}^{(n)} P_{pr(i+1,n)}^{(n)}(0)$ obtenue à partir de la première relation de la propriété 2.4.

On utilise la relation $H_j^{(n)} P_j^{(n)}(o) = (-1)^j H_j^{(n+1)}$ et le corollaire 4.1.

ii) On utilise la relation du i) et le fait que $P_{i+1}^{(n)}(x)$ est orthogonal régulier.

iii) Si $P_{i+1}^{(n)}(x)$ est orthogonal singulier on a $H_{i+1}^{(n)} = 0$ et aussi $H_{i+1}^{(n+1)} = 0$, car, d'après la remarque 2.2, en dessous de tout polynôme orthogonal singulier il y a au moins un polynôme qui n'est pas orthogonal régulier.

Si on utilise la relation du i) on a : $0 \cdot q_{i+1,\ell}^{(n)} = 0$ ce qui entraine que $q_{i+1,\ell}^{(n)}$ est arbitraire.

Ce résultat est conforme à ce qui a été prouvé dans la propriété 2.4.

cqfd.

Nous avons l'analogue de la propriété précédente pour le coefficient $E_{i+1}^{(n)}$, mais elle est, comme on pourra le constater, peu pratique dans le cas où $pr(i+1,n) \neq i$ à cause du coefficient $B_i^{(n+1)}$ qui intervient.

Propriété 4.4.

Soit $P_i^{(n+1)}(x)$ *un polynôme orthogonal régulier. On a :*

i) *Si* $pr(i+1,n) \neq i$

$$H_{pr(pr(i+1,n),n+1)}^{(n+2)} E_{i+1}^{(n)} = (-1)^{pr(pr(i+1,n),n+1)} H_{pr(pr(i+1,n),n+1)}^{(n+1)}$$

$$* \left[\frac{(-1)^i H_i^{(n+2)} H_{pr(i+1,n)}^{(n)} - (-1)^{pr(i+1,n)} B_i^{(n+1)} H_{pr(i+1,n)}^{(n+1)} H_i^{(n+1)}}{H_i^{(n+1)} H_{pr(i+1,n)}^{(n)}} \right]$$

Si pr(i+1,n) = i

$$H^{(n+2)}_{pr(i,n+1)} E^{(n)}_{i+1} = (-1)^{pr(i,n+1)+i} H^{(n+1)}_{pr(i,n+1)} \left[\frac{H^{(n+2)}_i H^{(n)}_i - (H^{(n+1)}_i)^2}{H^{(n+1)}_i H^{(n)}_i} \right]$$

ii) *Si* $P^{(n+1)}_{pr(pr(i+1,n),n+1)}(0) \neq 0$ *on a si* pr(i+1,n) ≠ i :

$$E^{(n)}_{i+1} = (-1)^{pr(pr(i+1,n),n+1)} \frac{H^{(n+1)}_{pr(pr(i+1,n),n+1)}}{H^{(n+2)}_{pr(pr(i+1,n),n+1)}} *$$

$$\left[\frac{(-1)^i H^{(n+2)}_i H^{(n)}_{pr(i+1,n)} - (-1)^{pr(i+1,n)} B^{(n+1)}_i H^{(n+1)}_{pr(i+1,n)} H^{(n+1)}_i}{H^{(n+1)}_i H^{(n)}_{pr(i+1,n)}} \right]$$

Si pr(i+1,n) = i,

$$E^{(n)}_{i+1} = (-1)^{pr(i,n+1)+i} \frac{H^{(n+1)}_{pr(i,n+1)}}{H^{(n+2)}_{pr(i,n+1)}} \left[\frac{H^{(n+2)}_i H^{(n)}_i - (H^{(n+1)}_i)^2}{H^{(n+1)}_i H^{(n)}_i} \right]$$

iii) *Si* $P^{(n+1)}_{pr(pr(i+1,n),n+1)}(0) = 0$ *on a* :

$$H^{(n+2)}_i H^{(n)}_{pr(i+1,n)} - (-1)^{i+pr(i+1,n)} B^{(n+1)}_i H^{(n+1)}_{pr(i+1,n)} H^{(n+1)}_i = 0 \text{ si } pr(i+1,n) \neq i,$$

$$H^{(n+2)}_i H^{(n)}_i - (H^{(n+1)}_i)^2 = 0 \text{ si } pr(i+1,n) = i.$$

Démonstration.

i) Si $P^{(n+1)}_i(x)$ est orthogonal régulier, on a :

$$P^{(n+1)}_i(x) = \omega^{(n)}_{i-pr(i+1,n)}(x) P^{(n)}_{pr(i+1,n)}(x) + E^{(n)}_{i+1} P^{(n+1)}_{pr(pr(i+1,n),n+1)}(x)$$

On écrit cette relation pour x = 0.

On sait d'après la présentation du qd que :

$$\omega^{(n)}_{i-pr(i+1,n)}(x) = x\,\omega^{(n+1)}_{i-1-pr(i+1,n)} + B^{(n+1)}_{i}$$

Si pr(i+1,n) = i, on a $\omega^{(n+1)}_{i-pr(i+1,n)}(x) = 1$ sinon on a :

$$\omega^{(n)}_{i-pr(i+1,n)}(o) = B^{(n+1)}_{i}$$

On obtient donc les relations proposées en utilisant la relation $H^{(n)}_{j} P^{(n)}_{j}(0) = (-1)^{j}\, H^{(n+1)}_{j}$ et le corollaire 4.1.

ii) Si $P^{(n+1)}_{pr(pr(i+1,n),n+1)}(0) \neq 0 \Rightarrow P^{(n+2)}_{pr(pr(i+1,n),n+1)}(x)$ est orthogonal régulier $\Rightarrow H^{(n+2)}_{pr(pr(i+1,n),n+1)} \neq 0$. D'où les deux relations.

iii) Si $P^{(n+1)}_{pr(pr(i+1,n),n+1)}(0) = 0 \Rightarrow P^{(n+2)}_{pr(pr(i+1,n),n+1)}(x)$ n'est pas orthogonal régulier $\Rightarrow H^{(n+2)}_{pr(pr(i+1,n),n+1)} = 0$. D'où les deux relations.

<u>cqfd</u>.

Nous donnons maintenant les relations existant entre déterminants de Hankel et les fonctionnelles de certains produits de polynômes, en vue de calculer par la suite les coefficients $C^{(n)}_{su(i+1,n)}$.

<u>*Propriété 4.5.*</u>

i) *Si* $P^{(n)}_{i}(x)$ *est orthogonal régulier, alors*

$$c^{(n)}((P^{(n)}_{i}(x))^{2}) = \frac{H^{(n)}_{i+1}}{H^{(n)}_{i}}$$

Nous considérons dans la suite que $h_{\ell}+1$ *et* $p_{\ell}+1$ *sont les indices limites extérieurs du bloc* P *pour* $P^{(n)}_{i}(x)$.

ii) *Si* $P^{(n+1)}_{p_\ell}(x)$ *est orthogonal régulier, alors*

$$c^{(n)}(P^{(n)}_{h_\ell+1}\, P^{(n)}_{p_\ell}) = (-1)^{p_\ell+h_\ell+1} \frac{H^{(n)}_{p_\ell+1}\, H^{(n+1)}_{h_\ell+1}}{H^{(n+1)}_{p_\ell}\, H^{(n)}_{h_\ell+1}}$$

iii) *Si* $P^{(n+1)}_{p_\ell+1}(x)$ *est orthogonal régulier, alors :*

$$c^{(n)}(P^{(n)}_{h_\ell+1}\, P^{(n)}_{p_\ell}) = (-1)^{p_\ell+h_\ell} \frac{H^{(n+1)}_{p_\ell+1}\, H^{(n)}_{h_\ell+1}}{H^{(n+1)}_{h_\ell}\, H^{(n)}_{p_\ell+1}}$$

iv) *Si* $P^{(n-1)}_{p_\ell+2}(x)$ *est orthogonal régulier, alors :*

$$c^{(n)}(P^{(n)}_{h_\ell+1}\, P^{(n)}_{p_\ell}) = (-1)^{p_\ell+h_\ell} \frac{H^{(n-1)}_{p_\ell+2}\, H^{(n)}_{h_\ell+1}}{H^{(n)}_{p_\ell+1}\, H^{(n-1)}_{h_\ell+1}}$$

v) *Si* $P^{(n-1)}_{p_\ell+1}(x)$ *est orthogonal régulier alors :*

$$c^{(n)}(P^{(n)}_{h_\ell+1}\, P^{(n)}_{p_\ell}) = (-1)^{p_\ell+h_\ell+1} \frac{H^{(n)}_{p_\ell+1}\, H^{(n-1)}_{h_\ell+2}}{H^{(n-1)}_{p_\ell+1}\, H^{(n)}_{h_\ell+1}}$$

Démonstration.

i) Livre de C. Brezinski page 46.

ii) On considère le déterminant $H^{(n)}_{p_\ell+1}$.

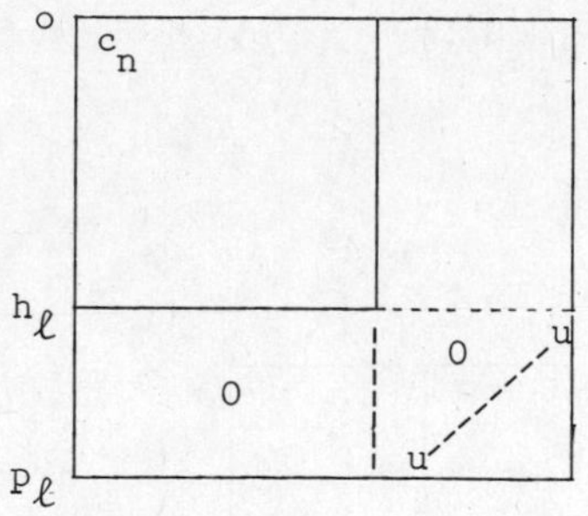

On sait que $H^{(n)}_{h_\ell+1} \neq 0$ et que $H^{(n)}_j = 0$ pour $j \in \mathbb{N}$, $h_\ell+2 \leq j \leq p_\ell$.

On rappelle que :

$$H^{(n)}_{p_\ell+1} = (-1)^{(p_\ell-h_\ell)\frac{(p_\ell+3h_\ell+3)}{2}} u^{p_\ell-h_\ell} H^{(n)}_{h_\ell-1}$$

On a également :

$$c^{(n)}(P^{(n)}_{h_\ell+1} P^{(n)}_{p_\ell}) = c^{(n)}(x^{p_\ell} P^{(n)}_{h_\ell+1}) = \frac{1}{H^{(n)}_{h_\ell+1}} c^{(n)}(x^{p_\ell} H^{(n)}_{h_\ell+1} P^{(n)}_{h_\ell+1})$$

$$c^{(n)}(x^{p_\ell} H^{(n)}_{h_\ell+1} P^{(n)}_{h_\ell+1}) = \begin{vmatrix} c_n & \cdots & c_{n+h_\ell+1} \\ \vdots & & \vdots \\ c_{n+h_\ell} & \cdots & c_{n+2h_\ell+1} \\ c_{n+p_\ell} & \cdots & c_{n+p_\ell+h_\ell+1} \end{vmatrix} = u\, H^{(n)}_{h_\ell+1}$$

Donc $c^{(n)}(P^{(n)}_{h_\ell+1}\ P^{(n)}_{p_\ell}) = u$.

Si $P^{(n+1)}_{p_\ell}(x)$ est orthogonal régulier, alors $H^{(n+1)}_{p_\ell}$ et $H^{(n+1)}_{h_\ell+1}$ sont non nuls.
On considère $H^{(n+1)}_{p_\ell}$ et on applique la même relation que précédemment entre les lignes.

On obtient :

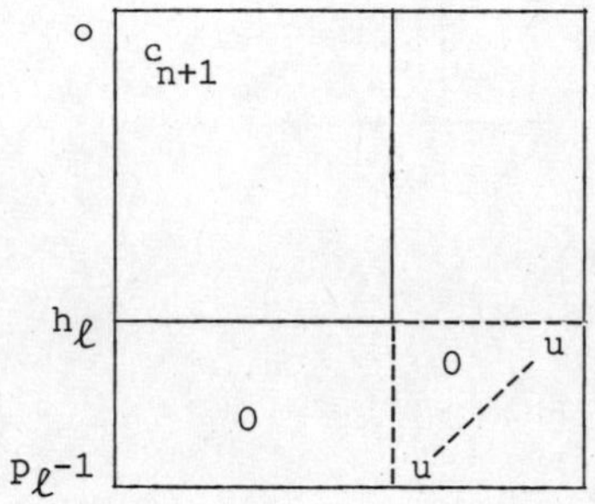

$$H^{(n+1)}_{p_\ell} = u^{(p_\ell-h_\ell-1)}(-1)^{\frac{(p_\ell-h_\ell-1)(p_\ell+3h_\ell+2)}{2}} H^{(n+1)}_{h_\ell+1}$$

En faisant le rapport des deux expressions trouvées on en tire u, donc la relation proposée.

iii) Si $P^{(n+1)}_{p_\ell+1}(x)$ est orthogonal régulier, alors $H^{(n+1)}_{p_\ell+1}$ et $H^{(n+1)}_{h_\ell}$ sont non nuls.
Nous considérons $H^{(n+1)}_{p_\ell+1}$.
En utilisant la relation qui existe entre chacune des lignes $j \in \mathbb{N}$, $h_\ell \le j \le p_\ell$ et les h_ℓ premières lignes on obtient le déterminant ci-dessous :

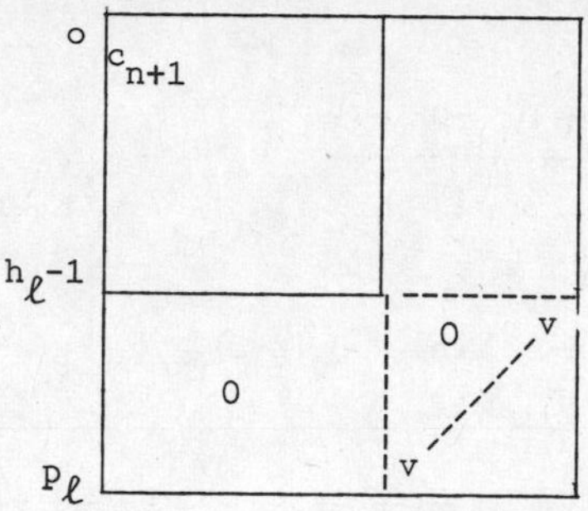

On obtient :

$$H^{(n+1)}_{p_\ell+1} = (-1)^{\frac{(p_\ell-h_\ell+1)(p_\ell+3h_\ell)}{2}} \; v^{p_\ell-h_\ell+1} \; H^{(n+1)}_{h_\ell}$$

D'autre part :

$$c^{(n)}(P^{(n)}_{h_\ell+1}\,P^{(n)}_{p_\ell}) = c^{(n)}(xP^{(n+1)}_{h_\ell}P^{(n)}_{p_\ell}) = c^{(n+1)}(x^{p_\ell}\,P^{(n+1)}_{h_\ell}) = v.$$

Donc v = u. On fait le rapport de la relation obtenue ci-dessus avec la première relation obtenue dans le ii). On trouve la relation cherchée :

iv) Si $P^{(n-1)}_{p_\ell+2}$ est orthogonal régulier, alors $H^{(n-1)}_{p_\ell+2}$ et $H^{(n-1)}_{h_\ell+1}$ sont non nuls.

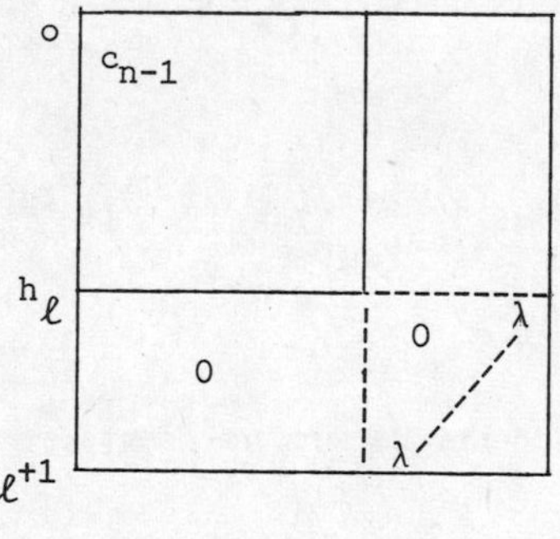

On considère le déterminant $H_{p_\ell+2}^{(n-1)}$. On a :

$$H_{p_\ell+2}^{(n-1)} = (-1)^{\frac{(p_\ell-h_\ell+1)(p_\ell+3h_\ell+4)}{2}} \lambda^{p_\ell-h_\ell+1} H_{h_\ell+1}^{(n-1)}$$

$$c^{(n)}(P_{h_\ell+1}^{(n)} P_{p_\ell}^{(n)}) = c^{(n)}(P_{h_\ell+1}^{(n-1)} P_{p_\ell}^{(n)}) = c^{(n-1)}(x^{p_\ell+1} P_{h_\ell+1}^{(n-1)}) = \lambda$$

Donc $\lambda = u$. D'où en faisant encore le rapport de l'expression précédente avec la première relation du ii) on obtient l'expression cherchée.

v) Si $P_{p_\ell+1}^{(n-1)}(x)$ est orthogonal régulier, alors $H_{p_\ell+1}^{(n-1)}$ et $H_{h_\ell+2}^{(n-1)}$ sont non nuls.

On considère le déterminant $H_{p_\ell+1}^{(n-1)}$.

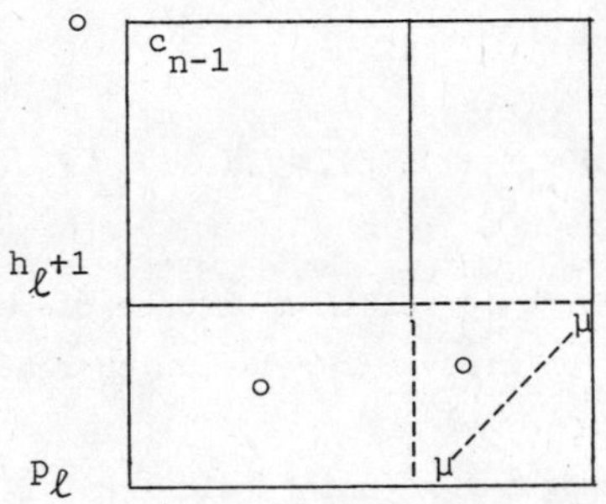

$$H_{p_\ell+1}^{(n-1)} = (-1)^{\frac{(p_\ell-h_\ell-1)(p_\ell+3h_\ell+6)}{2}} \mu^{p_\ell-h_\ell-1} H_{h_\ell+2}^{(n-1)}$$

$$c^{(n)}(P_{h_\ell+1}^{(n)} P_{p_\ell}^{(n)}) = c^{(n-1)}(xP_{h_\ell+1}^{(n)} P_{p_\ell}^{(n)}) = c^{(n-1)}(x^{p_\ell} P_{h_\ell+2}^{(n-1)}) = \mu .$$

Donc $u = \mu$.

D'où le résultat par un rapport identique aux précédents.

<u>cqfd</u>.

<u>Remarque 4.1.</u>

A partir des relations trouvées dans la propriété 4.5, on peut déduire des relations entre déterminants de Hankel sur les côtés d'un bloc H.

<u>1er Cas.</u> $P^{(n)}_{p_\ell+1}(x)$ est sur le côté S d'un bloc P.

Les relations de 4.5 ii) et 4.5 iv) donnent en les égalant :

$$H^{(n-1)}_{p_\ell+2}\ H^{(n+1)}_{p_\ell}(H^{(n)}_{h_\ell+1})^2 = -(H^{(n)}_{p_\ell+1})^2\ H^{(n+1)}_{h_\ell+1}\ H^{(n-1)}_{h_\ell+1}$$

<u>2eme Cas.</u> $P^{(n)}_{p_\ell+1}(x)$ est sur le côté E d'un bloc P.

Les relations du iii) et v) donnent :

$$H^{(n+1)}_{p_\ell+1}(H^{(n)}_{h_\ell+1})^2\ H^{(n-1)}_{p_\ell+1} = -(H^{(n)}_{p_\ell+1})^2\ H^{(n-1)}_{h_\ell+2}\ H^{(n+1)}_{p_\ell}$$

<u>3eme Cas.</u> $P^{(n)}_{p_\ell+1}(x)$ est dans l'angle SE du bloc P.

Les relations du ii) et v) donnent :

$$H^{(n+1)}_{h_\ell+1}\ H^{(n-1)}_{p_\ell+1} = H^{(n-1)}_{h_\ell+2}\ H^{(n+1)}_{p_\ell}$$

Les deux premières relations auraient pu se déduire également de la propriété de progression géométrique qui existe entre les déterminants qui bordent un bloc H (voir : Gilewicz page 192 - Approximants de Padé). Elles se déduisent donc directement de la relation de Sylvester.

Nous rappelons que si $P^{(n)}_{i+1}(x)$ est orthogonal régulier, le théorème 1.5 et la transformation des coefficients des relations de récurrence nous donnent la valeur de $C^{(n)}_{su(i+1,n)}$

$$C^{(n)}_{su(i+1,n)} = -\frac{c^{(n)}(P^{(n)}_{i+1}\ P^{(n)}_{su(i+1,n)-1})}{c^{(n)}(P^{(n)}_{i}\ P^{(n)}_{pr(i+1,n)})}$$

On a également :

$$C^{(n)}_{i+2} = -e^{(n)}_{i+1,\ell}\ q^{(n)}_{i+1,\ell}$$

$$C^{(n)}_{su(i+1,n)} = -e^{(n)}_{i+1,\ell+1}\ q^{(n)}_{i+1,\ell}$$

Nous pouvons maintenant donner l'expression de $e_{i+1,\ell}^{(n)}$ dans un cas particulier.

Propriété 4.6.

Si $P_i^{(n+1)}(x)$, $P_{i+1}^{(n+1)}(x)$ *et* $P_{i+1}^{(n)}(x)$ *sont orthogonaux réguliers, alors :*

$$e_{i+1,\ell}^{(n)} = \frac{H_{i+2}^{(n)}\, H_i^{(n+1)}}{H_{i+1}^{(n)}\, H_{i+1}^{(n+1)}}$$

Démonstration.

$$C_{i+2}^{(n)} = -e_{i+1,\ell}^{(n)}\, q_{i+1,\ell}^{(n)}$$

Si $P_{i+2}^{(n)}(x)$ est orthogonal régulier on a :

$$C_{i+2}^{(n)} = -\frac{c^{(n)}((P_{i+1}^{(n)})^2)}{c^{(n)}(P_i^{(n)} P_{pr(i+1,n)}^{(n)})} = (-1)^{i+1+pr(i+1,n)} \frac{H_i^{(n+1)}\, H_{i+2}^{(n)}\, H_{pr(i+1,n)}^{(n)}}{(H_{i+1}^{(n)})^2\, H_{pr(i+1,n)}^{(n+1)}}$$

en utilisant la propriété 4.5 ii).

Si $P_{i+2}^{(n)}(x)$ n'est pas orthogonal régulier on a $C_{i+2}^{(n)} = 0$. Or $H_{i+2}^{(n)}$ est nul.
Donc l'expression donnant $C_{i+2}^{(n)}$ reste valable.

D'autre part $q_{i+1,\ell}^{(n)} = (-1)^{i+pr(i+1,n)} \dfrac{H_{i+1}^{(n)}\, H_{pr(i+1,n)}^{(n)}}{H_{i+1}^{(n)}\, H_{pr(i+1,n)}^{(n+1)}}$.

D'où l' expression de $e_{i+1,\ell}^{(n)}$ en faisant le rapport.

Enfin si $P_{i+2}^{(n)}$ n'est pas orthogonal régulier on sait que l'on a $e_{i+1,\ell}^{(n)} = 0$, ce que la relation proposée donne bien puisque $H_{i+2}^{(n)} = 0$.

cqfd.

Calcul de la table H.

Théorème 4.1 (Sylvester).

On a la relation :

$$H_{i+1}^{(n)} H_{i+1}^{(n+2)} - (H_{i+1}^{(n+1)})^2 = H_i^{(n+2)} H_{i+2}^{(n)}.$$

On calcule la table H colonne après colonne en utilisant la relation précédente avec les valeurs de départ.

$$H_o^{(n)} = 1 \text{ et } H_1^{(n)} = c_n.$$

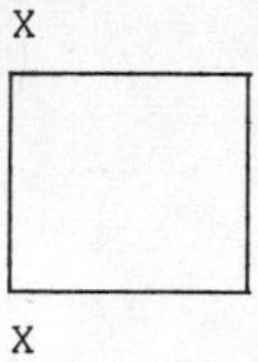

Lorsqu'on rencontre pour la première fois un bloc H dans la table on peut calculer la colonne qui borde le côté ouest et les deux éléments marqués d'une croix à l'aide de la relation du théorème 4.1. On peut ainsi calculer les éléments du pourtour du bloc H, soit avec l'aide de la relation du théorème 4.1, soit avec l'aide de la relation du 3e cas de la remarque 4.1.

Par contre ces relations ne permettent pas le calcul des éléments de la colonne qui suit celle qui est à l'est de ce bloc.
Nous allons montrer comment, à l'aide des relations obtenues pour le qd, on peut calculer ces éléments de la table H et retrouver ainsi la relation proposée par Cilewicz et Froissart.

Propriété 4.7.

On suppose que l'on a un bloc P *de largeur* r+1 *dont le coin NO intérieur est occupé par le polynôme* $P_k^{(n)}(x)$. *On a alors la relation suivante pour* $i \in Z$, $-1 \le i \le r$ *qui permet de calculer* $H_{k+r+2}^{(n-r-1+i)}$

$$\frac{H_{k+r+2}^{(n-r-1+i)} H_{k+r-1-i}^{(n-r+i)}}{H_{k+r+1}^{(n-r+i)} H_{k+r-i}^{(n-r-1+i)}} + \frac{H_{k+r+1}^{(n-r+i)} H_{k+r-1-i}^{(n-r-1+i)}}{H_{k+r-1-i}^{(n-r+i)} H_{k+r+1}^{(n-r-1+i)}} =$$

$$\frac{H_{k+1+i}^{(n+r-i)} H_{k-2}^{(n+r+1-i)}}{H_{k+i}^{(n+r+1-i)} H_{k-1}^{(n+r-i)}} + \frac{H_{k+1+i}^{(n+r+1-i)} H_{k-1}^{(n+r-i)}}{H_{k+1+i}^{(n+r-i)} H_{k-1}^{(n+r+1-i)}}$$

Démonstration.

i) Nous commençons par calculer $H_{k+r+2}^{(n-r-2)}$. Il faut pour cela calculer $e_{k+r+1,\ell^{(n-r-2)}}^{(n-r-2)}$ qui sera obtenu après le calcul de $B_k^{(n+r+1)}$ et $B_{k+r+1}^{(n-r-1)}$ qui sont égaux. On a :

$$B_k^{(n+r+1)} = -q_{k,\ell^{(n+r+1)}}^{(n+r+1)} - e_{k-1,\ell^{(n+r+1)}}^{(n+r+1)}$$

$$C_k^{(n+r+1)} = -e_{k-1,\ell^{(n+r+1)}}^{(n+r+1)} q_{k-1,\ell^{(n+r+1)}}^{(n+r+1)}$$

En utilisant les relations des propriétés 4.6 et 4.3 ii) on obtient :

$$B_k^{(n+r+1)} = -\frac{H_k^{(n+r+2)} H_{k-1}^{(n+r+1)}}{H_k^{(n+r+1)} H_{k-1}^{(n+r+2)}} - \frac{H_k^{(n+r+1)} H_{k-2}^{(n+r+2)}}{H_{k-1}^{(n+r+1)} H_{k-1}^{(n+r+2)}}$$

Calculons maintenant $B_{k+r+1}^{(n-r-1)}$. On utilise le c) du qd.

Si $P_{k+r}^{(n-r-2)}(x)$ est orthogonal régulier on a :

$$B_{k+r+1}^{(n-r-1)} = -q_{k+r+1,\ell^{(n-r-2)}}^{(n-r-2)} - e_{k+r+1,\ell^{(n-r-2)}}^{(n-r-2)}$$

avec

$$q_{k+r+1,\ell^{(n-r-2)}}^{(n-r-2)} = \frac{H_{k+r+1}^{(n-r-1)} H_{k+r}^{(n-r-2)}}{H_{k+r+1}^{(n-r-2)} H_{k+r}^{(n-r-1)}}$$

Si $P_{k+r}^{(n-r-2)}(x)$ est non orthogonal on a : $B_{k+r+1}^{(n-r-1)} = -e_{k+r+1,\ell^{(n-r-2)}}^{(n-r-2)}$.

On constate que la relation donnant q s'annule dans ce cas et on retrouve bien l'égalité ci-dessus.
Enfin en utilisant la propriété 4.6 on trouve :

$$e^{(n+r-2)}_{k+r+1,\ell^{(n-r-2)}} = \frac{H^{(n-r-2)}_{k+r+2}\, H^{(n-r-1)}_{k+r}}{H^{(n-r-1)}_{k+r+1}\, H^{(n-r-2)}_{k+r+1}}$$

ce qui nous donne la relation proposée dans l'énoncé pour i = -1.

ii) Nous calculons maintenant $H^{(n-r-1+i)}_{k+r+2}$ pour $i \in \mathbb{N}$, $0 \le i \le r$, en utilisant l'égalité des deux coefficients $B^{(n-r+i)}_{k+r+1}$ et $B^{(n+r-i)}_{k+i+1}$.
Calculons d'abord $B^{(n+r-i)}_{k+i+1}$.
On sait que si $P^{(n+r+1-i)}_{k-2}$ est orthogonal régulier on a :

$$B^{(n+r-i)}_{k+i+1} = C^{(n+r+1-i)}_{k+i} - q^{(n+r-i)}_{k+1+i,\ell^{(n+r-i)}+1}$$

$$q^{(n+r-i)}_{k+1+i,\ell^{(n+r-i)}+1} = (-1)^{i-1} \frac{H^{(n+r+1-i)}_{k+1+i}\, H^{(n+r-i)}_{k-1}}{H^{(n+r-i)}_{k+1+i}\, H^{(n+r+1-i)}_{k-1}}$$

$$C^{(n+r+1-i)}_{k+i} = \frac{-c^{(n+r+1-i)}(P^{(n+r+1-i)}_{k-1}\, P^{(n+r+1-i)}_{k+i-1})}{c^{(n+r+1-i)}((P^{(n+r+1-i)}_{k-2})^2)} = (-1)^i \frac{H^{(n+r-i)}_{k+1+i}\, H^{(n+r+1-i)}_{k-2}}{H^{(n+r+1-i)}_{k+i}\, H^{(n+r-i)}_{k-1}}$$

en utilisant la propriété 4.5 iv).

Si $P^{(n+r+1-i)}_{k-2}(x)$ n'est pas orthogonal régulier, on a $B^{(n+r-i)}_{k+i+1} = -q^{(n+r-i)}_{k+1+i,\ell^{(n+r-i)}+1}$;

or la relation précédente qui donne $B_{k+i+1}^{(n+r-i)}$ restera valable car l'expression qui donne $C_{k+i}^{(n+r+1-i)}$ est nulle avec $H_{k-2}^{(n+r+1-i)}$.

Calculons à présent $B_{k+r+1}^{(n-r+i)}$.

Si $P_{k+r-1-i}^{(n-r-1+i)}(x)$ est orthogonal régulier on a :

$$B_{k+r+1}^{(n-r+i)} = C_{k+r+1}^{(n+r-1+i)} + C_{k+r+2}^{(n-r-1+i)}$$

$$C_{k+r+1}^{(n-r-1+i)} = - \frac{c^{(n-r-1+i)}(P_{k+r}^{(n-r-1+i)}\ P_{k+r-i}^{(n-r-1+i)})}{c^{(n-r-1+i)}((P_{k+r-1-i}^{(n-r-1+i)})^2)} = (-1)^i \frac{H_{k+r+1}^{(n-r+i)}\ H_{k+r-1-i}^{(n-r-1+i)}}{H_{k+r-1-i}^{(n-r+i)}\ H_{k+r+1}^{(n-r-1+i)}}$$

en utilisant la propriété 4.5 iii).

$$C_{k+r+2}^{(n-r-1+i)} = - \frac{c^{(n-r-1+i)}((P_{k+r+1}^{(n-r-1+i)})^2)}{c^{(n-r-1+i)}(P_{k+r}^{(n-r-1+i)}\ P_{k+r-i}^{(n-r-1+i)})} = (-1)^i \frac{H_{k+r+2}^{(n-r-1+i)}\ H_{k+r-1-i}^{(n-r+i)}}{H_{k+r+1}^{(n-r+i)}\ H_{k+r-i}^{(n-r-1+i)}}$$

en utilisant la propriété 4.5 iii).

Cette dernière relation établie sous l'hypothèse que $P_{k+r+2}^{(n-r-1+i)}$ est orthogonal régulier reste néanmoins valable si cette condition n'est pas vérifiée car alors $C_{k+r+2}^{(n-r-1+i)}$ est nul, ce qu'on obtient bien avec $H_{k+r+2}^{(n-r-1+i)} = 0$.

Enfin si $P_{k+r-1-i}^{(n-r-1+i)}(x)$ n'est pas orthogonal régulier on a :

$$B_{k+r+1}^{(n-r+i)} = C_{k+r+2}^{(n-r-1+i)}$$

ce qu'on obtient bien avec les deux relations précédentes, car celle que l'on a écrite pour $C_{k+r+1}^{(n-r-1+i)}$ s'annule avec $H_{k+r-1-i}^{(n-r-1+i)}$.
Finalement en égalant $B_{k+r+1}^{(n-r+i)}$ et $B_{k+i+1}^{(n+r-i)}$ on obtient bien la relation proposée.

cqfd.

Remarque.

Cette propriété est une généralisation de celle présentée par Van Rossum dans le cas normal (cf. Livre de C. Brezinski page 128 - th. 3.5).

Remarque 4.2.

Nous avons calculé $B_{k+r+1}^{(n-r+i)}$ et $B_{k+i+1}^{(n+r-i)}$ pour $i \in Z$, $-1 \le i \le r$.
On peut ainsi calculer par récurrence $\omega_i^{(n-r-1+i)}(x)$ et $\omega_i^{(n+r+1-i)}(x)$ pour $i \in \mathbb{N}, 0 \le i \le r$ grâce aux relations.

$$B_{k+r+1}^{(n-r-1+i)} = B_{k+i}^{(n+r+1-i)}$$

$$\omega_i^{(n-r-1+i)}(x) = \omega_i^{(n+r+1-i)}(x)$$

$$\omega_{i+1}^{(n-r+i)}(x) = x\omega_i^{(n-r-1+i)}(x) + B_{k+r+1}^{(n-r-1+i)}$$

Si on prend l'expression trouvée pour $B_{k+r+1}^{(n-r+i)}$ pour $i \in Z$, $-1 \le i \le r-1$, on obtient en réduisant au même dénominateur et en utilisant la relation du théorème 4.1.

$$B_{k+r+1}^{(n-r+i)} = (-1)^i \left[\frac{H_{k+r+1}^{(n-r+1+i)} H_{k+r-1-i}^{(n-r-1+i)} - H_{k+r-2-i}^{(n-r+i+1)} H_{k+r+2}^{(n-r-1+i)}}{H_{k+r-1-i}^{(n-r+i)} H_{k+r+1}^{(n-r+i)}} \right]$$

On effectue le même travail pour $B_{k+i+1}^{(n+r-i)}$ pour $i \in Z$, $-1 \leq i \leq r-1$.
On obtient :

$$B_{k+i+1}^{(n+r-i)} = (-1)^i \left[\frac{H_{k-1}^{(n+r-i-1)} H_{k+1+i}^{(n+r+1-i)} - H_{k-2}^{(n+r+1-i)} H_{k+2+i}^{(n+r-1-i)}}{H_{k-1}^{(n+r-i)} H_{k+1+i}^{(n+r-i)}} \right]$$

Pour i=r, on réduit au même dénominateur, on utilise la relation du théorème 4.1 et celle du 3e cas de la remarque 4.1.

$$H_{k-1}^{(n+1)} H_{k+r+1}^{(n-1)} = H_k^{(n-1)} H_{k+r}^{(n+1)}$$

On obtient :

$$B_{k+r+1}^{(n)} = (-1)^r \left[\frac{H_{k+r+1}^{(n+1)} H_{k-1}^{(n-1)} - H_{k+r+2}^{(n-1)} H_{k-2}^{(n+1)}}{H_{k-1}^{(n)} H_{k+r+1}^{(n)}} \right]$$

Les relations précédentes sont donc encore valables pour i=r.

4.2 DEPLACEMENTS DIAGONAUX

Nous introduisons les polynômes de Hadamard :

$$H_k^{(n)}(x) = H_k^{(n)} . P_k^{(n)}(x)$$

puis les polynômes transformés $\tilde{H}_k^{(n)}(x) = x^k H_k^{(n)}(x^{-1})$ qui seront disposés dans une table $\tilde{H}$ de la même manière que les polynômes $P_k^{(n)}(x)$ dans la table P.

Si nous posons :

$$\tilde{P}_k^{(n)}(x) = x^k P_k^{(n)}(x^{-1})$$

$$\tilde{Q}_k^{(n)}(x) = x^{k-1} Q_k^{(n)}(x^{-1})$$

$$\tilde{\omega}_s^{(n)}(x) = x^s \omega_s^{(n)}(x^{-1})$$

les relations entre familles adjacentes deviennent :

$$\tilde{P}_i^{(n+1)}(x) = \tilde{P}_{i+1}^{(n)}(x) + q_{i+1,\ell}^{(n)} x^{i+1-pr(i+1,n)} \tilde{P}_{pr(i+1,n)}^{(n)}(x)$$

$$\tilde{P}_i^{(n+1)}(x) = \tilde{\omega}_{i-pr(i+1,n)}^{(n)}(x) \cdot \tilde{P}_{pr(i+1,n)}^{(n)}(x) +$$

$$E_{i+1}^{(n)} x^{i-pr(pr(i+1,n),n+1)} \tilde{P}_{pr(pr(i+1,n),n+1)}^{(n+1)}(x)$$

$$x\tilde{Q}_i^{(n+1)}(x) = \tilde{Q}_{i+1}^{(n)}(x) + q_{i+1,\ell}^{(n)} x^{i-pr(i+1,n)+1} \tilde{Q}_{pr(i+1,n)}^{(n)}(x) - c_n \tilde{P}_i^{(n+1)}(x)$$

$$x\tilde{Q}_i^{(n+1)}(x) = \tilde{\omega}_{i-pr(i+1,n)}^{(n)}(x) (\tilde{Q}_{pr(i+1,n)}^{(n)}(x) - c_n \tilde{P}_{pr(i+1,n)}^{(n)}(x))$$

$$+ E_{i+1}^{(n)} x^{i-pr(pr(i+1,n),n+1)+1} \tilde{Q}_{pr(pr(i+1,n),n+1)}^{(n+1)}(x)$$

I. Nous considérons d'abord les déplacements le long d'une seule diagonale, c'est à dire que connaissant $\tilde{H}_i^{(n)}(x)$ et $\tilde{H}_{pr(i,n)}^{(n)}(x)$ on désire calculer $\tilde{H}_{su(i,n)}^{(n)}(x)$

$$\tilde{P}_{su(i,n)}^{(n)}(x) = (\tilde{\omega}_{su(i,n)-i-1}^{(n)}(x) + B_{su(i,n)}^{(n)} x^{su(i,n)-i}) \tilde{P}_i^{(n)}(x)$$

$$+ x^{su(i,n)-pr(i,n)} C_{su(i,n)}^{(n)} \tilde{P}_{pr(i,n)}^{(n)}(x)$$

En utilisant la remarque 4.2 on a :

$$B^{(n)}_{su(i,n)} = (-1)^{su(i,n)-i-2} \frac{H^{(n+1)}_{su(i,n)} H^{(n-1)}_{i} - H^{(n+1)}_{i-1} H^{(n-1)}_{su(i,n)+1}}{H^{(n)}_{i} H^{(n)}_{su(i,n)}}$$

$$C^{(n)}_{su(i,n)} = - \frac{c^{(n)}(P^{(n)}_{i} P^{(n)}_{su,(i,n)-1})}{c^{(n)}(P^{(n)}_{i-1} P^{(n)}_{pr(i,n)})}$$

L'expression suivante intervenant dans toutes les relations nous l'appelons $Z^{(n)}(x)$ pour simplifier :

$$Z^{(n)}(x) = H^{(n)}_{i} H^{(n)}_{su(i,n)} \tilde{\omega}^{(n)}_{su(i,n)-i-1}(x) + (-x)^{su(i,n)-i}(H^{(n-1)}_{i} H^{(n+1)}_{su(i,n)} - H^{(n+1)}_{i-1} H^{(n-1)}_{su(i,n)+1})$$

$\tilde{\omega}^{(n)}_{su(i,n)-i-1}$ est obtenu grâce aux relations de récurrence de la remarque 4.2.

I.1 <u>Si $H^{(n-1)}_{i+1} = 0$.</u>

$P^{(n)}_{i}(x)$ est à l'ouest du bloc P.

En utilisant les relations de la propriété 4.5 iv) et v) on obtient :

$$C^{(n)}_{su(i,n)} = (-1)^{su(i,n)+pr(i,n)} \frac{H^{(n-1)}_{su(i,n)+1} H^{(n)}_{pr(i,n)}}{H^{(n)}_{su(i,n)} H^{(n-1)}_{pr(i,n)+1}}$$

D'où la relation :

$$(H_i^{(n)})^2 \, H_{pr(i,n)+1}^{(n-1)} \, \tilde{H}_{su(i,n)}^{(n)}(x) = Z^{(n)}(x) \, H_{pr(i,n)+1}^{(n-1)} \, \tilde{H}_i^{(n)}(x)$$

$$+ (-x)^{su(i,n)-pr(i,n)} (H_i^{(n)})^2 \, H_{su(i,n)+1}^{(n-1)} \, \tilde{H}_{pr(i,n)}^{(n)}(x)$$

I.2 Si $H_i^{(n+1)} = 0$.

$P_i^{(n)}$ est au nord du bloc P.

En utilisant les relations de la propriété 4.5 ii) et iii) on obtient :

$$C_{su(i,n)}^{(n)} = (-1)^{su(i,n)+pr(i,n)} \frac{H_{su(i,n)}^{(n+1)} \, H_{pr(i,n)}^{(n)}}{H_{su(i,n)}^{(n)} \, H_{pr(i,n)}^{(n+1)}}$$

D'où la relation :

$$(H_i^{(n)})^2 \, H_{pr(i,n)}^{(n+1)} \, \tilde{H}_{su(i,n)}^{(n)}(x) = Z^{(n)}(x) \, H_{pr(i,n)}^{(n+1)} \, \tilde{H}_i^{(n)}(x)$$

$$+ (-x)^{su(i,n)-pr(i,n)} (H_i^{(n)})^2 \, H_{su(i,n)}^{(n+1)} \, \tilde{H}_{pr(i,n)}^{(n)}(x)$$

I.3 Si $H_i^{(n+1)}$ et $H_{i+1}^{(n-1)} \neq 0$.

$P_i^{(n)}(x)$ est dans l'angle NO du bloc P.

I.3.1 Si $H_i^{(n-1)} = 0$.

En utilisant les relations de la propriété 4.5 ii) et v) on obtient :

$$C^{(n)}_{su(i,n)} = (-1)^{su(i,n)+pr(i,n)-1} \frac{H^{(n)}_{su(i,n)} H^{(n-1)}_{i+1} H^{(n+1)}_{i-1} H^{(n)}_{pr(i,n)}}{H^{(n-1)}_{su(i,n)} (H^{(n)}_i)^2 H^{(n+1)}_{pr(i,n)}}$$

D'où la relation :

$$(H_i^{(n)})^2 H^{(n-1)}_{su(i,n)} H^{(n+1)}_{pr(i,n)} \tilde{H}^{(n)}_{su(i,n)}(x) = Z^{(n)}(x).H^{(n-1)}_{su(i,n)} H^{(n+1)}_{pr(i,n)} \tilde{H}^{(n)}_i(x)$$
$$- (-x)^{su(i,n)-pr(i,n)} (H^{(n)}_{su(i,n)})^2 H^{(n-1)}_{i+1} H^{(n+1)}_{i-1} \tilde{H}^{(n)}_{pr(i,n)}(x)$$

I.3.2 Si $H_{i-1}^{(n+1)} = 0$.

En utilisant les relations de la propriété 4.5 ii) et v) on obtient :

$$C^{(n)}_{su(i,n)} = (-1)^{su(i,n)+pr(i,n)-1} \frac{H^{(n)}_{su(i,n)} H^{(n+1)}_{i} H^{(n-1)}_{i} H^{(n)}_{pr(i,n)}}{H^{(n+1)}_{su(i,n)-1} (H^{(n)}_i)^2 H^{(n-1)}_{pr(i,n)+1}}$$

D'où la relation :

$$(H_i^{(n)})^2 \, H_{su(i,n)-1}^{(n+1)} \, H_{pr(i,n)+1}^{(n-1)} \, \tilde{H}_{su(i,n)}^{(n)}(x) = Z^{(n)}(x) \, H_{su(i,n)-1}^{(n+1)} \, H_{pr(i,n)+1}^{(n-1)} \, \tilde{H}_i^{(n)}(x)$$

$$- (-x)^{su(i,n)-pr(i,n)} \, (H_{su(i,n)}^{(n)})^2 \, H_i^{(n+1)} \, H_i^{(n-1)} \, \tilde{H}_{pr(i,n)}^{(n)}(x)$$

I.3.3 Si $H_i^{(n-1)}$ et $H_{i-1}^{(n+1)} \neq 0$.

Les deux relations trouvées dans I.3.1 et I.3.2 sont valables.

Remarque 4.3.

Si $H_{i+1}^{(n-1)} = 0$ la relation du I.3.2 s'applique au cas I.1.
En effet on a alors :

$$(H_i^{(n)})^2 = H_i^{(n+1)} \, H_i^{(n-1)}$$

$$(H_{su(i,n)}^{(n)})^2 = -H_{su(i,n)-1}^{(n+1)} \, H_{su(i,n)+1}^{(n-1)}$$

De même si $H_i^{(n+1)} = 0$ la relation du I.3.1 s'applique au cas I.2 car on a alors :

$$(H_i^{(n)})^2 = - H_{i+1}^{(n-1)} \, H_{i-1}^{(n+1)}$$

$$(H_{su(i,n)}^{(n)})^2 = H_{su(i,n)}^{(n+1)} \, H_{su(i,n)}^{(n-1)}$$

II. Maintenant nous étudions les déplacements sur deux diagonales n et n+1 sur lesquelles on bâtit un escalier. Nous désirons connaître tous les polynômes $\tilde{H}^{(n)}(x)$ et $\tilde{H}^{(n+1)}(x)$ qui sont tels que les $H^{(n)}$ et $H^{(n+1)}$ correspondants soient non nuls.

II.1 Si $H_i^{(n)}$, $H_{i+1}^{(n)}$ et $H_i^{(n+1)}$ sont non nuls.

o Nous utilisons la relation qui fait intervenir $q_{i+1,\ell^{(n)}}^{(n)}$.

o *

On obtient la relation 2.25 du livre de C. Brezinski.

$$H_i^{(n+1)}\,\tilde{H}_{i+1}^{(n)}(x) = H_{i+1}^{(n)}\,\tilde{H}_i^{(n+1)}(x) - x\,H_{i+1}^{(n+1)}\,\tilde{H}_i^{(n)}(x)$$

II.2 Si $H_{i-1}^{(n+1)}$, $H_i^{(n)}$ et $H_i^{(n+1)}$ sont non nuls.

o o Nous utilisons la relation qui fait intervenir $e_{i,\ell^{(n)}}^{(n)}$.

*

On obtient la relation 2.24 du livre de C. Brezinski.

$$H_i^{(n)}\,\tilde{H}_i^{(n+1)}(x) = H_i^{(n+1)}\,\tilde{H}_i^{(n)}(x) - x\,H_{i+1}^{(n)}\,\tilde{H}_{i-1}^{(n+1)}(x)$$

Nous étudions maintenant ce qui se passe lors de la traversée du bloc H. Nous supposons connus tous les polynômes $\tilde{H}^{(n)}$ et $\tilde{H}^{(n+1)}$ avant la traversée de ce bloc.

II.3 Si $H_i^{(n)}$, $H_i^{(n+1)}$ sont non nuls et $H_{i+1}^{(n)} = 0$.

$H_i^{(n)}$ et $H_i^{(n+1)}$ sont à l'ouest du bloc H. Il faut d'abord calculer $\tilde{H}_{su(i,n+1)}^{(n+1)}(x)$. Nous avons :

$$\tilde{P}^{(n+1)}_{su(i,n+1)}(x) = \tilde{\omega}^{(n)}_{su(i,n+1)-i}(x)\ \tilde{P}^{(n)}_{i}(x) + E^{(n)}_{su(i,n+1)+1}\ x^{su(i,n+1)-pr(i,n+1)}\ \tilde{P}^{(n+1)}_{pr(i,n+1)}(x),$$

$\tilde{\omega}^{(n)}_{su(i,n+1)-i}(x)$ se déduit des relations de la remarque 4.2.

II.3.1 Si $H^{(n+1)}_{i-1} \neq 0$.

On a $E^{(n)}_{su(i,n+1)+1} = -e^{(n)}_{i,\ell^{(n)}+1}$

$$C^{(n)}_{su(i,n+1)+1} = -e^{(n)}_{i,\ell^{(n)}+1}\ q^{(n)}_{i,\ell^{(n)}}$$

$$q^{(n)}_{i,\ell^{(n)}} = (-1)^{i-1+pr(i,n)}\ \frac{H^{(n+1)}_{i}\ H^{(n)}_{pr(i,n)}}{H^{(n)}_{i}\ H^{(n+1)}_{pr(i,n)}}$$

$$C^{(n)}_{su(i,n+1)+1} = -\ \frac{c^{(n)}(P^{(n)}_{i}P^{(n)}_{su(i,n+1)})}{c^{(n)}(P^{(n)}_{i-1}\ P^{(n)}_{pr(i,n)})}$$

$$= (-1)^{pr(i,n)+su(i,n+1)}\ \frac{H^{(n)}_{su(i,n+1)+1}\ H^{(n+1)}_{i}\ H^{(n+1)}_{i-1}\ H^{(n)}_{pr(i,n)}}{H^{(n+1)}_{su(i,n+1)}\ (H^{(n)}_{i})^{2}\ H^{(n+1)}_{pr(i,n)}}$$

en utilisant la relation de la propriété 4.5 ii). On obtient ainsi :

$$e^{(n)}_{i,\ell^{(n)}+1} = (-1)^{i+su(i,n+1)}\ \frac{H^{(n)}_{su(i,n+1)+1}\ H^{(n+1)}_{i-1}}{H^{(n)}_{i}\ H^{(n+1)}_{su(i,n+1)}}$$

D'où la relation suivante en tenant compte du fait que $pr(i,n+1) = i-1$

$$H^{(n)}_{i}\ \tilde{H}^{(n+1)}_{su(i,n+1)}(x) = \tilde{\omega}^{(n)}_{su(i,n+1)-i}(x)\ H^{(n+1)}_{su(i,n+1)}\ \tilde{H}^{(n)}_{i}(x) + (-x)^{su(i,n+1)-i+1}\ H^{(n)}_{su(i,n+1)+1}\ \tilde{H}^{(n+1)}_{i-1}(x).$$

II.3.2 Si $H_{i-1}^{(n+1)} = 0$.

$$\text{Alors } E_{su(i,n+1)+1}^{(n)} = C_{su(i,n+1)+1}^{(n)}.$$

En utilisant les relations de la propriété 4.5 ii) et iii) on trouve :

$$C_{su(i,n+1)+1}^{(n)} = (-1)^{su(i,n+1)+pr(i,n)+1} \frac{H_{su(i,n+1)+1}^{(n)} H_{pr(i,n)-1}^{(n+1)}}{H_{su(i,n+1)}^{(n+1)} H_{pr(i,n)}^{(n)}}$$

On obtient donc la relation suivante en tenant compte du fait que $pr(i,n+1) = pr(i,n)-1$:

$$H_i^{(n)} H_{pr(i,n+1)+1}^{(n)} \tilde{H}_{su(i,n+1)}^{(n+1)}(x) = \tilde{\omega}_{su(i,n+1)-i}^{(n)}(x)\, H_{su(i,n+1)}^{(n+1)} H_{pr(i,n+1)+1}^{(n)} \tilde{H}_i^{(n)}(x)$$
$$+ (-x)^{su(i,n+1)-pr(i,n+1)}\, H_i^{(n)} H_{su(i,n+1)+1}^{(n)} \tilde{H}_{pr(i,n+1)}^{(n+1)}(x)$$

On remarquera que si $pr(i,n+1) = i-1$ on retrouve la relation du II.3.1. Par conséquent nous conserverons uniquement la relation ci-dessus.

II.3.3 On doit ensuite calculer $\tilde{H}_{su(i,n)}^{(n)}(x)$.

Pour cela nous utilisons les deux relations suivantes :

$$\tilde{P}_{su(i,n)-1}^{(n+1)}(x) = \tilde{P}_{su(i,n)}^{(n)}(x) + q_{su(i,n),\ell^{(n)}+1}^{(n)}\, x^{su(i,n)-i}\, \tilde{P}_i^{(n)}(x).$$

$$q_{su(i,n),\ell^{(n)}+1}^{(n)} = (-1)^{su(i,n)-1+i} \frac{H_{su(i,n)}^{(n+1)} H_i^{(n)}}{H_{su(i,n)}^{(n)} H_i^{(n+1)}}$$

et nous obtenons :

$$H^{(n+1)}_{su(i,n)-1}\ H^{(n+1)}_{i}\ \tilde{H}^{(n)}_{su(i,n)}(x) = H^{(n)}_{su(i,n)}\ H^{(n+1)}_{i}\ \tilde{H}^{(n+1)}_{su(i,n)-1}(x) + (-x)^{su(i,n)-i}\ H^{(n+1)}_{su(i,n)}\ H^{(n+1)}_{su(i,n)-1}\ \tilde{H}^{(n)}_{i}(x)$$

II.4 Si $H^{(n+1)}_{i-1}$, $H^{(n)}_{i}$ sont non nuls et $H^{(n+1)}_{i} = 0$.

$H^{(n+1)}_{i-1}$ et $H^{(n)}_{i}$ sont au nord du bloc H.

On doit d'abord calculer $\tilde{H}^{(n)}_{su(i,n)}(x)$. On le fera à l'aide d'une relation de récurrence classique à trois termes comme dans la partie I. On calcule ensuite $\tilde{H}^{(n+1)}_{su(i,n)}(x)$.

On utilise la relation :

$$\tilde{P}^{(n+1)}_{su(i,n)}(x) = \tilde{P}^{(n)}_{su(i,n)}(x) + E^{(n)}_{su(i,n)+1}\ \tilde{P}^{(n+1)}_{i-1}(x).x^{su(i,n)-i+1}$$

$$E^{(n)}_{su(i,n)+1} = C^{(n)}_{su(i,n)+1} = -\frac{c^{(n)}\ ((P^{(n)}_{su(i,n)})^2)}{c^{(n)}(P^{(n+1)}_{su(i,n)-1}\ P^{(n+1)}_{i-1})}$$

$$= (-1)^{i+1+su(i,n)}\ \frac{H^{(n)}_{su(i,n)+1}\ H^{(n+1)}_{i-1}}{H^{(n)}_{i}\ H^{(n+1)}_{su(i,n)}}$$

en utilisant la relation de la propriété 4.5 v).

On obtient donc :

$$H_i^{(n)} \, H_{su(i,n)}^{(n)} \, \tilde{H}_{su(i,n)}^{(n+1)}(x) = H_i^{(n)} \, H_{su(i,n)}^{(n+1)} \, \tilde{H}_{su(i,n)}^{(n)}(x)$$

$$+ (-x)^{su(i,n)-i+1} \, H_{su(i,n)+1}^{(n)} \, H_{su(i,n)}^{(n)} \, \tilde{H}_{i-1}^{(n+1)}(x)$$

4.3 POLYNOMES $W_i^{(m)}(x)$.

Nous définissons la fonctionnelle linéaire $\gamma^{(m)}$ telle que :

$$\gamma^{(m)}(x^j) = c_{m-j} \text{ pour } j \in \mathbb{N} \text{ et } m-j \geq 0.$$

Nous cherchons les polynômes de degré k, $W_k^{(m)}(x) = \sum_{i=o}^{k} w_i^{(m)} x^i$ qui sont orthogonaux par rapport à la fonctionnelle $\gamma^{(m)}$, $\forall k \in \mathbb{N}$.
Nous avons donc le système linéaire suivant :

$$\gamma^{(m)}(x^j \, W_k^{(m)}(x)) = 0 \text{ pour } j \in \mathbb{N},\ 0 \leq j \leq k-1$$

c'est à dire :

$$\sum_{i=o}^{k} w_i^{(m)} \, c_{m-i-j} = 0 \text{ pour } j \in \mathbb{N},\ 0 \leq j \leq k-1.$$

Le polynôme $W_k^{(m)}(x)$ sera orthogonal régulier si $\begin{vmatrix} c_m & \cdots & c_{m-k+1} \\ \vdots & & \vdots \\ c_{m-k+1} & \cdots & c_{m-2k+2} \end{vmatrix} \neq 0,$

c'est à dire si $H_k^{(m-2k+2)} \neq 0$.

Si $H_k^{(m-2k+2)} = 0$, nous définissons également des polynômes $W_k^{(m)}(x)$ orthogonaux singuliers ou quasi-orthogonaux qui seront déterminés ou définis comme étant égaux au polynôme orthogonal régulier $W^{(m)}(x)$ qui les précéde multiplié par un polynôme complémentaire arbitraire pour obtenir le bon degré.

Nous étudierons les familles adjacentes des polynômes orthogonaux par rapport aux fonctionnelles $\gamma^{(m)}$ pour $m > 0$.

Les polynômes $W_k^{(m)}(x)$ sont supposés unitaires.

Propriété 4.8.

Les blocs H *de la fonctionnelle* γ *sont ceux de la fonctionnelle* c.

Démonstration.

C'est évident avec la définition de la fonctionnelle γ et du système d'orthogonalité.

cqfd.

Définition.

Nous appellerons table W *la table dans laquelle sont rangés les polynômes* $W_k^{(m)}(x)$ *de la manière suivante :*

$$\begin{array}{llll}
W_1^{(1)} & & & \\
W_1^{(2)} & W_2^{(3)} & & \\
W_1^{(3)} & W_2^{(4)} & W_3^{(5)} & \\
W_1^{(4)} & W_2^{(5)} & W_3^{(6)} & W_4^{(7)} \\
\vdots & \vdots & \vdots & \vdots \quad \ddots
\end{array}$$

Nous appellerons table $\tilde{P}$ la table dans laquelle sont rangés les polynômes $\tilde{P}_k^{(n)}(x)$ de la manière suivante :

$$
\begin{array}{llll}
\tilde{P}_1^{(0)} & & & \\
\tilde{P}_1^{(1)} & \tilde{P}_2^{(0)} & & \\
\tilde{P}_1^{(2)} & \tilde{P}_2^{(1)} & \tilde{P}_3^{(0)} & \\
\tilde{P}_1^{(3)} & \tilde{P}_2^{(2)} & \tilde{P}_3^{(1)} & \tilde{P}_4^{(0)} \\
\vdots & & & \vdots \ \ddots
\end{array}
$$

Propriété 4.9.

Les blocs de la table W *sont ceux de la table* P *translatés d'une rangée vers le haut.*

Démonstration.

Le polynôme $W_k^{(m)}(x)$ appartient à un bloc W si $H_k^{(m-2k+2)}$ est nul. Or la position du polynôme $W_k^{(m)}(x)$ est identique à celle du polynôme $P_k^{(m-2k+1)}(x)$. Par conséquent on a bien translation du bloc d'une rangée vers le haut.

cqfd.

Nous considérons maintenant un bloc W de largeur r+1, dont les côtés ouest et sud sont entourés des polynômes W(x) mentionnés. L'angle extérieur Sud-Ouest est occupé par le polynôme $W_{k-1}^{(m+r+1)}(x)$.

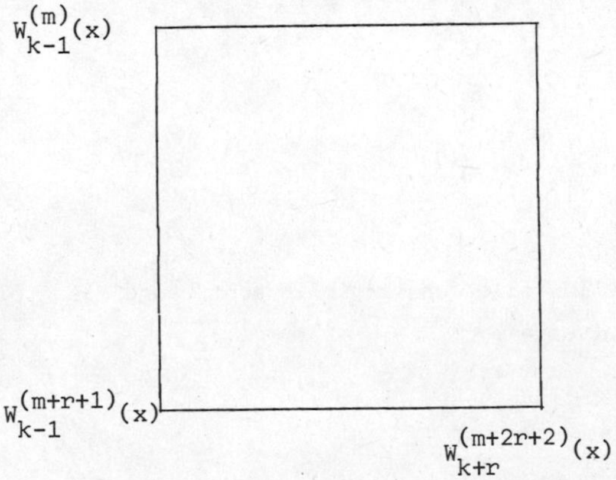

Nous avons la propriété suivante pour les polynômes qui bordent le côté sud du bloc W.

Propriété 4.10.

$$W_{k-1+j}^{(m+r+1+j)} = x^j \, W_{k-1}^{(m+r+1-j)} \quad \forall j \in \mathbb{N},\ 0 \le j \le r+1.$$

Démonstration.

Le bloc H correspondant au bloc W est le suivant :

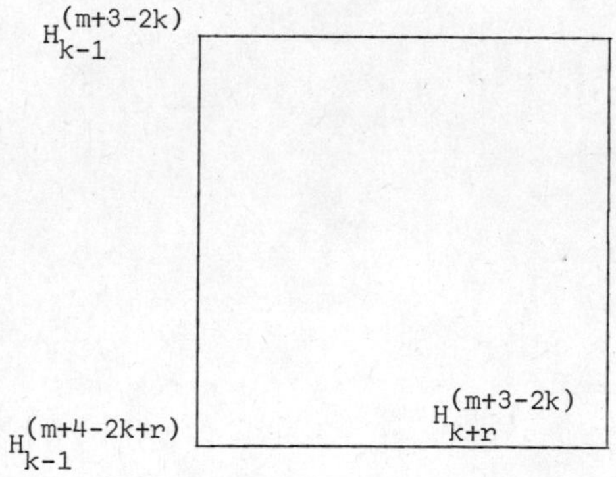

$W_{k-1}^{(m+r+1)}(x)$ occupe la place de $H_{k-1}^{(m+4-2k+r)}$

Considérons le polynôme $W_{k-1+j}^{(m+r+1+j)}$. Il est orthogonal régulier. Par conséquent on peut écrire :

$$W_{k-1+j}^{(m+r+1+j)}(x) = \frac{1}{H_{k-1+j}^{(m+r+5-2k-j)}} \begin{vmatrix} c_{m+r+1+j} & \cdots & c_{m+r+2-k} \\ \vdots & & \vdots \\ c_{m+r+3-k} & \cdots & c_{m+r+4-2k-j} \\ 1 & & x^{k+1+j} \end{vmatrix}$$

En permutant toutes les lignes sauf la dernière et toutes les colonnes on obtient :

$$W_{k-1+j}^{(m+r+1+j)}(x) = \frac{(-1)^{(k+j-1)^2}}{H_{k-1+j}^{(m+r+5-2k-j)}} \begin{vmatrix} c_{m+r+4-2k-j} & \cdots & c_{m+r+3-k} \\ \vdots & & \vdots \\ c_{m+r+2-k} & \cdots & c_{m+r+1+j} \\ x^{k-1+j} & \cdots & 1 \end{vmatrix}$$

Or nous savons que $H_{k+j}^{(m+r+4-2k-j)} \neq 0$, $H_{k-1}^{(m+r+4-2k-j)} \neq 0$ et $H_{k-1+s}^{(m+r+4-2k-j)} = 0$

pour $s \in \mathbb{N}$, $1 \leq s \leq j$.

Par conséquent les (k-1) premières lignes du déterminant précédent définissant $W_{k-1+j}^{(m+r+1+j)}(x)$ sont indépendantes. Toutes les suivantes sont telles qu'on peut mettre $W_{k-1+j}^{(m+r+1+j)}(x)$ sous la forme

$$\frac{(-1)^{(k+j-1)^2}}{H_{k-1+j}^{(m+r+5-2k-j)}} \begin{vmatrix} c_{m+r+4-2k-j} & \cdots & c_{m+r+2-k-j} & \cdots & & c_{m+r+3-k} \\ \vdots & & \vdots & & & \vdots \\ c_{m+r+2-k-j} & \cdots & c_{m+r-j} & \cdots & & c_{m+r+1} \\ \vdots & 0 & \vdots & 0 & & u \\ & & & & u \; \cdot^{\cdot^{\cdot}} & \vdots \\ x^{k-1+j} & \cdots & x^{j+1} & x^j & x^{j-1} \cdots & 1 \end{vmatrix}$$

avec $u \neq 0$.

On voit facilement que l'on a :

$$W_{k-1+j}^{(m+r+1+j)}(x) = \frac{(-1)^{(k+j+1)^2} u^j (-1)^{\frac{j(j-1)}{2}}}{H_{k-1+j}^{(m+r+5-2k-j)}} \begin{vmatrix} c_{m+r+4-2k-j} & \cdots & c_{m+r+3-k-j} \\ \vdots & & \vdots \\ c_{m+r+2-k-j} & \cdots & c_{m+r+1-j} \\ x^{k-1+j} & \cdots & x^j \end{vmatrix}$$

Le déterminant vaut $H_{k-1}^{(m+r+5-2k-j)} \; W_{k-1}^{(m+r+1-j)}(x).x^j$.

Par conséquent du fait que les polynômes W(x) sont unitaires on a la relation proposée.

<u>cqfd.</u>

La propriété suivante est très importante car elle donne une équivalence entre une partie de la table $\tilde{H}$ et une partie de la table W.

Nous posons $\tilde{W}_k^{(m)}(x) = x^k \, W_k^{(m)}(x)$

<u>*Propriété 4.11.*</u>

Une condition nécessaire et suffisante pour que $P_k^{(m+1-2k)}(x)$ *soit orthogonal régulier par rapport à la fonctionnelle* $c^{(m+1-2k)}$ *avec* $\tilde{P}_k^{(m+1-2k)}(0) \neq 0$ *est que le polynôme* $\tilde{P}_k^{(m+1-2k)}(x)$ *soit orthogonal régulier par rapport à la fonctionnelle* $\gamma^{(m)}$ *avec* $\tilde{P}_k^{(m+1-2k)}(0) \neq 0$.
On a dans ce cas :

$$\tilde{P}_k^{(m+1-2k)}(x) = (-1)^k \frac{H_k^{(m+2-2k)}}{H_k^{(m+1-2k)}} W_k^{(m)}(x)$$

où $W_k^{(m)}(x)$ *est orthogonal régulier par rapport à* $\gamma^{(m)}$

$$P_k^{(m+1-2k)}(x) = (-1)^k \frac{H_k^{(m+2-2k)}}{H_k^{(m+1-2k)}} \tilde{W}_k^{(m)}(x)$$

où $\tilde{W}_k^{(m)}(x)$ *est orthogonal régulier par rapport à* $c^{(m+1-2k)}$

<u>Démonstration</u>.

Posons $\tilde{P}_k^{(m+1-2k)}(x) = \sum_{i=o}^{k} \tilde{\lambda}_{k-i,m+1-2k}\, x^i$

$$P_k^{(m+1-2k)}(x) = \sum_{i=o}^{k} \lambda_{k-i,m+1-2k}\, x^i$$

avec $\lambda_{0,m+1-2k} = 1$.
Puisque $\tilde{P}_k^{(m+1-2k)}(x) = x^k P_k^{(m+1-2k)}(x^{-1})$ on a :

$$\lambda_{j,m+1-2k} = \tilde{\lambda}_{k-j,m+1-2k}$$

pour $j \in \mathbb{N}$, $0 \leq j \leq k$.

<u>CN</u> : si $P_k^{(m+1-2k)}(x)$ est orthogonal régulier par rapport à la fonctionnelle $c^{(m+1-2k)}$, on a le système $(\mathcal{O}_1)$ d'orthogonalité suivant.

$(\mathcal{O}_1) \quad \sum_{i=o}^{k} \lambda_{k-i,m+1-2k} \; c_{m+1-2k+i+j} = 0$ pour $j \in \mathbb{N}$, $0 \le j \le k-1$.

Si $P_k^{(m+1-2k)}(o) \neq 0$, alors $H_k^{(m+2-2k)} \neq 0$ et $\tilde{\lambda}_{o,m+1-2k} \neq 0$.

Nous avons le système d'orthogonalité $(\mathcal{O}_2)$ déduit de $(\mathcal{O}_1)$.

$(\mathcal{O}_2) \quad \sum_{i=o}^{k} \tilde{\lambda}_{k-i,m+1-2k} \; c_{m-i-j} = 0$ pour $j \in \mathbb{N}$, $0 \le j \le k-1$.

Par conséquent le polynôme $\tilde{P}_k^{(m+1-2k)}(x)$ est orthogonal par rapport à $\gamma^{(m)}$.

$\tilde{P}_k^{(m+1-2k)}(o) \neq 0$ car son terme constant est égal à $\tilde{\lambda}_{k,m+1-2k}$ qui vaut 1.

CS : la réciproque se traite de la même façon.

D'autre part le système $(\mathcal{O}_2)$ est satisfait également par le polynôme $W_k^{(m)}(x)$ qui est orthogonal régulier puisque $H_k^{(m+2-2k)} \neq 0$. Il est donc proportionnel à $\tilde{P}_k^{(m+1-2k)}(x)$, dont le terme de plus haut degré est $\lambda_{k,m+1-2k}$. Il est facile de voir que ce terme vaut $(-1)^k \dfrac{H_k^{(m+2-2k)}}{H_k^{(m+1-2k)}}$ et par suite

$$\tilde{P}_k^{(m+1-2k)}(x) = (-1)^k \frac{H_k^{(m+2-2k)}}{H_k^{(m+1-2k)}} W_k^{(m)}(x).$$

La seconde relation est la transformée de celle-ci.

cqfd.

Remarque 4.4.

Nous avons également dans ce cas :

$$\tilde{H}_k^{(m+1-2k)}(x) = (-1)^k H_k^{(m+2-2k)} W_k^{(m)}(x).$$

La propriété 4.12 termine la série des propriétés relatives au pourtour des blocs W. On trouve l'égalité de tous les polynômes W sur le côté ouest du bloc.

Propriété 4.12.

$$W_{k-1}^{(m+j)}(x) = W_{k-1}^{(m)}(x), \; \forall j \in \mathbb{N}, \; 0 \le j \le r+1.$$

Démonstration.

$$P_{k-1}^{(m+1-2k+j)}(x) = P_{k-1}^{(m+1-2k)}(x) \ \forall j \in \mathbb{N},\ 0 \le j \le r+1$$

car ces polynômes sont sur le côté ouest du bloc P.

Donc $\tilde{P}_{k-1}^{(m+1-2k+j)}(x) = \tilde{P}_{k-1}^{(m+1-2k)}(x)$.

En utilisant la propriété 4.11 nous obtenons :

$$\frac{H_k^{(m+2-2k+j)}}{H_k^{(m+1-2k+j)}} W_k^{(m+j)}(x) = \frac{H_k^{(m+2-2k)}}{H_k^{(m+1-2k)}} W_k^{(m)}(x)$$

Comme les polynômes W(x) sont normalisés on a :

$$W_k^{(m+j)}(x) = W_k^{(m)}(x)$$

et on retrouve accessoirement la relation de progression géométrique des déterminants de Hankel au bord d'un bloc H.

cqfd.

Remarque 4.5.

Si $W_k^{(m)}(x)$ est orthogonal régulier et $H_k^{(m+1-2k)} = 0$, alors $P_k^{(m+1-2k)}(x)$ n'est pas orthogonal régulier.

$W_k^{(m)}(x) = x^j\ W_{k-j}^{(m-j)}(x)$ si $W_{k-j}^{(m-j)}(x)$ est le polynôme situé à l'angle sud ouest du bloc W.

$P_{k-j}^{(m+1-2k+j)}(x)$ est orthogonal régulier et on a :

$$\tilde{P}_{k-j}^{(m+1-2k+j)}(x) = (-1)^{k-j} \frac{H_{k-j}^{(m+2-2k+j)}}{H_{k-j}^{(m+1-2k+j)}} W_{k-j}^{(m-j)}(x)$$

Par conséquent, on obtient :

$$x^j \tilde{P}_{k-j}^{(m+1-2k+j)}(x) = (-1)^{k-j} \frac{H_{k-j}^{(m+2-2k+j)}}{H_{k-j}^{(m+1-2k+j)}} W_k^{(m)}(x).$$

Soit

$$x^j \tilde{H}_{k-j}^{(m+1-2k+j)}(x) = (-1)^{k-j} H_{k-j}^{(m+2-2k+j)} W_k^{(m)}(x)$$

Les propriétés démontrées pour les polynômes orthogonaux s'étendent naturellement aux polynômes $W_k^{(m)}(x)$. Il faut simplement faire attention au décalage des blocs W par rapport aux blocs H ou P, et se rappeler qu'il y a une symétrie effectuée sur la "géométrie" des blocs par rapport à un axe horizontal passant par le centre du bloc.

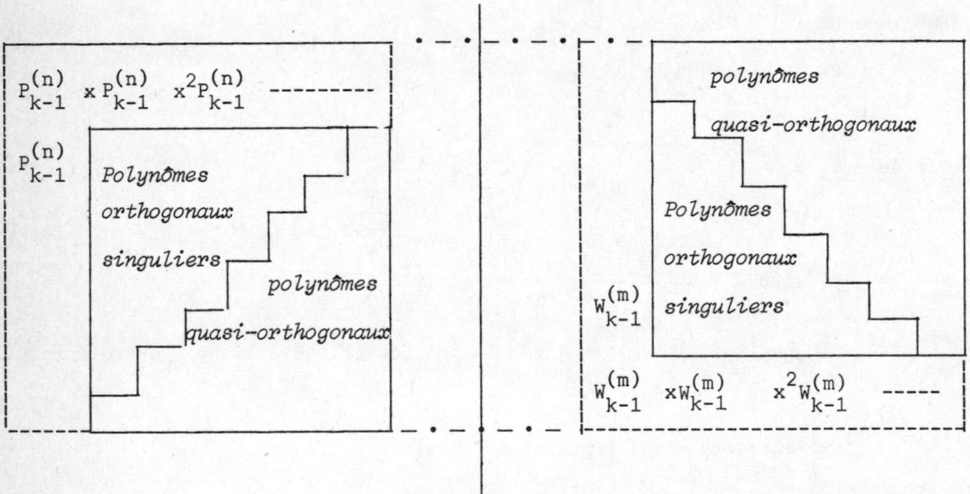

Bloc P $n = m + 3 - 2k$ Bloc W

Balayage suivant les diagonales. *Balayage suivant les antidiagonales.*

§3. *Polynômes* $W_i^{(m)}(x)$

Le théorème 1.5 nous dit également qu'il existe une relation de récurrence à trois termes entre trois polynômes orthogonaux successifs $W_k^{(m)}(x)$ dont les coefficients sont déterminés par les relations présentées dans ce théorème en remplaçant la fonctionnelle $c^{(n)}$ par la fonctionnelle $\gamma^{(m)}$.
Pour noter les polynômes orthogonaux réguliers prédécesseurs et successeurs suivant l'antidiagonale n nous utiliserons $\tilde{pr}(i,n)$ et $\tilde{su}(i,n)$.
$\tilde{pr}(i,n)$ donne le degré du polynôme orthogonal régulier qui précéde le polynôme de degré i sur l'antidiagonale n.
En utilisant la remarque 1.2 nous obtenons :

<u>Remarque 4.6.</u>

$$W_i^{(m)}(x) = (x\,\Omega^{(m)}_{i-\tilde{pr}(i,m)-1}(x) + \tilde{B}_i^{(m)})\,W^{(m)}_{\tilde{pr}(i,m)}(x) + \tilde{C}_i^{(m)}\,W^{(m)}_{\tilde{pr}(\tilde{pr}(i,m),m)}(x)$$

avec $W_{-1}^{(m)}(x) = 0$, $W_o^{(m)}(x) = 1$.

$$\tilde{C}_i^{(m)} = -\frac{\gamma^{(m)}(W^{(m)}_{\tilde{pr}(i,m)}\;W^{(m)}_{i-1})}{\gamma^{(m)}(W^{(m)}_{\tilde{pr}(\tilde{pr}(i,m),m)}\;W^{(m)}_{\tilde{pr}(i,m)-1})}$$

$$x\,\Omega^{(m)}_{i-\tilde{pr}(i,m)-1}(x) + \tilde{B}_i^{(m)} = \sum_{j=o}^{i-\tilde{pr}(i,m)} \tilde{b}_j\,x^j$$

avec $\tilde{b}_o = \tilde{B}_i^{(m)}$ et $\tilde{b}_{i-\tilde{pr}(i,m)} = 1$.

Les $\tilde{b}_j$ sont donnés par le système linéaire régulier suivant :

$$\gamma^{(m)}(x\,W_k^{(m)}\;W_{i-1}^{(m)}) = \sum_{j=i-1-k}^{i-1-\tilde{pr}(i,m)} (-\tilde{b}_j)\,\gamma^{(m)}(W_k^{(m)}\;W^{(m)}_{\tilde{pr}(i,m)+j})$$

pour $k \in \mathbb{N}$, $\tilde{pr}(i,m) \le k \le i-1$.

Propriété 4.13.

$$\gamma^{(m)}(x\, W_k^{(m)}(x)) = \gamma^{(m-1)}\ (W_k^{(m)}(x)).$$

La démonstration est immédiate.

Grâce à cette propriété tous les résultats du chapitre 2 vont s'étendre sans démonstration au cas des polynômes $W_k^{(m)}(x)$. Il suffira de transformer tous les passages de l'indice n à n+1 des diagonales en passages de l'indice m à m-1 des antidiagonales.
Par exemple, on obtiendra pour l'équivalent de la propriété 2.4.
Tout polynôme $W_i^{(m-1)}$ orthogonal régulier vérifie les deux relations suivantes :

$$W_i^{(m-1)}(x) = x^{-1}(W_{i+1}^{(m)}(x) + \tilde{q}_{i+1,\ell}^{(m)}\ W_{\tilde{p}r(i+1,m)}^{(m)}(x))$$

$$W_i^{(m-1)}(x) = \Omega_{i-\tilde{p}r(i+1,m)}^{(m)}(x)\ W_{\tilde{p}r(i+1,m)}^{(m)}(x) + \tilde{E}_{i+1}^{(m)}\ W_{\tilde{p}r(\tilde{p}r(i+1,m),m-1)}^{(m-1)}(x).$$

Algorithme "$\tilde{q}\tilde{d}$".

Les relations rhomboïdales classiques deviennent :

$$\tilde{q}_{k+1}^{(m)} + \tilde{e}_{k+1}^{(m)} = \tilde{q}_{k+1}^{(m-1)} + \tilde{e}_k^{(m-1)}$$

$$\tilde{e}_k^{(m)}\ \tilde{q}_{k+1}^{(m)} = \tilde{e}_k^{(m-1)}\ \tilde{q}_k^{(m-1)}$$

avec au départ $\tilde{e}_{o,o}^{(m)} = 0$, $\tilde{q}_{o,o}^{(m)} = 0$ et $\tilde{q}_1^{(m)} = \frac{c_{m-1}}{c_m}$.

Dans le cas d'une table W non normale, l'ensemble des résultats pour le contournement des blocs P s'applique aux blocs W. Le comportement de l'algorithme, l'allure des blocs du "$\tilde{q}\tilde{d}$" sont symétriques, par rapport à un axe horizontal passant par le centre des blocs $\tilde{q}\tilde{d}$, de ceux de la section 2.2

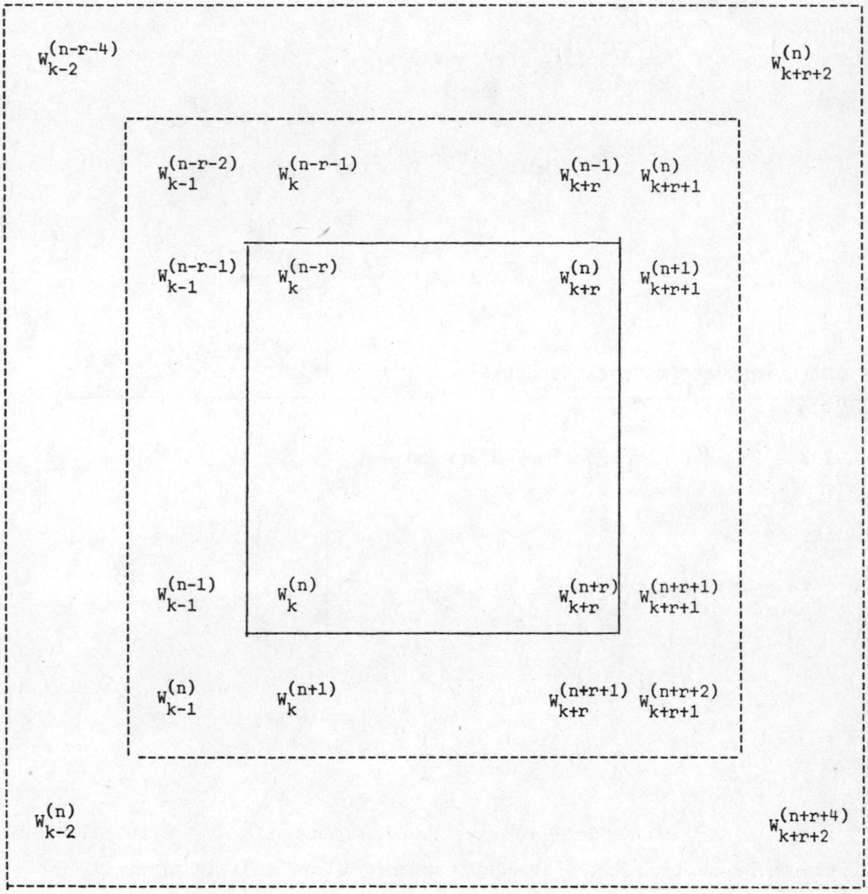
$W_{k-2}^{(n-r-4)}$
$W_{k+r+2}^{(n)}$
$W_{k-1}^{(n-r-2)}$
$W_{k}^{(n-r-1)}$
$W_{k+r}^{(n-1)}$
$W_{k+r+1}^{(n)}$
$W_{k-1}^{(n-r-1)}$
$W_{k}^{(n-r)}$
$W_{k+r}^{(n)}$
$W_{k+r+1}^{(n+1)}$
$W_{k-1}^{(n-1)}$
$W_{k}^{(n)}$
$W_{k+r}^{(n+r)}$
$W_{k+r+1}^{(n+r+1)}$
$W_{k-1}^{(n)}$
$W_{k}^{(n+1)}$
$W_{k+r}^{(n+r+1)}$
$W_{k+r+1}^{(n+r+2)}$
$W_{k-2}^{(n)}$
$W_{k+r+2}^{(n+r+4)}$

Si nous considérons le bloc W dessiné à la page précédente on obtient les relations "spéciales" pour le contournement du bloc en transformant les relations de contournement des blocs P de la façon suivante.
Les indices inférieurs restent identiques. Seuls les indices supérieurs sont modifiés de façon symétrique par rapport à n. Par exemple :

$$n+r+1-i \xrightarrow{\;\;\theta\;\;} n-r-1+i$$

En particulier nous obtenons pour $i \in \mathbb{N}$, $0 \le i \le r$.

$$\tilde{B}_{k+r+1}^{(n+r+1-i)} = \tilde{B}_{k+i}^{(n-r-1+i)}$$

$$\Omega_i^{(n+r+1-i)}(x) = \Omega_i^{(n-r-1+i)}(x)$$

$$\Omega_{i+1}^{(n+r-i)}(x) = x\, \Omega_i^{(n+r+1-i)}(x) + \tilde{B}_{k+r+1}^{(n+r+1-i)}$$

Relations entre les déterminants de Hankel et les coefficients $\tilde{q}_j^{(n)}$ et $\tilde{E}_j^{(n)}$.

Si $W_i^{(n)}(x)$ est orthogonal régulier on a :

$$H_i^{(n-2i+2)}\, W_i^{(n)}(x) = \begin{vmatrix} c_n & \cdots & c_{n-i} \\ \vdots & & \vdots \\ c_{n-i+1} & \cdots & c_{n-2i+1} \\ 1 & \cdots & x^i \end{vmatrix}$$

$$H_i^{(n-2i+2)}\, W_i^{(n)}(o) = (-1)^i\, H_i^{(n-2i+1)}$$

Les propriétés de la section 4.1 s'étendent sans problème en faisant un changement d'indices pour les déterminants.

Si avec le polynôme $P_i^{(n)}(x)$ on a $H_i^{(n)}$, avec le polynôme $W_i^{(n)}(x)$ on aura $H_i^{(n-2i+2)}$.

Si on passe de $P_i^{(n)}(x)$ à $P_i^{(n+1)}(x)$ et de $H_i^{(n)}$ à $H_i^{(n+1)}$, on passera de $W_i^{(n)}(x)$ à $W_i^{(n-1)}(x)$ et de $H_i^{(n-2i+2)}$ à $H_i^{(n-2i+1)}$.

On peut dire en règle générale que ce sont les deux indices de $q_i^{(n)}$ ou $e_i^{(n)}$ qui servent d'origine de repère pour les changements d'indice.

Nous présentons ci-après les propriétés donnant les relations que vérifient $\tilde{q}_{i+1,\ell}^{(n)}$, la fonctionnelle $\gamma^{(m)}$ de certains produits de déterminants $\tilde{e}_{i+1,\ell}^{(n)}$ et les coefficients $\tilde{B}$ des polynômes $\Omega(x)$ qui permettent la traversée des blocs W suivant une antidiagonale.

Propriété 4.14.

Si $W_i^{(n-1)}(x)$ *est orthogonal régulier on a :*

i)

$$H_{i+1}^{(n-2i)}\,\tilde{q}_{i+1,\ell}^{(n)} = (-1)^{i+\tilde{pr}(i+1,n)}\,\frac{H_{i+1}^{(n-2i-1)}\,H_{\tilde{pr}(i+1,n)}^{(n+2-2\tilde{pr}(i+1,n))}}{H_{\tilde{pr}(i+1,n)}^{(n+1-2\tilde{pr}(i+1,n))}}$$

ii) *Si en plus* $W_{i+1}^{(n)}(x)$ *est orthogonal régulier on a :*

$$\tilde{q}_{i+1,\ell}^{(n)} = (-1)^{i+\tilde{pr}(i+1,n)}\,\frac{H_{i+1}^{(n-2i-1)}\,H_{\tilde{pr}(i+1,n)}^{(n+2-2\tilde{pr}(i+1,n))}}{H_{i+1}^{(n-2i)}\,H_{\tilde{pr}(i+1,n)}^{(n+1-2\tilde{pr}(i+1,n))}}$$

iii) *Si* $W_{i+1}^{(n)}(x)$ *est orthogonal singulier on a* $\tilde{q}_{i+1,\ell}^{(n)}$ *arbitraire en utilisant la relation du i).*

Propriété 4.15.

i) *Si* $W_i^{(n)}(x)$ *est orthogonal régulier alors :*

$$\gamma^{(n)}((W_i^{(n)}(x)^2) = \frac{H_{i+1}^{(n-2i)}}{H_i^{(n-2i+2)}}$$

Nous considérons dans la suite que $h_\ell+1$ *et* $p_\ell+1$ *sont les indices limites du bloc* P *pour* $P_i^{(n)}(x)$.

ii) *Si* $W_{p_\ell}^{(n-1)}$ *est orthogonal régulier, alors :*

$$\gamma^{(n)}(W_{h_\ell+1}^{(n)}\ W_{p_\ell}^{(n)}) = (-1)^{p_\ell+h_\ell+1}\ \frac{H_{p_\ell+1}^{(n-2p_\ell)}\ H_{h_\ell+1}^{(n-2h_\ell-1)}}{H_{p_\ell}^{(n-2p_\ell+1)}\ H_{h_\ell+1}^{(n-2h_\ell)}}$$

iii) *Si* $W_{p_\ell+1}^{(n-1)}(x)$ *est orthogonal régulier, alors*

$$\gamma^{(n)}(W_{h_\ell+1}^{(n)}\ W_{p_\ell}^{(n)}) = (-1)^{p_\ell+h_\ell}\ \frac{H_{p_\ell+1}^{(n-2p_\ell-1)}\ H_{h_\ell+1}^{(n-2h_\ell)}}{H_{h_\ell}^{(n-2h_\ell+1)}\ H_{p_\ell+1}^{(n-2p_\ell)}}$$

iv) *Si* $W_{p_\ell+2}^{(n+1)}(x)$ *est orthogonal régulier, alors :*

$$\gamma^{(n)}(W_{h_\ell+1}^{(n)}\ W_{p_\ell}^{(n)}) = (-1)^{p_\ell+h_\ell}\ \frac{H_{p_\ell+2}^{(n-2p_\ell-1)}\ H_{h_\ell+1}^{(n-2h_\ell)}}{H_{p_\ell+1}^{(n-2p_\ell)}\ H_{h_\ell+1}^{(n-2h_\ell+1)}}$$

v) *Si* $W_{p_\ell+1}^{(n+1)}(x)$ *est orthogonal régulier alors :*

$$\gamma^{(n)}(W_{h_\ell+1}^{(n)}\, W_{p_\ell}^{(n)}) = (-1)^{p_\ell+h_\ell+1} \frac{H_{p_\ell+1}^{(n-2p_\ell)}\; H_{p_\ell+2}^{(n-2p_\ell-1)}}{H_{p_\ell+1}^{(n-2p_\ell+1)}\; H_{h_\ell+1}^{(n-2h_\ell)}}$$

Propriété 4.16.

Si $W_i^{(n-1)}(x)$, $W_{i+1}^{(n-1)}(x)$ *et* $W_{i+1}^{(n)}(x)$ *sont orthogonaux réguliers, alors :*

$$\tilde{e}_{i+1,\ell}^{(n)} = \frac{H_{i+2}^{(n-2i-2)}\; H_i^{(n-2i+1)}}{H_{i+1}^{(n-2i)}\; H_{i+1}^{(n-2i-1)}}$$

La remarque suivante est l'équivalent de la remarque 4.2.

Remarque 4.7.

On a pour $i \in Z$, $-1 \le i \le r$.

$$\tilde{B}_{k+r+1}^{(n+r-i)} = (-1)^i \left[\frac{H_{k+r+1}^{(n-r-1-2k-i)} H_{k+r-1-i}^{(n+r-2k+5+i)} - H_{k+r-2-i}^{(n-r-2k+5+i)} H_{k+r+2}^{(n-r-1-2k-i)}}{H_{k+r-1-i}^{(n+r-2k+4+i)}\; H_{k+r+1}^{(n-r-2k-i)}} \right]$$

$$\tilde{B}_{k+i+1}^{(n-r+i)} = (-1)^i \left[\frac{H_{k-1}^{(n-r-2k+i+5)}\; H_{k+1+i}^{(n-r-2k-1-i)} - H_{k-2}^{(n-r+5-2k+i)}\; H_{k+i+2}^{(n-r-1-2k-i)}}{H_{k-1}^{(n-2k+4-r+i)}\; H_{k+i+1}^{(n-2k-r-i)}} \right]$$

4.4 DEPLACEMENTS ANTIDIAGONAUX

Nous désirons connaître les relations de récurrence portant sur les polynômes $\tilde{H}(x)$, soit sur une seule antidiagonale, soit sur deux antidiagonales adjacentes, et qui ne font intervenir que des déterminants de Hankel.

Nous utiliserons les relations de récurrence sur les $W^{(m)}(x)$, ou les relations sur deux familles adjacentes. Il suffira de transformer les relations de la section 4.2 grâce aux changements d'indices.

Mais on ne peut passer des polynômes $W_k^{(m)}(x)$ aux polynômes $\tilde{H}_k^{(m-2k+1)}(x)$ en utilisant la propriété 4.12 que si le polynôme $P_k^{(m-2k+1)}(x)$ est orthogonal régulier, c'est à dire si $H_k^{(m-2k+1)} \neq 0$ ou $W_k^{(m)}(o) \neq o$.

Aussi nous posons :

$$\tilde{HW}_k^{(m-2k+1)}(x) = (-1)^k H_k^{(m+2-2k)} W_k^{(m)}(x).$$

Si $H_k^{(m-2k+1)} \neq 0$, alors $\tilde{HW}_k^{(m-2k+1)}(x) \equiv \tilde{H}_k^{(m-2k+1)}(x)$

I. DEPLACEMENT SUR UNE SEULE ANTIDIAGONALE.

Nous considérons $W_i^{(n)}(x)$ et $W_{\tilde{pr}(i,n)}^{(n)}(x)$ deux polynômes orthogonaux réguliers et nous désirons connaître $W_{\tilde{su}(i,n)}^{(n)}(x)$. On utilise la relation de récurrence à trois termes et $\Omega_{\tilde{su}(i,n)-1-i}^{(n)}(x)$ est obtenu grâce aux relations de récurrence de la remarque 4.6.

$$W_{\tilde{su}(i,n)}^{(n)}(x) = (x\,\Omega_{\tilde{su}(i,n)-1-i}^{(n)}(x) + \tilde{B}_{\tilde{su}(i,n)}^{(n)})\, W_i^{(n)}(x) + \tilde{C}_{\tilde{su}(i,n)}^{(n)}\, W_{\tilde{pr}(i,n)}^{(n)}(x)$$

$$\tilde{B}_{\tilde{su}(i,n)}^{(n)} = (-1)^{\tilde{su}(i,n)-i-2}\,\frac{H_{\tilde{su}(i,n)}^{(n+1-2\tilde{su}(i,n))}\, H_i^{(n-2i+3)} - H_{i-1}^{(n-2i+3)}\, H_{\tilde{su}(i,n)+1}^{(n+1-2\tilde{su}(i,n))}}{H_i^{(n-2i+2)}\, H_{\tilde{su}(i,n)}^{(n-2\tilde{su}(i,n)+2)}}$$

Par souci de simplification nous posons encore :

$$\bar{Z}^{(n)}(x) = H^{(n+1-2\widetilde{su}(i,n))}_{\widetilde{su}(i,n)} \; H^{(n-2i+3)}_{i} - H^{(n-2i+3)}_{i-1} \; H^{(n+1-2\widetilde{su}(i,n))}_{\widetilde{su}(i,n)+1}$$

$$+ (-1)^{\widetilde{su}(i,n)-i} \, x. \, \Omega^{(n)}_{\widetilde{su}(i,n)-1-i} \; H^{(n-2i+2)}_{i} \; H^{(n-2\widetilde{su}(i,n)+2)}_{\widetilde{su}(i,n)}$$

I.1 <u>Si $H^{(n-2i+1)}_{i+1} = 0$.</u>

$W^{(n)}_{i}(x)$ est à l'ouest du bloc W.

$\tilde{H}^{(n+1-2\widetilde{pr}(i,n))}_{\widetilde{pr}(i,n)}(x)$ n'est pas identique à $\widetilde{HW}^{(n+1-2\widetilde{pr}(i,n))}_{\widetilde{pr}(i,n)}(x)$. On ne peut rien dire pour $\tilde{H}^{(n+1-2\widetilde{su}(i,n))}_{\widetilde{su}(i,n)}(x)$.

$$\tilde{C}^{(n)}_{\widetilde{su}(i,n)} = (-1)^{\widetilde{su}(i,n)+\widetilde{pr}(i,n)} \frac{H^{(n+1-2\widetilde{su}(i,n))}_{\widetilde{su}(i,n)+1} \; H^{(n-2\widetilde{pr}(i,n)+2)}_{\widetilde{pr}(i,n)}}{H^{(n-2\widetilde{su}(i,n)+2)}_{\widetilde{su}(i,n)} \; H^{(n+1-2\widetilde{pr}(i,n))}_{\widetilde{pr}(i,n)+1}}$$

On a la relation suivante :

$$\left(H^{(n-2i+2)}_{i}\right)^2 H^{(n+1-2\widetilde{pr}(i,n))}_{\widetilde{pr}(i,n)+1} \; \widetilde{HW}^{(n+1-2\widetilde{su}(i,n))}_{\widetilde{su}(i,n)}(x) =$$

$$\bar{Z}^{(n)}(x) \; H^{(n+1-2\widetilde{pr}(i,n))}_{\widetilde{pr}(i,n)+1} \; \widetilde{HW}^{(n-2i+1)}_{i}(x) +$$

$$\tilde{H}^{(n+1-2\widetilde{su}(i,n))}_{\widetilde{su}(i,n)+1} \left(H^{(n-2i+2)}_{i}\right)^2 \; \widetilde{HW}^{(n+1-2\widetilde{pr}(i,n))}_{\widetilde{pr}(i,n)}(x)$$

I.2 Si $H_i^{(n-2i+1)} = 0.$

$W_i^{(n)}(x)$ est au nord du bloc W.

$\tilde{H}_i^{(n-2i+1)}(x)$ n'est pas identique à $\tilde{HW}_i^{(n-2i+1)}(x)$.

$$\tilde{C}^{(n)}_{\tilde{su}(i,n)} = (-1)^{\tilde{su}(i,n)+\tilde{pr}(i,n)} \frac{H^{(n+1-2\tilde{su}(i,n))}_{\tilde{su}(i,n)} \; H^{(n-2\tilde{pr}(i,n)+2)}_{\tilde{pr}(i,n)}}{H^{(n-2\tilde{su}(i,n)+2)}_{\tilde{su}(i,n)} \; H^{(n+1-2\tilde{pr}(i,n))}_{\tilde{pr}(i,n)}}$$

D'où la relation :

$$(H_i^{(n-2i+2)})^2 \; H^{(n+1-2\tilde{pr}(i,n))}_{\tilde{pr}(i,n)} \; \tilde{HW}^{(n+1-2\tilde{su}(i,n))}_{su(i,n)}(x) =$$

$$\bar{Z}^{(n)}(x) \; H^{(n+1-2\tilde{pr}(i,n))}_{\tilde{pr}(i,n)} \; \tilde{HW}_i^{(n-2i+1)}(x) +$$

$$H^{(n+1-2\tilde{su}(i,n))}_{\tilde{su}(i,n)} (H_i^{(n-2i+2)})^2 \; \tilde{HW}^{(n+1-2\tilde{pr}(i,n))}_{\tilde{pr}(i,n)}(x)$$

I.3 Si $H_i^{(n+1-2i)}$ **et** $H_{i+1}^{(n+1-2i)} \neq 0.$

$W_i^{(n)}(x)$ est dans l'angle SO du bloc W.

I.3.1 Si $H_i^{(n+3-2i)} = 0.$

On ne peut rien dire pour $\tilde{H}^{(n+1-2\tilde{su}(i,n))}_{\tilde{su}(i,n)}(x)$

$$\widetilde{C}^{(n)}_{\widetilde{su}(i,n)} = (-1)^{\widetilde{su}(i,n)+\widetilde{pr}(i,n)-1} \frac{H^{(n-2\widetilde{su}(i,n)+2)}_{\widetilde{su}(i,n)} \, H^{(n+1-2i)}_{i+1} H^{(n+3-2i)}_{i-1} H^{(n-2\widetilde{pr}(i,n)+2)}_{\widetilde{pr}(i,n)}}{H^{(n+3-2\widetilde{su}(i,n))}_{\widetilde{su}(i,n)} \, (H_i^{(n-2i+2)})^2 \, H^{(n+1-2\widetilde{pr}(i,n))}_{\widetilde{pr}(i,n)}}$$

D'où la relation :

$$\boxed{\begin{aligned} &(H_i^{(n-2i+2)})^2 \, H^{(n+3-2\widetilde{su}(i,n))}_{\widetilde{su}(i,n)} \, H^{(n+1-2\widetilde{pr}(i,n))}_{\widetilde{pr}(i,n)} \, \widetilde{HW}^{(n+1-2\widetilde{su}(i,n))}_{\widetilde{su}(i,n)}(x) = \\ &\quad \bar{Z}^{(n)}(x) \, H^{(n+3-2\widetilde{su}(i,n))}_{\widetilde{su}(i,n)} \, H^{(n+1-2\widetilde{pr}(i,n))}_{\widetilde{pr}(i,n)} \, \widetilde{HW}_i^{(n-2i+1)}(x) \\ &\quad -(H^{(n-2\widetilde{su}(i,n)+2)}_{\widetilde{su}(i,n)})^2 \, H^{(n+1-2i)}_{i+1} \, H^{(n+3-2i)}_{i-1} \, \widetilde{HW}^{(n+1-2\widetilde{pr}(i,n))}_{\widetilde{pr}(i,n)}(x) \end{aligned}}$$

I.3.2 <u>Si $H^{(n+3-2i)}_{i-1} = 0$.</u>

$\widetilde{H}^{(n+1-2\widetilde{pr}(i,n))}_{\widetilde{pr}(i,n)}(x)$ n'est pas identique à $\widetilde{HW}^{(n+1-2\widetilde{pr}(i,n))}_{\widetilde{pr}(i,n)}(x)$ et on ne peut rien dire pour $\widetilde{H}^{(n+1-2\widetilde{su}(i,n))}_{\widetilde{su}(i,n)}(x)$.

$$\widetilde{C}^{(n)}_{\widetilde{su}(i,n)} = (-1)^{\widetilde{su}(i,n)+\widetilde{pr}(i,n)-1} \frac{H^{(n-2\widetilde{su}(i,n)+2)}_{\widetilde{su}(i,n)} \, H^{(n+1-2i)}_{i} \, H^{(n+3-2i)}_{i} \, H^{(n-2\widetilde{pr}(i,n)+2)}_{\widetilde{pr}(i,n)}}{H^{(n+3-2\widetilde{su}(i,n))}_{\widetilde{su}(i,n)-1} \, (H_i^{(n-2i+2)})^2 \, H^{(n+1-2\widetilde{pr}(i,n))}_{\widetilde{pr}(i,n)+1}}$$

D'où la relation :

$$(H_i^{(n-2i+2)})^2 \, H_{\tilde{su}(i,n)-1}^{(n+3-2\tilde{su}(i,n))} \, H_{\tilde{pr}(i,n)+1}^{(n+1-2\tilde{pr}(i,n))} \, \tilde{HW}_{\tilde{su}(i,n)}^{(n+1-2\tilde{su}(i,n))}(x) =$$

$$\bar{Z}^{(n)}(x) \, H_{\tilde{su}(i,n)-1}^{(n+3-2\tilde{su}(i,n))} \, H_{\tilde{pr}(i,n)+1}^{(n+1-2\tilde{pr}(i,n))} \, \tilde{HW}_i^{(n-2i+1)}(x)$$

$$- (H_{\tilde{su}(i,n)}^{(n-2\tilde{su}(i,n)+2)})^2 \, H_i^{(n+1-2i)} \, H_i^{(n+3-2i)} \, \tilde{HW}_{\tilde{pr}(i,n)}^{(n+1-2\tilde{pr}(i,n))}(x)$$

I.3.3 Si $H_i^{(n+3-2i)}$ et $H_{i-1}^{(n+3-2i)} \neq 0$.

On ne peut rien dire pour $\tilde{H}_{\tilde{su}(i,n)}^{(n+1-2\tilde{su}(i,n))}(x)$.

Les deux relations trouvées précédemment sont valables.
Nous avons une remarque analogue à la remarque 4.3.

Remarque 4.8.

Si $H_{i+1}^{(n-2i+1)} = 0$ la relation du I.3.2 s'applique au cas I.1 car on a :

$$(H_i^{(n-2i+2)})^2 = H_i^{(n+1-2i)} \, H_i^{(n-2i+3)}$$

$$(H_{\tilde{su}(i,n)}^{(n-2\tilde{su}(i,n)+2)})^2 = - H_{\tilde{su}(i,n)-1}^{(n+3-2\tilde{su}(i,n))} \, H_{\tilde{su}(i,n)+1}^{(n+1-2\tilde{su}(i,n))}$$

De même si $H_i^{(n-2i+1)} = 0$ la relation du I.3.1 s'applique au cas I.2 car on a :

$$(H_i^{(n+2-2i)})^2 = -H_{i+1}^{(n+1-2i)} \; H_{i-1}^{(n+3-2i)}$$

$$(H_{\tilde{su}(i,n)}^{(n-2\tilde{su}(i,n)+2)})^2 = H_{\tilde{su}(i,n)}^{(n+3-2\tilde{su}(i,n))} \; H_{\tilde{su}(i,n)}^{(n+1-2\tilde{su}(i,n))}$$

II. Nous étudions maintenant le cas où nous avons deux antidiagonales adjacentes m et m-1 sur lesquelles on bâtit un escalier. Nous désirons connaître tous les polynômes $W^{(m)}(x)$ et $W^{(m-1)}(x)$ orthogonaux réguliers et en déduire les polynômes $\tilde{HW}(x)$ correspondants.

II.1 Si les déterminants $H_i^{(m+1-2i)}$, $H_{i+1}^{(m-2i)}$ et $H_i^{(m-2i+2)}$ sont non nuls.

o * Nous avons
o

$$xW_i^{(m-1)}(x) = W_{i+1}^{(m)}(x) + \tilde{q}_{i+1,\ell}^{(m)} \; W_i^{(m)}(x)$$

avec
$$\tilde{q}_{i+1,\ell}^{(m)} = \frac{H_{i+1}^{(m-2i-1)} \; H_i^{(m-2i+2)}}{H_{i+1}^{(m-2i)} \; H_i^{(m+1-2i)}}$$

On a alors :

$$H_i^{(m+1-2i)} \; \tilde{HW}_{i+1}^{(m-1+2i)}(x) = H_{i+1}^{(m-2i-1)} \; \tilde{HW}_i^{(m+1-2i)}(x) - x \, H_{i+1}^{(m-2i)} \; \tilde{HW}_i^{(m-2i)}(x).$$

C'est la relation 2.30 du livre de C. Brezinski.

Remarque.

Si $H_{i+1}^{(m-2i-1)} = 0$, alors $W_{i+1}^{(m-1)}(x)$ n'est pas orthogonal régulier.

$W_{i+1}^{(m)}(x)$ est au sud d'un bloc W et on a $W_{i+1}^{(m)}(x) = x \; W_i^{(m-1)}(x)$, ce que donne bien la relation proposée.

II.2 Si les déterminants $H_i^{(m+1-2i)}$, $H_i^{(m-2i+2)}$ et $H_{i-1}^{(m+3-2i)}$ sont non nuls.

* Nous avons :
o o

$$W_i^{(m-1)}(x) = W_i^{(m)}(x) - \tilde{e}_{i,\ell}^{(m)} \; W_{i-1}^{(m-1)}(x)$$

et

$$\tilde{e}_{i,\ell}^{(m)} = \frac{H_{i+1}^{(m-2i)} \; H_{i-1}^{(m-2i+3)}}{H_i^{(m-2i+2)} \; H_i^{(m-2i+1)}}$$

On a alors :

$$H_i^{(m-2i+2)} \; \tilde{HW}_i^{(m-2i)}(x) = H_i^{(m-2i+1)} \; \tilde{HW}_i^{(m+1-2i)}(x) + H_{i+1}^{(m-2i)} \; \tilde{HW}_{i-1}^{(m-2i+2)}(x)$$

C'est la relation 2.27 du livre de C. Brezinski.

Remarque.

Si $H_{i+1}^{(m-2i)} = 0$, alors $W_{i+1}^{(m)}(x)$ n'est pas orthogonal régulier et $W_i^{(m)}(x) = W_i^{(m-1)}(x)$ ce que donne bien la relation ci-dessus.

II.3 Si $H_i^{(n)}$ et $H_i^{(n+1)}$ sont non nuls, et $H_{i+1}^{(n+1)} = 0$

alors $P_i^{(n)}(x)$ est à l'ouest du bloc P. $P_{su(i,n)}^{(n-2su(i,n)+2i)}(x)$ est au nord de ce bloc et vaut $x^{su(i,n)-i} \; P_i^{(n)}(x)$. Par conséquent on a :

$$H_i^{(n)} \; \tilde{H}_{su(i,n)}^{(n-2su(i,n)+2i)}(x) = H_{su(i,n)}^{(n-2su(i,n)+2i)} \; \tilde{H}_i^{(n)}(x)$$

$\tilde{H}_{su(i,n)}^{(n-2su(i,n)+2i)}(x)$ n'est pas orthogonal par rapport à $\gamma^{(n+2i-1)}$.

Nous étudions à présent ce qui se passe lors de la traversée d'un bloc W. Nous supposons connus tous les polynômes $W^{(m)}(x)$ et $W^{(m-1)}(x)$ avant la traversée de ce bloc.

Il suffit de transposer les relations obtenues dans la section 4.2 II.

II.4. Si $H_i^{(m-2i+2)}$ et $H_i^{(m-2i+1)}$ sont non nuls et $H_{i+1}^{(m-2i)} = 0$.

Il faut d'abord calculer $\widetilde{HW}^{(m-2\tilde{su}(i,m-1))}_{\tilde{su}(i,m-1)}(x)$. Nous avons

$$W^{(m-1)}_{\tilde{su}(i,m-1)}(x) = \Omega^{(m)}_{\tilde{su}(i,m-1)-i}(x)\, W_i^{(m)}(x) + \tilde{E}^{(m)}_{\tilde{su}(i,m-1)+1}\, W^{(m-1)}_{\tilde{pr}(i,m-1)}(x)$$

$\Omega^{(m)}_{\tilde{su}(i,m-1)-i}(x)$ se déduit des expressions de la remarque 4.6.

Nous transformons la relation de la section 4.2, II.3.2 car c'est la plus générale.

$$\tilde{E}^{(m)}_{\tilde{su}(i,m-1)+1} = (-1)^{\tilde{su}(i,m-1)+\tilde{pr}(i,m)+1}\, \frac{H^{(m-2\tilde{su}(i,m-1))}_{\tilde{su}(i,m-1)+1}\; H^{(m+3-2\tilde{pr}(i,m))}_{\tilde{pr}(i,m)-1}}{H^{(m+1-2\tilde{su}(i,m-1))}_{\tilde{su}(i,m-1)}\; H^{(m-2\tilde{pr}(i,m)+2)}_{\tilde{pr}(i,m)}}$$

On obtient donc en tenant compte du fait que $\tilde{pr}(i,m-1) = \tilde{pr}(i,m)-1$

$$H_i^{(m+2-2k)}\; H^{(m-2\tilde{pr}(i,m-1))}_{\tilde{pr}(i,m-1)-1}\; \widetilde{HW}^{(m-2\tilde{su}(i,m-1))}_{\tilde{su}(i,m-1)}(x) =$$

$$(-1)^{\tilde{su}(i,m-1)+i}\, \Omega^{(m)}_{\tilde{su}(i,m-1)-i}(x)\; H^{(m+1-2\tilde{su}(i,m-1))}_{\tilde{su}(i,m-1)}\; H^{(m+2\tilde{pr}(i,m-1))}_{\tilde{pr}(i,m-1)-1}\; \widetilde{HW}_i^{(m+1-2k)}(x)$$

$$-H^{(m-2\tilde{su}(i,m-1))}_{su(i,m-1)+1}\; H_i^{(m+2-2k)}\; \widetilde{HW}^{(m-2\tilde{pr}(i,m-1)}_{pr(i,m-1)}(x)$$

II.5 Si $H_i^{(m-2i+2)}$ et $H_i^{(m-2i+1)}$ sont non nuls et $H_{i+1}^{(m-2i)} = 0$.

On doit ensuite calculer $\tilde{HW}_{\tilde{su}(i,m)}^{(m+1-2\tilde{su}(i,m-1))}(x)$, c'est à dire puisque $\tilde{su}(i,m-1) = \tilde{su}(i,m)-1$ on cherche $\tilde{HW}_{\tilde{su}(i,m)}^{(m-1-2\tilde{su}(i,m))}(x)$. On a alors :

$$xW_{\tilde{su}(i,m)-1}^{(m-1)}(x) = W_{\tilde{su}(i,m)}^{(m)}(x) + \tilde{q}_{\tilde{su}(i,m),\ell^{(m)}+1}^{(m)} W_i^{(m)}(x)$$

$$\tilde{q}_{\tilde{su}(i,m),\ell^{(m)}+1}^{(m)} = (-1)^{\tilde{su}(i,m)-1+i} \frac{H_{\tilde{su}(i,m)}^{(m+1-2\tilde{su}(i,m))} H_i^{(m-2i+2)}}{H_{\tilde{su}(i,m)}^{(m-2\tilde{su}(i,m)+2)} H_i^{(m+1-2i)}}$$

On obtient donc :

$$x\, H_i^{(m+1-2i)} H_{\tilde{su}(i,m)}^{(m-2\tilde{su}(i,m)+2)} \tilde{HW}_{\tilde{su}(i,m)-1}^{(m+3-2\tilde{su}(i,m))} = -H_{\tilde{su}(i,m)-1}^{(m+4-2\tilde{su}(i,m))} H_i^{(m+1-2i)} \tilde{HW}_{\tilde{su}(i,m)}^{(m+1-2\tilde{su}(i,m))} + H_{\tilde{su}(i,m)}^{(m+1-2\tilde{su}(i,m))} H_{\tilde{su}(i,m)-1}^{(m+4-2\tilde{su}(i,m))} \tilde{HW}_i^{(m+1-2i)}(x)$$

II.6 Si $H_{i-1}^{(m+3-2i)}$, $H_i^{(m-2i+2)}$ sont non nuls et $H_i^{(m-2i+1)} = 0$.

$W_{i-1}^{(m-1)}(x)$ et $W_i^{(m)}(x)$ sont au sud du bloc W. On doit d'abord calculer $W_{\tilde{su}(i,m)}^{(m)}(x)$. Ici encore nous le ferons à l'aide d'une relation classique à trois termes le long de l'antidiagonale m (voir la partie I). On calcule ensuite $W_{\tilde{su}(i,m)}^{(m-1)}(x)$. On utilise

$$W^{(m-1)}_{\tilde{su}(i,m)}(x) = W^{(m)}_{\tilde{su}(i,m)}(x) + \tilde{E}^{(m)}_{\tilde{su}(i,m)+1} \; W^{(m-1)}_{i-1}(x)$$

avec

$$\tilde{E}^{(m)}_{\tilde{su}(i,m)+1} = (-1)^{i+1+\tilde{su}(i,m)} \frac{H^{(m-2\tilde{su}(i,m))}_{\tilde{su}(i,m)+1} \; H^{(m+3-2i)}_{i-1}}{H^{(m+2-2i)}_{i} \; H^{(m+1-2\tilde{su}(i,m))}_{\tilde{su}(i,m)}}$$

Nous obtenons :

$$H^{(m+2-2i)}_{i} \; H^{(m+2-2\tilde{su}(i,m))}_{\tilde{su}(i,m)} \; \tilde{HW}^{(m-2\tilde{su}(i,m))}_{\tilde{su}(i,m)}(x) =$$

$$H^{(m+2-2i)}_{i} \; H^{(m+1-2\tilde{su}(i,m))}_{\tilde{su}(i,m)} \; \tilde{HW}^{(m+1-2\tilde{su}(i,m))}_{\tilde{su}(i,m)}(x)$$

$$+ \; H^{(m+2-2\tilde{su}(i,m))}_{\tilde{su}(i,m)} \; H^{(m-2\tilde{su}(i,m))}_{\tilde{su}(i,m)+1} \; \tilde{HW}^{(m-2i+2)}_{i-1}(x)$$

<u>Remarque 4.9.</u>

Le théorème 1.10 s'applique aux polynômes $W^{(m)}(x)$. Par conséquent nous avons l'équivalent de la remarque 2.1.

Lorsque $W^{(m)}_{k}$ et $W^{(m)}_{\tilde{pr}(k,m)}$ sont connus, alors on peut déterminer de façon unique toute la table W comprise entre la diagonale m+1-2k et l'anti-diagonale m jusqu'au polynôme $W^{(m)}_{k}$. On peut alors en déduire la table P grâce aux propriétés 4.9, 4.10 et 4.11.

4.5 DEPLACEMENTS HORIZONTAUX DANS LA TABLE P.

Les relations présentées pour les déplacements diagonaux et antidiagonaux permettent par composition de trouver des relations liant trois polynômes orthogonaux successifs horizontaux. Comme nous faisons intervenir à la fois les relations liant les polynômes P(x) et celles liant les polynômes W(x), nous devons écarter les blocs P et les blocs W. Nous obtenons ainsi des blocs rectangulaires dont la hauteur excède d'une unité la largeur. Nous appellerons ces blocs P∪W ((blocP) ∪ (bloc W)).

Nous supposerons que $P_i^{(n)}(x)$ est orthogonal régulier et nous ferons intervenir le polynôme $P_{i-p}^{(n+p)}(x)$ orthogonal régulier qui précède $P_i^{(n)}(x)$ et le polynôme $P_{i+s}^{(n-s)}(x)$ orthogonal régulier qui succède à $P_i^{(n)}(x)$ suivant l'horizontale passant par $P_i^{(n)}(x)$. Nous supposerons que ces trois polynômes sont extérieurs aux blocs P∪W.

Par contre lorsque nous ferons intervenir les polynômes $P_{pr(i,n)}^{(n)}(x)$ ou $W_{\tilde{pr}(i,m)}^{(m)}(x)$, les blocs seront les blocs P ou les blocs W.

<u>*Propriété 4.17.*</u>

Il existe une relation de récurrence entre trois polynômes orthogonaux réguliers successifs placés en dehors des blocs P U W *sur une même horizontale.*

$$P_{i+s}^{(n-s)}(x) = (x\,\pi_{s-1}^{(n-s)}(x) + \beta_{i+s}^{(n-s)})\,P_i^{(n)}(x)$$

$$+\,\Gamma_{i+s}^{(n-s)}\,x^{s-su(i,n)+pr(i,n+1)+1+p}\,P_{i-p}^{(n+p)}(x).$$

où $\pi_{s-1}^{(n-s)}(x)$ *est un polynôme unitaire de degré* s-1 *déterminé de façon unique et où* $\beta_{i+s}^{(n-s)}$ *et* $\Gamma_{i+s}^{(n-s)}$ *sont des constantes non nulles.*

<u>Démonstration.</u>

1. On suppose que $s = p = 1$.

1.1 Si $P_i^{(n-1)}(x)$ est orthogonal régulier.

o
o o * On obtient alors la relation 2.29 du livre de C. Brezinski.

$$H_i^{(n)}\, H_i^{(n+1)}\, \tilde{H}_{i+1}^{(n-1)}(x) = [H_{i+1}^{(n-1)}\, H_i^{(n+1)} - x\, H_i^{(n)}\, H_{i+1}^{(n)}]\, \tilde{H}_i^{(n)}(x)$$

$$- x\, H_{i+1}^{(n-1)}\, H_{i+1}^{(n)}\, \tilde{H}_{i-1}^{(n+1)}(x)$$

On remarquera que cette relation reste valable si $P_{i-1}^{(n+1)}$ est au nord d'un bloc P.

1.2 Si $P_i^{(n-1)}(x)$ est quasi-orthogonal.

On a :

$$P_{i+1}^{(n-1)}(x) = x\, P_i^{(n)}(x) - q_{i+1}^{(n-1)}\, P_{pr(i+1,n-1)}^{(n-1)}(x)$$

$$xP_{i-1}^{(n+1)}(x) = P_i^{(n)}(x) + q_i^{(n)}\, P_{pr(i,n)}^{(n)}(x).$$

En utilisant le fait que $pr(i,n) = pr(i+1,n-1)$ et que $P_{pr(i,n)}^{(n)}(x) = P_{pr(i+1,n-1)}^{(n-1)}(x)$, on obtient la même relation qu'au 1.1 en éliminant ces deux polynômes dans les deux relations précédentes et en utilisant les relations de la propriété 4.3 ii) et du théorème 4.1.

La relation 2.29 du livre de C. Brézinski transformée pour obtenir les polynômes P est bien de la forme proposée.

2. <u>On suppose que s et p sont différents de 1</u>.

Nous utilisons le procédé constructif suivant.

Si $su(i,n) - i > \frac{s}{2}$

On connait $P_{i-p}^{(n+p)}$. On en déduit donc $P_{pr(i,n+1)}^{(n+1)}$ qui est au nord d'un bloc P et vaut $x^{pr(i,n+1)+p-i}\, P_{i-p}^{(n+p)}(x)$.

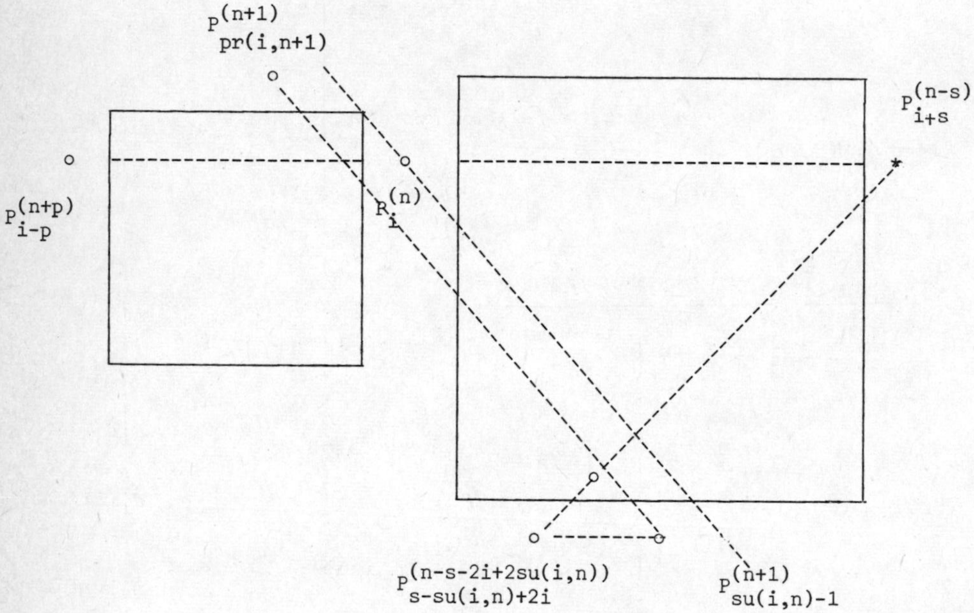

Puis $P_{pr(i,n+1)}^{(n+1)}$ et $P_i^{(n)}$ nous permettent de calculer $P_{su(i,n)-1}^{(n+1)}$ grâce à la deuxième relation de la propriété 2.4.

$$P_{su(i,n)-1}^{(n+1)}(x) = \omega_{su(i,n)-1-i}^{(n)}(x)\, P_i^{(n)}(x) + E_{su(i,n)}^{(n)}\, P_{pr(i,n+1)}^{(n+1)}(x).$$

Ensuite avec $P_i^{(n+1)}(x) \equiv P_i^{(n)}(x)$ et $P_{su(i,n)-1}^{(n+1)}$, on obtient $P_{su(i,n)-2}^{(n+2)}$

grâce à la première relation de la propriété 2.4 et ainsi de suite jusque $P_{s-su(i,n)+2i}^{(n-s+2su(i,n)-2i)}$ qui se trouve sur la même antidiagonale que $P_{i+s}^{(n-s)}$;

nous avons donc les relations suivantes :

$$x\, P_{su(i,n)-2-j}^{(n+2+j)}(x) = P_{su(i,n)-1-j}^{(n+1+j)}(x) + q_{su(i,n)-1-j}^{(n+1+j)}\, P_i^{(n+2+j)}(x)$$

pour $j \in \mathbb{N}$, $0 \le j \le 2su(i,n)-2i-2-s$.

On fait la somme de toutes ces relations multipliées respectivement par x^j.

On obtient :

$$x^{2su(i,n)-s-2i-1}\, P_{s-su(i,n)+2i}^{(n-s-2i+2su(i,n))}(x)$$

$$= P_{su(i,n)-1}^{(n+1)}(x) + \theta_{2su(i,n)-s-2i-2}(x)\, P_i^{(n)}(x)$$

où $\theta_{2su(i,n)-s-2i-2}$ est un polynôme de degré $2su(i,n)-s-2i-2$ au plus.

En faisant intervenir les deux premières relations et en tenant compte du fait que $su(i,n)-1 \le s+i-1$ (ce qui entraîne que $su(i,n)-1-i > 2su(i,n)-s-2i-2$), on obtient :

$$x^{2su(i,n)-s-2i-1}\, P_{s-su(i,n)+2i}^{(n-s-2i+2su(i,n))}(x) = \hat{\omega}_{su(i,n)-1-i}^{(n)}(x)\, P_i^{(n)}(x)$$

$$+\, E_{su(i,n)}^{(n)}\, x^{pr(i,n+1)+p-i}\, P_{i-p}^{(n+p)}(x).$$

$\hat{\omega}_{su(i,n)-1-i}^{(n)}$ est un polynôme unitaire de degré $su(i,n)-1-i$.

Si $su(i,n)-i \le \frac{s}{2}$

Comme dans le cas précédent on calcule $P^{(n+1)}_{su(i,n)-1}$. Ensuite avec $P^{(n)}_i$ et $P^{(n+1)}_{su(i,n)-1}$ on obtient $P^{(n)}_{su(i,n)}$ grâce à la première relation de la propriété 2.4, et ainsi de suite jusque $P^{(n-s+2su(i,n)-2i)}_{s-su(i,n)+2i}$

$$x\, P^{(n+1-j)}_{su(i,n)-1+j}(x) = P^{(n-j)}_{su(i,n)+j}(x) + q^{(n-j)}_{su(i,n)+j}\, P^{(n-j)}_i(x),$$

pour $j \in \mathbb{N}$, $0 \le j \le 2i+s-2su(i,n)$

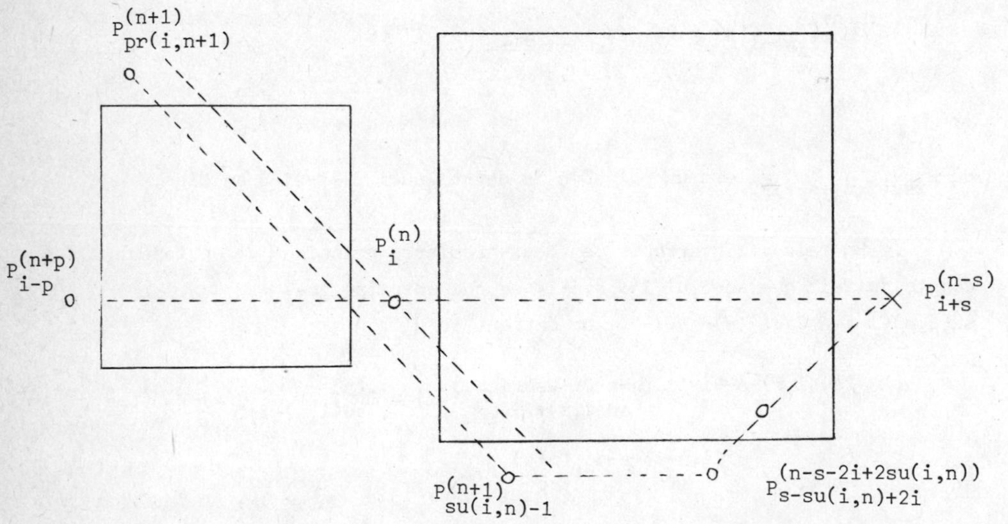

Nous effectuons encore la somme de toutes ces relations respectivement multipliées par $x^{2i+s-2su(i,n)-j}$ et nous obtenons :

$$P^{(n-s-2i+2su(i,n))}_{s-su(i,n)+2i}(x) = x^{s-2su(i,n)+2i+1}\, P^{(n+1)}_{su(i,n)-1}(x)$$

$$+ \theta_{s-2su(i,n)+2i}(x)\, P^{(n)}_{i}(x),$$

où $\theta_{s-2su(i,n)+2i}$ est un polynôme de degré s-2su(i,n)+2i au plus.

En faisant intervenir les deux premières relations du cas $su(i,n)-i > \frac{s}{2}$ et en tenant compte du fait que $su(i,n)-i > 0$, on en déduit la relation suivante :

$$P^{(n-s-2i+2su(i,n))}_{s-su(i,n)+2i}(x) = \hat{\omega}_{s-su(i,n)+i}(x)\, P^{(n)}_{i}(x)$$

$$+ E^{(n)}_{su(i,n)}\, x^{s+p+pr(i,n+1)+1+i-2su(i,n)}\, P^{(n+p)}_{i-p}(x).$$

2.1 Si $P^{(n-s+2su(i,n)-2i)}_{s-su(i,n)+2i}(0) \neq 0$

Le polynôme transformé $\tilde{P}^{(n-s+2su(i,n)-2i)}_{s-su(i,n)+2i}$ est proportionnel à $W^{(n+2i+s-1)}_{s-su(i,n)+2i}$ d'après la propriété 4.11.

$$W^{(n+s+2i-1)}_{s-su(i,n)+2i}(x) = (-1)^{s-su(i,n)+2i}\, \frac{H^{(n-s-2i+2su(i,n))}_{s-su(i,n)+2i}}{H^{(n-s-2i+2su(i,n)+1)}_{s-su(i,n)+2i}}\, \tilde{P}^{(n-s-2i+2su(i,n))}_{s-su(i,n)+2i}(x)$$

Si $su(i,n)-i \neq 1$,

Le polynôme orthogonal régulier qui succède à $W^{(n+2i+s-1)}_{s-su(i,n)+2i}$ sur l'antidiagonale n+2i+s-1 est le polynôme $W^{(n+2i+s-1)}_{s-su(i,n)+2i+1}$ qui est au sud du bloc W.

Nous avons donc :

$$W^{(n+2i+s-1)}_{s-su(i,n)+2i+1}(x) = x^{s-su(i,n)+i+1}\, W^{(i+su(i,n)-2+n)}_{i}(x).$$

$W^{(i+su(i,n)-2+n)}_{i}$ est le polynôme orthogonal régulier dans l'angle sud-ouest du bloc W. Il est proportionnel à $\tilde{P}^{(n)}_{i}$.

$$W^{(n+2i+s-1)}_{s-su(i,n)+2i+1}(x) = (-1)^{s-su(i,n)+2i+1}\, \frac{H^{(n)}_{i}}{H^{(n+1)}_{i}}\, x^{s-su(i,n)+i+1}\, \tilde{P}^{(n)}_{i}(x).$$

Les deux polynômes $W^{(s+2i-1+n)}_{s-su(i,n)+2i}$ et $W^{(s+2i-1+n)}_{s-su(i,n)+2i+1}$ permettent d'obtenir $W^{(s+2i-1+n)}_{i+s}$, qui est proportionnel à $\tilde{P}^{(n-s)}_{i+s}$, grâce à la relation de récurrence à trois termes sur les polynômes W.

$$W^{(n+s+2i-1)}_{i+s}(x) = (x\, \Omega^{(n+s+2i-1)}_{i+su(i,n)-2i-1}(x) + \tilde{B}^{(n+s+2i-1)}_{i+s})\, W^{(n+s+2i-1)}_{s-su(i,n)+2i+1}(x)$$

$$+ \tilde{C}^{(n+s+2i-1)}_{i+s}\, W^{(n+s+2i-1)}_{s-su(i,n)+2i}(x).$$

avec $W^{(n+s+2i-1)}_{i+s}(x) = (-1)^{i+s}\, \dfrac{H^{(n-s)}_{i+s}}{H^{(n+1-s)}_{i+s}}\, \tilde{P}^{(n-s)}_{i+s}(x).$

En remplaçant les polynômes W par les polynômes $\tilde{P}$ dans la relation de récurrence à trois termes, puis en changeant x en $\frac{1}{x}$ et en multipliant par x^{i+s}, on obtient :

$$(-1)^{i+s}\, \frac{H^{(n-s)}_{i+s}}{H^{(n+1-s)}_{i+s}}\, P^{(n-s)}_{i+s}(x)$$

$$= (-1)^{s-su(i,n)+2i+1}\, (\tilde{\Omega}^{(n+s+2i-1)}_{i+su(i,n)-2i-1}(x) + \tilde{B}^{(n+s+2i-1)}_{i+s}\, x^{i+su(i,n)-2i})\, *$$

$$\frac{H^{(n)}_{i}}{H^{(n+1)}_{i}}\, P^{(n)}_{i}(x)$$

$$+ \tilde{C}_{i+s}^{(n+s+2i-1)} (-1)^{s-su(i,n)+2i} \frac{H_{s-su(i,n)+2i}^{(n-s-2i+2su(i,n))}}{H_{s-su(i,n)+2i}^{(n-s-2i+2su(i,n)+1)}} x^{su(i,n)-i} P_{s-su(i,n)+2i}^{(n-s-2i+2su(i,n))}(x)$$

où $\tilde{\Omega}_k(x) = x^k \Omega_k(\frac{1}{x})$.

Si $su(i,n)-i = 1$,

On prend le polynôme orthogonal régulier $W_{s-su(i,n)+2i}^{(n+2i+s-2)}$ qui est au sud du bloc W. Nous avons dans ce cas :

$$W_{s-su(i,n)+2i}^{(n+2i+s-2)}(x) = x^{s-su(i,n)+i} W_i^{(i+su(i,n)-2+n)}(x)$$

Les deux polynômes $W_{s-su(i,n)+2i}^{(n+2i+s-2)}$ et $W_{s-su(i,n)+2i}^{(n+2i+s-1)}$ permettent d'obtenir $W_{i+s}^{(s+2i-1+n)}$ grâce à la relation

$$x W_{s-su(i,n)+2i}^{(n+2i+s-2)}(x) = x^s W_i^{(i+su(i,n)-2+n)}(x)$$

$$= W_{i+s}^{(n+s+2i-1)}(x) + \tilde{q}_{i+s}^{(n+s+2i-1)} W_{s-su(i,n)+2i}^{(n+s+2i-1)}(x)$$

avec $W_i^{(i+su(i,n)-2+n)}(x) = (-1)^i \frac{H_i^{(n)}}{H_i^{(n+1)}} \tilde{P}_i^{(n)}(x)$

Par conséquent on obtient en transformant cette relation.

$$(-1)^{i+s} \frac{H_{i+s}^{(n-s)}}{H_{i+s}^{(n+1-s)}} P_{i+s}^{(n-s)}(x) = (-1)^i \frac{H_i^{(n)}}{H_i^{(n+1)}} P_i^{(n)}(x)$$

$$+ \tilde{q}_{i+s}^{(m)} (-1)^{i+s} x \frac{H_{s-1+i}^{(n-s+2)}}{H_{s-1+i}^{(n-s+3)}} P_{s-1+i}^{(n-s+2)}(x).$$

On constate qu'en exprimant $P_{i+s}^{(n-s)}$ en fonction de $P_i^{(n)}$ et $P_{i-p}^{(n+p)}$ on obtient bien la relation proposée.

2.2 Si $P_{s-su(i,n)+2i}^{(n-s+2su(i,n)-2i)}(0) = 0$

Il est au nord d'un bloc P et le polynôme $W_{s-su(i,n)+2i}^{(n+2i+s-1)}$ est quasi-orthogonal. On prend donc le polynôme orthogonal régulier situé à l'ouest de ce bloc P sur la même antidiagonale n+s+2i-1. Ce polynôme est identique au polynôme $P_{s-su(i,n)+2i}^{(n-s+2su(i,n)-2i)}$ duquel on a retiré les termes x qui sont en facteur.

En le transformant en $\tilde{P}$ il est proportionnel à

$W_{\tilde{pr}(s-su(i,n)+2i+1,n+s+2i-1)}^{(n+s+2i-1)}$ et permet d'obtenir $W_{i+s}^{(n+s+2i-1)}(x)$ en utilisant soit $W_{s-su(i,n)+2i+1}^{(n+s+2i-1)}$ et la relation de récurrence à trois termes suivant l'antidiagonale n+s+2i-1, soit $W_{s-su(i,n)+2i}^{(n+s+2i-2)}$ et la première relation qui suit la propriété 4.13.

Par conséquent dans les deux relations obtenues dans le 2.1 intervient $W_{\tilde{pr}(s-su(i,n)+2i+1,n+s+2i-1)}^{(n+s+2i-1)}$ à la place de $W_{s-su(i,n)+2i}^{(n+s+2i-1)}$.

Si 0 est racine d'ordre de multiplicité r de $P_{s-su(i,n)+2i}^{(n-s-2i+2su(i,n))}$,

alors : $W_{\tilde{pr}(s-su(i,n)+2i+1,n+s+2i-1)}^{(n+s+2i-1)}(x) = W_{s-su(i,n)+2i-r}^{(n+s+2i-1)}(x)$

$$= (-1)^{s-su(i,n)+2i-r} \frac{H_{s-su(i,n)+2i-r}^{(n-s-2i+2su(i,n)+2r)}}{H_{s-su(i,n)+2i-r}^{(n-s-2i+2su(i,n)+2r+1)}} \tilde{P}_{s-su(i,n)+2i-r}^{(n-s-2i+2su(i,n)+2r)}(x)$$

$$= (-1)^{s-su(i,n)+2i-r} \frac{H^{(n-s-2i+2su(i,n)+2r)}_{s-su(i,n)+2i-r}}{H^{(n-s-2i+2su(i,n)+2r+1)}_{s-su(i,n)+2i-r}} \tilde{P}^{(n-s-2i+2su(i,n))}_{s-su(i,n)+2i}(x).$$

Seul varie donc le coefficient en facteur de $\tilde{P}^{(n-s-2i+2su(i,n))}_{s-su(i,n)+2i}$.

On constate encore qu'en exprimant $P^{(n-s)}_{i+s}$ en fonction de $P^{(n)}_i$ et $P^{(n+p)}_{i-p}$, on obtient bien la relation proposée.

3. Si $p = 1$ et $s \neq 1$,

Alors on calcule encore $P^{(n+1)}_{su(i,n)-1}$ à partir de $P^{(n+1)}_{i-1}$ et de $P^{(n)}_i$, et la suite est la même que dans le 2.

Le résultat est donc :

$$P^{(n-s)}_{i+s}(x) = (x\ \pi^{(n-s)}_{s-1}(x) + \beta^{(n-s)}_{i+s})\ P^{(n)}_i(x) + \Gamma^{(n-s)}_{i+s}\ x^{s-su(i,n)+i+1}\ P^{(n+1)}_{i-1}(x).$$

4. Si $p \neq 1$ et $s = 1$,

On a exactement le même processus de calcul que dans le 2, mais en prenant $p^{(n+1)}_i$ à la place de $P^{(n+1)}_{su(i,n)-1}$.

Par conséquent on obtient :

$$P^{(n-1)}_{i+1}(x) = (x + \beta^{(n-1)}_{i+1})\ P^{(n)}_i(x) + \Gamma^{(n-1)}_{i+1}\ x^{p+pr(i,n+1)-i+1}\ P^{(n+p)}_{i-p}(x).$$

$\beta_{i+s}^{(n-s)}$ est différent de zéro car sinon 0 serait racine de $P_{i+s}^{(n-s)}$ ce qui est impossible puisqu'il n'appartient pas à un bloc P U W.

$\Gamma_{i+s}^{(n-s)}$ est également non nul sinon toutes les racines de $P_i^{(n)}$ seraient racines de $P_{i+s}^{(n-s)}$. Or si s = 1 cela contredit le théorème 2.1, et si $s \neq 1$, $P_{i+s}^{(n-s)}$ et $P_{pr(i+s,n-s)}^{(n-s)}$ n'ont pas de racine commune et toutes les racines de $P_i^{(n)}$ sont racines de $P_{pr(i+s,n-s)}^{(n-s)}$, d'où une contradiction.

cqfd.

Remarque :

Lorsqu'un polynôme orthogonal régulier se trouve sur le côté ouest d'un bloc P, mais pas du bloc W, ou vice versa, il est bien évident que l'on peut déduire immédiatement tous les polynômes du côté sud du bloc W ou du côté nord du bloc P en multipliant le polynôme précédent par des puissances croissantes de x.

4.6 POLYNOMES SEMI-ORTHOGONAUX

Nous introduisons maintenant à propos des déplacements horizontaux une nouvelle forme "d'orthogonalité" que nous appellerons semi-orthogonalité. Les résultats de cette section seront utilisés pour les polynômes orthogonaux sur un cercle qui forment un cas particulier de semi-orthogonalité.

Nous définissons une fonctionnelle linéaire $\tau^{(h)}$, pour $h \in \mathbb{N}$, par $\tau^{(h)}(x^k) = c_{h+k}$, $\forall k \in \mathbb{Z}$.

Nous cherchons les polynômes $\phi_k^{(h)}(x)$ de degré k exactement tels que :

$$\tau^{(h)}\left(\frac{1}{x^{\ell}}\,\phi_k^{(h)}(x)\right) = 0, \ \forall \ell \in \mathbb{N}, \ 0 \le \ell \le k-1.$$

Nous posons $\phi_k^{(h)}(x) = \sum_{j=o}^{k} \lambda_{j,k}^{(h)}\, x^{k-j}$.

Nous obtenons le système linéaire suivant :

$$\sum_{j=o}^{k} \lambda_{j,k}^{(h)}\, c_{k-j-\ell+h} = 0 \text{ pour } \ell \in \mathbb{N}, \ 0 \le \ell \le k-1.$$

C'est un système linéaire dont la matrice est de Toeplitz.

$$\begin{pmatrix} c_h & c_{h+1} & \cdots & c_{h+k} \\ c_{h-1} & c_h & \cdots & c_{h-1+k} \\ \vdots & & & \vdots \\ c_{h-k+1} & c_{h-k+2} & \cdots & c_{h+1} \end{pmatrix} \begin{pmatrix} \lambda_{k,k}^{(h)} \\ \vdots \\ \lambda_{o,k}^{(h)} \end{pmatrix} = 0$$

Ce système est également vérifié par le polynôme $P_k^{(h-k+1)}$.

<u>*Propriété 4.18.*</u>

Si $P_k^{(h-k+1)}$ est orthogonal, alors $\phi_k^{(h)}$ est identique à $P_k^{(h-k+1)}$ à une constante multiplicative près.

Si $P_k^{(h-k+1)}$ est quasi-orthogonal nous prendrons $\phi_k^{(s)}$ identique à $P_k^{(h-k+1)}$ à une constante multiplicative près.

Posons $\tilde{\phi}_k^{(h)}(x) = x^k\, \phi_k^{(h)}\left(\frac{1}{x}\right)$.

Alors nous avons :

Propriété 4.19.

$$\tau^{(h)}\left(\frac{1}{x^{\ell}}\,\phi_k^{(h)}(x)\right) = 0, \ \forall \ell \in \mathbb{N}, \ 0 \le \ell \le k-1$$

$$\Longleftrightarrow \tau^{(h)}\left(x^{\ell}\,\tilde{\phi}_k^{(h)}\left(\frac{1}{x}\right)\right) = 0 \ , \ \forall \ell \in \mathbb{N}, \ 1 \le \ell \le k.$$

Démonstration.

$$\tau^{(h)}\left(x^{\ell}\,\tilde{\phi}_k^{(h)}\left(\frac{1}{x}\right)\right) = \tau^{(h)}\left(x^{\ell-k}\,\phi_k^{(h)}(x)\right)$$

D'où le résultat.

cqfd.

Définition 4.1.

Nous appellerons polynôme semi-orthogonal un polynôme satisfaisant l'une des deux relations de la propriété 4.19.

Définition 4.2.

On donnera au polynôme $\phi_k^{(h)}$ *le qualificatif régulier, singulier ou quasi-orthogonal que possède le polynôme* $P_k^{(h-k+1)}$.

Dans la suite quand nous parlerons de polynômes orthogonaux, ce sera toujours par rapport à une fonctionnelle linéaire c. Ces polynômes sont sur une diagonale de la table P. Quand nous parlerons de polynômes semi-orthogonaux, ce sera toujours par rapport à une fonctionnelle $\tau^{(h)}$ et ces polynômes sont sur l'horizontale h de la table ϕ.

Définition 4.3.

On appellera table ϕ *la table dans laquelle sont rangés les polynômes* $\phi_k^{(h)}$ *de la manière suivante.*

$$\begin{array}{llll}
\phi_1^{(0)} & & & \\
\phi_1^{(1)} & \phi_2^{(1)} & & \\
\phi_1^{(2)} & \phi_2^{(2)} & \phi_3^{(2)} & \\
\cdot & \cdot & \cdot & \cdot \\
\cdot & \cdot & \cdot & \cdot \\
\cdot & \cdot & \cdot & \cdot \\
\cdot & \cdot & \cdot & \cdot
\end{array}$$

Lorsque le polynôme $\phi_k^{(h)}$ est semi-orthogonal régulier nous avons une écriture de ce polynôme sous forme de déterminant, puisqu'il est identique à $P_k^{(h-k+1)}$.

Dans ce cas nous avons :

Propriété 4.20.

Si $\phi_k^{(h)}$ *et* $\phi_{k+1}^{(h)}$ *sont semi-orthogonaux réguliers, alors :*

$$\tau^{(h)}\left(\frac{1}{x^k}\,\phi_k^{(h)}(x)\right) = (-1)^k\,\frac{H_{k+1}^{(h-k)}}{H_k^{(h-k+1)}} \neq 0.$$

Démonstration.

$$\phi_k^{(h)}(x) = \frac{1}{H_k^{(h-k+1)}} \begin{vmatrix} c_{h-k+1} & \text{---} & c_{h+1} \\ | & & | \\ c_h & \text{---} & c_{h+k} \\ 1 & \text{---} & x^k \end{vmatrix}$$

Le calcul de $\tau^{(h)}(\frac{1}{x^k}\phi_k^{(h)}(x))$ donne comme valeur du déterminant précédent $(-1)^k H_{k+1}^{(h-k)}$. Puisque $\phi_{k+1}^{(h)}$ est semi-orthogonal régulier, $H_{k+1}^{(h-k)} \neq 0$. D'où le résultat.

cqfd.

La définition du problème nous donne bien évidemment la propriété suivante.

Propriété 4.21.

Si $\phi_\ell^{(h)}$ et $\phi_k^{(h)}$ sont semi-orthogonaux réguliers, alors

$\tau^{(h)}(\phi_\ell^{(h)}(\frac{1}{x})\ \phi_k^{(h)}(x)) = 0$ *pour* $0 \leq \ell \leq k-1$.

Définition 4.4.

Nous noterons les polynômes semi-orthogonaux réguliers prédécesseurs et successeurs de $\phi_k^{(h)}$ suivant l'horizontale h, *respectivement*

$\phi_{prh(k,h)}^{(h)}$ *et* $\phi_{suh(k,h)}^{(h)}$.

La propriété 4.17 donnant la relation de récurrence suivant une horizontale s'applique aux polynômes semi-orthogonaux.

Dans toute la suite on appellera horizontale h l'horizontale de la table P qui passe par le polynôme $P_1^{(h)}$. Elle correspond à l'horizontale h de la table ϕ.

Examinons le cas où une horizontale h traverse un bloc P U W. Nous appellons m l'indice de la diagonale principale du bloc P. Soient i et i+s les degrés des polynômes orthogonaux réguliers sur les côtés ouest et est de ce bloc P.

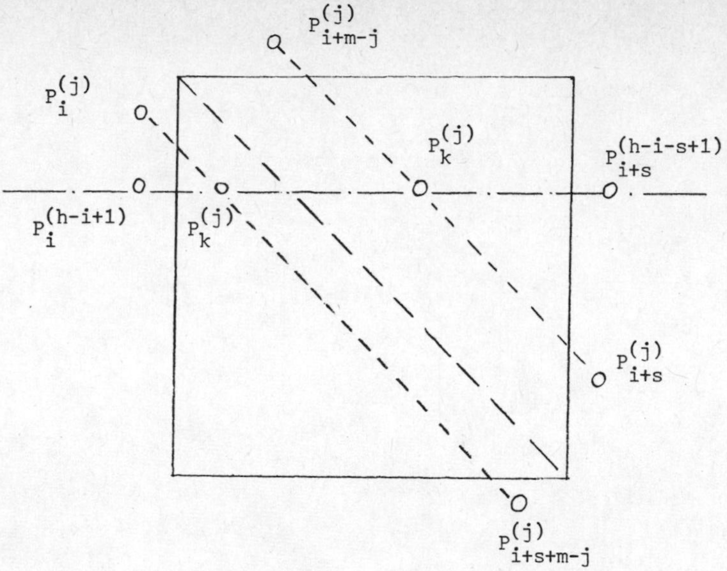

Nous avons $k = h-j+1$.

Les propriétés 4.22 et 4.23 nous donnent les relations de semi-orthogonalité vérifiées dans le bloc ou sur les côtés nord ou nord-ouest.

Propriété 4.22.

Pour $j \in \mathbb{N}$, $h-i-s+2 \le j \le h-i+1$, *nous avons :*

$$\tau^{(h)}\left(\frac{1}{x^{\ell}}\,\phi^{(h)}_{h-j+1}(x)\right) = 0 \text{ et } \tau^{(h)}\left(x^{h-j+\ell+1}\,\tilde{\phi}_{h-j+1}\left(\frac{1}{x}\right)\right) = 0$$

pour $\ell \in \mathbb{Z}$, $2h+3-2i-m-s-j \le \ell \le h-j$.

Les deux expressions sont non nulles pour $\ell = 2h+2-2i-m-s-j$.

Démonstration.

Nous considérons le polynôme $P^{(j)}_{h-j+1}$ sur l'horizontale h.

D'après la propriété 1.17 nous avons :

$$c^{(j)}(x^{\ell}\, P^{(j)}_{h-j+1}(x)) = 0 \text{ pour } \ell \in \mathbb{N},\ 0 \le \ell \le 2i+m+s-h-3$$
$$\ne 0 \text{ pour } \ell = 2i+m+s-h-2.$$

Cela revient à dire que le système suivant est vérifié, où $b = 2i+m+s-h-3$.

$$\begin{pmatrix} c_j & \cdots & c_{h+1} \\ \vdots & & \vdots \\ c_{j+b} & \cdots & c_{h+1+b} \end{pmatrix} \begin{pmatrix} \lambda^{(j)}_{h-j+1,h-j+1} \\ \vdots \\ \lambda^{(j)}_{0,h-j+1} \end{pmatrix} = 0$$

Ces relations équivalent à :

$$\tau^{(h)}(\frac{1}{x^{\ell}}\, \phi^{(h)}_{h-j+1}(x)) = 0 \text{ pour } \ell \in \mathbb{Z},\ 2h+3-2i-m-s-j \le \ell \le h-j,$$
$$\ne 0 \text{ pour } \ell = 2h+2-2i-m-s-j.$$

La propriété concernant la seconde relation est obtenue en utilisant la propriété 4.19.

cqfd.

Propriété 4.23.

i) $$\tau^{(h)}(\frac{1}{x^{\ell}}\, \phi^{(h)}_{i}(x)) = 0 \text{ pour } \ell \in \mathbb{Z},\ h-m-i-s+2 \le \ell \le h-m,$$
$$\ne 0 \text{ pour } \ell = h+1-m \text{ et } \ell = h-m-i-s+1.$$

ii) *Si* $h-i+2 \le j \le m$ *et si* 0 *est racine d'ordre de multiplicité* r *de* $w^{(j)}_{h-j-i+1}$ *alors :*

$$\tau^{(h)}(\frac{1}{x^{\ell}}\, \phi^{(h)}_{h-j+1}(x)) = 0 \text{ pour } \ell \in \mathbb{Z},\ 2h+3-2i-m-s-j \le \ell \le h-m+r,$$
$$\ne 0 \text{ pour } \ell = h-m+r+1 \text{ et } \ell = 2h+2-2i-m-s-j.$$

iii) *Si* $m+1 \le j \le h-i-s$ *et si* 0 *est racine d'ordre de multiplicité* r *de* $w^{(j)}_{h-m-i+1}$*, alors :*

$$\tau^{(h)}\left(\frac{1}{x^{\ell}}\,\phi^{(h)}_{h-j+1}(x)\right) = 0 \text{ pour } \ell \in \mathbb{Z},\ 2h+3-2i-m-s-j \le \ell \le h-j+r,$$
$$\ne 0 \text{ pour } \ell = h-j+r+1 \text{ et } \ell = 2h+2-2i-m-s-j.$$

Démonstration.

i) Les polynômes $P^{(j)}_i$ sont identiques pour $j \in \mathbb{N}$, $m \le j \le h-i+1$.

Donc d'après le théorème 2.2

$$c^{(h-i+1)}(x^{\ell}\,P^{(h-i+1)}_i(x)) = 0 \text{ pour } \ell \in \mathbb{Z},\ m-h+i-1 \le \ell \le 2i+s+m-h-3,$$
$$\ne 0 \text{ pour } \ell = m-h+i-2 \text{ et } \ell = 2i+s+m-h-2,$$

ce qui est équivalent à

$$\tau^{(h)}\left(\frac{1}{x^{\ell}}\,\phi^{(h)}_i(x)\right) = 0 \text{ pour } \ell \in \mathbb{Z},\ h-m-i-s+2 \le \ell \le h-m,$$
$$\ne 0 \text{ pour } \ell = h+1-m \text{ et } \ell = h-m-i-s+1.$$

ii) Si $h-i+2 \le j \le m$ et si 0 est racine d'ordre de multiplicité r de $w^{(j)}_{h-j-i+1}$, alors d'après le corollaire 2.1 on a :

$$c^{(j)}(x^{\ell}\,P^{(j)}_{h-j+1}(x)) = 0 \text{ pour } \ell \in \mathbb{Z},\ -j+m-r \le \ell \le 2i-3+s-h+m,$$
$$\ne 0 \text{ pour } \ell = -j+m-r-1 \text{ et } \ell = 2i-2+s-h+m.$$

Donc $\tau^{(h)}\left(\frac{1}{x^{\ell}}\,\phi^{(h)}_{h-j+1}(x)\right) = 0$ pour $\ell \in \mathbb{Z}$, $2h-m-s-2i+3-j \le \ell \le h-m+r$,

$$\ne 0 \text{ pour } \ell = 2h-m-s-2i+2-j \text{ et } \ell = h-m+r+1.$$

iii) Si $m+1 \le j \le h-i-s$ et si 0 est racine d'ordre de multiplicité r de $w^{(j)}_{h-m-i+1}$, alors toujours d'après le corollaire 3.1 nous avons :

$$c^{(j)}(x^{\ell}\,P^{(j)}_{h-j+1}(x)) = 0 \text{ pour } \ell \in \mathbb{Z},\ -r \le \ell \le 2i+s-3-h+m,$$
$$\ne 0 \text{ pour } \ell = -r-1 \text{ et } \ell = 2i+s-2-h+m,$$

ce qui est équivalent à :

$$\tau^{(h)}\left(\frac{1}{x^{\ell}}\,\phi^{(h)}_{h-j+1}(x)\right) = 0 \text{ pour } \ell \in \mathbb{Z},\ 2h+3-2i-m-s-j \le \ell \le h-j+r,$$

$$\ne 0 \text{ pour } \ell = 2h+2-2i-m-s-j \text{ et } \ell = h-j+r+1.$$

cqfd.

Remarque 4.10.

En utilisant la propriété 4.19 on obtiendra les relations faisant intervenir $\tilde{\phi}^{(h)}(\frac{1}{x})$.

Remarque 4.11.

Pour un polynôme quasi semi-orthogonal nous avons :

$$\tau^{(h)}\left(\frac{1}{x^{\ell}}\,\phi^{(h)}_{k}(x)\right) = 0 \text{ pour } \ell \in \mathbb{N},\ 0 < \alpha+1 \le \ell \le k-1.$$

$$\exists \alpha \in \mathbb{N}, \text{ avec } \alpha > 0 \text{ tel que } \tau^{(h)}\left(\frac{1}{x^{\alpha}}\,\phi^{(h)}_{k}(x)\right) \ne 0.$$

Une propriété des zéros des polynômes semi-orthogonaux peut être donnée.

Propriété 4.24.

Deux polynômes semi-orthogonaux réguliers successifs sur une même horizontale, extérieurs aux blocs P U W *n'ont pas de racine commune.*

Démonstration.

Voir la démonstration de $\Gamma^{(n-s)}_{i+s} \ne 0$ dans la propriété 4.15.

cqfd.

La propriété suivante permet de connaître une partie de la table et surtout de positionner tous les blocs de cette partie. Nous supposons les polynômes unitaires.

Propriété 4.25.

Si $\phi_{i+s}^{(h)}$ *et* $\phi_i^{(h)}$ *sont donnés en dehors d'un bloc* P U W *et si on connait* su(i, h-i+1), *alors toute la table comprise entre la diagonale* h-i-s+1 *et l'antidiagonale* h+i+s *est déterminée de façon unique jusqu'au polynôme* $\phi_{i+s}^{(h)}$.

Démonstration.

Connaître s et su(i, h-i+1) positionne de façon exacte le bloc qui sépare $\phi_i^{(h)}$ de $\phi_{i+s}^{(h)}$.

i) *Si* s=1, on a obligatoirement su(i, h-i+1) = i+1, sinon $\phi_{i+1}^{(h)}$ serait au nord d'un bloc P.

En retranchant $\phi_{i+1}^{(h)}$ de x $\phi_i^{(h)}(x)$ on obtient $q_{i+1}^{(h-i+1)}\ P_{pr(i+1,h-i)}^{(h-i)}(x)$

et donc $P_{pr(i+1,h-i)}^{(h-i)}(x)$ puisqu'il est unitaire.

Alors d'après la remarque 2.1 la partie de la table mentionnée est bien déterminée.

ii) *Si* s≠1 et

a) *si* $\phi_{i+s}^{(h)}$ *est à l'est du bloc* P,

alors on connait le polynôme orthogonal régulier prédecesseur de $P_{i+s}^{(h-i-s+1)}$ sur la diagonale h-i-s+1. C'est le polynôme $x^{su(i,h-i+1)-i}\ \phi_i^{(h)}(x)$.

Par conséquent d'après la remarque 2.1, $\phi_{i+s}^{(h)}$ et $x^{su(i,h-i+1)-i}\ \phi_i^{(h)}(x)$ permettent la détermination de la partie de la table mentionnée.

b) *si* $\phi_{i+s}^{(h)}$ *est au nord-est du bloc* P,

alors on retranche $\phi_{i+s}^{(h)}$ de $x^s\ \phi_i^{(h)}(x)$.

On obtient $q_{i+s}^{(h-i-s+1)}\ P_{pr(i+s,h-i-s+1)}^{(h-i-s+1)}(x)$ et donc $P_{pr(i+s,h-i-s+1)}^{(h-i-s+1)}$.
La remarque 2.1 permet encore de conclure.

cqfd.

4.7 POLYNOMES ORTHOGONAUX SUR LE CERCLE

Nous définissons une fonctionnelle linéaire $\tau^{(s)}$, pour $s \in \mathbb{Z}$, telle que :

pour $z \in \mathbb{C}$, $|z| = 1$ on ait $\tau^{(s)}(z^k) = c_{s+k}$, $\forall k \in \mathbb{Z}$.

Dans toute la suite, chaque fois que nous appliquerons $\tau^{(s)}$ il sera sous entendu que $|z| = 1$.

Nous pouvons en déduire que :

$$\tau^{(s)}(\bar{z}^{-k}) = \bar{c}_{s+k} = \tau^{(s)}(z^{-k}) = c_{s-k},\ \forall k \in \mathbb{Z},$$

où la barre représente l'imaginaire conjugué.

Nous cherchons les polynômes $\phi_k^{(s)}(z)$ de degré k exactement tels que :

$$\tau^{(s)}\left(\frac{1}{z^\ell}\ \phi_k^{(s)}(z)\right) = 0,\ \forall \ell \in \mathbb{N},\ 0 \le \ell \le k-1.$$

On retrouve la semi-orthogonalité de la section 4.6 avec en plus la condition $|z| = 1$. C'est pour cette raison que les polynômes $\phi_k^{(s)}$ seront dits orthogonaux sur le cercle unité. Dans la suite nous parlerons simplement des polynômes $\phi_k^{(s)}$ orthogonaux. Il sera toujours sous-entendu que cette orthogonalité a lieu sur le cercle unité.

Nous allons naturellement retrouver les résultats présentés pour la semi-orthogonalité.

Si nous posons $\phi_k^{(s)}(x) = \sum_{j=o}^{k} \lambda_{j,k}^{(s)} z^{k-j}$, nous obtenons le système d'orthogonalité suivant :

$$\sum_{j=o}^{k} \lambda_{j,k}^{(s)} c_{k-j-\ell+s} = 0 \text{ pour } \ell \in \mathbb{N},\ 0 \leq \ell \leq k-1.$$

C'est un système linéaire dont la matrice est de Toeplitz.

$$\begin{pmatrix} c_s & c_{s+1} & \cdots & c_{s+k} \\ c_{s-1} & c_s & \cdots & c_{s+k-1} \\ \vdots & & & \vdots \\ c_{s-k+1} & c_{s-k+2} & \cdots & c_{s+1} \end{pmatrix} \begin{pmatrix} \lambda_{k,k}^{(s)} \\ \vdots \\ \lambda_{o,k}^{(s)} \end{pmatrix} = 0$$

Soit $c^{(r)}$ la fonctionnelle linéaire définie sur l'espace vectoriel des polynômes de la variable complexe z telle que :

$$c^{(r)}(z^j) = c_{r+j},\ \forall j \in \mathbb{N}.$$

Nous considérons les polynômes $P_s^{(r)}$ orthogonaux par rapport à la fonctionnelle linéaire $c^{(r)}$.

Nous avons la propriété suivante identique à la propriété 4.18.

Propriété 4.26.

Si $P_k^{(s-k+1)}$ *est orthogonal par rapport à* $c^{(s-k+1)}$*, alors* $\phi_k^{(s)}$ *est identique* $P_k^{(s-k+1)}$ *à une constante multiplicative près.*

Démonstration.

Le système vérifié par $\phi_k^{(s)}$ l'est aussi par $P_k^{(s-k+1)}$.

cqfd.

Si $P_k^{(s-k+1)}$ est quasi-orthogonal, nous prendrons $\phi_k^{(s)}$ identique à $P_k^{(s-k+1)}$ à une constante multiplicative près.

Remarque.

Comme dans le cas de la semi-orthogonalité les polynômes $\phi_k^{(s)}$, pour $k \in \mathbb{N}$, correspondent à l'horizontale de la table P qui passe par le polynôme $P_1^{(s)}$. Dans la suite cette horizontale sera toujours appelée horizontale s.

Définition 4.5.

On donnera au polynôme $\phi_k^{(s)}$ *le qualificatif régulier, singulier ou quasi-orthogonal que possède le polynôme* $P_k^{(s-k+1)}$.

Définition 4.6.

Nous noterons les polynômes orthogonaux réguliers prédecesseurs et successeurs de $\phi_k^{(s)}$ *suivant l'horizontale* s*, respectivement :*

$\phi_{prh(k,s)}^{(s)}$ *et* $\phi_{suh(k,s)}^{(s)}$.

Si $\phi_k^{(s)}$ est orthogonal régulier, nous pouvons l'écrire sous forme de déterminant.

$$\phi_k^{(s)}(z) = D_k^{(s)} \begin{vmatrix} c_s & \cdots & c_{s+k} \\ c_{s-1} & \cdots & c_{s+k-1} \\ \vdots & & \vdots \\ c_{s-k+1} & \cdots & c_{s+1} \\ 1 & \cdots & x^k \end{vmatrix}$$

où $D_k^{(s)}$ est une constante arbitraire non nulle.

Dans la suite $\bar{\phi}_j^{(s)}(z)$ représentera le polynôme dont les coefficients sont imaginaires conjugués de ceux de $\phi_j^{(s)}(z)$. Pour ces polynômes nous avons :

<u>*Propriété 4.27.*</u>

Si le polynôme $\phi_k^{(s)}$ *est orthogonal par rapport à* $\tau^{(s)}$, *alors :*

$$\tau^{(s)}(z^\ell \, \bar{\phi}_k^{(s)}(\tfrac{1}{z})) = 0 \quad \text{pour } \ell \in \mathbb{N},\ 0 \le \ell \le k-1.$$

<u>Démonstration</u>.

$$\tau^{(s)}\overline{(z^\ell \, \bar{\phi}_k^{(s)}(\tfrac{1}{z}))} = \tau^{(s)}(\frac{1}{z^\ell}\, \phi_k^{(s)}(z)) = 0 \text{ pour } \ell \in \mathbb{N},\ 0 \le \ell \le k-1.$$

<u>cqfd</u>.

<u>*Propriété 4.28.*</u>

Si les polynômes $\phi_k^{(s)}$ *et* $\phi_\ell^{(s)}$ *sont orthogonaux réguliers, avec* $k \neq \ell$, *alors*

$$\tau^{(s)}(\phi_k^{(s)}(z)\, \bar{\phi}_\ell^{(s)}(\tfrac{1}{z})) = 0$$

Démonstration.

Elle est évidente, compte-tenu de l'orthogonalité des deux polynômes et de la propriété 4.27.

cqfd.

Comme nous l'avons vu dès le début de cette section la fonctionnelle τ a des moments particuliers. Nous aurons donc des propriétés remarquables pour les déterminants de Hankel correspondants, ainsi que pour les polynômes P qui composent la table P.

Propriété 4.29.

$$\bar{H}_k^{(s-k+1-j)} = H_k^{(s-k+1+j)}.$$

Démonstration.

$$\bar{H}_k^{(s-k+1-j)} = \begin{vmatrix} \bar{c}_{s-k+1-j} & \bar{c}_{s-k+2-j} & \cdots & \bar{c}_{s-j} \\ \bar{c}_{s-k+2-j} & \bar{c}_{s-k+3-j} & \cdots & \bar{c}_{s-j+1} \\ \vdots & & & \vdots \\ \bar{c}_{s-j} & \bar{c}_{s-j+1} & \cdots & \bar{c}_{s-j+k-1} \end{vmatrix}$$

Or $\bar{c}_{s+\ell} = c_{s-\ell}$.

Donc

$$\bar{H}_k^{(s-k+1-j)} = \begin{vmatrix} c_{s+k-1+j} & c_{s+k-2+j} & \cdots & c_{s+j} \\ c_{s+k-2+j} & c_{s+k-3+j} & \cdots & c_{s+j-1} \\ \vdots & & & \vdots \\ c_{s+j} & c_{s+j-1} & \cdots & c_{s+j-k+1} \end{vmatrix}$$

Ce dernier déterminant n'est autre que $H_k^{(s+j-k+1)}$.

cqfd.

Corollaire 4.2.

Si $H_k^{(s-k+1-j)} = 0$, *alors* $H_k^{(s-k+1+j)} = 0$ *et réciproquement.*

La disposition des blocs dans la table H est donc symétrique par rapport à l'horizontale s. D'autre part l'horizontale s ne peut traverser que des blocs de largeur impaire pour lesquels elle sert d'axe de symétrie.

Les polynômes P orthogonaux réguliers qui composent la table P vérifient une propriété du même genre.

Propriété 4.30.

Si les polynômes $P_k^{(s-k-j)}$ *et* $P_k^{(s-k+j+1)}$ *sont orthogonaux réguliers et unitaires, nous avons :*

$$P_k^{(s-k-j)}(z) = \frac{H_k^{(s-k+1-j)}}{H_k^{(s-k-j)}} z^k \bar{P}_k^{(s-k+j+1)}\left(\frac{1}{z}\right)$$

Démonstration.

$$P_k^{(s-k+1+j)}(z) = \frac{1}{H_k^{(s-k+1+j)}} \begin{vmatrix} c_{s-k+1+j} & \cdots & c_{s+1+j} \\ \vdots & & \vdots \\ c_{s+j} & \cdots & c_{s+k+j} \\ 1 & \cdots & z^k \end{vmatrix}$$

$$z^k \bar{P}_k^{(s-k+1+j)}\left(\frac{1}{z}\right) = \frac{1}{\bar{H}_k^{(s-k+1+j)}} \begin{vmatrix} c_{s+k-1-j} & \cdots & c_{s-1-j} \\ \vdots & & \vdots \\ c_{s-j} & \cdots & c_{s-k-j} \\ z^k & \cdots & 1 \end{vmatrix}$$

Compte-tenu du fait que $\bar{c}_{s-\ell} = c_{s+\ell}$, $\forall \ell \in \mathbb{Z}$.

Donc

$$z^k \, \bar{P}_k^{(s-k+1+j)}\left(\frac{1}{z}\right) = \frac{H_k^{(s-k-j)}}{\bar{H}_k^{(s-k+1+j)}} \, P_k^{(s-k-j)}(z) = \frac{H_k^{(s-k-j)}}{H_k^{(s-k+1-j)}} \, P_k^{(s-k-j)}(z)$$

en utilisant la propriété 4.29.

<u>cqfd</u>.

<u>*Définition 4.7.*</u>

Un polynôme $\sum_{i=o}^{k} a_i z^i$ *est dit à coefficients symétriques si :*

$a_{k-j} = \mu \, \bar{a}_j, \forall j \in \mathbb{N}, 0 \le j \le k$ *où* μ *est une constante de module unité.*

Un polynôme est dit à coefficients antisymétriques si :

$a_{k-j} = - \mu \, \bar{a}_j, \forall j \in \mathbb{N}, 0 \le j \le k$ *où* μ *est encore une constante de mudule unité.*

A partir de cette définition nous déduisons de la propriété 4.30 le corollaire suivant.

<u>*Corollaire 4.3.*</u>

Les polynômes unitaires situés à l'ouest ou au nord-ouest d'un bloc P *traversé par l'horizontale* s *sont à coefficients symétriques ou antisymétriques.*

Démonstration.

D'après la propriété 4.30 nous avons :

$$P_k^{(s-k)}(z) = \frac{H_k^{(s-k+1)}}{H_k^{(s-k)}} z^k \bar{P}_k^{(s-k+1)}(\frac{1}{z})$$

Or $P_k^{(s-k)}(z) = P_k^{(s-k+1)}(z)$ si $P_k^{(s-k)}$ est à l'ouest ou au nord-ouest d'un bloc P.

Donc si $P_k^{(s-k+1)}(z) = \sum_{j=o}^{k} \lambda_j z^{k-j}$ avec $\lambda_0 = 1$ nous avons :

$$\frac{\bar{\lambda}_k}{1} = \frac{\bar{\lambda}_{k-1}}{\lambda_1} = \ldots = \frac{\bar{\lambda}_1}{\lambda_{k-1}} = \frac{1}{\lambda_k}.$$

D'où le résultat

cqfd.

Considérons la table P et l'horizontale s et examinons le cas où cette horizontale coupe des blocs.

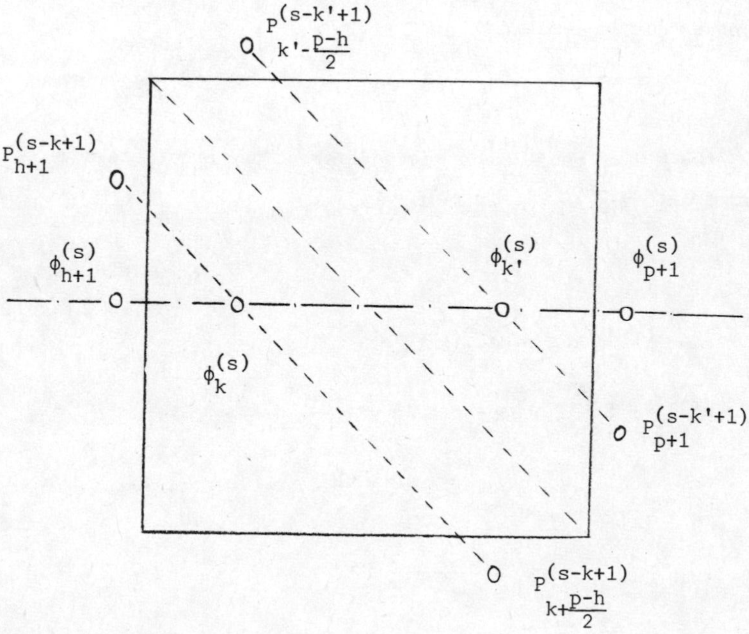

Soient $\phi_{h+1}^{(s)}$ et $\phi_{p+1}^{(s)}$ les deux polynômes orthogonaux situés sur les côtés ouest et est du bloc P, et soit $\phi_k^{(s)}$ un polynôme intérieur à ce bloc.

On supposera unitaires tous les polynômes considérés.

Nous aurons des propriétés qui sont des transpositions immédiates des propriétés des polynômes semi-orthogonaux au cas des polynômes orthogonaux sur le cercle.

Lemme 4.1.

Si $k \in \mathbb{N}$, $h+1 \le k \le p$, *alors* :

$$\tau^{(s)}\left(\frac{1}{z^\ell}\,\phi_k^{(s)}(z)\right) = 0 \text{ pour } \ell \in \mathbb{Z},\ k - \frac{p+h}{2} \le \ell \le k-1,$$

$$\ne 0 \text{ pour } \ell = k - \frac{p+h}{2} - 1$$

Démonstration.

C'est la propriété 4.22 appliquée au cas particulier des polynômes orthogonaux sur le cercle.

cqfd.

Du lemme 4.1 on peut déduire immédiatement une propriété analogue à la propriété 4.27.

Propriété 4.31.

Si $k \in \mathbb{N}$, $h+1 \le k \le p$, *alors* :

$$\tau^{(s)}\left(z^\ell\,\bar{\phi}_k^{(s)}\left(\frac{1}{z}\right)\right) = 0 \text{ pour } \ell \in \mathbb{Z},\ k - \frac{p+k}{2} \le \ell \le k-1.$$

$$\ne 0 \text{ pour } \ell = k-1 - \frac{p+h}{2}.$$

Dans le cas particulier où $\phi_k^{(s)}$ est au nord-ouest d'un bloc P, nous avons la propriété suivante, si on pose k = h+1 et si p+1 est l'indice de sortie du bloc P suivant la diagonale (s-h).

<u>*Propriété 4.32.*</u>

$$\tau^{(s)}\left(\frac{1}{z^\ell}\,\phi_{h+1}^{(s)}(z)\right) = 0 \text{ pour } \ell \in \mathbb{Z},\ h+1-p \le \ell \le h,$$

$$\ne 0 \text{ pour } \ell = h-p.$$

$$\tau^{(s)}\left(z^\ell\,\bar{\phi}_{h+1}^{(s)}\left(\frac{1}{z}\right)\right) = 0 \text{ pour } \ell \in \mathbb{Z},\ h+1-p \le \ell \le h,$$

$$\ne 0 \text{ pour } \ell = h-p.$$

<u>Démonstration.</u>

Nous nous servons encore du fait que :

$$c^{(s-h)}\left(z^\ell\,P_{h+1}^{(s-h)}(z)\right) = 0 \text{ pour } \ell \in \mathbb{N},\ 0 \le \ell \le p-1,$$
$$\ne 0 \text{ pour } \ell = p.$$

Ces relations sont équivalentes aux deux premières de l'énoncé.

La propriété 4.27 donne les deux autres.

<u>cqfd.</u>

Dans le cas où $\phi_k^{(s)}$ est soit orthogonal singulier, soit sur le côté ouest du bloc P, on peut augmenter l'intervalle d'annulation de $\tau^{(s)}\left(\frac{1}{z^\ell}\,\phi_k^{(s)}(z)\right)$, ainsi que dans le cas où 0 est racine de $w_{k-h-1}^{(s-k+1)}$ ou de $w_{\frac{p-h}{2}}^{(s-k+1)}$.

Propriété 4.33.

i) $\tau^{(s)}(\frac{1}{z^{\ell}}\,\phi_{h+1}^{(s)}(z)) = 0$ *pour* $\ell \in \mathbb{Z}$, $1 - \frac{p-h}{2} \le \ell \le \frac{p+h}{2}$,

$\tau^{(s)}(\frac{1}{z^{\ell}}\,\phi_{h+1}^{(s)}(z)) \ne 0$ *pour* $\ell = -\frac{p-h}{2}$ *et pour* $\ell = \frac{p+h}{2} + 1$.

ii) *Si* $h+2 \le k \le \frac{p+h}{2}$ *et si* 0 *est racine de* $w_{k-h-1}^{(s-k+1)}$ *d'ordre de multiplicité* r, *alors :*

$\tau^{(s)}(\frac{1}{z^{\ell}}\,\phi_{k}^{(s)}(z)) = 0$ *pour* $\ell \in \mathbb{Z}$, $k - \frac{p+h}{2} \le \ell \le \frac{p+h}{2} + r$,

$\ne 0$ *pour* $\ell = k - 1 - \frac{p+h}{2}$ *et pour* $\ell = \frac{p+h}{2} + r + 1$.

iii) *Si* $\frac{p+h}{2} + 1 \le k \le p$ *et si* 0 *est racine de* $w_{\frac{p-h}{2}}^{(s-k+1)}$ *d'ordre de multiplicité* r, *alors :*

$\tau^{(s)}(\frac{1}{z^{\ell}}\,\phi_{k}^{(s)}(z)) = 0$ *pour* $\ell \in \mathbb{N}$, $k - \frac{p+h}{2} \le \ell \le k-1+r$,

$\ne 0$ *pour* $\ell = k-1 - \frac{p+h}{2}$ *et pour* $\ell = k+r$.

Démonstration.

La diagonale principale du bloc P porte l'indice $s - \frac{p+h}{2}$.

Nous avons ici l'analogue de la propriété 4.23 des polynômes semi-orthogonaux.

cqfd.

On peut encore déduire de la propriété 4.33 une propriété analogue à la propriété 4.27.

<u>*Propriété 4.34.*</u>

i) $\tau^{(s)}(z^{\ell}\ \bar{\phi}^{(s)}_{h+1}(\frac{1}{z})) = 0$ *pour* $\ell \in \mathbb{Z},\ 1 - \frac{p-h}{2} \leq \ell \leq \frac{p+h}{2}$,

$\neq 0$ *pour* $\ell = -\frac{p-h}{2}$ *et pour* $\ell = \frac{p+h}{2} + 1$.

ii) <u>*Si* $h+2 \leq k \leq \frac{p+h}{2}$</u> *et si* 0 *est racine de* $w^{(s-k+1)}_{k-h-1}$ *d'ordre de multiplicité* r, *alors :*

$\tau^{(s)}(z^{\ell}\ \bar{\phi}^{(s)}_{k}(\frac{1}{z})) = 0$ *pour* $\ell \in \mathbb{Z},\ k - \frac{p+h}{2} \leq \ell \leq \frac{p+h}{2} + r$,

$= 0$ *pour* $\ell = k-1 - \frac{p+h}{2}$ *et* $\ell = \frac{p+h}{2} + r + 1$.

iii) <u>*Si* $\frac{p+h}{2} + 1 \leq k \leq p$</u> *et si* 0 *est racine de* $w^{(s-k+1)}_{\frac{p-h}{2}}$ *d'ordre de multiplicité* r, *alors :*

$\tau^{(s)}(z^{\ell}\ \bar{\phi}^{(s)}_{k}(\frac{1}{z})) = 0$ *pour* $\ell \in \mathbb{N},\ k - \frac{p+h}{2} \leq \ell \leq k-1+r$,

$\neq 0$ *pour* $\ell = k-1 - \frac{p+h}{2}$ *et* $\ell = k + r$.

Nous nous intéressons à présent aux relations de récurrence entre polynômes orthogonaux réguliers extérieurs aux blocs P U W.

Nous poserons $\phi^{*(s)}_{j}(z) = z^{j}\ \bar{\phi}^{(s)}_{j}(\frac{1}{z})$.

Le lemme suivant est la généralisation d'une propriété classique dans le cas normal [20].

<u>*Lemme 4.2.*</u>

Si les polynômes $\phi_k^{(s)}$ *et* $\phi_{k+1}^{(s)}$ *sont orthogonaux réguliers et si* $\phi_{k+1}^{(s)}$ *est extérieur aux blocs* P U W, *alors* :

$$\phi_{k+1}^{(s)}(z) = z\,\phi_k^{(s)}(z) + \phi_{k+1}^{(s)}(0)\,\phi_k^{*(s)}(z)$$

$$\phi_{k+1}^{*(s)}(z) = \phi_k^{*(s)}(z) + \bar{\phi}_{k+1}^{(s)}(0)\,z\,\phi_k^{(s)}(z)$$

Démonstration.

i) Si $P_k^{(s-k)}$ est orthogonal régulier par rapport à $c^{(s-k)}$, alors nous avons :

$$z\,P_k^{(s-k+1)}(z) = P_{k+1}^{(s-k)}(z) + q_{k+1}^{(s-k)}\,P_k^{(s-k)}(z) \text{ avec } q_{k+1}^{(s-k)} \neq 0.$$

Soit

$$\phi_{k+1}^{(s)}(z) = z\,\phi_k^{(s)}(z) - q_{k+1}^{(s-k)}\,P_k^{(s-k)}(z)$$

$$= z\,\phi_k^{(s)}(z) - q_{k+1}^{(s-k)}\,\frac{H_k^{(s-k+1)}}{H_k^{(s-k)}}\,z^k\,\bar{P}_k^{(s-k+1)}\left(\frac{1}{z}\right)$$

d'après la propriété 4.30.

Donc $\phi_{k+1}^{(s)}(z) = z\,\phi_k^{(s)}(z) - q_{k+1}^{(s-k)}\,\dfrac{H_k^{(s-k+1)}}{H_k^{(s-k)}}\,\phi_k^{*(s)}(z)$

En faisant z = 0 on trouve la relation proposée.

ii) Si $P_k^{(s-k)}$ n'est pas orthogonal régulier, alors d'après la propriété 4.29 $\phi_k^{(s)}$ est au nord d'un bloc.

Soit $\phi_{k+1}^{(s)}$ le polynôme qui est au nord-ouest de ce bloc.

Nous avons :

$$z\, P_k^{(s-k+1)}(z) = P_{k+1}^{(s-k)}(z) + q_{k+1}^{(s-k)}\, P_{pr(k+1,s-k)}^{(s-k)}(z)$$

avec $q_{k+1}^{(s-k)} \neq 0$,

c'est-à-dire :

$$\phi_{k+1}^{(s)}(z) = z\, \phi_k^{(s)}(z) - q_{k+1}^{(s-k)}\, P_{h+1}^{(s-k)}(z).$$

$P_{h+1}^{(s-k)}$ est identique à $P_{h+1}^{(s-h+1)}$ qui est le polynôme situé à l'extrêmité inférieure du côté ouest de ce bloc P.

D'après la propriété 4.30.

$$P_{h+1}^{(s-h-1)}(z) = \frac{H_{h+1}^{(s-h)}}{H_{h+1}^{(s-h-1)}}\, z^{h+1}\, \bar{P}_{h+1}^{(s-h)}\left(\frac{1}{z}\right).$$

Or $P_k^{(s-k+1)}(z) = z^{k-h-1}\, P_{h+1}^{(s-h)}(z)$

$$\bar{P}_k^{(s-k+1)}\left(\frac{1}{z}\right) = z^{h+1-k}\, \bar{P}_{h+1}^{(s-h)}\left(\frac{1}{z}\right).$$

Donc $P_{h+1}^{(s-h-1)}(z) = \dfrac{H_{h+1}^{(s-h)}}{H_{h+1}^{(s-h-1)}}\, z^k\, \bar{P}_k^{(s-k+1)}\left(\dfrac{1}{z}\right)$

D'où la relation proposée.

iii) On obtient la seconde relation en changeant z en $\frac{1}{z}$ et en prenant les quantités conjuguées pour les coefficients et en multipliant par z^{k+1}.

<u>cqfd</u>.

Propriété 4.35.

Si prh(k,s) ≠ k-1 *et si* $\phi_{k+1}^{(s)}$ *est orthogonal régulier, alors :*

$$\phi_k^{(s)}(z) = \phi_k^{(s)}(0)\, \phi_k^{*(s)}(z) + E_{k+1}^{(s-k)}\, z^{\frac{k-prh(k,s)}{2}}\, \phi_{prh(k,s)}^{(s)}(z),$$

$$\phi_k^{*(s)}(z) = \bar{\phi}_k^{(s)}(0)\, \phi_k^{*(s)}(z) + \bar{E}_{k+1}^{(s-k)}\, z^{\frac{k-prh(k,s)}{2}}\, \phi_{prh(k,s)}^{(s)}(z)$$

avec $E_{k+1}^{(s-k)} \neq 0$.

Démonstration.

Dans ces conditions

$$P_k^{(s-k+1)}(z) = P_s^{(s-k)}(z) + E_{k+1}^{(s-k)}\, P_{pr(k,s-k+1)}^{(s-k+1)}(z)$$

avec $E_{k+1}^{(s-k)} \neq 0$.

D'autre part :

$$P_{pr(k,s-k+1)}^{(s-k+1)}(z) = P_{\frac{k+prh(k,s)}{2}}^{(s-k+1)}(z) = z^{\frac{k-prh(k,s)}{2}}\, P_{prh(k,s)}^{(s-prh(k,s)+1)}(z).$$

Enfin

$$P_k^{(s-k)}(z) = \frac{H_k^{(s-k+1)}}{H_k^{(s-k)}}\, z^k\, \bar{P}_k^{(s-k+1)}\left(\frac{1}{z}\right) = \frac{H_k^{(s-k+1)}}{H_k^{(s-k)}}\, \phi_k^{*(s)}(z).$$

En remplaçant les polynômes P de la relation ci-dessus par leurs nouvelles expressions et en passant aux polynômes ϕ nous obtenons la première relation.

La seconde est obtenue à partir de la première en changeant z en $\frac{1}{z}$, en prenant les quantités conjuguées et en multipliant par z^k.

cqfd.

En ce qui concerne la relation de récurrence à trois termes, nous avons le théorème suivant qui est une conséquence immédiate de la propriété 4.17.

Théorème 4.2.

Entre trois polynômes orthogonaux réguliers $\phi^{(s)}$ *consécutifs en dehors des blocs* P U W, *il existe une relation de récurrence.*

$$\phi_k^{(s)}(z) = (z\, \pi_{k-prh(k,s)-1}^{(s)}(z) + \beta_k^{(s)})\ \phi_{prh(k,s)}^{(s)}(z)$$

$$+ \Gamma_k^{(s)}\ z^m\ \phi_{prh(prh(k,s),s)}^{(s)}(z)$$

avec $m = k - prh(prh(k,s),s) - su(prh(k,s),n) + pr(prh(k,s),n+1) + 1$

et $n = s - prh(k,s) + 1$.

$\pi_{k-1-prh(k,s)}^{(s)}$ *est un polynôme unitaire de degré* $k-1-prh(k,s)$;

$\beta_k^{(s)}$ et $\Gamma_k^{(s)}$ *sont des constantes non nulles.*

Remarque 4.12.

Si $\phi_k^{(s)}$ est dans l'angle nord-est d'un bloc P, alors :

$su(prh(k,s),n) = k$.

Si $\phi_k^{(s)}$ n'est pas dans l'angle nord-est d'un bloc P, alors

$$su(prh(k,s),n) = \frac{k+prh(k,s)}{2}.$$

Si $\phi^{(s)}_{prh(k,s)}$ est dans l'angle nord-est d'un bloc P, alors :

$$pr(prh(k,s),n+1) + 1 = prh(k,s).$$

Si $\phi^{(s)}_{prh(k,s)}$ n'est pas dans l'angle nord-est d'un bloc P, alors

$$pr(prh(k,s),n+1) + 1 = \frac{prh(k,s)+prh(prh(k,s),s)}{2}.$$

<u>*Corollaire 4.4.*</u>

Si nous posons $\pi^{*(s)}_i(z) = z^i\, \bar{\pi}^{(s)}_i(\frac{1}{z})$, *alors* :

$$\phi^{*(s)}_k(z) = (\bar{\beta}^{(s)}_k\, z^{k-prh(k,s)} + \pi^{*(s)}_{k-1-prh(k,s)}(z))\, \phi^{*(s)}_{prh(k,s)}(z)$$

$$+ \bar{\Gamma}^{(s)}_k\, z^{k-m-prh(prh(k,s),s)}\, \phi^{*(s)}_{prh(prh(k,s),s)}(z).$$

Nous introduisons les polynômes du second ordre définis par Y.L. Geronimus [20].

$$\psi^{(s)}_n(t) = \tau^{(s)}\,(\frac{z+t}{z-t}\,(\phi^{(s)}_n(z) - \phi^{(s)}_n(t)),$$

$\tau^{(s)}$ agissant sur la variable z.

Nous poserons $\psi^{*(s)}_n(t) = t^n\, \bar{\psi}^{(s)}(\frac{1}{t})$,

$F(t) = \tau^{(s)}\,(\frac{z+t}{z-t})$ pour $|t| < 1$.

Nous avons une propriété d'approximation.

Propriété 4.36.

Pour $|t| < 1$,

i) *Si* $\phi_n^{(s)}$ *est orthogonal régulier et n'est pas au nord, nord-ouest et ouest d'un bloc* P, *alors :*

$$F(t)\, \phi_n^{*(s)}(t) - \psi_n^{*(s)}(t) = O(t^{n+1})$$

ii) *Si* $\phi_{h+1}^{(s)}$ *est au nord-ouest d'un bloc* P *et si* $p+1$ *est le degré du polynôme orthogonal régulier par rapport à* $c^{(s-h)}$ *à la sortie de ce bloc* P, *alors :*

$$F(t)\, \phi_{h+1}^{*(s)}(t) - \psi_{h+1}^{*(s)}(t) = O(t^{p+1})$$

iii) *Si l'horizontale* s *coupe un bloc* P *et si* $\phi_{h+1}^{(s)}$ *et* $\phi_{p+1}^{(s)}$ *sont les deux polynômes orthogonaux réguliers situés à l'entrée et à la sortie de ce bloc nous avons :*

a) Si $h+1 \le n \le \frac{p+h}{2} + 1$, *alors :*

$$F(t)\, \phi_n^{*(s)}(t) - \psi_n^{*(s)}(t) = O(t^{\frac{p+h}{2}+1})$$

b) Si $\frac{p+h}{2} + 2 \le n \le p$, *alors :*

$$F(t)\, \phi_n^{*(s)}(t) - \psi_n^{*(s)}(t) = O(t^n) \text{ au moins.}$$

Démonstration.

$$\bar{\psi}_n^{(s)}(\tfrac{1}{t}) = \tau^{(s)} \left(\frac{\bar{z} + \frac{1}{t}}{\bar{z} - \frac{1}{t}}\, \overline{(\phi_n^{(s)}(z)} - \bar{\phi}_n^{(s)}(\tfrac{1}{t})\right)$$

Puisque $|z| = 1$, alors $\bar{z} = \frac{1}{z}$.

Donc

$$\psi_n^{*(s)}(t) = t^n \, \bar{\psi}_n^{(s)}(\tfrac{1}{t}) = - \tau^{(s)}(\frac{z+t}{z-t} \, (t^n \, \overline{\phi_n^{(s)}(z)} - \phi_n^{*(s)}(t))$$

$$= \phi_n^{*(s)}(t) \, \tau^{(s)} \, (\frac{z+t}{z-t}) - t^n \, \tau^{(s)} \, (\frac{z+t}{z-t} \, \overline{\phi_n^{(s)}(z)})$$

et par conséquent :

$$F(t) \, \phi_n^{*(s)}(t) - \psi_n^{*(s)}(t) = t^n \, \tau^{(s)}(\frac{z+t}{z-t} \, \overline{\phi_n^{(s)}(z)})$$

$$= t^n \, \tau^{(s)} \, ((1 + 2 \sum_{k=1}^{\infty} t^k \, z^{-k}) \, \overline{\phi_n^{(s)}(z)})$$

i) D'après la propriété 4.27 :

$$\tau^{(s)}(\overline{\phi_n^{(s)}(z)}) = 0.$$

D'où le résultat.

ii) D'après la propriété 4.32 :

$$\tau^{(s)}(z^\ell \, \overline{\phi_{h+1}^{(s)}(z)}) = 0 \text{ pour } \ell \in \mathbb{Z},\ h+1-p \le \ell \le h.$$

$$\ne 0 \text{ pour } \ell = h-p.$$

Donc $F(t) \, \phi_{h+1}^{*(s)}(t) - \psi_{h+1}^{*(s)}(t)$

$$= 2 \, t^{h+1} \sum_{k=p-h}^{\infty} t^k \, \tau^{(s)}(z^{-k} \, \overline{\phi_n^{(s)}(z)})$$

D'où le résultat.

iii) D'après la propriété 4.34, si $h+1 \le n \le \frac{p+h}{2}$, alors :

$$\tau^{(s)}(z^{\ell}\ \bar{\Phi}_n^{(s)}(\tfrac{1}{z})) = 0 \text{ pour } \ell \in \mathbb{Z},\ n - \frac{p+h}{2} \le n \le \frac{p+h}{2},$$

$$\neq 0 \text{ pour } \ell = n - 1 - \frac{p+h}{2}.$$

Donc $F(t)\ \phi_n^{*(s)}(t) - \psi_n^{*(s)}(t)$

$$= 2\ t^n \sum_{k=\frac{p+h}{2}+1-n}^{\infty} t^k\ \tau^{(s)}\ (z^{-k}\ \overline{\phi_n^{(s)}(z)}).$$

D'où le résultat.

Enfin si $\frac{p+h}{2} + 1 \le n \le p$, alors la propriété 4.34 indique que

$$\tau^{(s)}(z^{\ell}\ \bar{\Phi}_n^{(s)}(\tfrac{1}{z})) = 0 \text{ pour } \ell \in \mathbb{Z},\ n - \frac{p+h}{2} \le \ell \le n-1,$$

$$\neq 0 \text{ pour } \ell = n - 1 - \frac{p+h}{2} \ge 0.$$

Donc, soit $\tau^{(s)}(\bar{\Phi}_n^{(s)}(\frac{1}{z})) \neq 0$ pour $n = \frac{p+h}{2} + 1$, soit on ne peut rien dire.

D'où le résultat.

<u>cqfd</u>.

4.8 DEPLACEMENTS VERTICAUX DANS LA TABLE P.

Nous pouvons d'une façon analogue mettre en évidence des relations de récurrence à trois termes entre polynômes orthogonaux réguliers suivant une verticale.

Nous considérons dans cette partie des blocs $P \cup O$, c'est à dire des blocs composés du bloc P et de son côté ouest. En effet puisque tous les polynômes sont identiques sur le côté ouest il est impossible d'obtenir le polynôme orthogonal régulier de l'angle SO par combinaison des deux précédents du côté ouest, car cela signifierait que le polynôme SO est divisible par un de ces polynômes du côté ouest.

Nous connaissons $P_i^{(n)}(x)$ et $P_i^{(n-p)}(x)$ polynôme orthogonal régulier prédecesseur de $P_i^{(n)}(x)$ suivant la verticale passant par $P_i^{(n)}(x)$ et nous désirons calculer $P_i^{(n+s)}(x)$ polynôme orthogonal régulier successeur de $P_i^{(n)}(x)$. Ces trois polynômes sont extérieurs aux blocs $P \cup O$.

Propriété 4.37.

Il existe une relation de récurrence entre trois polynômes orthogonaux réguliers successifs placés en dehors des blocs P U O *sur une même verticale.*

$$x^s P_i^{(n+s)}(x) = (x\, \hat{\pi}_{s-1}^{(n+s)}(x) + \hat{\beta}_i^{(n+s)})\, P_i^{(n)}(x)$$

$$+ \hat{\Gamma}_i^{(n+s)}\, x^{s+pr(i+1,n-1)-su(i,n)}\, P_i^{(n-p)}(x)$$

où $\hat{\pi}_{s-1}^{(n+s)}$ *est un polynôme unitaire de degré* s-1 *déterminé de façon unique et où* $\hat{\beta}_i^{(n+s)}$ *et* $\hat{\Gamma}_i^{(n+s)}$ *sont des constantes non nulles.*

Démonstration.

1. On suppose que s = p = 1.

1.1 Si $P_{i-1}^{(n+1)}(x)$ est orthogonal régulier.

o
o o
*

On obtient la relation 2.28 du livre de C. Brezinski.

$$H_i^{(n)}\, H_{i+1}^{(n-1)}\, \tilde{H}_i^{(n+1)}(x) = (H_i^{(n+1)}\, H_{i+1}^{(n-1)} + x\, H_{i+1}^{(n)}\, H_i^{(n)})\, \tilde{H}_i^{(n)}(x)$$

$$- x\, H_{i+1}^{(n)}\, H_i^{(n+1)}\, \tilde{H}_i^{(n-1)}(x).$$

On remarquera que cette relation reste valable si $P_i^{(n-1)}(x)$ appartient au côté ouest d'un bloc P.

1.2 Si $P_{i-1}^{(n+1)}(x)$ n'est pas orthogonal régulier.

On a :

$$\begin{cases} P_i^{(n+1)}(x) = P_i^{(n)}(x) + C_{i+1}^{(n)} P_{pr(i,n+1)}^{(n+1)}(x) \\ \\ P_i^{(n)}(x) = P_i^{(n-1)}(x) + E_{i+1}^{(n-1)} P_{pr(i,n)}^{(n)}(x) \\ \\ x\, P_{pr(i,n+1)}^{(n+1)}(x) = P_{pr(i,n)}^{(n)}(x) \end{cases} \qquad \text{o}$$

On élimine $P_{pr(i,n)}^{(n)}(x)$ dans les deux premières relations, on remplace $C_{i+1}^{(n)}$ et $E_{i+1}^{(n-1)}$ par leurs expressions en fonction des déterminants de Hankel et on applique la relation du théorème 4.1. On obtient alors la même relation qu'au 1.1.

La relation 2.28 du livre de C. Brezinski transformée pour obtenir les polynômes P est bien de la forme proposée.

2. On suppose que s et p sont différents de 1.

Nous utilisons le procédé constructif suivant :

Si $su(i,n)-i > \frac{s}{2}$,

à l'aide d'une relation de récurrence à trois termes on déduit $P_{su(i,n)}^{(n-1)}$

de $P_{i+1}^{(n-1)}(x) = x\, P_i^{(n)}(x)$ et de $P_{pr(i+1,n-1)}^{(n-1)}(x) = x^{pr(i+1,n-1)-i}\, P_i^{(n-p)}(x)$.

A l'aide de $P_{i+1}^{(n-1)}$ et de $P_{su(i,n)}^{(n-1)}$ on déduit $P_{su(i,n)}^{(n-2)}$ et ainsi de suite jusqu'à $P_{su(i,n)}^{(n+s-2su(i,n)+2i)}$ qui se trouve sur la même antidiagonale $n+s+2i-1$ que $P_i^{(n+s)}(x)$.

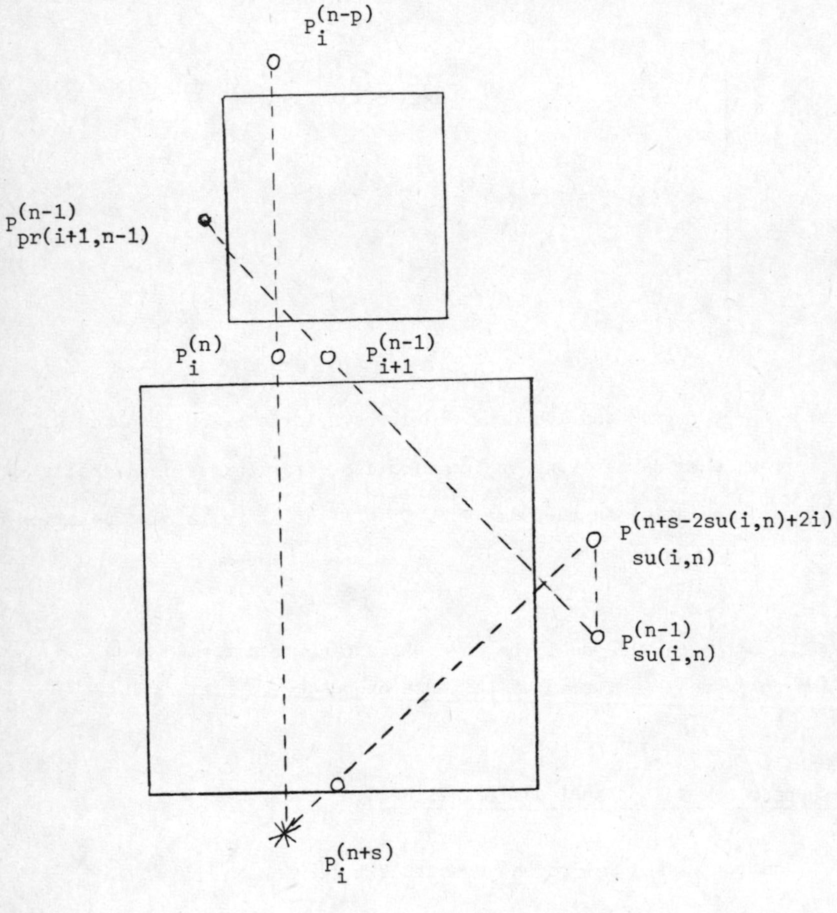

Nous avons donc :

$$P^{(n-1)}_{su(i,n)}(x) = (x\ \omega^{(n-1)}_{su(i,n)-i-2}(x) + B^{(n-1)}_{su(i,n)})\ P^{(n-1)}_{i+1}(x)$$

$$+\ C^{(n-1)}_{su(i,n)}\ P^{(n-1)}_{pr(i+1,n-1)}(x).$$

$$P^{(n-1-j)}_{su(i,n)}(x) = P^{(n-2-j)}_{su(i,n)}(x) + E^{(n-2-j)}_{su(i,n)+1}\ P^{(n-1-j)}_{i+1+j}(x),$$

pour $j \in \mathbb{N}$, $0 \le j \le 2su(i,n)-s-2i-2$.

On fait la somme de ces $2su(i,n)-s-2i-1$ relations et on obtient :

$$P^{(n+s-2su(i,n)+2i)}_{su(i,n)}(x) = P^{(n-1)}_{su(i,n)}(x) + x\ \theta_{2su(i,n)-s-2i-2}(x)\ P^{(n)}_{i}(x)$$

où $\theta_{2su(i,n)-s-2i-2}$ est un polynôme de degré $2su(i,n)-s-2i-2$ au plus.

En utilisant la relation de récurrence à trois termes et en tenant compte du fait que $su(i,n)-i-1 > 2su(i,n)-s-2i-2$, on obtient :

$$P^{(n+s-2su(i,n)+2i)}_{su(i,n)}(x) = x\ \hat{\omega}^{(n-1)}_{su(i,n)-i-1}(x)\ P^{(n)}_{i}(x)$$

$$+\ C^{(n-1)}_{su(i,n)}\ x^{pr(i+1,n-1)-i}\ P^{(n-p)}_{i}(x)$$

où $\hat{\omega}^{(n-1)}_{su(i,n)-i-1}$ est un polynôme unitaire de degré $su(i,n)-i-1$.

Si $su(i,n)-i \leq \frac{s}{2}$

Si $su(i,n)-i \neq 1$

Toujours à l'aide d'une relation de récurrence à trois termes on déduit $P^{(n-1)}_{su(i,n)}$ de $P^{(n-1)}_{i+1}$ et de $P^{(n-1)}_{pr(i+1,n-1)}$.

Puis à **l'aide** de $P^{(n)}_{i}$ et de $P^{(n-1)}_{su(i,n)}$ on calcule $P^{(n)}_{su(i,n)}$ et ainsi de suite jusque $P^{(n+s-2su(i,n)+2i)}_{su(i,n)}$.

$$P^{(n+j)}_{su(i,n)}(x) = P^{(n-1+j)}_{su(i,n)} + E^{(n-1+j)}_{su(i,n)+1}\ P^{(n+j)}_{i-j}(x),$$

pour $j \in \mathbb{N}$, $0 \leq j \leq s-2su(i,n)+2i$.

On ajoute ces $s-2su(i,n)+2i+1$ relations, ce qui donne :

$$P^{(n+s-2su(i,n)+2i)}_{su(i,n)}(x) = P^{(n-1)}_{su(i,n)}(x) + \theta_{s-2su(i,n)+2i}\left(\frac{1}{x}\right) P^{(n)}_{i}(x)$$

où $\theta_{s-2su(i,n)+2i}(x)$ est un polynôme de degré $s-2su(i,n)+2i$ au **plus**.

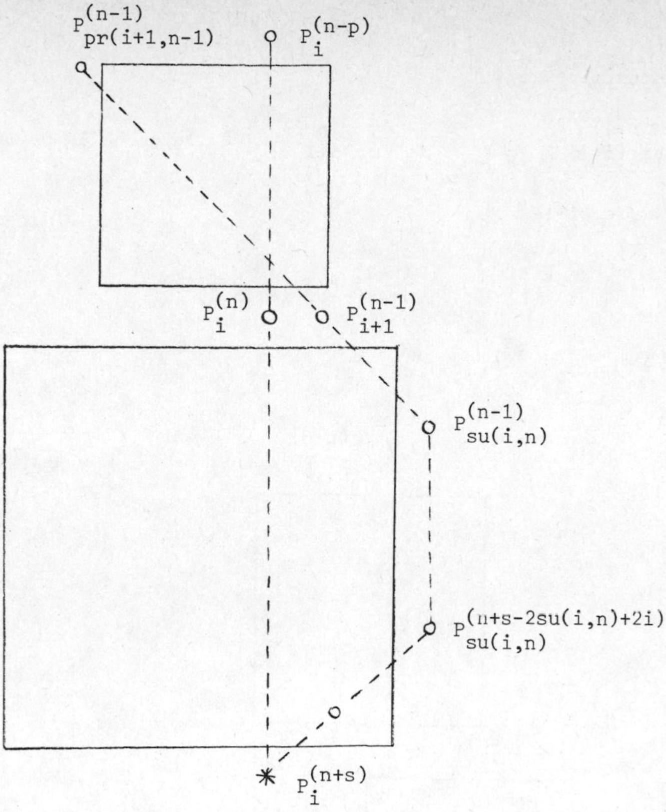

En utilisant la relation de récurrence à trois termes on obtient donc :

$$P^{(n+s-2su(i,n)+2i)}_{su(i,n)}(x) = (x\ \omega^{(n-1)}_{su(i,n)-i-2}(x) + B^{(n-1)}_{su(i,n)})\ x\ P^{(n)}_i(x)$$

$$+\ \theta_{s-2su(i,n)+2i}(\tfrac{1}{x})\ P^{(n)}_i(x) + C^{n-1}_{su(i,n)}\ x^{pr(i+1,n-1)-i}\ P^{(n-p)}_i(x).$$

Soit encore :

$$x^{s-2su(i,n)+2i}\ P^{(n+s-2su(i,n)+2i)}_{su(i,n)}(x)$$

$$= \hat{\omega}^{(n-1)}_{s-su(i,n)+i}(x)\ P^{(n)}_i(x) + C^{(n-1)}_{su(i,n)}\ x^{s-2su(i,n)+i+pr(i+1,n-1)}\ P^{(n-p)}_i(x).$$

Si su(i,n)-i = 1,

avec $P_i^{(n)}$ et $P_{pr(i+1,n-1)}^{(n-1)}$ on détermine $P_{i+1}^{(n-1)}(x)$ à l'aide de la première relation de la propriété 2.4

$$x\,P_i^{(n)}(x) = P_{i+1}^{(n-1)}(x) + q_{i+1}^{(n-1)}\,P_{pr(i+1,n-1)}^{(n-1)}(x),$$

avec $q_{i+1}^{(n-1)} \neq 0$.

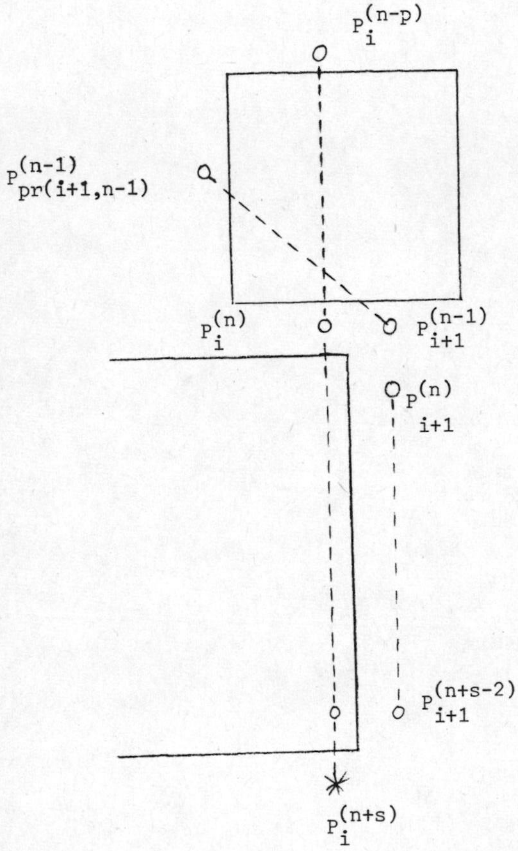

La seconde relation de cette propriété nous donne $P_{i-1}^{(n)}$ à partir de $P_i^{(n)}$ et $P_{i+1}^{(n-1)}$, et ainsi de suite jusque $P_{i+1}^{(n+s-2)}$.

$$P_{i+1}^{(n+j)}(x) = P_{i+1}^{(n-1+j)}(x) + E_{i+2}^{(n-1+j)} \; P_{i-j}^{(n+j)}(x)$$

pour $j \in \mathbb{N}$, $0 \leq j \leq s-2$.

La somme de ces (s-1) relations donne :

$$P_{i+1}^{(n+s-2)}(x) = P_{i+1}^{(n-1)}(x) + \theta_{s-2}(\frac{1}{x}) \; P_i^{(n)}(x).$$

En utilisant la première relation de la propriété 2.4 nous obtenons :

$$P_{i+1}^{(n+s-2)}(x) = (x + \theta_{s-2}(\frac{1}{x})) \; P_i^{(n)}(x) + q_{i+1}^{(n-1} \; x^{pr(i+1,n-1)-i} \; P_i^{(n-p)}(x),$$

soit encore :

$$x^{s-2} \; P_{i+1}^{(n+s-2)}(x) = \varpi_{s-1}(x) \; P_i^{(n)}(x) + q_{i+1}^{(n)}(x) \; x^{s-2+pr(i+1,n-1)-i} \; P_i^{(n-p)}(x).$$

2.1 <u>Si $H_i^{(n+s+1)} \neq 0$,</u>

alors $P_i^{(n+s)}(0) \neq 0$ et $\tilde{P}_i^{(n+s)}$ est proportionnel à $W_i^{(n+s+2i-1)}$.

$$W_i^{(n+s+2i-1)}(x) = (-1)^i \; \frac{H_i^{(n+s)}}{H_i^{(n+s+1)}} \; \tilde{P}_i^{(n+s)}(x).$$

$$W_{su(i,n)}^{(n+s+2i-1)}(x) = (-1)^{su(i,n)} \; \frac{H_{su(i,n)}^{(n+s-2su(i,n)+2i)}}{H_{su(i,n)}^{(n+s-2su(i,n)+2i+1)}} \; \tilde{P}_{su(i,n)}^{(n+s-2su(i,n)+2i)}(x)$$

Si $su(i,n)-i \neq 1$,

Nous obtiendrons $W_i^{(n+s+2i-1)}$ par une relation de récurrence à trois termes portant sur les polynômes orthogonaux réguliers situés sur la même antidiagonale n+s+2i-1, et faisant intervenir le polynôme

$W_{i+1}^{(n+s+2i-1)}$, qui est au sud du bloc W et qu'on calcule simplement en fonction du polynôme W qui est dans l'angle sud-ouest du bloc W, et le

polynôme $W_{su(i,n)}^{(n+s+2i-1)}$ qui est proportionnel à $\tilde{P}_{su(i,n)}^{(n+s-2su(i,n)+2i)}$.

Nous avons donc :

$$W_{su(i,n)}^{(n+s+2i-1)}(x) = (x\,\Omega_{su(i,n)-i-2}^{(n+s+2i-1)}(x) + \tilde{B}_{su(i,n)}^{(n+s+2i-1)})\, W_{i+1}^{(n+s+2i-1)}(x)$$

$$+ \tilde{C}_{su(i,n)}^{(n+s+2i-1)}\, W_i^{(n+s+2i-1)}(x).$$

0 est racine d'ordre de multiplicité i+s+1-su(i,n) de $W_{i+1}^{(n+s+2i-1)}(x)$.

Donc :

$$W_{i+1}^{(n+s+2i-1)}(x) = x^{i+s+1-su(i,n)}\, W_{su(i,n)-s}^{(n+i+su(i,n)-2)}(x).$$

$$W_{su(i,n)-s}^{(n+i+su(i,n)-2)}(x) = (-1)^{su(i,n)-s}\, \frac{H_{su(i,n)-s}^{(n+i+2s-su(i,n)-1)}}{H_{su(i,n)-s}^{(n+i+2s-su(i,n))}}\, \tilde{P}_{su(i,n)-s}^{(n+i+2s-2su(i,n)-1)}(x)$$

et $\tilde{P}_{su(i,n)-s}^{(n+i+2s-su(i,n)-1)} \equiv \tilde{P}_i^{(n)}(x)$.

Par conséquent en transformant la relation de récurrence par le changement de x en $\frac{1}{x}$ et en multipliant par $x^{su(i,n)}$, on obtient :

$$(-1)^{su(i,n)} \frac{H^{(n+s-2su(i,n)+2i)}_{su(i,n)}}{H^{(n+s-2su(i,n)+2i+1)}_{su(i,n)}} P^{(n+s-2su(i,n)+2i)}_{su(i,n)}(x)$$

$$= (-1)^{su(i,n)-s} \frac{H^{(n+i+2s-2su(i,n)-1)}_{su(i,n)-s}}{H^{(n+i+2s-2su(i,n))}_{su(i,n)-s}} (\tilde{\Omega}^{(n+s+2i-1)}_{su(i,n)-i-2}(x) + \tilde{B}^{(n+s+2i-1)}_{su(i,n)} *$$

$$x^{su(i,n)-i-1}) * x^{su(i,n)-i-s} P^{(n)}_i(x) +$$

$$(-1)^i \tilde{C}^{(n+s+2i-1)}_{su(i,n)} \frac{H^{(n+s)}_i}{H^{(n+s+1)}_i} x^{su(i,n)-i} P^{(n+s)}_i(x).$$

Si su(i,n)-i = 1,

nous obtiendrons $W^{(n+s+2i-1)}_i$ en utilisant la première relation de la propriété 4.13 appliquée aux polynômes $W^{(n+s+2i-1)}_{su(i,n)}$ et $W^{(n+s+2i-2)}_i$ qui est au sud du bloc W.

0 est racine d'ordre de multiplicité s-1 de $W^{(n+s+2i-2)}_i$. Alors :

$$x\, W^{(n+s+2i-2)}_i(x) = W^{(n+s+2i-1)}_{i+1}(x) + \tilde{q}^{(n+s+2i-1)}_{i+1} W^{(n+s+2i-1)}_i(x)$$

$$= x^s\, W^{(n+2i-1)}_{i-s+1}(x) \text{ avec } \tilde{q}^{(n+s+2i-1)}_{i+1} \neq 0.$$

Dans ce cas on trouve après transformation :

$$(-1)^{i+1} \frac{H^{(n+s-2)}_{i+1}}{H^{(n+s-1)}_{i+1}} P^{(n+s-2)}_{i+1}(x) = x^{1-s} (-1)^{i+1-s} \frac{H^{(n+2s-2)}_{i+1-s}}{H^{(n+2s-1)}_{i+1-s}} P^{(n)}_i(x)$$

$$+ (-1)^{i+1} \tilde{q}^{(n+s+2i-1)}_{i+1} \frac{H^{(n+s)}_i}{H^{(n+s+1)}_i} x\, P^{(n+s)}_i(x).$$

Dans le cas où su(i,n)-i > $\frac{s}{2}$ nous avons su(i,n)-i $\neq$ 1.

Si nous cherchons la relation existant entre $P_i^{(n-p)}$, $P_i^{(n)}$ et $P_i^{(n+s)}$ nous obtenons :

$$\tilde{C}_{su(i,n)}^{(n+s+2i-1)} (-1)^i \frac{H_i^{(n+s)}}{H_i^{(n+s+1)}} x^{su(i,n)-i} P_i^{(n+s)}(x) =$$

$$[x\, \omega_{su(i,n)-i-1}^{(n-1)}(x) (-1)^{su(i,n)} \frac{H_{su(i,n)}^{(n+s-2su(i,n)+2i)}}{H_{su(i,n)}^{(n+s-2su(i,n)+2i+1)}} -$$

$$(-1)^{su(i,n)-s} \frac{H_{su(i,n)-s}^{(n+i+2s-su(i,n)-1)}}{H_{su(i,n)-s}^{(n+1+2s-su(i,n))}} x^{su(i,n)-i-s} (\tilde{\Omega}_{su(i,n)-i-2}^{(n+s+2i-1)}(x) +$$

$$\tilde{B}_{su(i,n)}^{(n+s+2i-1)} x^{su(i,n)-i-1})] P_i^{(n)}(x)$$

$$+ (-1)^{su(i,n)} \frac{H_{su(i,n)}^{(n+s-2su(i,n)+2i)}}{H_{su(i,n)}^{(n+s-2su(i,n)+2i+1)}} C_{su(i,n)}^{(n-1)} x^{pr(i+1,n-1)-i} P_i^{(n-p)}(x).$$

Après multiplication des deux membres par $x^{s+i-su(i,n)}$ on trouve la relation proposée.

Dans le cas où su(i,n)-i $\leq \frac{s}{2}$ et su(i,n)-i $\neq$ 1, en effectuant le même travail on obtient :

$$\tilde{C}_{su(i,n)}^{(n+s+2i-1)} (-1)^i \frac{H_i^{(n+s)}}{H_i^{(n+s+1)}} x^{s-su(i,n)+i} P_i^{(n+s)}(x) =$$

$$[(-1)^{su(i,n)} \frac{H_{su(i,n)}^{(n+s-2su(i,n)+2i)}}{H_{su(i,n)}^{(n+s-2su(i,n)+2i+1)}} \omega_{s-su(i,n)+i}^{(n-1)}(x) -$$

$$(-1)^{su(i,n)-s} \frac{H^{(n+i+2s-su(i,n)-1)}_{su(i,n)-s}}{H^{(n+i+2s-su(i,n))}_{su(i,n)-s}} x^{i-su(i,n)} (\tilde{\Omega}^{(n+s+2i-1)}_{su(i,n)-i-2}(x) +$$

$$\tilde{B}^{(n+s+2i-1)}_{su(i,n)} x^{su(i,n)-i-1})] P^{(n)}_i(x) +$$

$$(-1)^{su(i,n)} \frac{H^{(n+s-2su(i,n)+2i)}_{su(i,n)}}{H^{(n+s-2su(i,n)+2i+1)}_{su(i,n)}} C^{(n-1)}_{su(i,n)} x^{s-2su(i,n)+i+pr(i+1,n-1)} *$$

$$P^{(n-p)}_i(x).$$

Après multiplication des deux membres par $x^{su(i,n)-i}$, on obtient encore la relation proposée.

Enfin dans le cas où $su(i,n)-i \leq \frac{s}{2}$ et $su(i,n)-i = 1$ on a :

$$(-1)^{i+1} \tilde{q}^{(n+s+2i-1)}_{i+1} \frac{H^{(n+s)}_i}{H^{(n+s+1)}_i} x^{s-1} P^{(n+s)}_i(x)$$

$$= [(-1)^{i+1} \frac{H^{(n+s-2)}_{i+1}}{H^{(n+s-1)}_{i+1}} \hat{\omega}_{s-1}(x) - \frac{1}{x} (-1)^{i+1-s} \frac{H^{(n+s-2)}_{i+1-s}}{H^{(n+s-1)}_{i+1-s}}] P^{(n)}_i(x)$$

$$+ (-1)^{i+1} q^{(n-1)}_{i+1} x^{s-2+pr(i+1,n-1)-i} \frac{H^{(n+s-2)}_{i+1}}{H^{(n+s-1)}_{i+1}} P^{(n-p)}_i(x).$$

Il suffit de multiplier par x pour retrouver la relation proposée.

2.2 Si $H^{(n+s+1)}_i = 0$,

alors $P^{(n+s)}_i(0) = 0$ et $W^{(n+s+2i-1)}_i$ est quasi-orthogonal.

Si su(i,n)-i ≠ 1,

$W^{(n+s+2i-1)}_{su(i,n)}$ et $W^{(n+s+2i-1)}_{i+1}$ permettent de calculer dans ce cas

$W^{(n+s+2i-1)}_{\tilde{pr}(i+1,n+s+2i-1)}$ grâce à une relation de récurrence à trois termes.

$$W^{(n+s+2i-1)}_{su(i,n)}(x) = (x\ \Omega^{(n+s+2i-1)}_{su(i,n)-i-2}(x) + \tilde{B}^{(n+s+2i-1)}_{su(i,n)})\ W^{(n+s+2i-1)}_{i+1}(x)$$

$$+ \tilde{C}^{(n+s+2i-1)}_{su(i,n)}\ W^{(n+s+2i-1)}_{\tilde{pr}(i+1,n+s+2i-1)}(x).$$

Ce polynôme est proportionnel à $\tilde{P}^{(n+s-2\tilde{pr}(i+1,n+s+2i-1)+2i)}_{\tilde{pr}(i+1,n+s+2i-1)}$ qui est à l'ouest du bloc P ayant $P^{(n+s)}_{i}$ sur son côté nord.

Posons $\ell = \tilde{pr}(i+1,n+s+2i-1)$

$$W^{(n+s+2i-1)}_{\ell}(x) = (-1)^{\ell}\ \frac{H^{(n+s+2i-2\ell)}_{\ell}}{H^{(n+s+2i+1-2\ell)}_{\ell}}\ \tilde{P}^{(n+s+2i-2\ell)}_{\ell}(x)$$

$$= (-1)^{\ell}\ \frac{H^{(n+s+2i-2\ell)}_{\ell}}{H^{(n+s+2i+1-2\ell)}_{\ell}}\ \tilde{P}^{(n+s)}_{i}(x).$$

Donc dans les relations présentées dans le 2.1 seul variera le coefficient en facteur de $\tilde{P}^{(n+s)}_{i}(x)$.

Si su(i,n)-i = 1,

la première relation de la propriété 4.13 appliquée aux polynômes $W^{(n+s+2i-1)}_{su(i,n)}$ et $W^{(n+s+2i-2)}_{i}$ permet d'obtenir $W^{(n+s+2i-1)}_{\tilde{pr}(i+1,n+s+2i-1)}$. La suite est alors la même que dans le cas su(i,n)-i ≠ 1. Par conséquent on arrive au même résultat. Seul change le coefficient en facteur de $\tilde{P}_i^{(n+s)}$.

La relation proposée est encore bien vérifiée dans le cas $H_i^{(n+s+1)} = 0$.

3. Si p = 1 et s ≠ 1

Il suffit de remplacer pr(i+1,n-1) par i dans les relations du 2. Par conséquent on a encore la relation proposée.

4. Si p ≠ 1 et s = 1

On procède comme pour le cas su(i,n)-i = 1.

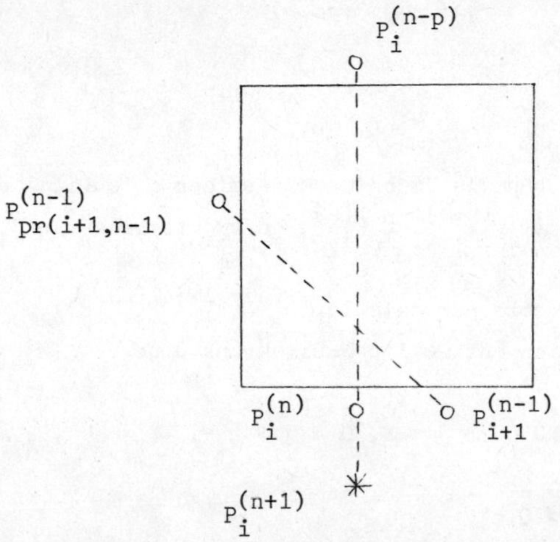

On calcule d'abord $P_{i+1}^{(n-1)}$ par la relation

$$x\, P_i^{(n)}(x) = P_{i+1}^{(n-1)}(x) + q_{i+1}^{(n-1)}\, P_{pr(i+1,n-1)}^{(n-1)}(x)$$

avec $q_{i+1}^{(n-1)} \neq 0$.

Puis $P_i^{(n+1)}$ sera calculé comme en 2.1 ou 2.2.

Donc on trouve encore la relation proposée.

Enfin $\hat{\Gamma}_i^{(n+s)}$ est une constante non nulle. En effet elle ne dépend à chaque fois que d'un rapport de déterminants non nuls et d'une constante non nulle $C_{su(i,n)}^{(n-1)}$ ou $q_{i+1}^{(n-1)}$.

$\hat{\beta}_i^{(n+s)}$ est également non nulle, car elle ne dépend aussi que d'un rapport de déterminants non nuls et du terme constant de $\Omega_{su(i,n)-i-2}^{(n+s+2i-1)}$ qui vaut 1.

<u>cqfd</u>.

Nous indiquons maintenant la façon de déterminer s, su(i,n) et pr(i+1,n-1) lorsque l'on connait $P_i^{(n-p)}$ et $P_i^{(n)}$, en vue de calculer $P_i^{(n+s)}$.

Pour cela nous commençons par calculer $c^{(n)}(x^{i+j}\, P_i^{(n)}(x))$ pour $j \in \mathbb{N}$, tant que cette expression est nulle. Nous aurons donc :

$$c^{(n)}(x^{i+j}\, P_i^{(n)}(x)) = 0 \text{ pour } j \in \mathbb{N},\ 0 \le j \le k_1-1$$

$$c^{(n)}(x^{i+k_1}\, P_i^{(n)}(x)) \ne 0.$$

Dans ces conditions $su(i,n) = i+k_1+1$.

$P_i^{(n)}$ étant connu, on a l'ordre de multiplicité k_2 de la racine 0.

Par conséquent $s = k_1 + k_2 + 1$.

$$pr(i+1,n+s-1) = i - k_2$$

Posons $b = s+pr(i+1,n-1)-su(i,n)$.

Nous donnons une propriété concernant les ordres relatifs des polynômes $P_i^{(n)}$ et $x^b\ P_i^{(n-p)}$. Nous rappelons que l'ordre noté ord, est l'exposant de plus bas degré d'un polynôme.

Propriété 4.38.

$$Ord(P_i^{(n)}(x)) = ord(x^b\ P_i^{(n-p)}(x)).$$

Démonstration.

Ce qui a été présenté ci-dessus montre que :

$k_2 \leq s-1$.

i) Supposons que $k_2 < ord(x^b\ P_i^{(n-p)}(x))$.

Dans ce cas on divise les deux membres de la relation de récurrence par x^{k_2} et on fait $x = 0$. On obtient donc

$$\hat{\beta}_i^{(n+s)} \left[\frac{P_i^{(n)}(x)}{x^{k_2}}\right]_{x=0} = 0$$

et par conséquent $\hat{\beta}_i^{(n+s)} = 0$, ce qui est impossible.

ii) Supposons que $k_2 > ord(x^b\ P_i^{(n-p)}(x)) = q$,

alors on divise les deux membres de la relation de récurrence par x^q et on fait $x = 0$.

$$\text{On obtient } \hat{\Gamma}_i^{(n+s)} \left[\frac{P_i^{(n-p)}(x)}{x^{q-b}}\right]_{x=0} = 0,$$

ce qui contredit le fait que $\hat{\Gamma}_i^{(n+s)}$ est non nul.

cqfd.

La propriété suivante étudie le cas où $P_i^{(n)}$ est au nord ou nord-ouest d'un bloc dont l'angle nord-ouest est occupé par $P_0 = 1$.

Propriété 4.39.

Si $P_i^{(n)}(x) = x^i$, alors la constante non nulle $\hat{\Gamma}_i^{(n+s)}$ peut être choisie de façon arbitraire. Le polynôme $\hat{\pi}_{s-1}^{(n+s)}$ et la constante $\hat{\beta}_i^{(n-s)}$ sont alors déterminés de façon unique.

Démonstration.

$$\text{Nous posons } x\, \hat{\pi}_{s-1}^{(n+s)}(x) + \hat{\beta}_i^{(n+s)} = \sum_{\alpha=0}^{s} \mu_\alpha x^\alpha.$$

$$\text{et } x^b P_i^{(n-p)}(x) = \sum_{\ell=i}^{b+i} \lambda_{\ell,i}^{(n-p)} x^\ell \text{ avec } \lambda_{i,i}^{(n-p)} \neq 0.$$

La relation de récurrence donne donc :

$$x^s P_i^{(n+s)}(x) = x^i \sum_{\alpha=0}^{s} \mu_\alpha x^\alpha + \hat{\Gamma}_i^{(n+s)} x^b P_i^{(n-p)}(x)$$

$$= x^i \sum_{\alpha=0}^{b} (\mu_\alpha + \lambda_{i+\alpha,i}^{(n-p)} \hat{\Gamma}_i^{(n+s)}) x^\alpha + x^i \sum_{\alpha=b+1}^{s} \mu_\alpha x^\alpha$$

On voit que les μ_α pour $\alpha \in \mathbb{N}$, $b+1 \leq \alpha \leq s$ sont déterminés de façon unique.

Par contre les μ_α pour $\alpha \in \mathbb{N}$, $0 \leq \alpha \leq b$ dépendent de $\hat{\Gamma}_i^{(n+s)}$ si $\lambda_{i+\alpha,i}^{(n-p)}$ est non nul.

En particulier $\mu_0 = \hat{\beta}_i^{(n+s)}$ dépend de $\hat{\Gamma}_i^{(n+s)}$.

On peut donc fixer de façon arbitraire $\hat{\Gamma}_i^{(n+s)}$ et dans ce cas tous les μ_α sont déterminés de façon unique.

cqfd.

Nous avons aussi une propriété des zéros des polynômes orthogonaux réguliers placés sur une même verticale.

Propriété 4.40.

Deux polynômes orthogonaux réguliers successifs sur une même verticale, extérieurs aux blocs P U O *n'ont pas de racine non nulle commune.*

Démonstration.

i) Si $P_i^{(n)}$ est au nord d'un bloc P, alors $P_i^{(n+s)}$ n'a pas de racine commune avec $P_{pr(i,n+s)}^{(n+s)}$.

Or $P_i^{(n)}(x) = x^{i-pr(i,n+s)}\, P_{pr(i,n+s)}^{(n+s)}(x)$.

D'où le résultat.

ii) Si $P_i^{(n)}$ n'est pas au nord d'un bloc P, alors le théorème 2.1 ii) montre que $P_i^{(n+s)}$ et $P_i^{(n+s-1)}$ n'ont pas de racine commune.

Si $s = 1$, $P_i^{(n+s-1)}(x) \equiv P_i^{(n)}(x)$.

Si $s \neq 1$, $P_i^{(n)}$ est au nord-ouest d'un bloc P et dans ce cas nous avons encore :

$$P_i^{(n+s-1)}(x) \equiv P_i^{(n)}(x).$$

cqfd.

Dans le cas des déplacements verticaux nous avons une propriété similaire à la propriété 4.25 qui permet de déterminer une partie de la table.

Propriété 4.41.

Si $P_i^{(n)}$ *et* $P_i^{(n+s)}$ *sont donnés en dehors d'un bloc* P U O *et si on connait* su(i,n), *alors toute la table comprise entre la diagonale* n+s *et l'antidiagonale* n+s+2i-1 *est déterminée de façon unique jusqu'au polynôme* $P_i^{(n+s)}$.

Démonstration.

Connaître s et su(i,n) positionne de façon unique le bloc qui sépare $P_i^{(n)}$ et $P_i^{(n+s)}$.

i) Si s = 1

alors su(i,n) = i+1 sinon $P_i^{(n+1)}$ serait à l'ouest d'un bloc P. On retranche $P_i^{(n+1)}$ de $P_i^{(n)}$. On obtient $E_{i+1}^{(n)}\ P_{pr(i,n+1)}^{(n+1)}$, ce qui permet d'en déduire $P_{pr(i,n+1)}^{(n+1)}$ puisqu'il est unitaire.

La remarque 2.1 permet de conclure.

ii) Si s ≠ 1 et

a) Si $P_i^{(n)}$ est au nord du bloc P,

alors on connait le polynôme orthogonal régulier prédecesseur de $P_i^{(n+s)}$ sur la diagonale n+s. C'est le polynôme $x^{su(i,n)-s-i}\ P_i^{(n)}(x)$. Ce polynôme et $P_i^{(n+s)}$ permettent la détermination de la partie de la table mentionnée, d'après la remarque 2.1.

b) Si $P_i^{(n)}$ est au nord-ouest du bloc P,

alors on retranche $P_i^{(n+s)}$ de $P_i^{(n)}$ et on obtient $E_{i+1}^{(n+s-1)}\ P_{pr(i,n+s)}^{(n+s)}$ et donc $P_{pr(i,n+s)}^{(n+s)}$. La remarque 2.1 permet encore de conclure.

cqfd.

4.9 ALGORITHMES DE CALCUL DES POLYNOMES ORTHOGONAUX REGULIERS

1. Le long d'une diagonale.

a). Cas d'une fonctionnelle linéaire c définie.

On utilise la relation de récurrence à trois termes

$$P_{k+1}(x) = (x + B_{k+1})\, P_k(x) + C_{k+1}\, P_{k-1}(x)$$

avec $P_{-1}(x) = 0$ et $P_o(x) = 1$.

On suppose connu $P_k(x)$ et $P_{k-1}(x)$.
Pour calculer $P_{k+1}(x)$ on utilise l'orthogonalité des polynômes

$$c(x^j\, P_{k+1}(x)) = 0 \text{ pour } j \in \mathbb{N},\ 0 \le j \le k.$$

Mais on a également

$$c(x^j\, P_k) = 0 \qquad \text{pour } j \in \mathbb{N},\ 0 \le j \le k-1,$$

$$c(x^j\, P_{k-1}) = 0 \qquad \text{pour } j \in \mathbb{N},\ 0 \le j \le k-2.$$

On aura donc en définitive deux équations à deux inconnues B_{k+1} et C_{k+1} qui sont :

$$c(x^k\, P_k) + C_{k+1}\, c(x^{k-1}\, P_{k-1}) = 0$$

$$c(x^{k+1} P_k) + B_{k+1}\, c(x^k\, P_k) + C_{k+1}\, c(x^k P_{k-1}) = 0.$$

Complexité de l'algorithme.

A chaque étape, pour calculer C_{k+1}, on utilise la valeur de $c(x^{k-1}\, P_{k-1})$ trouvée à l'étape précédente et on calcule $c(x^k\, P_k)$ pour lequel il faut k additions et k multiplications, soit pour le calcul de C_{k+1}, k additions, k multiplications, 1 division.

Pour calculer B_{k+1} on utilise également les valeurs de $c(x^k P_{k-1})$ trouvées au cours de l'étape précédente ainsi que celle de $c(x^k P_k)$ calculée pour C_{k+1}. Pour déterminer $c(x^{k+1} P_k)$ il faut k additions et k multiplications, soit pour trouver B_{k+1}, k additions, (k+1) multiplications et 1 division. Pour calculer P_{k+1} il faut encore 2k additions et 2k+1 multiplications, soit au total 4k additions, 4k+2 multiplications et 2 divisions.
Pour déterminer l'ensemble $P_1,\dots,P_{k+1}$ il faut donc 2k(k+1) additions, $2(k+1)^2$ multiplications et 2(k+1) divisions.

b) Cas d'une fonctionnelle linéaire c non définie.

Pour détecter un bloc P on utilise la remarque 1.3.
Si $P_k(x)$ est orthogonal régulier on calcule $c(x^i P_k)$ pour $i \geq k$. Cette quantité sera nulle jusqu'à $i = su(k) - 2$. Alors $P_{su(k)}(x)$ est orthogonal régulier.
Nous avons alors :

$$P_{su(k)}(x) = (x\,\omega_{su(k)-k-1}(x) + B_{su(k)})\,P_k(x) + C_{su(k)}\,P_{pr(k)}(x).$$

On utilise encore l'orthogonalité des polynômes pour calculer $C_{su(k)}$, $B_{su(k)}$ et les su(k)-k-1 coefficients de $\omega_{su(k)-k-1}(x)$ puisqu'il est unitaire.

On a :

$$\begin{cases} c(x^j P_{su(k)}) = 0 \text{ pour } j \in \mathbb{N},\ 0 \leq j \leq su(k)-1 \\ c(x^j P_k) = 0 \qquad \text{pour } j \in \mathbb{N},\ 0 \leq j \leq su(k)-2 \\ c(x^j P_{pr(k)}) = 0 \text{ pour } j \in \mathbb{N},\ 0 \leq j \leq k-2\ . \end{cases}$$

Par conséquent on utilise les su(k)-k+1 relations que l'on obtient avec

$$c[x^j((x\omega_{su(k)-k-1}(x) + B_{su(k)})\,P_k(x) + C_{su(k)}\,P_{pr(k)}(x)] = 0$$

pour $j \in \mathbb{N}$, $k-1 \le j \le su(k)-1$, pour déterminer les $su(k)-k+1$ inconnues citées précédemment.
C'est un système triangulaire régulier puisque $c(x^{k-1}\, P_{pr(k)}) \neq 0$, ainsi que $c(x^{su(k)-1}\, P_k)$.

On obtient donc d'abord $C_{su(k)}$, puis les coefficients de $\omega_{su(k)-k-1}(x)$ en commençant par les exposants les plus élevés et enfin $B_{su(k)}$.

Complexité de l'algorithme.

Pour calculer l'ensemble des $su(k)-k+1$ coefficients il faut calculer

$$c(x^j\, P_{pr(k)}) \text{ pour } j \in \mathbb{N},\ k-1 \le j \le su(k)-1$$

et

$$c(x^j\, P_k) \quad \text{pour } j \in \mathbb{N},\ k-1 \le j \le 2su(k)-k-1$$

Mais parmi ces quantités, $c(x^j\, P_{pr(k)})$, pour $j \in \mathbb{N}$, $k-1 \le j \le 2k-pr(k)-1$ ont déjà été calculées au cours de l'étape précédente.
Pour résoudre le système linéaire triangulaire il faut donc :
$\frac{(su(k)+k)(su(k)+k+1)}{2} + pr(k)\,(su(k)-2k+pr(k)+1)$ additions, autant de multiplications et $su(k)-k+1$ divisions.
Pour calculer $P_{su(k)}(x)$ il faut encore $k(su(k)-k)+pr(k)+1$ additions et $k(su(k)-k)+pr(k)$ multiplications.
Soit au total pour obtenir $P_{su(k)}$, il faut

$$\frac{(su(k)+k)(su(k)+k+1)}{2} + k(su(k)-k) + 1 + pr(k)(su(k)-2k+pr(k)+2) \text{ additions,}$$

le même nombre moins 1 de multiplications et $su(k)-k+1$ divisions.

Par conséquent, pour calculer l'ensemble des polynômes orthogonaux réguliers jusqu'à $P_{su(k)}(x)$ la complexité reste en $O(su^2(k))$.

2. Le long de deux diagonales adjacentes.

a) Cas où les fonctionnelles linéaires $c^{(n)}$ et $c^{(n+1)}$ sont définies.

On utilise successivement les deux relations

$$P_{k+1}^{(n)}(x) = x\, P_k^{(n+1)} - q_{k+1}^{(n)}\, P_k^{(n)}(x)$$

$$P_{k+1}^{(n+1)}(x) = P_{k+1}^{(n)}(x) - e_{k+1}^{(n)}\, P_k^{(n+1)}(x).$$

Pour déterminer $q_{k+1}^{(n)}$ et $e_{k+1}^{(n)}$ on utilise encore l'orthogonalité des polynômes.

Pour la première relation on a :

$$c^{(n)}(x^j\, P_{k+1}^{(n)}) = 0 \qquad \text{pour } j \in \mathbb{N},\ 0 \le j \le k$$

$$c^{(n)}(x^j\, P_k^{(n)}) = 0 \qquad \text{pour } j \in \mathbb{N},\ 0 \le j \le k-1$$

$$c^{(n)}(x^j x\, P_k^{(n+1)}) = c^{(n+1)}(x^j\, P_k^{(n+1)}) = 0 \text{ pour } j \in \mathbb{N},\ 0 \le j \le k-1.$$

Par conséquent

$$q_{k+1}^{(n)} = \frac{c^{(n+1)}(x^k\, P_k^{(n+1)})}{c^{(n)}\,(x^k\, P_k^{(n)})}$$

Pour la seconde relation on a :

$$c^{(n+1)}(x^j\, P_{k+1}^{(n+1)}) = 0 \qquad \text{pour } j \in \mathbb{N},\ 0 \le j \le k$$

$$c^{(n+1)}(x^j\, P_k^{(n+1)}) = 0 \qquad \text{pour } j \in \mathbb{N},\ 0 \le j \le k-1$$

$$c^{(n+1)}(x^j\, P_{k+1}^{(n)}) = c^{(n)}(x^{j+1}\, P_{k+1}^{(n)}) \text{ pour } j \in \mathbb{N},\ 0 \le j \le k-1.$$

Par conséquent :

$$e_{k+1}^{(n)} = \frac{c^{(n)}\ (x^{k+1}\ P_{k+1}^{(n)})}{c^{(n+1)}\ (x^k\ P_k^{(n+1)})}$$

Complexité de l'algorithme.

Pour déterminer $q_{k+1}^{(n)}$, $c^{(n)}(x^k\ P_k^{(n)})$ a déjà été calculé au cours de l'étape précédente. Seul reste à calculer $c^{(n+1)}\ (x^k\ P_k^{(n+1)})$.
Il faut donc k additions, k multiplications et 1 division.

Pour déterminer $e_{k+1}^{(n)}$, $c^{(n+1)}(x^k\ P_k^{(n+1)})$ vient d'être calculé. On doit encore trouver $c^{(n)}(x^{k+1}\ P_{k+1}^{(n)})$. Il faut donc k+1 additions, k+1 multiplications, et 1 division.

Pour calculer les deux polynômes $P_{k+1}^{(n)}$ et $P_{k+1}^{(n+1)}$ il faut donc 4k+2 additions, 4k+1 multiplications et 2 divisions, soit pour calculer la suite des polynômes $P_i^{(n)}(x)$ et $P_i^{(n+1)}(x)$ pour $i \in \mathbb{N}$, $1 \leq i \leq k+1$, $2(k+1)^2$ additions, $(k+1)(2k+1)$ multiplications et $2(k+1)$ divisions.

b) Cas où au moins une fonctionnelle linéaire $c^{(x)}$ et $c^{(n+1)}$ n'est pas définie.

i) On aborde un bloc par l'ouest.

$$c^{(n)}(x^k\ P_k) = o \text{ et } c^{(n+1)}(x^k\ P_k^{(n+1)}) = 0.$$

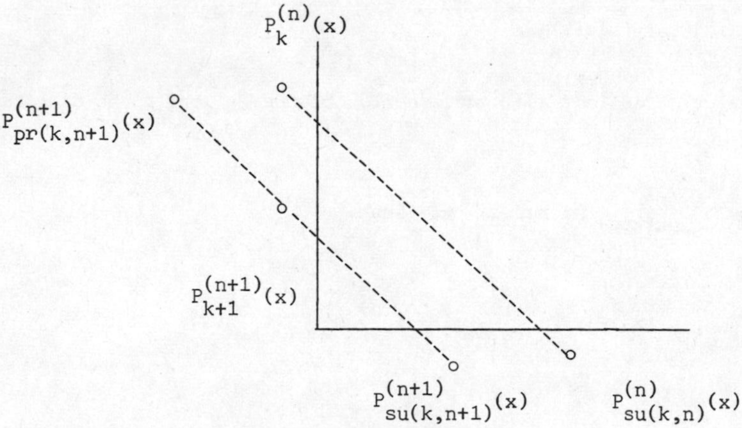

On connaît $P_k^{(n)}(x)$, $P_k^{(n+1)}(x)$ et $P_{pr(k,n+1)}^{(n+1)}(x)$.

On calcule $P^{(n+1)}_{su(k,n+1)}(x)$ par la relation :

$$P^{(n+1)}_{su(k,n+1)}(x) = \omega^{(n)}_{su(k,n+1)-k}(x)\ P^{(n)}_{k}(x) + E^{(n)}_{i+1}\ P^{(n+1)}_{pr(k,n+1)}(x).$$

On utilise l'orthogonalité :

$$c^{(n+1)}(x^{j}\ P^{(n+1)}_{su(k,n+1)}) = 0 \qquad \text{pour } j \in \mathbb{N},\ 0 \le j \le su(k,n+1)-1$$

$$c^{(n+1)}(x^{j}\ P^{(n)}_{k}) = c^{(n)}\ (x^{j+1}\ P^{(n)}_{k}) = 0 \text{ pour } j \in \mathbb{N},\ 0 \le j \le su(k,n)-3$$

c'est à dire $0 \le j \le su(k,n+1)-2$ puisque $su(k,n) = su(k,n+1)+1$

$$c^{(n+1)}(x^{j}\ P^{(n+1)}_{pr(k,n+1)}) = 0 \text{ pour } j \in \mathbb{N},\ 0 \le j \le k-2$$

On obtiendra donc les $su(k,n+1)-k+1$ inconnues qui sont les $su(k,n+1)-k$ coefficients de $\omega^{(n)}_{su(k,n+1)-k}(x)$ et $E^{(n)}_{i+1}$, avec les $su(k,n+1)-k+1$ relations du système triangulaire régulier suivant.

$$c[x^{j}(\omega^{(n)}_{su(k,n+1)-k}(x)\ P^{(n)}_{k}(x) + E^{(n)}_{i+1}\ P^{(n+1)}_{pr(k,n+1)}(x))] = 0$$

pour $j \in \mathbb{N}$, $k-1 \le j \le su(k,n+1)-1$.

La complexité de ce calcul est analogue à celle obtenue le long d'une diagonale dans le cas non défini.

Ensuite on calcule $P^{(n)}_{su(k,n)}(x)$ par la relation :

$$P^{(n)}_{su(k,n)}(x) = x\ P^{(n+1)}_{su(k,n+1)} - q^{(n)}_{su(k,n),\ell}\ P^{(n)}_{k}(x)$$

On utilise alors l'algorithme du cas normal, c'est à dire qu'on calcule :

$$q^{(n)}_{su(k,n),\ell} = \frac{c^{(n+1)}(su^{(k,n+1)}\ P^{(n+1)}_{su(k,n+1)}(x))}{c^{(n)}\ (x^{su(k,n)-1}\ P^{(n)}_k(x))}$$

puisque su(k,n+1) = su(k,n)-1.

Et ainsi de suite.

ii) On aborde un bloc par le nord.

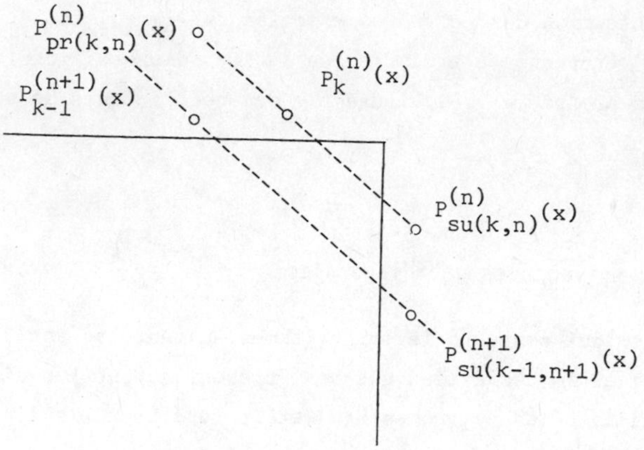

On a $c^{(n+1)}(x^{k-1}\ P^{(n+1)}_{k-1}) = 0$ et $c^{(n)}\ (x^k\ P^{(n)}_k) = 0$.

On calcule $P^{(n)}_{su(k,n)}(x)$ à l'aide de la relation de récurrence à trois termes le long de la diagonale n.

Ensuite on calcule $P^{(n+1)}_{su(k-1,n+1)}(x)$ par la relation

$$P^{(n+1)}_{su(k-1,n+1)}(x) = P^{(n)}_{su(k,n)}(x) + E^{(n)}_{su(k-1,n+1)+1}\ P^{(n+1)}_{k-1}(x).$$

On utilise encore l'algorithme du cas régulier, c'est à dire :

$$E^{(n)}_{su(k-1,n+1)+1} = - \frac{c^{(n)}(x^{su(k,n)}\, P^{(n)}_{su(k,n)}(x))}{c^{(n+1)}(x^{su(k-1,n+1)-1}\, P^{(n+1)}_{k-1}(x))}$$

puisque su(k-1,n+1) = su(k,n).

Et ainsi de suite.

3. Calcul de Q(x).

L'obtention des polynômes associés est immédiate. On utilise soit la relation de récurrence à trois termes le long d'une diagonale, soit les deux relations de la propriété 2.6. L'ensemble des coefficients de ces relations est alors connu.

4. Algorithmes suivant les antidiagonales.

En ce qui concerne les algorithmes suivant les antidiagonales, ils sont totalement analogues à ceux qui sont présentés pour les diagonales, à la condition d'utiliser les polynômes W(x) et la fonctionnelle linéaire γ.

<u>Remarque 4.13.</u>

On se rappellera que :

i) Lorqu'un polynôme P est au nord d'un bloc P, il ne lui correspond pas de polynôme W. On obtient ce polynôme P en multipliant le polynôme placé à l'ouest sur la même antidiagonale par une puissance convenable de x.

ii) Lorsqu'un polynôme W est au nord d'un bloc W il ne lui correspond aucun polynôme P.

5. Algorithmes suivant une horizontale h.

Nous utilisons la relation de récurrence

$$P_{i+s}^{(n-s)}(x) = (x\,\pi_{s-1}^{(n-s)}(x) + \beta_{i+s}^{(n-s)})\,P_i^{(n)}(x) + \Gamma_{i+s}^{(n-s)}\,x^b\,P_{i-p}^{(n+p)}(x)$$

avec $b = s-su(i,n)+pr(i,n+1)+1+p$.

Nous devons d'abord déterminer les valeurs de s, de su(i,n) et de pr(i,n+1), ce qui revient à détecter les blocs que traverse l'horizontale h.

Nous calculons $c^{(n)}(x^{i+j}\,P_i^{(n)}(x))$ pour $j \in \mathbb{N}$, tant que cette expression est nulle.

Nous aurons donc $c^{(n)}(x^{i+j}\,P_i^{(n)}(x)) = 0$ pour $j \in \mathbb{N}$, $0 \le j \le k_1-1$,

$$c^{(n)}(x^{i+k_1}\,P_i^{(n)}(x)) \neq 0.$$

Nous en déduisons que $su(i,n) = i + k_1 + 1$.

Nous calculons également $c^{(n-j)}(P_i^{(n)}(x))$ pour $j \in \mathbb{N}$, tant que cette expression est nulle.

Nous aurons

$c^{(n-j)}(P_i^{(n)}(x)) = 0$ pour $j \in \mathbb{N}$, $0 \le j \le k_2-1$,

$c^{(n-k_2)}(P_i^{(n)}(x)) \neq 0.$

Nous vérifions de cette façon si le polynôme $P_i^{(n-j)}(x) = P_i^{(n)}(x)$ est orthogonal et se trouve par conséquent à l'ouest du bloc P.

La valeur de k_2 nous permet le calcul de

$s = k_1 + k_2$ et de $pr(i+s,n-s+1) = i+s-k_2$.

La valeur de $pr(i,n+1)$ est connue grâce à l'étape précédente.

Nous savons d'après la propriété 4.23 que :

$$\tau^{(h)}\left(\frac{1}{x^\ell}\phi_i^{(h)}(x)\right) = 0 \text{ pour } \ell \in \mathbb{Z},\ h-m-i-s+2 \le \ell \le h-m,$$
$$\ne 0 \text{ pour } \ell = h+1-m \text{ et } \ell = h-m-i-s+1.$$

Or ici $m = h-i-k_2+2$.

Donc :

$$\tau^{(h)}\left(\frac{1}{x^\ell}\phi_i^{(h)}(x)\right) = 0 \text{ pour } \ell \in \mathbb{Z},\ k_2-s \le \ell \le i+k_2-2,$$
$$\ne 0 \text{ pour } \ell = k_2-s-1 \text{ et } \ell = i+k_2-1.$$

Nous remarquons que $i+k_2-2 \le i+s-1$.

Nous poserons :

$$x\,\pi_{s-1}^{(n-s)}(x) + \beta_{i+s}^{(n-s)} = \sum_{\alpha=0}^{s} \mu_\alpha x^\alpha$$

avec $\mu_s = 1$ et $\mu_0 = \beta_{i+s}^{(n-s)}$.

On multiplie les deux membres de la relation de récurrence par $\frac{1}{x^j}$ et on applique $\tau^{(h)}$. Nous avons donc :

$$\tau^{(h)}\left(\frac{1}{x^j} P_{i+s}^{(n-s)}(x)\right) = \sum_{\alpha=0}^{s} \mu_\alpha \, \tau^{(h)}\left(\frac{1}{x^{j-\alpha}} P_i^{(n)}(x)\right)$$
$$+ \Gamma_{i+s}^{(n-s)} \, \tau^{(h)}\left(\frac{1}{x^{j-b}} P_{i-p}^{(n+p)}(x)\right)$$

On prend d'abord $j \in \mathbb{N}$, $0 \le j \le k_2-1$.

Alors $\tau^{(h)}\left(\frac{1}{x^j} P_{i+s}^{(n-s)}\right) = 0$ et nous obtenons le système linéaire suivant :

$$\sum_{\alpha=s+j-k_2+1}^{s} \mu_\alpha \, \tau^{(h)}\left(\frac{1}{x^{j-\alpha}} P_i^{(n)}(x)\right) = - \Gamma_{i+s}^{(n-s)} \, \tau^{(h)}\left(\frac{1}{x^{j-b}} P_{i-p}^{(n+p)}(x)\right)$$

La relation pour $j = k_2-1$ donne directement la valeur de $\Gamma_{i+s}^{(n-s)}$ puisque $\mu_s = 1$; les k_2-1 relations suivantes forment un système linéaire triangulaire régulier avec les inconnues μ_α pour $\alpha \in \mathbb{N}$, $s+1-k_2 \le \alpha \le s-1$.

On prend ensuite $j \in \mathbb{N}$, $i+k_2-1 \le j \le i+s-1$.

Nous avons toujours $\tau^{(h)}\left(\frac{1}{x^j} P_{i+s}^{(n-s)}(x)\right) = 0$

Nous obtenons le système linéaire suivant :

$$\sum_{\alpha=0}^{j-i-k_2+1} \mu_\alpha \, \tau^{(h)}\left(\frac{1}{x^{j-\alpha}} P_i^{(n)}(x)\right) = - \Gamma_{i+s}^{(n-s)} \, \tau^{(h)}\left(\frac{1}{x^{j-b}} P_{i-p}^{(n+p)}(x)\right)$$

C'est encore un système linéaire triangulaire régulier. La relation pour $j = k_2+i-1$ donne directement μ_0, c'est-à-dire $\beta_{i+s}^{(n-s)}$. Les $s-k_2$ suivantes donnent μ_α pour $\alpha \in \mathbb{N}$, $1 \le \alpha \le s-k_2$.

Tous les éléments de la relation de récurrence sont maintenant parfaitement déterminés.

Si $s > 1$ avec $k_2 = 1$, $P_i^{(n)}$ est au nord-ouest du bloc P.

Nous obtiendrons tous les polynômes au nord du bloc P avec $x\, P_i^{(n)}(x),\ x^2\, P_i^{(n)}(x), \ldots,\ x^{s-1}\, P_i^{(n)}(x)$.

6. Algorithme suivant une verticale.

Nous utilisons la relation de récurrence :

$$x^s\, P_i^{(n+s)}(x) = (x\, \hat{\pi}_{s-1}^{(n+s)}(x) + \hat{\beta}_i^{(n+s)})\, P_i^{(n)}(x) + \hat{\Gamma}_i^{(n+s)}\, x^b\, P_i^{(n-p)}(x)$$

avec $b = s+pr(i+1,n-1)-su(i,n)$.

Le bloc séparant $P_i^{(n)}$ et $P_i^{(n+s)}$ est détecté comme il a été indiqué dans la section 4.8, dont nous conservons les notations.

Nous poserons encore :

$$x\, \hat{\pi}_{s-1}^{(n+s)}(x) + \hat{\beta}_i^{(n+s)} = \sum_{\alpha=0}^{s} \mu_\alpha\, x^\alpha.$$

Nous multiplions les deux membres de la relation de récurrence par x^j et nous appliquons $c^{(n)}$.

Nous obtenons :

$$c^{(n)}(x^{j+s}\, P_i^{(n+s)}(x)) = \sum_{\alpha=0}^{s} \mu_\alpha\ c^{(n)}(x^{j+\alpha}\, P_i^{(n)}(x)) +$$

$$\hat{\Gamma}_i^{(n+s)}\ c^{(n)}(x^{b+\alpha}\, P_i^{(n-p)}(x)) = c^{(n+s)}(x^j\, P_i^{(n+s)}(x)).$$

Or $c^{(n+s)}(x^j\, P_i^{(n+s)}(x)) = 0$ pour $j \in \mathbb{N},\ 0 \le j \le i-1$.

D'autre part $c^{(n)}(x^{j+\alpha}\, P_i^{(n)}(x)) = 0$ pour $j+\alpha \in \mathbb{N},\ 0 \le j+\alpha \le i+k_1-1$,

$$c^{(n)}(x^{i+k_1}\, P_i^{(n)}(x)) \neq 0.$$

Par conséquent pour $j \in \mathbb{N}$, $0 \le j \le i+k_1-s-1$, les relations obtenues sont identiquement nulles.

Puisque $s = k_1 + k_2 + 1$ et $i \ge k_2$ nous avons $i + k_1 + 1 \ge s$.

L'égalité n'a lieu que si $i = k_2$.

a) Si $i + k_1 + 1 > s$

Pour $j \in \mathbb{N}$, $i + k_1 - s \le j \le i-1$ nous obtenons :

$$0 = \sum_{\alpha=i+k_1-j}^{s} \mu_\alpha \, c^{(n)}(x^{j+\alpha} P_i^{(n)}(x)) + \hat{\Gamma}_i^{(n+s)} \, c^{(n)}(x^{b+j} P_i^{(n-p)}).$$

La première relation pour $j = i + k_1 - s$ donne $\hat{\Gamma}_i^{(n+s)}$. Les $s - k_1 - 1$ suivantes forment un système linéaire triangulaire régulier qui permet d'obtenir μ_α pour $\alpha \in \mathbb{N}$, $k_1 + 1 \le \alpha \le s-1$ en fonction de $\hat{\Gamma}_i^{(n+s)}$.

La propriété 4.38 permet d'obtenir les relations donnant μ_α pour $\alpha \in \mathbb{N}$, $0 \le \alpha \le k_1$, en fonction de $\hat{\Gamma}_i^{(n+s)}$.

En effet il suffit d'écrire que les coefficients des termes d'exposant $x^{k_2}, \ldots, x^{s-1}$ du membre de droite sont nuls.

Posons $P_i^{(n)}(x) = \sum_{\ell=k_2}^{i} \lambda_{\ell,i}^{(n)} x^\ell$ avec $\lambda_{k_2,i}^{(n)} \ne 0$,

et $x^b P_i^{(n-p)}(x) = \sum_{\ell=k_2}^{i+b} \lambda_{\ell,i}^{(n-p)} x^\ell$.

Nous avons donc :

$$x^s P_i^{(n+s)}(x) = \left(\sum_{\alpha=0}^{s} \mu_\alpha x^\alpha\right)\left(\sum_{\ell=k_2}^{i} \lambda_{\ell,i}^{(n)} x^\ell\right) + \hat{\Gamma}_i^{(n+s)} \sum_{\ell=k_2}^{i+b} \lambda_{\ell,i}^{(n-p)} x^\ell.$$

On voit donc qu'en prenant les coefficients des termes d'exposant $x^{k_2}, \ldots, x^{s-1}$ on obtient un système linéaire triangulaire régulier puisque la diagonale est composée de $\lambda^{(n)}_{k_2,i}$; ce système donne μ_α pour $\alpha \in \mathbb{N}$, $0 \leq \alpha \leq s - k_2 - 1 = k_1$ en fonction de $\hat{\Gamma}^{(n+s)}_i$.

b) <u>Si $i + k_1 + 1 = s$,</u>

nous savons que dans ce cas $\hat{\Gamma}^{(n+s)}_i$ peut être choisi de façon arbitraire. Ensuite les calculs se déroulent comme dans le a), à ceci près que le premier système linéaire est pris pour $j \in \mathbb{N}$, $0 \leq j \leq i-1$. Nous avons encore un système triangulaire régulier donnant μ_α pour $\alpha \in \mathbb{N}$, $k_1+1 \leq \alpha \leq s-1$ en fonction de $\hat{\Gamma}^{(n+s)}_i$.

Enfin le second système est un système diagonal régulier donnant μ_α, pour $\alpha \in \mathbb{N}$, $0 \leq \alpha \leq k_1$, toujours en fonction de $\hat{\Gamma}^{(n+s)}_i$.

Tous les éléments de la relation de récurrence sont alors parfaitement connus.

QUADRATURES DE GAUSS

\- * -

Ce cinquième chapitre est d'une grande importance. Outre les résultats immédiatement applicables aux quadratures il permettra de résoudre certains problèmes des approximants des séries de fonctions.

Dans le cas d'une fonctionnelle définie positive, les propriétés des formules de quadratures de Gauss sont bien connues. Leur grand intérêt réside dans le fait qu'elles sont stables et convergentes. Etendre ces deux propriétés à d'autres fonctionnelles n'est pas chose aisée. Nous donnons des résultats pour les trois premiers types de fonctionnelles que nous avons étudiés dans le chapitre 3.

La première section expose les généralités du problème de quadrature de Gauss pour une fonctionnelle linéaire c *quelconque. Nous donnons d'abord les formules classiques dans le cas où les racines du polynôme orthogonal peuvent être multiples, imaginaires conjuguées. Puis nous démontrons un résultat concernant le degré de précision de ces formules en présence d'un bloc et nous rappelons l'expression classique de l'erreur de quadrature.*

Lorsque le polynôme orthogonal est dans un bloc les coefficients de quadrature s'expriment en fonction de ceux obtenus pour le polynôme orthogonal régulier prédécesseur.

Le formalisme matriciel de la section 1.7 trouve son prolongement dans les résultats obtenus par J. Kautsky [32 a]. *Ils donnent une expression des coefficients de quadrature en fonction des vecteurs principaux. Nous présentons un résumé de ces résultats.*

La seconde section traite le cas d'une fonctionnelle linéaire c *semi-définie positive. Nous montrons que les formules de quadratures correspondantes sont stables et convergentes. Elles sont également stables et convergentes pour toute fonctionnelle* $c^{(j)}$, *pour* $j \in \mathbb{N}$.

La troisième section contient les résultats qui concernent le cas plus complexe d'une fonctionnelle lacunaire d'ordre (s+1). *Après avoir donné les diverses relations existant entre les coefficients des formules de quadrature par rapport aux deux fonctionnelles* u *et* c, *où* $c_{i(s+1)} = u_i$, $\forall i \in \mathbb{N}$, *nous démontrons un théorème de stabilité et de convergence.*

Nous terminons cette section par un théorème qui sera exploité dans le dernier chapitre sur les approximants des séries de fonctions. Il montre que pour les fonctionnelles lacunaires d'ordre 2 une relation de symétrie ou d'égalité lie les coefficients de quadrature correspondants à deux zéros symétriques du polynôme orthogonal, et dans le cas d'une racine nulle multiple les coefficients sont nuls de deux en deux.

La dernière section étudie un cas particulier de la précédente. La fonction de poids utilisée est de la forme $x\,\omega(x)$, *où* $\omega(x)$ *est paire et positive dans* $[-1, 1]$. *Les formules de quadratures obtenues sont stables et convergentes. Dans ce cas l'erreur de quadrature se simplifie notablement.*

5.1 GENERALITES

Nous considérons une fonctionnelle linéaire c définie sur un espace général de fonctions qui contient l'espace des polynômes et dont les moments c_i appartiennent à $\mathbb{R}$. f étant une fonction de cet espace, nous désirons obtenir une valeur approchée de c(f).

Soient ξ_i, pour $i \in \mathbb{N}$, $1 \le i \le m$, m points distincts intérieurs à un domaine D simplement connexe, où la fonction analytique f sera supposée régulière. Nous supposons que chaque point ξ_i est pris avec l'ordre de multiplicité n_i et que :

$$n = \sum_{i=1}^{m} n_i .$$

Appelons L_n le polynôme d'interpolation de f en ces points, tel que :

$$L_n^{(k)}(\xi_i) = f^{(k)}(\xi_i) \qquad \begin{cases} \forall i \in \mathbb{N},\ 1 \le i \le m. \\ \forall k \in \mathbb{N},\ 0 \le k \le n_i-1. \end{cases}$$

Nous écrirons L_n sous une forme analogue à celle présentée dans le livre de A.O. Guelfond [24] p 36.

Nous posons : $\qquad v_n(z) = \prod_{j=1}^{m} (z-\xi_j)^{n_j}.$

Alors : $$v_n^{(n_i)}(\xi_i) = (n_i)!\ \prod_{\substack{j=1 \\ j\neq i}}^{m} (\xi_i-\xi_j)^{n_j}.$$

Nous posons également :

$$Y_i(z) = \prod_{\substack{j=1 \\ j\neq i}}^{m} \left(\frac{z-\xi_j}{\xi_i-\xi_j}\right)^{n_j}$$

Alors :

$$L_n(z) = \sum_{i=1}^{m} \sum_{k=o}^{n_i-1} f^{(k)}(\xi_i)\, L_{i,k}(z)$$

avec :

$$L_{i,k}(z) = \frac{v_n(z)}{v_n^{(n_i)}(\xi_i)} \frac{n_i!}{k!} \sum_{s=o}^{n_i-k-1} \frac{1}{s!} \frac{\left[\frac{1}{Y_i(z)}\right]^{(s)}_{z=\xi_i}}{(z-\xi_i)^{n_i-k-s}}$$

Nous pouvons approcher $c(f)$ par $c(L_n)$.

$$c(L_n) = \sum_{i=1}^{m} \sum_{k=o}^{n_i-1} f^{(k)}(\xi_i)\; A_{i,k}^{(n)}$$

Avec

$$A_{i,k}^{(n)} = c(L_{i,k}(z)) = \sum_{s=o}^{n_i-k-1} \frac{n_i!}{k!s!} \frac{\left[\frac{1}{Y_i(z)}\right]^{(s)}_{z=\xi_i}}{v_n^{(n_i)}(\xi_i)}\, c\left(\frac{v_n(z)}{(z-\xi_i)^{n_i-k-s}}\right)$$

$$= \sum_{s=o}^{n_i-k-1} \frac{n_i!}{k!s!} \frac{\left[\frac{1}{Y_i(z)}\right]^{(s)}_{z=\xi_i}}{v_n^{(n_i)}(\xi_i)}\; c\left(\frac{v_n(z) - v_n(\xi_i)}{(z-\xi_i)^{n_i-k-s}}\right)$$

Définition 5.1.

La relation donnant $c(L_n)$ *sera appelée formule de quadrature.*

Théorème 5.1.

Si f *est un polynôme de degré* n-1 *au plus alors* $c(L_n) = c(f)$.

Démonstration.

On a dans ce cas $f \equiv L_n$

cqfd.

Théorème 5.2.

Soit P_n *le polynôme orthogonal régulier ou singulier, ou quasi-orthogonal par rapport à* c, *dont les racines sont* ξ_i, *pour* $i \in \mathbb{N}$, $1 \leq i \leq m$, *d'ordre de multiplicité* n_i.

i) *Si* P_n *et* P_{n+1} *sont orthogonaux réguliers et si* f *est un polynôme de degré* 2n-1 *au plus, alors*

$$c(L_n) = c(f).$$

ii) *Soient* P_{h+1} *et* P_{p+1} *deux polynômes orthogonaux réguliers par rapport à* c *tels que* $H_i = 0$, $\forall i \in \mathbb{N}$, $h+2 \leq i \leq p$.

On suppose que $h+1 \leq n \leq p$.

Si f *est un polynôme de degré* p+h *au plus, alors :*

$$c(L_n) = c(f).$$

Démonstration.

i) On prend un polynôme arbitraire P de degré 2n-1 au plus, qu'on divise par P_n. On obtient.

$$P(z) = P_n(z)\, Q(z) + R(z).$$

avec deg $R(z) \leq n-1$ et deg $Q(z) \leq n-1$.

Donc $c(P(z)) = c(Q\,P_n) + c(R) = c(R)$

à cause de l'orthogonalité de P_n.

D'autre part :

$$P^{(k)}(\xi_i) = [P_n(z)\,Q(z)]^{(k)}_{z=\xi_i} + R^{(k)}(\xi_i)$$

$$= R^{(k)}(\xi_i) \quad \begin{cases} \text{pour } i \in \mathbb{N},\ 1 \leq i \leq m, \\ \text{pour } k \in \mathbb{N},\ 0 \leq k \leq n_i-1. \end{cases}$$

On peut interpoler R aux points ξ_i. On a :

$$R(z) = \sum_{i=1}^{m} \sum_{k=o}^{n_i-1} R^{(k)}(\xi_i)\, L_{i,k}(z),$$

et par conséquent :

$$c(P(z)) = c(R(z)) = \sum_{i=1}^{m} \sum_{k=o}^{n_i-1} R^{(k)}(\xi_i)\, A^{(n)}_{i,k}$$

$$= \sum_{i=1}^{m} \sum_{k=o}^{n_i-1} P^{(k)}(\xi_i)\, A^{(n)}_{i,k}$$

ce qui est bien le résultat cherché.

ii) On prend un polynôme arbitraire P de degré p+h au plus.

On met encore P sous la forme

$$P(x) = Q(x).\ P_n(x) + R(x).$$

avec deg $Q(x) \leq p+h-n$ et deg $R(x) \leq n-1$.

Donc $c(P) = c(Q\,P_n) + c(R) = c(R)$ d'après la propriété 1.17 i).

La suite de la démonstration est la même que pour le i).

<u>cqfd</u>.

<u>Remarque 5.1.</u>

Dans le cas i), la formule de quadrature n'est pas exacte pour un polynôme de degré 2n et dans le cas ii) elle n'est pas exacte pour un polynôme de degré p+h+1, car $c(Q\,P_n) \neq 0$ d'après la propriété 1.17 ii).

Nous allons donner maintenant une expression de l'erreur de quadrature. Nous supposons les polynômes P_i unitaires.

n est supposé tel que $h+1 \leq n \leq p$.

On remarquera que si P_{h+2} est orthogonal régulier le raisonnement fait ci-après reste valable.

Les n racines ξ_j de P_n, d'ordre de multiplicité n_j, pour $j \in \mathbb{N}$, $0 \leq j \leq m$, seront également notées z_j, pour $j \in \mathbb{N}$, $0 \leq j \leq n$, en répétant l'écriture des racines multiples.

Donc si on pose : $\begin{cases} i_0 = 0 \\ i_j = \sum_{s=1}^{j-1} n_s, \text{ pour } j \in \mathbb{N},\ 2 \leq j \leq m+1, \end{cases}$

alors $\xi_j = z_{i_j+k}$ pour $j \in \mathbb{N}$, $1 \leq j \leq m$ et

pour $k \in \mathbb{N}$, $1 \leq k \leq n_j$.

Nous prenons le polynôme $P_{p+h+1-n}$ dont nous notons les racines par $z_{n+1},\dots, z_{p+h+1}$. Dans cette liste on retrouvera l'ensemble des racines de P_{h+1} puisque $P_{p+h+1-n}(x) = w_{p-n}(x)\, P_{h+1}(x)$, où $w_{p-n}(x)$ est un polynôme arbitraire de degré p-n.

Nous supposerons que la $(p+h+1)^{\text{ième}}$ dérivée de f(x) existe et est bornée dans le domaine fermé $\bar{D}$ qui est le plus petit domaine convexe contenant les points x, z_i, pour $i \in \mathbb{N}$, $1 \le i \le p+h+1$.

Soient P le polynôme d'interpolation d'Hermite de f basé sur les points z_i pour $i \in \mathbb{N}$, $1 \le i \le p+h+1$, et R le reste de la formule d'interpolation.

On a :

$$f(x) = P(x) + R(x)$$

avec $R(x) = P_n(x)\, P_{p+h+1-n}(x)\, [x, z_1,\dots, z_{p+h+1}]$

où $[x, z_1,\dots, z_{p+h+1}]$ est la différence divisée généralisée d'ordre p+h+1 de f basée sur les points x, z_i, pour $i \in \mathbb{N}$, $1 \le i \le p+h+1$.

$$[x, z_1,\dots, z_{p+h+1}] = \int_0^1 \int_0^{t_1} \dots \int_0^{t_{p+h}} f^{(p+h+1)} [z_1 + (z_2-z_1)\, t_1 + \dots$$

$$\dots + (z_{p+h+1}-z_{p+h})\, t_{p+h} + (x - z_{p+h+1})\, t_{p+h+1}]\, dt_{p+h+1} \dots dt_1 .$$

Alors c(f) = c(P) + c(R).

$$\text{Or } c(P) = \sum_{i=1}^{m} \sum_{k=o}^{n_i-1} A_{i,k}^{(n)}\, P^{(k)}(\xi_i)$$

$$= \sum_{i=1}^{m} \sum_{k=o}^{n_i-1} A_{i,k}^{(n)}\, f^{(k)}(\xi_i) = c(L_n).$$

d'après le théorème 5.2 puisque P est un polynôme de degré p+h.

On obtient donc l'expression de l'erreur :

$$c(R) = c(P_n(x)\, P_{p+h+1-n}(x)\, [x, z_1, \ldots, z_{p+h+1}]).$$

Nous considérons maintenant une formule de quadrature de Gauss associée au polynôme P_n qui est soit orthogonal singulier, soit quasi-orthogonal.

On suppose que $P_{pr(n)}(z) = P_{h+1}(z)$ et

$$P_n(z) = w_{n-h-1}(z)\, P_{h+1}(z).$$

Les racines de w_{n-h-1} étant arbitraires peuvent être également racines de P_{h+1}. Nous adopterons la notation suivante :

$n_i = \bar{n}_i + \hat{n}_i$ où $\hat{n}_i$ est l'ordre de multiplicité de la racine ξ_i dans le polynôme P_{h+1} et $\bar{n}_i$ celui dans le polynôme w_{n-h-1}. L'indice k sera numéroté de 0 à $\hat{n}_i - 1$ et les coefficients de quadrature associés correspondront aux racines provenant de P_{h+1}. Puis k sera numéroté de $\hat{n}_i$ à $n_i - 1$ et les coefficients de quadrature correspondront aux racines de w_{n-h-1}.

Nous avons alors le théorème suivant.

<u>*Théorème 5.3.*</u>

i) $A_{i,k}^{(n)} = 0$ *pour* $k \in \mathbb{N}$, $\hat{n}_i \leq k \leq n_i-1$,

ii) $A_{i,k}^{(n)} = A_{i,k}^{(h+1)}$ *pour* $k \in \mathbb{N}$, $0 \leq k \leq \hat{n}_i-1$,

et $A_{i,\hat{n}_i-1}^{(h+1)} \neq 0$.

Démonstration.

i) Regardons ce que vaut la quantité suivante :

$$X = \frac{1}{P_n^{(n_i)}(\xi_i)} \; c\left(\frac{P_n(z)-P_n(\xi_i)}{(z-\xi_i)^{n_i-k-s}}\right) \qquad \text{pour } k \in \mathbb{N},\ \hat{n}_i \le k \le n_i-1.$$

$P_n^{(n_i)}(\xi_i) \neq 0$ puisque ξ_i est racine d'ordre de multiplicité n_i de P_n.

$$c\left(\frac{P_n(z)-P_n(\xi_i)}{(z-\xi_i)^{n_i-k-s}}\right) = c\left(P_n(z)\,\frac{w_{n-h-1}(z)-w_{n-h-1}(\xi_i)}{(z-\xi_i)^{n_i-k-s}}\right)$$

$$+\ w_{n-h-1}(\xi_i)\; c\left(\frac{P_{h+1}(z)-P_{h+1}(\xi_i)}{(z-\xi_i)^{n_i-k-s}}\right)$$

$\dfrac{w_{n-h-1}(z)-w_{n-h-1}(\xi_i)}{(z-\xi_i)^{n_i-k-s}}$ est un polynôme en z de degré $n-n_i-h-1+k+s$.

Par conséquent la première expression du second membre est nulle à cause de l'orthogonalité de P_{h+1}.

La seconde est nulle, car $w_{n-h-1}(\xi_i)$ est nul. Donc $X = 0$.

ii) $$c(L_{h+1}) = \sum_{i=1}^{m}\sum_{k=o}^{\hat{n}_i-1} f^{(k)}(\xi_i)\, A_{i,k}^{(h+1)}$$

avec $h+1 = \sum_{i=1}^{m} \hat{n}_i$.

$$c(L_n) = \sum_{i=1}^{m}\sum_{k=o}^{n_i-1} f^{(k)}(\xi_i)\, A_{i,k}^{(n)}$$

D'après le théorème 5.2, $c(L_n) = c(L_{h+1})$, $\forall f$.

$$\text{Donc } \sum_{i=1}^{m} \sum_{k=o}^{\hat{n}_i-1} f^{(k)}(\xi_i)\,(A_{i,k}^{(n)} - A_{i,k}^{(h+1)}) = 0,\ \forall f,$$

puisque $A_{i,k}^{(n)} = 0$ pour $k \in \mathbb{N}$, $\hat{n}_i \leq k \leq n_i-1$.

Par conséquent $A_{i,k}^{(n)} = A_{i,k}^{(h+1)}$.

Enfin pour $k = \hat{n}_i-1$, nous avons :

$$A_{i,\hat{n}_i-1}^{(h+1)} = \hat{n}_i \frac{1}{Y_i(\xi_i)\, P_{h+1}^{(\hat{n}_i)}(\xi_i)}\, c\left(\frac{P_{h+1}(z)}{x-\xi_i}\right)$$

$$= \frac{\hat{n}_i\, Q_{h+1}(\xi_i)}{Y_i(\xi_i)\, P_{h+1}^{(\hat{n}_i)}(\xi_i)}$$

$P_{h+1}^{(\hat{n}_i)}(\xi_i)$ est non nul ainsi que $Y_i(\xi_i)$.

Quant à Q_{h+1}, il n'a aucune racine commune avec P_{h+1}.

Donc $Q_{h+1}(\xi_i) \neq 0$.

<u>cqfd</u>.

Nous pouvons étendre aux formules de quadrature le formalisme matriciel de la section 1.7 grâce aux beaux résultats de J. Kautsky [32a].

Nous reprenons les notations de la section 1.7.

Nous avons $x\, y(x) = J_n\, y(x) + y_n\, e_n$.

Nous posons $M_n = J_n - \lambda I_n$

$$M_{n,i} = J_n - \xi_i I_n.$$

$y_n(x) = P_n(x)$ a pour racines ξ_i d'ordre de multiplicité n_i pour $i \in \mathbb{N}$, $1 \leq i \leq m$.

Nous posons également $r_{i,k} = \frac{1}{k!} y^{(k)}(\xi_i)$.

J. Kautsky a montré que :

$$M_{n,i}\, r_{i,k} = r_{i,k-1} \text{ pour } k \in \mathbb{N},\ 1 \leq k \leq n_i-1$$

$$M_{n,i}\, r_{i,o} = 0$$

et donc que $r_{i,k-1}$ est un vecteur principal d'ordre k de J_n correspondant à la valeur propre ξ_i d'ordre de multiplicité n_i.

Nous notons $z_{i,s}$ les vecteurs principaux à gauche d'ordre (s+1) de la matrice J_n correspondants aux valeurs propres ξ_i pour $i \in \mathbb{N}$, $1 \leq i \leq m$ et $s \in \mathbb{N}$, $0 \leq s \leq n_i-1$.

Si nous posons $q = c(y(x))$ alors nous avons le théorème suivant

<u>*Théorème*</u> [32a].

Si on considère les vecteurs principaux à gauche d'ordre supérieur à 1 tels que :

$z_{i,s}^T\, r_{i,n_i-1} = 0$ *pour* $s \in \mathbb{N}$, $1 \leq s \leq n_i-1$, *alors les coefficients de quadrature satisfont.*

$$A_{i,k}^{(n)} = \frac{\mu_i}{(k-1)!}\, z_{i,n_i-k}^T\, q$$

où $\mu_i^{-1} = z_{i,o}^T\, r_{i,n_i-1}$.

Nous rappelons les résultats classiques suivants sur la stabilité et la convergence d'une méthode de quadrature (cf. [6]).

Définition 5.2.

Une méthode de quadrature est dite stable, s'il existe M *indépendant de* n *tel que :*

$$\left| \sum_{i=1}^{m} \sum_{k=o}^{n_i-1} A_{i,k}^{(n)} \varepsilon_{i,k} \right| \le M \operatorname{Max}_{i,k} |\varepsilon_{i,k}|$$

$\forall n \in \mathbb{N}$ et $\forall\, \varepsilon_{i,k}$ *pour* $i \in \mathbb{N}$, $1 \le i \le m$ *et*
pour $k \in \mathbb{N}$, $0 \le k \le n_i-1$.

Théorème 5.4.

Une condition nécessaire et suffisante pour qu'une méthode de quadrature soit stable est qu'il existe M *indépendant de* n *tel que :*

$$\sum_{i=1}^{m} \sum_{k=o}^{n_i-1} |A_{i,k}^{(n)}| \le M, \quad \forall n \in \mathbb{N}.$$

Définition 5.3.

Soit V *un espace de Banach de fonctions sur lequel* c *est définie.*

Une méthode de quadrature est dite convergente sur V *si*

$$\lim_{n\to\infty} c(L_n) = c(f), \quad \forall f \in V.$$

Théorème 5.5.

Une condition nécessaire et suffisante pour que :

$$\lim_{n\to\infty} c(L_n) = c(f), \quad \forall f \in C_\infty[a, b],$$ *espace des fonctions continues sur* $[a, b]$ *avec* $||f|| = \max_{x\in[a,b]} |f(x)|$, *est qu'il existe* M *indépendant de* n *tel que :*

$$\sum_{i=1}^{m} \sum_{k=o}^{n_i-1} |A_{i,k}^{(n)}| \le M, \quad \forall n \in \mathbb{N}.$$

Nous examinons à présent quelques cas de fonctionnelles particulières.

5.2 CAS D'UNE FONCTIONNELLE LINEAIRE SEMI-DEFINIE POSITIVE

On suppose que $H_k^{(o)} > 0$ pour $k \in \mathbb{N}$, $0 \le k \le h+1$, et $H_k^{(o)} = 0$ pour $k \in \mathbb{N}$, $k \ge h+2$.

Les polynômes $P_k^{(o)}$ ont leurs racines réelles distinctes pour $k \in \mathbb{N}$, $0 \le k \le h+1$.

A l'intérieur du bloc H infini, on prend :

$$P_k^{(o)}(x) = w_{k-h-1}(x)\, P_{h+1}^{(o)}(x).$$

On choisit les racines de w_{k-h-1} distinctes de celles de $P_{h+1}^{(o)}$.

<u>*Théorème 5.6.*</u>

Si la fonctionnelle c *est semi définie positive, les formules de quadrature de Gauss sont stables et convergentes sur* $C_\infty[a, b]$.

Démonstration.

Si on limite la fonctionnelle c aux 2h+1 premiers moments, elle est alors définie positive, et les $A_{i,k}^{(k)}$ pour $i \in \mathbb{N}$, $0 \leq i \leq k$ et $k \in \mathbb{N}$, $1 \leq k \leq h+1$ sont strictement positifs.

Dans ce cas :

$$\sum_{i=1}^{k} |A_{i,k}^{(k)}| = \sum_{i=1}^{k} A_{i,k}^{(k)} = c_o, \quad \forall k \in \mathbb{N},\ 1 \leq k \leq h+1.$$

D'autre part, pour $k \in \mathbb{N}$, $h+2 \leq k$ on a :

$$\sum_{i=1}^{m} \sum_{s=o}^{n_i-1} |A_{i,s}^{(k)}| = \sum_{i=1}^{h+1} |A_{i,k+1}^{(h+1)}| = c_o \text{ d'après le théorème 5.3.}$$

cqfd.

Nous considérons maintenant la fonctionnelle $c^{(2n+1)}$, la fonctionnelle linéaire c étant toujours semi-définie positive.

Les fonctionnelles $c^{(2i)}$, $\forall i \in \mathbb{N}$ sont semi-définies positives.

D'après le théorème 3.3 les racines des polynômes orthogonaux réguliers $P_k^{(2n+1)}$ sont réelles distinctes non nulles.

Pour le bloc H infini, deux cas peuvent se présenter (cf. la propriété 3.3) :

i) $H_{h+1}^{(1)} = 0$, alors le bloc infini commence à la colonne (h+1).

$H_{h+1}^{(i)} = 0$, $\forall i \in \mathbb{N}$, $i \geq 1$.

Pour $k \leq \mathbb{N}$, $k \geq h+1$,

$$P_k^{(2n+1)}(x) = w_{k-h}(x)\, P_h^{(2n+1)}(x), \quad \forall n \in \mathbb{N}.$$

On choisit les racines de w_{k-h} distinctes de celles de $P_k^{(2n+1)}$.

ii) $H_{i+1}^{(1)} \neq 0$, alors le bloc infini commence à la colonne h+2.

$H_{h+2}^{(i)} = 0, \forall i \in \mathbb{N}$.

Pour $k \in \mathbb{N}$, $k \geq h+2$,

$$P_k^{(2n+1)}(x) = w_{k-h-1}(x)\, P_{h+1}^{(2n+1)}(x), \forall n \in \mathbb{N}.$$

On choisit encore les racines de w_{k-h-1} distinctes de celles de $P_k^{(2n+1)}$.

<u>*Théorème 5.7.*</u>

Si la fonctionnelle c est semi-définie positive, alors les formules de quadrature de Gauss associées à $c^{(j)}$, $\forall j \in \mathbb{N}$, sont stables et convergentes sur $C_\infty[a, b]$.

<u>Démonstration.</u>

i) <u>$j = 2n$</u>

La fonctionnelle $c^{(2n)}$ est semi-définie positive et le théorème 5.6 démontre le résultat.

ii) <u>$j = 2n+1$</u>

a) <u>$H_{h+1}^{(1)} \neq 0$.</u>

Pour $k \in \mathbb{N}$, $1 \leq k \leq h+1$ nous posons :

$$M_k = \sum_{i=1}^{k} |A_{i,k}^{(k)}|$$

Pour $k \geq h+2$,

$$\sum_{i=1}^{m} \sum_{s=o}^{n_i-1} |A_{i,s}^{(k)}| = \sum_{i=1}^{h+1} |A_{i,k+1}^{(h+1)}| = M_{h+1} \quad \text{(cf. théorème 5.3).}$$

Comme k est fini, on prend :

$$M = \sup_{\substack{i \in \mathbb{N} \\ 1 \le i \le h+1}} (M_i)$$

Alors $\sum_{i=1}^{m} \sum_{s=o}^{n_i-1} \left|A_{i,s}^{(k)}\right| \le M, \ \forall k \in \mathbb{N},\ k \ge 1.$

ce qui démontre le résultat.

b) $H_{h+1}^{(1)} = 0$

Le raisonnement est identique avec $M = \sup_{\substack{i \in \mathbb{N} \\ 1 \le i \le h}} (M_i)$.

cqfd.

On a la conséquence immédiate du théorème 5.2.

Corollaire 5.1.

Les formules de quadrature de Gauss associées à $c^{(j)}$ *pour* $j \in \mathbb{N}$, *sont exactes pour tout polynôme de degré quelconque,*

i) *si elles sont basées sur* (h+1) *points au moins dans le cas où* $H_{h+1}^{(1)} \neq 0$.

ii) *si elles sont basées sur* h *points au moins pour* $i \ge 1$ *et* (h+1) *points au moins pour* $i = 0$, *dans le cas où* $H_{h+1}^{(1)} = 0$.

<u>*Corollaire 5.2.*</u>

Dans les conditions du corollaire 5.1, les formules de quadrature de Gauss sont exactes sur [-R, R] *pour toute fonction ayant une série entière de rayon de convergence* R.

5.3 CAS D'UNE FONCTIONNELLE C LINEAIRE LACUNAIRE D'ORDRE s+1

Nous supposons la fonctionnelle linéaire $u^{(n+1)}$ définie positive et les fonctionnelles $u^{(n+2)}$ et $u^{(n)}$ définies et nous considérons le bloc suivant relatif à la fonctionnelle c.

$$P_{k(s+1)}^{(n(s+1)+1)}(x) \qquad\qquad P_{k(s+1)+s}^{(n(s+1)+1-s)}(x)$$

$$P_{k(s+1)}^{((n+1)(s+1))}(x)$$

Nous avons alors :

$$P_{k(s+1)}^{(n(s+1)+1+i)}(x) = U_k^{(n+1)}(x^{s+1}) \text{ pour } i \in \mathbb{N},\ 0 \leq i \leq s.$$

$$P_{k(s+1)+i}^{(n(s+1)+1-i)}(x) = x^i\, U_k^{(n+1)}(x^{s+1}) \text{ pour } i \in \mathbb{N},\ 1 \leq i \leq s.$$

$$Q_{k(s+1)}^{(n(s+1)+1+i)}(t) = t^i\, V_k^{(n+1)}(t^{s+1}) \text{ pour } i \in \mathbb{N},\ 0 \leq i \leq s.$$

$$Q_{k(s+1)+i}^{(n(s+1)+1-i)}(t) = V_k^{(n+1)}(t^{s+1}) + c_{n(s+1)}\, U_k^{(n+1)}(t^{s+1}) \text{ pour } i \in \mathbb{N},\ 1 \leq i \leq s.$$

§3. *Cas d'une fonctionnelle* c *linéaire lacunaire d'ordre* s+1

Puisque la fonctionnelle linéaire $u^{(n+1)}$ est définie positive, $U_k^{(n+1)}$ a ses k racines $\xi_{1,n+1},\ldots,\xi_{k,n+1}$ réelles distinctes. Elles sont non nulles puisque la fonctionnelle $u^{(n+2)}$ est définie.

Soient $\xi_{j,n+1}^{(\ell)}$ pour $j \in \mathbb{N}$, $1 \leq j \leq k$ et $\ell \in \mathbb{N}$, $0 \leq \ell \leq s$ les racines de $P_{k(s+1)}^{(n(s+1)+1)}$ telles que :

$$\xi_{j,n+1} = (\xi_{j,n+1}^{(\ell)})^{s+1}.$$

Soient $B_j^{(k,n+1)}$ pour $j \in \mathbb{N}$, $1 \leq j \leq k$, les coefficients des formules de quadrature de Gauss associées au polynôme $U_k^{(n+1)}$.

Soient $A_{j,\ell}^{(k(s+1),n(s+1)+1+i)}$ pour $j \in \mathbb{N}$, $1 \leq j \leq k$, $\ell \in \mathbb{N}$, $0 \leq \ell \leq s$ et $i \in \mathbb{N}$, $0 \leq i \leq s$, les coefficients des formules de quadrature de Gauss associées au polynôme $P_{k(s+1)}^{(n(s+1)+i+1)}$.

Soient $A_{j,\ell}^{(k(s+1),n(s+1)+1-i)}$ pour $j \in \mathbb{N}$, $1 \leq j \leq k$, $\ell \in \mathbb{N}$, $0 \leq \ell \leq s$ et $i \in \mathbb{N}$, $1 \leq i \leq s$, et pour $j = 0$ et $0 \leq \ell \leq i-1$, les coefficients des formules de quadrature de Gauss associées au polynôme $P_{k(s+1)+i}^{(n(s+1)+1-i)}$.

L'indice j = 0 correspond à la racine 0 d'ordre de multiplicité i.

Nous allons donner dans ce cas particulier des relations entre les $A_{j,\ell}$ et les B_j, ainsi que l'expression de $A_{o,\ell}$.

<u>*Propriété 5.1.*</u>

$$A_{j,\ell}^{(k(s+1),n(s+1)+1+i)} = \frac{B_j^{(k,n+1)}}{(s+1)(\xi_{j,n+1}^{(\ell)})^{s-i}}$$

pour $j \in \mathbb{N}$, $1 \leq j \leq k$,
pour $\ell \in \mathbb{N}$, $0 \leq \ell \leq s$,
pour $i \in \mathbb{N}$, $0 \leq i \leq s$.

$$A_{j,\ell}^{(k(s+1)+i,n(s+1)+1-i)} = \frac{B_j^{(k,n+1)}}{(s+1)(\xi_{j,n+1}^{(\ell)})^{s+i}} \quad \text{pour } j \in \mathbb{N},\ 1 \le j \le k,$$
$$\text{pour } \ell \in \mathbb{N},\ 0 \le \ell \le s,$$
$$\text{pour } i \in \mathbb{N},\ 1 \le i \le s.$$

$$A_{o,\ell}^{(k(s+1)+i,n(s+1)+1-i)} = 0 \quad \text{pour } i \in \mathbb{N},\ 2 \le i \le s \text{ et } \ell \in \mathbb{N},\ 0 \le \ell \le i-2.$$

$$A_{o,i-1}^{(k(s+1)+i,n(s+1)+1-i)} = \frac{V_k^{(n+1)}(o) + c_{n(s+1)}\, U_k^{(n+1)}(o)}{(i-1)!\, U_k^{(n+1)}(o)}$$

pour $i \in \mathbb{N}$, $1 \le i \le s$.

Démonstration.

$$B_j^{(k,n+1)} = \frac{V_k^{(n+1)}(\xi_{j,n+1})}{U_k'^{(n+1)}(\xi_{j,n+1})}$$

i) $$A_{j,\ell}^{(k(s+1),n(s+1)+1+i)} = \frac{Q_{k(s+1)}^{(n(s+1)+1+i)}(\xi_{j,n+1}^{(\ell)})}{P'^{(n(s+1)+1+i)}_{k(s+1)}(\xi_{j,n+1}^{(\ell)})}$$

$$= \frac{(\xi_{j,n+1}^{(\ell)})^i\, V_k^{(n+1)}(\xi_{j,n+1})}{(s+1)(\xi_{j,n+1}^{(\ell)})^s\, U_k'^{(n+1)}(\xi_{j,n+1})} = \frac{B_j^{(k,n+1)}}{(s+1)(\xi_{j,n+1}^{(\ell)})^{s-i}}$$

ii) Pour $j \in \mathbb{N}$, $1 \le j \le k$, nous avons :

$$A_{j,\ell}^{(k(s+1)+i,n(s+1)+1-i)} = \frac{Q_{k(s+1)+i}^{(n(s+1)+1-i)}(\xi_{j,n+1}^{(\ell)})}{P'^{(n(s+1)+1-i)}_{k(s+1)+i}(\xi_{j,n+1}^{(\ell)})}$$

$$= \frac{V_n^{(n+1)}(\xi_{j,n+1}) + c_{n(s+1)}\, U_k^{(n+1)}(\xi_{j,n+1})}{[x^i\, U_k^{(n+1)}(x^{s+1})]'_{x=\xi_{j,n+1}^{(\ell)}}} = \frac{V_k^{(n+1)}(\xi_{j,n+1})}{(s+1)(\xi_{j,n+1}^{(\ell)})^{s+i}\, U_k'^{(n+1)}(\xi_{j,n+1})}$$

$$= \frac{B_j^{(k,n+1)}}{(s+1)(\xi_{j,n+1}^{(\ell)})^{s+i}}$$

iii) La racine 0 étant d'ordre de multiplicité i, on a :

$$A_{o,\ell}^{(k(s+1)+i,n(s+1)+1-i)} =$$

$$\sum_{r=o}^{i-\ell-1} \frac{i!}{\ell!r!} \frac{\left[\frac{1}{Y_o(x)}\right]_{x=o}^{(r)}}{\left[P_{k(s+1)+i}^{(n(s+1)+1-i}(x)\right]_{x=o}^{(i)}} c^{(n(s+1)+1-i)} \left(\frac{P_{k(s+1)+i}^{(n(s+1)+1-i)}(x)}{x^{i-\ell-r}} \right)$$

pour $i \in \mathbb{N}$, $1 \leq i \leq s$ et $\ell \in \mathbb{N}$, $0 \leq \ell \leq i-1$.

Nous avons : $0 \leq i-\ell-1 \leq i-1 \leq s-1$

$$Y_o(x) = \frac{P_{k(s+1)}^{(n(s+1)+1)}(x)}{P_{k(s+1)}^{(n(s+1)+1)}(o)} = \frac{U_k^{(n+1)}(x^{s+1})}{U_k^{(n+1)}(o)}$$

$$\left[\frac{1}{U_k^{(n+1)}(x^{s+1})}\right]_{x=o}^{(r)} = 0 \text{ si } 1 \leq r \leq s-1.$$

En effet :

$$\left[\frac{1}{U_k^{(n+1)}(x^{s+1})}\right]' = -(s+1)\, x^s \frac{U_k'^{(n+1)}(x^{s+1})}{\left[U_k^{(n+1)}(x^{s+1})\right]^2} = x^s\, \phi(x)$$

et par conséquent toutes les dérivées d'ordre r avec $1 \le r \le s-1$ sont nulles à l'origine.

D'où : $$\left[\frac{1}{Y_o(x)}\right]^{(r)}_{x=o} = 0 \quad \text{pour } r \in \mathbb{N},\ 1 \le r \le s-1.$$

$$= 1 \quad \text{pour } r = 0.$$

D'autre part :

$$\left[P^{(n(s+1)+1-i)}_{k(s+1)+i}(x)\right]^{(i)}_{x=o} = i!\ U^{(n+1)}_k(o) \ne 0.$$

Enfin

$$c^{(n(s+1)+1-i)}\left(\frac{P^{(n(s+1)+1-i)}_{k(s+1)+i}(x)}{x^{i-\ell}}\right) = c^{(n(s+1)+1-i)}\ (x^{\ell}\ U^{(n+1)}_k(x^{s+1})).$$

Si $0 \le \ell \le i-2$, cette expression est nulle car $x^{\ell}\ U^{(n+1)}_k(x^{s+1})$ ne comprend que des puissances q de x telles que :

$$q-i+1 \ne 0 \mod (s+1).$$

Donc $A^{(k(s+1)+i,n(s+1)+1-i)}_{o,\ell} = 0$ pour $i \in \mathbb{N}$, $2 \le i \le s$ et pour $\ell \in \mathbb{N}$, $0 \le \ell \le i-2$.

iv)

$$A^{(k(s+1)+i,n(s+1)+1-i)}_{o,i-1} = \frac{1}{(i-1)!\ U^{(n+1)}_k(o)}\ c^{(n(s+1)+1-i)}\left(\frac{P^{(n(s+1)+1-i)}_{k(s+1)+i}(x)}{x}\right)$$

$$= \frac{Q^{(n(s+1)+1-i)}_{k(s+1)+i}(o)}{(i-1)!\ U^{(n+1)}_k(o)} = \frac{V^{(n+1)}_k(o) + c_{n(s+1)}\ U^{(n+1)}_k(o)}{(i-1)!\ U^{(n+1)}_k(o)}$$

<u>cqfd</u>.

<u>*Corollaire 5.3.*</u>

$$A_{j,\ell}^{(k(s+1),n(s+1)+2+i)} = \xi_{j,n+1}^{(\ell)} \; A_{j,\ell}^{(k(s+1),n(s+1)+1+i)}$$

$$A_{j,\ell}^{(k(s+1)+i,n(s+1)+1-i)} = \xi_{j,n+1}^{(\ell)} \; A_{j,\ell}^{(k(s+1)+i+1,n(s+1)-i)}$$

pour $i \in \mathbb{N}$, $0 \leq i \leq s-1$.

$$A_{o,i-1}^{(k(s+1)+i,n(s+1)+1-i)} = i. \; A_{o,i}^{(k(s+1)+i+1,n(s+1)-i)}$$

pour $i \in \mathbb{N}$, $1 \leq i \leq s-1$.

<u>*Théorème 5.8.*</u>

Si les fonctionnelles linéaires $u^{(n+1)}$ *et* $u^{(n+2)}$ *sont définies positives et si les formules de quadrature de Gauss associées à la fonctionnelle* $c^{(n(s+1)+2)}$ *sont stables et convergentes sur* $C_\infty[0, b]$, *alors les formules de quadrature de Gauss associées aux fonctionnelles linéaires* $c^{(n(s+1)+2+r)}$ *pour* $r \in \mathbb{N}$, $1 \leq r \leq s$ *sont stables et convergentes sur* $C_\infty[0, b]$.

<u>Démonstration.</u>

Pour obtenir des fonctionnelles c lacunaires les fonctionnelles u sont définies sur des intervalles finis [0, b]. (cf. Van Rossum. Lacunary orthogonal polynomials [49]).

Les racines $\xi_{j,n+1}$ et $\xi_{j,n+2}$ des polynômes orthogonaux $U_k^{(n+1)}$ et $U_k^{(n+2)}$ sont donc réelles distinctes non nulles et appartiennent à [0, b].

Il suffit de donner les relations pour les polynômes orthogonaux réguliers par rapport à $c^{(n(s+1)+2+r)}$, puisque pour les polynômes orthogonaux singuliers ou quasi-orthogonaux on a les mêmes relations que celles obtenues pour le polynôme orthogonal régulier prédécesseur (cf. le théorème 5.3).

Pour la fonctionnelle $c^{(n(s+1)+2)}$ nous avons par hypothèse :

$$\sum_{j=1}^{k} \sum_{\ell=o}^{s} \left| A_{j,\ell}^{(k(s+1),n(s+1)+2)} \right| \leq M_{n+1}, \quad \forall k \in \mathbb{N}.$$

$$\sum_{j=1}^{k} \sum_{\ell=o}^{s} \left| A_{j,\ell}^{(k(s+1)+s,n(s+1)+2)} \right| + \left| A_{o,s-1}^{(k(s+1)+s,n(s+1)+2)} \right| \leq M_{n+1},$$

$\forall k \in \mathbb{N}$.

Prenons la fonctionnelle $c^{(n(s+1)+2+r)}$ et utilisons le corollaire 5.3. On obtient :

$$\sum_{j=1}^{k} \sum_{\ell=o}^{s} \left| A_{j,\ell}^{(k(s+1),n(s+1)+2+r)} \right|$$

$$= \sum_{j=1}^{k} \sum_{\ell=o}^{s} \left(\left| \xi_{j,n+1}^{(\ell)} \right| \right)^{r} \left| A_{j,\ell}^{(k(s+1),n(s+1)+2)} \right|$$

$$\leq \mathrm{Sup}(b,\ 1).\ M_{n+1}$$

car $\left| \xi_{j,n+1}^{(\ell)} \right|^{r} = \left| \xi_{j,n+1} \right|^{\frac{r}{s+1}}$ avec $\frac{r}{s+1} < 1$ et $\left| \xi_{j,n+1} \right| \leq b$.

D'autre part, si $s-r-1 \geq 0$,

$$\sum_{j=1}^{k} \sum_{\ell=o}^{s} \left| A_{j,\ell}^{(k(s+1)+s-r,n(s+1)+2+r)} \right| + \left| A_{o,s-r-1}^{(k(s+1)+s-r,n(s+1)+2+r)} \right|$$

$$= \sum_{j=1}^{k} \sum_{\ell=o}^{s} \left| \xi_{j,n+2}^{(\ell)} \right|^{r} \left| A_{j,\ell}^{(k(s+1)+s,n(s+1)+2)} \right|$$

$$+ \left| A_{o,s-1}^{(k(s+1)+s,n(s+1)+2} \right| (s-1) \ldots (s-r).$$

$$\leq \mathrm{Sup}(b,(s-1) \ldots (s-r)).\ M_{n+1}.$$

Enfin pour r = s nous avons :

$$\sum_{j=1}^{k} \sum_{\ell=o}^{s} \left| A_{j,\ell}^{(k(s+1),(n+1)(s+1)+1)} \right|$$

$$= \sum_{j=1}^{k} \sum_{\ell=o}^{s} \left| \xi_{j,n+2}^{(\ell)} \right|^{s} \left| A_{j,k}^{(k(s+1)+s,n(s+1)+2)} \right|$$

$$\leq \sum_{j=1}^{k} \sum_{\ell=o}^{s} \left| \xi_{j,n+2}^{(\ell)} \right|^{s} \left| A_{j,k}^{(k(s+1)+s,n(s+1)+2)} \right| + \left| A_{o,s-1}^{(k(s+1)+s,n(s+1)+2)} \right|$$

$$\leq \mathrm{Sup}(b,\ 1).\ M_{n+1}.$$

Nous aurons trois majorations par rapport à un nombre $M_{n+1}^{(r)}$ fixe en prenant $M_{n+1}^{(r)} = M_{n+1}.\ \mathrm{Sup}(b,\ (s-1) \ldots (s-r))$.

cqfd.

En ce qui concerne les coefficients des formules de quadrature nous pouvons encore démontrer le théorème suivant :

Théorème 5.9.

Soit P_n *le polynôme orthogonal par rapport à* c.

i) *Si* c *est lacunaire d'ordre 2, alors pour deux racines symétriques* ξ_i *et* ξ_{i+1} *nous avons :*

$$A_{i,k}^{(n)} = (-1)^k A_{i+1,k}^{(n)}.$$

Si $\xi_1 = 0$ *est racine, son ordre de multiplicité* n_1 *est impair et* $A_{1,k}^{(n)} = 0$ *pour* k *impair.*

ii) *Si* c *est telle que* $c_0 = 0$ *et la fonctionnelle* $e^{(o)} = c^{(1)}$ *soit lacunaire d'ordre 2, alors pour deux racines symétriques* ξ_i *et* ξ_{i+1} *nous avons*

$$A_{i,k}^{(n)} = (-1)^{k+1} A_{i+1,k}^{(n)}.$$

Si $\xi_1 = 0$ *est racine, son ordre de multiplicité* n_1 *est pair et*

$$A_{1,k}^{(n)} = 0 \text{ pour } k \text{ pair.}$$

Démonstration.

i) Puisque c est lacunaire d'ordre 2, alors les blocs de la table P sont de largeur 2(r+1)-1 et leur angle Nord-ouest est occupé par un polynôme pair sur une diagonale impaire.

Donc si 0 est racine de P_n, son ordre de multiplicité est impair, puisque P_n est sur une diagonale paire.

D'autre part toutes les racines non nulles de P_n sont symétriques.

a) Si ξ_i est une racine non nulle nous avons :

$$A_{i,k}^{(n)} = \sum_{s=o}^{n_i-k-1} \frac{n_i!}{k!\, s!} \frac{\left[\frac{1}{Y_i(z)}\right]_{z=\xi_i}^{(s)}}{P_n^{(n_i)}(\xi_i)} \; c\left(\frac{P_n(z) - P_n(\xi_i)}{(z-\xi_i)^{n_i-k-s}}\right)$$

$$P_n^{(n_i)}(\xi_i) = (-1)^{n+n_i} P_n^{(n_i)}(\xi_{i+1})$$

$$\text{Ensuite } \left[\frac{1}{Y_i(z)}\right]^{(s)}_{z=\xi_i} = \left[\prod_{\substack{j=1\\ j\neq i}}^{m} \left(\frac{\xi_i-\xi_j}{z-\xi_j}\right)^{n_j}\right]^{(s)}_{z=\xi_i} = (-1)^s \left[\frac{1}{Y_i(z)}\right]^{(s)}_{z=\xi_{i+1}}$$

En effet le dénominateur des éléments composants $\left[\frac{1}{Y_i(z)}\right]^{(s)}$ est de degré $n-n_i+s$.

Au dénominateur il y a s termes excédentaires qui ne se simplifient pas avec ceux du numérateur lorsqu'on fait $z = \xi_i$.

En raison de la symétrie de P_n, à un terme $\xi_i-\xi_j$ correspond un terme $\xi_i + \xi_j$, si $\xi_j \neq 0$. D'autre part nous avons des termes de la forme $\xi_i + \xi_i$ et enfin il y a des termes ξ_i seuls lorsque nous avons la racine $\xi_1 = 0$.

Donc si au lieu de faire $z = \xi_i$, on fait $z = \xi_{i+1}$, tous ces termes sont changés de signe. Soit au total une variation en $(-1)^s$.

Enfin nous posons $P_n(z) = (z-\xi_i)^{n_i} (z+\xi_i)^{n_i} \hat{P}_{n-2n_i}(z)$.

$$\text{Alors } c\left(\frac{P_n(z) - P_n(\xi_i)}{(z-\xi_i)^{n_i-k-s}}\right) = c\left((z-\xi_i)^{k+s} (z+\xi_i)^{n_i} \hat{P}_{n-2n_i}(z)\right).$$

Si n est pair il ne reste que les termes pairs dans le développement de la parenthèse, puisque les autres sont annulés par application de la fonctionnelle c.

Tous les exposants de ξ_i sont alors de la parité de n_i+k+s.

Si n est impair il ne reste que les termes impairs et tous les exposants de ξ_i ont la parité de $n_i+k+s-1$.

Donc en définitive on peut dire qu'ils ont la parité de $n+n_i+k+s$.

Par conséquent

$$c\left(\frac{P_n(z) - P_n(\xi_i)}{(z-\xi_i)^{n_i-k-s}}\right) = (-1)^{n+n_i-k-s}\; c\left(\frac{P_n(z) - P_n(\xi_{i+1})}{(z-\xi_{i+1})^{n_i-k-s}}\right)$$

D'où le résultat : $A_{i,k}^{(n)} = (-1)^k\, A_{i+1,k}^{(n)}$.

b) $Y_1(z)$ est un polynôme pair. Donc toutes les racines d'ordre s impair de $\frac{1}{Y_1(z)}$ sont nulles pour z = 0. Si on pose $P_n(z) = z^{n_1}\,\hat{P}_{n-n_1}(z)$ où $\hat{P}_{n-n_1}$ est un polynôme pair, nous avons :

$$c\left(\frac{P_n(z)}{z^{n_1-k-s}}\right) = c\left(z^{k+s}\,\hat{P}_{n-n_1}(z)\right) = 0 \text{ si } k+s \text{ est impair.}$$

Donc si k est impair, $A_{1,k}^{(n)} = 0$.

ii) On peut considérer que $\hat{c}^{(o)} = c^{(-1)}$ est lacunaire d'ordre 2 en fixant c_{-1} de façon quelconque.

Dans ce cas P_n n'est orthogonal régulier que si n est pair. Ses racines sont encore symétriques et si $\xi_1 = 0$ est racine son ordre de multiplicité n_1 est pair.

a) Si ξ_i est une racine non nulle le raisonnement est similaire au i) a).

Nous trouvons dans ce cas que :

$$c\left(\frac{P_n(z) - P_n(\xi_i)}{(z-\xi_i)^{n_i-k-s}}\right) = (-1)^{n_i-k-s-1}\; c\left(\frac{P_n(z) - P_n(\xi_{i+1})}{(z-\xi_{i+1})^{n_i-k-s}}\right)$$

En effet dans le développement de $(z-\xi_i)^{k+s}\ (z+\xi_i)^{n_i}\ \hat{P}_{n-2n_i}(z)$ on ne garde que les termes impairs puisque $\hat{e}^{(o)}$ est lacunaire d'ordre 2.

Donc la parité des exposants des termes en ξ_i est n_i-k-s-1.

Pour les autres termes de $A_{i,k}^{(n)}$ il n'y a aucun changement.

On obtient donc le résultat proposé

b) Dans ce cas $c(z^{k+s}\ \hat{P}_{n-n_1}(z)) = 0$ si k+s est pair.

Donc si k est pair $A_{1,k}^{(n)} = 0$.

cqfd.

5.4 CAS D'UNE FONCTION DE POIDS DE LA FORME x ω(x)

Nous supposons que ω(x) est paire et positive, mais non identiquement nulle dans [-1, +1] et telle que $\int_{-1}^{+1} \omega(x)\,dx$ existe.

Nous définissons les moments c_i par :

$$c_i = \int_{-1}^{+1} x^i\ \omega(x)\,dx,\ \forall i \in \mathbb{N}$$

Les fonctionnelles $c^{(2s)}$ sont alors définies positives, $\forall s \in \mathbb{N}$.

D'autre part nous introduisons la fonctionnelle linéaire $u^{(s)}$ telle que

$$u^{(s)}(x^i) = u_{s+i} = \int_0^1 x^{i+s}\ \frac{\omega(\sqrt{x})}{\sqrt{x}}\,dx$$

Cette intégrale existe et la fonctionnelle $u^{(s)}$ est définie positive, $\forall s \in \mathbb{N}$.

Propriété 5.2.

$c_{2i} = u_i$ *et* $c_{2i+1} = 0$, $\forall i \in \mathbb{N}$.

Démonstration.

$c_{2i+1} = 0$, car on intègre une fonction impaire sur un intervalle symétrique.

Si nous posons $x = t^2$, nous avons :

$$u_i = \int_0^1 t^{2i} \frac{\omega(t)}{t} 2t \, dt = \int_{-1}^{+1} t^{2i} \omega(t) \, dt$$

puisque la fonction à intégrer est paire.

cqfd.

La fonctionnelle c est donc lacunaire d'ordre 2 et u-définie positive et nous pouvons appliquer l'ensemble des résultats des fonctionnelles linéaires lacunaires.

Nous avons donc :

$$P_{2k}^{(2s)}(x) = U_k^{(s)}(x^2)$$

$$P_{2k+1}^{(2s)}(x) = x \, U_k^{(s+1)}(x^2)$$

$$P_{2k}^{(2s+1)}(x) = U_k^{(s+1)}(x^2)$$

$$P_{2k+1}^{(2s+1)}(x) = w_1(x) \, U_k^{(s+1)}(x^2) \qquad \text{pour s et k} \in \mathbb{N}.$$

w_1 est un polynôme arbitraire de degré 1.

D'après le théorème 3.7 les polynômes $\{P_k^{(2s)}\}$ sont orthogonaux réguliers par rapport à la fonctionnelle $c^{(2s)}$, $\forall k \in \mathbb{N}$.

Les polynômes $P_{2k}^{(2s+1)}$ sont orthogonaux réguliers par rapport à la fonctionnelle $c^{(2s+1)}$, $\forall k \in \mathbb{N}$; les polynômes $P_{2k+1}^{(2s+1)}$ sont quasi-orthogonaux par rapport à la même fonctionnelle linéaire.

D'après le corollaire 3.5, les déterminants $H_{2k+1}^{(2s+1)}$ sont nuls, $\forall k \in \mathbb{N}$ et $\forall s \in \mathbb{N}$, et ce sont les seuls.

Propriété 5.3.

$H_{4k}^{(2s+1)} > 0$ *et* $H_{4k+2}^{(2s+1)} < 0$, $\forall k \in \mathbb{N}$.

Démonstration.

On utilise la relation de la propriété 3.16 qui donne $H_{4k}^{(2s+1)}$ et $H_{4k+2}^{(2s+1)}$.

$$H_{4k}^{(2s+1)} = (-1)^{2k}(H_{2k}^{*(s+1)})^2 > 0.$$

$$H_{4k+2}^{(2s+1)} = (-1)^{2k+1}(H_{2k+1}^{*(s+1)})^2 < 0.$$

cqfd.

Propriété 5.4.

Les racines de $P_{2i}^{(2s+1)}$, *pour* $i \in \mathbb{N}$ *et* $s \in \mathbb{N}$, *sont réelles, distinctes non nulles, symétriques par rapport à* 0 *et appartiennent à l'intervalle* [-1, +1].

Démonstration.

C'est une conséquence de la propriété 3.15.

cqfd.

De la propriété 5.1 nous déduisons pour $j \in \mathbb{N}$, $1 \leq j \leq k$:

$$A_{j,\ell}^{(2i,2s+2)} = \frac{B_j^{(i,s+1)}}{2} \quad \text{pour } \ell = 0 \text{ ou } 1.$$

$$A_{j,\ell}^{(2i,2s+1)} = \frac{B_j^{(i,s+1)}}{2\,\xi_{j,s+1}^{(\ell)}} \quad \text{pour } \ell = 0 \text{ ou } 1.$$

et puisque $\xi_{j,s+1}^{(o)} = -\xi_{j,s+1}^{(1)}$ on a :

$$A_{j,o}^{(2i,2s+1)} = -A_{j,1}^{(2i,2s+1)}.$$

D'autre part puisque les fonctionnelles linéaires $c^{(2s)}$ sont définies positives, les formules de quadrature de Gauss relatives à ces fonctionnelles sont stables et convergentes sur $C_\infty[-1, +1]$. (cf. le corollaire 2.5 du livre de C. Brezinski).

En appliquant le théorème 5.8 les formules de quadrature de Gauss relatives aux fonctionnelles $c^{(2s+1)}$ sont également stables et convergentes sur $C_\infty[-1, +1]$.

Propriété 5.5.

Les formules de quadrature de Gauss associées aux fonctionnelles $c^{(i)}$, *pour* $i \in \mathbb{N}$, *sont stables et convergentes sur* $C_\infty[-1, +1]$.

Remarque 5.2.

D'après le théorème 5.2, en utilisant les racines des polynômes $P_{2i}^{(2s+1)}$ et $P_{2i+1}^{(2s+1)}$, les formules de quadrature de Gauss correspondantes sont exactes pour tout polynôme de degré inférieur ou égal à 4i. Elles ne sont pas exactes pour des polynômes de degré 4i+1.

Erreur des formules de quadrature

On reprend le raisonnement fait dans le cas général en l'adaptant au cas particulier des fonctionnelles $c^{(2s+1)}$.

Nous supposons l'existence d'une $(4i+1)^{\text{ième}}$ dérivée de f(x) bornée sur [-1, +1].

$$c^{(2s+1)}(R) = c^{(2s+1)}(P_{2i}^{(2s+1)}\ P_{2i+1}^{(2s+1)}\ [x, z_1, \dots, z_{4i+1}])$$

$P_{2i+1}^{(2s+1)}(x) = w_1(x)\ P_{2i}^{(2s+1)}(x)$ et toutes les racines de ces polynômes sont réelles distinctes.

Dans le cas de racines réelles on a :

$$[x, z_1, \dots, z_{4i+1}] = \frac{f^{(4i+1)}(\xi)}{(4i+1)!}$$

où ξ appartient au plus petit intervalle contenant x et les z_i.

Donc

$$c^{(2s+1)}(R) = \frac{1}{(4i+1)!}\ c^{(2s+1)}(x(P_{2i}^{(2s+1)})^2\ f^{(4i+1)}(\xi))$$

$$= \frac{1}{(4i+1)!}\ c^{(2s+2)}((P_{2i}^{(2s+1)})^2\ f^{(4i+1)}(\xi))$$

Puisque $f^{(4i+1)}$ est supposée bornée sur [-1, +1], on a :

$$m \leq f^{(4i+1)}(\xi) \leq M.$$

Donc

$$m(P_{2i}^{(2s+1)})^2 \leq f^{(4i+1)}(\xi)\,(P_{2i}^{(2s+1)})^2 \leq M(P_{2i}^{(2s+1)})^2$$

$c^{(2s+2)}$ est une fonctionnelle linéaire définie positive.

Par conséquent :

$$\frac{m}{(4i+1)!}\, c^{(2s+2)}((P_{2i}^{(2s+1)})^2) \leq c^{(2s+1)}(R) \leq \frac{M}{(4i+1)!}\, c^{(2s+2)}((P_{2i}^{(2s+1)})^2)$$

Puisque $P_{2i}^{(2s+1)}(x) \equiv P_{2i}^{(2s+2)}(x)$, alors :

$$c^{(2s+2)}((P_{2i}^{(2s+1)})^2) = \frac{H_{2i+1}^{(2s+2)}}{H_{2i}^{(2s+2)}}.$$

D'où on tire :

$$c^{(2s+1)}(R) = \frac{H_{2i+1}^{(2s+2)}}{H_{2i}^{(2s+2)}}\,\frac{1}{(4i+1)!}\, f^{(4i+1)}(\xi').$$

avec $\xi' \in [-1, +1]$.

6

APPROXIMANTS DE PADE EN DEUX POINTS

\- * -

Les approximants de Padé sont pris par rapport à une série formelle au voisinage de l'origine et leur comportement pour les grandes valeurs de x *laisse parfois à désirer, quand il n'y a pas tout simplement divergence (voir l'exemple proposé dans l'article de Baker). Aussi l'idée est venue de construire des approximants par rapport à deux séries formelles, l'une au voisinage de* $x = 0$, *l'autre au voisinage de l'infini. Nous parlerons de séries formelles pour* x *petit et* x *grand pour conserver les appellations anglo-saxones.*

La théorie des approximants de Padé en deux points a surtout été introduite à partir des fractions continues, et essentiellement des T-fractions (voir les articles de W. Jones, W. Thron, J. Mc Cabe, J. Murphy). Des relations de récurrence et des méthodes de calcul ont été présentées dans ces articles uniquement dans le cas normal.

A. Sidi a présenté ces approximants sous une forme plus padéiste, en ce sens qu'il cherche le polynôme du dénominateur, puis celui du numérateur de l'approximant. En se plaçant toujours dans le cas normal il a donné des expressions de ces deux polynômes sous forme de déterminants et de nombreuses relations de récurrence dont il a déduit des schémas de calcul.

De notre côté nous avons abordé cette étude par l'intermédiaire des polynômes orthogonaux et de leurs associés par rapport à certaines fonctionnelles linéaires. Cette façon de voir ces approximants est totalement originale et nous a permis de nous placer dans le cas général où la table peut être non normale.

La première section définit les approximants de Padé en deux points et donne une équivalence entre les polynômes du déterminateur et les polynômes orthogonaux par rapport à une fonctionnelle linéaire, et une autre équivalence entre les polynômes du numérateur et les associés des polynômes précédents par rapport à une autre fonctionnelle linéaire.

Dans la seconde section nous donnons le théorème d'existence et d'unicité de ces approximants, puis nous présentons les propriétés des blocs de la table des approximants de Padé en deux points, ainsi que celles des tables des polynômes du dénominateur et du numérateur.

La troisième section établit que les huit relations classiques de récurrence satisfaites par les polynômes orthogonaux sont également satisfaites par leurs associés, comme approximant de Padé en deux points, avec les mêmes coefficients.

La quatrième section présente les propriétés des zéros des polynômes $P_{k,m}(x)$ *et* $Q_{k,m}(x)$*, ce qui nous permettra de mieux définir dans la cinquième section une table normale d'approximants de Padé en deux points. Nous établirons dans cette dernière section une propriété remarquable d'une table normale.*

La sixième section est consacrée à l'étude du cas où la fonctionnelle linéaire $d^{(k-2m)}$ *est définie positive. Nous donnons des propriétés concernant les zéros. Nous en déduisons une condition nécessaire d'existence de ces fonctionnelles.*

La section suivante présente les polynômes de Laurent orthogonaux introduits dans un papier de W. Jones et W. Thron ; leur but était de relier ces polynômes aux T-fractions. Nous montrons que les polynômes de Laurent orthogonaux se déduisent de façon triviale des polynômes orthogonaux classiques. L'emploi des polynômes de Laurent conduit à deux relations de récurrence au lieu d'une seule.

D'autre part ils ne permettent d'exploiter que l'horizontale $k = m$ *de la table* F_2.

Enfin la détermination des tables P_2 *et* Q_2 *est abordée dans la dernière section.*

6.1 DEFINITION DES APPROXIMANTS DE PADE EN DEUX POINTS.

Soient deux séries formelles, l'une L pour x petit, l'autre L^* pour x grand.

$$L = \sum_{j=o}^{\infty} c_j \, x^j$$

$$L^* = \sum_{j=1}^{\infty} c^*_{-j} \, x^{-j}$$

On cherche une fraction rationnelle

$$f_{k,m}(x) = \frac{\sum_{j=o}^{m-1} a_j \, x^j}{\sum_{j=o}^{m} b_j \, x^j} = \frac{\tilde{Q}_{k,m}(x)}{\tilde{P}_{k,m}(x)}$$

avec $b_o \neq o$, c'est à dire avec $\tilde{P}_{k,m}(o) \neq o$, telle que :

$$L.\tilde{P}_{k,m}(x) - \tilde{Q}_{k,m}(x) = 0_+(x^k) \text{ avec } 0 \leq k \leq 2m$$

et

$$L^*.\tilde{P}_{k,m}(x) - \tilde{Q}_{k,m}(x) = 0_-(x^{k-m-1})$$

La première expression $0_+(x^k)$ signifie qu'il y a coïncidence de tous les termes, depuis celui d'exposant 0 jusqu'à celui d'exposant k-1 inclus. La seconde expression $0_-(x^{k-m-1})$ signifie qu'il y a coïncidence de tous les termes depuis celui d'exposant m-1 jusqu'à celui d'exposant (k-m) inclus.

On remarquera que ces deux relations conduisent à un système linéaire de 2m équations à (2m+1) inconnues.

Remarque 6.1.

L'ensemble de toute l'étude qui est faite reste valable si les deux séries formelles sont respectivement :

$$L = \sum_{j=-\nu}^{\infty} c_j \, x^j \text{ pour x petit avec } \nu \geq 0$$

et

$$L^* = \sum_{j=-\infty}^{\mu} c_j^* \, x^j \text{ pour x grand avec } \mu \geq 0$$

L'approximant de Padé en deux points s'exprime alors sous la forme :

$$\sum_{j=-\nu}^{-1} c_j \, x^j + \sum_{j=o}^{\mu} c_j^* \, x^j + f_{k,m}(x)$$

où $f_{k,m}(x)$ est l'approximant de Padé en deux points des deux séries formelles suivantes :

$$L_1 = \sum_{j=o}^{\infty} (c_j - c_j^*) x^j \text{ pour x petit}$$

et

$$L_2 = \sum_{j=-\infty}^{-1} (c_j^* - c_j) x^j \text{ pour x grand}$$

avec la convention que $\begin{cases} c_j^* = 0 \text{ si } j > \mu \\ c_j = 0 \text{ si } j < -\nu. \end{cases}$

Convention.

On prendra $a_j = 0$ si $j < 0$ et $j > m-1$.
On prendra $c_i = 0$ si $i < 0$ et $c_i^* = 0$ si $i > -1$.

Propriété 6.1.

L'approximant de Padé en deux points satisfait les systèmes linéaires (S_1) *et* (S_2) *suivants* :

$$(S_1) : \quad \sum_{i=o}^{m} c_{j-i}\, b_i - a_j = 0 \text{ pour } j \in \mathbb{N},\ 0 \le j \le k-1$$

$$(S_2) : \quad \sum_{i=o}^{m} c^*_{j-i}\, b_i - a_j = 0 \text{ pour } j \in \mathbb{Z},\ k-m \le j \le m-1.$$

Démonstration.

$$L\, \tilde{P}_{k,m}(x) - \tilde{Q}_{k,m}(x) = O_+(x^k)$$

c'est à dire

$$\sum_{j=o}^{\infty} \Big(\sum_{i=o}^{m} c_{j-i}\, b_i \Big) x^j - \sum_{j=o}^{m-1} a_j\, x^j = O_+(x^k).$$

D'où le système (S_1).

$$L^*\, \tilde{P}_{k,m}(x) - \tilde{Q}_{k,m}(x) = O_-(x^{k-m-1})$$

c'est à dire

$$\sum_{j=-m+1}^{\infty} \Big(\sum_{i=o}^{m} c^*_{-j-i}\, b_i \Big) x^{-j} - \sum_{j=-m+1}^{o} a_{-j} x^{-j} = O_-(x^{k-m-1}).$$

D'où le système (S_2).

cqfd.

On posera $P_{k,m}(x) = x^m \tilde{P}_{k,m}(x^{-1})$

$$d_i = c_i - c_i^*, \ \forall i \in Z.$$

On définira des fonctionnelles linéaires $d^{(j)}$ telles que :

$$d^{(j)}(x^s) = d_{j+s}, \ \forall s \in \mathbb{N}$$

Propriété 6.2.

Si le polynôme $P_{k,m}(x)$ *existe, alors :*

$$P_{k,m}(x) \equiv P_m^{(k-2m)}(x)$$

c'est à dire que ce polynôme est orthogonal par rapport à la fonctionnelle linéaire $d^{(k-2m)}$.

Démonstration.

On retranche dans (S_1) les lignes de (S_2) ayant le même indice j. On obtient le système (S) :

$$(S) : \quad \sum_{i=o}^{m} d_{j-i}\, b_i = 0 \text{ pour } j \in Z, \ k-m \le j \le k-1.$$

c'est un système homogène de m équations à (m+1) inconnues, dont la matrice est de Hankel. Par conséquent si $P_{k,m}(x)$ existe, il est bien orthogonal par rapport à $d^{(k-2m)}$.

cqfd.

Lorsque le polynôme $P_{k,m}(x)$ est déterminé, c'est à dire lorsque les b_j sont connus, on détermine le polynôme $\tilde{Q}_{k,m}(x)$ par le système suivant :

Si $k > m-1$.

(S') : $$\sum_{i=o}^{m} c_{j-i}\, b_i - a_j = 0 \text{ pour } j \in \mathbb{N},\ 0 \le j \le m-1.$$

Si $0 \le k \le m-1$.

(S") : $$\sum_{i=o}^{m} c^*_{j-i}\, b_i - a_j = 0 \text{ pour } j \in \mathbb{N},\ 0 \le j \le m-1$$

soit encore $\sum_{i=1}^{m} c^*_{j-i}\, b_i - a_j = 0$ pour $j \in \mathbb{N}$, $0 \le j \le m-1$.

Propriété 6.3.

Les systèmes $((S_1)$ *et* $(S_2))$ *et* $((S)$ *et* $((S')$ *ou* $(S")))$ *sont équivalents.*

Démonstration.

En effet on passe du système $((S_1)$ et $(S_2))$ au système ((S) et ((S') ou (S"))) et vice versa, uniquement en faisant de simples soustractions entre deux lignes ayant le même indice dans les deux sous-systèmes.

Le système résultant est obtenu en gardant une des deux lignes d'origine et la ligne obtenue après soustraction ; toutes celles qui ne sont pas intervenues dans les soustractions sont conservées.

cqfd.

Dans la propriété suivante nous exprimons le polynôme du numérateur en terme d'associé du polynôme dénominateur par rapport à une certaine fonctionnelle linéaire.

Nous posons

$$Q_{k,m}(x) = x^{m-1}\, \tilde{Q}_{k,m}(x^{-1})$$

Nous noterons c la fonctionnelle linéaire définie sur l'espace vectoriel $\mathcal{P}$ des polynômes telle que :

$$c(x^i) = c_i, \ \forall i \in \mathbb{N}.$$

Nous noterons c^* la fonctionnelle linéaire définie sur l'espace vectoriel $\mathcal{P}$ telle que :

$$c^*(x^i) = c^*_{-i-1}, \ \forall i \in \mathbb{N}.$$

Propriété 6.4.

Si $P_{k,m}(x)$ *est orthogonal par rapport à* $d^{(k-2m)}$*, alors*

i) *Si* $m-1 < k \le 2m$, $Q_{k,m}(t) = c\left(\frac{P_{k,m}(x) - P_{k,m}(t)}{x-t}\right)$, *la fonctionnelle* c *agissant sur la variable* x.

ii) *Si* $0 \le k \le m-1$, $\tilde{Q}_{k,m}(t) = c^*\left(\frac{\tilde{P}_{k,m}(x) - \tilde{P}_{k,m}(t)}{x-t}\right)$, *la fonctionnelle* c^* *agissant sur la variable* x.

Démonstration.

i) $$\frac{P_{k,m}(x) - P_{k,m}(t)}{x-t} = b_{m-1} + b_{m-2}(x+t) + \dots + b_o\left(\sum_{i=o}^{m-1} x^{m-1-i}\, t^i\right)$$

puisque $\frac{x^i - t^i}{x-t} = \sum_{j=o}^{i-1} x^{i-1-j}\, t^j$.

Alors : $$c\left(\frac{P_{k,m}(x) - P_{k,m}(t)}{x-t}\right) = \sum_{j=o}^{m-1} \left(\sum_{i=o}^{m} c_{j-i}\, b_i\right) t^{m-1-j}$$

$$= \sum_{j=o}^{m-1} a_j\, t^{m-1-j} \equiv Q_{k,m}(t).$$

ii) $$\frac{\tilde{P}_{k,m}(x) - \tilde{P}_{k,m}(t)}{x-t} = b_1 + b_2(x+t) + \dots + b_m\left(\sum_{i=o}^{m-1} x^{m-1-i}\, t^i\right)$$

Donc

$$c^*\left(\frac{\tilde{P}_{k,m}(x) - \tilde{P}_{k,m}(t)}{x-t}\right) = \sum_{j=o}^{m-1} \left(\sum_{i=o}^{m} c^*_{j-i}\, b_i\right) t^j$$

$$= \sum_{j=o}^{m-1} a_j\, t^j \equiv \tilde{Q}_{k,m}(t).$$

cqfd.

Remarque 6.2.

Si $k = 2m$, on retrouve l'approximant de Padé classique avec $P_{2m,m}(x) \equiv P^{(o)}_m(x)$ qui est orthogonal par rapport à $d^{(o)}$ qui est alors identique à c, et $Q_{2m,m}(x)$ est le polynôme associé à $P^{(o)}_m(x)$ par rapport à c. Si nous notons $f_{[m-1/m]}(x)$ l'approximant de Padé classique on a par conséquent :

$$f_{2m,m}(x) \equiv f_{[m-1/m]}(x).$$

6.2 EXISTENCE ET UNICITE DES APPROXIMANTS DE PADE EN DEUX POINTS. ETUDE DES BLOCS.

Nous associons à la fonctionnelle $d^{(k-2m)}$ les déterminants de Hankel $H^{(k-2m)}_i$.

Théorème 6.1.

i) *Si* $H^{(k-2m)}_m \neq 0$, *l'approximant de Padé en deux points existe et est unique.*

ii) *Si* $H_m^{(k-2m)} = 0$ *et si* h *est le plus grand entier tel que* $h+1 < m$ *et* $H_{k+1}^{(k-2m)} \neq 0$, *et si* p *est le plus petit entier tel que* $p+1 > m$ *et* $H_{p+1}^{(k-2m)} \neq 0$, *alors :*

a) *Pour* $h+2 \leq m \leq h+$*entier* $(\frac{p-h+1}{2})$, *l'approximant de Padé en deux points existe et est unique*

On a :

$$f_{k,m}(x) = \frac{\tilde{Q}_{h+1}^{(k-2m,0)}(x)}{\tilde{P}_{k+1}^{(k-2m)}(x)}$$

où $\tilde{P}_{h+1}^{(k-2m)}(x)$ *est le polynôme orthogonal régulier de degré* h+1 *par rapport à la fonctionnelle linéaire* $d^{(k-2m)}$ *et, soit* $Q_{k+1}^{(k-2m,o)}(x)$ *est le polynôme associé à* $P_{h+1}^{(k-2m)}(x)$ *par rapport à* c *si* $m-1 < k \leq 2m$, *soit* $\tilde{Q}_{k+1}^{(k-2m,o)}(x)$ *est le polynôme associé à* $\tilde{P}_{h+1}^{(k-2m)}(x)$ *par rapport à* c^* *si* $0 \leq k \leq m-1$.

Si $m-1 < k \leq 2m$ *on aura* $\tilde{Q}_{h+1}^{(k-2m,o)}(x) = x^k\, Q_{k+1}^{(k-2m,o)}(1/x)$.

b) *Pour* $h+1+$*entier* $(\frac{p-h+1}{2}) \leq m \leq p$, *l'approximant de Padé en deux points n'existe pas.*

Démonstration.

i) On utilise la propriété 1.14. Le polynôme $P_{k,m}(x)$ est déterminé à un facteur multiplicatif près. Si on rend $P_{k,m}(x)$ unitaire, il est alors déterminé de façon unique.
L'associé est alors déterminé également de façon unique.
Par conséquent, l'approximant de Padé en deux points existe et est unique.

ii), b) D'après la propriété 1.14, on sait que, dans ce cas, le polynôme orthogonal $P_m^{(k-2m)}(x)$ n'existe pas. Par conséquent l'approximant de Padé en deux points n'existe pas.

ii), a) Toujours d'après la propriété 1.14, on a :

$$P_{k,m}(x) \equiv P_m^{(k-2m)}(x) = P_{h+1}^{(k-2m)}(x) \, . \, w_{m-h-1}^{(k-2m)}(x)$$

où $w_{m-h-1}^{(k-2m)}(x)$ est un polynôme arbitraire de degré m-h-1 et $P_{h+1}^{(k-2m)}(x)$ est le polynôme orthogonal régulier par rapport à $d^{(k-2m)}$ qui précède $P_m^{(k-2m)}(x)$. Cherchons quelle est la forme du polynôme $\tilde{Q}_{k,m}(x)$.

Si k > m-1.

$$Q_{k,m}(t) = c\left(\frac{w_{m-h-1}^{(k-2m)}(x)\, P_{h+1}^{(k-2m)}(x) - w_{m-h-1}^{(k-2m)}(t)\, P_{h+1}^{(k-2m)}(t)}{x-t}\right)$$

$$= c\left(\frac{w_{m-h-1}^{(k-2m)}(x) - w_{m-h-1}^{(k-2m)}(t)}{x-t} \; P_{h+1}^{(k-2m)}(x)\right)$$

$$+ w_{m-h-1}^{(k-2m)}(t)\; c\left(\frac{P_{h+1}^{(k-2m)}(x) - P_{h+1}^{(k-2m)}(t)}{x-t}\right)$$

$$= d^{(k-2m)}\left(x^{2m-k}\left(\frac{w_{m-h-1}^{(k-2m)}(x) - w_{m-h-1}^{(k-2m)}(t)}{x-t}\right) P_{h+1}^{(k-2m)}(x)\right)$$

$$+ w_{m-h-1}^{(k-2m)}(t)\; Q_{h+1}^{(k-2m,0)}(t).$$

$x^{2m-k}\left(\frac{w_{m-h-1}^{(k-2m)}(x) - w_{m-h-1}^{(k-2m)}(t)}{x-t}\right)$ est un polynôme en x de degré 3m-k-h-2.

Or d'après la propriété 1.17, on a :

$$d^{(k-2m)}(x^j\, P_{k+1}^{(k-2m)}(x)) = 0 \text{ pour } 0 \le j \le p-1.$$

Puisque $P_m^{(k-2m)}(x)$ est orthogonal singulier, on a $m-h-1 < \frac{p-h}{2}$.

En ajoutant la condition $k > m-1$ on trouve :

$$3m - 2 - h - k \le p-1$$

Par conséquent, il nous reste :

$$Q_{k,m}(t) = w_{m-h-1}^{(k-2m)}(t)\, Q_{h+1}^{(k-2m,o)}(t),$$

et l'approximant $f_{k,m}(x)$ vaut $\dfrac{\tilde{Q}_{h+1}^{(k-2m,o)}(x)}{\tilde{P}_{h+1}^{(k-2m)}(x)}$. Il est donc unique.

<u>Si $k \le m-1$</u>.

<u>1er cas</u>.

On suppose que $P_{h+1}^{(k-2m)}(o) \ne 0$, c'est à dire que ce polynôme est à l'ouest ou au nord ouest du bloc P, soit encore que $\tilde{P}_{h+1}^{(k-2m)}(x)$ est à l'ouest ou au nord ouest du bloc W.

On a :

$$P_{k,m}(x) = P_m^{(k-2m)}(x) = w_{m-h-1}^{(k-2m)}(x)\, P_{h+1}^{(k-2m)}(x) = w_{m-h-1}^{(k-2m)}(x)\, P_{h+1}^{(k-2h-2)}(x)$$

puisque tous les polynômes sont identiques sur le côté ouest d'un bloc P.

Alors $\tilde{P}_{h+1}^{(k-2h-2)}(x)$ est orthogonal par rapport à la fonctionnelle linéaire $\gamma^{(k-1)}$ qui est telle que :

$$\gamma^{(k-1)}(x^i) = d_{k-1-i},\ \forall i \in \mathbb{N}.$$

On a également $c^*(x^i) = -\gamma^{(k-1)}(x^{i+k})$, $\forall i \in \mathbb{N}$.

Nous avons $\tilde{P}_{k,m}(x) = \tilde{w}_{m-h-1}^{(k-2m)}(x)\, \tilde{P}_{h+1}^{(k-2k-2)}(x)$ avec $\tilde{w}_{m-h-1}^{(k-2m)}(x) = x^{m-h-1}\, w_{m-h-1}^{(k-2m)}(x^{-1})$.

Alors $\tilde{Q}_{k,m}(t) = c^*\left(\frac{\tilde{w}^{(k-2m)}_{m-h-1}(x)\ \tilde{P}^{(k-2h-2)}_{h+1}(x) - \tilde{w}^{(k-2m)}_{m-h-1}(t)\ \tilde{P}^{(k-2h-2)}_{h+1}(t)}{x-t}\right)$

$$= -\gamma^{(k-1)}\left(x^k\left(\frac{\tilde{w}^{(k-2m)}_{m-h-1}(x) - \tilde{w}^{(k-2m)}_{m-h-1}(t)}{x-t}\right)\tilde{P}^{(k-2h-2)}_{h+1}(x)\right)$$

$$+\ \tilde{w}^{(k-2m)}_{m-h-1}(t)\ c^*\left(\frac{\tilde{P}^{(k-2h-2)}_{h+1}(x) - \tilde{P}^{(k-2h-2)}_{h+1}(t)}{x-t}\right)$$

En utilisant l'analogue de la propriété 1.17 pour les polynômes W, on a :

$$\gamma^{(k-1)}\ (x^j\ \tilde{P}^{(k-2k-2)}_{h+1}(x)) = 0 \text{ si } 0 \le j \le \tilde{p}-1$$

où $\tilde{p}$ est tel que $W^{(k-1)}_{\tilde{p}}(x)$ appartient au bloc W et $W^{(k-1)}_{\tilde{p}+1}(x)$ est orthogonal régulier.

Or $x^k\left(\frac{\tilde{w}^{(k-2m)}_{m-h-1}(x) - \tilde{w}^{(k-2m)}_{m-h-1}(t)}{x-t}\right)$ est un polynôme en x de degré k+m-h-2.

Puisque $P^{(k-2m)}_{h+1}(o) \neq 0$ on a $m-h-1 \le \tilde{p}-m$; en effet le bloc W est décalé d'une rangéevers le haut par rapport au bloc P. Cette inégalité associée à $0 \le k \le m-1$ donne :

$$m + k - h - 1 \le \tilde{p}-1.$$

Par conséquent :

$$\tilde{Q}_{k,m}(t) = \tilde{w}^{(k-2m)}_{m-h-1}(t)\ \tilde{Q}^{(k-2h-2,o)}_{h+1}(t) = \tilde{w}^{(k-2m)}_{m-h-1}(t)\ \tilde{Q}^{(k-2m,o)}_{h+1}(t)$$

puisque

$$\tilde{P}^{(k-2h-2)}_{h+1}(x) \equiv \tilde{P}^{(k-2m)}_{h+1}(x).$$

2e cas.

On suppose que $P_{h+1}^{(k-2m)}(x) = x^s P_{h+1-s}^{(k-2m+s)}(x)$ avec $P_{h+1-s}^{(k-2m+s)}(o) \neq 0$.

Alors $\tilde{P}_{h+1}^{(k-2m)}(x) = \tilde{P}_{k+1-s}^{(k-2m+s)}(x) = \tilde{P}_{h+1-s}^{(k-2h-2+2s)}(x)$.

Ce dernier polynôme est sur l'antidiagonale k-1. Il est orthogonal régulier par rapport à $\gamma^{(k-1)}$. Il est à l'ouest ou nord-ouest du bloc W.
Alors $\tilde{p} = 2m-1-h$.
Par conséquent, la conclusion du 1er cas reste valable, c'est à dire que

$$-\gamma^{(k-1)}(x^k \left(\frac{\tilde{w}_{m-h-1}^{(k-2m)}(x) - \tilde{w}_{m-h-1}^{(k-2m)}(t)}{x-t}\right) \tilde{P}_{h+1-s}^{(k-2k-2+2s)}(x)) = 0$$

et

$$\tilde{Q}_{k,m}(t) = \tilde{w}_{m-h-1}^{(k-2m)}(t)\ \tilde{Q}_{h+1}^{(k-2m,o)}(t).$$

cqfd.

Remarque 6.3.

Quand $H_m^{(k-2m)} \neq 0$, on peut exprimer $\tilde{P}_{k,m}(x)$ et $\tilde{Q}_{k,m}(x)$ sous forme de déterminant (cf. Théorème 2.1 et 2.9 du livre de C. Brezinski). On retrouve naturellement deux expressions analogues à celles proposées par Sidi dans son article (cf. Théorème 3).

$$P_{k,m}(x) = \frac{1}{D_{k,m}} \begin{vmatrix} d_{k-2m} & \cdots & d_{k-m} \\ \vdots & & \vdots \\ d_{k-m-1} & \cdots & d_{k-1} \\ 1 & \cdots & x^m \end{vmatrix}$$

où $D_{k,m}$ est une constante arbitraire non nulle.

$$\tilde{P}_{k,m}(x) = \frac{1}{D_{k,m}} \begin{vmatrix} d_{k-2m} & \cdots & d_{k-m} \\ \vdots & & \vdots \\ d_{k-m-1} & \cdots & d_{k-1} \\ x^m & \cdots & 1 \end{vmatrix}$$

<u>Si $m-1 < k \leq 2m$</u>, $Q_{k,m}(t) = c\left(\frac{P_{k,m}(x) - P_{k,m}(t)}{x-t}\right)$ avec $c = d^{(o)}$ et

$\tilde{Q}_{k,m}(t) = t^{m-1}\, Q_{k,m}(1/t)$.

Par conséquent :

$$\tilde{Q}_{k,m}(t) = \frac{1}{D_{k,m}} \begin{vmatrix} d_{k-2m} & \cdots & & & d_{k-m} \\ \vdots & & & & \vdots \\ d_{k-m-1} & \cdots & & & d_{k-1} \\ 0 & d_0 t^{m-1} & d_0 t^{m-2} + d_1 t^{m-1} & \cdots & \sum_{i=o}^{m-1} d_i t^i \end{vmatrix}$$

<u>Si $0 \leq k \leq m-1$</u>, $\tilde{Q}_{k,m}(t) = c^*\left(\frac{\tilde{P}_{k,m}(x) - \tilde{P}_{k,m}(t)}{x-t}\right)$ avec $c^*_{-1-i} = -d_{-1-i}$, $\forall i \in \mathbb{N}$.

Donc :

$$\tilde{Q}_{k,m}(t) = -\frac{1}{D_{k,m}} \begin{vmatrix} d_{k-2m} & \cdots & & & & & d_{k-m} \\ \vdots & & & & & & \vdots \\ d_{k-m-1} & \cdots & & & & & d_{k-1} \\ \sum_{i=o}^{m-1} d_{i-m} t^i & \cdots & \sum_{i=o}^{j-1} d_{i-j} t^i & \cdots & \cdots & \cdots\, d_{-1} & 0 \end{vmatrix}$$

<u>*Définition 6.1.*</u>

On appellera table P_2 *la table dans laquelle sont rangés les polynômes* $P_{k,m}(x)$ *de la manière suivante.*

		$P_{0,3}$
	$P_{0,2}$	$P_{1,3}$
$P_{0,1}$	$P_{1,2}$	$P_{2,3}$
$P_{1,1}$	$P_{2,2}$	$P_{3,3}$
$P_{2,1}$	$P_{3,2}$	$P_{4,3}$
	$P_{4,2}$	$P_{5,3}$
		$P_{6,3}$

Cette table P_2 *est donc une partie de la table* P *des polynômes orthogonaux par rapport aux fonctionnelles linéaires* $d^{(i)}$, *pour* $i \in Z$.

		$P_3^{(-6)}$	
	$P_2^{(-4)}$	$P_3^{(-5)}$	$0 \le k \le m-1$
$P_1^{(-2)}$	$P_2^{(-3)}$	$P_3^{(-4)}$	
$P_1^{(-1)}$	$P_2^{(-2)}$	$P_3^{(-3)}$	
$P_1^{(0)}$	$P_2^{(-1)}$	$P_3^{(-2)}$	
	$P_2^{(0)}$	$P_3^{(-1)}$	$m-1 < k \le 2m$
		$P_3^{(0)}$	

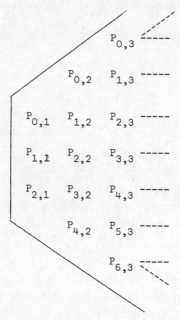

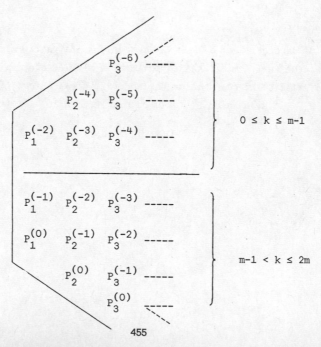

Nous rangerons également les polynômes $\tilde{P}_{k,m}(x)$ *dans une table* $\tilde{P}_2$, *qui a le même agencement que la table* P_2, *ainsi que les polynômes* $\tilde{Q}_{k,m}(x)$ *dans une table* $\tilde{Q}_2$ *et les polynômes* $Q_{k,m}(x)$ *dans une table* Q_2.

Enfin les approximants de Padé en deux points $f_{k,m}(x)$ *seront rangés de façon analogue dans une table* F_2.

Remarque 6.4.

Nous avons préféré cette définition pour ces tables à celle proposée par Sidi, car la structure des blocs de la table P est conservée dans le table $\tilde{P}_2$.
En particulier à un bloc P de la table P correspond un bloc P_2 dans la table P_2 qui est l'intersection de la table P_2 et du bloc P.
L'emplacement dans la table $\tilde{P}_2$ (respectivement Q_2, $\tilde{Q}_2$) correspond à ce bloc P_2 sera appelé bloc $\tilde{P}_2$ (respectivement Q_2, $\tilde{Q}_2$).

Le théorème 6.1 donne le contenu des blocs Q_2 dans le cas des polynômes associés aux polynômes orthogonaux singuliers. Nous allons nous intéresser maintenant aux associés des polynômes quasi-orthogonaux.

Propriété 6.5.

Si un bloc P *est situé entièrement dans la partie* $m < k$, *ou si un bloc* P *est situé entièrement dans la partie* $k \le m-1$ *tel que son côté ouest ne soit pas entièrement pas hors de la table* P_2, *alors à tout élément* $w^{(k-2m)}_{m-h-1}(x)\ P^{(k-2m)}_{h+1}(x)$ *du bloc* P_2 *correspond un élément* $\tilde{w}^{(k-2m)}_{m-h-1}(t)\ \tilde{Q}^{(k-2m,0)}_{h+1}(t)$ *du bloc* $\tilde{Q}_2$.

Démonstration.

i) Si $m < k$ on a :

$$Q_{k,m}(t) = d^{(k-2m)}\left(x^{2m-k}\left(\frac{w_{m-h-1}^{(k-2m)}(x) - w_{m-h-1}^{(k-2m)}(t)}{x-t}\right) P_{h+1}^{(k-2m)}(x)\right)$$

$$+ \; w_{m-h-1}^{(k-2m)}(t)\; Q_{h+1}^{(k-2m,0)}(t).$$

On considère le bloc P suivant avec $m' < k_1$.

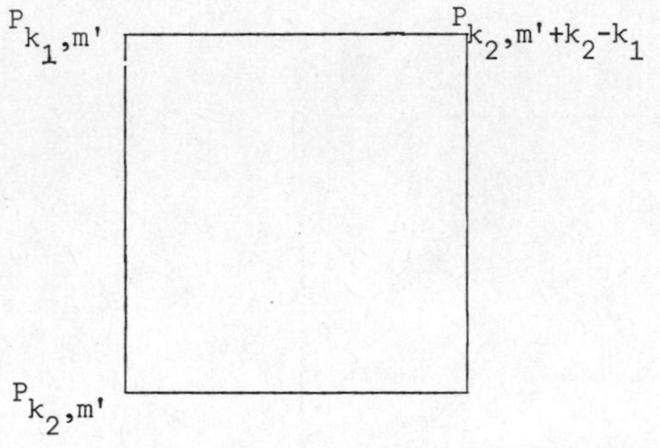

On sait d'après le théorème 6.1 que :

$$d^{(k-2m)}\left(x^{2m-k}\left(\frac{w_{m-h-1}^{(k-2m)}(x) - w_{m-h-1}^{(k-2m)}(t)}{x-t}\right) P_{h+1}^{(k-2m)}(x)\right) = 0$$

pour $3m - 2 - h - k \leq p-1$ et que cette condition est toujours satisfaite au-dessus de l'antidiagonale principale du bloc P_2.

Or $m < k$ entraine $3m - 1 - h - k \leq p-1$. Par conséquent, la propriété est encore vraie pour l'antidiagonale principale et a fortiori pour tout le bloc $\tilde{Q}_2$. En effet, la propriété est vraie pour la ligne supérieure. Elle est donc vraie pour toute colonne. Quand on parcourt une colonne m constante, la quantité $h + k + p$ reste constante. Par conséquent, la condition $3m - 1 - h - k \leq p-1$ est toujours satisfaite.

ii) Si $k \leq m-1$,

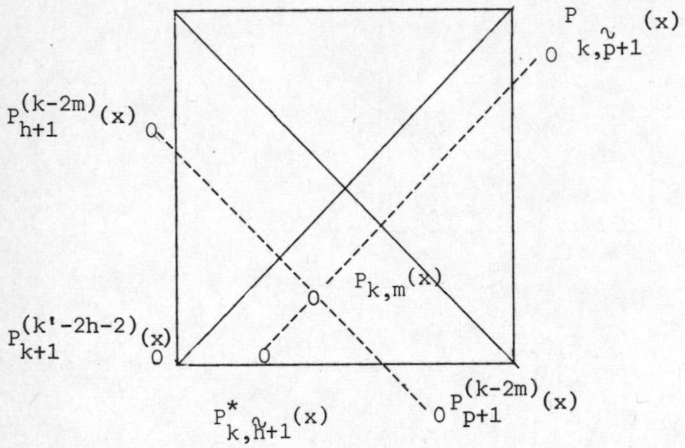

On prend $P_{k,m}(x)$ quasi-orthogonal, c'est à dire tel que $m-h-1 \geq \frac{p-h}{2}$. On le prend sous la diagonale principale du bloc W correspondant, c'est à dire tel que $m-\tilde{h}-1 < \frac{\tilde{p}-\tilde{h}}{2}$.

$$P_{k,m}(x) = w_{m-h-1}^{(k-2m)}(x)\, P_{h+1}^{(k-2m)}(x).$$

on a :

$$\tilde{Q}_{k,m}(t) = \tilde{w}^{(k-2m)}_{m-h-1}(t)\, \tilde{Q}^{(k-2m,0)}_{h+1}(t)$$

$$-\gamma^{(k-1)}\left(x^k \left(\frac{\tilde{w}^{(k-2m)}_{m-h-1}(x) - \tilde{w}^{(k-2m)}_{m-h-1}(t)}{x-t}\right) \tilde{P}^{(k-2m)}_{k+1}(x)\right)$$

On sait que : $\tilde{P}^{*}_{k,\tilde{h}+1}(x) = x^{\tilde{h}-h}\, \tilde{P}^{(k-2m)}_{h+1}(x)$ est orthogonal par rapport à $\gamma^{(k-1)}$, d'après la remarque 4.5. Il est au sud du bloc W.

Donc,

$$\gamma^{(k-1)}\left(x^j\, x^{\tilde{h}-h}\, \tilde{P}^{(k-2m)}_{h+1}(x)\right) = 0 \text{ pour } j \in \mathbb{N},\ 0 \le j \le \tilde{p}-1$$

$$\tilde{Q}_{k,m}(t) = \tilde{w}^{(k-2m)}_{m-h-1}(t)\, \tilde{Q}^{(k-2m,o)}_{h+1}(t)$$

$$-\gamma^{(k-1)}\left(x^{k-\tilde{h}+h} \left(\frac{\tilde{w}^{(k-2m)}_{m-h-1}(x) - \tilde{w}^{(k-2m)}_{m-h-1}(t)}{x-t}\right) x^{\tilde{h}-h}\, \tilde{P}^{(k-2m)}_{h+1}(x)\right)$$

Si $k-\tilde{h}+h \ge 0$, alors $x^{k-\tilde{h}+h} \left(\frac{\tilde{w}^{(k-2m)}_{m-h-1} - \tilde{w}^{(k-2m)}_{m-h-1}(t)}{x-t}\right)$ est un polynôme de degré $m+k-\tilde{h}-2$.

Vérifions que $k-\tilde{h}+h$ est positif ou nul.

Si $P_{h+1}^{(k'-2h-2)}(x)$ est le polynôme situé au bas du côté ouest du bloc P, on a :

$$k - k' = \tilde{h} - h$$

Par conséquent, si $P_{h+1}^{(k'-2h-2)}$ appartient à la table P_2 alors :

$$k' = k - \tilde{h} + h \geq 0, \text{ sinon } k' < 0.$$

Or par hypothèse $P_{h+1}^{(k'-2h-2)}$ appartient à la table P_2.

Nous avons ici $m-\tilde{h}-1 < \frac{\tilde{p}-\tilde{h}}{2}$ et $k \leq m-1$.

Donc $m+k-\tilde{h}+1 \leq \tilde{p}-1$. Ce qui entraine que :

$$\gamma^{(k-1)}\left(x^{k-\tilde{h}+h} \left(\frac{\tilde{w}_{m-h-1}^{(k-2m)}(x) - \tilde{w}_{m-h-1}^{(k-2m)}(t)}{x-t}\right) x^{\tilde{h}-h}\, \tilde{P}_{h+1}^{(k-2m)}(x)\right) = 0$$

et $\tilde{Q}_{k,m}(t) = \tilde{w}_{m-h-1}^{(k-2m)}(t)\, \tilde{Q}_{h+1}^{(k-2m,0)}(t)$.

En particulier, la propriété est vraie pour la dernière ligne du bloc P_2. Elle est donc vraie pour tout le bloc. En effet, on prend une colonne m fixe. Pour tous les polynômes quasi-orthogonaux de cette colonne, $k-\tilde{h}$ est une constante. Par conséquent, $m+k-\tilde{h} \leq \tilde{p}-1$.
La propriété est vraie pour tous les polynômes quasi-orthogonaux. Comme elle est vraie pour tous les polynômes orthogonaux singuliers, elle est vraie pour tout le bloc.

<u>cqfd.</u>

On considère maintenant le bloc P.

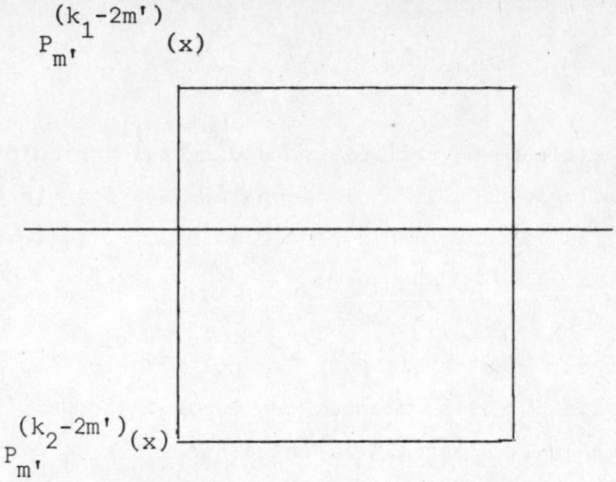

$P_{m'}^{(k_1-2m')}(x)$ est dans l'angle Nord-Ouest du bloc P et $P_{m'}^{(k_2-m')}(x)$ est au bas du côté ouest de ce bloc.

Propriété 6.6.

Si $k_1 \le m'-1 < k_2$, *alors :*

i) *Si* $k \le m-1$, *à tout élément* $w_{m-h-1}^{(k-2m)}(x)\ P_{h+1}^{(k-2m)}(x)$ *du bloc* P_2 *correspond un élément* $\tilde{w}_{m-h-1}^{(k-2m)}(t)\ \tilde{Q}_{h+1}^{(k-2m,0)}(t)$ *du bloc* $\tilde{Q}_2$.

ii) *Si* $k > m-1$ *et* $m \le k_2$, *à tout élément* $w_{m-h-1}^{(k-2m)}(x)\ P_{h+1}^{(k-2m)}(x)$ *du bloc* P_2 *correspond un élément* $\tilde{w}_{m-h-1}^{(k-2m)}(t)\ \tilde{Q}_{h+1}^{(k-2m,0)}(t)$ *du bloc* $\tilde{Q}_2$.

iii) *Si* $k > m-1$ *et* $m = k_2+1$, *cette correspondance n'est pas vraie.*

Démonstration.

i) Si $k \le m-1$, on prend le polynôme $P_{k,m}(x)$ sur la diagonale principale du bloc.
On examine ce que deviennent les résultats de la démonstration du théorème 6.1. Dans le premier cas on a : $m-h-1 \le \tilde{p}+1-m$ puisque $P_{k,\tilde{p}+1}(x)$ est dans l'angle Nord-Est du bloc P_2.

Dans le second cas on a :

$$m - h - 1 = \tilde{p} + 1 + m.$$

Par conséquent, la propriété est encore vérifiée sur la diagonale principale. Alors, par un raisonnement analogue à celui de la propriété 6.5 ii), la propriété est vraie pour toutes les colonnes de la partie du bloc P_2 telle que $k \leq m-1$.

ii) On sait que la propriété est vraie pour les polynômes orthogonaux singuliers ; donc elle est vraie pour les colonnes correspondantes dans la partie du bloc P_2 telle que $k > m-1$, c'est à dire telle que $m \leq k_2$.

iii) Si $k > m-1$ et $m = k_2+1$, on prend $P_{k,m}(x)$ sur la diagonale principale du bloc P. On reprend l'expression de $Q_{k,m}(t)$ donnée dans la démonstration de la propriété 6.5. i).
On a ici :

$$m = k \text{ et } m = \frac{p+h}{2} + 1$$

c'est à dire :

$$3m - k - h - 2 = p.$$

Par conséquent,

$$d^{(k-2m)}\left(x^{2m-k}\left(\frac{w_{m-h-1}^{(k-2m)}(x) - w_{m-h-1}^{(k-2m)}(t)}{x-t}\right) P_{h+1}^{(k-2m)}(x)\right) \neq 0$$

d'après la propriété 1.17 ii).

Par un raisonnement analogue à celui de la propriété 6.5 i), la propriété n'est pas vraie pour cette colonne $m = k_2 + 1$ dans la partie du bloc P_2 telle que $k > m-1$.

cqfd.

Remarque 6.5.

Si on reporte sur le bloc les résultats de cette propriété on a :

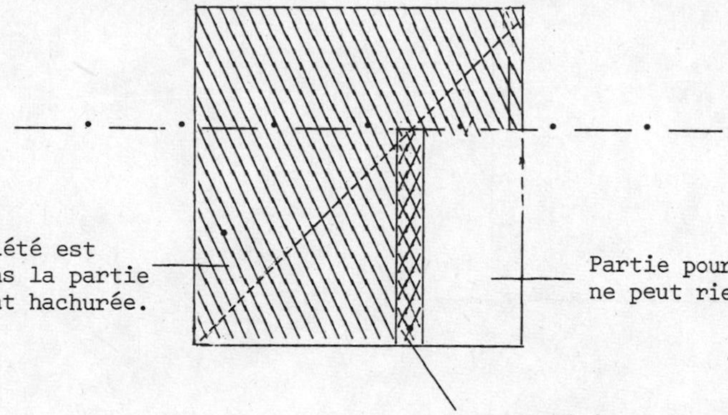
La propriété est vraie dans la partie simplement hachurée.
Partie pour laquelle on ne peut rien dire.
La propriété est fausse dans la partie doublement hachurée.

Nous supposons désormais les polynômes $P_{k,m}(x)$ unitaires.

Propriété 6.7.

Les polynômes $\tilde{Q}_{k,m}(x)$ situés à l'ouest, au nord-ouest et au nord d'un bloc $\tilde{Q}_2$ sont tous identiques.

Démonstration.

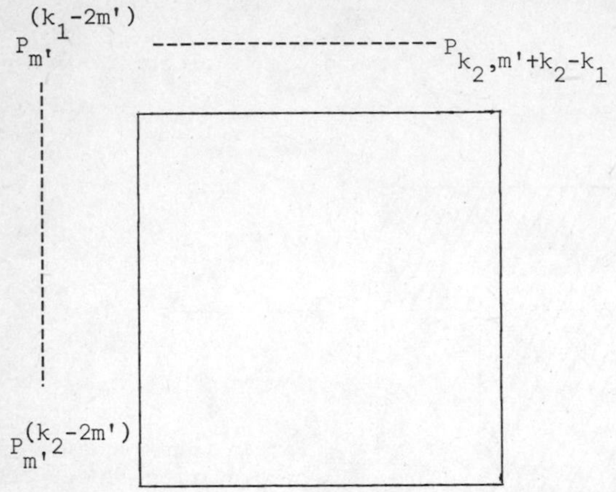

a) Si $k_2 \leq m'-1$.

Les polynômes $\tilde{P}_{k,m}(x)$ situés au nord, nord-ouest ou ouest de ce bloc P sont tous identiques, donc également leurs associés $\tilde{Q}_{k,m}$ par rapport à la fonctionnelle c^*.

b) Si $k_1 \leq m'-1 < k_2$.

Les polynômes $\tilde{P}_{k,m}(x)$ avec $m = m'$ et $k_1 \leq k \leq m'-1$, ou avec $k_1 \leq k \leq k_2$ et $m = m' + k - k_1$, sont tous identiques, donc également leurs associés $\tilde{Q}_{k,m}(x)$ par rapport à la fonctionnelle c^*.
D'autre part, les polynômes $P_{k,m}(x)$ avec $m = m'$ et $m' \leq k \leq k_2$ sont tous identiques, donc aussi leurs associés $Q_{k,m}(x)$ par rapport à la fonctionnelle c. Par conséquent, leurs transformés $\tilde{Q}_{k,m}$ sont également tous identiques.

Montrons que $\tilde{Q}_{m',m'}(x) \equiv \tilde{Q}_{m'-1,m'}(x)$, et nous aurons ainsi l'identité des polynômes $\tilde{Q}$ des deux ensembles.

$$\tilde{Q}_{m',m'}(t) = \frac{1}{H_{m'}^{(-m')}} \begin{vmatrix} d_{-m'} & \cdots & & & d_0 \\ \vdots & & & & \vdots \\ d_{-1} & \cdots & & & d_{m'-1} \\ 0 & d_0 t^{m'-1} & d_0 t^{m'-2} + d_1 t^{m'-1} & \cdots & \sum_{i=o}^{m'-1} d_i t^i \end{vmatrix}$$

On retranche de la dernière ligne la somme des m' premières lignes respectivement multipliées par t^i, pour $i \in \mathbb{N}$, $0 \le i \le m'-1$.

On a donc :

$$\tilde{Q}_{m',m'}(t) = \frac{1}{H_{m'}^{(-m')}} \begin{vmatrix} d_{-m'} & \cdots & & d_o \\ \vdots & & & \vdots \\ d_{-1} & \cdots & & d_{m'-1} \\ \sum_{i=o}^{m'-1} d_{i-m'} t^i & \cdots & d_{-1} & 0 \end{vmatrix}$$

D'autre part :

$$\tilde{Q}_{m'-1,m'}(t) = -\frac{1}{H_{m'}^{(-m'-1)}} \begin{vmatrix} d_{-m'-1} & \cdots & & d_{-1} \\ \vdots & & & \vdots \\ d_{-2} & \cdots & & d_{m'-2} \\ \sum_{i=o}^{m'-1} d_{i-m'} t^i & \cdots & d_{-1} & 0 \end{vmatrix}$$

Or on a : $P_{m',m'}(x) \equiv P_{m'-1,m'}(x)$. Donc il y a identité des coefficients de même exposant.

Par conséquent :

$$\tilde{Q}_{m',m'}(t) \equiv \tilde{Q}_{m'-1,m'}(t)$$

c) Si $m'-1 < k_1$.

Pour les mêmes raisons que dans le b), tous les polynômes $\tilde{Q}$ du côté ouest et nord-ouest du bloc sont identiques.
Il faut examiner le cas des polynômes qui sont au nord du bloc.
Considérons deux polynômes consécutifs sur le côté nord ou l'angle Nord-ouest du bloc P_2. On a :

$$P_{k,m}(x) = x\, P_{k-1,m-1}(x)$$

avec

$$k_1 + 1 \le k \le k_2 \text{ et } m = m' + k - k_1.$$

On a donc identité des coefficients de x^j, pour $j \in \mathbb{N}$, $0 \le j \le m$, dans le développement des deux déterminants.

$$\frac{1}{H_m^{(k-2m)}} \begin{vmatrix} d_{k-2m} & \cdots & d_{k-m} \\ \vdots & & \vdots \\ d_{k-m-1} & \cdots & d_{k-1} \\ 1 & \cdots & x^m \end{vmatrix} = \frac{x}{H_{m-1}^{(k-2m+1)}} \begin{vmatrix} d_{k-2m+1} & \cdots & d_{k-m} \\ \vdots & & \vdots \\ d_{k-m-1} & \cdots & d_{k-2} \\ 1 & \cdots & x^{m-1} \end{vmatrix}$$

De plus $H_m^{(k-2m+1)} = 0$

$$\tilde{Q}_{k,m}(t) = \frac{1}{H_m^{(k-2m)}} \begin{vmatrix} d_{k-2m} & \cdots & & & d_{k-m} \\ \vdots & & & & \vdots \\ d_{k-m-1} & \cdots & & & d_{k-1} \\ 0 & d_0 t^{m-1} & d_0 t^{m-2} + d_1 t^{m-1} & \cdots & \sum_{i=o}^{m-1} d_i t^i \end{vmatrix}$$

$$\tilde{Q}_{k-1,m-1}(t) = \frac{1}{H_{m-1}^{(k-2m+1)}} \begin{vmatrix} d_{k-2m+1} & \cdots & & & d_{k-m} \\ \vdots & & & & \vdots \\ d_{k-m-1} & \cdots & & & d_{k-2} \\ 0 & d_0 t^{m-2} & d_0 t^{m-3} + d_1 t^{m-2} & \cdots & \sum_{i=0}^{m-2} d_i t^i \end{vmatrix}$$

Puisque $P_{k,m}(x)$ et $P_{k-1,m-1}(x)$ appartiennent à la table P_2 on a :

$$m-1 < k \leq 2m \text{ et } m-2 < k-1 \leq 2m-2$$

c'est à dire que l'on a :

$$m-1 < k \leq 2m-1.$$

Alors le déterminant D est nul

$$D = \begin{vmatrix} d_{k-2m} & \cdots & d_{k-m} \\ \vdots & & \vdots \\ d_{k-m-1} & \cdots & d_{k-1} \\ 0 \quad d_0 & d_1 \cdots & d_{m-1} \end{vmatrix}$$

En effet parmi les m premières lignes de D figure la ligne $d_{-1}, d_0, \ldots, d_{m-1}$. On la retranche de la dernière ligne. Il vient :

$$D = (-1)^{m+1} d_{-1} H_m^{(k-2m+1)} = 0.$$

Par conséquent, le coefficient du terme en t^{m-1} de $\tilde{Q}_{k,m}(t)$ est nul et donc $\tilde{Q}_{k,m}(t) \equiv \tilde{Q}_{k-1,m-1}(t)$ du fait de l'identité des coefficients de x^j de $P_{k,m}(x)$ et $x\,P_{k-1,m-1}(x)$.

Donc les polynômes $\tilde{Q}$ sont tous identiques sur les côtés Nord, Nord-Ouest et Ouest des blocs $\tilde{Q}_2$.

cqfd.

Remarque 6.6.

Nous définissons une table $\tilde{Q}$ comme étant la table qui est associée à la table P de telle sorte qu'à tout polynôme $P_m^{(k-2m)}(x)$ on associe le polynôme $\tilde{Q} = c^*\left(\frac{\tilde{P}_m^{(k-2m)}(x) - \tilde{P}_m^{(k-2m)}(t)}{x-t}\right)$ si $k \le m-1$ et le polynôme

$$\tilde{Q} = t^{m-1}\, c\left(\frac{P_m^{(k-2m)}(x) - P_m^{(k-2m)}(t^{-1})}{x - t^{-1}}\right) \text{ si } k > m-1.$$

Les blocs $\tilde{Q}$ ont la même position que les blocs P.

Alors les a) et b) de la propriété 6.7 sont vrais pour les blocs $\tilde{Q}$.
Par contre, si on a un bloc P qui est coupé sur son côté Nord par la diagonale 0 correspondant à la fonctionnelle $d^{(o)}$, la propriété 6.7 n'est vraie que pour les seuls polynômes $\tilde{Q}$ appartenant à la table $\tilde{Q}_2$.

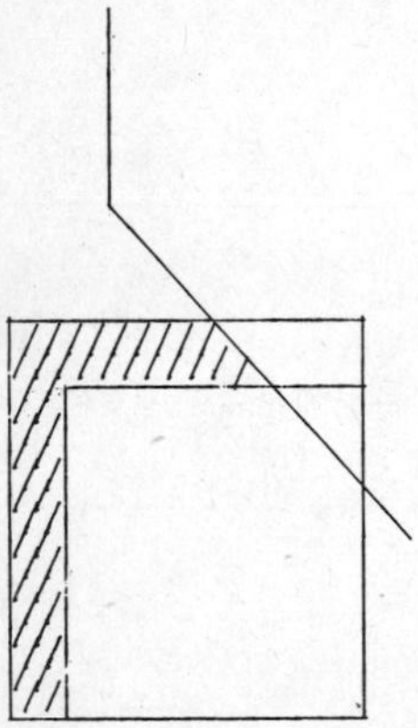

Ils sont en général différents des polynômes $\tilde{Q}$ qui sont situés hors de la table $\tilde{Q}_2$ sur le côté Ouest, Nord-Ouest et Nord du bloc $\tilde{Q}$.

Dans le théorème 6.1 nous avons trouvé que dans un bloc P_2, si $P_{k,m}(x)$ est orthogonal singulier par rapport à $d^{(k-2m)}$, alors l'approximant de Padé en deux points est :

$$f_{k,m}(x) = \frac{\tilde{W}^{(k-2m)}_{m-h-1}(x)\ \tilde{Q}^{(k-2m,0)}_{h+1}(x)}{\tilde{W}^{(k-2m)}_{m-h-1}(x)\ \tilde{P}^{(k-2m)}_{h+1}(x)} \equiv \frac{\tilde{Q}^{(k-2m,0)}_{h+1}(x)}{\tilde{P}^{(k-2m)}_{h+1}(x)}$$

avec $H^{(k-2m)}_{h+1} \neq 0$ et $H^{(k-2m)}_{h+j+1} = 0$ pour $j \in \mathbb{N}$, $1 \leq j \leq m-h-1$.

Nous allons chercher à quelle condition $\dfrac{\tilde{Q}^{(k-2m,0)}_{h+1}(x)}{\tilde{P}^{(k-2m)}_{h+1}(x)}$ représente un approximant de Padé en deux points $f_{k',h+1}(x)$.

Propriété 6.8.

Si $k' = k-2m+2h+2$ et *si* $k' \geq 0$, *alors* $\dfrac{\tilde{Q}^{(k-2m,0)}_{h+1}(x)}{\tilde{P}^{(k-2m)}_{h+1}(x)}$ *est l'approximant de Padé en deux points* $f_{k',h+1}(x)$ *et* $f_{k,m}(x) \equiv f_{k',h+1}(x)$.

Démonstration.

i) Considérons d'abord le dénominateur.

$P^{(k-2m)}_{h+1}(x)$ est un polynôme de degré $(h+1)$, orthogonal régulier par rapport à la fonctionnelle $d^{(k-2m)}$. On désire avoir :

$$P^{(k-2m)}_{h+1}(x) \equiv P_{k',h+1}(x) \equiv P^{(k'-2h+2)}_{h+1}(x).$$

On doit donc avoir $k' = k-2m+2h+2$.

Pour que $P_{k',h+1}(x)$ appartienne à la table P_2, k' doit satisfaire la relation $0 \leq k' \leq 2h+2$.

$k' \leq 2+2h$ est toujours satisfait puisque $k \leq 2m$.

Il reste donc $k' \geq 0$.

$k' < 0$ signifie que le bloc P_2 est coupé par l'antidiagonale $k=0$ de la table P_2.

ii) Dans le cas où $k' = k-2m+2h+2 \geq 0$, montrons que

$$\tilde{Q}_{h+1}^{(k-2m,0)}(x) \equiv \tilde{Q}_{k',h+1}(x).$$

a) <u>Si $0 \leq k \leq m-1$.</u>

On a : $$\tilde{Q}_{h+1}^{(k-2m,0)}(t) = c^*\left(\frac{\tilde{P}_{h+1}^{(k-2m)}(x) - \tilde{P}_{h+1}^{(k-2m)}(t)}{x-t}\right)$$

Or :
$$\tilde{Q}_{k',h+1}(x) = c^*\left(\frac{\tilde{P}_{k',h+1}(x) - \tilde{P}_{k',h+1}(t)}{x-t}\right)$$

Par conséquent :

$$\tilde{Q}_{k',h+1}(x) \equiv \tilde{Q}_{h+1}^{(k-2m,0)}(x).$$

On a alors :

$$f_{k,m}(x) \equiv f_{k',h+1}(x).$$

b) <u>Si $m-1 < k \leq 2m$ et $h < k' \leq 2h+2$.</u>

On a :
$$Q_{h+1}^{(k-2m,0)}(t) = c\left(\frac{P_{h+1}^{(k-2m)}(x) - P_{h+1}^{(k-2m)}(t)}{x-t}\right)$$

Or:
$$Q_{k',h+1}(t) = c\left(\frac{P_{k',h+1}(x) - P_{k',h+1}(t)}{x-t}\right)$$

Par conséquent $Q_{k',h+1}(t) = Q_{h+1}^{(k-2m,0)}(t)$ et également leurs transformés

$$\tilde{Q}_{k',h+1}(t) = \tilde{Q}_{h+1}^{(k-2m,0)}(t).$$

On a encore :

$$f_{k,m}(x) \equiv f_{k',h+1}(x).$$

c) Si $m-1 < k \leq 2m$ et $0 \leq k' \leq h$.

On a dans ce cas :

$$Q_{h+1}^{(k-2m,0)}(t) = c\left(\frac{P_{h+1}^{(k-2m)}(x) - P_{h+1}^{(k-2m)}(t)}{x-t}\right)$$

et

$$\tilde{Q}_{k',h+1}(t) = c^*\left(\frac{\tilde{P}_{k',h+1}(x) - \tilde{P}_{k',h+1}(t)}{x-t}\right)$$

1. Si $P_{k',h+1}(x)$ est à l'ouest ou au nord-ouest du bloc P.

Dans ce cas on sait, d'après la propriété 6.7, que tous les polynômes $\tilde{Q}$ qui sont à l'ouest ou au nord-ouest du bloc $\tilde{Q}_2$ sont identiques. Les polynômes P sont également tous identiques à l'ouest et au nord-ouest du bloc P_2. En particulier :

$$P_{h+1}^{(k-2m)}(x) \equiv P_{h+1}^{(-h-1)}(x) \text{ où } P_{h+1}^{(-h-1)}(x) = P_{h+1,h+1}(x)$$

et par conséquent

$$Q_{h+1}^{(k-2m,0)}(t) = Q_{h+1,h+1}(t)$$

et donc

$$\tilde{Q}_{h+1}^{(k-2m,0)}(t) \equiv \tilde{Q}_{k',h+1}(t).$$

D'où le résultat.

On remarquera que la relation $\tilde{Q}_{h+1}^{(k-2m,0)}(t) \equiv \tilde{Q}_{h+1,h+1}(t)$ reste valable même si $P_{h+1}^{(k-2m)}(x)$ est en dehors de la table P_2.

2. Si $P_{k',h+1}(x)$ est au nord du bloc P.

Nous avons $P_{h+1}^{(k-2m)}(x) \equiv x\, P_h^{(k-2m+1)}(x)$, ce qui entraine $H_{h+1}^{(k'-2h-1)} = 0$

Nous allons montrer que $\tilde{Q}_{h+1}^{(k-2m,0)}(x) \equiv \tilde{Q}_h^{(k-2m+1,0)}(x)$.

$$\tilde{Q}_{h+1}^{(k-2m,0)}(x) = \frac{1}{H_{h+1}^{(k'-2h-2)}} \begin{vmatrix} d_{k'-2h-2} & \cdots\cdots & & & d_{k'-h-1} \\ \vdots & & & & \vdots \\ d_{k'-h-2} & \cdots\cdots & & & d_{k'-1} \\ 0 \quad d_0 t^h & d_0 t^{h-1} + d_1 t^h & \cdots & & \sum_{i=o}^{h} d_i t^i \end{vmatrix}$$

$$\tilde{Q}_{h}^{(k-2m+1,0)}(x) = \frac{1}{H_{h}^{(k'-2h-1)}} \begin{vmatrix} d_{k'-2h-1} & \cdots\cdots & & & d_{k'-h-1} \\ \vdots & & & & \vdots \\ d_{k'-h-2} & \cdots\cdots & & & d_{k'-2} \\ 0 \quad d_0 t^{h-1} & d_0 t^{h-2} + d_1 t^{h-1} & \cdots & & \sum_{i=o}^{h-1} d_i t^i \end{vmatrix}$$

Puisque $P_{k',h+1}(x)$ est au nord d'un bloc on a :

$$H_{h+1}^{(k'-2h-2)} \neq 0, \quad H_{h+1+j}^{(k'-2h-2)} = 0$$

pour $j \in \mathbb{N}$, $1 \leq j \leq 2\,(m-h-1)$ au moins, car $P_{k,m}(x)$ est orthogonal singulier.

En particulier, si on prend $j = m-h-1$ on a $H_m^{(k'-2h-2)} = 0$.

D'autre part $m-1 < k \leq 2m$ entraine que $2m-k \leq m$, et $2m-k = 2h+2-k'$ et $k' \leq h$ entrainent que $2m-k \geq h+2$.

Par conséquent $\quad H_{2m-k}^{(k'-2h-2)} = H_{2h+2-k'}^{(k'-2h-2)} = 0.$

Alors :

$$\begin{vmatrix} d_{k'-2h-2} & \text{--------} & d_{k'-h-1} \\ | & & | \\ d_{k'-h-2} & \text{---------} & d_{k'-1} \\ d-1 & d_0 \text{ ----- } & d_h \end{vmatrix} = 0$$

sinon d'après le corollaire 1.1 on aurait $H^{(k'-2h-2)}_{2h+2-k'} \neq 0$.

Comme $H^{(k'-2h-1)}_{h+1} = 0$ on a :

$$\begin{vmatrix} d_{k'-2h-2} & \text{--------} & d_{k'-h-1} \\ | & & | \\ d_{k'-h-2} & \text{---------} & d_{k'-1} \\ 0 & d_0 \text{ ----- } & d_h \end{vmatrix} = 0$$

ce qui entraine que :

$$\tilde{Q}^{(k-2m,0)}_{h+1}(x) = \frac{1}{H^{(k'-2h-2)}_{h+1}} \begin{vmatrix} d_{k'-2h-2} & & \text{----------------------------------} & & & d_{k'-h-1} \\ | & & & & & | \\ d_{k'-h-2} & & \text{----------------------------------} & & & d_{k'-1} \\ 0 & 0 & d_0 t^{h-1} & d_0 t^{h-2} + d_1 t^{h-1} & \text{----} & \sum_{i=o}^{h-1} d_i t^i \end{vmatrix}$$

L'identité de $P^{(k-2m)}_{h+1}(x)$ et $x\ P^{(k-2m+1)}_{h}(x)$ conduit à l'identité des coefficients des termes x^j.

Par conséquent :

$$\tilde{Q}_{h+1}^{(k-2m,0)}(x) \equiv \tilde{Q}_{h}^{(k-2m+1,0)}(x).$$

Cette relation reste vraie même si $P_{h+1}^{(k-2m)}(x)$ est en dehors de la table P_2.

Par conséquent on remonte avec cette relation jusqu'à l'angle Nord-Ouest du bloc $\tilde{Q}$.

D'après la remarque faite à la fin du c) 1) de cette propriété, on a identité entre $\tilde{Q}^{(\cdot,o)}$ et $\tilde{Q}$ le long du côté ouest.

Puis, on applique le b) de la propriété 6.7 qui est également valable en dehors de la table $\tilde{Q}_2$. Sur les côtés Ouest, Nord-Ouest et Nord du bloc il y a identité de tous les polynômes $\tilde{Q}$.

Par conséquent :

$$\tilde{Q}_{h+1}^{(k-2m,o)}(x) \equiv \tilde{Q}_{k',h+1}(x).$$

D'où le résultat.

<u>cqfd</u>.

<u>*Définition 6.2.*</u>

On appellera bloc F_2 la réunion de la partie de la table F_2 qui correspond au bloc P_2 et des parties qui correspondent aux côtés Nord, Nord-Ouest et Ouest du bloc P_2.

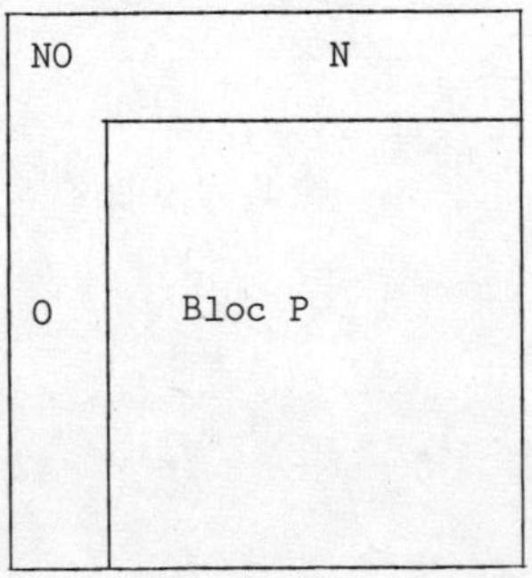

Corollaire 6.1.

Dans un bloc F_2, tous les approximants de Padé en deux points situés au-dessus de l'antidiagonale qui correspond à l'antidiagonale principale du bloc P sont identiques, lorsqu'on les a mis sous forme irréductible.

Démonstration.

Le théorème 6.1 et les propriétés 2.1, 6.7 et 6.8 démontrent ce corollaire même si le polynôme $P_{h+1}^{(k-2m)}$ est en dehors de la table P_2, car la démonstration du c) de la propriété 6.8 montre que l'on a encore $\tilde{Q}_{h+1}^{(k-2m,0)}(x)$ identique à un polynôme $\tilde{Q}$ du côté ouest.

cqfd.

Les propriétés 6.5 et 6.6 ainsi que la remarque 6.5 permettent de compléter ce corollaire en prenant les éléments qui sont dans la partie qui correspond aux polynômes $P_m^{(k-2m)}$ quasi-orthogonaux.

Corollaire 6.2.

Si un bloc P est entièrement dans la partie $m < k$, *ou si un bloc P est situé entièrement dans la partie* $k \leq m-1$ *tel que tout son côté ouest ne soit pas hors de la table P_2, alors toutes les fractions rationnelles du bloc F_2 sont identiques lorsqu'on les a mises sous forme irréductible.*

Démonstration.

C'est une conséquence immédiate des propriétés 6.5 et 6.8.

cqfd.

Corollaire 6.3.

Dans les conditions de la propriété 6.6 les fractions rationnelles qui correspondent au côté Nord, Nord-Ouest et Ouest du bloc P_2, ainsi que celles qui se trouvent dans la partie du bloc F_2 qui correspond à la partie simplement hachurée du bloc P présenté dans la remarque 6.5, sont toutes identiques lorsqu'on les a mises sous forme irréductible.

Nous démontrons le corollaire suivant qui nous sera fort utile pour la section suivante.

Corollaire 6.4.

Si on reprend le bloc P_2 de la propriété 6.7 et si $k_1 \leq m'-1 < m' \leq k_2$, *alors pour tout polynôme* $P_{k,m}(x)$ *appartenant à la table P_2 et situé au nord, nord-ouest ou ouest de ce bloc P_2 et tel que* $m \leq k_2$, *on a :*

$$c^*\left(\frac{\tilde{P}_{k,m}(x) - \tilde{P}_{k,m}(t)}{x-t}\right) = \tilde{Q}_{k,m}(t)$$

et

$$c\left(\frac{P_{k,m}(x) - P_{k,m}(t)}{x-t}\right) = Q_{k,m}(t).$$

Démonstration.

On a toujours un polynôme du côté ouest et Nord-ouest dans chacune des deux demi-tables.
La propriété 6.7 démontre qu'on a toujours la première relation sur l'ensemble des côtés ouest, Nord-ouest et Nord du bloc P_2.

Les polynômes $P_{k,m}(x)$ sont identiques sur le côté Ouest et Nord-ouest du bloc. Donc la seconde relation est vérifiée pour ce côté.

Enfin, la propriété 6.6 démontre qu'on a la seconde relation sur le côté Nord pourvu que $m \leq k_2$. Il suffit de prendre $w_{m-h-1}^{(k-2m)}(x) = x^{m-h-1}$.

cqfd.

6.3 RELATIONS DE RECURRENCE.

La table P_2 est une restriction de la table P. On a donc, dans la table P_2, la même relation de récurrence entre trois polynômes orthogonaux réguliers consécutifs, que dans la table P. C'est à dire :

$$P_m^{(k-2m)}(x) = (x\ \omega_{m-1-pr(m)}^{(k-2m)}(x) + B_m^{(k-2m)})\ P_{pr(m)}^{(k-2m)}(x) + C_m^{(k-2m)}\ P_{pr(pr(m))}^{(k-2m)}(x)$$

Nous allons montrer que les polynômes $Q_{k,m}(x)$ satisfont aussi la même relation de récurrence avec les mêmes coefficients.

Nous poserons :

$$k-2m = k' - 2pr(m) = k'' - 2pr(pr(m))$$

ce qui signifie que les polynômes $P_{pr(m)}^{(k-2m)}(x)$ et $P_{pr(pr(m))}^{(k-2m)}(x)$ sont respectivement sur les antidiagonales k' et k".

<u>*Théorème 6.2.*</u>

Les polynômes $P^{(k-2m)}(x)$ de la table P_2 et leurs associés de la table Q_2 satisfont la même relation de récurrence

$$P_{k,m}(x) = (x\ \omega_{m-1-pr(m)}^{(k-2m)}(x) + B_m^{(k-2m)})\ P_{k',pr(m)}(x) + C_m^{(k-2m)}\ P_{k'',pr(pr(m))}(x)$$

$$Q_{k,m}(x) = (x\ \omega_{m-1-pr(m)}^{(k-2m)}(x) + B_m^{(k-2m)})\ Q_{k',pr(m)}(x) + C_m^{(k-2m)}\ Q_{k'',pr(pr(m))}(x)$$

<u>Démonstration.</u>

i) <u>Si $pr(pr(m)) \leq k'' \leq 2pr(pr(m))$.</u>

Les trois polynômes sont dans la moitié inférieure de la table P_2, qui est le champ d'application de la fonctionnelle c.

On calcule $\dfrac{P_m^{(k-2m)}(x) - P_m^{(k-2m)}(t)}{x-t}$ et on applique la fonctionnelle c.

On obtient alors :

$$Q_{k,m}(t) = c\left(\frac{x\,\omega_{m-1-pr(m)}^{(k-2m)}(x)\,P_{pr(m)}^{(k-2m)}(x) - t\,\omega_{m-1-pr(m)}^{(k-2m)}(t)\,P_{pr(m)}^{(k-2m)}(t)}{x-t}\right)$$

$$+ B_m^{(k-2m)}\,Q_{k',pr(m)}(t) + C_m^{(k-2m)}\,Q_{k'',pr(pr(m))}(t)$$

$$= c\left(\frac{x\,\omega_{m-1-pr(m)}^{(k-2m)}(x) - t\,\omega_{m-1-pr(m)}^{(k-2m)}(t)}{x-t}\,P_{pr(m)}^{(k-2m)}(x)\right)$$

$$+ \left(t\,\omega_{m-1-pr(m)}^{(k-2m)}(t) + B_m^{(k-2m)}\right) Q_{k',pr(m)}(t) + C_m^{(k-2m)}\,Q_{k'',pr(pr(m))}(t)$$

On change c en $d^{(k-2m)}$ en introduisant x^{2m-k} à l'intérieur de l'expression
Puisque $P_{pr(pr(m))}^{(k-2m)}(x)$ est dans la demi-table inférieure on a :

$$k' \geq pr(m) + 1.$$

D'autre part $x^{2m-k}\left(\dfrac{x\,\omega_{m-1-pr(m)}^{(k-2m)}(x) - t\,\omega_{m-1-pr(m)}^{(k-2m)}(t)}{x-t}\right)$ est un polynôme en x de degré $3m-1-k-pr(m)$.

Or $2m-k = 2pr(m)-k'$.

On trouve $3m-1-k-pr(m) \leq m-2$ en utilisant $k' \geq pr(m)+1$.

Par conséquent :

$$d^{(k-2m)}\left(x^{2m-k}\left(\frac{x\,\omega_{m-1-pr(m)}^{(k-2m)}(x) - t\,\omega_{m-1-pr(m)}^{(k-2m)}(t)}{x-t}\right) P_{pr(m)}^{(k-2m)}(x)\right) = 0$$

d'après la propriété 1.17 ii).

La relation de récurrence est donc la même pour $Q_{k,m}(x)$ dans la demi-table inférieure.

ii) <u>Si $0 \leq k'' < k' < k \leq m-1$</u>.

Les trois polynômes sont dans la moitié supérieure de la table P_2 qui est le champ d'application de la fonctionnelle c^*.

Nous avons :

$$\tilde{P}_m^{(k-2m)}(x) = (\tilde{\omega}_{m-1-pr(m)}^{(k-2m)}(x) + x^{m-pr(m)} B_m^{(k-2m)}) \tilde{P}_{pr(m)}^{(k-2m)}(x) +$$

$$x^{m-pr(pr(m))} C_m^{(k-2m)} \tilde{P}_{pr(pr(m))}^{(k-2m)}(x)$$

on applique la fonctionnelle c^* à $\dfrac{\tilde{P}_m^{(k-2m)}(x) - \tilde{P}_m^{(k-2m)}(t)}{x-t}$.

On obtient :

$$\tilde{Q}_{k,m}(x) = (\tilde{\omega}_{m-1-pr(m)}^{(k-2m)}(t) + t^{m-pr(m)} B_m^{(k-2m)}) \tilde{Q}_{k',pr(m)}(t)$$

$$+ C_m^{(k-2m)} t^{m-pr(pr(m))} \tilde{Q}_{k'',pr(pr(m))}(t)$$

$$+ B_m^{(k-2m)} c^*(\frac{x^{m-pr(m)} - t^{m-pr(m)}}{x-t} \tilde{P}_{pr(m)}^{(k-2m)}(x))$$

$$+ C_m^{(k-2m)} c^*(\frac{x^{m-pr(pr(m))} - t^{m-pr(pr(m))}}{x-t} \tilde{P}_{pr(pr(m))}^{(k-2m)}(x))$$

$$+ c^*(\frac{\tilde{\omega}_{m-1-pr(m)}^{(k-2m)}(x) - \tilde{\omega}_{m-1-pr(m)}^{(k-2m)}(t)}{x-t} \tilde{P}_{pr(m)}^{(k-2m)}(x))$$

a). <u>On suppose que $P_{pr(m)}^{(k-2m)}(0) \neq 0$.</u>

Par conséquent si $P_{pr(m)}^{(k-2m)}(x)$ est au bord d'un bloc, il est à l'ouest de ce bloc P_2.

$\tilde{P}_{pr(m)}^{(k-2m)} = \tilde{P}_{pr(m)}^{(k'-2pr(m))}(x)$ est orthogonal régulier par rapport à la fonctionnelle linéaire $\gamma^{(k'-1)}$ avec :

$$\gamma^{(k'-1)}(x^i) = d_{k'-1-i}, \ \forall i \in \mathbb{N}.$$

$$c^*\left(\frac{x^{m-pr(m)} - t^{m-pr(m)}}{x-t} \tilde{P}_{pr(m)}^{(k-2m)}(x)\right)$$

$$= -\gamma^{(k'-1)}\left(x^{k'} \frac{x^{m-pr(m)} - t^{m-pr(m)}}{x-t} \tilde{P}_{pr(m)}^{(k-2m)}(x)\right)$$

$x^{k'}\left(\frac{x^{m-pr(m)} - t^{m-pr(m)}}{x-t}\right)$ est un polynôme en x de degré k'+m-1-pr(m).

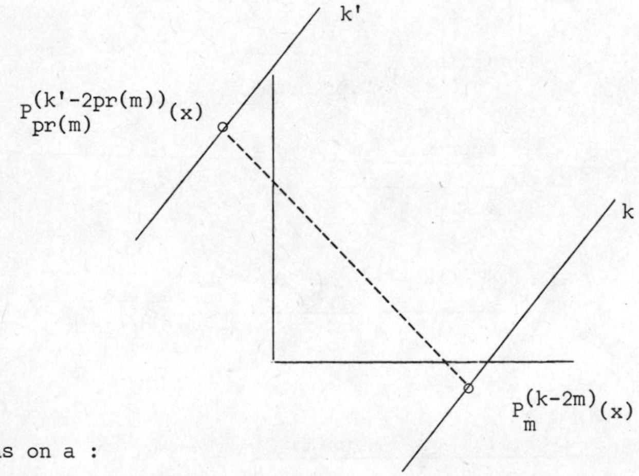

Dans ce cas on a :

$$k' \leq pr(m) - 1 - (m-pr(m)).$$

Par conséquent $k'+m-1-pr(m) \leq pr(m)-2$.

Alors

$$c^*\left(\frac{x^{m-pr(m)} - t^{m-pr(m)}}{x-t}\, \tilde{P}^{(k-2m)}_{pr(m)}(x)\right) = 0$$

ainsi que

$$c^*\left(\frac{\tilde{\omega}^{(k-2m)}_{m-1-pr(m)}(x) - \tilde{\omega}^{(k-2m)}_{m-1-pr(m)}(t)}{x-t}\, \tilde{P}^{(k-2m)}_{pr(m)}(x)\right)$$

à cause de l'orthogonalité de $\tilde{P}^{(k-2m)}_{pr(m)}(x)$.

D'autre part, si $P^{(k-2m)}_{pr(pr(m))}(x)$ est au bord d'un bloc, il ne peut être qu'au nord de ce bloc.

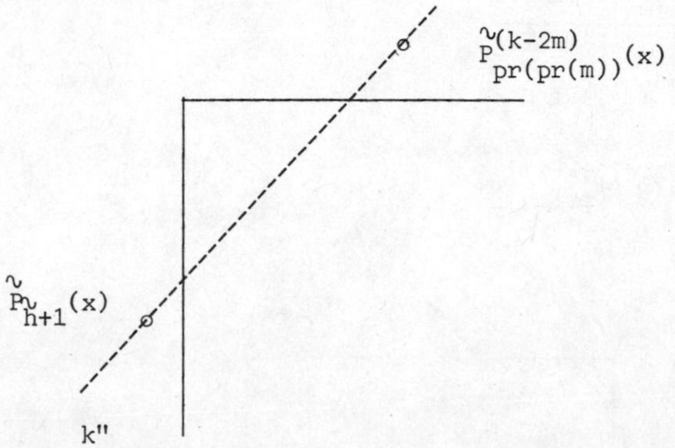

$\tilde{P}^{(k-2m)}_{pr(pr(m))}(x) = \tilde{P}_{\tilde{h}+1}(x)$ qui est sur la même antidiagonale k".

$\tilde{P}_{\tilde{h}+1}(x)$ est orthogonal par rapport à $\gamma^{(k''-1)}$ et on a :

$$\gamma^{(k''-1)}(x^j\, \tilde{P}_{\tilde{h}+1}(x)) = 0 \text{ pour } j \in \mathbb{N},\ 0 \leq j \leq pr(pr(m))-1$$

car le bloc W est décalé d'une rangée vers le haut par rapport au bloc P.

$$c^*\left(\frac{x^{m-pr(pr(m))} - t^{m-pr(pr(m))}}{x-t} \tilde{P}^{(k-2m)}_{pr(pr(m))}(x)\right)$$

$$= -\gamma^{(k''-1)}\left(x^{k''} \frac{x^{m-pr(pr(m))} - t^{m-pr(pr(m))}}{x-t} \tilde{P}_{\tilde{h}+1}(x)\right) = 0$$

car $x^{k''} \left(\frac{x^{m-pr(pr(m))} - t^{m-pr(pr(m))}}{x-t}\right)$ est un polynôme en x de degré $k''+m-1-pr(pr(m))$ et par un raisonnement analogue à celui fait pour k', on a :

$$k'' \leq pr(pr(m)-1-(m-pr(pr(m)))$$

Donc $k''+m-1-pr(pr(m)) \leq pr(pr(m)) - 2$.

D'où le résultat.

b). <u>On suppose que $P^{(k-2m)}_{pr(m)}(o) = 0$.</u>

Donc $P^{(k-2m)}_{pr(m)}(x)$ est nord d'un bloc P_2.

On a encore $\tilde{P}^{(k-2m)}_{pr(m)}(x) = \tilde{P}_{\tilde{h}'+1}(x)$

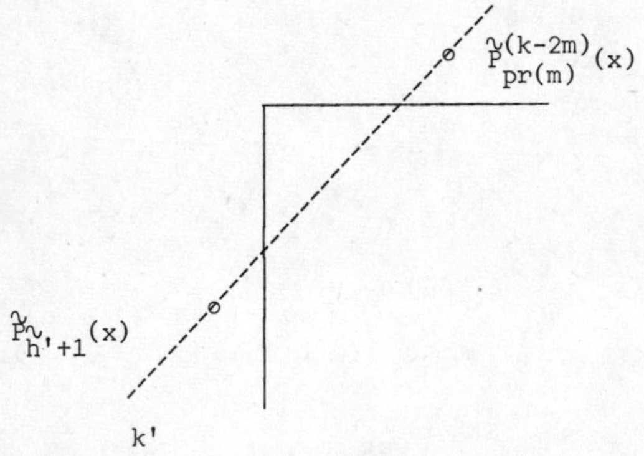

$\tilde{P}_{\tilde{h}+1}(x)$ est orthogonal par rapport à $\gamma^{(k'-1)}$ et $\gamma^{(k'-1)}(x^j \tilde{P}_{\tilde{h}'+1}(x)) = 0$

pour $j \in \mathbb{N}$, $0 \leq j \leq pr(m)-1$.

Comme précédemment on trouve $k'+m-1-pr(m) \leq pr(m)-2$.

Donc :

$$c^*\left(\frac{x^{m-pr(m)} - t^{m-pr(m)}}{x-t} \tilde{P}^{(k-2m)}_{pr(m)}(x)\right) = 0$$

ainsi que :

$$c^*\left(\frac{\tilde{\omega}^{(k-2m)}_{m-1-pr(m)}(x) - \tilde{\omega}^{(k-2m)}_{m-1-pr(m)}(t)}{x-t} \tilde{P}^{(k-2m)}_{pr(m)}(x)\right).$$

D'autre part, si $P^{(k-2m)}_{pr(pr(m))}(x)$ est au bord d'un bloc, il ne peut être qu'à l'ouest ou au nord-ouest.

On a :

$$c^*\left(\frac{x^{m-pr(pr(m))} - t^{m-pr(pr(m))}}{x-t} \tilde{P}^{(k-2m)}_{pr(pr(m))}(x)\right)$$

$$= -\gamma^{(k''-1)}\left(x^{k''} \frac{x^{m-pr(pr(m))} - t^{m-pr(pr(m))}}{x-t} \tilde{P}^{(k-2m)}_{pr(pr(m))}(x)\right)$$

$x^{k''}\left(\frac{x^{m-pr(pr(m))} - t^{m-pr(pr(m))}}{x-t}\right)$ est un polynôme en x de degré $k''+m-1-pr(pr(m))$.

Or comme précédemment on a :

$$k''+m-1-pr(pr(m)) \leq pr(pr(m)) - 2.$$

Par conséquent, l'expression ci-dessus est nulle à cause de l'orthogonalité de $\tilde{P}^{(k-2m)}_{pr(pr(m))}(x)$.

iii) <u>Si $0 \leq k'' \leq pr(pr(m))-1$ et $pr(m) \leq k' < k \leq 2m$.</u>

$P^{(k-2m)}_{pr(pr(m))}(x)$ est dans la demi-table supérieure et $P^{(k-2m)}_{pr(m)}(x)$ et $P^{(k-2m)}_{m}(x)$ sont dans la demi-table inférieure.

On a dans ce cas :

$$Q_{k,m}(x) = c\left(\frac{x\,\omega^{(k-2m)}_{m-1-pr(m)} - t\,\omega^{(k-2m)}_{m-1-pr(m)}(t)}{x-t}\;P^{(k-2m)}_{pr(m)}(x)\right)$$

$$+ \left(t\,\omega^{(k-2m)}_{m-1-pr(m)}(t) + B^{(k-2m)}_{m}\right) Q_{k',pr(m)}(t) + C^{(k-2m)}_{m}\; c\left(\frac{P^{(k-2m)}_{pr(pr(m))}(x) - P^{(k-2m)}_{pr(pr(m))}(t)}{x-t}\right)$$

a). <u>Si $k' \geq pr(m)+1$.</u>

$P^{(k-2m)}_{pr(pr(m))}(x)$ est au bord d'un bloc dont au moins une rangée est dans la demi-table inférieure.

On sait d'après le i) que :

$$c\left(\frac{x\,\omega^{(k-2m)}_{m-1-pr(m)}(x) - t\,\omega^{(k-2m)}_{m-1-pr(m)}(t)}{x-t}\;P^{(k-2m)}_{pr(m)}(x)\right) = 0$$

D'autre part, d'après le corollaire 6.4, le transformé de

$c\left(\frac{P^{(k-2m)}_{pr(pr(m))}(x) - P^{(k-2m)}_{pr(pr(m))}(t)}{x-t}\right)$ est égal à $\tilde{Q}_{k'',pr(pr(m))}(t)$.

Donc on a encore la même relation de récurrence.

b). <u>Si $k' = pr(m)$.</u>

Alors :

$$d^{(k-2m)}\left(x^{2m-k}\left(\frac{x\,\omega^{(k-2m)}_{m-1-pr(m)}(x) - t\,\omega^{(k-2m)}_{m-1-pr(m)}(t)}{x-t}\right) P^{(k-2m)}_{pr(m)}(x)\right)$$

$$= d^{(k-2m)}\left(x^{m-1}\,P^{(k-2m)}_{pr(m)}(x)\right) \neq 0.$$

On a :

$$C_m^{(k-2m)} = - \frac{d^{(k-2m)}\,(P_{pr(m)}^{(k-2m)}\;P_{m-1}^{(k-2m)})}{d^{(k-2m)}\,(P_{pr(pr(m))}^{(k-2m)}\;P_{pr(m)-1}^{(k-2m)})} = - \frac{d^{(k-2m)}\,(P_{pr(m)}^{(k-2m)}\;x^{m-1})}{d^{(k-2m)}(P_{pr(pr(m))}^{(k-2m)}\;x^{pr(m)-1})}$$

Par conséquent on obtient :

$$G(t) = c(\frac{x\omega_{m-1-pr(m)}^{(k-2m)}(x) - t\omega_{m-1-pr(m)}^{(k-2m)}(t)}{x-t}\;P_{pr(m)}^{(k-2m)}(x))$$

$$+ C_m^{(k-2m)}\;c(\frac{P_{pr(pr(m))}^{(k-2m)}(x) - P_{pr(pr(m))}^{(k-2m)}(t)}{x-t})$$

$$= C_m^{(k-2m)}\left[c(\frac{P_{pr(pr(m))}^{(k-2m)}(x) - P_{pr(pr(m))}^{(k-2m)}(t)}{x-t}) - d^{(k-2m)}(x^{pr(m)-1}\;P_{pr(pr(m))}^{(k-2m)}(x))\right]$$

$$= C_m^{(k-2m)}\left[c(\frac{P_{pr(pr(m))}^{(k-2m)}(x) - P_{pr(pr(m))}^{(k-2m)}(t)}{x-t}) - d^{(-1)}\;(P_{pr(pr(m))}^{(k-2m)}(x))\right]$$

$$d^{(-1)}(P_{pr(pr(m))}^{(k-2m)}(x)) = \frac{1}{H_{pr(pr(m))}^{(k-2m)}}\begin{vmatrix} d_{k-2m} & \cdots & d_{k-2m+pr(pr(m))} \\ \vdots & & \vdots \\ d_{k-2m+pr(pr(m))-1} & \cdots & d_{k-2m+2pr(pr(m))-1} \\ d_{-1} & \cdots & d_{pr(pr(m))-1} \end{vmatrix}$$

Alors on a, si $\tilde{G}(t) = t^{pr(pr(m))-1}\;G(\frac{1}{t})$.

$$\tilde{G}(t) = \frac{1}{H^{(k-2m)}_{pr(pr(m))}} \begin{vmatrix} d_{k-2m} & \cdots\cdots & d_{k-2m+pr(pr(m))} \\ \vdots & & \vdots \\ d_{k-2m+pr(pr(m))-1} & \cdots\cdots & d_{k-2m+2pr(pr(m))-1} \\ -d_{-1}t^{pr(pr(m))-1} \quad 0 & d_0 t^{pr(pr(m))-2} \quad \cdots & \sum_{i=o}^{pr(pr(m))-2} d_i t^i \end{vmatrix}$$

Puisqu'on a un bloc :

$$H^{(k-2m)}_{pr(pr(m))} \neq 0, \; H^{(k-2m)}_{pr(m)} \neq 0 \text{ et } H^{(k-2m)}_{i} = 0 \text{ pour } i \in \mathbb{N},$$

$pr(pr(m))+1 \leq i \leq pr(m)-1$.

Donc d'après le corollaire 1.1, on a :

$$\begin{vmatrix} d_{k-2m} & \cdots\cdots & d_{k-2m+pr(pr(m))} \\ \vdots & & \vdots \\ d_{k-2m+pr(pr(m))-1} & \cdots\cdots & d_{k-2m+2pr(pr(m))-1} \\ d_i & \cdots\cdots & d_{i+pr(pr(m))} \end{vmatrix} = 0$$

pour $i \in Z$, $k-2m+pr(pr(m)) \leq i \leq -2$.

Parmi les lignes de :

$$\begin{vmatrix} d_{k-2m} & \cdots\cdots & d_{k-2m+pr(pr(m))} \\ \vdots & & \vdots \\ d_{-2} & \cdots\cdots & d_{-2+pr(pr(m))} \end{vmatrix}$$

On prend la somme des pr(pr(m))-1 dernières lignes que l'on multiplie respectivement par 1, t, $t^2,\dots,t^{pr(pr(m))-2}$.

On retranche cette somme de la dernière ligne de $\tilde{G}(t)$. On obtient alors :

$$\frac{-1}{H^{(k-2m)}_{pr(pr(m))}}\begin{vmatrix} d_{k-2m} & \text{------------} & d_{k-2m+pr(pr(m))} \\ \vdots & & \vdots \\ d_{k-2m+pr(pr(m))-1} & \text{------------} & d_{k-2m+2pr(pr(m))-1} \\ \sum_{i=o}^{pr(pr(m))-1} d_{i-pr(pr(m))}t^i & \text{------} \; d_{-1} & 0 \end{vmatrix}$$

Or cette expression est celle de $\tilde{Q}_{k",pr(pr(m))}(t)$.

iv) <u>**Si** $0 \le k" < k' \le pr(m)-1$ **et** $m \le k \le 2m$.</u>

$P^{(k-2m)}_{pr(pr(m))}(x)$ et $P^{(k-2m)}_{pr(m)}(x)$ sont dans la demi-table supérieure et $P^{(k-2m)}_{m}(x)$ est dans la demi-table inférieure.

a). <u>**Si** $k = m$.</u>

On utilise la relation de récurrence donnant $\tilde{P}^{(k-2m)}_{m}(x)$.
On obtient donc :

$$c^*\left(\frac{\tilde{P}^{(k-2m)}_{m}(x) - \tilde{P}^{(k-2m)}_{m}(t)}{x-t}\right) = (\tilde{\omega}^{(k-2m)}_{m-1-pr(m)}(t) + t^{m-pr(m)}\ B^{(k-2m)}_{m})\tilde{Q}^{(k-2m)}_{pr(m)}(t)$$

$$+ C^{(k-2m)}_{m}\ t^{m-pr(pr(m))}\ \tilde{Q}^{(k-2m)}_{pr(pr(m))}(t)$$

$$+ c^*\left(\frac{\tilde{\omega}^{(k-2m)}_{m-1-pr(m)}(x) - \tilde{\omega}^{(k-2m)}_{m-1-pr(m)}(t)}{x-t}\ \tilde{P}^{(k-2m)}_{pr(m)}(x)\right)$$

$$+ B^{(k-2m)}_{m}\ c^*\left(\frac{x^{m-pr(m)} - t^{m-pr(m)}}{x-t}\ \tilde{P}^{(k-2m)}_{pr(m)}(x)\right)$$

$$+ C_m^{(k-2m)} \; c^*\left(\frac{x^{m-pr(pr(m))} - t^{m-pr(pr(m))}}{x-t} \tilde{P}_{pr(pr(m))}^{(k-2m)}(x)\right)$$

On a d'abord :

$$c^*\left(\frac{\tilde{P}_m^{(k-2m)}(x) - \tilde{P}_m^{(k-2m)}(t)}{x-t}\right)$$

$$= -\frac{1}{H_m^{(-m)}} \begin{vmatrix} d_{-m} & \cdots\cdots & d_0 \\ \vdots & & \vdots \\ d_{-1} & \cdots\cdots & d_{m-1} \\ \sum_{i=o}^{m-1} d_{i-m} t^i & \cdots\cdots \; d_{-1} & 0 \end{vmatrix}$$

On retranche de la dernière ligne la somme des m premières lignes respectivement multipliées par 1, t,...,t^{m-1}.

On obtient alors l'expression de $\tilde{Q}_{m,m}(t)$.

1. Si $P_{pr(m)}^{(k-2m)}(0) \neq 0$

alors $\tilde{P}_{pr(m)}^{(k-2m)}(x)$ est orthogonal par rapport à $\gamma^{(k'-1)}$

$$c^*\left(\frac{x^{m-pr(m)} - t^{m-pr(m)}}{x-t} \; \tilde{P}_{pr(m)}^{(k-2m)}(x)\right)$$

$$= -\gamma^{(k'-1)}\left(x^{k'} \frac{x^{m-pr(m)} - t^{m-pr(m)}}{x-t} \tilde{P}_{pr(m)}^{(k-2m)}(x)\right) = 0$$

car $x^{k'}\left(\frac{x^{m-pr(m)} - t^{m-pr(m)}}{x-t}\right)$ est un polynôme en x de degré k'+m-1-pr(m) = pr(m)-1.

On a donc aussi :

$$c^*\left(\frac{\tilde{\omega}_{m-1-pr(m)}^{(k-2m)}(x) - \tilde{\omega}_{m-1-pr(m)}^{(k-2m)}(t)}{x-t} \tilde{P}_{pr(m)}^{(k-2m)}(x)\right) = 0$$

Alors si $P^{(k-2m)}_{pr(pr(m))}(x)$ est au bord d'un bloc, il ne peut être qu'au nord de ce bloc.

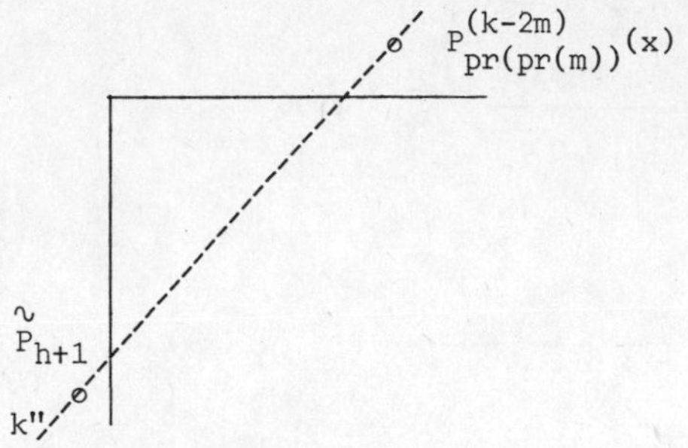

On a :

$$\tilde{P}^{(k-2m)}_{pr(pr(m))}(x) = \tilde{P}_{\tilde{h}+1}(x).$$

Donc :

$$c^*\left(\frac{x^{m-pr(pr(m))} - t^{m-pr(pr(m))}}{x-t} \tilde{P}_{\tilde{h}+1}(x)\right)$$

$$= -\gamma^{(k''-1)}\left(x^{k''} \frac{x^{m-pr(pr(m))} - t^{m-pr(pr(m))}}{x-t} \tilde{P}_{\tilde{h}+1}(x)\right) = 0$$

car $x^{k''}\left(\frac{x^{m-pr(pr(m))} - t^{m-pr(pr(m))}}{x-t}\right)$ est un polynôme en x de degré $k''+m-1-pr(pr(m)) = pr(pr(m))-1$ et $\gamma^{(k''-1)}(x^j \tilde{P}_{\tilde{h}+1}) = 0$ pour $j \in \mathbb{N}$, $0 \le j \le pr(pr(m))-1$ puisque le bloc W est décalé d'une rangée vers le haut. Par conséquent les polynômes Q satisfont bien la même relation de récurrence que les polynômes $P_{k,m}(x)$.

2. <u>Si $P^{(k-2m)}_{pr(m)}(o) = 0$.</u>

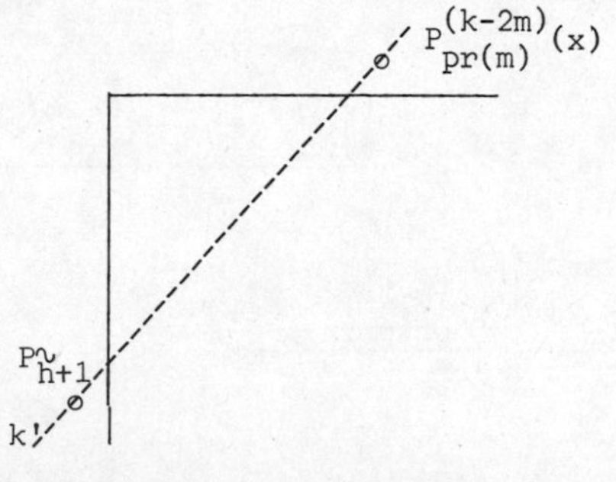

Alors $\tilde{P}^{(k-2m)}_{pr(m)}(x) = \tilde{P}_{\tilde{h}'+1}(x)$.

On a encore

$$c^*\left(\frac{x^{m-pr(m)} - t^{m-pr(m)}}{x-t}\,\tilde{P}^{(k-2m)}_{pr(m)}(x)\right) = 0$$

ainsi que

$$c^*\left(\frac{\tilde{\omega}^{(k-2m)}_{m-pr(m)}(x) - \tilde{\omega}^{(k-2m)}_{m-pr(m)}(t)}{x-t}\,P^{(k-2m)}_{pr(m)}(x)\right)$$

De même

$$c^*\left(\frac{x^{m-pr(pr(m))} - t^{m-pr(pr(m))}}{x-t}\,\tilde{P}^{(k-2m)}_{pr(pr(m))}(x)\right)$$

$$= -\gamma^{(k''-1)}\left(x^{k''}\,\frac{x^{m-pr(pr(m))} - t^{m-pr(pr(m))}}{x-t}\,\tilde{P}^{(k-2m)}_{pr(pr(m))}(x)\right) = 0$$

car $\tilde{P}^{(k-2m)}_{pr(pr(m))}(o) \neq 0$ ce qui entraine que $\tilde{P}^{(k-2m)}_{pr(pr(m))}(x)$ est orthogonal par rapport à $\gamma^{(k''-1)}$ et $x^{k''}\left(\frac{x^{m-pr(pr(m))} - t^{m-pr(pr(m))}}{x-t}\right)$ est un polynôme en x de degré $k''+m-1-pr(pr(m)) = pr(pr(m))-1$.

b). <u>Si $k \geq m+1$</u>.

On utilise la relation de récurrence des $P^{(k-2m)}(x)$. On obtient en appliquant la fonctionnelle c :

$$Q_{k,m}(t) = c\left(\frac{x\omega^{(k-2m)}_{m-1-pr(m)}(x) - t\,\omega^{(k-2m)}_{m-1-pr(m)}(t)}{x-t}\,P^{(k-2m)}_{pr(m)}(x)\right)$$

$$+ \left(t\,\omega^{(k-2m)}_{m-1-pr(m)}(t) + B^{(k-2m)}_m\right) c\left(\frac{P^{(k-2m)}_{pr(m)}(x) - P^{(k-2m)}_{pr(m)}(t)}{x-t}\right)$$

$$+ C^{(k-2m)}_m\, c\left(\frac{P^{(k-2m)}_{pr(pr(m))}(x) - P^{(k-2m)}_{pr(pr(m))}(t)}{x-t}\right)$$

D'après le corollaire 6.4

$$c\left(\frac{P^{(k-2m)}_{pr(m)}(x) - P^{(k-2m)}_{pr(m)}(t)}{x-t}\right) = Q_{k',pr(m)}(t)$$

Considérons l'expression :

$$G(t) = c\left(\frac{x\,\omega^{(k-2m)}_{m-1-pr(m)}(x) - t\,\omega^{(k-2m)}_{m-1-pr(m)}(t)}{x-t}\,P^{(k-2m)}_{pr(m)}(x)\right)$$

$$= d^{(k-2m)}\left(x^{2m-k}\,\frac{x\,\omega^{(k-2m)}_{m-1-pr(m)} - t\,\omega^{(k-2m)}_{m-1-pr(m)}(t)}{x-t}\,P^{(k-2m)}_{pr(m)}(x)\right)$$

Posons $x\,\omega^{(k-2m)}_{m-1-pr(m)}(x) = \sum_{j=1}^{m-pr(m)} \beta_j x^j$ avec $\beta_{m-pr(m)} = 1$.

Alors :

$$G(t) = d^{(k-2m)}\left(x^{2m-k} \sum_{j=1}^{m-pr(m)} \beta_j\,\frac{x^j-t^j}{x-t}\,P^{(k-2m)}_{pr(m)}(x)\right)$$

$$= d^{(k-2m)}\left(x^{2m-k} \sum_{j=1}^{m-pr(m)} \beta_j \sum_{s=o}^{j-1} t^s\,x^{j-1-s}\,P^{(k-2m)}_{pr(m)}(x)\right)$$

$$= \sum_{s=0}^{m-1-pr(m)} t^s \left(\sum_{j=s+1}^{m-pr(m)} \beta_j\,d^{(k-2m)}\left(x^{2m-k+j-1-s}\,P^{(k-2m)}_{pr(m)}(x)\right)\right)$$

Or $$d^{(k-2m)}\left(x^{2m-k+j-1-s}\,P^{(k-2m)}_{pr(m)}(x)\right) = 0$$

pour $2m-k+j-1-s \le m-2$ c'est à dire $j \le s+k-m-1$.

Par conséquent :

$$G(t) = \sum_{s=o}^{m-1-pr(m)} t^s \left(\sum_{j=Sup(s+1,s+k-m)}^{m-pr(m)} \beta_j \, d^{(k-2m)} (x^{2m-k+j-1-s} P_{pr(m)}^{(k-2m)}(x)) \right)$$

$$= \sum_{s=o}^{2m-k-pr(m)} t^s \left(\sum_{j=sup(s+1,s+k-m)}^{m-pr(m)} \beta_j \, d^{(k-2m)} (x^{2m-k+j-1-s} P_{pr(m)}^{(k-2m)}(x)) \right)$$

D'autre part en utilisant la relation de récurrence à trois termes on obtient :

$$P_m^{(k-2m)}(x) = (x\, \omega_{m-1-pr(m)}^{(k-2m)}(x) + B_m^{(k-2m)})\, P_{pr(m)}^{(k-2m)}(x) + C_m^{(k-2m)} P_{pr(pr(m))}^{(k-2m)}(x)$$

$$= \sum_{j=1}^{m-pr(m)} \beta_j \, x^j P_{pr(m)}^{(k-2m)}(x) + B_m^{(k-2m)} P_{pr(m)}^{(k-2m)}(x) + C_m^{(k-2m)} P_{pr(pr(m))}^{(k-2m)}(x)$$

Or on a :

$$\begin{cases} d^{(k-2m)} (x^i P_m^{(k-2m)}(x)) = 0 \text{ pour } i \in \mathbb{N},\ 0 \le i \le m-1 \\ d^{(k-2m)} (x^i P_{pr(m)}^{(k-2m)}) = 0 \quad \text{pour } i \in \mathbb{N},\ 0 \le i \le m-2 \end{cases}$$

Alors on multiplie les deux membres de la relation de récurrence par $x^{pr(m)-1+i}$ pour $i \in \mathbb{N}$, $0 \le i \le m-1-pr(m)$, puis on applique $d^{(k-2m)}$. On obtient :

$$d^{(k-2m)} (x^{pr(m)-1+i} P_m^{(k-2m)}(x)) = 0$$

$$= \sum_{j=1}^{m-pr(m)} \beta_j \, d^{(k-2m)} (x^{pr(m)-1+i+j} P_{pr(m)}^{(k-2m)}(x))$$

$$+ B_m^{(k-2m)} d^{(k-2m)} (x^{pr(m)-1+i} P_{pr(m)}^{(k-2m)}(x))$$

$$+ C_m^{(k-2m)} d^{(k-2m)} (x^{pr(m)-1+i} P_{pr(pr(m))}^{(k-2m)}(x))$$

$$= \sum_{j=m-pr(m)-i}^{m-pr(m)} \beta_j \, d^{(k-2m)}(x^{pr(m)-1+i+j} P_{pr(m)}^{(k-2m)}(x))$$

$$+ \; C_m^{(k-2m)} d^{(k-2m)}(x^{pr(m)-1+i} P_{pr(pr(m))}^{(k-2m)}(x)) = 0$$

pour $i \in \mathbb{N}$, $0 \leq i \leq m-1-pr(m)$.

Or si $m-pr(m)-i = \mathrm{Sup}(s+1, s+k-m-1)$, alors $pr(m)-1+i+j = 2m-k+j-1-s$ et par conséquent :

$$\tilde{G}(t) = \sum_{s=o}^{2m-k-pr(m)} (-t^s) \, C_m^{(k-2m)} d^{(k-2m)} (x^{2m-k-1-s} P_{pr(pr(m))}^{(k-2m)}(x))$$

et par suite :

$$G(t) = t^{pr(pr(m))-1} \, G(\tfrac{1}{t})$$

$$= - C_m^{(k-2m)} \sum_{s=o}^{2m-k-pr(m)} t^{pr(pr(m))-1-s} \, d^{(k-2m)} (x^{2m-k-1-s} P_{pr(pr(m))}^{(k-2m)}(x))$$

$$= \frac{-C_m^{(k-2m)}}{H_{pr(pr(m))}^{(k-2m)}} \begin{vmatrix} d_{k-2m} & \cdots & d_{k-2m+pr(pr(m))} \\ \vdots & & \vdots \\ d_{k-2m+pr(pr(m))-1} & \cdots & d_{k-2m+2pr(pr(m))-1} \\ \sum_{s=o}^{2m-k-pr(m)} d_{-1-s} t^{pr(pr(m))-s-1} & \cdots & \sum_{s=o}^{2m-k-pr(m)} d_{-1-s-pr(pr(m))} t^{pr(pr(m)-1-s} \end{vmatrix}$$

Nous avons aussi

$$t^{pr(pr(m))-1} \, c\left(\frac{P_{pr(pr(m))}^{(k-2m)}(x) - P_{pr(pr(m))}^{(k-2m)}(\frac{1}{t})}{x - \frac{1}{t}}\right) = \tilde{R}(t)$$

$$= \frac{1}{H^{(k-2m)}_{pr(pr(m))}} \begin{vmatrix} d_{k-2m} & \cdots & d_{k-2m+pr(pr(m))} \\ \vdots & & \vdots \\ d_{k-2m+pr(pr(m))-1} & \cdots & d_{k-2m+2pr(pr(m))-1} \\ 0 & d_0 t^{pr(pr(m))-1} \cdots & \sum_{i=o}^{pr(pr(m))-1} d_i t^i \end{vmatrix}$$

Donc $C_m^{(k-2m)} \tilde{R}(t) + \tilde{G}(t) =$

$$\frac{C_m^{(k-2m)}}{H^{(k-2m)}_{pr(pr(m))}} \begin{vmatrix} d_{k-2m} & \cdots & d_{k-2m+pr(pr(m))} \\ \vdots & & \vdots \\ d_{k-2m+pr(pr(m))-1} & \cdots & d_{k-2m+2pr(pr(m))-1} \\ -\sum_{s=o}^{2m-k+pr(m)} d_{-1-s} t^{pr(pr(m))-1-s} & \cdots \; 0 \; \cdots & \sum_{i=o}^{pr(m)-2m+k+pr(pr(m))-2} d_i t^i \end{vmatrix}$$

Enfin, $H^{(k-2m)}_{pr(pr(m))} \neq 0$, $H^{(k-2m)}_{pr(m)} \neq 0$ et $H_i^{(k-2m)} = 0$ pour $i \in \mathbb{N}$, $pr(pr(m))+1 \leq i \leq pr(m)-1$.

Donc :

$$\begin{vmatrix} d_{k-2m} & \cdots & d_{k-2m+pr(pr(m))} \\ \vdots & & \vdots \\ d_{k-2m+pr(pr(m))-1} & \cdots & d_{k-2m+2pr(pr(m))-1} \\ d_{k-2m+i} & \cdots & d_{k-2m+pr(pr(m))+i} \end{vmatrix} = 0$$

pour $i \in \mathbb{N}$, $pr(pr(m)) \leq i \leq pr(m)-2$.

Parmi les lignes de :

$$\begin{vmatrix} d_{k-2m} & \text{------} & d_{k-2m+pr(pr(m))} \\ \vdots & & \vdots \\ d_{k-2m+pr(m)-2} & \text{------} & d_{k-2m+pr(pr(m))+pr(m)-2} \end{vmatrix}$$

On prend la somme des pr(m)-2m+k+pr(pr(m))-1 dernières lignes qu'on multiplie respectivement par 1, t,...,$t^{pr(m)-2m+k+pr(pr(m))-2}$. Puis on retranche cette somme de la dernière ligne de l'expression $C_m^{(k-2m)}\ \tilde{R}(t) + \tilde{G}(t)$, ce qui ne modifie pas le résultat.
On obtient alors :

$$C_m^{(k-2m)}\ \tilde{Q}_{k'',pr(pr(m))}(t).$$

Par conséquent, on obtient bien la même relation de récurrence.

<u>cqfd.</u>

<u>*Corollaire 6.5.*</u>

Si $P_{m,m}(x)$ *est orthogonal régulier, alors :*

$$Q_{m,m}(t) = c\left(\frac{P_{m,m}(x) - P_{m,m}(t)}{x-t}\right)$$

et

$$\tilde{Q}_{m,m}(t) = c^*\left(\frac{\tilde{P}_{m,m}(x) - \tilde{P}_{m,m}(t)}{x-t}\right).$$

<u>Démonstration</u>.

On prend celle faite dans le théorème 6.2 iv) a).

<u>cqfd.</u>

Nous avons montré dans le chapitre 2 que tout polynôme $P_m^{(n+1)}(x)$ orthogonal régulier de la table P vérifie les deux relations suivantes, pour $m \in \mathbb{N}$, $p_\ell \leq m \leq h_{\ell+1}+1$

$$P_m^{(n+1)}(x) = x^{-1} (P_{m+1}^{(n)}(x) + q_{m+1,\ell}^{(n)} P_{pr(m+1,n)}^{(n)}(x))$$

$$P_m^{(n+1)}(x) = \omega_{m-pr(m+1,n)}^{(n)}(x)\, P_{pr(m+1,n)}^{(n)}(x) + E_{m+1}^{(n)}\, P_{pr(pr(m+1,n),n+1)}^{(n+1)}(x)$$

Nous montrons dans les deux propriétés qui suivent que, si les trois polynômes qui interviennent dans ces deux relations sont dans la table P_2, alors les polynômes $Q_{k,m}(x)$ vérifient les mêmes relations de récurrence.

Nous posons $n = k-1-2m$ et $k+1-2(m+1) = k'-2pr(m+1,n)$.

<u>*Propriété 6.9.*</u>

Les polynômes $P_{k,m}(x)$ *et* $Q_{k,m}(x)$ *vérifient la même relation de récurrence*

$$x\, U_{k,m}(x) = U_{k+1,m+1}(x) + q_{m+1,\ell}^{(k-1-2m)}\, U_{k',pr(m+1,n)}(x)$$

si les trois polynômes qui interviennent sont dans la table P_2 *ou* Q_2.

<u>Démonstration</u>.

Nous savons déjà que $P_{k,m}(x)$ vérifie cette relation de récurrence. Montrons que les polynômes $Q_{k,m}(x)$ vérifient la même relation.
Examinons d'abord le cas où

a). <u>$P_{m+1}^{(k-2m+1)}$ est orthogonal régulier.</u>

i) <u>Si $pr(m+1,n) \leq k'$.</u>

Les trois polynômes sont dans la demi-table inférieure et de plus $k \geq m+1$.

On a alors :

$$c\left(x\,\frac{P_m^{(k-2m)}(x) - t\,P_m^{(k-2m)}(t)}{x-t}\right) = Q_{k+1,m+1}(t) + q_{m+1,\ell}^{(k-2-2m)}\;Q_{k',pr(m+1,n)}(t)$$

$$= c(P_m^{(k-2m)}(x)) + t\,Q_{k,m}(t) = t\,Q_{k,m}(t)$$

car $c(P_m^{(k-2m)}(x)) = d^{(k-2m)}\;(x^{2m-k}\;P_m^{(k-2m)}(x)) = 0$ puisque $k \geq m+1$.

ii) <u>Si les trois polynômes sont dans la demi table supérieure.</u>

On a $k \leq m-1$.

On utilise la relation avec les polynômes transformés, c'est à dire :

$$\tilde{P}_m^{(k-2m)}(x) = \tilde{P}_{m+1}^{(k-1-2m)}(x) + q_{m+1,\ell}^{(k-1-2m)}\;x^{m+1-pr(m+1,n)}\;\tilde{P}_{pr(m+1,n)}^{(k-1-2m)}(x)$$

On a donc :

$$\tilde{Q}_{k,m}(t) = \tilde{Q}_{k+1,m+1}(t) + t^{m+1-pr(m+1,n)}\;q_{m+1,\ell}^{(k-1-2m)}\;\tilde{Q}_{k',pr(m+1,n)}(t)$$

$$+\;q_{m+1,\ell}^{(k-1-2m)}\;c^*\left(\frac{x^{m+1-pr(m+1,n)} - t^{m+1-pr(m+1,n)}}{x-t}\;\tilde{P}_{pr(m+1,n)}^{(k-1-2m)}(x)\right)$$

$$= \tilde{Q}_{k+1,m+1}(t) + t^{m+1-pr(m+1,n)}\;q_{m+1,\ell}^{(k-1-2m)}\;\tilde{Q}_{k',pr(m+1,n)}(t)$$

car le terme qui fait intervenir c^* est égal à :

$$-\;\gamma^{(k'-1)}\;\left(x^{k'}\;\frac{x^{m+1-pr(m+1,n)} - t^{m+1-pr(m+1,n)}}{x-t}\;\tilde{P}_{pr(m+1,n)}^{(k-1-2m)}(x)\right) = 0$$

d'après la démonstration faite dans le ii) du théorème 6.2.

iii) Si $P^{(k-1-2m)}_{pr(m+1,n)}(x)$ **est dans la demi-table supérieure et** les deux autres dans la demi-table inférieure.

Alors $k \geq m$ et $k' \leq pr(m+1,n)-1$.

On a en utilisant la relation avec les polynômes $P_{k,m}(x)$:

$$c\left(x \frac{P^{(k-2m)}_{m}(x) - t\, P^{(k-2m)}_{m}(t)}{x-t}\right) = Q_{k+1,m+1}(t)$$

$$+ q^{(k-1-2m)}_{m+1,\ell} \quad c\left(\frac{P^{(k-1-2m)}_{pr(m+1,n)}(x) - P^{(k-1-2m)}_{pr(m+1,n)}(t)}{x-t}\right)$$

$$= c(P^{(k-2m)}_{m}(x)) + t\, Q_{k,m}(t).$$

1. Si $k \geq m+1$.

Un bloc P_2 existe entre $P^{(k-1-2m)}_{m+1}(x)$ et $P^{(k-1-2m)}_{pr(m+1,n)}(x)$.

$c(P^{(k-2m)}_{m}(x)) = 0$ (voir le cas i)).

D'autre part, $P^{(k-1-2m)}_{pr(m+1,n)}(x)$ est à l'ouest du bloc P_2 et d'après le corollaire 6.4

$$c\left(\frac{P^{(k-1-2m)}_{pr(m+1,n)}(x) - P^{(k-1-2m)}_{pr(m+1,n)}(t)}{x-t}\right) = Q_{k',pr(m+1,n)}(t).$$

D'où le résultat.

2. Si $k = m$.

On multiplie les deux membres de la relation

$$x\, P^{(k-2m)}_{m}(x) = P^{(k-1-2m)}_{m+1}(x) + q^{(k-1-2m)}_{m+1,\ell} \; P^{(k-1-2m)}_{pr(m+1,n)}(x)$$

par x^m et on applique $d^{(k-1-2m)}$. On obtient :

$$q_{m+1,\ell}^{(k-1-2m)} = \frac{d^{(k-2m)}(x^m\, P_m^{(k-2m)}(x))}{d^{(k-1-2m)}(x^m\, P_{pr(m+1,n)}^{(k-1-2m)}(x)}$$

On a alors :

$$q_{m+1,\ell}^{(k-1-2m)}\ c\left(\frac{P_{pr(m+1,n)}^{(k-1-2m)}(x) - P_{pr(m+1,n)}^{(k-1-2m)}(t)}{x-t}\right) - c(P_m^{(k-2m)}(x))$$

$$= q_{m+1,\ell}^{(k-1-2m)} \left[c\left(\frac{P_{pr(m+1,n)}^{(k-1-2m)}(x) - P_{pr(m+1,n)}^{(k-1-2m)}(t)}{x-t}\right) - d^{(k-1-2m)}\ (x^m\, P_{pr(m+1,n)}^{(k-1-2m)}(x)) \right]$$

$$= q_{m+1,\ell}^{(k-1-2m)} \left[c\left(\frac{P_{pr(m+1,n)}^{(k-1-2m)}(x) - P_{pr(m+1,n)}^{(k-1-2m)}(t)}{x-t}\right) - d^{(-1)}\ (P_{pr(m+1,n)}^{(k-1-2m)}(x)) \right]$$

$$= q_{m+1,\ell}^{(k-1-2m)}\ Q_{k',pr(m+1,n)}(t)$$

en utilisant une démonstration totalement analogue à celle faite dans le théorème 6.2 iii) b).

b) Si $P_{m+1}^{(k-1-2m)}$ n'est pas orthogonal régulier.

Alors $pr(m+1,n) = m$.

Les deux polynômes $P_m^{(k-2m)}(x)$ et $P_m^{(k-1-2m)}(x)$ sont à l'ouest d'un bloc P_2. Ils sont identiques et on sait que les associés correspondant sont aussi identiques (propriété 6.7). Par conséquent, on a bien également la même relation de récurrence.

cqfd.

Pour la propriété suivante nous posons toujours n = k-1-2m et

$$\begin{cases} k-2m = k''-2pr(pr(m+1,\ n),\ n+1) \\ k-1-2m = k'-2pr(m+1,\ n) \end{cases}$$

Propriété 6.10.

Les polynômes $P_{k,m}(x)$ *et* $Q_{k,m}(x)$ *vérifient la même relation de récurrence*

$$V_{k,m}(x) = \omega^{(k-1-2m)}_{m-pr(m+1,n)}(x)\ V_{k',pr(m+1,n)}(x) + E^{(k-1-2m)}_{m}\ V_{k'',pr(pr(m+1,n),n+1)}(x)$$

si les trois polynômes qui interviennent sont dans la table P_2 *ou* Q_2.

Démonstration.

Nous savons déjà que les $P_{k,m}(x)$ satisfont cette relation. Nous démontrons la relation pour les $Q_{k,m}(x)$.

Dans ce cas on a : $P^{(k-1-2m)}_{pr(m+1,n)}(0) \neq 0$ et si $P^{(k-2m)}_{pr(pr(m+1,n),n+1)}(x)$ est au bord d'un bloc il est toujours au nord ou au nord-ouest de ce bloc.

i) Si les trois polynômes sont dans la demi-table inférieure.

$$pr(m+1,n) \leq k'.$$

On a alors :

$$Q_{k,m}(t) = \omega^{(k-1-2m)}_{m-pr(m+1,n)}(t)\ Q_{k',pr(m+1,n)}(t) + E^{(k-1-2m)}_{m}\ Q_{k''-pr(pr(m+1,n),n+1)}(t)$$

$$+ c\left(\frac{\omega^{(k-1-2m)}_{m-pr(m+1,n)}(x) - \omega^{(k-1-2m)}_{m-pr(m+1,n)}(t)}{x-t}\ P^{(k-1-2m)}_{pr(m+1,n)}(x)\right)$$

$$= \omega^{(k-1-2m)}_{m-pr(m+1,n)}(t)\ Q_{k',pr(m+1,n)}(t) + E^{(k-1-2m)}_{m}\ Q_{k'',pr(pr(m+1,n),n+1)}(t)$$

car

$$d^{(k-1-2m)}\left(x^{2m-k+1}\left(\frac{\omega^{(k-1-2m)}_{m-pr(m+1,n)}(x) - \omega^{(k-1-2m)}_{m-pr(m+1,n)}(t)}{x-t}\right) P^{(k-1-2m)}_{pr(m+1,n)}(x)\right) = 0$$

En effet $d^{(k-1-2m)}(x^j\ P^{(k-1-2m)}_{pr(m+1,n)}(x)) = 0$ pour $j \in \mathbb{N}$, $0 \leq j \leq m-1$, et

$x^{2m-k+1}\left(\frac{\omega^{(k-1-2m)}_{m-pr(m+1,n)}(x) - \omega^{(k-1-2m)}_{m-pr(m+1,n)}(t)}{x-t}\right)$ est un polynôme en x de degré

$3m-k-pr(m+1,n) = pr(m+1,n)-k'-1+m \leq m-1$.

ii) Les trois polynômes sont dans la demi-table supérieure.

On utilise la relation avec les polynômes transformés

$$P^{(k-2m)}_{m}(x) = \tilde{\omega}^{(k-1-2m)}_{m-pr(m+1,n)}(x)\ \tilde{P}^{(k-1-2m)}_{pr(m+1,n)}(x)$$

$$+ E^{(k-1-2m)}_{m}\ x^{m-pr(pr(m+1,n),n+1)}\ \tilde{P}^{(k-2m)}_{pr(pr(m+1,n),n+1)}(x).$$

On a alors :

$$\tilde{Q}_{k,m}(t) = \tilde{\omega}^{(k-1-2m)}_{m-pr(m+1,n)}(t)\ \tilde{Q}_{k',pr(m+1,n)}(t)$$

$$+ E^{(k-1-2m)}_{m}\ t^{m-pr(pr(m+1,n),n+1)}\ \tilde{Q}_{k'',pr(pr(m+1,n),n+1)}(t)$$

$$+ c^*\left(\frac{\tilde{\omega}^{(k-1-2m)}_{m-pr(m+1,n)}(x) - \tilde{\omega}^{(k-1-2m)}_{m-pr(m+1,n)}(t)}{x-t}\ \tilde{P}^{(k-1-2m)}_{pr(m+1,n)}(x)\right)$$

$$+ E^{(k-1-2m)}_{m}\ c^*\left(\frac{x^{m-pr(pr(m+1,n),n+1)} - t^{m-pr(pr(m+1,n),n+1)}}{x-t}\ \tilde{P}^{(k-2m)}_{pr(pr(m+1,n),n+1)}(x)\right)$$

De la même façon que dans le théorème 6.2 ii) a), on obtient l'annulation des deux expressions faisant intervenir la fonctionnelle c^*.

Donc on retrouve la même relation de récurrence.

iii) Si le polynôme $P^{(k-2m)}_{pr(pr(m+1,n),n+1)}(x)$ est dans la demi-table supérieure

et les deux autres dans la demi-table inférieure, alors $P^{(k-2m)}_{pr(pr(m+1,n),n+1)}(x)$ est au nord ou nord-ouest d'un bloc P_2 et $P^{(k-1-2m)}_{pr(m+1,n)}(x)$ est à l'est de ce bloc. On a :

$$Q_{k,m}(t) = \omega^{(k-1-2m)}_{m-pr(m+1,n)}(t)\, Q_{k',pr(m+1,n)}(t)$$

$$+\, c\left(\frac{\omega^{(k-1-2m)}_{m-pr(m+1,n)}(x) - \omega^{(k-1-2m)}_{m-pr(m+1,n)}(t)}{x-t}\, P^{(k-1-2m)}_{pr(m+1,n)}(x)\right)$$

$$+\, E^{(k-1-2m)}_{m}\; c\left(\frac{P^{(k-2m)}_{pr(pr(m+1,n),n+1)}(x) - P^{(k-2m)}_{pr(pr(m+1,n),n+1)}(t)}{x-t}\right)$$

D'après le corollaire 6.4 on a :

$$c\left(\frac{P^{(k-2m)}_{pr(pr(m+1,n),n+1)}(x) - P^{(k-2m)}_{pr(pr(m+1,n),n+1)}(t)}{x-t}\right) = Q_{k'',pr(pr(m+1,n),n+1)}(t).$$

D'autre part en utilisant le i)

$$c\left(\frac{\omega^{(k-1-2m)}_{m-pr(m+1,n)}(x) - \omega^{(k-1-2m)}_{m-pr(m+1,n)}(t)}{x-t}\; P^{(k-1-2m)}_{pr(m+1,n)}(x)\right) = 0$$

D'où le résultat.

iv) Si le polynôme $P^{(k-2m)}_{m}(x)$ est dans la demi-table inférieure et les deux autres dans la demi-table supérieure.

a). <u>Si k = m.</u>

On utilise la relation de récurrence avec les polynômes transformés. On a alors :

$$c^*\left(\frac{\tilde{P}_m^{(k-2m)}(x) - \tilde{P}_m^{(k-2m)}(t)}{x-t}\right) = \tilde{\omega}^{(k-1-2m)}_{m-pr(m+1,n)}(t)\ \tilde{Q}_{k',pr(m+1,n)}(t)$$

$$+ c^*\left(\frac{\tilde{\omega}^{(k-1-2m)}_{m-pr(m+1,n)}(x) - \tilde{\omega}^{(k-1-2m)}_{m-pr(m+1,n)}(t)}{x-t}\ \tilde{P}^{(k-1-2m)}_{pr(m+1,n)}(x)\right)$$

$$+ E_m^{(k-1-2m)}\ t^{m-pr(pr(m+1,n),n+1)}\ \tilde{Q}_{k'',pr(pr(m+1,n),n+1)}(t)$$

$$+ E_m^{(k-1-2m)}\ c^*\left(\frac{x^{m-pr(pr(m+1,n),n+1)} - t^{m-pr(pr(m+1,n),n+1)}}{x-t}\ \tilde{P}^{(k-2m)}_{pr(pr(m+1,n),n+1)}(x)\right)$$

D'après le corollaire 6.5 on a :

$$c^*\left(\frac{\tilde{P}_m^{(-m)}(x) - \tilde{P}_m^{(-m)}(t)}{x-t}\right) = \tilde{Q}_{m,m}(t).$$

On démontre de la même façon que dans le théorème 6.2 iv) a) 1. que :

$$c^*\left(\frac{\tilde{\omega}^{(k-1-2m)}_{m-pr(m+1,n)}(x) - \tilde{\omega}^{(k-1-2m)}_{m-pr(m+1,n)}(t)}{x-t}\ \tilde{P}^{(k-1-2m)}_{pr(pr(m+1,n))}(x)\right) = 0$$

ainsi que :

$$c^*\left(\frac{x^{m-pr(pr(m+1,n),n+1)} - t^{m-pr(pr(m+1,n),n+1)}}{x-t}\ \tilde{P}^{(k-2m)}_{pr(pr(m+1,n),n+1)}(x)\right)$$

on retrouve bien la même relation de récurrence.

b). <u>Si $k \geq m+1$.</u>

On utilise la relation de récurrence sur $P_m^{(k-2m)}(x)$.
On obtient donc :

$$Q_{k,m}(t) = \omega_{m-pr(m+1,n)}^{(k-1-2m)}(t)\, c\left(\frac{P_{pr(m+1,n)}^{(k-1-2m)}(x) - P_{pr(m+1,n)}^{(k-1-2m)}(t)}{x-t}\right)$$

$$+ E_m^{(k-1-2m)}\, c\left(\frac{P_{pr(pr(m+1,n),n+1)}^{(k-2m)}(x) - P_{pr(pr(m+1,n),n+1)}^{(k-2m)}(t)}{x-t}\right)$$

$$+ c\left(\frac{\omega_{m-pr(m+1,n)}^{(k-1-2m)}(x) - \omega_{m-pr(m+1,n)}^{(k-1-2m)}(t)}{x-t}\, P_{pr(m+1,n)}^{(k-1-2m)}(x)\right)$$

La démonstration est analogue à celle du théorème 6.2 iv) b).

On a :

$$Q_{k',pr(m+1,n)}(t) = c\left(\frac{P_{pr(m+1,n)}^{(k-1-2m)}(x) - P_{pr(m+1,n)}^{(k-1-2m)}(t)}{x-t}\right)$$

Si on pose $\omega_{m-pr(m+1,n)}^{(k-1-2m)}(x) = \sum_{j=o}^{m-pr(m+1,n)} \beta_j x^j$ avec $\beta_{m-pr(m+1,n)} = 1$, on retrouve :

$$G(t) = c\left(\frac{\omega_{m-pr(m+1,n)}^{(k-1-2m)}(x) - \omega_{m-pr(m+1,n)}^{(k-1-2m)}(t)}{x-t}\, P_{pr(m+1,n)}^{(k-1-2m)}(x)\right)$$

$$= \sum_{s=o}^{2m-k-pr(m+1,n)} t^s \left(\sum_{j=Sup(s+1,s+k-m)}^{m-pr(m+1,n)} \beta_j\, d^{(k-1-2m)} \left(x^{2m-k+j-s}\, P_{pr(m+1,n)}^{(k-1-2m)}\right)\right)$$

En utilisant la relation de récurrence sur les P(x) on obtient :

$$P_m^{(k-2m)}(x) = \sum_{j=o}^{m-pr(m+1,n)} \beta_j\, x^j\, P_{pr(m+1,n)}^{(k-1-2m)}(x) + E_m^{(k-1-2m)}\, P_{pr(pr(m+1,n),n+1)}^{(k-2m)}(x)$$

On a ici :

$$d^{(k-2m)}\ (x^i\ P_m^{(k-2m)}(x)) = 0 \text{ pour } i \in \mathbb{N},\ 0 \leq i \leq m-1$$

$$d^{(k-1-2m)}(x^i\ P_{pr(m+1,n)}^{(k-1-2m)}(x)) = 0 \text{ pour } i \in \mathbb{N},\ 0 \leq i \leq m-1.$$

Alors, on multiplie les deux membres de la relation de récurrence par $x^{pr(m+1,n)-1+i}$ pour $i \in \mathbb{N}$, $0 \leq i \leq m-1-pr(m+1,n)$, puis on applique $d^{(k-2m)}$. Avec $k \geq m+1$, on a :

$$pr(m,n+1) = pr(m+1,n)$$

Par conséquent, on obtiendra :

$$\sum_{j=m-pr(m+1,n)-i}^{m-pr(m+1,n)} \beta_j\ d^{(k-2m)}\ (x^{pr(m+1,n)-1+i+j}\ P_{pr(m+1,n)}^{(k-1-2m)}(x))$$

$$+ E_m^{(k-1-2m)}\ d^{(k-2m)}\ (x^{pr(m+1,n)-1+i}\ P_{pr(pr(m+1,n),n+1)}^{(k-2m)}(x)) = 0$$

pour $i \in \mathbb{N}$, $0 \leq i \leq m-1-pr(m+1,n)$.

Alors par des considérations totalement identiques à celles du théorème 6.2 iv) b) on en déduit que :

$$G(t) + E_m^{(k-1-2m)}\ c\left(\frac{P_{pr(pr(m+1,n),n+1)}^{(k-2m)}(x) - P_{pr(pr(m+1,n),n+1)}^{(k-2m)}(t)}{x-t}\right)$$

$$= E_m^{(k-1-2m)}\ Q_{k'',pr(pr(m+1,n),n+1)}(t).$$

D'où le résultat.

<u>cqfd.</u>

Nous allons maintenant démontrer que les relations de récurrence le long d'une antidiagonale ou de deux antidiagonales adjacentes, que satisfont les polynômes $P_{k,m}(x)$ et leurs associés sont identiques.

En vue de démontrer ce résultat nous établissons certaines propriétés des tables des polynômes.
Définissons deux séries formelles, l'une $\bar{L}$ pour x petit, l'autre $\bar{L}^*$ pour x grand

$$\bar{L} = \sum_{j=o}^{\infty} c^*_{-j-1} x^j$$

$$\bar{L}^* = \sum_{j=1}^{\infty} c_{j-1} x^{-j}$$

Les coefficients c_i et c^*_{-i} gardent les valeurs qu'ils avaient dans L et L^*.
Nous cherchons l'approximant de Padé en deux points des deux séries formelles $\bar{L}$ et $\bar{L}^*$.

$$\bar{f}_{k',m}(x) = \frac{\sum_{j=o}^{m-1} \bar{a}_j x^j}{\sum_{j=o}^{m} \bar{b}_j x^j} = \frac{\tilde{Q}\tilde{W}_{k',m}(x)}{\tilde{W}_{k',m}(x)}$$

Nous définissons les fonctionnelles linéaires c et c^* comme précédemment.
Nous posons $\bar{d}_j = -d_{-j} = c^*_{-j} - c_{-j}$, $\forall j \in Z$.
Nous définissons la fonctionnelle linéaire $\bar{d}^{(-s-1)}$ par :

$$\bar{d}^{(-s-1)}(x^j) = -\bar{d}_{j-s}, \ \forall j \in \mathbb{N}.$$

Nous savons, d'après la propriété 6.2, que le polynôme $W_{k',m}(x)$ est orthogonal par rapport à la fonctionnelle linéaire $\bar{d}^{(k'-2m)}$.

En effet le système (S_1) est

$$\sum_{i=o}^{m} \bar{b}_i c^*_{-j-1+i} - \bar{a}_j = 0 \text{ pour } j \in \mathbb{N},\ 0 \le j \le k'-1$$

et le système (S_2) est

$$\sum_{i=o}^{m} \bar{b}_i c_{-j+i-1} - \bar{a}_j = 0 \text{ pour } j \in Z,\ k'-m \le j \le m-1$$

Le système d'orthogonalité (S) résultant est donc :

$$\sum_{i=0}^{n} \bar{b}_i (c^*_{-j-1+i} - c_{-j-1+i}) = 0 \text{ pour } j \in \mathbb{Z}, \; k'-m \le j \le k'-1$$

c'est à dire

$$\sum_{i=0}^{m} \bar{b}_i \, \bar{d}_{j+1-i} = 0$$

Enfin d'après la propriété 6.4 nous avons :

Si $k' > m-1$.

$$QW_{k',m}(t) = c^* \left(\frac{W_{k',m}(x) - W_{k',m}(t)}{x-t} \right)$$

Si $0 \le k' \le m-1$.

$$Q\tilde{W}_{k',m}(t) = c \left(\frac{\tilde{W}_{k',m}(x) - \tilde{W}_{k',m}(t)}{x-t} \right)$$

Nous plaçons les polynômes $W_{k',m}(x)$ dans une table $\bar{W}$ de la façon suivante

W_{0,2} -----
W_{0,1} W_{1,2} -----
} champ d'action de c pour obtenir l'associé

W_{1,1} W_{2,2} -----
W_{2,1} W_{3,2} -----
W_{4,2} -----
} champ d'action de c^* pour obtenir l'associé

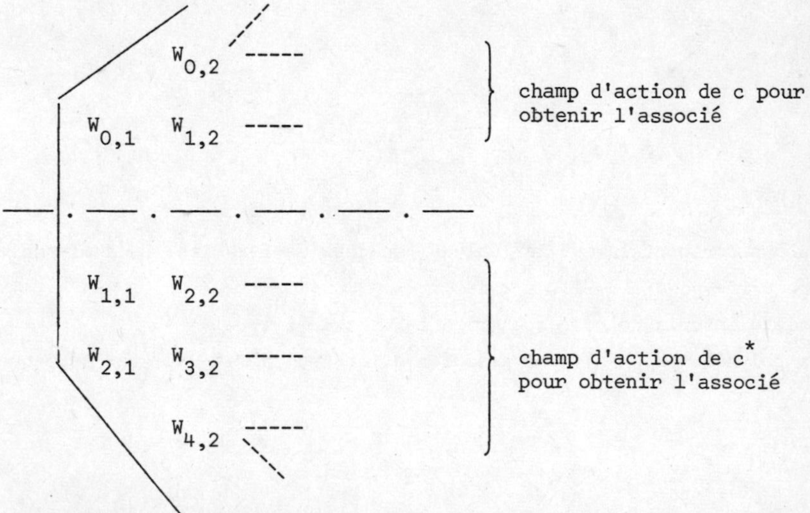

Les polynômes $QW_{k',m}(t)$ seront placés de façon similaire dans une table $\overline{QW}$.

Nous considérons maintenant les polynômes $W_i^{(s)}(x)$ obtenus dans la section 4.3, qui sont orthogonaux par rapport à la fonctionnelle linéaire $\gamma^{(s)}$ qui est telle que :

$$\gamma^{(s)}\ (x^j) = d_{s-j} \text{ pour } j \in \mathbb{N}.$$

Nous avons vu dans la propriété 4.11, comment le polynôme $W_i^{(s)}(x)$ était relié au polynôme $\tilde{P}_i^{(s+1-2i)}(x)$.
Nous disposons comme dans la section 4.3 les polynômes $W_i^{(s)}(x)$ dans une table W.
Nous appellerons table W_2 la partie de la table W qui correspond aux frontières définies pour la table P_2.
La table W_2 est donc la suivante :

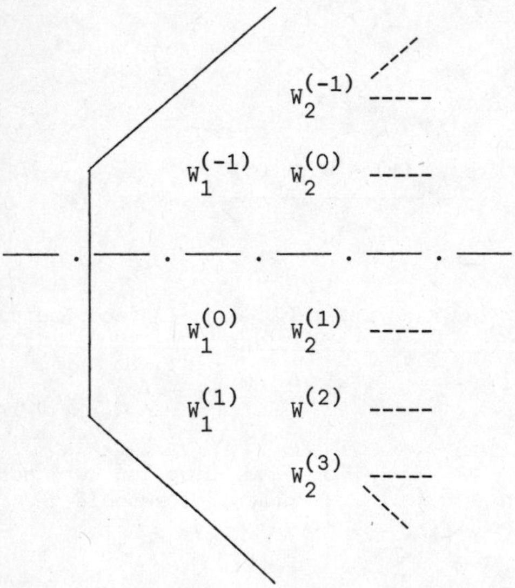

Nous séparons horizontalement la table W_2 en deux demi-tables. La demi-table supérieure correspondra à $-1 \leq s \leq i-2$.
La demi table inférieure correspondra à $i-1 \leq s \leq 2i-1$.
Alors aux polynômes $W_i^{(m)}(x)$ nous associerons les polynômes $QW_i^{(m)}(x)$ tels que :

si $-1 \le s \le i-2$, $QW_i^{(m)}(t) = c^*(\frac{W_i^{(m)}(x) - W_i^{(m)}(t)}{x-t})$,

si $i-1 \le s \le 2i-1$, $\tilde{QW}_i^{(m)}(t) = t^{i-1}\ QW_i^{(m)}(\frac{1}{t}) = c(\frac{\tilde{W}_i^{(m)}(x) - \tilde{W}_i^{(m)}(t)}{x-t})$

où $\tilde{W}_i^{(m)}(x) = x^i\ \tilde{W}_i^{(m)}(\frac{1}{x})$.

Les polynômes $QW_i^{(m)}(x)$ seront placés dans une table QW_2 de façon analogue aux polynômes $W_i^{(m)}(x)$ dans la table W_2.

Nous savons que les positions des blocs W de la table W se déduisent de celles des blocs P en les décalant d'une rangée vers le haut.
Le côté sud des blocs W est occupé par les polynômes $xW_i^{(s)}(x)$, $x^2W_i^{(s)}(x)$,..., où $W_i^{(s)}(x)$ est le polynôme qui occupe l'angle Sud Ouest du bloc W. Sur le côté ouest tous les polynômes sont identiques à $W_i^{(s)}(x)$.
Les blocs de la table W_2 seront appelés blocs W_2. Ils correspondent bien évidemment aux blocs W.
On leur fera correspondre les blocs QW_2 de la table QW_2.

<u>*Définition 6.3.*</u>

Nous appelerons table transposée une table dont on a échangé les éléments symétriques par rapport à la médiatrice $k = m$.

<u>*Propriété 6.11.*</u>

Si les polynômes $W_i^{(s)}(x)$ *et* $W_{k',m}(x)$ *sont unitaires, la table* $\bar{W}$ *est la transposée de la table* W_2, *et la table* $\overline{QW}$ *est la transposée de la table* $\overline{QW_2}$.

<u>Démonstration</u>.

i) La fonctionnelle linéaire $\gamma^{(s)}$ est telle que

$$\gamma^{(s)}(x^j) = d_{s-j} = -\bar{d}_{j-s}.$$

Elle est donc identique à la fonctionnelle $\bar{d}^{(-s-1)}$.

$W_{k',m}(x)$ est orthogonal par rapport à la fonctionnelle linéaire $\gamma^{(-k'+2m-1)}$, de même que $W_m^{(-k'+2m-1)}(x)$. Puisqu'ils sont unitaires et de même degré, ils sont égaux.

La table $\bar{W}$ peut alors s'écrire :

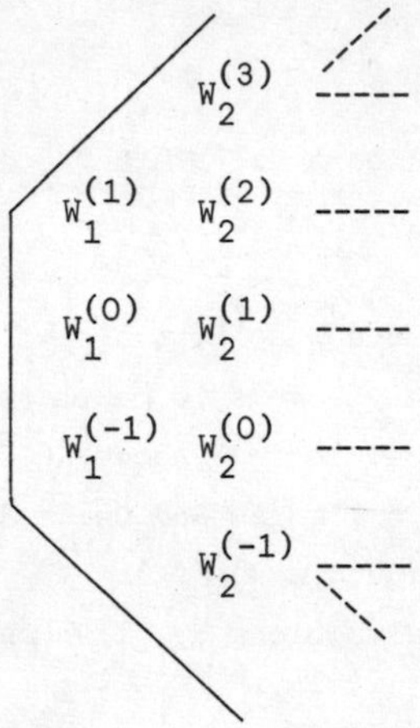

On a bien la transposée de la table W_2.

ii) Il faut montrer que les tables des associés correspondants sont transposées l'une par rapport à l'autre. Or en transposant les tables on s'aperçoit que les champs d'application des fonctionnelles c et c* sont les mêmes sauf pour la médiatrice. Mais d'après le corollaire 6.5, cette médiatrice peut aussi bien appartenir au champ d'action de c qu'au champ d'action de c*.

cqfd.

En conséquence, toutes les propriétés de la table $\bar{W}$ en termes d'approximants de Padé en deux points s'étendent par transposition à la table W_2. En particulier, les relations de récurrence dans la table W_2 suivant les antidiagonales auront leur transposition dans la table W suivant les diagonales. Ces relations dans la table W_2 donneront des relations sur les polynômes de la table $\tilde{P}_2$, car le polynôme $W_m^{(k)}(x)$ est proportionnel au polynôme $\tilde{P}_m^{(k-2m+1)}(x)$, si $W_m^{(k)}(x)$ est orthogonal régulier et $W_m^{(k)}(o) \neq 0$.

Dans ces conditions $W_{k',m}(x)$ est proportionnel à $\tilde{P}_{2m-k',m}(x)$.

En effet, $W_{k',m}(x) = W_m^{(-k'+2m-1)}(x)$ qui est proportionnel à $\tilde{P}_m^{(-k')}(x)$.

Nous pouvons donc donner les propriétés suivantes :

<u>*Propriété 6.12.*</u>

Les polynômes $\tilde{Q}W$ *de la table* QW_2 *qui sont situés sur les côtés Ouest, Sud-Ouest et Sud d'un bloc* $\tilde{Q}W_2$ *sont identiques.*

<u>*Propriété 6.13.*</u>

Les polynômes $W_i^{(s)}(x)$ *de la table* W_2 *et leurs associés* QW *de la table* QW_2 *satisfont la même relation de récurrence à trois termes suivant une antidiagonale* s

$$T_i^{(s)}(x) = (x\,\Omega^{(s)}_{i-\tilde{p}r(i,s)-1}(x) + \tilde{B}_i^{(s)})\, T^{(s)}_{\tilde{p}r(i,s)}(x) + \tilde{C}_i^{(s)}\, T^{(s)}_{\tilde{p}r(\tilde{p}r(i,s),s)}$$

<u>*Propriété 6.14.*</u>

Si le polynôme $W_i^{(s-1)}$ *est orthogonal régulier, alors les polynômes* $W_i^{(s)}(x)$ *de la table* W_2 *et leurs associés de la table* QW_2 *satisfont les mêmes relations de récurrence à trois termes suivant deux antidiagonales* s *et* s-1.

$$U_i^{(s-1)}(x) = x^{-1}(U_{i+1}^{(s)}(x) + \tilde{q}^{(s)}_{i+1,\ell}\; U^{(s)}_{\tilde{p}r(i+1,s)}(x))$$

$$V_i^{(s-1)}(x) = \Omega^{(s)}_{i-\tilde{p}r(i+1,s)}(x)\; V^{(s)}_{\tilde{p}r(i+1,s)}(x) + \tilde{E}^{(s)}_{i+1}\; V^{s-1}_{\tilde{p}r(\tilde{p}r(i+1,s),s-1)}(x)$$

Nous avons vu dans la section 4.5 qu'il existe des relations entre trois polynômes P orthogonaux réguliers situés sur une même horizontale et extérieurs aux blocs P ∪ W.

Propriété 6.15.

Les polynômes Q *de la table* Q_2 *vérifient la même relation de récurrence suivant les horizontales que les polynômes* P *de la table* P_2.

Démonstration.

Nous savons que les polynômes Q vérifient les mêmes six relations de récurrence (trois pour les diagonales et trois pour les antidiagonales) que les polynômes P. On emploie donc pour trouver la relation sur les Q le même procédé de construction de la relation sur les P qui a été exposé dans la section 4.5.2.
Il est évident que l'on obtiendra la même relation de récurrence.

cqfd.

Nous avons vu également qu'il existe des relations entre trois polynômes P orthogonaux réguliers situés sur une même verticale et extérieurs aux blocs $P \cup O$.

Propriété 6.16.

Les polynômes Q *de la table* Q_2 *vérifient la même relation de récurrence suivant les verticales que les polynômes* P *de la table* P_2.

Démonstration.

Elle est identique à celle de la propriété précédente. On utilise le procédé de construction de la section 4.8.2.

cqfd.

6.4 PROPRIETES DES ZEROS DES POLYNOMES $P_{k,m}(x)$ ET $Q_{k,m}(x)$.

Nous présentons maintenant quelques propriétés relatives aux zéros des polynômes $P_{k,m}(x)$ et $Q_{k,m}(x)$. Nous établissons d'abord la propriété suivante.

Propriété 6.17.

Si $m \in \mathbb{N}$, $p_\ell+1 \le m \le h_{\ell+1}+1$ *et* $\ell \ge 0$ *et si* $P_{k,m}(x)$ *et* $P_{k',pr(m)}(x)$ *avec* $k' = k-2m+2pr(m)$ *appartiennent à la table* P_2, *alors* :

$$\Delta_m^{(k-2m)} = P_{k,m}(x)\, Q_{k',pr(m)}(x) - P_{k',pr(m)}(x)\, Q_{k,m}(x) = \rho_m^{(k-2m)}\, x^{2m-k}$$

où $\rho_m^{(k-2m)}$ *est une constante non nulle.*

Démonstration.

Nous démontrons cette propriété par récurrence.

i) Elle est vraie pour $k = 2m$ puisqu'on retrouve l'approximant de Padé classique et par conséquent la propriété 1.21 ii) est vérifiée

$$\rho^{(o)} = -A_{m+1}\, c(P_{m-1}^{(o)}\; P_{pr(m)}^{(o)}) \neq 0.$$

ii) Montrons que $\Delta^{(k-2m-1)}$ est proportionnel à $x\Delta^{(k-2m)}$.

a) Si $P_{k,m}(x)$, $P_{k-2,m-1}(x)$, $P_{k-1,m}(x)$ et $P_{k-3,m-1}(x)$ sont orthogonaux réguliers.

$$\begin{array}{cccc} P_{k-3,m-1}(x) & 0 & & \\ P_{k-2,m-1}(x) & 0 & 0 & P_{k-1,m}(x) \\ & & 0 & P_{k,m}(x). \end{array}$$

Nous avons :

$$x\Delta_m^{(k-2m)} = x\, P_{k,m}(x)\, Q_{k-2,m-1}(x) - x\, P_{k-2,m-1}(x)\, Q_{k,m}(x)$$

$$= x(P_{k-1,m}(x) - e_m^{(k-2m-1)} P_{k-2,m-1}(x))\, Q_{k-2,m-1}(x)$$

$$- x\, P_{k-2,m-1}(x)\, (Q_{k-1,m}(x) - e_m^{(k-2m-1)} Q_{k-2,m-1}(x))$$

$$= x\, P_{k-1,m}(x)\, Q_{k-2,m-1}(x) - x\, P_{k-2,m-1}(x)\, Q_{k-1,m}(x)$$

$$= P_{k-1,m}(x)\, (Q_{k-1,m}(x) + q_{m-1}^{(k-2m)} Q_{k-3,m-1}(x))$$

$$- Q_{k-1,m}(x)(P_{k-1,m}(x) + q_{m-1}^{(k-2m)} P_{k-3,m-1}(x)) = q_{m-1}^{(k-2m)} \Delta_m^{(k-2m-1)}$$

avec $q_{m-1}^{(k-2m)} \neq 0$ puisque $P_{k-1,m}(x)$ n'est pas au nord d'un bloc P_2.

b) Si $P_{k-1,m}(x)$ n'est pas orthogonal régulier.

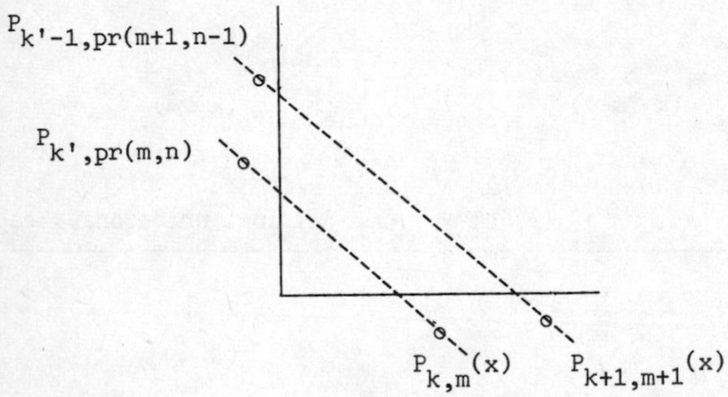

On pose toujours $n = k-2m$ et $k' = k-2m+2pr(m,n)$.

$$x\Delta_m^{(k-2m)} = x(P_{k,m}(x)\, Q_{k',pr(m,n)}(x) - Q_{k,m}(x)\, P_{k',pr(m,n)}(x))$$

$$= Q_{k',pr(m,n)}(x)\, (P_{k+1,m+1}(x) + q_{m+1}^{(k-2m-1)} P_{k'-1,pr(m+1,n-1)}(x))$$

$$- P_{k',pr(m,n)}(x)(Q_{k+1,n+1}(x) + q_{m+1}^{(k-2m-1)} Q_{k'-1,pr(m+1,n-1)}(x))$$

$$= \Delta_{m+1}^{(k-2m-1)}$$

car $P_{k',pr(m,n)}(x) = P_{k'-1,pr(m+1,n-1)}(x)$ et on a la même égalité pour les polynômes Q.

c) Si $P_{k-1,m}(x)$ est orthogonal régulier et $P_{k-2,m-1}(x)$ est quasi-orthogonal.

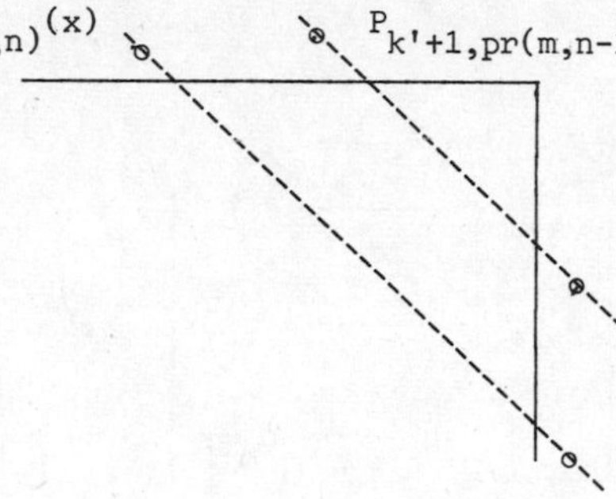

$$x\Delta_m^{(k-2m)} = x\,(P_{k,m}(x)\, Q_{k',pr(m,n)}(x) - Q_{k,m}(x)\, P_{k',pr(m,n)}(x))$$

$$= x\, Q_{k',pr(m,n)}(x)\, (P_{k-1,n}(x) + E_{m+1}^{(k-2m-1)}\, P_{k',pr(m,n)}(x))$$

$$- x\, P_{k',pr(m,n)}(x)\, (Q_{k-1,n}(x) + E_{m+1}^{(k-2m-1)}\, Q_{k',pr(m,n)}(x))$$

$$= \Delta_m^{(k-2m-1)}$$

car $x\, P_{k',pr(m,n)}(x) = P_{k'+1,pr(m,n-1)}(x)$ et on a la même égalité pour les polynômes Q.

<u>cqfd</u>.

Pour les propriétés qui vont suivre, nous avons partagé l'étude en deux cas. Le premier est celui où d_{-1} est non nul. Le second est celui où les premiers termes de c^* sont nuls.

Propriété 6.18.

Si $d_{-1} \neq 0$, *alors les polynômes* $P_{k,m}(x)$ *et* $Q_{k,m}(x)$ *qui sont à l'Ouest et au Nord-Ouest des blocs* P_2 *et* Q_2 *n'ont pas zéro pour racine.*

Démonstration.

i) La propriété 2.2 démontre la propriété pour les polynômes $P_{k,m}(x)$.

ii) Si $m \leq k \leq 2m-1$.

$$Q_{k,m}(o) = 0 \iff \begin{vmatrix} d_{k-2m} & \cdots & d_{k-m} \\ \vdots & & \vdots \\ d_{k-m-1} & \cdots & d_{k-1} \\ 0 \quad d_0 & \cdots & d_{m-1} \end{vmatrix} = 0$$

Parmi les m premières lignes on a la ligne $d_{-1},\ldots,d_{m-1}$; on la retranche de la dernière.

Alors

$$Q_{k,m}(o) = 0 \iff d_{-1}\, H_m^{(k-2m+1)} = 0$$

0 serait racine de $P_{k,m}(x)$, ce qui est impossible.

iii) Si $0 \leq k \leq m-1$.

$$Q_{k,m}(o) = 0 \iff \begin{vmatrix} d_{k-2m} & \cdots & d_{k-m} \\ \vdots & & \vdots \\ d_{k-m-1} & \cdots & d_{k-1} \\ d_{-1} & 0 \cdots & 0 \end{vmatrix} = 0 \iff d_{-1} H_m^{(k-2m+1)} = 0$$

D'où la même conclusion.

iv) Si $k = 2m$.

Si $P_{k,m}(x)$ est à l'ouest du bloc P_2, on prend le polynôme $P_{k-1,m}(x)$ qui est identique à $P_{k,m}(x)$ et on applique le ii). On en déduit que $Q_{k-1,m}(o) \neq 0$, ainsi que $Q_{k,m}(o)$.

Si $P_{k,m}(x)$ est au nord-ouest du bloc P_2, on prend le polynôme $P_{k+1,m+1}(x)$ qui est au nord.

On sait que $P_{k+1,m+1}(x) = x\, P_{k,m}(x)$ et $P_{k,m}(o) \neq 0$.

Si $d_{-1} \neq 0$, alors $P_1^{(-1)}$ est orthogonal régulier.

Par conséquent, si $m > 1$, alors $P_{k',pr(m+1)}(x)$ existe.

Si m=1, alors $Q_{0,1}(x) \equiv 0$ et par conséquent 0 n'est pas racine.

On applique la propriété 6.17 à la diagonale -1. 0 n'est que racine simple du premier membre et il est déjà racine simple de $P_{k+1,m+1}(x)$. On a donc si on pose $k' = k-1-2m+2pr(m+1)$

$$P_{k',pr(m+1)}(x)\; Q_{k+1,m+1}(x) = x\, R(x) \text{ avec } R(o) \neq 0$$

Or $P_{k',pr(m+1)}(x)$ et $P_{k+1,m+1}(x)$ n'ont pas de racine commune.

Donc $Q_{k+1,m+1}(x) = x\, Q(x)$ avec $Q(o) \neq 0$.

Et puisque $\tilde{Q}_{k,m}(x) \equiv \tilde{Q}_{k+1,m+1}(x)$ d'après la propriété 6.7 on a :

$$Q_{k,m}(x) = Q(x) \quad \text{et} \quad Q_{k,m}(o) \neq 0$$

cqfd.

Corollaire 6.6.

Si $d_{-1} \neq 0$ *et les polynômes* $P_{k,m}(x)$ *et* $Q_{k,m}(x)$ *sont au nord des blocs* P_2 *et* Q_2, *alors :*

i) Si au moins un polynôme du côté ouest ou Nord-Ouest du bloc P *appartient à la table* P_2, $P_{k,m}(x)$ *et* $Q_{k,m}(x)$ *ont 0 pour racine avec le même ordre de multiplicité.*

ii) *Si aucun polynôme du côté Ouest ou Nord-Ouest du bloc* P *n'appartient à la table* P_2, $Q_{k,m}(x)$ *a 0 pour racine d'ordre de multiplicité* $2m-k$.

Démonstration.

Nous savons déjà que $P_{k,m}(x) = x^j\, P(x)$ avec $P(o) \neq 0$, où $P(x)$ est le polynôme qui se trouve au Nord-Ouest du bloc P.

i) On prend le polynôme qui est à l'Ouest ou au Nord-Ouest du bloc P_2 ; il est identique à $P(x)$.
Son associé $Q(x)$ n'a pas 0 pour racine.
D'après la propriété 6.7, les polynômes $\tilde{Q}(x)$ sont identiques à l'Ouest, au Nord-Ouest et au Nord du bloc $\tilde{Q}_2$.
Donc :

$$\tilde{Q}_{k,m}(x) \equiv \tilde{Q}(x).$$

Par conséquent $Q_{k,m}(x) = x^j\, Q(x)$ avec $Q(o) \neq 0$.

ii) Dans ce cas le polynôme $P_{2m,m}(x)$ est au Nord de ce bloc. 0 étant racine de $P_{2m,m}(x)$, il ne peut être racine de $Q_{2m,m}(x)$ d'après le théorème 1.9.
En utilisant la propriété 6.7 on arrive à la conclusion que si $Q_{2m+i,m+i}(x)$ est au nord de ce bloc Q_2 alors :

$$Q_{2m+i,m+i}(x) = x^i\, Q_{2m,m}(x).$$

cqfd.

Corollaire 6.7.

Si $d_{-1} \neq 0$ *et* $P_{k,m}(x)$ *est orthogonal régulier avec* $0 \leq k \leq 2m-1$, *alors les seuls polynômes* $P_{k,m}(x)$ *et* $Q_{k,m}(x)$ *ayant 0 pour racine sont au nord des blocs* P_2 *et* Q_2.

Démonstration.

i) La propriété 2.2 démontre le cas des $P_{k,m}(x)$.

ii) Si $m \leq k \leq 2m-1$.

La démonstration faite dans le ii) de la propriété 6.18 montre que

$$Q_{k,m}(o) = 0 \iff P_{k,m}(o) = 0.$$

D'où le résultat.

iii) Si $0 \leq k \leq m-1$.

On a le même résultat en utilisant la démonstration du iii) de la propriété 6.18.

cqfd.

Remarque 6.7.

Si $k = 2m$, on peut avoir $P_{2m,m}(0) = 0$ et $P_{2m+1,m+1}(0) \neq 0$, c'est à dire $P_{2m,m}(x)$ est au nord d'un bloc P qui n'a aucun élément dans la table P_2. D'autre part si $P_{2m,m}(o) \neq 0$ on peut avoir $Q_{2m,m}(o) = 0$.

Exemple : on prend $c = \{1, 2, 1, -4, 1, \ldots\}$.

$$P_{4,2}(x) = x^2 - 2x + 3 \ ; \ Q_{4,2}(x) = x.$$

Nous examinons maintenant le cas où $d_{-i} = 0$ pour $i \in \mathbb{N}$, $1 \leq i \leq r$, et $d_{-r-1} \neq 0$.

Propriété 6.19.

Si $d_{-1} = 0$, *pour* $i \in \mathbb{N}$, $1 \leq i \leq r$ *et* $d_{-r-1} \neq 0$, *aux polynômes orthogonaux réguliers* $P_{k,m}(x)$ *non situés au nord ou à l'ouest des blocs* P_2 *correspondent des polynômes* $Q_{k,m}(x)$ *tels que :*

i) *Si* $2m-k < r$, *alors* $Q_{k,m}(x) = x^{2m-k}\ Q^*_{k,k-m}(x)$ *avec* $Q^*_{k,k-m}(0) \neq 0$ *et* $k-m \geq 1$.

ii) *Si* $2m-k \geq r$, *alors* $Q_{k,m}(x) = x^r\ Q^*_{k,m-r}(x)$ *avec* $m-r \geq 1$; $Q^*_{k,m-r}(0) \neq 0$ *si* $2m-k > r$ *ou si* $2m-k = r$ *avec* $0 \leq k \leq m-1$.
Si $2m-k=r$ *et* $m \leq k \leq 2m$, *on ne peut rien dire.*

Démonstration.

i) Si $2m-k < r$.

a) Si $k > m-1$.

On a :

$$Q_{k,m}(t) = \frac{1}{H_m^{(k-2m)}} \begin{vmatrix} d_{k-2m} & \cdots & \cdots & \cdots & d_{k-m} \\ \vdots & & & & \vdots \\ d_{k-m-1} & \cdots & \cdots & \cdots & d_{k-1} \\ 0 & d_0 & d_0 t + d_1 & \cdots & \sum_{i=o}^{m-1} d_i t^{m-1-i} \end{vmatrix}$$

Si $k = m$, alors la première ligne de $H_m^{(k-2m)}$ est nulle et $P_{k,m}(x)$ n'est pas orthogonal régulier, ce qui est contraire à l'hypothèse.

Si $k = 2m$ on a l'approximant de Padé classique.

$$Q_{k,m}(o) = 0 \iff \begin{vmatrix} d_{k-2m} & \cdots & d_{k-m} \\ \vdots & & \vdots \\ d_{k-m-1} & \cdots & d_{k-1} \\ 0 & d_0 \cdots & d_{m-1} \end{vmatrix} = 0$$

c'est à dire $H_{m+1}^{(-1)} = 0$ puisque $d_{-1} = 0$.

Alors $P_{k,m}(x)$ serait à l'ouest d'un bloc P_2, ce qui est contraire à l'hypothèse.

Si $1 \leq 2m-k < r$ on retranche de la dernière ligne du déterminant donnant $Q_{k,m}(t)$ la somme des 2m-k premières lignes multipliées respectivement par $t^{2m-k-1},\ldots,1$. En tenant compte du fait que $d_{-1} = \ldots = d_{k-2m} = 0$, on obtient :

$$Q_{k,m}(t) = \frac{1}{H_m^{(k-2m)}} \begin{vmatrix} d_{k-2m} & \text{-----------------} & d_{k-m} \\ \vdots & & \vdots \\ d_{k-m-1} & \text{-----------------} & d_{k-1} \\ 0 \text{ ----- } 0 \; d_0 t^{2m-k} & \text{-----} \sum\limits_{i=o}^{k-m-1} & d_i t^{m-1-i} \end{vmatrix}$$

$= t^{2m-k}\, Q^*_{k,k-m}(t)$ avec $Q^*_{k,k-m}(o) \neq 0$.

En effet

$$Q^*_{k,k-m}(o) = \frac{1}{H_m^{(k-2m)}} \begin{vmatrix} d_{k-2m} & \text{----------} & d_{k-m} \\ \vdots & & \vdots \\ d_{k-m-1} & \text{----------} & d_{k-1} \\ 0 \text{ ----- } 0 \; d_0 & \text{-----} & d_{k-m-1} \end{vmatrix} = (-1)^m \frac{H_{m+1}^{(k-2m-1)}}{H_m^{(k-2m)}} \neq 0$$

puisque $P_{k,m}(x)$ n'est pas à l'ouest d'un bloc P_2.

b) Si $0 \leq k \leq m-1$.

On a :

$$Q_{k,m}(t) = -\frac{1}{H_m^{(k-2m)}} \begin{vmatrix} d_{k-2m} & \text{-----------} & & & d_{k-m} \\ \vdots & & & & \vdots \\ d_{k-m-1} & \text{-----------} & & & d_{k-1} \\ \sum_{i=0}^{m-1} d_{-1-i}t^i & \text{-----} & \sum_{i=o}^{j-1} d_{i-j}\, t^{m-1-i} & \text{-----}\ d_{-1}t^{m-1} & 0 \end{vmatrix}$$

Puisque $2m-k < r$, la première ligne au moins du déterminant est nulle, et par conséquent $P_{k,m}(x)$ n'est pas orthogonal régulier.

ii) <u>Si $2m-k \geq r$.</u>

a) <u>Si $m \leq k \leq 2m$.</u>

On a en fait $k < 2m$ puisque $r \geq 1$.

D'autre part les inégalités $k \geq m$ et $2m-k \geq r$ donnent $m \geq r$.

Si $m = r$ il existe parmi les m premières lignes de $Q_{k,m}(t)$ la ligne $d_{-r},\ldots,d_0$.

Donc $H_m^{(k-2m)} = 0$, ce qui est contraire aux hypothèses. Par conséquent on a $m-r \geq 1$.

Parmi les m premières lignes du déterminant de $Q_{k,m}(t)$ figurent les lignes $d_{-i},\ldots,d_{-i+m}$, pour $i \in \mathbb{N}$, $1 \leq i \leq r$. On retranche la somme de ces lignes multipliées respectivement par t^{i-1} de la dernière ligne.

Il nous reste en tenant compte du fait que $d_{-i} = 0$ pour $1 \leq i \leq r$

$$Q_{k,m}(t) = \frac{1}{H^{(k-2m)}} \begin{vmatrix} d_{k-2m} & \text{-----------} & & d_{k-m} \\ \vdots & & & \vdots \\ d_{k-m-1} & \text{-----------} & & d_{k-1} \\ 0\ \text{-----}\ 0 & d_0t^r & \text{-----} & \sum_{i=o}^{m-1-r} d_i t^{m-1-i} \end{vmatrix}$$

$= t^r\, Q^*_{k,m-r}(x).$

Si $2m-k > r$, alors $Q^*_{k,m-r}(o) \neq 0$.

En effet

$$Q^*_{k,m-r}(0) = \frac{1}{H_m^{(k-2m)}} \begin{vmatrix} d_{k-2m} & \text{------} & d_{k-m} \\ \vdots & & \vdots \\ d_{k-m-1} & \text{------} & d_{k-1} \\ 0 \text{ ----- } 0 & d_0 \text{ ----- } & d_{m-1-r} \end{vmatrix}$$

Il existe parmi les m premières lignes la ligne $d_{-r-1},\ldots,d_{-r-1+m}$. On la retranche de la dernière. On obtient :

$$Q^*_{k,m-r}(0) = (-1)^{m+1} \frac{d_{-r-1}}{H_m^{(k-2m)}} H_m^{(k-2m+1)} \neq 0,$$

puisque $d_{-r-1} \neq 0$ et $H_m^{(k-2m+1)} \neq 0$ car $P_{k,m}(x)$ n'a pas 0 pour racine.

b) <u>Si $0 \leq k \leq m-1$.</u>

1. <u>Si $r < m$.</u>

$$Q_{k,m}(t) = \frac{-1}{H_m^{(k-2m)}} \begin{vmatrix} d_{k-2m} & \text{------------} & & & & d_{k-m} \\ \vdots & & & & & \vdots \\ d_{k-m-1} & \text{------------} & & & & d_{k-1} \\ \sum_{i=r}^{m-1} d_{-1-i}\, t^i & \text{-----} & \sum_{i=j-r}^{j-1} d_{i-j}\, t^{m-1-i} & \text{-----} & d_{-r-1} t^{m-1} & 0 \text{ --- } 0 \end{vmatrix}$$

$= t^r Q^*_{k,m-r}(x)$ avec $Q^*_{k,m-r}(o) \neq 0$.

En effet, $Q^*_{k,m-r}(o) = (-1)^{m+1} \frac{d_{-r-1}}{H_m^{(k-2m)}} H_m^{(k-2m+1)} \neq 0$ pour les mêmes raisons que dans le a).

2. Si $r \geq m$.

Alors il y a parmi les lignes de $Q_{k,m}(t)$ la ligne $d_{-m-1},\ldots,d_{-1}$, c'est à dire parmi les lignes de $H_m^{(k-2m+1)}$ on a la ligne $d_{-m},\ldots,d_{-1}$ qui est nulle. Alors $P_{k,m}(x)$ serait au nord d'un bloc P_2, ce qui est contraire aux hypothèses.

cqfd.

Remarque 6.8.

La propriété 6.19 est vraie pour les polynômes orthogonaux réguliers qui sont situés au nord ouest des blocs Q_2.
Elle vraie également pour les polynômes orthogonaux réguliers qui sont situés à l'ouest des blocs Q_2 si $2m-k \geq r$.

Remarque 6.9.

Il existe des exemples pour lesquels si $2m-k = r$ et $m \leq k \leq 2m$, alors :

$$Q^*_{k,m-r}(o) = 0$$

Par exemple :

$$L = -1 + x^4 + x^6 + \ldots$$

$$L^* = -\frac{1}{x^3} - \frac{1}{x^7} - \frac{1}{x^8} + \ldots$$

$$P_{6,4}(x) = x^4 + 1 \text{ et } Q_{6,4}(t) = t^3.$$

<u>*Corollaire 6.8.*</u>

On considère les blocs Q *de la table* Q *pour* $m > r$.

i) *Si l'angle Nord-Ouest d'un bloc* Q *appartient à la table* Q_2 *et si* $Q_{k,m}(t)$ *est le polynôme qui y est situé, alors :*

$$Q_{k,m}(t) = t^j \, Q^*_{k,m-j}(t) \text{ avec } Q^*_{k,m-j}(o) \neq 0.$$

a) *Si* $2m-k < r$ *alors* $j = 2m-k$

b) *Si* $2m-k > r$ *alors* $j = r$

c) *Si* $2m-k = r$ *alors* $j \geq r$

Pour tous les polynômes $Q_{k+i,m}(t)$ *situés à l'ouest de ce bloc* Q_2 *on a :*

$$Q_{k+i,m}(t) = Q_{k,m}(t) = t^j \, Q^*_{k,m-j}(t)$$

Pour tous les polynômes $Q_{k+i,m+i}(t)$ *situés au nord de ce bloc* Q_2 *on a :*

$$Q_{k+i,m+i}(t) = t^i \, Q_{k,m}(t) = t^{i+j} \, Q^*_{k,m-j}(t).$$

ii) *Si l'angle Nord-Ouest d'un bloc* Q *n'appartient pas à la table* Q_2 *et si au moins un polynôme du côté Ouest appartient à la table* Q_2, *alors si* m *est le degré du polynôme* P *qui est à l'ouest,* $Q_{o,m}(t)$ *est à l'ouest de ce bloc* Q_2. *On a* $2m > r$ *et*

$$Q_{o,m}(t) = t^r \, Q^*_{o,m-r}(t) \text{ avec } Q^*_{o,m-r}(o) \neq 0$$

Pour tous les polynômes $Q_{i,m}(t)$ *situés à l'ouest de ce bloc* Q_2 *on a :*

$$Q_{i,m}(t) = Q_{o,m}(t) = t^r \, Q^*_{o,m-r}(t).$$

Pour tous les polynômes $Q_{k,m+k+i}(t)$ *situés au nord de ce bloc* Q_2 *on a :*

$$Q_{k,m+k+i}(t) = t^{k+i}\, Q_{o,m}(t) = t^{r+i+k}\, Q^*_{o,m-r}(t).$$

où i *est l'écart de degré entre le polynôme* P *le plus à gauche du côté Nord de ce bloc et le polynôme* $P_{o,m}(x)$.

iii) *Si le côté Ouest ou Nord-Ouest d'un bloc* Q *n'appartient pas à la table* Q_2, *alors les polynômes* Q *du nord de ce bloc* Q_2 *ont* 0 *pour racine avec comme ordre de multiplicité* 2m-k.

Démonstration.

i) et ii) sont des conséquences immédiates des propriétés 6.19 et 6.7.

iii) $P_{2m,m}(x)$ qui est au nord du bloc P_2 a 0 pour racine.
Donc $Q_{2m,m}(o) \neq 0$ d'après le théorème 1.9.
En appliquant la propriété 6.7, on a le résultat.

cqfd.

Lorsque $P_{k,m}(x)$ est orthogonal régulier, il arrive que $\tilde{Q}_{k,m}(t)$ soit identiquement nul pour $m \geq 1$. Nous allons donner une condition nécessaire et suffisante pour que cela soit réalisé.

Propriété 6.20.

Soit $P_{k,m}(x)$ *un polynôme orthogonal régulier par rapport à la fonctionnelle linéaire* $d^{(k-2m)}$ *avec* $m \geq 1$.
Une condition nécessaire et suffisante pour que $\tilde{Q}_{k,m}(x)$ *soit identiquement nul est que l'on ait* $d_{k-i} = 0$ *pour* $i \in \mathbb{N}$, $1 \leq i \leq m$ *et* $0 \leq k \leq m$, *c'est à dire que* $P_{k,m}(x)$ *soit dans la partie de la table* P_2 *telle que* $0 \leq k \leq m$ *et qu'il soit au nord d'un bloc* P_2 *dont le côté ouest est occupé par des polynômes de degré 0.*

Démonstration.

CS : Un bloc a son côté ouest occupé par des constantes $P_o^{(i)}$ si et seulement si les coefficients d_i sont nuls.

$$P_{k,m}(x) = x^m \text{ avec } m \geq 1 \text{ et } 0 \leq k \leq m.$$

Il est au nord d'un bloc P de largeur au moins égale à m.

<u>Si $k = m$,</u> $d_0 = \ldots\ldots = d_{m-1} = 0$

Alors $Q_{k,m}(x) \equiv 0$ et $\tilde{Q}_{k,m}(x) \equiv 0$.

<u>Si $0 \leq k \leq m-1$,</u> alors $d_{-1} = 0$ au moins

$$\tilde{Q}_{k,m}(x) = c^*(0) = 0.$$

<u>CN</u> : supposons que $\tilde{Q}_{k,m}(x)$ soit identiquement nul.

i) <u>Si $m-1 \leq k \leq 2m$.</u>

En utilisant l'expression de $\tilde{Q}_{k,m}(x)$ sous forme de déterminant on a :

$$\tilde{Q}_{k,m}(x) \equiv 0 \iff \begin{vmatrix} d_{k-2m} & \cdots & d_{k-m} \\ \vdots & & \vdots \\ d_{k-m-1} & \cdots & d_{k-1} \\ & & \\ 0 \;\cdots\; 0 & d_0 \;\cdots & d_{m-1} \end{vmatrix} = 0 \text{ pour } i \in \mathbb{N},\ 1 \leq i \leq m$$

En commençant avec $i = m$ on a $d_0\ H_m^{(k-2m)} = 0$ ce qui entraine que $d_0 = 0$ puisque $P_{k,m}(x)$ est orthogonal régulier.

On obtient ainsi $d_s = 0$ pour $s \in \mathbb{N}$, $o \leq s \leq m-1$.

Si $m < k \leq 2m$, parmi les lignes de $H_m^{(k-2m)}$ une ligne est identique à $d_0,\ldots,d_{m-1}$. On a donc $H_m^{(k-2m)} = 0$ ce qui est contraire à l'hypothèse.

Si $k=m$, $H_m^{(k-2m+1)} = 0$, car sa dernière ligne est $d_0,\ldots,d_{m-1}$.

Donc $P_{k,m}(x)$ est au nord d'un bloc P qui a son côté ouest occupé par des polynômes de degré 0 puisque $d_0,\ldots,d_{m-1}$ sont nuls.

ii) <u>Si $0 \le k \le m-1$</u>.

On obtient :

$$\tilde{Q}_{k,m}(x) \equiv 0 \iff \begin{vmatrix} d_{k-2m} & \text{-----------------} & d_{k-m} \\ \vdots & & \vdots \\ d_{k-m-1} & \text{-----------------} & d_{k-1} \\ d_{i-m} \text{ ----- } d_{-1} & 0 \text{ -----} & 0 \end{vmatrix} = 0 \text{ pour } i \in \mathbb{N},\ 0 \le i \le m-1$$

a) Si $d_{-1} \neq 0$, alors pour $i = m-1$ on a :

$$H_m^{(k-2m+1)} = 0.$$

On en déduira de proche en proche que tous les déterminants d'ordre m, sauf $H_m^{(k-2m)}$, extraits des m premières lignes du déterminant précédent sont nuls.

Par conséquent $P_{k,m}(x) = x^m$.

$P_{k,m}(x)$ est au nord d'un bloc dont le côté ouest est occupé par des polynômes de degré 0. Mais si $d_{-1} \neq 0$, aucun bloc occupant cette position n'a son côté nord dans la demi-table supérieure.

b) Si $d_{-i} = 0$, pour $i \in \mathbb{N}$, $1 \le i \le r$ et $d_{-r-1} \neq 0$ tous les polynômes $\tilde{Q}_{k,m}(x)$ pour $m \le r$ sont identiquement nuls.

D'autre part, il y a un bloc P qui a une hauteur de (r-1) dans la demi-table supérieure. Ce bloc a son côté ouest occupé par des constantes.

Pour $m \le r$ il existe un seul polynôme $P_{k,m}(x)$ orthogonal régulier. Il est au nord de ce bloc. Le côté nord du bloc $\tilde{Q}_2$ est occupé par des polynômes identiquement nuls d'après la propriété 6.7. Ce sont les seuls à être identiquement nuls pour $r < m$. En effet, supposons que $\tilde{Q}_{k,m}(x) \equiv 0$ pour $r < m$.

On trouve que :

$$\begin{vmatrix} d_{k-2m} & \text{-----------------} & d_{k-m} \\ | & & | \\ d_{k-m-1} & \text{-----------------} & d_{k-1} \\ & & \\ 0 \text{ ----- } 0 & d_{-r-1} & 0 \text{ ----- } 0 \end{vmatrix} = 0$$

quelle que soit la colonne $j \in \mathbb{N}$ occupée par d_{-r-1}, $0 \le j \le m-1-r$.

Alors en utilisant l'expression de $P_{k,m}(x)$ sous forme de déterminant on obtient :

$$P_{k,m}(x) = x^{m-r} P_r^{(k-m-r)}(x) = x^{m-r+j} P_{r-j}^{(k-m-r+j)}(x)$$

avec

$$P_{r-j}^{(k-m-r+j)}(o) \neq 0 \text{ et } j \geq 0.$$

$$P_{k,m}(x) = x^{m-r+j} P_{r-j}^{*}(x)$$

où $P_{r-j}^{*}(x)$ est un polynôme situé sur le côté ouest du bloc P_2.
On a par conséquent $\mathcal{Q}_{k,m}(x) \equiv \mathcal{Q}_{r-j}^{*}(x) \equiv 0$.

Or le seul polynôme orthogonal régulier, tel que sa colonne soit inférieure ou égale à r, est au nord d'un bloc ; il ne peut donc être à l'ouest d'un autre bloc. Il faut donc que l'on ait $r = j$.
Par conséquent $\mathcal{Q}_{k,m}(x)$ ne peut être identiquement nul que s'il est au nord d'un bloc P_2 dont le côté ouest est occupé par des constantes.
On a alors $d_{k-i} = 0$ pour $i \in \mathbb{N}$, $1 \le i \le m$.

<u>cqfd.</u>

<u>*Corollaire 6.9.*</u>

Les seuls polynômes $\mathcal{Q}_{k,m}(x)$ identiquement nuls sont

i) au nord d'un bloc $\mathcal{Q}_2$ dont le bloc P correspondant a son côté ouest occupé par des polynômes de degré 0 et son côté nord situé dans la demi-table $0 \le k \le m$.

ii) dans la partie du bloc $\tilde{Q}_2$ où la propriété 6.6 est vraie (cf. remarque 6.5).

Démonstration.

C'est la conséquence immédiate des propriétés 6.20 et 6.6.

cqfd.

Pour la propriété suivante on pose encore m = k-2m et k' = k-2m+2pr(m,n).

Propriété 6.21.

Si $P_{k,m}(x)$ est orthogonal régulier, alors :

i) $P_{k,m}(x)$ *et* $P_{k',pr(m,n)}(x)$ *n'ont pas de racine commune.*

ii) *Si* $d_{-1} \neq 0$, $Q_{k,m}(x)$ *et* $Q_{k',pr(m,n)}(x)$ *n'ont pas de racine commune.*

iii) *Si* $d_{-1} = 0$, $Q_{k,m}(x)$ *et* $Q_{k',pr(m,n)}(x)$ *n'ont pas d'autre racine commune que 0.*

iv) *Si* $P_{k,m}(x)$ *n'est pas au nord d'un bloc P,* $P_{k,m}(x)$ *et* $Q_{k,m}(x)$ *n'ont pas de racine commune.*

v) *Si* $P_{k,m}(x)$ *est au nord d'un bloc P et si k = 2m, alors* $P_{k,m}(x)$ $Q_{k,m}(x)$ *n'ont pas de racine commune, si* $0 \leq k \leq 2m-1$, *alors 0 est la seule racine commune.*

Démonstration.

D'après la propriété 6.17 on a :

$$\Delta_m^{(k-2m)} = P_{k,m}(x)\, Q_{k',pr(m,n)}(x) - Q_{k,m}(x)\, P_{k',pr(m,n)}(x) = \rho_m^{(k-2m)}\, x^{2m-k}.$$

Donc la seule racine commune que puissent avoir deux polynômes pris dans chacun des produits est zéro, ce qui démontre le iii).

i) Démontré dans le théorème 1.9 i).

ii) Si $d_{-1} \neq 0$ et si $0 \leq k \leq 2m-1$, les polynômes $Q_{k,m}(x)$ et $Q_{k',pr(m,n)}(x)$ ne peuvent avoir 0 pour racine commune car cela signifierait qu'ils sont tous les deux au nord d'un bloc Q_2 (corollaire 6.7).
Si $k = 2m$, on a l'approximant de Padé classique et la propriété est vraie. (Théorème 1.9 ii)).

iv) Si $P_{k,m}(x)$ n'est pas au nord d'un bloc P_2, il n'a pas 0 pour racine. Par conséquent $P_{k,m}(x)$ et $Q_{k,m}(x)$ n'ont pas de racine commune.

v) Si $k = 2m$ on a l'approximant de Padé classique, d'où le résultat (théorème 1.9 ii)).
Si $0 \leq k \leq 2m-1$ la propriété 6.7 démontre le résultat.

cqfd.

Remarque 6.10.

Lorsque $P_{k,m}(x)$ est orthogonal régulier, nous avons les équivalences suivantes pour le degré de $Q_{k,m}(t)$ et $\tilde{Q}_{k,m}(t)$.
Nous savons déjà que $\deg P_{k,m}(x) = m$.

Si $k > m-1$.

$$\deg Q_{k,m}(t) = m-1 \iff d_0 \neq 0$$

$$\deg \tilde{Q}_{k,m}(t) = m-1 \iff Q_{k,m}(0) \neq 0 \iff \begin{vmatrix} d_{k-2m} & \cdots & d_{k-m} \\ d_{k-m-1} & \cdots & d_{k-1} \\ 0 \; d_0 & \cdots & d_{m-1} \end{vmatrix} \neq 0$$

Si $0 \le k \le m-1$.

$$\deg \tilde{Q}_{k,m}(t) = m-1 \iff \begin{cases} d_{-1} \neq 0 \\ H_m^{(k-2m+1)} \neq 0 \end{cases} \iff \begin{cases} d_{-1} \neq 0 \\ P_{k,m}(0) \neq 0. \end{cases}$$

6.5 TABLE F2 NORMALE - TABLE F2 NON NORMALE.

Définition 6.4.

Nous appellerons table H_2, *la sous table des déterminants de Hankel qui correspond aux limites de la table* P_2.

Définition 6.5.

Une table F_2 *sera dite normale si et seulement si la table* H_2 *est normale. Dans le cas contraire la table* F_2 *sera dite non normale.*

Propriété 6.22.

Si la table F_2 *est normale et si* $0 \le k \le 2m-1$, *alors*

$$\deg \tilde{P}_{k,m}(x) = m \text{ et } \deg \tilde{Q}_{k,m}(x) = m-1.$$

Démonstration.

La table H_2 est normale, donc $d_0 \neq 0$ et $d_{-1} \neq 0$.
Pour $0 \le k \le 2m-1$, $P_{k,m}(0) \neq 0$ puisqu'aucun bloc P n'a d'élément dans la table P_2.
Donc $\deg \tilde{P}_{k,m}(x) = m$.
Si $0 \le k \le m-1$, alors $\deg \tilde{Q}_{k,m}(t) = m-1$ d'après la remarque 6.10.
Si $m \le k \le 2m-1$, 0 ne peut être racine de $Q_{k,m}(t)$ que s'il est au nord d'un bloc Q_2 (corollaire 6.7), ce qui est contraire à l'hypothèse.
Donc $\deg \tilde{Q}_{k,m}(t) = m-1$.

cqfd.

Remarque 6.11.

On prendra garde au fait que pour $k = 2m$ on peut avoir :

$$\deg \tilde{P}_{k,m}(x) = m \text{ et } \deg \tilde{Q}_{k,m} < m-1$$

ou

$$\deg \tilde{P}_{k,m}(x) < m \text{ et } \deg \tilde{Q}_{k,m} = m-1$$

Exemple 1.

$$c = \{1, 2, 1, -4, 1, \ldots\}$$

$P_{4,2}(x) = x^2 - 2x + 3$

$Q_{4,2}(x) = x$ et $\tilde{Q}_{4,2}(x) = 1.$

Exemple 2.

$$c = \{1, 2, 1, 1, 1, 1, 2, \ldots\}$$

$P_{6,3}(x) = x^2(x-1)$ $\tilde{P}_{6,3}(x) = 1-x$

$Q_{6,3}(x) = x^2+x-1$ et $\tilde{Q}_{6,3}(x) = -x^2+x+1$

6.6 CAS DES FONCTIONNELLES LINEAIRES DEFINIES POSITIVES.

Nous étudions maintenant les propriétés des zéros de $P_{k,m}(x)$ et $Q_{k,m}(x)$, lorsque la fonctionnelle linéaire $d^{(k-2m)}$ est définie positive.

Propriété 6.23.

Si $0 \leq k \leq 2m-1$ *et si la fonctionnelle linéaire* $d^{(k-2m)}$ *est définie positive, alors :*

i) *Les zéros de* $P_{k,m}(x)$ *sont réels et distincts*

ii) *Deux zéros consécutifs de* $P_{k+2,m+1}(x)$ *sont séparés par un zéro de* $P_{k,m}(x)$ *et réciproquement.*

iii) *Les zéros de* $Q_{k,m}(x)$ *sont réels et les zéros non nuls sont distincts*

iv) *Deux zéros consécutifs de même signe de* $P_{k,m}(x)$ *sont séparés par un zéro de* $Q_{k,m}(x)$ *et réciproquement.*
Si 0 est racine simple de $P_{k,m}(x)$ *il est racine de* $Q_{k,m}(x)$.
$Q_{k,m}(x)$ *peut avoir au plus une racine double nulle, seulement dans le cas où* k *est pair,* $P_{k,m}(0) = 0$ *et s'il existe des zéros de signe opposé pour* $P_{k,m}(x)$.
Enfin, si k *est pair et si* 0 *n'est pas racine, alors deux zéros consécutifs de* $P_{k,m}(x)$ *sont séparés par un zéro de* $Q_{k,m}(x)$ *et réciproquement.*

v) *Deux zéros consécutifs de même signe de* $Q_{k,m}(x)$ *sont séparés par un zéro de* $Q_{k+2,m+1}(x)$ *et réciproquement.*

Démonstration.

i) et ii) Démontré dans le théorème 2.15 du livre de C. Brezinski.

iii) et iv)

a) Si k est pair.

On prend deux zéros consécutifs y et z de $P_{k+2,m+1}(x)$.

Si aucun des deux n'est nul on a en utilisant la propriété 6.17

$$-P_{k,m}(y)\, Q_{k+2,m+1}(y) = \rho_{m+1}^{(k-2m)}\, y^{2m-k}$$

$$-P_{k,m}(z)\, Q_{k+2,m+1}(z) = \rho_{m+1}^{(k-2m)}\, z^{2m-k}.$$

Ces deux expressions sont de même signe.
Or, d'après le ii), $P_{k,m}(y)$ et $P_{k,m}(z)$ sont de signe opposé, donc aussi $Q_{k+2,m+1}(y)$ et $Q_{k+2,m+1}(z)$. $Q_{k+2,m+1}(x)$ a donc un zéro entre y et z.
Soit au total m zéros réels et distincts.

Si 0 est racine.

Alors

$$P_{k,m}(0)\, Q_{k+2,m+1}(0) = 0$$

D'après le i) $P_{k,m}(0) \neq 0$, donc $Q_{k+2,m+1}(0) = 0$.

Si de plus il existe des zéros de signe opposé, alors si on prend les trois zéros consécutifs y, 0, z tels que $y < 0 < z$, on a :

$$- P_{k,m}(y)\, Q_{k+2,m+1}(y) = \rho_{m+1}^{(k-2m)}\, y^{2m-k}$$

$$- P_{k,m}(z)\, Q_{k+2,m+1}(z) = \rho_{m+1}^{(k-2m)}\, z^{2m-k}$$

ces deux expressions sont toujours de même signe, mais cette fois ci $P_{k,m}(y)$ et $P_{k,m}(z)$ sont aussi de même signe, donc également $Q_{k+2,m+1}(y)$ et $Q_{k+2,m+1}(z)$. Or, $Q_{k+2,m+1}(0) = 0$. Ceci n'est possible que s'il existe un second zéro entre y et z. 0 peut être racine double. Si 0 n'est pas racine double il y a un autre zéro réel non nul entre y et z.

Soit au total m zéros réels et les zéros non nuls sont distincts.

b) Si k est impair.

Entre deux zéros consécutifs non nuls de même signe de $P_{k+2,m+1}(x)$ on trouve encore un zéro de $Q_{k+2,m+1}(x)$.

Si 0 est racine, il est aussi racine de $Q_{k+2,m+1}(x)$.

Si de plus il existe des zéros de signe opposé alors en prenant trois zéros consécutifs y, 0, z tels que $y < 0 < z$ on a les deux mêmes relations que dans le a). Elles sont cette fois-ci de signe opposé et $P_{k,m}(y)$ et $P_{k,m}(z)$ sont de même signe. Donc $Q_{k+2,m+1}(y)$ et $Q_{k+2,m+1}(z)$ sont de signe opposé. Il y a donc un nombre impair de zéros entre y et z. Il y a déjà 0. En fait, il n'y en a pas d'autre sinon on aurait (m+1) zéros réels et $Q_{k+2,m+1}(x)$ peut avoir au plus m zéros.

Il reste donc au plus un zéro réel à placer avant ou après les zéros de $P_{k+2,m+1}(x)$.

Si 0 n'est pas racine, et s'il existe des zéros de signe opposé alors on prend encore deux zéros consécutifs y et z tels que $y < 0 < z$. Or $P_{k,m}(y)$ et $P_{k,m}(z)$ sont de signe opposé. Donc $Q_{k+2,m+1}(y)$ et $Q_{k+2,m+1}(z)$ sont de même signe.
On a donc un nombre pair de zéros entre y et z. En fait il n'y en a aucun, sinon on aurait encore (m+1) zéros pour $Q_{k+2,m+1}(x)$. Il reste donc au plus un zéro réel à placer avant ou après les zéros de $P_{k+2,m+1}(x)$.

v) Prenons deux zéros consécutifs y et z de même signe de $Q_{k,m}(x)$. On a encore les deux mêmes relations. Ces deux expressions sont de même signe. Or d'après le iv), $P_{k,m}(y)$ et $P_{k,m}(z)$ sont de signe opposé, donc aussi $Q_{k+2,m+1}(y)$ et $Q_{k+2,m+1}(z)$. Donc il y a un nombre impair de zéros de $Q_{k+2,m+1}(y)$ entre y et z.
Pour montrer la réciproque on procède de la même façon en prenant deux zéros consécutifs y et z de même signe de $Q_{k+2,m+1}(x)$.
D'où la conclusion.

cqfd.

Remarque 6.12.

Si $k = 2m$ on a l'approximant de Padé classique et par conséquent le théorème 2.15 du livre de C. Brezinski est valable dans son intégralité

i) Les zéros de $P_{2m,m}(x)$ sont réels et distincts.

ii) Les zéros de $Q_{2m,m}(x)$ sont réels et distincts.

iii) Deux zéros consécutifs de $P_{2m+2,m+1}(x)$ sont séparés par un zéro de $P_{2m,m}(x)$ et réciproquement.

iv) Deux zéros consécutifs de $Q_{2m+2,m+1}(x)$ sont séparés par un zéro de $Q_{2m,m}(x)$ et réciproquement.

v) Deux zéros consécutifs de $P_{2m,m}(x)$ sont séparés par un zéro de $Q_{2m,m}(x)$ et réciproquement.

Corollaire 6.10.

Si $d_{-1} \neq 0$ *et si la fonctionnelle linéaire* $d^{(k-2m)}$ *est définie positive avec* $0 \leq k \leq 2m-1$, *alors.*

i) *Les zéros de* $P_{k,m}(x)$ *sont réels et distincts.*

ii) *Deux zéros consécutifs de* $P_{k+2,m+1}(x)$ *sont séparés par un zéro de* $P_{k,m}(x)$ *et réciproquement.*

iii) *Les zéros de* $Q_{k,m}(x)$ *sont réels et distincts.*

iv) *Si* 0 *est racine simple de* $P_{k,m}(x)$ *il est racine simple de* $Q_{k,m}(x)$ *et réciproquement.*
Deux zéros consécutifs de même signe de $P_{k,m}(x)$ *sont séparés par un zéro de* $Q_{k,m}(x)$ *et réciproquement.*
Enfin, si k *est pair et si* 0 *n'est pas racine, alors deux zéros consécutifs de* $P_{k,m}(x)$ *sont séparés par un zéro de* $Q_{k,m}(x)$ *et réciproquement.*

v) *Deux zéros consécutifs de même signe de* $Q_{k,m}(x)$ *sont séparés par un zéro de* $Q_{k+2,m+1}(x)$ *et réciproquement.*

Si 0 est racine de l'un il n'est pas racine de l'autre.

Démonstration.

La démonstration reste celle de la propriété 6.23 à laquelle il convient d'ajouter :

- pour les iii) et iv) - D'après le corollaire 6.6, $Q_{k,m}(x)$ a 0 pour racine avec un ordre de multiplicité inférieur ou égal à celui de $P_{k,m}(x)$.

- pour le v) - Si 0 est racine de l'un, il est au nord d'un bloc de largeur 1. L'autre ne peut donc être aussi au nord d'un bloc.

cqfd.

Corollaire 6.11.

Si $d_{-1} = 0$ *pour* $i \in \mathbb{N}$, $1 \leq i \leq r$, *alors :*

i) *La fonctionnelle linéaire* $d^{(-j)}$ *pour* $j \in \mathbb{N}$, $1 \leq j \leq r$, *n'est pas définie.*

ii) *Si* $r > 1$, *la fonctionnelle linéaire* $d^{(-j)}$ *pour* $j > r$ *n'est pas définie positive.*

Démonstration.

i) Evident puisque $H_1^{(-j)} = 0$.

ii) Si $j = 2m-k > r \geq 2$ on utilise la propriété 6.19 et le corollaire 6.8.

$$Q_{k,m}(x) = x^r \; Q^*_{k,m-r}(x).$$

Alors 0 est racine d'ordre $r \geq 2$ au moins de $Q_{k,m}(x)$.
On a alors une contradiction avec la propriété 6.23 iv). En effet, $Q_{k,m}(x)$ ne peut avoir 0 pour racine double au plus, que dans le cas où k est pair, $P_{k,m}(0) = 0$ et s'il existe des zéros de signe opposé pour $P_{k,m}(x)$.
Si $P_{k,m}(0) = 0$, $P_{k,m}(x)$ est au nord d'un bloc P de largeur 1. D'après le corollaire 6.8, $Q_{k,m}(x) = x^{r+1} \; Q^*_{k,m-r-1}(x)$ et 0 serait racine triple de $Q_{k,m}(x)$.

cqfd.

6.7 ETUDE DE L'ERREUR.

Nous voulons connaître l'expression de $f(x) - f_{k,m}(x)$ pour x petit et pour x grand.
En utilisant les relations introduites dans la section 6.1 nous avons :

Pour x petit :

$$f(x).\tilde{P}_{k,m}(x) - \tilde{Q}_{k,m}(x) = \sum_{j=k}^{\infty} \Big(\sum_{i=o}^{m} c_{j-i}\, b_i - a_j \Big) x^j$$

Pour x grand :

$$f(x).\tilde{P}_{k,m}(x) - \tilde{Q}_{k,m}(x) = \sum_{j=k-m-1}^{-\infty} \Big(\sum_{i=o}^{m} c^*_{j-i}\, b_i - a_j \Big) x^j$$

Nous pouvons en déduire la propriété suivante :

<u>*Propriété 6.24.*</u>

Nous avons pour x *petit* :

$$f(x).\tilde{P}_{k,m}(x) - \tilde{Q}_{k,m}(x) = \sum_{j=k}^{\infty} \Big(\sum_{i=o}^{m} d_{j-i}\, b_i \Big) x^j$$

pour x *grand* :

$$f(x).\tilde{P}_{k,m}(x) - \tilde{Q}_{k,m}(x) = - \sum_{j=k-m-1}^{-\infty} \Big(\sum_{i=o}^{m} d_{j-i}\, b_i \Big) x^j.$$

Démonstration.

i) <u>Si $m+1 \leq k \leq 2m$.</u>

Pour x petit, $a_j = 0$ pour $j \in \mathbb{N}$, $j \geq k$. D'où le résultat.
Pour x grand on a : $0 \leq k-m-1 \leq m-1$.
Or, pour $j \in \mathbb{N}$, $0 \leq j \leq m-1$, $\sum_{i=o}^{m} c_{j-i}\, b_i - a_j = 0$.
On retranche cette expression de chacun des coefficients de x^j de $f(x).\tilde{P}_{k,m}(x) - \tilde{Q}_{k,m}(x)$.

Par conséquent

$$f(x)\,\tilde{P}_{k,m}(x) - \tilde{Q}_{k,m}(x) = \sum_{j=k-m-1}^{-\infty} \Big(\sum_{i=o}^{\infty} (c^*_{j-i} - c_{j-i}) b_i \Big) x^j$$

$$= - \sum_{j=k-m-1}^{-\infty} \Big(\sum_{i=o}^{m} d_{j-i}\, b_i \Big) x^j$$

ii) <u>Si $0 \le k \le m-1$.</u>

Pour x grand on a $-m-1 \le k-m-1 \le -2$.
Donc $a_j = 0$ pour $j \le k-m-1$. D'où le résultat.

Pour x petit on a :

$$\sum_{i=o}^{m} c^*_{j-i}\, b_i - a_j = 0 \text{ pour } j \in Z,\ k-m \le j \le m-1.$$

On retranche cette expression de chacun des coefficients de x^j de $f(x).\tilde{P}_{k,m}(x) - \tilde{Q}_{k,m}(x)$. D'où le résultat.

iii) <u>Si $k = m$.</u>

Pour x petit $a_j = 0$ pour $j \ge m$. D'où le résultat.

Pour x grand $a_j = 0$ pour $j < 0$. D'où le résultat.

<u>cqfd</u>.

Nous démontrons maintenant une propriété qui fournit l'expression de l'erreur $f(x) - f_{k,m}(x)$ quand l'approximant $f_{k,m}(x)$ existe.

<u>Propriété 6.25</u>.

Si l'approximant de Padé en deux points $f_{k,m}(x)$ *existe on a :*

i) <u>Pour x petit</u>.

Si $H_m^{(k-2m)} \neq 0$, *alors :*

$$f(x) - f_{k,m}(x) = \frac{H_{m+1}^{(k-2m)}}{H_m^{(k-2m)}} x^k + O(x^{k+1})$$

Si $H_m^{(k-2m)} = 0$ *et si* $H_{h+1}^{(k-2m)} \neq 0$, $H_{p+1}^{(k-2m)} \neq 0$ *et* $H_i^{(k-2m)} = 0$ *pour* $i \in \mathbb{N}$, $h+2 \leq i \leq p$, *alors* :

$$f(x) - f_{k,m}(x) = d^{(k-2m)}(x^p P_{h+1}^{(k-2m)}) x^{k-2m+p+h+1} + O(x^{k-2m+p+h+2})$$

ii) *Pour x grand*.

Si $H_m^{(k-2m+1)} \neq 0$ *et* $H_m^{(k-2m)} \neq 0$ *alors* :

$$f(x) - f_{k,m}(x) = - \frac{H_{m+1}^{(k-2m-1)}}{H_m^{(k-2m+1)}} x^{k-2m-1} + O_-(x^{k-2m-2})$$

Si $H_m^{(k-2m+1)} = 0$ *ou* $H_m^{(k-2m)} = 0$, *et si* $H_{\tilde{h}+1}^{(k-2\tilde{h}-1)} \neq 0$, $H_{\tilde{p}+1}^{(k-2\tilde{p}-1)} \neq 0$ *et* $H_i^{(k-2i+1)} = 0$ *pour* $i \in \mathbb{N}$, $\tilde{h}+2 \leq i \leq \tilde{p}$, *alors* :

$$f - f_{k,m}(x) = -\gamma^{(k-1)}(x^{\tilde{p}} W_{\tilde{h}+1}^{(k-1)})x^{k-\tilde{p}-\tilde{h}-2} + O_-(x^{k-\tilde{p}-\tilde{h}-3})$$

où $W_{\tilde{h}+1}^{(k-1)}$ *est identique au polynôme* $\tilde{P}_{k,\tilde{h}+1}(x)$ *rendu unitaire.*

Démonstration.

i) Pour x petit.

Si $H_m^{(k-2m)} \neq 0$, alors le premier terme non nul de $f.\tilde{P}_{k,m}(x) - \tilde{Q}_{k,m}(x)$ est :

$$\sum_{i=0}^{m} d_{k-i}\, b_i = d^{(k-2m)}(x^m P_{k,m}(x)) = \frac{H_{m+1}^{(k-2m)}}{H_m^{(k-2m)}}$$

Donc :

$$f(x) - f_{k,m}(x) = \frac{1}{\tilde{P}_{k,m}(x)} \frac{H_{m+1}^{(k-2m)}}{H_m^{(k-2m)}} x^k + \frac{1}{\tilde{P}_{k,m}(x)} O(x^{k+1})$$

Or $\tilde{P}_{k,m}(0) = 1$. Par conséquent, on a le résultat proposé.

Si $H_m^{(k-2m)} = 0$, puisque l'approximant de Padé en deux points $f_{k,m}(x)$ existe, il est identique aux approximants des côtés intérieurs Ouest, Nord et Nord-Ouest du bloc F_2 dans lequel il se trouve. En particulier :

$$f_{k,m}(x) \equiv \frac{\tilde{Q}_{h+1}^{(k-2m,0)}(x)}{\tilde{P}_{h+1}^{(k-2m)}(x)}$$

Posons $\tilde{P}_{h+1}^{(k-2m)}(x) = \sum_{i=o}^{h+1} \lambda_{i,h+1} x^i$ et $k' = k-2m+2h+2$. On applique la propriété 6.24 à l'approximant $\dfrac{\tilde{Q}_{h+1}^{(k-2m,0)}(x)}{\tilde{P}_{h+1}^{(k-2m)}(x)}$.

Or on a :

$$\sum_{i=o}^{h+1} d_{j-i} \lambda_{i,h+1} = d^{(k-2m)} (x^{j-k'+h+1} P_{h+1}^{(k-2m)}) = 0$$

pour $j \in Z$, $k'-h-1 \leq j \leq k'+p-h-2$

$$\sum_{i=o}^{h+1} d_{k'+p-h-1-i} \lambda_{i,h+1} = d^{(k-2m)} (x^p P_{h+1}^{(k-2m)}) \neq 0.$$

Puisque $\tilde{P}_{h+1}^{(k-2m)}(0) = 1$, on a le résultat proposé.

ii) Pour x grand.

Si $H_m^{(k-2m)} \neq 0$ et $H_m^{(k-2m+1)} \neq 0$, alors le premier terme non nul de

$f.\tilde{P}_{k,m}(x) - \tilde{Q}_{k,m}(x)$ est

$$- \sum_{i=o}^{m} d_{k-m-1-i}\, b_i = -\gamma^{(k-1)}\,(x^m\, \tilde{P}_{k,m}(x))$$

Or $\tilde{P}_{k,m}(x) = (-1)^m \dfrac{H_m^{(k-2m+1)}}{H_m^{(k-2m)}}\, W_m^{(k-1)} = \sum_{i=o}^{m} b_i x^i$.

Donc $b_m = (-1)^m \dfrac{H_m^{(k-2m+1)}}{H_m^{(k-2m)}}$.

Par conséquent :

$$f(x) - f_{k,m}(x) = -\gamma^{(k-1)}\,(x^m\, W_m^{(k-1)})\, x^{k-2m-1} + O\_(x^{k-2m-2})$$

$$= - \frac{H_{m+1}^{(k-2m-1)}}{H_m^{(k-2m+1)}}\, x^{k-2m-1} + O\_(x^{k-2m-2})$$

Si $H_m^{(k-2m)} = 0$ ou si $H_m^{(k-2m+1)} = 0$.

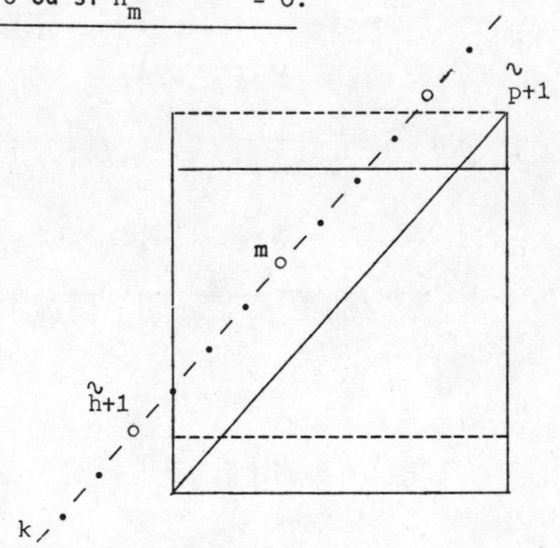

En trait plein nous avons représenté le bloc P, en pointillé le bloc W. Sur la diagonale k nous n'avons fait figurer que les valeurs des colonnes. Avec nos hypothèses, $f_{k,m}(x)$ est dans la partie du bloc F_2 situé au dessus de l'antidiagonale principale de ce bloc ou sur cette antidiagonale. Par contre, il n'est pas sur la première colonne de gauche de ce bloc F_2. Alors :

$$f_{k,m}(x) \equiv \frac{\tilde{Q}^{(k-2\tilde{k}-2,0)}_{\tilde{h}+1}(x)}{\tilde{P}^{(k-2\tilde{h}-2)}_{\tilde{h}+1}(x)}$$

où $\tilde{Q}^{(k-2\tilde{h}-2,0)}_{\tilde{h}+1}(x)$ est l'associé de $\tilde{P}^{(k-2\tilde{h}-2)}_{\tilde{h}+1}(x)$.

Nous avons :

$$\begin{cases} \gamma^{(k-1)}\ (x^j\, W^{(k-1)}_{\tilde{h}+1}) = 0 \text{ pour } j \in \mathbb{N},\ 0 \le j \le \tilde{p}-1 \\ \gamma^{(k-1)}\ (x^{\tilde{p}}\, W^{(k-1)}_{\tilde{h}+1}) = 0 \end{cases}$$

Alors :

$$\tilde{P}^{(k-2\tilde{h}-2)}_{\tilde{h}+1}(x) = (-1)^{\tilde{h}+1} \frac{H^{(k-2\tilde{h}-1)}_{\tilde{h}+1}}{H^{(k-2\tilde{h}-2)}_{\tilde{h}+1}} \quad W^{(k-1)}_{\tilde{h}+1}(x) = \sum_{i=o}^{\tilde{h}+1} \lambda_{i,\tilde{h}+1}\, x^i$$

On a donc :

$$\lambda_{\tilde{h}+1,\tilde{h}+1} = (-1)^{\tilde{h}+1} \frac{H^{(k-2\tilde{h}-1)}_{\tilde{h}+1}}{H^{(k-2\tilde{h}-2)}_{\tilde{h}+1}}$$

En appliquant la propriété 6.24 à l'approximant $\dfrac{\tilde{Q}^{(k-2\tilde{h}-2,0)}_{\tilde{h}+1}(x)}{\tilde{P}^{(k-2\tilde{h}-2)}_{\tilde{h}+1}(x)}$ on a :

$$\sum_{i=o}^{\tilde{h}+1} d_{j-i}\, \lambda_{i,\tilde{h}+1} = 0 \text{ pour } j \in Z,\ h-\tilde{p} \le j \le k-1$$

$$\sum_{i=o}^{\tilde{h}+1} d_{k-\tilde{p}-1-i} \; \lambda_{i,\tilde{h}+1} \neq 0$$

Par conséquent :

$$f(x)\; \tilde{P}_{\tilde{h}+1}^{(k-2\tilde{h}-2)}(x) - \tilde{Q}_{\tilde{h}+1}^{(k-2\tilde{h}-2,0)}(x) = -\gamma^{(k-1)}\; (x^{\tilde{p}}\; \tilde{P}_{\tilde{h}+1}^{(k-2\tilde{h}-2)}(x))\; x^{k-\tilde{p}-1}$$

$$+ \; O_{-}\; (x^{k-\tilde{p}-2}).$$

C'est à dire en divisant les deux membres par $\tilde{P}_{\tilde{h}+1}^{(k-2\tilde{h}-2)}(x)$ et en prenant le premier terme du développement asymptotique.

$$f(x) - f_{k,m}(x) = -\gamma^{(k-1)}\; (x^{\tilde{p}}\; W_{\tilde{h}+1}^{k-1}(x))\; x^{k-\tilde{p}-\tilde{h}-2} + O_{-}(x^{k-\tilde{p}-\tilde{h}-3})$$

cqfd.

Remarque 6.13.

Dans le cas normal on retrouve les expressions données par Sidi dans son article (théorème 4).

Remarque 6.14.

Dans le cas non normal on peut donner une expression du premier terme de l'erreur en fonction de déterminants de Hankel. Il suffit de faire appel à la propriété 4.5 dans le cas où x est petit et à la propriété 4.15 dans le cas où x est grand.

Propriété 6.26.

Une condition nécessaire et suffisante pour que $f(x) \equiv f_{k,m}(x) = \dfrac{\tilde{Q}_{k,m}(x)}{\tilde{P}_{k,m}(x)}$ *irréductible avec* $\deg \tilde{P}_{k,m}(x) = m$ *est que l'on ait un bloc* F_2 *infini pour les colonnes* $j \geq m$.

Démonstration.

CN Si $\dfrac{\tilde{Q}_{k,m}(x)}{\tilde{P}_{k,m}(x)}$ est irréductible, alors $P_{k,m}(x)$ n'est pas à l'intérieur d'un bloc P_2 (cf : propriété 6.21 et théorème 6.1).

Donc $H_m^{(k-2m)} \neq 0$.
Si en plus deg $\tilde{P}_{k,m}(x) = m$, 0 n'est pas racine de $P_{k,m}(x)$.

Donc $H_m^{(k-2m+1)} \neq 0$.
Alors d'après la propriété 6.25, pour x petit l'identité de f(x) et de $f_{k,m}(x)$ entraine que $H_{m+1}^{(k-2m)}$ est nul et que $d^{(k-2m)}(x^j P_m^{(k-2m)})$ est nul quelque soit $j \in \mathbb{N}$, et par conséquent :

$$H_j^{(k-2m)} = 0, \ \forall j \geq m+1.$$

D'autre part, pour x grand, la même propriété 6.25 donne

$$f(x) \equiv f_{k,m}(x) \Rightarrow \begin{cases} H_{m+1}^{(k-2m-1)} = 0 \\ \\ \gamma^{(k-1)}(x^j W_m^{(k-1)}) = 0 \quad \forall j \in \mathbb{N}. \end{cases}$$

et par conséquent :

$$H_i^{(k-2i+1)} = 0 \quad \forall i \geq m+1.$$

On a donc un bloc infini avec $H_i = 0$ pour $i \geq m+1$ et $H_m \neq 0$.

CS : Puisqu'on a un bloc F_2 infini pour les colonnes $j \geq m$, $H_m^{(k-2m)} \neq 0$, $\forall k$, $0 \leq k \leq 2m$.
Alors $P_{k,m}(x)$ n'a pas 0 pour racine puisqu'il est à l'ouest d'un bloc P_2.
Donc deg $\tilde{P}_{k,m}(x) = m$.

Suivant la diagonale k-2m on a :

$$H_i^{(k-2m)} = 0, \forall i \in \mathbb{N}, i \geq m+1$$

Donc pour x petit

$$f(x) - f_{k,m}(x) = d^{(k-2m)}(x^j P_m^{(k-2m)})\ x^{k-m+j} + O(x^{k-m+j+1})$$

et

$$d^{(k-2m)}\ (x^j\ P_m^{(k-2m)}) = 0\ \forall j \in \mathbb{N}.$$

D'où :

$$f(x) \equiv f_{k,m}(x).$$

cqfd.

Propriété 6.27.

Si f *est une fraction rationnelle irréductible dont le dénominateur est de degré* m *et le numérateur de degré* m-s-1 *avec* $s \geq 0$, *alors on a un bloc* F_2 *infini pour les colonnes* $j \geq m$ *et tous les approximants de Padé en deux points du bloc* F_2 *infini sont identiques.*

Démonstration.

Nous avons $f \equiv f_{[m-1/m]}(x) = f_{2m,m}(x)$.
C'est une conséquence du théorème 10 p. 196 du livre de J. Gilewicz.
On applique la propriété 6.26. D'où le résultat.

cqfd.

Remarque 6.15.

Si f est identique à une fraction irréductible dont le dénominateur est de degré m et le numérateur de degré m+s-1 avec $s \geq 0$, on obtiendra un résultat semblable en utilisant la remarque 6.1.

6.8 POLYNOMES DE LAURENT ORTHOGONAUX.

Récemment un papier de W. Jones et W. Thron [31] donne des propriétés de certains polynômes de Laurent en vue de les relier aux T-fractions. Nous allons montrer que ces polynômes sont reliés de façon extrêmement simple aux polynômes orthogonaux classiques.

Définition 6.6.

Nous appelons polynômes de Laurent une fonction de la forme :

$$\bar{P}_{-n,k}(x) = \sum_{i=-n}^{k} \lambda_{i,(-n,k)} \, x^i \qquad n, k \in \mathbb{N}.$$

Notations.

Nous noterons $\bar{P}_{-n,k}$ l'ensemble des polynômes de Laurent $\bar{P}_{-i,j}(x)$ tels que $i, j \in \mathbb{N}$, $0 \leq j \leq k$ et $0 \leq i \leq n$.

Nous noterons $\bar{P}_{-\infty,\infty}$ l'ensemble des polynômes de Laurent $\bar{P}_{-i,j}(x)$ tels que $i, j \in \mathbb{N}$.

Remarque 6.16.

$\bar{P}_{-\infty,\infty}$ est un espace vectoriel de dimension infinie.

$\bar{P}_{-n,k}$ est un sous-espace vectoriel de dimension n+k+1 de $\bar{P}_{-\infty,\infty}$.

Définition 6.7.

Soit $\{d_k\}_{k \in Z}$ *une suite de nombres réels. Nous définissons une fonctionnelle linéaire* $\hat{d}^{(o)}$ *par :*

$$\hat{d}^{(o)}(x^i) = d_i, \ \forall i \in Z.$$

Parmi les polynômes de $\bar{P}_{-\infty,\infty}$ nous ne retiendrons que les polynômes du type $\bar{P}_{-n,n}(x)$ ou $\bar{P}_{-n,n-1}(x)$.

On cherche les polynômes du type précédent orthogonaux par rapport à la fonctionnelle $\hat{d}^{(o)}$, c'est à dire tels que :

$$\hat{d}^{(o)}\ (x^j\ \bar{P}_{-n,n}(x)) = 0 \text{ pour } j \in Z,\ -n \leq j \leq n-1$$

$$\hat{d}^{(o)}\ (x^j\ \bar{P}_{-n,n-1}(x)) = 0 \text{ pour } j \in Z,\ -n+1 \leq j \leq n-1.$$

Nous obtenons donc les deux systèmes linéaires suivants respectivement pour la première et la seconde relations.

$$\sum_{i=-n}^{n} \lambda_{i,(-n,n)}\ d_{i+j} = 0 \text{ pour } j \in Z,\ -n \leq j \leq n-1$$

$$\sum_{i=-n}^{n-1} \lambda_{i,(-n,n-1)}\ d_{i+j} = 0 \text{ pour } j \in Z,\ -n+1 \leq j \leq n-1.$$

Nous imposons $\lambda_{n,(-n,n)} = 1$ et $\lambda_{n-1,(-n,n-1)} = 1$, c'est à dire que nous désirons que les polynômes $\bar{P}_{-n,n}(x)$ et $\bar{P}_{-n,n-1}(x)$ soient unitaires.

Alors les systèmes d'orthogonalité satisfaits par $\bar{P}_{-n,n}(x)$ et $\bar{P}_{-n,n-1}(x)$ sont aussi satisfaits respectivement par $P_{2n}^{(-2n)}(x)$ et $P_{2n-1}^{(-2n+1)}(x)$, c'est à dire également par $P_{2n,2n}(x)$ et $P_{2n-1,2n-1}(x)$.

Tous les polynômes étant supposés unitaires, nous avons donc :

$$\begin{cases} x^n\ \bar{P}_{-n,n}(x) \equiv P_{2n}^{(-2n)}(x) \equiv P_{2n,2n}(x) \\ x^n\ \bar{P}_{-n,n-1}(x) \equiv P_{2n-1}^{(-2n+1)} \equiv P_{2n-1,2n-1}(x) \end{cases}$$

Les polynômes de Laurent orthogonaux ainsi définis se déduisent donc simplement des polynômes orthogonaux situés sur l'horizontale k = m dans la table P_2.

Leur existence et leur unicité sont donc liées à celles des polynômes orthogonaux classiques.
Ils satisfont une relation de récurrence entre trois polynômes orthogonaux réguliers successifs, si on appelle polynôme de Laurent orthogonal régulier un polynôme pour lequel le déterminant de Hankel correspondant (soit $H_{2n}^{(-2n)}$ ou $H_{2n-1}^{(-2n+1)}$) est non nul.

En particulier lorsque la table est normale on peut utiliser la relation 2.29 du livre de C. Brezinski.

Nous avons donc :

$$H_{2n-1}^{(-2n+1)} H_{2n-1}^{(-2n+2)} H_{2n}^{(-2n)} \tilde{P}_{2n}^{(-2n)}(x)$$

$$= (H_{2n}^{(-2n)} H_{2n-1}^{(-2n+2)} - x H_{2n-1}^{(-2n+1)} H_{2n}^{(-2n+1)}) H_{2n-1}^{(-2n+1)} \tilde{P}_{2n-1}^{(-2n+1)}(x)$$

$$- x H_{2n}^{(-2n)} H_{2n}^{(-2n+1)} H_{2n-2}^{(-2n+2)} \tilde{P}_{2n-2}^{(-2n+2)}(x)$$

qui conduit à la relation suivante avec les polynômes de Laurent orthogonaux

$$H_{2n-1}^{(-2n+1)} H_{2n-1}^{(-2n+2)} H_{2n}^{(-2n)} \bar{P}_{-n,n}(x)$$

$$= (x H_{2n}^{(-2n)} H_{2n-1}^{(-2n+2)} - H_{2n-1}^{(-2n+1)} H_{2n}^{(-2n+1)}) H_{2n-1}^{(-2n+1)} \bar{P}_{-n,n-1}(x)$$

$$- H_{2n}^{(-2n)} H_{2n}^{(-2n+1)} H_{2n-2}^{(-2n+2)} \bar{P}_{-n+1,n-1}(x).$$

et

$$H_{2n}^{(-2n)} H_{2n}^{(-2n+1)} H_{2n+1}^{(-2n-1)} \tilde{P}_{2n+1}^{(-2n-1)}(x) =$$

$$(H_{2n+1}^{(-2n-1)} H_{2n}^{(-2n+1)} - x H_{2n}^{(-2n)} H_{2n+1}^{(-2n)}) H_{2n}^{(-2n)} \tilde{P}_{2n}^{(-2n)}(x)$$

$$- x H_{2n+1}^{(-2n-1)} H_{2n+1}^{(-2n)} H_{2n-1}^{(-2n+1)} \tilde{P}_{2n-1}^{(-2n+1)}(x)$$

qui conduit à la seconde relation de récurrence vérifiée par les polynômes de Laurent orthogonaux.

$$H_{2n}^{(-2n)} H_{2n}^{(-2n+1)} H_{2n+1}^{(-2n-1)} \bar{P}_{-n-1,n}(x) =$$

$$(H_{2n+1}^{(-2n-1)} H_{2n}^{(-2n+1)} - \frac{1}{x} H_{2n}^{(-2n)} H_{2n+1}^{(-2n)}) H_{2n}^{(-2n)} \bar{P}_{-n,n}(x)$$

$$- H_{2n+1}^{(-2n-1)} H_{2n+1}^{(-2n)} H_{2n-1}^{(-2n+1)} \bar{P}_{-n,n-1}(x).$$

On retrouve les deux relations de récurrence de Jones et Thron. Si en plus la fonctionnelle est définie positive on a les propriétés classiques pour les zéros des polynômes orthogonaux, ainsi que l'ensemble des propriétés de leur théorème 1.

En conclusion, l'emploi des polynômes de Laurent orthogonaux alourdit et particularise l'étude des approximants de Padé en deux points. En effet, tout d'abord on obtient deux relations de récurrence au lieu d'une seule car il faut tenir compte de la distinction entre $\bar{P}_{-n,n}(x)$ et $\bar{P}_{-n,n-1}(x)$. Ensuite, on n'est capable de trouver l'approximant de Padé en deux points que sur l'horizontale k=m dans la table P_2.

6.9 DETERMINATION DES TABLES P_2 ET Q_2.

La table P_2 peut être obtenue à partir du calcul de la table P, mais naturellement on fait intervenir des polynômes qui ne sont pas dans la table P_2 et qui par conséquent n'ont pas de rapport avec les approximants de Padé en deux points.

La table Q_2 ne peut pas être obtenue à partir d'une table plus vaste. Il est donc préférable de calculer ensemble les polynômes $P_{k,m}(x)$ et $Q_{k,m}(x)$ en utilisant les huit relations classiques que vérifient simultanément ces deux catégories de polynômes à l'intérieur des tables P_2 et Q_2. Les relations générales concernant les polynômes P ont été données au chapitre 4. On a ainsi la possibilité de déterminer n'importe quel approximant de Padé en deux points de la table F_2.

L'algorithme général "qd" présenté dans le chapitre 2 peut également être appliqué ici. Les coefficients que l'on obtiendra, s'appliqueront aussi bien pour déterminer $P_{k,m}(x)$ que $Q_{k,m}(x)$.

APPROXIMANTS DES SERIES DE FONCTIONS

- * -

Dans la publication ANO 27 nous nous étions intéressés aux propriétés des approximants de type exponentiel. En fait tout ce que nous avions démontré s'applique sans grands changements aux approximants des séries de fonctions. Nous avons donc remanié le chapitre 1 de notre publication ANO pour faire ce septième chapitre. De nombreux résultats obtenus pour les quadratures de Gauss trouveront leur application ici.

Nous avons utilisé l'introduction à ces approximants qui figure dans le livre de C. Brezinski [6]. Elle montre comment à partir d'une formule de quadrature de Gauss on obtient un approximant de séries de fonctions. Nous en déduisons que les coefficients de quadrature satisfont un système linéaire dont la matrice est d'Hermite et dans laquelle ne figurent que les valeurs des zéros du polynôme orthogonal P_p. *Il est équivalent à deux autres systèmes linéaires dont l'un est le système d'orthogonalité satisfait par* P_p. *Cette propriété clôture la première section.*

La seconde section est consacréeà l'étude de l'existence et de l'unicité de ces approximants. Nous montrons que lorsqu'il existe, il est unique. Si le polynôme est orthogonal singulier, l'approximant est identique à celui que l'on obtient à partir du polynôme orthogonal régulier prédécesseur. Si le polynôme est quasi-orthogonal, l'approximant n'existe pas. Dans ce cas on peut se ramener à l'étude d'un système plus petit ou plus grand qui a une solution.

La troisième section donne une expression de l'erreur en fonction de déterminants de Hankel ou de la fonctionnelle linéaire. Nous utilisons ensuite les résultats de convergence des formules de quadrature de Gauss pour donner des théorèmes de convergence des approximants des séries de fonctions.

Quelques propriétés de ces approximants sont exposées dans la quatrième section. Ce sont des résultats sur la parité des approximants, sur leur identité dans un bloc et sur quelques transformations de séries formelles.

Toute la fin du chapitre traite des approximants de type exponentiel. La série de fonctions est telle que $g_i(t) = \frac{t^i}{i!}$. *Dans ce cas bien particulier on peut obtenir ces approximants en choisissant de façon convenable la solution d'une équation différentielle linéaire homogène d'ordre* p *à coefficients constants.*
Il y a d'ailleurs identité entre ce problème et la recherche directe des approximants.

L'existence et l'unicité découlent immédiatement des propriétés de la deuxième section.

Plus particuliers sont les résultats de la septième section dans laquelle nous ne nous intéressons qu'au cas où le polynôme orthogonal doit avoir des racines simples.

Dans la huitième section nous étudions les propriétés des dérivées et des primitives des approximants de type exponentiel, ainsi que celles relatives aux approximants des séries formelles dérivées successives ou primitives. Nous verrons que ces derniers sont en connexion avec les systèmes adjacents de polynômes orthogonaux.

7.1 DEFINITION

On trouvera dans [6] une excellente introduction à ces approximants.
Nous considérons une série de fonction

$$f(t) = \sum_{i=o}^{\infty} c_i \, g_i(t).$$

Nous posons $f_n(t) = \sum_{i=n}^{\infty} c_i \, g_i(t), \forall_n \in Z.$

Nous conviendrons que $c_i = 0$ pour $i < 0$ et que $g_i(t) \equiv 0$ pour $i < 0$.
Nous définissons des fonctionnelles linéaires $c^{(j)}$ pour $j \in Z$ sur l'espace vectoriel P des polynômes réels par

$$c^{(j)}(x^i) = c_{i+j}, \forall i \in \mathbb{N}.$$

Nous supposons connues les fonctions génératrices $G_n(x,t)$ de $f_n(t)$

$$G_n(x,t) = \sum_{i=n}^{\infty} x^{i-n} \, g_i(t).$$

Nous avons $f_n(t) = c^{(n)}(G_n(x,t))$.
Soit $P_p^{(n)}$ le polynôme orthogonal par rapport à $c^{(n)}$, lorsqu'il existe, et soient $m_{j,p}$ ses racines d'ordre de multiplicité $q_{j,p}$ pour $j \in \mathbb{N}$, $0 \leq j \leq \ell_p$ avec :

$$\sum_{j=0}^{\ell_p} q_{j,p} = p.$$

Nous définissons l'approximant de la série de fonctions $f_n(t)$ comme étant $c^{(n)}(L_{p,n}(x))$, où $L_{p,n}(x)$ est le polynôme d'interpolation d'Hermite de $G_n(x,t)$ basé sur les racines $m_{j,p}$.

Nous noterons cet approximant $[p-1/p]_{f_n}(t)$. C'est la notation adoptée dans [6].

Nous définissons également les approximants $[p-1+n/p]_f(t)$, $\forall n \in \mathbb{Z}$, $n \geq 1 - p$ et $\forall p \in \mathbb{N}$ par :

$$[p-1+n/p]_f(t) = \sum_{i=o}^{n-1} c_i g_i(t) + c^{(n)}(L_{p,n}(x))$$

$$= \sum_{i=o}^{n-1} c_i g_i(t) + [p-1/p]_{f_n}(t).$$

Sans restreindre la généralité du problème nous pouvons nous contenter de démontrer les propriétés relatives à $[p-1/p]_f$.

$$[p-1/p]_f(t) = \sum_{j=o}^{\ell_p} \sum_{n=o}^{q_{j,p}-1} A_{j,n}^{(p)} G^{(n)}(m_{j,p},t)$$

où la dérivée $n^{\text{ème}}$ de G est prise par rapport à x.

Pour avoir une numérotation continue des $A_{j,n}^{(p)}$ nous poserons :

$$A_{j,n}^{(p)} = k_{i_j+n,p} \text{ pour } j \in \mathbb{N},\ 0 \leq j \leq \ell_p$$

$$\text{et pour } n \in \mathbb{N},\ 0 \leq j \leq q_{j,p}-1,$$

$$\text{avec } \begin{cases} i_o = 0 \\ i_j = \sum_{s=o}^{j-1} q_{s,p} \text{ pour } j \in \mathbb{N},\ 1 \leq j \leq \ell_p+1. \end{cases}$$

Nous commençons par généraliser le théorème 4.13 de [6].

Nous supposons que le polynôme P_p existe.

Théorème 7.1.

Lorsqu'on cherche l'approximant $[p-1/p]_f(t)$, *les* $k_{j,p}$ *et* $m_{j,p}$ *satisfont le système* (1) *suivant :*

$$(1)\quad \begin{pmatrix} 1 & 0 & 0 & \cdots & 1 & \cdots & 0 \\ m_{o,p} & 1 & 0 & \cdots & m_{1,p} & \cdots & 0 \\ m_{o,p}^2 & 2m_{o,p} & 2 & \cdots & m_{1,p}^2 & \cdots & \vdots \\ \vdots & \vdots & \vdots & & & & (q_{\ell_p,p}-1)! \\ & & & & & & \vdots \\ m_{o,p}^{2p-1} & (2p-1)m_{o,p}^{2p-2} & (2p-2)(2p-1)m_{o,p}^{2p-3} & \cdots & m_{1,p}^{2p-1} & \cdots & (2p-1)\cdots(2p-q_{\ell_p,p}+1)m_{\ell_p,p}^{2p-q_{\ell_p,p}} \end{pmatrix} \begin{pmatrix} k_{o,p} \\ \vdots \\ \vdots \\ k_{p-1,p} \end{pmatrix} = \begin{pmatrix} c_o \\ c_1 \\ \vdots \\ c_{2p-1} \end{pmatrix}$$

Nous avons alors :

$$[p-1/p]_f(t) = \sum_{i=o}^{\infty} \alpha_i g_i(t)$$

avec

$$\alpha_i = \sum_{j=o}^{\ell_p} \sum_{n=o}^{q_{j,p}-1} A_{j,n}^{(p)} [x^i]_{x=m_{j,p}}^{(n)}$$

et $\alpha_i = c_i$ *pour* $i \in \mathbb{N}$, $0 \leq i \leq 2p-1$.

Démonstration.

D'après le théorème 5.2 i) nous avons :

$$c_s = c(x^s) = \sum_{j=o}^{\ell_p} \sum_{n=o}^{q_{j,p}-1} A_{j,n}^{(p)} [x^s]_{x=m_{j,p}}^{(n)}$$

pour $s \in \mathbb{N}$, $0 \leq s \leq 2p-1$.

$$c_s = c(x^s) = \sum_{j=o}^{\ell_p} \sum_{n=o}^{q_{j,p}-1} s(s-1)\ldots(s-n+1)(m_{j,p})^{s-n}\, k_{i_j+n,p}$$

C'est bien le système (1).

D'autre part :

$$[p-1/p]_f(t) = \sum_{j=o}^{\ell_p} \sum_{i=o}^{q_{j,p}-1} A_{j,n}^{(p)} \left(\sum_{i=o}^{\infty} g_i(t)[x^i]^{(n)}_{x=m_{j,p}} \right)$$

$$= \sum_{i=o}^{\infty} g_i(t) \left(\sum_{j=o}^{\ell_p} \sum_{n=o}^{q_{j,p}-1} A_{j,n}^{(p)}\, [x^i]^{(n)}_{x=m_{j,p}} \right).$$

Si on pose :

$$\alpha_i = \sum_{j=o}^{\ell_p} \sum_{n=o}^{q_{j,p}-1} A_{j,n}^{(p)}\, [x^i]^{(n)}_{x=m_{j,p}},$$

nous trouvons bien les résultats proposés.

cqfd.

A partir de ce théorème nous avons :

Théorème 7.2.

$$f(t)-[p-1+n/p]_f(t) = O(g_{2p+n}(t)),\ \forall n \in Z,\ n \geq p-1.$$

Remarque fondamentale 7.1.

Nous considérons dans toute la suite que $[p-1/p]_f$ est un approximant de la série de fonction f si et seulement si :

$$f(t)-[p-1/p]_f(t) = O(g_{2p}(t)).$$

Notations.

Désormais on appellera $K_{i,j}$ les éléments de la matrice du système (1) écrit sous la forme :

$$(K_{i,j}) \begin{pmatrix} k_{o,p} \\ \vdots \\ k_{p-1,p} \end{pmatrix} = (c_i), \text{ pour } i \in \mathbb{N},\ 0 \le i \le 2p-1.$$

Nous écrivons P_p sous la forme :

$$P_p(z) = \sum_{j=o}^{\ell_p} (z-m_{j,p})^{q_{j,p}} = \sum_{i=o}^{p} \lambda_{i,p}\, z^{p-i}.$$

Donc :

$$\sum_{i=o}^{p} \lambda_{i,p}\, m_{j,p}^{n+p-i} = o \quad \begin{cases} \forall n \in \mathbb{N} \\ \forall j \in \mathbb{N},\ 0 \le j \le \ell_p \end{cases}$$

D'autre part la dérivée d'ordre s, $P_p^{(s)}(m_{j,p}) = o$, $\forall s \in \mathbb{N}$, $1 \le s \le q_{j,p} - 1$

$$P_p^{(s)}(z) = \sum_{i=o}^{p-s} \lambda_{i,p} (p-i) \dots (p+1-i-s) z^{p-i-s}$$

$$m_{j,p}^n \, P_p^{(s)}(m_{j,p}) = \sum_{i=o}^{p-s} \lambda_{i,p} (p-i) \dots (p+1-i-s) \, m_{j,p}^{n+p-i-s} = 0$$

$$\begin{cases} \forall s \in \mathbb{N}, \ 1 \le s \le q_{j,p} - 1 \\ \forall j \in \mathbb{N}, \ 0 \le j \le \ell_p \\ \forall n \in \mathbb{N} \end{cases}$$

Soit encore $m_{j,p}^n \sum_{i=o}^{p-s} \lambda_{i,p} K_{p-i,i_j+s} = 0$

Comme $K_{i,i_j+s} = 0$, $\forall i \in \mathbb{N}$, $0 \le i \le s-1$ on a :

$$\left(\sum_{i=o}^{p} \lambda_{i,p} K_{p-i,i_j+s} \right) m_{j,p}^n = 0 \qquad \begin{cases} \forall s \in \mathbb{N}, \ 1 \le s \le q_{j,p} - 1 \\ \forall j \in \mathbb{N}, \ 0 \le j \le \ell_p \\ \forall n \in \mathbb{N} \end{cases}$$

Nous allons montrer dans le lemme suivant que ce résultat reste vrai pour toute combinaison de (p+1) lignes.

Lemme 7.1.

$$\sum_{i=o}^{p} \lambda_{i,p} K_{k+p-i,n} = 0 \quad \begin{cases} \forall k \in \mathbb{N} \\ \forall n \in \mathbb{N}, \quad 0 \le n \le p \end{cases}$$

Démonstration.

Posons $n = i_j + s, \quad 0 \le s \le q_{j,p} - 1$

On a :

$$\begin{cases} K_{k+p-i,n} = s! \quad C^{s}_{k+p-i} \quad m^{k+p-i-s}_{j,p} & \text{si } k+p-i \ge s \\ K_{k+p-i,n} = 0 & \text{si } k+p-i < s \end{cases}$$

$$\sum_{i=o}^{p} \lambda_{i,p} K_{k+p-i,n} = \sum_{\substack{i=o \\ \text{et} \\ i \le k+p-s}}^{p} \lambda_{i,p} (s!) C^{s}_{k+p-i} m^{k+p-i-s}_{j,p}$$

Or $$P_p(z) = \sum_{i=o}^{p} \lambda_{i,p} z^{p-i}$$

$$z^k P_p(z) = \sum_{i=o}^{p} \lambda_{i,p} z^{p+k-i} = z^k \prod_{j=o}^{\ell_p} (z-m_{j,p})^{q_{j,p}}$$

On a donc :

$$\sum_{i=o}^{p} \lambda_{i,p} K_{k+p-i,n} = \left[z^k P_p(z) \right]^{(s)}_{z=m_{j,p}} = 0$$

cqfd.

Notation.

Nous appellerons système (K_p) le système carré obtenu à partir de système (1) en ne retenant que les p premières équations.

Nous rappelons que le système (M_p) est le système d'orthogonalité satisfait par les coefficients de P_p.

Propriété 7.1.

Le système (1) est équivalent aux systèmes (M_p) et (K_p).

Démonstration.

Montrons qu'à partir du système 1 on construit les systèmes (M_p) et (K_p) et donc que toute solution de (1) sera solution de (M_p) et (K_p).

Formons

$$\sum_{i=o}^{p} c_{n+p-i} \lambda_{i,p}, \forall n \in \mathbb{N}, 0 \le n \le p-1$$

avec

$$c_{n+j} = \sum_{i=o}^{p-1} k_{i,p} K_{n+j,i}, \forall (n+j) \in \mathbb{N}, 0 \le n+j \le 2p-1$$

$$\sum_{i=o}^{p} c_{n+p-i} \lambda_{i,p} = \sum_{i=o}^{p} \left(\sum_{j=o}^{p-1} k_{j,p} K_{n+p-i,j}\right) \lambda_{i,p}$$

$$= \sum_{j=o}^{p-1} k_{j,p} \left[\sum_{i=o}^{p} \lambda_{i,p} K_{n+p-i,j}\right] = 0$$

d'après le lemme 7.1.

Donc

$$\sum_{i=o}^{p} c_{n+p-i} \lambda_{i,p} = 0 \quad \forall n \in \mathbb{N},\ 0 \leq n \leq p-1$$

soit encore

$$\sum_{i=o}^{p} c_{n+i} \lambda_{p-i,p} = -c_{n+p}$$

On obtient donc le système (M_p) que l'on jumelle avec le système (K_p).

Montrons que réciproquement, le système (1) se déduit des systèmes (M_p) et (K_p), et donc que toute solution de (M_p) et (K_p) est solution de (1).

Le système (M_p) s'écrit

$$\sum_{i=o}^{p-1} c_{j+i} \lambda_{p-i,p} = -c_{p+j},\ \forall j \in \mathbb{N},\ 0 \leq j \leq p-1$$

On prend l'équation qui correspond à j=0, et en utilisant le système (K_p) on remplace les c_i par leur expression en fonction des $k_{j,p}$. On obtient donc :

$$c_p = \sum_{i=o}^{p-1} \left(\sum_{j=o}^{p-1} K_{i,j} k_{j,p} \right) \lambda_{p-i,p}$$

$$= \sum_{j=o}^{p-1} k_{j,p} \left(\sum_{i=1}^{p} \lambda_{i,p} K_{p-i,j} \right)$$

D'après le lemme 7.1 on a :

$$\sum_{i=o}^{p} \lambda_{i,p} K_{n+p-i,j} = 0 \quad \forall n \in \mathbb{N} \text{ et } \forall j \in \mathbb{N},\ 0 \leq j \leq p-1.$$

Donc :

$$\sum_{i=1}^{p} \lambda_{i,p} K_{p-i,j} = -\lambda_{o,p} K_{p,j} = -K_{p,j}$$

d'où

$$c_p = \sum_{j=o}^{p-1} k_{j,p} K_{p,j}$$

On retrouve la $(p+1)^{\text{ème}}$ ligne du système (1).

Si on prend la ligne 1 de (M_p), par un raisonnement analogue on retrouve la $(p+2)^{\text{ème}}$ ligne de (1) et ainsi de suite.

cqfd.

7.2 EXISTENCE ET UNICITE DES APPROXIMANTS

L'existence des approximants des séries de fonctions est liée à l'existence du polynôme orthogonal P_p. L'unicité pourra être démontrée en utilisant le théorème 5.3. Elle ne dépend pas de façon biunivoque de l'unicité du polynôme orthogonal correspondant. En effet, aux polynômes orthogonaux singuliers correspond également un approximant unique.

Théorème 7.3.

Lorsque le polynôme P_p *est orthogonal par rapport à* c, *alors l'approximant* $[p-1/p]_f$ *existe et est unique.*
Si le polynôme P_p *est quasi-orthogonal, l'approximant* $[p-1/p]_f$ *n'existe pas.*

Démonstration.

i) Si P_p est orthogonal régulier, il est défini de manière unique. Le polynôme d'interpolation $L_{p,n}$ est également défini de manière unique.

ii) Si P_p est orthogonal singulier alors :

$$P_p(x) = w_{p-pr(p)}(x)\, P_{pr(p)}(x).$$

D'après le théorème 5.3 les coefficients de quadrature associés aux racines de $w_{p-pr(p)}$ sont nuls. Ceux associés aux racines de $P_{pr(p)}$ sont définis de manière unique.

iii) Si P_p est quasi-orthogonal, l'ensemble du système d'orthogonalité (M_p) n'est pas satisfait. L'approximant n'existe donc pas.

cqfd.

Corollaire 7.1.

Si le polynôme P_p *est orthogonal singulier alors l'approximant* $[p-1/p]_f$ *est identique à l'approximant* $[pr(p)-1/pr(p)]_f$.

Démonstration.

Immédiate à partir de la démonstration du ii) dans le théorème 7.3.

cqfd.

Si $f(t) = \sum_{j=o}^{\ell_r} \sum_{n=o}^{q_{j,r}-1} A_{j,n}^{(r)}\, G^{(n)}(m_{j,r},t)$, alors nous avons :

Théorème 7.4.

Soit r *fixé. Posons* $F = [p-1/p]_f$.

Une condition nécessaire et suffisante pour que

$$f \equiv [p-1/p]_f = \sum_{j=o}^{\ell_r} \sum_{n=o}^{q_{j,r}-1} A_{j,n}^{(r)} G^{(n)}(m_{j,r},t)$$

est que $\forall p \geq r$ *le système* (M_p) *soit de rang* r *compatible.*

Démonstration.

C.S. D'après le théorème 7.3 et le corollaire 7.1, $\forall p \geq r$, $[p-1/p]_f$ existe et est unique. De plus il est identique à $[r-1/r]_f$.
Donc :

$$f \equiv [p-1/p]_f$$

C.N. Lorsqu'elle existe, la solution est unique. Or il existe une solution $f \equiv [p-1/p]_f$. Ceci n'est possible que si $\forall p \geq r$ tout système (M_p) est de rang r compatible.

cqfd.

On considère un système (M_p) de rang $r < p$ incompatible. Il n'a donc pas de solution.
On peut en utilisant le corollaire 1.7 ou le corollaire 1.8 se ramener au cas où on a un système qui a une solution.
On a donc la propriété suivante en employant les notations de ces deux corollaires.

Propriété 7.2.

Soit un système (M_p) *de rang* $r < p$ *incompatible.*

i) *Le système* (M_{2p-r}) *a une solution unique et l'approximant* $[2p-r-1/2p-r]_f$ *existe et est unique.*

ii) *Si* $r-h$ *est impair le système* $(M_{p-1-\frac{r-h-1}{2}})$ *a une solution unique et l'approximant* $[p-2-\frac{r-h-1}{2} \,/\, p-1-\frac{r-h-1}{2}]_f$ *existe et est unique.*

iii) *Si* $r-h$ *est pair le système* $(M_{p-1-\frac{r-h}{2}})$ *a une solution unique et l'approximant* $[p-2-\frac{r-h}{2} \,/\, p-1-\frac{r-h}{2}]_f$ *existe et est unique.*

Démonstration.

Elle est immédiate en utilisant les corollaires 1.7 et 1.8 et le théorème 7.3.

cqfd.

Dans le cas particulier suivant nous avons :

Propriété 7.3.

Supposons que $c_i = 0$, $\forall i \in \mathbb{N}$, $0 \leq i \leq q-1$ *et* $c_q \neq 0$.
Soit un système (M_p).

i) *Si* $p \leq \frac{q}{2}$ *on a une solution unique* $[p-1/p]_f \equiv 0$.

ii) *Si* $\frac{q}{2} < p \leq q$ *il n'y a pas de solution.*

Démonstration.

i) D'après la propriété 1.16 tout polynôme de degré $p \leq \frac{q}{2}$ est orthogonal par rapport à c. D'après le théorème 5.3 les coefficients de quadrature correspondants sont nuls.
Donc 0 est l'unique solution.

ii) D'après la propriété 1.16 il n'existe pas de polynôme orthogonal.
Il n'y a donc pas de solution.

cqfd.

7.3 EXPRESSION DE L'ERREUR ET THEOREMES DE CONVERGENCE

Nous allons d'abord donner une expression de l'erreur $f(t) - [p-1/p]_f(t)$.
Nous savons d'après le théorème 7.1 et les notations adoptées que :

$$\alpha_j = \sum_{i=o}^{p-1} k_{i,p} K_{j,i}, \forall j \in \mathbb{N}$$

et

$$\alpha_j = c_j, \forall j \in \mathbb{N}, 0 \leq j \leq 2p-1.$$

Donc

$$f(t) - [p-1/p]_f(t) = \sum_{j=o}^{\infty} (c_{2p+j} - \alpha_{2p+j})\, g_{2p+j}(t).$$

Nous allons calculer les termes α_{2p+j} en n'utilisant pas les coefficients $k_{i,p}$.
Dans la démonstration de la propriété 7.1 nous faisons intervenir les lignes $(2p-1+j)$ pour $j \in \mathbb{N}$ dans le système (I).
Nous posons $\alpha_j = c_j$ pour $j \in \mathbb{N}$, $0 \leq j \leq 2p-1$.
Avec la propriété 7.1 nous obtiendrons donc :

$$\sum_{i=o}^{p} \alpha_{2p+j-i}\, \lambda_{i,p} = 0$$

Cette relation permet le calcul récurrent des termes α_{2p+j} pour $j \in \mathbb{N}$,

et on peut ainsi calculer $c_{2p+j} - \alpha_{2p+j} = c_{2p+j} + \sum_{i=1}^{p} \alpha_{2p+j-i} \lambda_{i,p}$.

En particulier pour j = 0 on a :

$$c_{2p} - \alpha_{2p} = \sum_{i=o}^{p} c_{2p-i} \lambda_{i,p}.$$

Si $H_p^{(o)} \neq 0$, alors $c_{2p} - \alpha_{2p} = c^{(o)}(x^p P_p^{(o)}(x)) = \dfrac{H_{p+1}^{(o)}}{H_p^{(o)}}$ et

$$f - [p-1/p]_f(t) = \frac{H_{p+1}^{(o)}}{H_p^{(o)}} g_{2p}(t) + O(g_{2p+1}(t))$$

Si $H_p^{(o)} = 0$ et si $[p-1/p]_f(t)$ existe, alors on cherche $H_r^{(o)} \neq 0$ et $H_\ell^{(o)} \neq 0$ tels que $H_i^{(o)} = 0$ pour $i \in \mathbb{N}$, $r+1 \leq i \leq \ell-1$ et $r < p < \ell$.

Nous avons :

$$[p-1/p]_f = [r-1/r]_f.$$

En reprenant ce qui a été fait ci-dessus nous pouvons écrire :

$$c_{2r+j} - \alpha_{2r+j} = c_{2r+j} + \sum_{i=1}^{r} \alpha_{2r+j-i} \lambda_{i,r}.$$

D'autre part :

$$\sum_{i=o}^{r} c_{2r+j-i}\ \lambda_{i,r} = c^{(o)}\ (x^{r+j}\ P_r^{(o)}(x))$$

$$= 0 \text{ pour } r \le r+j \le \ell-2$$

$$\ne 0 \text{ pour } r+j = \ell-1.$$

Par conséquent on a $c_k = \alpha_k$ pour $k \in \mathbb{N}$, $0 \le k \le r+\ell-2$ et

$c_{r+\ell-1} - \alpha_{r+\ell-1} = c^{(o)}(x^{\ell-1}\ P_r^{(o)}(x))$.

On en déduit donc que :

$$f(t) - [p-1/p]_f(t) = c^{(o)}(x^{\ell-1}\ P_r^{(o)}(x))\ g_{r+\ell-1}(t) + 0(g_{r+\ell}(t))$$

Dans le cas où $H_p^{(o)}$ est différent de 0 et $H_{p+1}^{(o)} = 0$, on peut utiliser le raisonnement fait ci-dessus. On cherchera $H_\ell^{(o)} \ne 0$ tel que $H_i^{(o)} = 0$ pour $i \in \mathbb{N}$, $p+1 \le i \le \ell-1$.
Nous trouvons alors que :

$$f(t) - [p-1/p]_f(t) = c^{(o)}(x^{\ell-1}P_p^{(o)}(x))g_{p+\ell-1}(t) + 0(g_{p+\ell}(t))$$

Nous avons la propriété suivante :

<u>*Propriété 7.4.*</u>

Si l'approximant $[p-1/p]_f$ *existe et*

i) Si $H_p^{(o)} \neq 0$ et si

a) $H_{p+1}^{(o)} \neq 0$ *alors* :

$$f(t) - [p-1/p]_f(t) = \frac{H_{p+1}^{(o)}}{H_p^{(o)}} g_{2p}(t) + O(g_{2p+1}(t))$$

b) $H_i^{(o)} = 0$ *pour* $i \in \mathbb{N}$, $p+1 \leq i \leq \ell-1$ *et* $H_\ell^{(o)} \neq 0$, *alors* :

$$f(t) - [p-1/p]_f(t) = c^{(o)}(x^{\ell-1} P_p^{(o)}(x))\, g_{p+\ell-1}(t) + O(g_{p+\ell}(t))$$

ii) Si $H_p^{(o)} = 0$ et si $[p-1/p]_f \equiv [r-1/r]_f$ avec $H_r^{(o)} \neq 0$, $H_i^{(o)} = 0$ *pour* $i \in \mathbb{N}$, $r+1 \leq i \leq \ell-1$ *et* $H_\ell^{(o)} \neq 0$ *alors* :

$$f(t) - [p-1/p]_f(t) = c^{(o)}(x^{\ell-1} P_r^{(o)}(x)) g_{r+\ell-1}(t) + O(g_{r+\ell}(t)).$$

Remarque.

Si on désire une expression en fonction des déterminants de Hankel dans le ii), on prend pour $c^{(o)}(x^{\ell-1} P_r^{(o)}(x))$ une des valeurs présentées dans la propriété 4.5.

Nous donnons maintenant quelques résultats de convergence pour ces approximants.

Nous supposons que pour tout t fixé d'un domaine ∇ inclus dans $\mathbb{R}$ la fonction génératrice G(x,t) appartient à $C_\infty[a,b]$.

Si c est définie par :

$$c(x^i) = \int_a^b x^i \, d\alpha(x)$$

où α est bornée et non décroissante dans [a,b], alors les formules de quadrature de Gauss appliquées à G(x,t) sont stables et convergentes. Nous pouvons énoncer le

Théorème 7.5.

Si $f(t) = \sum_{i=0}^{\infty} c_i \, g_i(t)$ *où* $c_i = \int_a^b x^i \, d\alpha(x)$ *avec* α *bornée et non-décroissante dans* [a,b] *et si* $G(x,t) \in C_\infty[a,b]$, $\forall t$ *fixé* $\in \nabla \subset \mathbb{R}$, *alors :*

$$\lim_{p\to\infty} [p-1/p]_f(t) = f(t).$$

Notre théorème 5.6 nous permet de donner un résultat de convergence dans le cas d'une fonctionnelle linéaire c semi-définie positive.

Théorème 7.6.

Si $f(t) = \sum_{i=0}^{\infty} c_i g_i(t)$ *où les* c_i *sont les moments d'une fonctionnelle linéaire* c *semi-définie positive et si* $G(x,t) \in C_\infty[a,b]$, $\forall t$ *fixé* $\in \nabla \subset \mathbb{R}$, *alors :*

$$\lim_{p\to\infty} [p-1/p]_f(t) = f(t).$$

Notre propriété 5.5 donnera un autre résultat de convergence dans le cas d'une fonctionnelle lacunaire d'ordre 2 de la forme $x\omega(x)$.

Théorème 7.7.

Si $f(t) = \sum_{i=0}^{\infty} c_i\, g_i(t)$, *où les* c_i *sont les moments d'une fonctionnelle linéaire* c *lacunaire d'ordre 2 définie par* $c_i = c(x^i) = \int_{-1}^{+1} x^{i+1}\omega(x)dx$ *avec* $\omega(x)$ *paire et positive, mais non identiquement nulle dans* $[-1,1]$, *et telle que* $\int_{-1}^{+1} \omega(x)dx$ *existe, et si* $G(x,t) \in C_\infty[-1,1]$, $\forall t$ *fixé* $\in \nabla \subset \mathbb{R}$, *alors*

$$\lim_{p\to\infty} [p-1/p]_f(t) = f(t).$$

7.4 PROPRIETES DES APPROXIMANTS DES SERIES DE FONCTIONS

Pour commencer nous donnons un résultat sur la parité de l'approximant $[p-1/p]_f$.

Théorème 7.8.

Si l'approximant $[p-1/p]_f$ *existe et si*

i) c *est une fonctionnelle lacunaire d'ordre 2 et si* $g_i(t)$ *est paire pour* i *pair, alors l'approximant est pair.*

ii) Si $c_o = 0$ *et la fonctionnelle* $e^{(o)} = c^{(1)}$ *est lacunaire d'ordre 2, et si* $g_i(t)$ *est impaire pour* i *impair, alors l'approximant est impair.*

Démonstration.

i) On utilise les résultats du théorème 5.9 i).

Si $m_{j,p} \neq 0$, à un terme $A_{j,n}^{(p)} G^{(n)}(m_{j,p},t)$ correspond un terme $(-1)^k A_{j,n}^{(p)} G^{(n)}(-m_{j,p},t)$.

La résultante de ces deux termes ne contient plus que les $g_i(t)$ pour i pair.

Si $m_{j,p} = 0$ il ne reste que les termes $A_{j,n}^{(p)} G^{(n)}(0,t)$ pour n pair qui valent $A_{j,n}^{(p)}\, n!\, g_n(t)$.

ii) On utilise les résultats du théorème 5.9 ii).

Si $m_{j,p} \neq 0$, à un terme $A_{j,n}^{(p)} G^{(n)}(m_{j,p}, t)$ correspond un terme $(-1)^{n+1} A_{j,n}^{(p)} G^{(n)}(-m_{j,p},t)$.

La résultante de ces deux termes ne contient plus que les $g_i(t)$ pour i impair.

Si $m_{j,p} = 0$, il ne reste que les termes $A_{j,n}^{(p)} G^{(n)}(0,t)$ pour n impair, qui valent $A_{j,n}^{(p)}\, n!\, g_n(t)$.

cqfd.

Remarque 7.2.

D'après ce que nous savons des fonctionnelles lacunaires, dans le cas ii) du théorème 7.8, l'approximant $[p-1/p]_f$ n'existe que si p est pair.

Définition 7.1.

Nous appellerons table A la table à double entrée dans laquelle sont rangés les approximants $[p/q]_f$.

[0/0]	[0/1]	[0/2]	---
[1/0]	[1/1]	[1/2]	---
[2/0]	[2/1]	[2/2]	---
¦	¦	¦	

Définition 7.2.

Nous appellerons bloc A un bloc carré situé dans la table A qui correspond à un bloc P et à ses côtés Nord, Nord-Ouest et Ouest.

Considérons maintenant un bloc P. Nous savons qu'au-dessus de l'antidiagonale principale les polynômes orthogonaux existent, donc aussi les approximants.

Théorème 7.9.

Dans un bloc A, au-dessus de l'antidiagonale principale et sur cette antidiagonale les approximants sont tous identiques.

Démonstration.

Nous savons déjà que le long d'une même diagonale d'un bloc, les approximants, lorsqu'ils existent, sont identiques à celui qui est contre le bord du bloc (corollaire 7.1). Ils existent au-dessus de l'antidiagonale principale du bloc P, donc au-dessus de l'antidiagonale principale du bloc A et sur cette antidiagonale.
Montrons que les approximants intérieurs au bloc A et contre les côtés Nord, Nord-Ouest et Ouest sont identiques, et la démonstration sera achevée.

Soit $[p-1+k/p]_f$ l'approximant placé dans l'angle intérieur Nord-Ouest d'un bloc A de largeur ℓ.

Alors $f(t) - [p-1+k/p]_f(t) = O(g_{2p+\ell+k}(t))$ (cf. le théorème 7.2 et la propriété 7.4).

De plus toujours d'après les mêmes propriétés nous avons pour $j \in \mathbb{N}$, $0 \le j \le \ell$.

$$f(t) - [p-1+k+j/p]_f(t) = O(g_{2p+\ell+k}(t)).$$

Du fait de l'unicité de l'approximant (théorème 7.3) nous avons :

$$[p-1+k+j/p]_f = [p-1+k/p]_f.$$

Contre le côté Nord nous avons pour $j \in \mathbb{N}$, $0 \leq j \leq \ell$

$$f(t) - [p-1+k/p+j]_f(t) = O(g_{2p+\ell+k}(t))$$

ce qui entraîne que :

$$[p-1+k/p+j]_f = [p-1+k/p]_f$$

<u>cqfd</u>.

Dans ce qui va suivre nous nous intéressons aux transformations de séries formelles. Nous étendons au cas des approximants des séries de fonctions des résultats démontrés pour les approximants de Padé dans le livre de J. Gilewicz [22].

<u>Théorème 7.10.</u>

Si $R(t) = \sum_{i=o}^{n} a_i g_i(t)$ *et si* $[p-1+k/p]_f$ *est l'approximant situé dans l'angle intérieur Nord-Ouest d'un bloc* A *de largeur* ℓ, *alors :*

i) <u>Si $n \leq k-1$</u>,

$$[p-1+k/p]_f + R = [p-1+k/p]_{f+R}$$

et $[p-1+k/p]_{f+R}$ *est dans l'angle intérieur Nord-Ouest d'un bloc de largeur* ℓ.

ii) Si $k \le n \le k+\ell-1$,

$$[p-1+k/p]_f + R = [p+n/p]_{f+R}$$

et $[p+n/p]_{f+R}$ *est dans l'angle intérieur Nord-Ouest d'un bloc de largeur* $n+1-k-\ell$.

Démonstration.

D'après le théorème 7.9

$$[p-1+k/p]_f = [p-1+k+j/p]_f \text{ pour } j \in \mathbb{N},\ 0 \le j \le \ell.$$

Pour $j \in \mathbb{N}$, $0 \le j \le \ell$,

$$[p-1+k+j/p]_f(t) + R(t)$$

$$= \sum_{i=o}^{k-1+j} (c_i+a_i)\, g_i(t) + [p-1/p]_{f_{k+j}}(t) + R_{k+j}(t)$$

où $a_i = 0$ si $i > n$ et $R_{k+j}(t) = \sum_{i=k+j}^{n} a_i g_i(t)$.

i) Si $n \le k-1$,

$R_{k+j}(t) \equiv 0$, et donc :

$$[p-1/p]_{f_{k+j}} + R_{k+j} = [p-1/p]_{f_{k+j}+R_{k+j}}.$$

Par conséquent :

$$[p-1+k+j/p]_f + R = [p-1+k+j/p]_{f+R} = [p-1+k/p]_{f+R}$$

pour $j \in \mathbb{N}$, $0 \leq j \leq \ell$.

Nous avons bien les résultats proposés.

ii) <u>Si $k \leq n \leq k+\ell-1$</u>,

$R_{n+1}(t) \equiv 0$. Donc pour $j \in \mathbb{N}$, $n-k+1 \leq j \leq \ell$, nous avons :

$$[p+n/p]_f(t) + R(t) = [p-1+k+j/p]_f(t) + R(t)$$

$$= \sum_{i=o}^{k-1+j} (c_i+a_i)g_i(t) + [p-1/p]_{f_{k+j}+R_{k+j}}(t)$$

$$= [p+n/p]_{f+R}(t).$$

Le bloc a pour largeur le nombre moins un de valeurs prises par j.

<u>cqfd</u>.

Nous avons pris comme définition de l'approximant $[p-1+k/p]_f$ lorsqu'il existe :

$$[p-1+k/p]_f(t) = \sum_{i=o}^{k-1} c_i g_i(t) + [p-1/p]_{f_k}(t).$$

Si cet approximant est dans l'angle intérieur Nord-Ouest d'un bloc de largeur ℓ nous avons :

$$[p-1+k/p]_f = [p-1+k+j/p]_f \text{ pour } j \in \mathbb{N},\ 0 \le j \le \ell,$$

c'est à dire :

$$[p-1+k+j/p]_f(t) = \sum_{i=o}^{k+j-1} c_i g_i(t) + [p-1/p]_{f_{k+j}}(t).$$

Théorème 7.11.

Si l'approximant $[p-1+k/p]_f$ *est dans l'angle intérieur Nord-Ouest d'un bloc de largeur* ℓ*, alors :*

$$[p-1+k/p]_f = \sum_{i=o}^{k+j-1} c_i g_i(t) + [p-1/p]_{f_{k+j}}(t)$$

pour $j \in \mathbb{N}$, $0 \le j \le \ell$.

Nous considérons maintenant un cas particulier de fonctions $g_i(t)$ qui vont nous permettre de définir les approximants de $\frac{1}{f}$.

Nous prenons $g_o(t) = 1$ et $g_i(t) = (g_1(t))^i$, $\forall i \in \mathbb{N}$, $i \ge 1$.

Alors la fonction génératrice est :

$$G(x,t) = \frac{1}{1-x\, g_1(t)}.$$

L'approximant $[p-1/p]_f$ s'exprime sous la forme d'une fonction rationnelle en $g_1(t)$, de même tous les approximants $[p-1+k/p]_f$.

Dans ce cas particulier, comme dans le cas des approximants de Padé classiques, il est inutile de calculer les racines du polynôme orthogonal P_p. Le dénominateur de $[p-1/p]_f$ est le polynôme en $g_1(t)$.

$$\tilde{P}_p(g_1(t)) = (g_1(t))^p \, P_p\left(\frac{1}{g_1(t)}\right).$$

Le numérateur est le polynôme en $g_1(t)$:

$$\tilde{Q}_p(g_1(t)) = (g_1(t))^{p-1} \, Q_p\left(\frac{1}{g_1(t)}\right)$$

où Q_p est le polynôme associé au polynôme orthogonal P_p.
Avec ces fonctions $g_i(t)$ nous pouvons énoncer le théorème suivant :

<u>*Théorème 7.12.*</u>

Si $g_o(t) = 1$ *et si* $g_i(t) = (g_1(t))^i$, $\forall i \in \mathbb{N}$, $i \geq 1$, *si de plus* $c_o \neq 0$ *et* $[n+k/k]_f$ *est dans l'angle intérieur Nord-Ouest d'un bloc de largeur* ℓ, *alors* $[k/n+k]_{\frac{1}{f}}$ *est dans l'angle intérieur Nord-Ouest d'un bloc de largeur* ℓ *et*

$$([n+k/k]_f)^{-1} = [k/n+k]_{\frac{1}{f}}.$$

<u>Démonstration.</u>

$$f = \sum_{i=o}^{\infty} c_i g_i(t) \text{ avec } c_o \neq 0.$$

On peut alors définir

$$f^{-1} = \sum_{i=o}^{\infty} \hat{c}_i \, g_i(t).$$

On obtient :

$$c_o \hat{c}_o = 1,$$

$$\sum_{i=o}^{k} \hat{c}_i \, c_{k-i} = 0, \ \forall k \in \mathbb{N}, \ k \geq 1.$$

Nous retrouvons les relations présentées dans la section traitant des polynômes orthogonaux réciproques.
La démonstration faite dans le cas des approximants de Padé classiques reste valable en changeant t en $g_1(t)$. (cf. th 22, p. 216 [22]).

cqfd.

Nous retrouvons le positionnement des blocs donné par le corollaire 2.4.

Remarque.

f et f^{-1} ont la même fonction génératrice G(x,t).

Si $\hat{c}$ est la fonctionnelle linéaire qui a pour moments les $\hat{c}_i$, nous avons :

$$c(G(x,t) = f,$$

$$\hat{c}(G(x,t)) = f^{-1}.$$

7.5 APPROXIMANTS DE TYPE EXPONENTIEL

Dans la fin de ce chapitre nous nous intéressons au cas particulier suivant de série de fonctions

$$f(t) = \sum_{i=o}^{\infty} c_i \frac{t^i}{i!}$$

La fonction génératrice est dans ce cas e^{xt}.

L'approximant $[p-1/p]_f$ sera noté F_p.

Nous avons :

$$F_p(x) = \sum_{j=o}^{\ell_p} \sum_{n=o}^{q_{j,p}-1} k_{i_j+n,p} G^{(n)}(m_{j,p},x)$$

$$= \sum_{j=o}^{\ell_p} \sum_{n=o}^{q_{j,p}-1} k_{i_j+n,p} t^n e^{m_{j,p}x}.$$

Donc :

$$F_p(x) = \sum_{j=o}^{\ell_p} S_j(x) e^{m_{j,p}x}$$

où les $S_j(x)$ sont des polynômes de degré $q_{j,p}-1$, pour $j \in \mathbb{N}$, $0 \le j \le \ell_p$

et

$$\sum_{j=o}^{\ell_p} q_{j,p} = p$$

$$S_j(x) = \sum_{i=i_j}^{i_{j+1}-1} k_{i,p} x^{i-i_j}, \text{ pour } j \in \mathbb{N},\ o \le j \le \ell_p$$

avec

$$\begin{cases} i_o = o \\ i_j = \sum_{s=o}^{j-1} q_{s,p} \text{ pour } j \in \mathbb{N},\ 1 \le j \le \ell_p+1 \end{cases}$$

Nous appellerons F_p approximant de type exponentiel.

Si l'approximant F_p existe, nous avons lorsqu'on développe $F_p(x)$ en série entière :

$$\text{ord}(f-F_p) \ge 2p.$$

On rappelle que l'ordre, noté ord, est l'exposant de plus bas degré de la série formelle.

Nous appellerons problème 1 la recherche directe de F_p.

Nous pouvons définir un second problème.

PROBLEME 2.

On cherche les solutions $F_p(x)$ de l'équation différentielle linéaire (E) homogène, d'ordre p à coefficients constants, telles que, si on développe F_p en série entière on ait $\text{ord}(f-F_p) \geq 2p$.

$$(E) \quad \sum_{i=o}^{p} \lambda_{i,p} \, y^{(p-i)} = o$$

Les $\lambda_{i,p}$ sont donnés par le système linéaire suivant :

$$\begin{pmatrix} c_o & c_1 & \cdots & c_{p-1} \\ c_1 & \cdots & \cdots & c_p \\ \vdots & & & \vdots \\ c_{p-1} & \cdots & \cdots & c_{2p-2} \end{pmatrix} \begin{pmatrix} \lambda_{p,p} \\ \lambda_{p-1,p} \\ \vdots \\ \lambda_{1,p} \end{pmatrix} = - \begin{pmatrix} c_p \\ c_{p+1} \\ \vdots \\ c_{2p-1} \end{pmatrix}$$

et $\lambda_{o,p} = 1$

Remarque : les $\lambda_{i,p}$ n'existent pas toujours.

RESOLUTION DU PROBLEME 2.

Il est nécessaire que (M_p) ait au moins une solution.

Pour résoudre (E) on est amené à étudier les racines du polynôme caractéristique en u,

$$\sum_{i=o}^{p} \lambda_{i,p}\, u^{p-i} = 0$$

Soient $m_{i,p}$ les racines de ce polynôme, pour $i \in \mathbb{N}$, $0 \le i \le p-1$. On suppose qu'il y a ℓ_p racines distinctes. Soit $q_{i,p}$ l'ordre de multiplicité de $m_{i,p}$ avec $\sum_{i=o}^{\ell_p} q_{i,p} = p$. Alors les solutions de (E) sont de la forme :

$$F(x) = \sum_{j=o}^{\ell_p} S_j(x)\, e^{m_{j,p}x} \quad \text{avec } \deg S_j(x) = q_{j,p} - 1 \text{ et}$$

$$S_j(x) = \sum_{i=i_j}^{i_{j+1}-1} \mu_{i,p}\, x^{i-i_j} \quad \forall j \in \mathbb{N},\ 0 \le j \le \ell_p$$

On cherche les solutions F_p telles que $\mathrm{ord}(f-F_p) \ge 2p$. On retrouve le système (1) dont les p premières équations forment le système (K_p).

Propriété 7.5.

Il y a identité entre les problèmes 1 et 2.

Démonstration.

Les deux problèmes possédent les mêmes systèmes (1) ou (M_p) et (K_p).

cqfd.

7.6 EXISTENCE ET UNICITE DES APPROXIMANTS DE TYPE EXPONENTIEL

Tous les résultats qui vont suivre sont des cas particuliers des propriétés et théorèmes de la section 7.2.

<u>*Propriété 7.6.*</u>

Soit un système (M_p) *de rang* p.
Alors on a une solution unique au système (M_p) *et l'ensemble des racines* $m_{i,p}$ *est déterminé de façon unique*

i) *Si les* $m_{i,p}$ *sont tous distincts, alors on a une solution unique*

$$F_p(x) = \sum_{i=o}^{p-1} k_{i,p}\, e^{m_{i,p}x} \quad \textit{et}\ \mathrm{ord}\,(f-F_p) \geq 2p.$$

ii) *Si les* $m_{i,p}$ *ne sont pas tous distincts, mais sont non tous nuls, et si* $q_{i,p}$ *est l'ordre respectif des racines avec* $\sum_{j=o}^{\ell_p} q_{j,p} = p$, *alors on a une solution unique.*

$$F_p(x) = \sum_{j=o}^{\ell_p} S_j(x)\, e^{m_{j,p}x} \quad \textit{et}\ \mathrm{ord}\,(f-F_p) \geq 2p$$

iii) *Si le système* (M_p) *est homogène, alors les* $m_{i,p}$ *sont tous nuls et on a une solution unique.*

$$F_p(x) = \sum_{j=o}^{p-1} \frac{c_j}{j!}\, x^j \quad \textit{et}\ \mathrm{ord}\,(f-F_p) \geq 2p.$$

<u>*Propriété 7.7.*</u>

Soit un système (M_p) *de rang* $r < p$ *compatible.*

i) *Si les* $m_{i,r}$ *solutions de* (M_r) *sont distincts, alors il existe une solution unique* $F_p(x)$ *telle que :*

$$F_p(x) = \sum_{i=o}^{r-1} k_{i,r}\, e^{m_{i,r}x} \quad \text{et } \operatorname{ord}(f-F_p) \geq 2p.$$

ii) *Si les* $m_{i,r}$ *solutions de* (M_r) *ne sont pas distincts, mais non tous nuls, alors il existe une solution unique* $F_p(x)$ *telle que :*

$$F_p(x) = \sum_{j=o}^{\ell_r} S_j(x)\, e^{m_{j,r}x} \quad \text{et } \operatorname{ord}(f-F_p) \geq 2p.$$

iii) *Si* (M_r) *est homogène, alors il existe une solution unique* $F_p(x)$ *telle que*

$$F_p(x) = \sum_{i=o}^{r-1} \frac{c_i}{i!}\, x^i \quad \text{et } \operatorname{ord}(f-F_p) \geq 2p.$$

<u>*Propriété 7.8.*</u>

Soit r *fixé.*
Une condition nécessaire et suffisante pour que $f \equiv F = \sum_{j=o}^{\ell_r} S_j(x)\, e^{m_{j,r}x}$ *est que,* $\forall p \geq r$ *le système* (M_p) *soit de rang* r *compatible.*

<u>*Propriété 7.9.*</u>

Soit un système (M_p) *de rang* $r < p$ *incompatible.*

i) *Le système* (M_{2p-r}) *a une solution unique*

$$F_{2p-r}(x) = \sum_{j=o}^{\ell_{2p-r}} S_j(x)\, e^{m_{j,2p-r}x} \quad \text{avec } \operatorname{ord}(f-F_{2p-r}) \geq 2(2p-r)$$

ii) *Si* (r-h) *est impair, le système* $(M_{p-1} - \frac{r-h-1}{2})$ *a une solution unique*

$$F_{p-1-\frac{r-h-1}{2}}(x) = \sum_{j=o}^{\ell_{p-1-\frac{r-h-1}{2}}} S_j(x)\, e^{m_{j,p-1-\frac{r-h-1}{2}}x}$$

avec $\text{ord}(f-F_{p-1-\frac{r-h-1}{2}}) \geq 2(p-1-\frac{r-h-1}{2})$

iii) *Si* (r-h) *est pair, le système* $(M_{p-1-\frac{r-h}{2}})$ *a une solution unique*

$$F_{p-1-\frac{r-h}{2}}(x) = \sum_{j=o}^{\ell_{p-1-\frac{r-h}{2}}} S_j(x)\, e^{m_{j,p-1-\frac{r-h}{2}}x}$$

avec $\text{ord}(f-F_{p-1-\frac{r-h}{2}}) \geq 2\,(p-1-\frac{r-h}{2})$

<u>*Propriété 7.10.*</u>

On suppose que ord f=q. *Soit un système* (M_p).

i) *Si* $p \leq \frac{q}{2}$ *on a une solution unique* $F = 0$ *telle que* $\text{ord}(f-F) \geq 2p$

ii) *Si* $\frac{q}{2} < p \leq q$, *il n'y a pas de solution.*

<u>Remarque 7.3.</u>

La fonction génératrice $e^{xt} \in C_\infty[a,b]$, $\forall t \in \mathbb{R}$. Les théorèmes de convergence 7.5, 7.6 et 7.7 s'appliquent donc.

Le théorème 7.8 s'applique également aux approximants de type exponentiel.

<u>*Théorème 7.13.*</u>

Si l'approximant F_p *existe et si*

i) f *est une fonction paire, alors* F_p *est pair.*

ii) f *est une fonction impaire, alors* F_p *est impair.*

7.7 COMBINAISONS LINEAIRES D'EXPONENTIELLES

Nous présentons maintenant des résultats relatifs au cas où l'on recherche uniquement $F_p(x)$ sous forme d'une combinaison linéaire d'exponentielles, c'est à dire que les racines de $P_p(x)$ sont toutes distinctes.

Propriété 7.11.

Soit A *la matrice suivante*

$$A = \begin{pmatrix} \sum_{i=o}^{p-1} k_{i,p} & \text{---------} & \sum_{i=o}^{p-1} k_{i,p}\, m_{i,p}^{p-1} \\ \vdots & & \vdots \\ \sum_{i=o}^{p-1} k_{i,p}\, m_{i,p}^{p-1} & \text{----} & \sum_{i=o}^{p-1} k_{i,p}\, m_{i,p}^{2p-2} \end{pmatrix}$$

Alors $\det A = \prod_{i=o}^{p-1} k_{i,p} \prod_{0\le i<j\le p-1} (m_{j,p}-m_{i,p})^2$

Démonstration.

La matrice A est égale au produit BDB^T

avec $B = \begin{pmatrix} 1 & \text{----} & 1 \\ m_{o,p} & & m_{p-1,p} \\ \vdots & & \vdots \\ m_{o,p}^{p-1} & \text{----} & m_{p-1,p}^{p-1} \end{pmatrix}$ et $D = \begin{pmatrix} k_{o,p} & & \bigcirc \\ & \ddots & \\ \bigcirc & & k_{p-1,p} \end{pmatrix}$

Or $\det B = \prod_{o\le i<j\le p-1} (m_{j,p}-m_{i,p})$ et $\det D = \prod_{i=o}^{p} k_{i,p}$.

cqfd.

Corollaire 7.2.

On suppose le système (M_p) *de rang* p.

i) *Si les* $m_{j,p}$ *solutions du système* (M_p) *sont tous distincts, alors les* $k_{j,p}$ *existent et sont non nuls.*

ii) *Si les* $m_{j,p}$ *ne sont pas tous distincts, alors le système* (K_p) *n'a pas de solution.*

Démonstration.

i) Si les $m_{j,p}$ sont tous distincts ⟹ le système (K_p) est de rang p. ⟹ les $k_{j,p}$ existent ⟹ dans la matrice A de la propriété 7.11 on remplace

c_j par $\sum_{i=o}^{p-1} k_{i,p}\, m_{i,p}^j$, $\forall j \in \mathbb{N}$, $0 \le j \le 2p-2$

det A ≠ 0 et det A = $(\det B)^2$.det D ⟹ tous les $k_{j,p}$ sont non nuls.

ii) Si les $m_{j,p}$ ne sont pas distincts, le système (K_p) ne peut avoir de solution.
En effet supposons qu'il ait une solution composée de $k_{j,p}$, $\forall j \in \mathbb{N}$, $0 \le j \le 2p-2$. On peut appliquer la propriété 7.11.
det A = $(\det B)^2$.det D, or det A ≠ 0 et det B = 0 ce qui est impossible.

cqfd.

Corollaire 7.3.

Soit un système (M_p). *Si tous les* $m_{j,p}$ *solution du système* (M_p) *sont distincts et tous les* $k_{j,p}$ *non nuls, alors le système* (M_p) *est de rang* p *non homogène.*

Démonstration.

On peut mettre A sous la forme de la propriété 7.11.

$$\Rightarrow \left\{ \begin{array}{l} \det B \neq 0 \\ \\ \det D \neq 0 \end{array} \right\} \Rightarrow \det A \neq 0$$

$\Rightarrow$ Le système (M_p) est de rang p. Il est non homogène, sinon tous les $m_{j,p}$ seraient nuls et ne seraient donc pas distincts.

cqfd.

Propriété 7.12.

Soit un système (M_p) *de rang* p.

i) *Si* $p > 1$ *et si tous les* $m_{i,p}$ *sont tous distincts, alors il existe une solution unique* $F_p(x)$

$$F_p(x) = \sum_{i=o}^{p} k_{i,p}\, e^{m_{i,p}x} \quad \textit{telle que } \operatorname{ord}(f-F_p) \geq 2p.$$

ii) *Si* $p > 1$ *et si tous les* $m_{i,p}$ *ne sont pas distincts, il n'existe pas de solution.*

iii) *Si* $p = 1$*, il existe une solution unique* $F_1 = c_o\, e^{\frac{c_1}{c_o}x}$ *telle que* $\operatorname{ord}(f-F_1) \geq 2$.

Si en plus le système (M_1) *est homogène,* $F_1 = c_o$.

Démonstration.

i) et ii) - Démonstration immédiate avec la propriété 7.6 .

iii) Si $p = 1$ on a $\begin{cases} k_{o,1} = c_o \\ c_o \lambda_{1,1} = c_1 \end{cases}$

d'où $m_{o,1} = \frac{c_1}{c_o}$ et $F_1 = c_o e^{\frac{c_1}{c_o} x}$.

Si $p = 1$ et $c_1 = o$ $m_{o,1} = 0$. Donc $F_1 = c_o$.

cqfd.

Propriété 7.13.

Soit un système (M_p) *de rang* $r < p$ *et compatible.*

i) *Si* $r > 1$ *et si les* $m_{i,r}$ *solution du système* (M_r) *sont tous distincts, alors il existe une solution unique* $F_p(x)$

$$F_p(x) = \sum_{i=o}^{r-1} k_{i,r} \, e^{m_{i,r} x} \quad \textit{telle que } \operatorname{ord}(f-F_p) \geq 2p$$

ii) *Si* $r > 1$ *et si les* $m_{i,r}$ *solution du système* (M_r) *ne sont pas tous distincts, il n'existe pas de solution.*

iii) *Si* $r = 1$ *on a une solution unique telle que* $\operatorname{ord}(f-F_p) \geq 2p$.

$$\textit{Si } c_1 \neq 0 \qquad F_p = c_o \, e^{\frac{c_1}{c_o} x}$$

$$\textit{Si } c_1 = 0 \qquad F_p = c_o$$

Démonstration.

i) et ii) - Immédiate avec la propriété 7.7.

iii) - Immédiate avec les propriétés 7.7 et 7.12.

Propriété 7.14.

On considère un système (M_r) *de rang* r *et homogène.*
On suppose que $H_i^{(o)} = 0$, $\forall i \in \mathbb{N}$, $h+1 \leq i \leq r-1$ *et* $H_h^{(o)} \neq 0$.

i) *Si* $h = r-1$, *le système* (M_h) *est de rang* h *non homogène. Il existe une solution unique* $F_h = \sum_{i=o}^{h-1} k_{i,h}\, e^{m_{i,h} x}$ *telle que* $\text{ord}(f-F_h) \geq 2h$.

ii) *Si* $h \leq r-2$ *et si* $(r-h)$ *est impair, alors le système* $(M_{h+\text{entier}\,(\frac{r-h}{2})})$ *est lié compatible et il existe une solution unique* $F_{h+\text{entier}(\frac{r-h}{2})}$ *telle que :*

$$F_{h+\text{entier}\,(\frac{r-h}{2})} = \sum_{i=o}^{h-1} k_{i,h}\, e^{m_{i,h} x} \quad \text{et ord}(f-F_{h+\text{entier}(\frac{r-h}{2})}) \geq 2(h+\text{entier}(\tfrac{r-h}{2}))$$

iii) *Si* $h \leq r-2$ *et si* $(r-h)$ *est pair, alors le système* $(M_{h+\frac{r-h}{2}})$ *est de rang* h *non compatible ; il n'a donc pas de solution.*
Le système $(M_{h-1+\frac{r-h}{2}})$ *est de rang* h *compatible et il existe une solution unique* $F_{h-1+\frac{r-h}{2}}$ *telle que* $F = \sum_{i=o}^{h-1} k_{i,h}\, e^{m_{i,h} x}$ *et* $\text{ord}(f-F_{h-1+\frac{r-h}{2}}) \geq 2(h-1+\frac{r-h}{2})$.

Démonstration.

D'après le corollaire 1.9 le système (M_h) est non homogène. D'après le corollaire 1.1, la colonne $(r-1)$ est la première qui donne avec $H_h^{(o)}$ et la ligne h un déterminant d'ordre $(h+1)$ non nul. Ce qui veut dire que les $(r-1)$ premiers termes de la ligne h sont liés aux h premières lignes. Donc, le terme c_{r+h-1}, qui est nul, ne satisfait pas la relation qui lie les termes c_{h-1+i}, $\forall i \in \mathbb{N}$, $1 \leq i \leq r-1$, aux h premières lignes.
Par conséquent, les $(r+h-1-j)$ premiers termes de la ligne j sont liés aux h premières lignes. Le $(r+h-j)^{\text{ème}}$ terme de cette ligne j ne satisfait pas cette relation.

i) $h = r - 1$.

Le système (M_h) est de rang h. Il est non homogène. D'après la propriété 7.12, il existe une solution unique.

$$F_h = \sum_{i=o}^{h-1} k_{i,h}\, e^{m_{i,h}x} \quad \text{telle que } \mathrm{ord}(f-F_h) \geq 2h.$$

ii) $h \leq r-2$.

Il existe au moins un système lié de rang h et d'ordre supérieur à h. L'ordre le plus grand possible est h+entier $(\frac{r-h}{2})$. Si (r-h) est impair, le système $(M_{h+\mathrm{entier}(\frac{r-h}{2})})$ est compatible. En effet la ligne h-1+entier$(\frac{r-h}{2})$ de (M_∞) a ses $\frac{r+h+1}{2}$ premiers termes liés aux h premières lignes.

Il existe alors une solution unique $F_{\frac{r+h-1}{2}} = \sum_{i=o}^{h-1} k_{i,h}\, e^{m_{i,h}.x}$ telle que

$\mathrm{ord}(f-F_{\frac{r+h-1}{2}}) \geq h+r-1$

iii) Si (r-h) est pair, le système n'est pas compatible, puisque le premier terme de la ligne h-1+entier $(\frac{r-h}{2})$ de (M_∞), indépendant des h premières lignes est le terme de la colonne $\frac{r+h}{2}$, c'est à dire figure au second membre. D'après le corollaire 1.8, le système $(M_{h-1+\frac{r-h}{2}})$ est encore de rang h. Il est compatible. Il existe une solution unique $F_{\frac{r+h-2}{2}}(x)$ telle que

$$F_{\frac{r+h-2}{2}} = \sum_{i=o}^{h-1} k_{i,h}\, e^{m_{i,h}x} \quad \text{et } \mathrm{ord}(f-F_{\frac{r+h-2}{2}}) \geq r+h-2.$$

cqfd.

Propriété 7.15.

On considère un système (M_p) *de rang* r *non compatible. On suppose que les* h *premières lignes sont indépendantes et que le système* (M_h) *est homogène.* $H_{h+1}^{(o)} = 0$. *Alors il n'existe pas de système* (M_j), $j \in \mathbb{N}$ $h \leq j \leq p$, *qui possède une solution.*

Démonstration.

Le système (M_p) est de rang r. Les lignes ℓ, $\ell \in \mathbb{N}$, $h+p-r \le \ell \le p-1$ sont indépendantes ; les lignes ℓ', $\ell' \in \mathbb{N}$, $h \le \ell' \le h+p-r-1$ sont liées aux h premières lignes et la dernière ligne (h+p-r-1) est non compatible. Par un raisonnement analogue à la propriété 1.8 on trouve que $c_h \neq 0$, $c_i = 0$, $\forall i \in \mathbb{N}$ $h \le i \le h+2p-r-2$, $c_{2p+h-r-1} \neq 0$ car la ligne h+p-r-1 est incompatible.

Les systèmes (M_j), $j \in \mathbb{N}$, $h \le j \le p$ sont ou liés incompatibles, ou liés compatibles se réduisant au système (M_h) homogène. Ils n'ont donc pas de solution.

cqfd.

On est donc conduit à réduire encore la taille du système comme dans le cas des systèmes (M_r) de la propriété 7.14.

Propriété 7.16.

On considère un système (M_p) *de rang* r *non compatible. On suppose que les* h *premières lignes sont indépendantes et que le système* (M_h) *est homogène.* $H_{h+1}^{(o)} = 0$. *Alors le système* (M_{2p-r}) *est le premier système qui a une solution.*
Il est de rang maximum (2p-r) *non homogène. La solution* F *est unique.*

$$F_{2p-r} = \sum_{i=o}^{2p-r} k_{i,2p-r}\, e^{m_{i,2p-r}x}$$

avec $$\mathrm{ord}(f-F_{2p-r}) \ge 2(2p-r)$$

Démonstration.

D'après le corollaire 1.7 le système (M_{2p-r}) est de rang maximum (2p-r). D'après la propriété 1.4 c'est le premier système qui a une solution, car tout système (M_j), $j \in \mathbb{N}$, $p \le j < 2p-r$ est lié incompatible.

Dans la propriété 7.15 on a vu que $c_{h+2p-r-1} \neq 0$.

Donc le système (M_{2p-r}) est non homogène.

Il a donc bien la solution unique proposée.

cqfd.

Remarque.

L'ensemble de ces résultats peut trouver son analogue pour les séries de fonctionsen général, dans le cas où on ne désire conserver que les polynômes P_p ayant des racines simples.

7.8 PROBLEMES D'INTEGRATION ET DE DERIVATION

Soit une série formelle

$$f(x) = \sum_{i=o}^{\infty} c_i \frac{x^i}{i!} .$$

On considère les séries formelles :

$$f^{(j)}(x) = \sum_{i=o}^{\infty} c_{j+i} \frac{x^i}{i!} \quad \text{pour } j \in \mathbb{N},\ j \geq 1$$

obtenues en dérivant terme à terme les séries formelles $f^{(j-1)}(x)$.

On prendra $f^{(o)} \equiv f$.

La somme de ces séries, si elles sont convergentes , représentent f et ses dérivées successives.

Enfin on considère les séries formelles :

$$\overset{j}{f}(x) = \sum_{i=o}^{\infty} c_{i-j} \frac{x^i}{i!} \text{ pour } j \in \mathbb{N},\ j \geq 1$$

obtenues en intégrant terme à terme entre 0 et x les séries formelles $\overset{j-1}{f}(t)$ et en ajoutant une constante c_{-j}. On prendra $f^{(o)} \equiv f$.

A chacune des séries formelles on associe la solution, si elle existe, du problème (1) ou (2) avec l'ordre de l'écart de la série et de la solution supérieur ou égal à 2p. Soit $F_p(x)$ celle qui est associée à f(x). Soient $\tilde{F}_{p,j}(x)$ celles qui sont associées à $f^{(j)}(x)$ et enfin soient $\bar{F}_{p,j}(x)$ celles qui sont associées à $\overset{j}{f}(x)$.

On considère les fonctions $F_p^{(k)}(x)$, $\tilde{F}_{p,j}^{(k)}(x)$ et $\bar{F}_{p,j}^{(k)}(x)$ qui sont respectivement les dérivées $k^{\text{ème}}$ de $F_p(x)$, $\tilde{F}_{p,j}(x)$ et $\bar{F}_{p,j}(x)$.

Enfin on considère les fonctions $\overset{k}{F}_p(x)$, $\overset{k}{\tilde{F}}_{p,j}(x)$ et $\overset{k}{\bar{F}}_{p,j}(x)$ qui sont respectivement les fonctions obtenues après k intégrations entre 0 et x de $F_p(x)$, $\tilde{F}_{p,j}(x)$ et $\bar{F}_{p,j}(x)$ et en ajoutant les constantes c_{-i} convenables.

$$\overset{k}{F}_p(x) = c_{-k} + \int_o^x (c_{-k+1} + \int_o^{x_1} (c_{-k+2} + \ldots (c_{-1} + \int_o^{x_{k-1}} F_p(x_k)dx_k) \ldots) dx_1$$

$$\overset{k}{\tilde{F}}_{p,j}(x) = c_{-k+j} + \int_o^x (c_{-k+1+j} + \int_o^{x_1} (c_{-k+2+j} + \ldots (c_{-1+j} +$$

$$\int_o^{x_{k-1}} \tilde{F}_{p,j}(x_k)dx_k) \ldots)dx_1$$

$$\overset{k}{\bar{F}}_{p,j}(x) = c_{-k+j} + \int_o^x (c_{-k+1+j} + \int_o^{x_1}(c_{-k+2-j} + \dots (c_{-1-j} +$$

$$\int_o^{x_{k-1}} \bar{F}_{p,j}(x_k)\, dx_k) \dots)\, dx_1$$

<u>*Propriété 7.17.*</u>

i) *Si* $F_p(x)$ *existe, alors* $\mathrm{ord}(f^{(k)} - F_p^{(k)}(x)) \geq 2p-k$, $\forall k \in \mathbb{N}$ *tel que* $2p \geq k$.

ii) *Si* $F_p(x)$ *existe, alors* $\mathrm{ord}(\overset{k}{f} - \overset{k}{F}_p(x)) \geq 2p+k$, $\forall k \in \mathbb{N}$.

iii) *Si* $\tilde{F}_{p,j}(x)$ *existe, alors* $\mathrm{ord}(f^{(k)} - \tilde{F}_{p,j}^{(k-j)}(x)) \geq 2p-k+j$, $\forall k \in \mathbb{N}$ *tel que* $k \geq j$ *et* $2p \geq k-j$.

iv) *Si* $\bar{F}_{p,j}(x)$ *existe, alors* $\mathrm{ord}(\overset{k}{f} - \overline{\overset{k-j}{F}}_{p,j}(x)) \geq 2p+k-j$, $\forall k \in \mathbb{N}$ *tel que* $k \geq j$.

v) *Si* $\tilde{F}_{p,j}(x)$ *existe, alors* $\mathrm{ord}(\overset{k}{f} - \overset{k+j}{\tilde{F}}_{p,j}(x)) \geq 2p+k+j$, $\forall k \in \mathbb{N}$.

vi) *Si* $\bar{F}_{p,j}(x)$ *existe, alors* $\mathrm{ord}(f^{(k)} - \bar{F}_{p,j}^{(k+j)}(x)) \geq 2p-k-j$, $\forall k \in \mathbb{N}$ *tel que* $2p \geq k+j$.

<u>Démonstration</u>.

i) On a $\mathrm{ord}(f - F_p(x)) \geq 2p$, c'est à dire que :

$$f - F_p(x) = \beta_{2p}\, x^{2p}\, g(x)$$

où $g(x)$ est une série formelle.

$$f^{(k)} - F_p^{(k)}(x) = \beta_{2p} \sum_{i=o}^{k} (x^{2p})^{(i)} \; g(x)^{(k-i)} \; C_k^i$$

$$= \beta_{2p} \sum_{i=o}^{k} i! \; C_{2p}^i \; x^{2p-i} \; g^{(k-i)}(x) \; C_k^i$$

$$= \beta_{2p} \; x^{2p-k} \sum_{i=o}^{k} i! \; C_k^i \; C_{2p}^i \; x^{k-i} \; g^{(k-i)}(x)$$

$$= \beta_{2p} \; x^{2p-k} \; h(x)$$

où h(x) est une série formelle. D'où le résultat.

ii) $\overset{k}{f} - \overset{k}{F}_p(x) =$

$$\sum_{i=o}^{\infty} c_{i-k} \frac{x^i}{i!} - \Big[c_{-k} + \int_o^x (c_{-k+1} + \int_o^{x_1} (c_{-k+2} + \ldots (c_{-1} + \int_o^{x_{k-1}} F_p(x_k) dx_k) \ldots) dx_1 \Big]$$

$$= \sum_{i=k}^{\infty} c_{i-k} \frac{x^i}{i!} - \int_o^x \int_o^{x_1} \ldots \int_o^{x_{k-1}} F_p(x_k) \; dx_k \ldots dx_1$$

$$= \int_o^x \int_o^{x_1} \ldots \int_o^{x_{k-1}} (f(x_k) - F_p(x_k)) \; dx_k \ldots dx_1$$

$$= \int_o^x \int_o^{x_1} \ldots \int_o^{x_{k-1}} \beta_{2p} \; x_k^{2p} \; g(x_k) \; dx_k \ldots dx_1$$

$$= \beta_{2p} \; x^{2p+k} \; h^*(x)$$

où $h^*(x)$ est une série formelle.

iii) $$\operatorname{ord}(f^{(j)} - \tilde{F}_{p,j}(x)) \geq 2p.$$

Donc d'après i) on a :

$$\operatorname{ord}(f^{(j)} - \tilde{F}_{p,j}(x))^{(k-j)} = \operatorname{ord}(f^{(k)} - \tilde{F}^{(k-j)}_{p,j}(x)) \geq 2p-k+j$$

$\forall k \in \mathbb{N}$ tel que $2p \geq k-j$.

iv) $$\operatorname{ord}(\overset{j}{f} - \bar{F}_{p,j}(x)) \geq 2p.$$

D'après ii), on a :

$$\operatorname{ord}\overline{(\overset{j}{f} - \bar{F}_{p,j}(x))}^{\,k-j} = \operatorname{ord}(\overset{k}{f} - \overline{F_{p,j}}^{\,k-j}(x)) \geq 2p+k-j, \ \forall k \in \mathbb{N},\ k \geq j$$

v) $$\operatorname{ord}(f^{(j)} - \tilde{F}_{p,j}(x)) \geq 2p$$

D'après iv) on a :

$$\operatorname{ord}(\overset{k}{f} - \overset{k+j}{\tilde{F}}_{p,j}(x)) \geq 2p+k+j.$$

vi) $$\operatorname{ord}(\overset{j}{f} - \bar{F}_{p,j}(x)) \geq 2p.$$

D'après iii) on a :

$$\operatorname{ord}(f^{(k)} - \bar{F}^{(k+j)}_{p,j}(x)) \geq 2p-k-j, \ \forall k \in \mathbb{N},\ 2p \geq k+j$$

<u>cqfd</u>.

Remarque.

On peut dans les cas i), ii) et vi) supprimer les inégalités reliant k et p. En effet, la négation de ces inégalités signifierait que l'on a l'ordre d'une constante supérieur ou égal à un nombre strictement négatif, ce qui est vrai. Mais cette comparaison n'a plus aucun intérêt.

L'examen des séries formelles introduites montre que, si à la série formelle f(x) on fait correspondre l'approximant $F_p(x)$, s'il existe, il est en connexion avec $P_p^{(o)}(x)$. Les racines de ce polynôme orthogonal donnent les coefficients des exposants de $F_p(x)$. Alors les séries formelles $f^{(j)}(x)$ ont pour approximants $\tilde{F}_{p,j}(x)$, s'ils existent, qui sont en connexion avec $P_p^{(j)}(x)$ dont les racines donnent les coefficients des exposants de $\tilde{F}_{p,j}(x)$ et les séries formelles $\overset{j}{f}(x)$ ont pour approximants $\bar{F}_{p,j}(x)$ qui sont en connexion avec $P_p^{(-j)}(x)$.

L'existence de tous ces approximants est donc liée à l'existence des polynômes orthogonaux $P_p^{(j)}(x)$ pour $j \in Z$.

On a la propriété suivante qui découle immédiatement de ce qui vient d'être exposé.

Propriété 7.18.

Soient une série formelle $f(x) = \sum_{i=o}^{\infty} c_i \frac{x^i}{i!}$ *et une suite* $\{c_{-k}\}$ *de réels pour* $k \in \mathbb{N}$ *et* $k > 0$.
Les approximants $\tilde{F}_{p,j}(x)$ *(respectivement* $\bar{F}_{p,j}(x)$*) n'existent que si les polynômes orthogonaux* $P_p^{(j)}(x)$ *(resp.* $P_p^{(-j)}(x)$*) par rapport à la fonctionnelle linéaire* $c^{(j)}$ *(resp.* $c^{(-j)}$*) existent et réciproquement. Les racines de ces polynômes donnent les coefficients des exposants des approximants.*

- • -

CONCLUSION

- PROBLEMES OUVERTS -

L'ensemble de notre livre est une étude algébrique des polynômes orthogonaux débouchant sur leur calcul et sur quelques applications. Si nous examinons leur intervention dans les applications nous constatons que ce sont surtout leurs zéros qui sont utiles. En dehors des cas des fonctionnelles définies positives, semi-définies positives et des fonctionnelles u-définies positives lacunaires d'ordre s+1, *nous n'avons pratiquement aucune propriété intéressante sur les zéros. Il est bien certain qu'alors certaines applications ont une portée limitée. Par exemple il est possible d'utiliser des formules de quadrature de Gauss mais nous ne pouvons pas être sûr de la stabilité et de la convergence. Il en sera de même pour les approximations des séries de fonctions. Quant aux approximants de Padé le calcul des zéros est inutile pour obtenir leur expression formelle, mais dès qu'on aborde, par exemple, des problèmes de convergence, il faut localiser les pôles ! Le problème des zéros des polynômes orthogonaux est donc encore très largement ouvert.*

D'autre part, parmi les problèmes que nous avons abordés, certains n'ont été résolus que partiellement, d'autres pourraient être étendus.

Ce sont par exemple :

- *les propriétés des fonctions de poids polynômiales.*
- *Les propriétés des zéros des polynômes orthogonaux par rapport à une fonctionnelle* $H^{(i)}$ *semi-définie positive.*
- *Les propriétés des polynômes orthogonaux sur un cercle, voire sur une courbe quelconque (cf. Szegö [58]).*

Ensuite nous pensons que notre livre montre suffisamment l'intérêt de l'étude des polynômes orthogonaux et de leurs applications et nous souhaitons qu'il soit une porte ouverte sur la résolution de problèmes algébriques apparentés. Nous en donnons une liste qui n'est pas exhaustive.

- *Polynômes orthogonaux formels à plusieurs variables*
- *Cubatures à plusieurs variables.*
- *Approximants de séries de fonctions à plusieurs variables.*
- *Orthogonalité discrète.*
- *Séries orthogonales et problèmes de convergence.*
- *Approximants de séries de fonctions en deux points.*
- *Approximants de type Padé en deux points.*

Des chercheurs de l'Université de Lille ont déjà entrepris l'étude de certains de ces problèmes. En particulier, on trouvera dans la thèse de troisième cycle de J. Van Iseghem [59 a] des résultats sur le dernier point de la liste ci-dessus. Nous avons pour notre part effectué des travaux sur les polygônes orthogonaux formels dans une algèbre non commutative qui feront l'objet d'une publication de l'Université de Lille [14 c] et qui ont des retombées importantes pour les approximants matriciels de type Padé et de Padé. Celles-ci se trouveront dans une autre publication [14 d].

Enfin des logiciels en Fortran concernant l'algorithme qd général sont en voie d'achèvement. Les résultats sont obtenus pour des situations de blocs qd absolument quelconque en arithmétique réelle double précision ou en arithmétique rationnelle étendue (arithmétique exacte de longueur de mot arbitraire). Le calcul s'effectue au choix soit par la méthode directe soit par la méthode progressive. Des sous-programmes complémentaires fournissent dans l'arithmétique choisie les valeurs des coefficients des polynômes orthogonaux et des approximants de Padé. Il sera possible de trouver l'ensemble de ces résultats dans [43 b].

BIBLIOGRAPHIE

- * -

[1] AKHIEZER N.I.
"The classical moment problem".
Oliver and Boyd. Londres. 1965.

[2] BAKER G.A., RUSHBROOKE G.S. and GILBERT H.E.
"High-temperature series expansions for the spin-$\frac{1}{2}$ Heisenberg model by the method of irreducible representations of the symmetric group".
Phys. Rev. 135 (1964). A 1272-1277.

[3] BARRUCAND P.
"Nouvelles récurrences pour des polynômes orthogonaux".
C.R. Acad. Sc. Paris. 265 A (1965). 607-609.

[4] BARRUCAND P.
"Intégration numérique, abscisse de Kronrod - Patterson et polynômes de Szegö".
C.R. Acad. Sc. Paris. 270 A (1970). 336-338.

[5] BREZINSKI C.
"Rational approximation to formal power series".
J. Approx. Theory. 25 (1979). 295-317.

[6] BREZINSKI C.
"Padé-Type approximation and general orthogonal polynomials".
Birkhaüser Verlag. 1980. ISNM 50.

[6a] BREZINSKI C.
Communication privée.

[7] BULTHEEL A.
"Recursive algorithms for non normal tables".
Report TW 40, KU Leuven. Belgique. Juillet 1978.

[8] BULTHEEL A.
"Division algorithms for continued fractions and the Padé table".
Report TW 41, KU Leuven. Belgique. Août 1978.

[9] BULTHEEL A.
"Fast algorithms for the factorization of Hankel and Toeplitz matrices and the Padé approximation problem".
Report TW 42, KU Leuven. Belgique. Octobre 1978.

[10] CHIHARA T.
"An introduction to orthogonal polynomials".
Gordon and Breach. New-York, 1978.

[11] CLAESSENS G. et WUYTACK L.
"On the computation of non normal Padé approximants".
J. of Comp. Appl. Math. 5 (1979). 283-289.

[12] CORDELLIER F.
"Algorithme de calcul récursif des éléments d'une table de Padé non normale".
Colloque sur les approximants de Padé. Lille 28-30 Mars 1978.

[13] DAVIS P.J. and RABINOWITZ P.
"Numerical integration".
Blaisdell Publishing Company. 1967.

[14] DRAUX A.
"Approximants de type exponentiel - Polynômes orthogonaux".
Publication A.N.O. n° 27, 1980. Laboratoire d'Informatique.
U.E.R. d'I.E.E.A.. Lille I.

[14a] DRAUX A.
"Approximants of exponential type - General orthogonal polynomials".
Dans *"Padé Approximation and its applications"* Amsterdam 1980,
Proceedings. Lecture Notes in Mathematics - 888 - Springer Verlag,
Heidelberg 1981 - 185-196.

[14b] DRAUX A.
"Polynômes orthogonaux formels. Applications".
Thèse - LILLE 1981.

[14c] DRAUX A.
"Polynômes orthogonaux formels dans une algèbre non commutative".
Publication ANO - Laboratoire d'Informatique - U.E.R d'I.E.E.A -
LILLE I - (à paraître).

[14d] DRAUX A.
"Approximants matriciels de type Padé et de Padé".
Publication ANO - Laboratoire d'Informatique - U.E.R d'I.E.E.A -
LILLE I - (à paraître).

[15] DUPUY J.S.
"The general properties of pseudo orthogonal polynomials".
The University of Alabama. PH.D 1978.

[16] DURAND E.
"Solutions numériques des équations algébriques". Tome I.
Masson. Paris. 1960.

[17] FAVARD J.
"Sur les polynômes de Tchebicheff".
C.R. Acad. Sc. Paris. 200 (1935). 2052-2053.

[18] GANTMACHER FR.
"The theory of matrices".
Vol. I et II. New-York 1959.

[19] GANTMACHER FR.
"La théorie des matrices".
DUNOD. Paris 1966.

[20] GERONIMUS Ya. L.
"Polynomials orthogonal on a circle and interval".
International series of monographs on pure and applied mathematics. Pergamon Press. London. 1960.

[21] GHIZZETTI A. and OSSICINI A.
"Quadrature formulae".
Birkhäuser Verlag Basel. 1970.

[22] GILEWICZ J.
"Approximants de Padé".
Lecture Notes in Mathematics 667. Springer Verlag. Heidelberg 1978.

[22a] GOLUB G.H.
"Some modified matrix eigenvalue problems".
Siam Rev. 15 (1973). 318-334.

[22b] GOLUB G.H. and WELSCH J.H.
"Calculation of Gauss quadrature rules".
Math. of Comput. 23 (1969). 221-230.

[23] GRAGG W.B.
"The Padé table and its relation to certain algorithms of numerical analysis".
Siam Rev. 14 (1972). 1-62.

[23a] GRAGG W.B.
"Matrix interpretations and applications of the continued fraction algorithm".
Rocky Mountains J. Math. 4 (1974). 213-225.

[24] GUELFOND A.O.
"Calcul des différences finies".
DUNOD. Paris. 1963.

[25] HENRICI P.
"Applied and computational complex analysis I".
Wiley. New-York. 1974.

[26] HORNECKER G.
"Approximations rationnelles voisines de la meilleure approximation au sens de Tchebycheff".
C.R. Acad. Sc. Paris 249 (1959). 939-941.

[27] HORNECKER G.
"Détermination des meilleures approximations rationnelles (au sens de Tchebycheff) des fonctions réelles d'une variable sur un segment fini et des bornes d'erreur correspondantes".
C.R. Acad. Sc. Paris 249 (1959). 2265-2267.

[28] JONES W.B.
"Multiple-point Padé tables".
Dans "Padé and rational approximation - Theory and application" edited by SAFF E.B. and VARGA R.S. Acad. Press. 1977. 163-171.

[29] JONES W.B. and MAGNUS A.
"Computation of poles of two-point Padé approximants and their limits".
J. Comp. Appl. Math. 6 (1980). 105-119.

[30] JONES W.B. and THRON W.J.
"Two-point Padé tables and T-fractions".
Bull. of the Amer. Math. Soc. 83 (1977). 388-390.

[31] JONES W.B. and THRON W.J.
"Orthogonal Laurent polynomials and Gaussian quadrature".
7 pages. (à paraître).

[32] KARLIN S. and SHAPLEY L.S.
"Geometry of moment spaces".
Memoirs of the American Mathematical Society. Number 12. 1953.

[32a] KAUTSKY J.
"Matrices related to interpolatory quadratures".
Numer. Math. 36 (1981). 309-318.

[33] KORGANOFF A. et PAVEL-PARVU M.
"Méthodes de calcul numérique". Tome 2.
Eléments de théorie des matrices carrées et rectangles en analyse numérique".
DUNOD. Paris. 1967.

[34] KRONROD A.S.
"Nodes and weights of quadrature formulas".
Consultants Bureau. New-York. 1965.

[35] KRYLOV V.I.
"Approximate calculation of integrals".
The Macmillan Company. New-York. 1962.

[36] KUNTZMAN J.
"Méthodes numériques - Interpolation, dérivées".
DUNOD, Paris 1959.

[37] MAGNUS A.
"Rate of convergence of sequences of Padé-type approximants and pole detection in the complex plane".
Proceedings of Amsterdam (1980). (A paraître dans Lecture Notes. Springer).

[38] MAGNUS A.
"Fractions continues généralisées : théorie et applications".
Thèse. Université de Louvain. 1976.

[39] MARDEN M.
"The geometry of the zeros of a polynomial in a complex variable".
American Mathematical Society. Mathematical surveys. III. 1949.

[40] Mc CABE J.H. and MURPHY J.A.
"Continued fractions which correspond to power series expansions at two points".
J. Inst. Maths. Applics. 17 (1976). 233-247.

[41] Mc. CABE J.H.
"A formal extension of the Padé table to include two-point Padé quotients".
J. Inst. Maths. Applics. 15 (1975). 363-372.

[41a] MEINGUET J.
"On the solubility of the Cauchy interpolation problem".
Dans *"Approximation Theory"* - A. TALBOT (ed.) - Academic Press - 1970 - 137-163.

[42] MONEGATO G.
"A note on extended Gaussian quadrature rules".
Math. of Comp. 30 (1976). 812-817.

[43] MONEGATO G.
"On polynomials orthogonal with respect to particular variable - signed weight functions".
Z. angew. Math. Phys. 31 (1980). 549-555.

[43a] MONEGATO G.
"Stieltjes polynomials and related quadrature rules".
Siam Rev. 24 (1982) - 137-158.

[43b] MOUKOKO D.
Thèse de 3e cycle - LILLE I - (à paraître).

[44] PASZKOWSKI S.
"O pewnych uogólnieniach aproksymacj wymiernej Padégo".
Raport Nr N-34. Institute of Computer Science.
Wroclaw University. Grudzień 1977.

[45] POSSE C.
"Sur quelques applications des fractions continues algébriques".
St Petersbourg. 1886.

[46] RISSANEN J.
"Solution of linear equations with Hankel and Toeplitz matrices".
Numer. Math. 22 (1974). 361-366.

[47] RONVEAUX A.
"Polynômes orthogonaux dont les polynômes dérivés sont quasi-orthogonaux".
C.R. Acad. Sc. Paris. 289 A (1979). 433-436.

[48] ROSSUM H. VAN
"A theory of orthogonal polynomials based on the Padé table".
Thesis. University of Utrecht. Van Gorcum. Assen. 1953.

[49] ROSSUM H. VAN
"Lacunary orthogonal polynomials".
Koninkl. Nederl. Akad von Wetenschappen. Amsterdam 69 (1966). 55-63.

[50] SHENG P. and DOW J.D.
"Intermediate coupling theory : Padé approximants for polarons".
Phys. Rev. 4B (1971). 1343-1359.

[50a] SHOHAT J.A.
"On mechanical quadratures, in particular, with positive coefficients".
Trans. Amer. Math. Soc. 42 (1937). 461-496.

[51] SIDI A.
"Some aspects of two-point Padé approximants".
J. Comp. Appl. Math. 6 (1980). 9-17.

[52] SLUIS A. Van der
"General orthogonal polynomials".
Thesis. University of Amsterdam. 1956.

[53] STANCU D.D. and STROUD A.H.
"Quadrature formulas with simple Gaussian nodes and multiple fixed nodes".
Math. Comp. 17 (1963). 384-394.

[54] STOER J. and BULIRSCH R.
"Introduction to numerical analysis".
Springer Verlag. New-York. Heidelberg. Berlin. 1980.

[55] STROUD A.H. and STANCU D.D.
"Quadrature formulas with multiple Gaussian nodes".
J. Siam Numer. Anal. 2 (1965). 129-143.

[56] STRUBLE George W
"Orthogonal polynomials : variable - signed weight functions".
Numer. Math. 5 (1963). 88-94.

[57] SZEGÖ G.
"Ueber gewisse orthogonale Polynome, die zu einer oszillierenden Belegungsfunktion gehören".
Mathematische Annalen 110 (1935). 501-513.

[58] SZEGÖ G.
"Orthogonal polynomials".
American Mathematical Society. Colloquium Publication. Vol. XXIII. Providence 1939.

[59] THRON W.J.
"Two-point Padé tables, T-fractions and sequences of Schur".
Dans "Padé and Rational Approximation". Opus cit. 215-226.

[59a] VAN ISEGHEM J.
"Applications des approximants de type Padé".
Thèse 3e cycle - LILLE I.

[60] WALL H.S.
"The analytic theory of continued fractions".
Van Nostrand. New-York. 1948.

[61] WEISS L. and Mc DONOUGH R.N.
"Prony's method, Z-transform, and Padé approximation".
Siam Rev. 5 (1963). 145-149.

[62] WILSON R.
"The abnormal case and the difference equations of the Padé Table".
Mess. Math. 58 (1929). 58-66.

[63] WUYTACK L. (Edited by)
"Padé approximation and its applications".
Proceedings, Antwerp 1979. Lecture Notes in Mathematics. 765.
Springer Verlag. Heidelberg. 1979.

[64] YOUNG D. and GREGORY R.
"A survey of numerical mathematics". Vol. I.
Addison. Wesley publishing Company. 1972.

INDEX

-

-